教育部高等学校材料类专业
教学指导委员会规划教材

国家级一流本科专业
建设成果教材

功能材料基础

Fundamentals of Functional Materials

杜希文　龚彩荣　主编

本书配有数字资源与在线增值服务
微信扫描二维码获取

化学工业出版社

·北京·

内容简介

《功能材料基础》是由十余所高校共同为功能材料专业学生编写的一本专业基础理论教材。全书的显著特点是以"电子运动"为主线,统一贯穿各功能原理。

第1章概论,介绍功能材料概念和分类等,并引出了功能物理电子运动起源。第2章功能材料电子理论,是本书的核心章节,深入阐述材料功能来源的原子结构到能带理论等微观电子基础,并将电子运动与后续各章具体材料功能(导电、磁、光、新能源、转换)关联起来,为全书提供了统一的理论框架和深刻理解的基础,这是本书的显著亮点。第3~7章介绍具体功能材料,按照功能类别(导电、磁、光、新能源、转换)分章介绍。每章内部结构大体遵循"功能原理-材料类型与特性-具体应用/实例"的逻辑,并结合前沿,包含了量子点、钙钛矿、有机发光/电致发光、无铅压电、热电等较新的材料体系和研究方向。

本书可以作为高等学校功能材料及相关专业的本科、研究生教材,也可供其他专业学习功能材料专业知识参考使用。

图书在版编目(CIP)数据

功能材料基础 / 杜希文,龚彩荣主编. -- 北京:
化学工业出版社,2025.8. -- (教育部高等学校材料类
专业教学指导委员会规划教材). -- ISBN 978-7-122
-48358-4

Ⅰ. TB34

中国国家版本馆 CIP 数据核字第 2025E9W124 号

责任编辑:陶艳玲   文字编辑:范伟鑫
责任校对:王鹏飞   装帧设计:史利平

出版发行:化学工业出版社
　　　　　(北京市东城区青年湖南街 13 号　邮政编码 100011)
印　　装:大厂回族自治县聚鑫印刷有限责任公司
787mm×1092mm　1/16　印张 23½　字数 579 千字
2025 年 10 月北京第 1 版第 1 次印刷

购书咨询:010-64518888   售后服务:010-64518899
网　　址:http://www.cip.com.cn
凡购买本书,如有缺损质量问题,本社销售中心负责调换。

定　　价:69.00 元   版权所有　违者必究

高等学校功能材料专业系列教材编委会

编委会主任（按汉语拼音排序）：

杜希文　天津大学　　　　　　　　　苏仕健　华南理工大学

黄　昊　大连理工大学　　　　　　　尹洪峰　西安建筑科技大学

梁金生　河北工业大学

编委会成员（按汉语拼音排序）：

曹　斌　河北工业大学　　　　　　　蒋　丽　大连理工大学

曹焕奇　天津理工大学　　　　　　　金　丹　西安建筑科技大学

陈　聪　河北工业大学　　　　　　　李　方　天津大学

陈东成　华南理工大学　　　　　　　李思佳　河北工业大学

陈晓农　北京化工大学　　　　　　　李小方　河南师范大学

丁　昂　杭州电子科技大学　　　　　李晓娜　大连理工大学

董存库　天津大学　　　　　　　　　李艳辉　大连理工大学

董旭峰　大连理工大学　　　　　　　凌　涛　天津大学

冯江山　陕西师范大学　　　　　　　刘成元　太原理工大学

冯双龙　中国科学院重庆绿色智能技　刘　辉　天津大学

　　　　术研究院　　　　　　　　　刘克印　齐鲁工业大学

高书燕　河南师范大学　　　　　　　刘乐全　天津大学

龚彩荣　天津大学　　　　　　　　　刘卯成　兰州理工大学

郝玉英　太原理工大学　　　　　　　刘生忠　陕西师范大学

何　玲　兰州理工大学　　　　　　　刘喜正　江汉大学

胡方圆　大连理工大学　　　　　　　陆小力　西安电子科技大学

黄震威　沈阳航空航天大学　　　　　马卫兵　天津大学

贾赫男　兰州理工大学　　　　　　　马晓华　西安电子科技大学

裴文利	东北大学	吴朝新	西安交通大学
秦文静	天津理工大学	武四新	河南大学
邱治文	宜春学院	肖聪利	北华航天工业学院
任　宁	浙江超威创元实业有限公司	徐友龙	西安交通大学
任小虎	西安建筑科技大学	杨春利	西安建筑科技大学
孙剑锋	河北工业大学	杨　枫	河南师范大学
孙可为	西安建筑科技大学	杨　静	天津大学
田瑞雪	内蒙古科技大学	伊廷锋	东北大学
王　超	沈阳工业大学	袁　方	西安交通大学
王　丹	华南理工大学	云斯宁	西安建筑科技大学
王　辅	西南科技大学	张桂月	奥测世纪（天津）技术有限公司
王　丽	河北工业大学		
王连文	兰州大学	张瑞云	中国华能集团清洁能源技术研究院有限公司
王庆富	青岛科技大学		
王伟强	大连理工大学	张善勇	哈尔滨工业大学
王显威	河南师范大学	张晓丹	南开大学
王亚平	河北工业大学	张紫辉	河北工业大学
王育华	石家庄铁道大学	钟新华	华南农业大学
魏永星	西安工业大学	周　娜	石家庄铁道大学
吴爱民	大连理工大学	朱玉梅	天津大学

本书编写人员名单

主编：

　　杜希文　天津大学

　　龚彩荣　天津大学

各章节编写人员：

第 1 章　概论

　　杜希文　天津大学

第 2 章　功能材料电子理论

　　杨　静　天津大学

第 3 章　导电材料

　　王育华　石家庄铁道大学

　　秦文静　天津理工大学

　　何　玲　兰州理工大学

　　侯　显　兰州理工大学

　　王显威　河南师范大学

　　马卫兵　天津大学

　　王连文　兰州大学

　　王存国　青岛科技大学

第 4 章　磁性材料

　　李艳辉　大连理工大学

第 5 章　发光材料

　　苏仕健　华南理工大学

第 6 章　新能源材料

　　龚彩荣　天津大学

　　董存库　天津大学

　　凌　涛　天津大学

　　刘乐全　天津大学

　　王庆富　青岛科技大学

第 7 章　功能转换材料

　　尹洪峰　西安建筑科技大学

　　云斯宁　西安建筑科技大学

　　苏仕健　华南理工大学

　　王　丹　华南理工大学

　　高俊宁　华南理工大学

　　王显威　河南师范大学

　　王　辅　西南科技大学

　　范俊梅　北华航天工业学院

总 序

材料是人类文明进步的基石。自 20 世纪 60 年代美国无线电科学家莫顿博士提出"功能材料"的概念以来，这一领域的发展始终与科技创新同频共振。相较于传统结构材料对力学性能的单一追求，功能材料以其独特的光、电、磁、热、声、化学等多元特性，不仅支撑着航天、国防等尖端领域的突破，更广泛渗透至智能穿戴、新能源、生物医疗等民生领域，深刻重塑着人类的生产与生活方式。功能材料已被纳入我国多项国家战略与政策体系中。从《中国制造 2025》到"十四五"规划纲要，从"双碳"目标引领到科技自立自强战略部署，功能材料均被明确列为战略性新兴产业的发展重点，是推动经济社会高质量发展、保障产业链供应链安全的关键领域。在这一时代背景下，对高层次、创新型功能材料专业人才培养提出了更为迫切的需求。

为响应国家战略性新兴产业发展规划，教育部于 2010 年批准设立功能材料专业，并于次年将其列入高等学校特色专业建设点。迄今，全国已有近 70 所高校开设该专业，更多院校在材料科学与工程大类下设立功能材料培养方向，逐步形成覆盖广泛、特色鲜明的专业布局。在教育部高等学校材料类专业教学指导委员会的指导下，2018 年由 12 所高校共同发起成立"全国高校功能材料专业联盟"，到 2025 年，联盟成员达到 40 个。在多年的合作过程中，联盟以服务国家战略、培养高层次人才为使命，秉承"共创、共融、共享、共赢"的理念，致力于推动专业标准、课程体系和教材建设，取得了显著的成效。

教材是教学之本，亦是人才培养的重要依托。长期以来，功能材料专业核心课程教材存在系统性不足、实践导向欠缺等问题。在教育部"面向未来的战略性新材料的教材研究与实践"项目支持下，联盟系统梳理了功能材料的知识体系，提出以电子运动为主线的专业框架，确立《功能材料基础》《功能材料合成与制备》《功能材料器件》及《功能材料性能测试方法》四门核心课程教材，并纳入教育部高等学校材料类专业教学指导委员会规划教材。后期，专业方向课程教材逐步建设，并加入本系列教材。

本系列教材以"宽口径、厚基础"为理念，整合国内外优秀教学资源，兼顾理论体系与工程实践，注重反映功能材料领域最新科研成果与产业趋势。在编写过程中，突出科学性、前沿性和适用性，力求内容编排贴合教学实际、难度适中，为全国高校功能材料专业提供一套体系完整、内容精良的教学用书。

我们期待本系列教材能够为推动我国功能材料教育高质量发展、服务国家战略需求贡献一份力量，也恳请广大师生和读者提出宝贵意见，共同促进专业教材体系的不断完善。

杜希文　天津大学
全国高校功能材料专业联盟
2025 年 7 月

功能材料是指具有优良的物理、化学、生物学等功能并且能实现其相互转化，用于非结构目的的高新技术材料。功能材料体积小、功能强，是电子信息、计算机与自动化、能源与动力、航空航天、生物医学、海洋工程、智能制造和物联网等现代科技的基础，是一个国家工业化水平的标志。

为了培养战略性新兴产业人才，2010年教育部指导建设了功能材料专业。到2025年，全国设立功能材料专业的高校达到60多所。为加强功能材料专业的建设，在教育部材料类教指委的指导下，国内30多所高校的功能材料专业成立了"全国高校功能材料专业联盟（简称联盟）"。在教育部"面向未来的战略性新材料的教材研究与实践"项目支持下，联盟分析了战略性新兴产业对专业人才的要求，确定了功能材料专业人才培养的特点和目标，设立了功能材料的基础课程和专业核心课程。在共性知识方面，联盟对功能材料的基础、制备、器件、测试方法等知识进行了全面的梳理，本着"宽口径、厚基础"的人才培养理念，理清了功能材料知识脉络，提出了以电子运动为主线的专业知识框架。其中《功能材料基础》《功能材料合成与制备》《功能材料器件》《功能材料性能测试》四门课程作为功能材料专业本科生的共同基础课程。

在此基础上，联盟组织了教材编写团队，梳理并借鉴国内外现有优秀教材，经过多轮研讨，确定教材内容。在教材内容编排上符合全国大部分高校的教学现状，难度适中，适合大部分高校选用。联盟编写的《功能材料基础》《功能材料合成与制备》《功能材料器件》《功能材料性能测试》教材入选了教育部高等学校材料类专业教学指导委员会规划教材。

《功能材料基础》是功能材料专业的核心基础课程教材。本教材力图梳理出功能材料的共性原理，并覆盖功能材料的大部分内容。在经过教材编写团队多轮研讨的基础上，确定功能材料的性能起源于电子的运动，不同的电子运动导致了不同的功能特性，进而确定教材的主要内容以电子运动为主线，按照电子的定向运动、电子的自旋运动、电子的跃迁运动、电子的分离等基本运动方式，分别对导电材料、磁性材料、发光材料、新能源材料、功能转换材料等进行介绍，以形成功能材料的基本知识框架。本教材注重逻辑的完整性和知识的连贯性，帮助学生对功能材料形成系统的认识，反映当代功能材料科学发展的前沿领域。本教材既可作为高等院校本科功能材料课程教学用书，也可供相关领域的从业人员和研究生参考。

全书共分为七章：第 1 章概论由天津大学杜希文编写；第 2 章功能材料电子理论由天津大学杨静编写；第 3 章导电材料由石家庄铁道大学王育华组织，天津理工大学秦文静、兰州理工大学何玲和侯显、河南师范大学王显威、天津大学马卫兵、兰州大学王连文、青岛科技大学王存国共同编写；第 4 章磁性材料由大连理工大学李艳辉编写；第 5 章发光材料由华南理工大学苏仕健编写；第 6 章新能源材料由天津大学龚彩荣组织，天津大学董存库、凌涛、刘乐全以及青岛科技大学王庆富共同编写；第 7 章功能转换材料由西安建筑科技大学尹洪峰组织，西安建筑科技大学尹洪峰和云斯宁、华南理工大学苏仕健和王丹以及高俊宁、河南师范大学王显威、西南科技大学王辅、北华航天工业学院范俊梅共同编写。

功能材料领域发展迅猛，功能材料的知识体系和基本原理在不断更新完善。同时功能材料又是一个多学科交叉领域，涉及学科众多，而编写人员水平有限，因此在本书中出现不当之处在所难免，欢迎读者批评指正。

编者

2025 年 5 月

目 录

第 **1** 章　概论

引言与导读　/　001

本章学习目标　/　001

1.1　功能材料的发展历程　/　002

1.2　功能材料的定义与特点　/　003

　　1.2.1　功能材料的定义　/　003

　　1.2.2　功能材料的特点　/　003

　　1.2.3　功能材料与结构材料的区别　/　004

1.3　功能材料的分类　/　004

　　1.3.1　根据性能表现分类　/　004

　　1.3.2　根据应用场合分类　/　005

　　1.3.3　根据功能实现过程分类　/　005

1.4　功能材料的功能起源　/　005

　　1.4.1　电学材料——电子的定向运动　/　005

　　1.4.2　磁性材料——电子的旋转运动　/　006

　　1.4.3　光学材料——电子的跃迁运动　/　006

　　1.4.4　新能源材料——电子的迁移与存储　/　007

　　1.4.5　功能转换材料——电子运动方式的转变　/　007

习题　/　008

参考文献　/　008

第 **2** 章　功能材料电子理论

引言与导读　/　009

本章学习目标　/　009

2.1　孤立原子的电子结构　/　009

　　2.1.1　波粒二象性与波函数　/　009

2.1.2 薛定谔方程——微观粒子的运动规律 / 010

2.1.3 氢原子的电子结构 / 010

2.1.4 四个量子数（n、l、m、m_s） / 012

2.1.5 原子中电子的排布规律与跃迁 / 012

2.2 固体能带理论 / 013

2.2.1 布洛赫定理与能带理论的基本思想 / 013

2.2.2 能带形成的定性理解 / 020

2.2.3 能带中电子的排布 / 021

2.2.4 能带理论的常用术语 / 022

2.2.5 金属、半导体和绝缘体的能带特征 / 022

2.3 材料功能的电子起源 / 022

2.3.1 电子的定向运动——导电性——导电材料 / 022

2.3.2 电子的自旋和轨道运动——磁性——磁性材料 / 023

2.3.3 电子的带间跃迁——光学特性——发光材料 / 024

2.3.4 电子的迁移与存储——电化学特性——新能源材料 / 025

2.3.5 外场对电子运动的影响——功能转换——功能转换材料 / 025

习题 / 026

参考文献 / 027

第 3 章　导电材料

引言与导读 / 028

本章学习目标 / 028

3.1 电性能的起源——电子的定向运动 / 028

3.2 金属导电材料 / 028

3.2.1 金属的能带结构、金属键及特点 / 028

3.2.2 金属的电阻率 / 031

3.2.3 功能性金属导电材料及其应用 / 033

3.3 无机半导体材料 / 037

3.3.1 半导体的能带，本征半导体和杂质半导体 / 037

3.3.2 半导体材料的导电机制 / 040

3.3.3 半导体 p-n 结材料及器件 / 046

3.4 介电材料 / 049

3.4.1 介电材料的能带结构 / 049

3.4.2 交变电场的介电材料 / 058

3.4.3 介电材料的介电强度 / 061

3.4.4 $BaTiO_3$ 铁电晶体 / 068

3.5 超导材料 / 069

3.5.1 超导现象及性质 / 069

3.5.2 超导理论 / 073

3.5.3 超导材料的分类与应用 / 076

3.6 导电高分子材料 / 081

3.6.1 导电高分子材料概论 / 081

3.6.2 导电高分子的基本特征 / 081

3.6.3 导电高分子的载流子 / 087

3.6.4 导电高分子的掺杂导电机理 / 094

3.6.5 导电高分子掺杂导电的双向机制 / 097

辅助阅读材料 / 100

习题 / 105

参考文献 / 106

第 4 章 磁性材料

引言与导读 / 109

本章学习目标 / 109

4.1 物质的磁性起源 / 109

4.1.1 原子磁性 / 109

4.1.2 固体的磁性 / 111

4.2 强磁性材料 / 126

4.2.1 软磁材料 / 126

4.2.2 永磁材料 / 138

4.3 功能磁性材料 / 143

4.3.1 磁记录材料 / 143

4.3.2 磁制冷材料 / 144

4.3.3 磁致伸缩材料 / 144

4.3.4 磁性液体 / 145

习题 / 146

参考文献 / 146

第 5 章 发光材料

引言与导读 / 147

本章学习目标 / 147

5.1 光吸收 / 147

5.1.1 无机材料的光吸收 / 149

5.1.2 有机材料的光吸收 / 152

5.2 光发射过程 / 162

5.2.1 无机材料光发射 / 162

5.2.2 有机材料光发射过程 / 165

  5.2.3 有机分子激发态能量转移 / 171

  5.2.4 发光性能参数 / 173

 5.3 无机荧光材料 / 176

  5.3.1 稀土发光材料 / 176

  5.3.2 上转换发光材料 / 183

  5.3.3 量子点发光材料 / 188

  5.3.4 长余辉发光材料 / 190

 5.4 有机发光材料 / 193

  5.4.1 有机小分子发光材料 / 193

  5.4.2 有机大分子发光材料 / 207

 5.5 激光原理与材料 / 211

  5.5.1 激光产生的原理 / 211

  5.5.2 无机激光材料 / 219

  5.5.3 掺稀土激活中心的激光晶体 / 222

  5.5.4 有机激光材料 / 226

 习题 / 229

 参考文献 / 230

第 6 章　新能源材料

引言与导读 / 231

本章学习目标 / 231

 6.1 电子的分离与存储 / 232

  6.1.1 电化学电池 / 232

  6.1.2 电催化过程 / 232

  6.1.3 光催化过程 / 233

 6.2 电化学电池材料 / 234

  6.2.1 电化学基础 / 234

  6.2.2 电池性能关键指标 / 235

  6.2.3 一次电池 / 238

  6.2.4 二次电池 / 243

  6.2.5 超级电容器 / 265

 6.3 电催化材料 / 269

  6.3.1 电催化理论 / 269

  6.3.2 电催化反应 / 272

  6.3.3 电催化动力学参数 / 280

  6.3.4 影响电催化性能的因素 / 280

  6.3.5 电催化材料的应用实例——燃料电池 / 281

 6.4 光催化材料 / 289

  6.4.1 光催化原理 / 289

　　　6.4.2　光催化水分解　　/　293

习题　　/　302

参考文献　　/　302

第7章　　功能转换材料

引言与导读　　/　307

本章学习目标　　/　307

7.1　功能转换材料概论　　/　307

　　7.1.1　功能转换材料定义　　/　307

　　7.1.2　功能转换材料分类　　/　308

　　7.1.3　功能转换材料的应用和今后发展　　/　308

7.2　太阳能电池材料　　/　309

　　7.2.1　第一代硅基太阳能电池材料　　/　310

　　7.2.2　第二代化合物薄膜太阳能电池材料　　/　312

　　7.2.3　第三代太阳能电池材料　　/　313

7.3　电致发光材料　　/　322

　　7.3.1　无机电致发光材料　　/　322

　　7.3.2　有机电致发光材料　　/　328

　　7.3.3　有机-无机杂化发光材料——钙钛矿电致发光材料　　/　335

7.4　压电材料　　/　338

　　7.4.1　压电材料理论　　/　338

　　7.4.2　典型压电材料　　/　343

7.5　热电材料　　/　349

　　7.5.1　热电转换原理　　/　349

　　7.5.2　典型热电材料　　/　352

习题　　/　357

参考文献　　/　357

第1章

概　论

 ## 引言与导读

物质世界是建立在各种材料之上的，每个时代都有自己的标志性材料，从石器时代、青铜时代、钢铁时代，到现在的新材料时代，材料一直是人类社会进步的里程碑。人类早期开发和使用的材料大多用于搭建结构，称为结构材料。第二次世界大战以后，随着信息和能源技术的迅猛发展，人们开发出一系列具有特殊功能的新材料，如发光（光学）材料、导电（电学）材料、磁性材料、生物医用材料、新能源材料等。这类材料不以结构和力学性能为目标，而是以电、磁、声、光、热、力、化学、生物学等性能为指标，我们将这类材料称为功能材料。许多功能材料具有体积小、功能强的特点，它是通信、电子、能源、激光技术等现代科技的基础，是一个国家工业化水平的标志。例如，芯片用硅材料的纯度高达 99.999999999%，能否获得高纯硅是制造硅芯片的关键（图 1-1）。可以毫不夸张地说，没有功能材料就没有现代高科技。

(a) 单晶硅　　　　　　　　　　(b) 硅晶圆　　　　　　　　　　(c) 芯片

图 1-1　硅芯片的基础材料——高纯单晶硅

功能材料世界既充满了创造和神奇，又纷繁复杂，让人感叹"不识庐山真面目"。为了系统介绍功能材料的基础理论，本教材以电子运动为主线，全面介绍了各种功能材料的功能起源，在此基础上，还介绍了当今功能材料的发展前沿和最新进展。

学好功能材料基础课，关键是要建立材料结构-性能-应用之间的基本关系。首先要学习固体物理的必备知识，帮助理解基本理论，其中，需重点掌握电子结构、运动和材料性能的内在关系，并能掌握如何根据应用场景选择功能材料，构建功能器件，这样不仅学到了功能材料相关知识，还能具备解决工程问题的能力。

 ## 本章学习目标

掌握功能材料的概念，认识功能材料对社会发展的重要性，理解功能材料的分类标准，了解功能材料的功能起源。

1.1 功能材料的发展历程

材料是人们用来制成各种物品、器件和构件等具有某种特性的物质实体，是人类社会生活的物质基础。大自然中存在丰富的物质资源，如土壤、矿物、植物等，但在人类出现之前，这些物质还不能称为材料。人类出现之后，自然界的物质就开始成为人类眼里的材料，被用来制造生活生产物资，满足不断增长的物质需求。

人类社会和材料的关系非常广泛、密切。人类文明的发展史，从某种意义上说，可以称得上是世界材料的发展史。大约100万年前，人类就学会使用自然界大量存在的、可直接获取的材料，包括木材、石块、骨头、兽皮等。距今一万至两万年前，人类开始用火烧制陶器，陶瓷材料逐渐出现在人们的生活中。约6000年前，青铜器开始发展，铜成为人类最早大规模使用的金属材料。随后，铁器以其更高的强度和硬度，逐渐取代青铜器，对农业和军事的发展起到促进作用。到了18世纪，钢铁工业快速发展，人类进入了钢铁时代。20世纪以后，随着物理、化学等学科的发展，高分子材料、复合材料等新型材料诞生并迅速发展，这些材料主要被用作结构材料。

相对于结构材料，功能材料虽然很早出现，但品种和产量很少，并且在相当一段时间内发展缓慢。早在公元前5世纪，中国就开始使用天然磁性物质，这也是人类最早认识的功能材料。1609年，透镜玻璃作为一种光学材料，被用于光学仪器的关键部位。伽利略望远镜的发明，开启了科学发展的一个新时代。1856年，大西洋海底铺设电报电缆，导电材料开始大规模应用。1947年，贝尔实验室肖克利等科学家发明了半导体三极管，开启了电子计算机的新时代。

功能材料作为一门独立的学科始于20世纪60年代。随着现代科技的不断进步，原本粗放的、经验性的材料研究向理论化、定量化转变，人们加深了对声、光、电、磁等物理现象及材料微观结构的认识，促进了多种新型功能材料的诞生。1965年，美国无线电科学家莫顿博士提出"功能材料"这个概念，很快受到各国材料科学界的重视。功能材料是指用于非结构目的的、具有特定功能的材料，它们是现代科技和国民经济的物质基础，反映了科技和经济的发展水平。

自20世纪开始，功能材料取得了飞速的发展。20世纪70年代，形状记忆合金获得成功应用，代表着智能材料的开端。1982年，第三代稀土永磁材料钕铁硼问世，是迄今磁能积最高的永磁材料。20世纪后期，包括半导体材料、光电子材料、电磁材料等在内的信息材料迅速发展，实现了信息的探测、传输、存储、显示和处理等功能，极大地促进了信息网络技术的发展。迈入21世纪，导线年产量已突破500万吨，导电材料成为可与结构材料产量相比肩的功能材料。进入21世纪，能源危机促使各国积极开发能源材料，包括储能材料、能源转换材料等，其中锂离子电池材料、燃料电池材料、金属空气电池材料和太阳能电池材料等是当今能源功能材料的研究热点。

功能材料正在改变当今世界和我们的生活。例如，氮化镓材料的大规模应用，促使发光二极管和照明工业发生了革命性的变化。介入材料与器械的研发和应用，使心脏病致死率大幅下降。绿色智能材料推动了风电、光伏、智能电网、电动汽车、节能建筑的发展。太阳能电池转换效率不断提高，全球光伏装机容量持续攀升。当前功能材料的发展日新月异，产生了大批新概念材料，例如带来"光子革命"的光子晶体材料、人工"超材料"、梯度结构材料、结构功能一体化的新材料等。

纵观历史长河，功能材料的发展从单纯地利用原始材料，到凭借经验与技能改进原始材料，再到试探性地设计制造材料，最终以现代科学技术、材料科学理论为指导，设计材料的成分、结构与性能，实现开发与量产。目前功能材料的开发研究以物理、化学、信息、生物等多学科理论为基础，融入了固体物理、量子力学、结构化学等学科理论以及大数据技术，在研制、生产和应用方面飞速发展。功能材料学科已经成为一门最活跃的前沿学科，涉及信息工程技术、生物工程技术、能源技术、纳米技术、环保技术、空间技术、计算机技术、海洋工程技术等现代高新技术，并在制造业高质量发展中起到至关重要的作用。

展望未来，功能材料的研发将涉及电子尺度、飞秒时间、量子力学原理等多学科交叉知识。可以预见，大量涌现的新型功能材料将带来颠覆性技术的出现，引领新一轮科技革命，催生诸多新兴产业。

1.2 功能材料的定义与特点

1.2.1 功能材料的定义

功能材料是与结构材料相对应的概念，是指那些具有优良的物理、化学、生物功能，或者能够实现功能转化，用于非结构目的的材料。功能材料包括单一功能的材料，如能够吸引铁块的磁性材料；也包括多功能材料，如既能导电也能透光的导电玻璃；还包括能够实现能量或信号转换功能的材料，比如将太阳光转变成电能的光电转换材料。与传统的结构材料不同，功能材料不是用来制造具有承载能力的结构件，而是用来制造各种功能元器件，在各种器件中发挥核心作用。例如，单晶硅是芯片的基础材料，没有高纯度硅就难以制造超大规模集成电路，难以实现快速的计算能力。

1.2.2 功能材料的特点

① 理论的复杂性。从本质上来说，功能材料的性能起源于其内部电子结构及电子运动。例如，电子的定向运动带来的导电特性，电子跃迁带来的光学特性，电子的自旋和轨道运动导致材料的磁性等。由于电子运动的复杂性，功能材料的理论相对结构材料更加复杂。

② 材料与器件的一体化。结构材料常以材料形式为最终产品，对于产品性能的评价，通常就是对材料自身性能的评价。而相当一部分的功能材料是以器件形式为最终产品，并以器件的性能水准和功能特征来评价材料。因此，在实际工作中，功能材料的研制与器件的开发通常是同步推进的。

③ 突出的反差性。功能材料一般产量很低，生产规模小，但产品附加值高，经济效益高；单件用量少，而品种规格繁多；在国内生产总值中所占比重很小，却对国民经济各部门的影响极大；研发的成功率低，但一旦成功，则能形成高技术、高性能、高产出、高效益的产业。

④ 高科技性。功能材料通常是为满足某种特定的功能需求而研制的专用材料，对材料成分和结构有严格的要求，往往需要高（超）纯成分、无缺陷的单晶结构或对添加剂严格控

制。在制造或使用时，又常要求采用特殊工艺或进行特殊处理，例如急冷、超净、超微、超纯、薄膜化、集成化、微型化、致密化、智能化等。因此功能材料集成了先进的现代科学技术，知识密集程度与技术密集程度高，制造难度大，是多学科交叉的知识密集型产物。

⑤ 更新换代快。蓬勃兴起的新技术革命和由此形成的高新技术产业是功能材料赖以生存与发展的沃土，不但为功能材料的发展提供了强大动力，而且也对功能材料提出了更新、更高的要求，推动功能材料迅速发展、不断迭代。

1.2.3 功能材料与结构材料的区别

结构材料是以力学性能为基础、用于制造受力构件的材料，而功能材料往往具有某种独特的物理性能和化学性能，是高科技产品的核心材料。功能材料与结构材料相比，主要的区别如下。

① 性能起源。功能材料的性能起源于电子的运动，与电子结构有关；而结构材料的力学性能取决于原子的运动，与原子结构有关。

② 主动响应性。结构材料在外力作用下，会尽量保持内部组织结构与外形几何尺寸的稳定，对外界刺激不作主动响应。功能材料则相反，对于来自外界的信息、作用力或能量会作出主动响应。

③ 产品形式。功能材料大部分以器件形式作为最终产品，而结构材料通常以材料形式作为最终产品。

④ 结构形态。结构材料通常以固体形式存在，而功能材料有多种形态，除固态外，还有气态、液态和等离子态等形态。同一成分的功能材料具有多种不同的形态，并呈现不同的功能。例如，当氧化铝材料被拉制成单晶时，就是人造宝石；如果将氧化铝材料烧结成多晶，便可用作集成电路基板材料、炉芯管材或透光陶瓷等；若将它多孔化或纤维化，则又分别用作催化剂载体材料或绝热保温材料。

1.3 功能材料的分类

功能材料种类多、涉及面广，根据其性能表现、应用场合、功能实现过程等特征可对功能材料进行分类。

1.3.1 根据性能表现分类

按功能材料的性能可大致分为以下九大类：电学（性）材料、磁学（性）材料、光学材料、声学材料、热学材料、力学材料、化学能材料、放射性材料、生物医用材料。

根据在实际应用中的效能和作用可进一步细分成小类。例如，电学材料可分为导电材料、电阻材料、半导体材料、超导材料、铁电材料、压电材料、热释电材料等。磁性材料可分为软磁材料、硬磁材料、旋磁材料、压磁材料、磁记录材料等。光学材料可分为非线性光学材料、发光材料、感光材料、激光材料、光电功能材料、声光功能材料、磁光功能材料、光记录材料等。

1.3.2 根据应用场合分类

按照功能材料应用的场合（技术领域）进行分类，主要可分为信息材料、电子材料、电工材料、通信材料、传感材料、仪器仪表材料、能源材料、航空航天材料、生物医用材料等。

根据应用领域的层次和效能还可以进一步细分。例如，信息材料可分为信息的检测和传感材料、信息传输材料、信息存储材料、信息运算和处理材料等。能源材料可分为储氢材料、燃料电池材料、太阳能电池材料、核能材料等。

1.3.3 根据功能实现过程分类

材料的功能实现过程是指向材料输入某种能量，经过材料的传输或转换，再向外部输出的过程。功能材料按其功能实现过程可分为一次功能材料和二次功能材料。

当向材料输入的能量和从材料输出的能量属于同一种形式时，这种功能材料称为一次功能材料，起到能量传输的作用。传输的能量包括力、声、热、电、磁、光、化学能、放射能等。

当向材料输入的能量和从材料输出的能量属于不同形式时，材料起到能量转换的作用，这种功能材料称为功能转换材料，又称为二次功能材料或高次功能材料。二次功能按能量的转换类型可分为如下五类：光能转换、电能转换、磁能转换、机械能转换和化学能转换。

按照具体的能量转换方向还可以进一步细分。例如，光能与其他形式能量的转换可分为光合成反应、光分解反应、光致抗蚀、化学发光、感光反应、光致伸缩、光生伏特效应和光电导效应等。

1.4 功能材料的功能起源

功能材料的种类繁多，功能复杂，那么如何去了解和掌握这类材料呢？如前所述，结构材料的力学性能取决于原子的运动，与原子结构有关；而功能材料的特殊性能主要起源于电子的运动，与电子结构有关。所以只要我们抓住电子运动的规律，就能理解大部分功能材料的原理。因此本教材以电子运动作为主线，系统介绍各种电子运动带来的功能特性，掌握电子的运动特点，不仅可以理解已有功能材料的内在机制，也能把握未来功能材料的发展趋势和设计新型的功能材料。下面将以电学材料、磁性材料、光学材料、新能源材料以及功能转换材料为例，简要介绍由电子运动规律及由其导致的各种材料性能。

1.4.1 电学材料——电子的定向运动

在外加电场下，电学材料能够产生电流，起到导电作用。电子的定向运动能力决定了材料的导电性能（图1-2）。根据导电能力的大小，可将电学材料划分为导电材料、半导体材料、绝缘体材料、超导材料等。

材料导电能力的不同主要与载流子（电子、空穴、离子）的数量有关。在常温下，导电材料（如金属）内部存在大量自由运动的电子，通常导电性能较好。而半导体、绝缘体的大多数电子被共价键和离子键束缚在原子核附近，无法自由运动，在外加电场足够大的情况下，电子可以脱离原子核和化学键的束缚，变成自由的载流子。

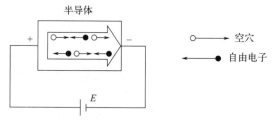

图 1-2　电子的定向运动

从能级结构的角度来讲，金属的导带和价带重叠，电子无须外界能量激发即可进入未满的导带，因此在室温下就具有导电能力。相反，半导体和绝缘体的价带和导带之间存在能量间隙（禁带），价带上的电子在获得外界能量的激发才能跃迁到导带。

总之，材料的导电性能起源于电子的定向运动，导电性的强弱取决于材料的内部化学键和能级结构。

1.4.2　磁性材料——电子的旋转运动

从原子尺度来看，原子内部含有大量的电子，电子通常做绕核运动和自旋运动（又称电子的旋转运动）。这两类运动的电子都会形成闭合回路，从而导致磁性的出现，即电子的旋转运动能力决定了材料的磁性能，如图 1-3 所示。在填满电子的壳层中，电子成对出现，绕核运动和自旋运动的方向相反，产生的磁性相互抵消，因此电子完全配对的惰性气体原子不显磁性。而其他原子内部因含有不成对的电子，则会产生磁性。

当大量原子组成固体材料时，由于形成化学键，原来不成对的电子会配对成键，磁性原子会失去磁性。另外，即使有些原子仍然保持磁性，但如果各个原子的磁矩排列混乱，也会互相抵消，对外不显磁性。只有一些铁磁性材料，如铁、钴、镍，由于相邻原子的电子交换作用，其原子磁矩定向平行排列，形成磁畴，在经过磁化处理以后，对外显示磁性。

总之，磁性起源于电子的旋转（绕核和自旋）运动，但由于原子种类和材料的组成不同，材料会呈现不同的磁性。

1.4.3　光学材料——电子的跃迁运动

材料的光学性能与电子的跃迁行为密切相关。当光束照射到材料上时，会产生光的反射、吸收、发光、透射等现象，如图 1-4 所示。如果材料内部的电子吸收了光子的能量，从价带跃迁至导带，光子将被吸收。在金属中，由于价带与导带是重叠的，它们之间没有能隙。无论入射光能量多小，价电子都能吸收光并跃迁到一个新的能态上去，因此金属材料是不透明的。对于玻璃等绝缘体而言，由于在价带和导带之间存在大的能隙，光子通常不足以激发价电子到导带上，也就不发生吸收，因此材料是透明的。

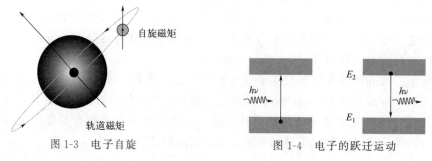

图 1-3　电子自旋　　　　　　　　图 1-4　电子的跃迁运动

发光过程与光吸收过程相反，当激发态的电子从高能级跃迁回低能级时，放出的能量如果以光子的形式出现，就会出现发光现象。对金属而言，由于其价带和导带是重叠的，没有能隙，发射光子的能量很小，其对应的波长不在可见光谱范围内，因此观察不到发光现象。对带隙较宽的半导体材料而言，发射的光子能量较大，波长较短，可以被肉眼观察到。

总之，材料的光学现象与电子的跃迁有关，电子在跃迁前后的能量差对应于所吸收和放出的光子的能量和波长。

1.4.4 新能源材料——电子的迁移与存储

一般而言，材料是由电中性的原子和分子组成的，即使部分离子化合物材料，正负离子的电荷也会相互抵消，因此材料对外不显电性。在光、电、力、热等外场作用下，电子与原子核分离或结合，使得材料从较低的能量状态转变为较高的能量状态，从而实现能量的存储。

以常见的新能源材料——锂离子电池为例，锂元素较为活泼，正常情况下以离子的形式存在。充电时，在电场作用下锂离子从正极材料迁移到负极材料（如石墨、硅等）并形成 LiC_6，其中锂离子得电子形成锂原子，此时锂原子的价电子就储存了能量。放电时，锂原子失去电子变成锂离子，并回到正极材料内，而电子对外做功，实现能量的释放（图1-5）。

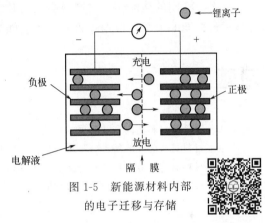

图 1-5 新能源材料内部的电子迁移与存储

在太阳能电池中，半导体材料（如硅）中的电子被光子激发到高能级，与原子核分离，对外做功，实现能量的输出。

在电解水制氢反应中，通过外加电场将水分解为 H^+ 和 OH^-，并继续将 H^+ 还原为氢气，氢气的价电子将能量存储起来。在氢燃料电池中，氢气通过氧化反应释放出价电子，对外做功，将能量释放出来。

总之，尽管新能源材料和电池的种类众多，但能量的存储和转换主要是通过电子的分离和存储来实现的。

1.4.5 功能转换材料——电子运动方式的转变

很多材料（如导电材料、磁性材料、光导材料等）仅仅起到能量传输的作用，向材料输入的能量和从材料输出的能量属于同一种形式，这种功能材料称为一次功能材料，又称为载体材料。而另外一些材料能够起到能量转换的作用，如太阳能电池材料将光能转变为电能，电致发光材料将电能转变为光能，输入的能量和输出的能量形式不同，这种材料称为二次功能材料，或者称为功能转换材料。

不同能量形式的转化，可以归结为电子运动方式的转变，而功能转换材料能够帮助电子实现运动方式的变化，从而实现功能的转换。例如，太阳能电池材料在吸收光能以后引起电子的跃迁运动，并帮助跃迁的电子实现定向运动，将光能转变为电能（图1-6）。而电致发光材料在接收到电能以后，让定向运动的电子和空穴在材料内部复合，电子产生跃迁运动并发射光子，将电能转换为光能。可以看出，在以上电能和光能互相转变的过程中，功能材料实现了定向运动与跃迁运动两种电子运动方式之间的转变。

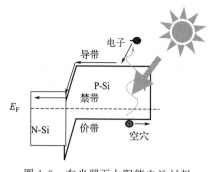

图 1-6　在光照下太阳能电池材料
发生电子的跃迁运动和定向运动

还有一些功能转换材料，如压电材料、热电材料、磁致伸缩材料、声光材料等，会牵涉到晶格振动和形变与电子的相互作用。根据量子力学的基本原理（薛定谔方程），晶格势场决定了电子的波函数，因此晶格势场的振动和变化将影响电子的运动方式，进而引起功能的转变。例如，压电材料在受到外力作用时，材料内部的晶格发生形变，电子会发生重新分布，从而在表面上积累电荷，将机械能转变为电能。而热电材料在受热后，晶格振动会加快电子的扩散，从而引起电荷的再分布，形成温差电动势，将热能转变为电能。

总之，不同的功能转换材料各自具有独特的工作原理，不能一概而论。需要基于电子运动与材料性能的关系，根据输入和输出的能量形式进行具体分析。

习题

1. 为什么功能材料是高科技发展的基础？
2. 功能材料具有怎样的特点？与结构材料的最大区别是什么？
3. 功能材料有哪些分类标准？为什么需要不同的分类标准？
4. 为什么要从电子运动的角度学习功能材料的原理？

参考文献

[1]　郝士明. 功能材料图传[M]. 北京：化学工业出版社，2017.
[2]　汪济奎，郭卫红，李秋影. 新型功能材料导论[M]. 上海：华东理工大学出版社，2014.
[3]　熊兆贤. 材料物理导论[M]. 3 版. 北京：科学出版社，2012.
[4]　胡珊，李珍，谭劲，等. 材料学概论[M]. 北京：化学工业出版社，2012.
[5]　周寿增，王润. 功能材料的发展[J]. 仪表材料，1990，21(4)：193-200.
[6]　周馨我. 功能材料学[M]. 北京：北京理工大学出版社，2002.
[7]　王革华. 新能源概论[M]. 2 版. 北京：化学工业出版社，2011.
[8]　潘金生，仝健民，田民波. 材料科学基础(修订版)[M]. 北京：清华大学出版社，2011.
[9]　尤俊华. 新型功能材料的制备及应用[M]. 北京：中国水利水电出版社，2016.
[10]　屈凌波. 新型功能材料设计及应用[M]. 郑州：郑州大学出版社，2014.
[11]　胡静. 新材料[M]. 南京：东南大学出版社，2011.
[12]　齐宝森，吕宇鹏，徐淑琼. 21 世纪新型材料[M]. 北京：化学工业出版社，2011.
[13]　Xiao D D, Gu L. Origin of functionality for functional materials at atomic scale[J]. Nano Select，2020，1：183-199.
[14]　龙毅. 材料的物理性能[M]. 北京：高等教育出版社，2019.
[15]　周舟，陈渊，黄轶曌. 光电信息功能材料与量子物理研究[J]. 科技创新与应用，2013(07)：28.

第 2 章

功能材料电子理论

引言与导读

材料中的电子运动对材料的性能有决定性的影响。材料是由大量原子组成的，而原子内部含有电子。为了由浅入深地理解电子运动的规律及其对材料性能的影响，本章首先从简单的孤立原子入手，介绍孤立原子的电子结构；进而介绍由众多原子组成的固体材料的电子结构，即固体能带理论；最后基于能带理论介绍功能材料相关性能的起源。

本章学习目标

1. 理解原子的电子结构和固体能带理论。
2. 了解各种功能材料性能的起源。

2.1 孤立原子的电子结构

本节主要讨论原子的电子结构问题，也就是如何描述一个孤立原子中的原子核外电子的运动状态以及能级情况。要讨论清楚原子的电子结构问题，就要利用量子力学理论。这是因为量子力学是描述微观粒子运动规律的理论，适用于微观世界，而经典力学适用于宏观世界的物体。原子物理学家正是利用量子力学研究了原子中核外电子的运动状态和能级问题。

2.1.1 波粒二象性与波函数

我们知道，微观粒子（电子）运动的基本特征是"波粒二象性"，即微观粒子同时具有粒子性和波动性，这里的波称为德布罗意（L. de Broglie）波。电子衍射实验证实了电子运动的波动性，反映了电子在空间不同区域出现的概率。因此，我们可以把德布罗意波当作一种"概率波"或者"几率波"来理解。对于具有波粒二象性的电子来说，其不能同时具有确定的坐标和动量，因此电子的运动没有确定的运动轨迹，只能采用空间某处波的强度来确定电子出现在该处的概率。当然这种波也应该是时间 t 和空间位置 (x, y, z) 的函数，可以把它记作 $\psi(x, y, z, t)$ 或 $\psi(r, t)$，称作波函数，用波函数 ψ 来描述任何微观体系的运动状态，以此作为对物质波的定量数学表示。则波函数振幅的平方 $|\psi(x, y, z, t)|^2$ 就表示 t 时刻，粒子在空间 (x, y, z) 处的单位体积中出现的概率，又称为概率密度。

2.1.2 薛定谔方程——微观粒子的运动规律

微观粒子（如电子）的运动具有波动性，可以用波函数来表示微观粒子的运动状态。奥地利物理学家薛定谔指出，在一定的位势场 $V(\boldsymbol{r},t)$ 中运动的微观粒子（质量为 m）的波函数 $\psi(\boldsymbol{r},t)$ 所应满足的波动方程为

$$\mathrm{i}\,\hbar\frac{\partial}{\partial t}\psi(\boldsymbol{r},t)=\left[-\frac{\hbar^2}{2m}\nabla^2+V(\boldsymbol{r},t)\right]\psi(\boldsymbol{r},t) \tag{2-1}$$

式中，i 为虚数单位；$\hbar=\dfrac{h}{2\pi}$ 为约化普朗克常数，h 为普朗克常数；∇^2 为拉普拉斯算符，$\nabla^2=\left(\dfrac{\partial^2}{\partial x^2}+\dfrac{\partial^2}{\partial y^2}+\dfrac{\partial^2}{\partial z^2}\right)$；$-\dfrac{\hbar^2}{2m}\nabla^2$ 代表粒子的动能；$\boldsymbol{r}$ 也可用 $\vec{r}$ 表示。式（2-1）也称为含时的薛定谔方程。薛定谔波动方程提供了求解在一定条件（即位势场）下运动的微观粒子的波函数 ψ 的途径，揭示了微观世界中物质运动的基本规律，是量子力学最基本的方程。

假若在粒子运动的整个过程中，总的能量 E 始终是确定不变的，即 E 不随时间而变化，这种类型的问题称之为定态。于是得出质量为 m 的微观粒子在三维空间运动的定态薛定谔方程为

$$\left[-\frac{\hbar^2}{2m}\nabla^2+V(\boldsymbol{r})\right]\psi(\boldsymbol{r})=E\psi(\boldsymbol{r}) \tag{2-2}$$

式中，$-\dfrac{\hbar^2}{2m}\nabla^2+V(\boldsymbol{r})$ 为哈密尔顿算符（$\hat{H}$）。式（2-2）也称为不含时的薛定谔方程或者能量本征方程。于是，定态薛定谔方程的算符表达式为

$$\hat{H}\psi(\boldsymbol{r})=E\psi(\boldsymbol{r}) \tag{2-3}$$

2.1.3 氢原子的电子结构

利用薛定谔方程能够计算出原子中原子核外电子的能级。对于最简单的原子——氢原子（如图 2-1 所示），其原子核内只有一个带正电的质子，核外只有一个带负电的电子，电子在质子的库仑吸引力下运动。对于这样一个两体问题，可以通过将质子的位置取为坐标原点，转化为约化质量 $\mu=\dfrac{m_\mathrm{e}m_\mathrm{p}}{m_\mathrm{e}+m_\mathrm{p}}$ 的单体问题，其中，m_e 和 m_p 分别为电子和质子的质量；μ 为电子的约化质量。于是，对于氢原子，式（2-2）中 $V(\boldsymbol{r})$ 为库仑吸引能，即 $V(\boldsymbol{r})=-\dfrac{1}{4\pi\varepsilon_0}\dfrac{e^2}{|\boldsymbol{r}|}=-\dfrac{1}{4\pi\varepsilon_0}\dfrac{e^2}{r}$，氢原子的能量本征方程（定态薛定谔方程）可以写为

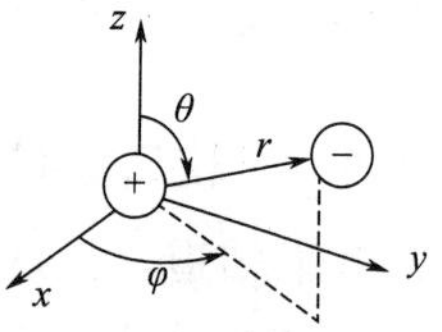

图 2-1 氢原子模型

$$\left(-\frac{\hbar^2}{2\mu}\nabla^2-\frac{1}{4\pi\varepsilon_0}\frac{e^2}{r}\right)\psi(\boldsymbol{r})=E\psi(\boldsymbol{r}) \tag{2-4}$$

式中，r 为电子与质子的距离；ε_0 为真空介电常数；e 为电子电荷量。由于 $V(\boldsymbol{r})=$

$-\dfrac{1}{4\pi\varepsilon_0}\dfrac{e^2}{r}$具有球对称性，采用球坐标系求解式（2-4）更为方便。在球坐标系中（见图2-1），式（2-4）可写为

$$\left(-\frac{\hbar^2}{2\mu}\nabla^2-\frac{1}{4\pi\varepsilon_0}\frac{e^2}{r}\right)\psi(r,\theta,\varphi)=E\psi(r,\theta,\varphi) \tag{2-5}$$

式中，$\nabla^2=\dfrac{1}{r^2}\dfrac{\partial}{\partial r}\left(r^2\dfrac{\partial}{\partial r}\right)+\dfrac{1}{r^2\sin\theta}\dfrac{\partial}{\partial\theta}\left(\sin\theta\dfrac{\partial}{\partial\theta}\right)+\dfrac{1}{r^2\sin^2\theta}\dfrac{\partial^2}{\partial^2\varphi}$。因此，式（2-5）又可以写为

$$\frac{1}{r^2}\frac{\partial}{\partial r}\left(r^2\frac{\partial\psi}{\partial r}\right)+\frac{1}{r^2\sin\theta}\frac{\partial}{\partial\theta}\left(\sin\theta\frac{\partial\psi}{\partial\theta}\right)+\frac{1}{r^2\sin^2\theta}\frac{\partial^2\psi}{\partial^2\varphi}+\frac{2\mu}{\hbar^2}\left(E+\frac{e^2}{4\pi\varepsilon_0 r}\right)\psi=0 \tag{2-6}$$

采用分离变量法，即令$\psi(r,\theta,\varphi)=R(r)\Theta(\theta)\Phi(\varphi)$，可对式（2-6）进行精确求解。将$\psi(r,\theta,\varphi)=R(r)\Theta(\theta)\Phi(\varphi)$代入式（2-6），得到如下方程：

$$\begin{cases}\dfrac{\mathrm{d}^2\Phi(\varphi)}{\mathrm{d}\varphi^2}+m^2\Phi(\varphi)=0 & \text{(2-7a)}\\[2mm]\dfrac{1}{\sin\theta}\dfrac{\mathrm{d}}{\mathrm{d}\theta}\left[\sin\theta\dfrac{\mathrm{d}\Theta(\theta)}{\mathrm{d}\theta}\right]+\left[l(l+1)-\dfrac{m^2}{\sin^2\theta}\right]\Theta(\theta)=0 & \text{(2-7b)}\\[2mm]\dfrac{1}{r^2}\dfrac{\mathrm{d}}{\mathrm{d}r}\left[r^2\dfrac{\mathrm{d}R(r)}{\mathrm{d}r}\right]+\left[\dfrac{2\mu}{\hbar^2}\left(E+\dfrac{e^2}{4\pi\varepsilon_0 r}\right)-\dfrac{l(l+1)}{r^2}\right]R(r)=0 & \text{(2-7c)}\end{cases}$$

式中，m为磁量子数；l为轨道角动量量子数。

接下来对式（2-7a）、式（2-7b）和式（2-7c）逐一进行讨论。

① 式（2-7a）需满足周期性边界条件，即$\Phi(\varphi+2\pi)=\Phi(\varphi)$，因此，$m$的取值需满足$m=0,\pm1,\pm2,\cdots\cdots$

② 式（2-7b）若存在有界的解，则要求$|m|\leqslant l,l=0,1,2,\cdots\cdots$

③ 对于式（2-7c），则需要讨论以下两种情况：

a. 当$E>0$时，方程（2-7c）都有解。而$E>0$意味着电子脱离了氢原子核的束缚，成为自由电子，此时电子的能量可以是任何正值；

b. 当$E<0$时，若方程（2-7c）有解，则要求E只能取分立的值，$E_n=-\dfrac{e^2}{2an^2}$，式中，n为主量子数，$n=1,2,3,\cdots\cdots$，且$n-l-1=1,2,3,\cdots\cdots$

最终，求解得到氢原子核外电子的能量本征值E_n与波函数$\psi_{nlm}(r,\theta,\varphi)$：

$$\begin{cases}E_n=-\dfrac{e^2}{2an^2}\\[2mm]\psi_{nlm}(r,\theta,\varphi)=R_{nl}(r)Y_{lm}(\theta,\varphi)\end{cases} \tag{2-8}$$

式中，$a=4\pi\varepsilon_0\hbar^2/\mu e^2$是一个常数，称为玻尔半径；$Y_{lm}(\theta,\varphi)$为球谐函数；$n$、$l$、$m$取分立的整数，因此称为量子数，$n$为主量子数，$n=1,2,3,\cdots\cdots$；$l$为轨道角动量量子数，$l=0,1,2,\cdots,(n-1)$；$m$为磁量子数，$m=0,\pm1,\pm2,\cdots,\pm l$。三个量子数的合理组合决定了氢原子核外电子的波函数或原子轨道，也就是说，n、l、m的一组取值就对应了氢原

子核外电子的一种运动状态，而氢原子的能级只与 n 的取值有关。

2.1.4 四个量子数（n、l、m、m_s）

由上述氢原子电子结构的求解过程，我们可得到原子电子结构的一般规律。n，l，m 三个确定的量子数组成的一套参数可以描述出核外电子的一种波函数的特征，对应核外电子的一种运动状态，但要完整描述核外电子的运动状态还须确定第四个量子数——自旋磁量子数 m_s，只有四个量子数都完全确定后，才能完整地描述核外电子的运动状态。下面分别介绍四个量子数的物理意义。

（1）主量子数 n

n 的值决定了氢原子的能级。n 为正整数，意味着能级不是连续的，而是量子化的。同时，n 还描述了电子在氢原子核外出现概率最大的区域距离核的远近，这个距离称为最可几半径 r_n（$r_n = n^2 a$，$n = 1, 2, 3, \cdots \cdots$）具有相同主量子数 n 的各原子轨道归并称为同一个"电子层"——壳层。主量子数 $n = 1, 2, 3, 4, 5, 6$ 的电子层分别用 K，L，M，N，O，P 来表示。

（2）轨道角动量量子数 l

l 的值决定了电子轨道角动量 L 的大小。$L = \sqrt{l(l+1)}\hbar$，$l = 0, 1, 2, \cdots, (n-1)$。这意味着轨道角动量的数值也是量子化的。$l$ 还决定了原子轨道和电子云的形状。按光谱学的习惯，$l = 0, 1, 2, 3$ 的轨道分别用 s，p，d，f 表示。l 相同的波函数都可归为一组，叫一个次壳层或亚层。在多电子原子中，l 也是决定电子能量（即能级）高低的因素。

（3）磁量子数 m

电子轨道角动量 L 在 z 轴方向的投影为：$L_z = m\hbar$，$m = 0, \pm 1, \pm 2, \cdots, \pm l$。这意味着轨道角动量的方向在空间的取向是量子化的。m 的值决定原子轨道和电子云在空间的伸展方向。如图 2-2 所示，对于 s 轨道，$l = 0$，$m = 0$，s 轨道为球形，无方向性；对于 p 轨道，$l = 1$，$m = 0, \pm 1$，所以 p 轨道在空间中有三个不同的伸展方向；对于 d 轨道，$l = 3$，$m = 0, \pm 1, \pm 2$，所以 d 轨道在空间中有五个不同的伸展方向。

（4）自旋磁量子数 m_s

除了上述三个量子数，描述电子运动状态还需要第四个量子数——自旋磁量子数，它不是通过求解薛定谔方程得来的，因此与前三个量子数 n、l、m 的取值无关。

实验证明，电子除了绕核运动外，还会做自旋运动，自旋是电子的内禀属性。自旋角动量为：$L_s = \sqrt{s(s+1)}\hbar$，$s = 1/2$。电子自旋在空间某一方向上的投影为：$L_{sz} = m_s\hbar$，$m_s = 1/2, -1/2$。

2.1.5 原子中电子的排布规律与跃迁

原子核外电子在各个能级上的排布一般遵从以下原理或规则。

（1）能量最低原理

核外电子在原子轨道上的排布，应使整个原子的能量处于最低状态，即填充电子时，是按照近似能级图中各能级的顺序由低到高填充的。

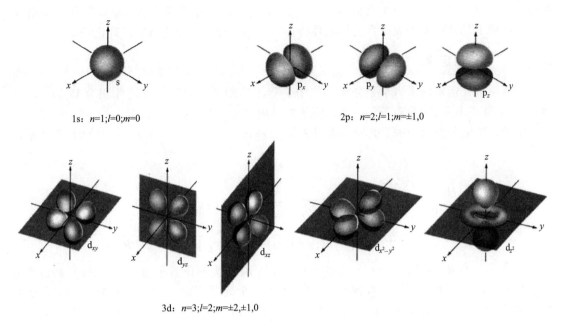

1s: $n=1;l=0;m=0$ 2p: $n=2;l=1;m=\pm1,0$

3d: $n=3;l=2;m=\pm2,\pm1,0$

图 2-2　氢原子的 1s、2p、3d 电子云

（2）泡利不相容原理

在同一原子中，不可能有两个电子具有完全相同的四个量子数。如果其中三个量子数相同，第四个量子数一定不同，即同一轨道最多能容纳 2 个自旋方向相反的电子。

（3）洪特规则

在同一亚层的各个轨道上，电子的排布尽可能分占不同的轨道，并且自旋方向相同。

入射的电磁波或粒子将原子内的电子击出其所属的壳层，使原子进入激发态。这种激发态不稳定，电子将跃迁入内层填补空位，能量差为 ΔE。能量差 ΔE 为原子的特征能量，由元素种类决定，并受原子所处环境的影响。可根据一系列的 ΔE 确定样品中的原子种类和价键结构。

2.2　固体能带理论

上一节主要讨论了孤立原子中电子的运动状态。对于固体（晶体）材料来说，大量的原子排列为有序的周期性晶体结构，晶体中存在晶格周期性电势场，受该周期性电势场的影响，固体中电子的运动状态区别于孤立原子中的电子，呈现能带结构。本节将重点介绍固体能带理论（energy band theory）。晶体的能带理论定性地阐明了晶体中电子运动的规律。

2.2.1　布洛赫定理与能带理论的基本思想

能带理论是较为精确的固体电子理论，它成功解决了早期提出的自由电子模型遗留的问题，是目前研究固体中的电子状态和固体性质最重要的理论基础。能带理论虽然比自由电子模型更加严格，但依然是一个近似理论。1928 年，由布洛赫证明的电子能带定理（布洛赫定理）明确了晶体中电子波函数的周期性特征，为能带理论的建立夯实了理论基础。

2.2.1.1 布洛赫定理

布洛赫首先运用量子力学来分析晶体中价电子的运动。假定晶体的体积为 $V = L^3$，包含有 N 个带正电荷 Ze 的离子实（即，原子核和内层电子），离子实的质量为 M，以及 NZ 个价电子，价电子质量为 m。那么该晶体的定态薛定谔方程［式（2-3）］中的哈密尔顿算符为

$$\hat{H} = -\sum_{i=1}^{NZ} \frac{\hbar^2}{2m} \nabla_i^2 + \frac{1}{2} \sum_{i,j}{}' \frac{1}{4\pi\varepsilon_0} \frac{e^2}{|\boldsymbol{r}_i - \boldsymbol{r}_j|} - \sum_{n=1}^{N} \frac{\hbar^2}{2M} \nabla_n^2$$
$$+ \frac{1}{2} \sum_{m,n}{}' \frac{1}{4\pi\varepsilon_0} \frac{(Ze)^2}{|\boldsymbol{R}_n - \boldsymbol{R}_m|} - \sum_{i=1}^{NZ} \sum_{n=1}^{N} \frac{1}{4\pi\varepsilon_0} \frac{Ze^2}{|\boldsymbol{r}_i - \boldsymbol{R}_n|} \tag{2-9}$$

式中，$\boldsymbol{r}_i$ 和 $\boldsymbol{R}_n$ 分别为第 i 个价电子和第 n 个离子实的位置矢量。式（2-9）共包含 5 项，其中，第 1 和第 3 项分别为 NZ 个价电子和 N 个离子实的总动能；第 2、4、5 项分别为价电子之间的库仑相互作用能、离子实之间的库仑相互作用能，以及价电子和离子实之间的库仑相互作用能。布洛赫定理的具体内容如下。

（1）单电子能带论的基本假设

求解这样一个复杂的薛定谔方程相当困难，因此布洛赫对式（2-9）作了三个近似，分别为绝热近似、单电子近似（也称为平均场近似）、周期性势场近似。这三个近似也被认为是能带理论的基本假设。通过这三个近似，布洛赫将复杂的多体问题简化为单电子问题。

① 绝热近似：考虑到离子实的质量比价电子大，离子实运动速度慢，在讨论电子体系的运动时，可以认为离子实固定在其瞬时位置上（忽略电子与声子的碰撞），即假设离子实动能为零，将式（2-9）中第 3 项近似为零。

② 单电子近似（独立电子假设）：忽略电子-电子之间的相互作用，电子彼此互不影响，只考虑单电子量子态。为了简化多体问题，可以把每个电子的运动看成是独立的，是在一个等效势场中运动。价电子受到的等效势场包括离子实的势场、其他价电子的平均势场等，也就是将式（2-9）中第 2、4、5 项总体近似为一个平均势场，电子在这个平均势场中运动，电子-电子之间没有相互作用。

③ 周期性势场（电势场）近似：上述平均势场具有周期性，晶体中的电子在晶格周期性势场中运动，在晶格周期势场中运动的一个独立的价电子称为布洛赫电子。

（2）布洛赫电子的薛定谔方程

基于上述三个近似，我们可以对固体中电子的运动作如下近似。在晶体中，除价电子以外，在每个格点上都有离子，这些离子组成的晶格会产生一个周期性的电势场，电子在此电势场中运动会感受到一个周期性的电势能 $V(\boldsymbol{r})$，它满足 $V(\boldsymbol{r} + \boldsymbol{R}) = V(\boldsymbol{r})$ 的周期条件，其中，$\boldsymbol{R}$ 为晶格矢量，$\boldsymbol{R} = m_1 \boldsymbol{a}_1 + m_2 \boldsymbol{a}_2 + m_3 \boldsymbol{a}_3$，$m_1$、$m_2$、$m_3$ 为整数，$\boldsymbol{a}_1$、$\boldsymbol{a}_2$、$\boldsymbol{a}_3$ 分别为晶格点阵初基原胞的三个原矢量。则布洛赫电子的薛定谔方程为

$$\left[-\frac{\hbar^2}{2m} \nabla^2 + V(\boldsymbol{r}) \right] \psi(\boldsymbol{r}) = E\psi(\boldsymbol{r}) \tag{2-10}$$

式中，$\psi(r)$ 为布洛赫电子的本征函数；E 为能量本征值。显然，如果忽略周期性电势能 $V(r)$，则布洛赫电子就是自由电子。式（2-10）是能带理论研究的出发点，对 $\psi(r)$ 和 E 进行求解并讨论其物理意义是能带理论的核心内容。

（3）布洛赫定理的表述形式及意义

① 布洛赫定理的两种表述形式　虽然晶体中电子的运动可以简化成求解周期性势场作用下的单电子薛定谔方程，但具体求解仍是困难的，而且不同晶体中的周期性势场的形式和强弱也是不同的，需要针对具体问题进行求解。布洛赫首先讨论了在晶体周期性势场中运动的单电子波函数应具有的形式，给出了周期性势场中单电子状态的一般特征，这对于理解晶体中的电子运动状态，求解具体问题有指导意义。正因如此，布洛赫在 1952 年荣获了诺贝尔物理学奖。他曾这样描述自己的思路："当我开始思考这个问题时，感觉到问题的关键是解释电子将如何'偷偷地潜行'于金属中的所有离子之间……经过简明而直观的傅里叶分析，令我高兴地发现，这种不同于自由电子平面波的波仅仅借助于一种周期性调制就可以获得。"

以下就是布洛赫定理的两种表述形式，二者是等价的，即布洛赫电子的波函数满足以下两种等价的表述形式。

表述形式（一）：

$$\psi(r+R)=e^{ik\cdot r}\psi(r) \tag{2-11}$$

表述形式（二）：

$$\psi(r)=e^{ik\cdot r}u(r), u(r+R)=u(r) \tag{2-12}$$

式中，k 为波矢；R 为任意晶格矢量；$u(r)$ 和 $u(r+R)$ 为周期性函数。

② 布洛赫定理表述形式（二）的意义　在式（2-12）中，$e^{ik\cdot r}$ 是自由电子的波函数，代表平面波，k 为波矢，其方向是电子波传播的方向。$e^{ik\cdot r}$ 表明在晶体中运动的电子已不再局限于某个原子周围，而可以在整个晶体中运动，即成为共有化电子，其运动具有类似平面波的形式。在式（2-12）中，$u(r)=u(r+R)$ 为一个与晶格周期相同的周期性函数，其作用是对平面波的振幅进行调制，使平面波振幅从一个原胞到下一个原胞做周期性振荡（如图 2-3 所示），体现了晶格周期性势场的作用。因此，布洛赫定理表述形式（二）［式(2-12)］所体现的物理意义是，周期性势场中的电子波函数必定是按晶格周期性函数调幅的平面波。

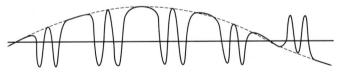

图 2-3　按周期性函数调幅的平面波

（4）波矢 k 的取值范围

① 倒易空间　在能带理论中电子的概率分布用波函数的形式描述，是在整个晶体中分布的概率波，因此受制于晶格的周期性。倒易空间就是定义在晶格上的波矢 k 的空间。晶体点阵所处的空间是正空间，是描述位置矢量 r 的空间，因而是真实存在的；然而，倒易空

间是描述波矢 k 的空间，并不是真实存在的，而是抽象的。正空间是电子等（准）粒子的波函数 $\psi(r)$ 的表达空间，而倒易空间则是（准）粒子的能谱 $E(k)$ 的表达空间。正空间和倒易空间都具有周期性。

② 布里渊区　布里渊区（Brillouin zone）是晶格振动和能带理论中常用的物理概念。1930 年，Leon-Nicolas Brillouin 提出用倒易空间矢量的中垂面来划分波矢空间（即，倒易空间）的区域。倒易空间中的任何一个矢量都对应于一个波矢，一般来讲，一个布里渊区内的波矢可以代表所有的晶格中的波的状态。

布里渊区的构建方法：把倒易点阵中某个阵点同其他阵点都连接起来，作这些连线的中垂面，这些中垂面称为布拉格面。

第一布里渊区（first Brillouin zone，FBZ），是紧邻倒易原点的单连通区域。第二布里渊区定义为从第一布里渊区出发只穿过一个中垂面所能到达的区域，依次类推，第 $n+1$ 布里渊区定义为从第 n 布里渊区出发只穿过一个中垂面所能到达但不在第 n 布里渊区内的区域（不经过交点）。更高阶的布里渊区会含有互不连通的多个区间。每个布里渊区的体积都相等。例如，若倒易点阵为简单立方，则其布里渊区的划分如图 2-4 所示，Ⅰ～Ⅳ 分别为第一至第四布里渊区，FBZ 为立方体。若倒易点阵为体心立方（BCC），则其 FBZ 是切角八面体［图 2-5（a）］；若倒易点阵为面心立方（FCC），则其 FBZ 为正菱形十二面体［图 2-5（b）］。

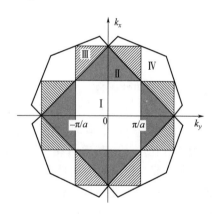

图 2-4　简单立方倒易
点阵的布里渊区

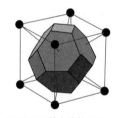

(a) BCC倒易点阵的FBZ

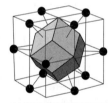

(b) FCC倒易点阵的FBZ

图 2-5　体心立方（BCC）和面心立方（FCC）
倒易点阵的布里渊区

FBZ 边界上存在若干个高对称点，它们用特殊符号表示。例如对于 BCC 倒易点阵，其 FBZ 为一个切角八面体，其高对称点（如图 2-6 所示）包括：

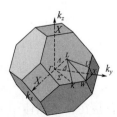

Γ：FBZ 的中心点；

K：两个六边形面共用边的中心点；

L：六边形面的中心点；

U：六边形面和正方形面共用边的中心点；

W：顶点；

X：正方形面的中心点。

图 2-6　FBZ 为切角
八面体时的高对称点

③ 布洛赫电子波矢 k 的取值范围　根据量子力学，布洛赫电子的本征波函数（也称布洛赫波函数）$\psi_k(r)$ 有一组解，即 $\psi_{n,k}(r)$，

$n = 0, 1, 2, \cdots\cdots$ 相应的能量本征值也是由波矢 $\boldsymbol{k}$ 和非负的整数量子数 n 共同决定的，即 $E_{n,k} = E_n(\boldsymbol{k})$。可以证明，$\psi_{n,k}(\boldsymbol{r})$ 与 E_k 在倒易空间（即波矢 $\boldsymbol{k}$ 的空间）中具有周期性，即

$$\psi_{n,k}(\boldsymbol{r}) = \psi_{n,k+G}(\boldsymbol{r}) \qquad (2\text{-}13)$$
$$E_n(\boldsymbol{k}) = E_n(\boldsymbol{k}+\boldsymbol{G}) \qquad (2\text{-}14)$$

式中，$\boldsymbol{G}$ 为倒易矢量，$\boldsymbol{G} = h_1 \boldsymbol{b}_1 + h_2 \boldsymbol{b}_2 + h_3 \boldsymbol{b}_3$（$h_1, h_2, h_3$ 为整数；$\boldsymbol{b}_1, \boldsymbol{b}_2, \boldsymbol{b}_3$ 为倒易原矢量）。例如，对于一个晶格常数为 a 的一维晶格来说，波矢变成了波数 k，$E_n(k) = E_n\left(k + \dfrac{2\pi h}{a}\right)$，$h = 0, 1, 2, \cdots\cdots$如图 2-7 所示，当 n 一定时，能量本征值 $E_n(k)$ 是波数 k 的周期函数，因此，只需将波数 k 限制在 FBZ 中即可，即 $(-\pi/a, \pi/a)$。对于三维晶体来说，波矢 $\boldsymbol{k}$ 的取值范围为 $(-\boldsymbol{b}_j/2, \boldsymbol{b}_j/2]$，$j = 1, 2, 3$。实际上，完整晶体中运动的元激发（电子、声子、磁振子等）的能量和状态都是倒易点阵的周期性函数，因此只需要用 FBZ 中的波矢 $\boldsymbol{k}$ 来描述能带电子、点阵振动和自旋波等元激发的状态，并确定它们的能量-波矢关系即可。也就是说，（准）粒子能谱 $E(\boldsymbol{k})$ 都在 FBZ 中表示。

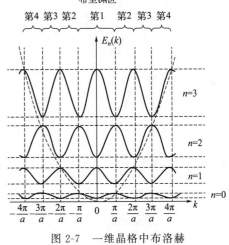

图 2-7 一维晶格中布洛赫
电子的能量-波矢关系

（5）通过布洛赫定理来理解能带的形成

在 FBZ 内，$E_n(\boldsymbol{k})$ 随着非负整数 n 的增大而由低能区向高能区排列，从而构成了能带。能带是单个布洛赫电子能量 E 和动量 $\boldsymbol{p} = \hbar\boldsymbol{k}$ 关系的总和。根据单电子能带论，在考虑固体中存在多个电子的情况下，当电子态排满第一能带时，随之开始排第二能带，对应的波矢都属于 FBZ。

由此得到晶体中电子（即布洛赫电子）运动状态的一般结论如下：

① 布洛赫电子的状态应由两个量 n 和 $\boldsymbol{k}$ 来描述，相应的能量本征值和本征函数为 $E_n(\boldsymbol{k})$ 和 $\psi_{n,k}(\boldsymbol{r})$。

② 对于确定的 n 值，$E_n(\boldsymbol{k})$ 是 $\boldsymbol{k}$ 的周期性函数，只能在一定范围内变化，有能量的上、下界，从而构成一个能带。不同的 n 代表不同的能带，$E_n(\boldsymbol{k})$ 的总体构成晶体的能带结构。

（6）能带的表述

如图 2-7 所示，如果晶格常数是 a，FBZ 的范围为 $(-\pi/a, \pi/a]$。一维晶格的能带就用定义在 FBZ 中的曲线 $E_n(\boldsymbol{k})$，$n = 0, 1, 2, \cdots\cdots$来表示（如图 2-8 所示）。

三维晶格中的能带：波矢 $\boldsymbol{k}$ 定义在倒易空间中的三维的 FBZ 上。能带就用 FBZ 中的沿具有对称性的方向的能量-波矢曲线来表示（如图 2-9 所示）。对于不同的晶系，FBZ 中具有对称性的方向有所不同。对于立方晶系来说，不同晶体结构的对称性方向如下：

① 简单立方（SC）：$\Gamma \rightarrow X[100] \rightarrow C[111] \rightarrow \Gamma$。

② 体心立方（BCC）：$\varGamma \rightarrow N[110] \rightarrow P[111] \rightarrow H[100] \rightarrow \varGamma$。

③ 面心立方（FCC）：$\varGamma \rightarrow X[100] \rightarrow W \rightarrow L[111] \rightarrow \varGamma \rightarrow K[110]$。

④ 密排六方（HCP）：$\varGamma \rightarrow K[100]$。

一个波矢对应若干个能量值，对应不同的能带。例如，硅具有 FCC 晶体结构，其 FBZ 是一个切角八面体（如图 2-6 所示）。由高对称点确定的方向就是能带图中波矢的方向（如图 2-9 所示）。

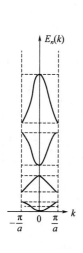

图 2-8　一维晶格的能带

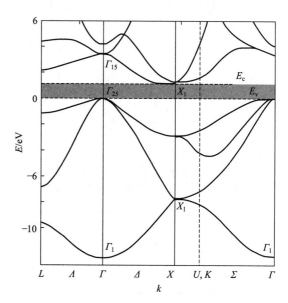

图 2-9　硅（FCC 结构）的能带结构

2.2.1.2　能带的计算方法

事实上，布洛赫电子的波函数无法被简单地解析出，布洛赫提出的第一种能带计算方法是紧束缚近似，对于理解半导体和绝缘体中所有电子的能带、金属内层电子的能带非常重要。相应地还有弱晶格势近似，适用于金属最外层的价电子，对于理解金属的价带非常关键。比以上两个能带计算方法更加准确的是密度泛函理论，目前已经成功用于计算各种晶体的能带结构。下面主要介绍紧束缚近似和弱晶格势近似，这两种近似都是采用量子力学中的微扰论来求解布洛赫电子波函数和能带的，它们的物理思想与处理布洛赫电子波函数的方法都不同。密度泛函理论不在这里赘述。

（1）紧束缚近似

紧束缚近似是常用的计算能带的方法，适用于过渡金属、半导体和绝缘体等。基本上，固体中内层电子的能带都可以由这个模型导出。

紧束缚近似的基本假设是电子基本上束缚在某个原子的周围，主要受该原子势场的作用，而受其他原子势场的影响很弱。因此，这类电子的运动状态与孤立原子中的电子状态相似，能带可以由孤立原子的核外电子轨道导出。

基于微扰论的思想，紧束缚近似求解布洛赫电子波函数的具体方法是，将孤立原子的电子波函数作为零级近似，而将其他原子势场的作用看成小的微扰，运用量子力学中的微扰论对布洛赫电子波函数进行近似求解。由此可以给出孤立原子能级与固体能带之间的相互联系（如图 2-10 所示）。若晶体有 N 个原胞，每个原胞有一个原子，则有 N 个能量相同的 ε_i，如果不考虑原子相互作用，就有 N 重简并。如果考虑其他原子的微扰，原本的能级将分裂为 N 个不同的支能级，从而构成一个能带。

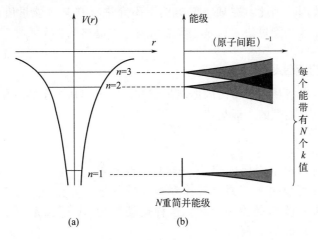

图 2-10　紧束缚近似模型中的固体能带与孤立原子能级的关系

对于 Si、Ge 等金刚石结构的晶体，这些原子的 s 轨道和 p 轨道相距较近，当它们组成晶体时，会形成一种 sp^3 杂化轨道，这种轨道既非原子的 s 轨道，也不是 p 轨道，而是一种分子轨道，以此轨道构成布洛赫函数，得到的是与分子轨道相对应的能带，而不是与原子轨道相对应的能带，无法再用 s 或 p 来区分。

（2）弱晶格势近似

对于简单金属（如碱金属）的 s 或 p 亚层来说，这类电子与离子实距离较远，有很好的流动性，其运动状态与自由电子相似，只感受到一种弱的晶格势。这种弱晶格势的产生不仅来自满壳层电子对核电荷的屏蔽，而且由于其他价电子对离子晶格势的屏蔽会进一步减弱。因此，可采用弱晶格势近似来计算这类电子的波函数与能带。

弱晶格势近似的基本假设是，在周期性势场中，如果电子的势能随位置的变化（起伏）比较小，而当电子的平均动能要比其势能的绝对值大得多时，电子的运动就几乎是自由的。

基于微扰论的思想，弱晶格势近似求解布洛赫电子波函数的具体方法是，将自由电子看成是这类电子的零级近似，而将周期性势场的作用看成小的微扰来求解。例如，对于一维晶格来说，零级近似下的 $E(k)$ 曲线就是一条抛物线（图 2-11 中虚线），即自由电子能量-波数关系。可以证明，周期势场的微扰将在布里渊区的边界处（$\pm n\pi/a$），使得 $E(k)$ 产生带隙（图 2-11 中实线）。也就是说，由于周期性势场的影响，电子能量在布里渊区边界处不连续，能量突变形成带隙。基于 $E(k)$ 的周期性，可将能带平移至 FBZ 中，得到集中在 FBZ（也称简约布里渊区）的一维晶格能带结构（如图 2-8 所示）。

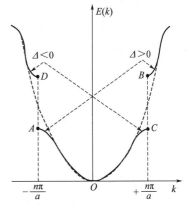

图 2-11　一维晶格带隙的形成

2.2.1.3 三维晶格的能带交叠

对于三维晶格，布里渊区边界处的电子能量突变并不意味着一定产生禁带，因为还可能发生能带与能带的交叠。布里渊区边界处沿不同的波矢 k 方向上，电子能量的不连续可能出现在不同的能量范围。因此，在某些 k 方向上不允许存在某些能量值，而在其他 k 方向上仍有可能允许存在这些能量值。这是三维晶格与一维晶格的一个重要区别。

2.2.2 能带形成的定性理解

上一节介绍了由布洛赫定理得出固体能带结构，本节将从电子共有化的角度，定性地理解固体能带的形成以及能带的一般规律。

（1）电子共有化

原子组成晶体后，由于壳层的交叠，电子不再局限在某一个原子上，而可以由一个原子转移到相邻的原子上去，因而电子可以在整个晶体中运动。这种运动称为电子的共有化运动（如图 2-12 所示）。

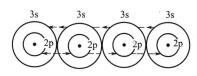

图 2-12　电子的共有化运动

壳层交叠程度决定了电子共有化程度。由于外壳层交叠程度高于内壳层，价电子（即最外层电子）的共有化运动最显著。在研究半导体中的电子状态时，重点正是价电子的运动状态。

（2）固体能带的形成

接下来，我们从电子共有化的角度来理解固体能带的形成。首先，以 H_2 分子为例，当两个 H 原子彼此靠近形成 H_2 分子后，每个 H 原子的核外电子都受到另一个 H 原子势场的作用，因此，核外电子的能量势必发生变化，原本二重简并（两条能量相同）的 1s 能级分裂为两个能级（如图 2-13 所示）。同时，两个 H 原子之间的距离越小，原子之间相互作用越强，两个能级间的能量差就越大。

同理，对于由 N 个原子组成的晶体来说，每个原子上的共有化电子都会受到其他原子势场的作用，因此，能量将发生变化，这使得原本多重简并的原子能级发生分裂（如图 2-14 所示）。分裂出的每一组能级形成了一定的能量范围，也就是能带，每个能带中包含若干条十分靠近的能级。在一定范围内，原子间距越小，原子间相互作用越强，能带也就越宽。位于外层的共有化电子受到其他原子势场的作用更强，因而其相应的能带就更宽。不同的能带之间可能发生重叠。

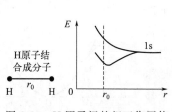

图 2-13　H 原子间的相互作用使
原来孤立原子的 1s 能级发生分裂

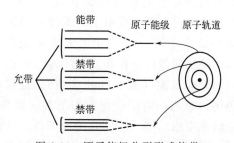

图 2-14　原子能级分裂形成能带

（3）能带的一般规律

① 越是外层电子，电子共有化运动越显著，能带越宽。

② 晶体晶格常数越小，能带越宽。

③ 能带之间可能发生重叠。

（4）能带的能级数与孤立原子能级的关系

每个能带的能级数与孤立原子能级的简并度有关。不计自旋的情况下，s能级没有简并（磁量子数 $m=0$），N 个原子结合成晶体后，s能级分裂为 N 个十分靠近的能级，形成一个能带。p能级是三重简并的（$m=0,1,-1$），便分裂成 $3N$ 个十分靠近的能级。对于实际晶体，N 约为 10^{23}，因此，每个能带中的能级十分接近，基本可视为连续的，称之为"准连续的能带"。

但实际晶体能带与孤立原子能级的对应关系往往更复杂。例如：硅、锗的每个原子含有四个价电子（两个s轨道上的电子、两个p轨道上的电子）。形成晶体后，由于轨道杂化，其价电子形成的两个能带并不分别和s、p能级对应，而是上下能带中各包含 $2N$ 个能级，分别可容纳 $4N$ 个电子，下面的能带填满了电子，称为满带，上面的能带没有电子，称为空带。

2.2.3 能带中电子的排布

电子在能带中的排布规则及统计分布规律如下。

（1）能带中电子的排布规则

电子填充在能带中一系列准连续分布的能级上，服从以下内容：

① 能量最低原理：电子按能量从低到高的顺序填充各能级。

② 泡利不相容原理：同一能级最多可容纳 2 个自旋方向相反的电子。

（2）能带中电子的统计分布规律

从量子力学的观点看，电子是费米子，在热平衡状态下，应服从费米-狄拉克统计分布规律，而不是经典的麦克斯韦-玻尔兹曼统计。温度 T 下，能量为 ε 的一个量子态被一个电子占据的概率为

$$f(E)=\frac{1}{\exp[(E-\mu)/k_{B}T]+1} \tag{2-15}$$

式中，$f(E)$ 为电子的费米分布函数，它是描述热平衡状态下，电子在允许的量子态上如何分布的一个统计分布函数；μ 为化学势（也称费米能级，用 E_F 表示）；k_B 为玻尔兹曼常数。能量为 E_F 的一个量子态被一个电子占据的概率为50％。

如果将固体中大量电子的集体看成一个热力学系统，则系统中增加一个电子所引起的系统自由能的变化，等于系统的化学势，也就是系统的费米能级。在一定温度下，只要确定了 E_F，电子在各量子态上的统计分布也就完全确定了。E_F 是反映电子在各能级中分布情况的参数。E_F 越高，说明电子占据高能级的量子态的概率越大。E_F 是电子填充能级水平高低的标志。对于给定的半导体，费米能级随温度以及杂质的种类和数量的变化而变化。绝对零度（$T=0K$）时，E_F 可看成量子态是否被电子占据的一个界限。能量低于 E_F 的量子态全部被电子占据，而能量高于 E_F 的量子态全部是空的。

2.2.4 能带理论的常用术语

① 能带结构：包括允带和禁带。
② 允带：允许电子占据的能量范围。
③ 禁带：禁止电子占据的能量范围。
④ 满带：能带中的能级完全被电子占据。
⑤ 空带：能带中的能级没有被任何电子占据。
⑥ 部分满带：某个能带被电子部分填充。
⑦ 价带：半导体最上面的满带，被价电子填充
⑧ 导带：半导体价带上面的空带（$T=0$K 时）。

2.2.5 金属、半导体和绝缘体的能带特征

如图 2-15 所示，金属（或导体）的费米能级穿过允带，而半导体和绝缘体的费米能级穿过禁带。$T=0$K 时，能量低于 E_F 的量子态全部被电子占据，而能量高于 E_F 的量子态全部是空的。因此，对于金属来讲，费米能级穿过的允带为部分满带；而 $T=0$K 时，半导体和绝缘体的能带要么是满带，要么是空带。半导体在 E_F 附近的带隙较窄（一般小于 5eV），而绝缘体的较宽（一般大于 5eV）。$T=0$K 时，半导体能带中能量最高的满带称为价带，价带上面的空带称为导带。

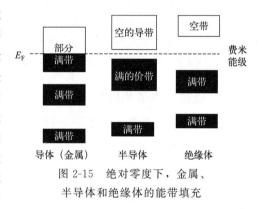

图 2-15 绝对零度下，金属、
半导体和绝缘体的能带填充

2.3 材料功能的电子起源

本节基于能带理论概括地介绍功能材料相关性能的物理机制，总体地介绍本教材的理论基础，帮助读者建立起对功能材料的整体认知。

2.3.1 电子的定向运动——导电性——导电材料

外加电场时，固体中是否产生电流的判断依据是电子是否作定向运动。能带是布洛赫电子的集合，电导率是单个布洛赫电子的贡献之和。布洛赫电子在电场中的状态可以用准经典近似来描述：在外电场 E 中，电子状态会有改变。严格求解电场中固体的能带是很困难的。由于电场的影响与晶格势相比是很弱的，可以近似地将能带中的电子态看成准经典粒子，研究它们在电场中的运动，这个近似就叫作准经典近似。

如果不考虑碰撞，在电场中电子的运动方程为 $\mathrm{d}\boldsymbol{k}/\mathrm{d}t = -e\boldsymbol{E}/\hbar$。也就是说，能带中所有电子（准经典粒子）的波矢 $\boldsymbol{k}$ 随时间沿电场的负方向均匀地移动。能带电子的速度是随时间振荡变化的：$\dfrac{\mathrm{d}v_a}{\mathrm{d}t} = -eE_a/m_{aa}^*$（其中，$a$ 代表 x、y、z 三个方向，m_{aa}^* 为有效质量张量）。

例如：s能带电子速度类似于正弦函数。电子速度的振荡意味着电子空间位移的振荡，这可以由能带的倾斜来理解：电子遇到能隙将被反射。实际上，由于碰撞的存在，这种空间位移的振荡是无法稳定实现的。

波矢为 k 的状态和波矢为 $-k$ 的状态中的电子速度大小相等，方向相反。对于满带中的电子，外加电场 E 对其分布没有影响，仍为费米分布，因而总电流为零。如图 2-16 所示，波数 k 轴上各点均以相同的速度移动，没有改变填充各 k 态的情况。即由于布里渊区边界 A 和 A' 实际代表同一状态，所以从 A 点出去的电子实际上同时从 A' 移进来，仍保持均匀填充的情况。这样一来，有电场存在时，仍然是 k 态和 $-k$ 态的电子流成对抵消，总电流为零。

对于部分满带中的电子，外加电场 E 时，所有电子的状态以相同的速度沿着电场的反方向运动，由于能带中有空的状态，占据 $-k$ 的状态的电子数减少了，而占据 k 的状态的电子数增加了（如图 2-17 所示）。因此，占据 k 和 $-k$ 的电子数不再相等，因此产生了净电流。

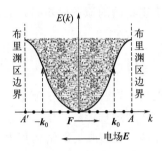

图 2-16　满带电子不导电

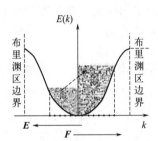

图 2-17　部分满带电子可导电

如前面所述，导体的一系列能带中存在部分被电子填充的能带，即部分满带。在外加电场下，部分满带的电子参与导电。绝缘体的能带中要么是满带，要么是空带，因而在外加电场下均不能参与导电。半导体的能带结构与绝缘体相似，但禁带宽度较窄，且掺杂半导体的禁带中存在缺陷能级，在室温下可通过热激发将缺陷能级中的电子或空穴激发到导带或价带，使导电或价带成为部分满带，从而赋予半导体导电能力。

2.3.2　电子的自旋和轨道运动——磁性——磁性材料

磁性材料主要指由过渡金属铁、钴、镍及其合金等能够直接或间接产生磁性的材料。

从微观上来说，物质的磁性来源于原子核外电子的自旋运动和轨道运动。我们知道电流在其四周产生环绕的磁场。如果把通电导线圈成一个线圈，其产生的磁场等效于一个磁矩为 m 的磁铁的磁场。对于原子来说，原子核外的电子不停地做自旋运动和轨道运动，以及原子核的自旋，这些带电微观粒子的运动都会形成微观电流。而每个微观电流相当于一个微小的载流线圈，因而具有一定的磁矩。大多数物质的原子核的磁矩比电子磁矩小得多，可以忽略不计。因此，物质的磁性是由电子磁矩（包括轨道磁矩和自旋磁矩），尤其是它的自旋磁矩起主要作用的。物质的磁性本质常以原子或分子的等效磁矩（或称作单元磁矩）和磁化强度来说明。抗磁性物质、顺磁性物质与铁磁性物质的差别，是由于在外磁场的作用下，磁化状态各不相同所导致的。

根据经典电磁学，环流电荷引起的磁矩不能成为永久磁矩（铁磁材料中必须具备的）。环流电荷本身在外加磁场中会因电磁感应而变化。在施加磁场的瞬间感应出环流，随着热平衡的建立，环流由于碰撞而完全消失。由此可见，经典电磁学无法解释铁磁性。实质上，对于物质磁性比较精确的理解要运用量子力学的知识，磁性本身是一种量子力学效应，永久磁矩就是原子磁矩。原子中单电子环流贡献的磁矩 $\mu = [e/(2\pi r/v)] \times (\pi r^2)/c = (e\hbar/2mc) \times (L/\hbar)$，其中，$L = mrv$ 是电子的轨道角动量；c 是光速。如 2.1.4 节所述，原子中电子的轨道角动量是量子化的。因此，电子轨道运动产生的轨道磁矩与其轨道角动量在数值上成正比，由轨道角动量量子数 l 所决定。同理，电子自旋运动产生的自旋磁矩与其自旋角动量在数值上成正比，由自旋量子数 m_s 决定。对于一个填满的电子亚壳层，总自旋 S 和总轨道角动量 L 均为零，所以计算原子的总轨道和总自旋磁矩时，只考虑未填满的那些亚壳层中电子的贡献。也就是说，如果一个原子只包含满壳层，电子的角动量量子数均为 0，则原子没有永久磁矩；如果一个原子包含未填满的电子亚壳层，原子就有永久磁矩。

当原子组成固体后，原子或离子的永久磁矩在空间的排列情况就决定了固体的抗磁性、顺磁性、铁磁性和反铁磁性。原子之间的相互作用会引起磁矩的变化，因此组成分子或宏观物体的原子的平均磁矩一般不等于孤立原子的磁矩，计算宏观物质的原子磁矩时，必须考虑相互作用引起的变化。

2.3.3　电子的带间跃迁——光学特性——发光材料

当半导体导带中的电子跃迁回价带时，所释放的电子能量可以转变为光子能量，从而发光。这种跃迁称为电子的带间跃迁，发光材料中电子的带间跃迁过程伴随着电子能量向光子能量的转换过程。发光二极管和半导体激光器都是利用半导体 p-n 结或类似结构把电能转换成光能的器件，其发光是由注入的电子和空穴复合而产生的，所以称为注入式电致发光。电子和空穴复合时放出的能量，如果以光的形式辐射出来，则这种复合称为辐射复合。光电器件利用的正是辐射复合过程。

辐射复合过程与产生非平衡载流子的源无关，而与材料的物理性质密切相关。辐射复合主要包括：①带间辐射复合；②通过由晶体自身的缺陷、掺入的杂质和杂质聚合物所形成的中间能级来实现（通过复合中心的辐射复合）。在实际半导体材料中，不是只存在着一种辐射复合过程，可能有几种类型的辐射复合过程同时存在。

带间辐射复合是指导带电子直接与价带空穴复合。直接带隙半导体中可发生直接辐射复合，如图 2-18（a）所示，发光效率高；而间接带隙半导体中发生的是间接辐射复合，如图 2-18（b）所示，发光效率低。发射光子能量接近或等于半导体材料的禁带宽度。

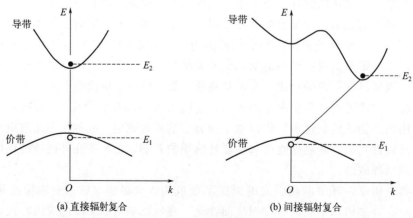

(a) 直接辐射复合　　　　　　　　(b) 间接辐射复合

图 2-18　带间辐射复合

Ⅲ～Ⅴ族化合物半导体一般具有直接带隙的能带结构，是重要的发光材料，如 GaAs。Ge、Si 和Ⅲ～Ⅴ族化合物中的 GaP、AlAs、AlSb 等属于间接带隙半导体。但若在这类材料中掺入适当的杂质，也可提高发光效率。如：在 GaP 中掺入 N 或 O，会形成等电子陷阱，显著提高 GaP 发光效率，使其成为重要的发光材料。

2.3.4 电子的迁移与存储——电化学特性——新能源材料

能源的储存与转换技术主要包括化学电池、电催化与光催化，其本质主要涉及材料中电子的迁移与存储过程。

化学电池主要涉及电池正、负极材料之间的电子迁移，放电时电子从负极迁移至正极，充电时相反。同时，化学电池的电解液中的离子也参与正、负极的化学反应。

研制高效的电化学反应催化剂的目的是提高反应动力学，降低过电势（过电位）。按照Sabatier 原理，理想的催化剂就是吸附既不太强，也不太弱。根据过渡金属 d 带中心理论，吸附外来分子后，过渡金属的 d 电子与吸附分子的电子耦合，形成成键态和反键态。d 带中心较高的金属，成键态和反键态的分离程度较大，反键态高于费米能级，电子无法填充，对分子的吸附强；d 带中心较低的金属，反键态低于费米能级，对分子的吸附很弱。因此，过渡金属的催化性能取决于其 d 带中心的位置。此外，电极材料的电阻要小，以便实现电子在电极与吸附分子之间快速迁移，促进电催化反应动力学。

光催化的微观过程主要涉及光激发半导体价带上的电子跃迁至导带，从而形成"光生电子"，电子被激发后，原来价带上的电中性不再存在，留下带正电荷的"光生空穴"。光生电子-空穴对在半导体内发生迁移和复合；当光生电子迁移至半导体表面，可以还原半导体表面吸附的粒子（如 H^+），而光生空穴具有氧化性，可氧化有机物或者氧化水生成氧气。

2.3.5 外场对电子运动的影响——功能转换——功能转换材料

2.3.5.1 光电材料

（1）电能转换为光能

发光二极管（LED）和半导体激光器都是通过半导体 p-n 结或类似结构把电能转换成光能的器件。例如，在 LED 中，当正向偏压加于 p-n 结两端，载流子注入穿越 p-n 结，使得载流子浓度超过热平衡值，形成过量载流子。这些过量载流子复合时，能量以光子的形式释放，实现从偏压的电能量到光能量的转换。

（2）光能转换为电能

半导体太阳能电池和光电二极管都可以将光能转换成电能，利用的是光生伏特效应。例如，由 P 型半导体和 N 型半导体组成的 p-n 结的光生伏特效应主要涉及三个主要的物理过程：

① 半导体材料吸收光能产生非平衡的电子-空穴对；

② 产生的非平衡电子-空穴对从产生处以扩散或漂移的方式向势场区（p-n 结的空间电荷区）运动，这种势场也可以是金属-半导体的肖特基势垒或异质结的势垒等；

③ 进入势场区的非平衡电子-空穴对在势场的作用下向相反方向运动而分离，在 P 侧积累空穴，在 N 侧积累电子，从而建立起电势差，完成光能向电能的转换。

2.3.5.2 压电材料

某些电介质材料在一定方向上受到机械外力的作用而发生形变时，其内部电极化强度会发生变化，因而在某些相对表面上出现正负相反的电荷，当去掉外力后，它又恢复到不带电的状态，这种没有电场作用而只由于形变使晶体电极化状态发生变化的现象叫作压电效应，即因形变产生的电效应，也称为正压电效应，这种材料称为压电材料。反过来，当在压电材料的极化方向上施加电场时，材料也会发生形变，电场去掉后，压电材料的形变也随之消失。压电效应可使机械能和电能相互转化，压电材料可用于研制压电传感器。

从微观机制上讲，对于非铁电晶体（如石英），当其不受外力作用时，晶体内正负电荷中心重合，总电偶极矩（简称电矩）为0，晶体表面无电荷。当其受到外力作用时，晶格变形，正负电荷中心发生相对位移，不再重合，出现极化，表面出现束缚电荷，从而呈现压电现象。对于铁电晶体，其体内有许多自发极化小区域（即电畴）。电畴取向混乱，总电矩为0。经电场处理后的铁电晶体可以称为压电材料，这种特性称为铁电性。当撤去电场后，铁电晶体有剩余极化强度，处于极化状态，在表面上有异号电荷，极化电荷吸附空气中的自由电荷而中和（空气中总存在微量正、负离子和电子），铁电晶体不呈电性。当铁电晶体作机械变形时，极化强度随之变化，导致表面吸附的自由电荷随之而变，变化着的自由电荷便从一极移至另一极，从而形成电流，产生压电效应。反之，接入电源，电极上呈现电压，压电材料就会变形（压缩或伸长）。接入交变电源，压电材料交替出现伸缩即发生振动。

2.3.5.3 热电材料

热电材料是一种将"热"和"电"直接转换的功能材料。其工作原理是固体在不同温度下具有不同的电子（或空穴）激发特征，当热电材料两端存在温差时，材料两端电子或空穴激发数量的差异将形成电势差（电压）。

温差发电是基于热电材料的塞贝克效应发展起来的一种发电技术。当两种不同的导体连接构成闭合回路，且接点两端处于不同温度时，在接点两端出现电压降（电动势），在闭合回路中产生电流的现象称为塞贝克效应。这一效应成为实现将热能直接转换为电能的理论基础，也叫温差电效应或热电效应。闭合回路中的电动势叫温差电动势。

习题

1. 微观粒子（如，电子、原子等）运动的基本特征是什么？
2. 如何理解薛定谔方程？
3. 1s、2p、3d 亚层分别最多能容纳多少个电子？为什么？
4. 紧束缚近似和弱晶格势近似的适用条件分别是什么？
5. 能带理论的基本假设是什么？
6. 已知三种材料金刚石、硅、灰锡的禁带宽度分别为 5.4eV、1.1eV、0.08eV，比较三种材料在室温（27℃）下导电的优劣（玻尔兹曼常数 $k_B = 1.3805 \times 10^{-23}$ J/K）。
7. 如何从能带的角度解释二价金属钙是导体，而四价金属锗是半导体？
8. 计算能带的理论包括哪些？
9. 根据费米分布函数，说明导电性与禁带宽度的定量关系。

参考文献

[1] 韦丹. 固体物理[M]. 北京:高等教育出版社,2023.

[2] 曾谨言. 量子力学导论[M]. 北京:北京大学出版社,1998.

[3] 李荻. 电化学原理[M]. 4 版. 北京:北京航空航天大学出版社,2021.

[4] 周忠祥,田浩,孟庆鑫,等. 光电功能材料与器件[M]. 北京:高等教育出版社,2017.

[5] 李敬锋,周敏,裴俊. 热电材料及其制备技术[M]. 北京:科学出版社,2023.

[6] 韦丹. 固体物理[M]. 2 版. 北京:清华大学出版社,2007.

[7] 黄昆,韩汝琦. 固体物理学[M]. 北京:高等教育出版社,2012.

第 3 章

导电材料

 引言与导读

我们生活在一个电能驱动的世界，日常生活中，我们会发现有的材料如金属能够导电，有的材料如陶瓷完全不导电；有的物质如钨灯丝电阻很大，通电后会发热发光，而超导体完全没有电阻。这些现象背后的原因是什么呢？事实上，物质的导电行为是带电粒子响应电场发生定向移动的结果，尤其是电子定向运动的结果。虽然物质的导电机理听起来很简单，但物质内部的电子所处的状态各不相同，定向运动的能力也有很大差别，因此导电性能千差万别。总的来讲，金属、半导体、绝缘体的导电性和它们的带隙有关，带隙越宽，导电性越差。超导材料的导电性与低温下电子和声子的相互作用相关，在声子的帮助下，电子对可以无障碍地流过超导体。而在结构型导电高分子材料中，p-π 共轭被打破，从而让电子挣脱了共价键的束缚。为了系统学习材料的导电原理，本章从固体能带理论出发，依次讲述导体、半导体、绝缘体、超导体、导电高分子的能带结构及电子运动特点，揭示导电材料的奥秘。

 本章学习目标

了解并掌握固体导电的能带结构理论、电介质的极化现象及其本质、超导现象及其本质、结构型导电高分子材料的导电机理。

3.1 电性能的起源——电子的定向运动

导电材料的导电性起源于电子的运动。外加电场时，固体的导电是带电粒子响应电场发生定向移动的结果。导电材料包括导体、超导体和半导体。导体的电导率 $\geq 10^5\,\mathrm{S/m}$，超导体的电导率为无限大（在温度小于临界温度时），半导体的电导率为 $10^{-7}\sim10^4\,\mathrm{S/m}$。当材料的电导率小于 $10^{-7}\,\mathrm{S/m}$ 时，就认为该材料基本上不能导电，而称之为绝缘体。导体、超导体、半导体和绝缘体的宏观导电性能的差异起源于它们不同的能带结构。本章将系统介绍能带结构对不同导电材料性能的影响，主要讨论金属导体、半导体、超导体的导电机理及其应用，介电（电介质）材料的介电本质，结构型导电高分子的导电机理及其典型的应用。

3.2 金属导电材料

3.2.1 金属的能带结构、金属键及特点

人们对金属导电性的认识历经经典自由电子理论、量子自由电子理论和能带理论三个阶段。

（1）经典自由电子理论

在化学元素周期表中，金属元素约占 2/3。金属原子通常通过金属键结合在一起（图 3-1）。当金属原子互相靠近产生相互作用时，价电子与原子核和核内电子（即离子实）分离，形成电子"云"（或称电子"海洋"），围绕在离子实周围。这些价电子为所有离子实（正离子）所共有，而不是空间定域的。正离子、自由电子之间产生强烈的静电相互作用，使其结合成一个整体。经典自由电子理论认为，金属键中自由电子能很容易地自由运动，这是金属导电和导热的主要方式。

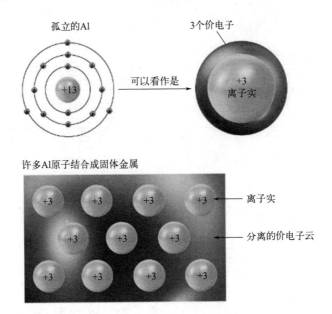

图 3-1   固体 Al 中的金属键

不存在外加电场时，金属中的电子沿各方向运动的概率相同，没有电流产生。当存在外加电场时，自由电子将沿电场的反方向运动，从而形成电流。在自由电子做定向运动的过程中，会不断与正离子发生碰撞，阻碍电子继续加速，从而产生电阻。

根据以上理论，自由电子数量越多，导电性越好。二、三价金属的价电子比一价金属的多，导电性应该高于一价金属。但事实并非如此，如一价金属 Cu 的导电性能远高于二价金属 Mg。经典自由电子理论的问题根源在于忽略了电子之间的排斥作用和正离子点阵周期场的作用。对于微观粒子的运动问题，需要利用量子自由电子理论进行解决。

（2）量子自由电子理论

量子自由电子理论假设金属离子形成的电场是均匀的，价电子与离子实之间没有相互作用；金属中每个原子的内层电子基本保持着单原子时的能量状态，而所有价电子按量子化规律占据不同的能级。根据量子力学理论，电子具有波粒二象性，自由电子的动能 E 和波数 k 之间呈抛物线关系，如图 3-2 所示，图中"＋"和"－"表明自由电子的运动方向。没有外电场作用时，电子沿"＋""－"方向运动的数量相同，因此不产生电流［图 3-2（a），(c)］。存在外电场作用时，对于非满带，外电场使其正向运动的电子能量降低，反向运动的电子能量升高，如图 3-2（b）所示。能量较高的电子将向能量较低的方向流动，因而产生电流。对于满带，动量方向相反、自旋方向相反的电子成对出现，只要电子没有获得能量跃迁到不满带上，电子的动量就会相互抵消，就不能形成净电荷的迁移，也就没有电流的产生，即满带中的电子对导电没有贡献［图 3-2（d）］。可见，在金属中并非所有自由电子都参与导电，而是只有处于较高能态的费米面附近的自由电子才能参与导电，这就说明了不是价电子数越多，材料的导电性就越强。根据量子力学的假设，在绝对零度下，电子波通过一个理想的金属离子点阵时，不会受到散射，能够无阻碍地传播，这时材料是一个理想的导体。当存在正离子热振动、晶体缺陷时，晶体点阵周期性受到破坏，电子波受到散射，传播受阻，因此降低了材料的导电性，产生了电阻。

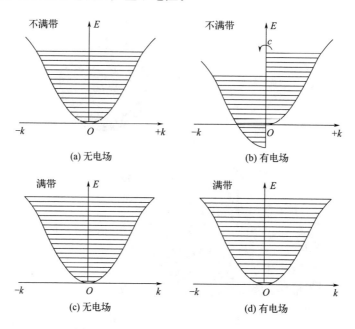

图 3-2　电场对自由电子 $E\text{-}k$ 曲线的影响

量子自由电子理论较好地解释了金属导电的本质，但它假定金属离子产生的势场是均匀的，不能很好地解释半导体、绝缘体和金属导体导电性能的差异。在量子自由电子理论的基础上，考虑离子造成的周期性势场的存在，形成了能带理论。

（3）能带理论

在第 2 章中，我们已经学习了能带理论。金属的能带结构特点是具有部分被填充的布里渊区，即能带中能量较低的能级中有电子填充，而能量较高的能级是空的。当施加外电场后，能量接近费米能级 E_F 的电子受到电场加速成为载流子而产生电流。不同元素具有不同的能带结构，因电子填充情况不同，故表现出不同的导电性能。例如，一价的金属如 I B 族 Cu、Ag、Au 和 II B 族 Zn 和 I A 族元素，具有填充一半的布里渊区，所以是良导体［图 3-3（a）］。二价的碱土族金属的第一布里渊区是几乎填满的，而"溢入"第二区的电子较少，因此能导电但导电性相对较差［图 3-3（b）］。三价金属如 Al、Ga、In，具有未填充满的 p 轨道，因此也能够导电。过渡族金属导电性较差的原因比较复杂。一般来说，过渡族元素电子层能带交叠，内层没有填满电子。电子受到散射的概率较大，电阻较高。

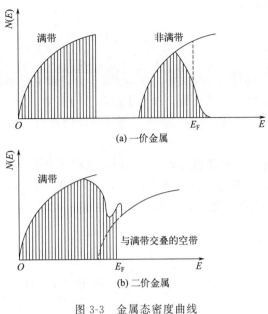

图 3-3　金属态密度曲线

3.2.2　金属的电阻率

（1）理想金属

金属导电机制的研究是随着科学的发展不断深入的。起初，由经典自由电子理论得出的金属电导率 σ 为

$$\sigma = \frac{ne^2 l}{m\overline{v}} \tag{3-1}$$

式中，n 为电子密度；e 为电子电荷量；l 为平均自由程；m 为电子质量；$\overline{v}$ 为电子运动平均速度。该理论基于经典力学理论，认为所有自由电子都对金属电导率有贡献，自由电子的运动规律遵循经典力学中的气体分子的运动规律。自由电子与自由电子、自由电子与正离子（近似为离子实）之间的相互作用类似于经典力学中的机械碰撞。无外电场作用时，自由电子沿各个方向运动的概率相等，净电流为零。当施加外电场时，电子沿与外电场方向相反的方向运动，形成电流。电子在运动过程中不断地与正离子发生碰撞，造成电子运动受阻，产生电阻。

由式（3-1）可以看出，在经典自由电子理论中，单位体积中的自由电子数目越多，电子运动的平均自由程越大，则金属的导电性越好。该理论在一定程度上解释了金属导电的本质，然而也存在一些无法解释的问题，如：不能解释二价、三价金属比一价金属导电性差的原因，不能解释金属导体、半导体、绝缘体导电性能的差异，也无法解释超导现象。另一方面，实际测量的电子平均自由程远大于经典理论的估计值。这些问题的出现，是由于经典力学理论不能正确反映微观粒子的运动规律。

随着量子力学的发展，量子自由电子理论得出只有在费米面附近能级上的电子才对导电有贡献，这些真正参与导电的自由电子被称为有效电子（effective electron），结合能带理论，得出了如下的电导率公式：

$$\sigma = \frac{n_{\text{eff}} e^2 l_{\text{F}}}{m^* v_{\text{F}}} \tag{3-2}$$

相对于经典自由电子论得出的电导率，式（3-2）中，将电子密度 n 用实际参与导电的有效电子密度 n_{eff} 替换，将平均自由程 l 和电子运动平均速度 $\bar{v}$ 分别用费米面附近电子的平均自由程 l_{F} 和运动速度 v_{F} 替换。考虑晶体点阵对电场的作用，将电子质量 m 用电子有效质量 m^* 替换。

当电子波在 0K 下通过一个理想的晶体点阵时，它将不会受到散射，无阻碍地传播。只有在晶体点阵周期性遭到破坏的地方，电子波才会受到散射，从而产生电阻。晶体中的异质原子掺杂、位错和点缺陷等会使晶体点阵的周期性遭到破坏，这是材料产生电阻的本质所在。

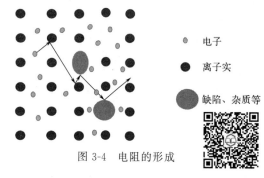

图 3-4　电阻的形成

电子
离子实
缺陷、杂质等

（2）实际金属

理想金属的电阻对应着两种散射机制（声子散射和电子散射），这部分电阻可以看成基本电阻，它在 0K 时降为零。在实际金属和合金中，杂质、合金元素、温度等因素引起的晶格振动以及晶体中的缺陷等都会使理想晶体点阵的周期性遭到破坏，在铁磁体和反铁磁体中还要考虑磁振子的附加碰撞，如图 3-4 所示。以上因素使电子波受到第三种散射，即不相干散射，导致电阻在 0K 时不为零，从而产生附加电阻。

令 $\mu = 1/l$ 为散射系数，则电阻率 ρ 为

$$\rho = \frac{m^* v_{\text{F}}}{n_{\text{eff}} e^2} \mu \tag{3-3}$$

温度越高，离子振幅越大，电子越易受到散射。又因有效电子的运动速度和密度基本与温度无关，故可认为散射系数 μ 与温度成正比。

（3）马基申定则

若金属中含有少量杂质，其杂质原子会导致金属正常的结构发生畸变，引起额外的散射。此时散射系数由两部分组成：

$$\mu = \mu_T + \Delta\mu \tag{3-4}$$

式中，散射系数 μ_T 与温度成正比；$\Delta\mu$ 与杂质浓度成正比，与温度无关。如此，总的电阻包括金属的基本电阻和溶质（杂质）浓度引起的电阻（与温度无关）两部分，此即著名的马基申定则（Matthiessen rule），是由英国化学家和物理学家马基申（Augustus Matthiessen）提出的。马基申定则的公式为

$$\rho = \rho' + \rho(T) \tag{3-5}$$

式中，ρ' 是与杂质浓度、点缺陷、位错有关的电阻率；$\rho(T)$ 是与温度有关的电阻率。

不难看出，在高温时，金属的电阻主要由 $\rho(T)$ 项起主导作用，在低温时，则由 ρ' 项起主导作用。通常，在极低温度（一般为 4.2K）下测得的金属电阻率称为金属剩余电阻率（residual resistivity）。可用剩余电阻率或相对电阻率 $\rho_{300K}/\rho_{4.2K}$ 作为衡量金属纯度的重要指标。一般而言，金属单晶体的相对电阻率值较大，高于 10^4。

3.2.3 功能性金属导电材料及其应用

（1）功能性金属导电材料

金属的导电性是通过自由电子移动实现的，而导电性的强弱与自由电子移动时受到的阻力有关，宏观体现即为电阻，电阻越高，导电性越差。电子在晶体的周期性结构中迁移时会发生散射，从而产生阻碍作用，降低导电性。电子的运动状态取决于它所处的电子层、电子亚层、轨道的空间伸展方向和自旋状况，因此金属的导电性与电子的分布规律及能级结构有密切关联。

在常用金属中，导电性最好的是ⅠB族金属（Cu，Ag，Au）。常用的ⅠB族金属的导电性依次为 Ag＞Cu＞Au。为什么这一族的金属导电性那么强呢？我们从 B 族的元素周期表（如图 3-5 所示，不含人工合成的元素）可以看出，ⅠB族元素核外电子排布规律都为 $(n-1)d^{10}ns^1$ 构型，它们的核外电子排布存在全满的 d 轨道和最外层未满的 s 轨道，同时最外层都是 1 个电子，因此它们的次外电子层都是 18 电子构型，这时电子的有效核电荷数远大于同周期中的ⅠA族，而且次外层的 18 电子构型已经形成了比较稳定的结构，最外层的单个 s 轨道的电子的能量升高，与次外层电子的能级之差拉大，导致自由电子运动的阻力减小。我们以铜和银来举例说明：铜、银的最外层都只有 s 轨道的一个电子，而其他轨道全满，尤其是次外层 d 轨道均被电子填满。这就导致当银/铜的最外层 s 轨道的电子变成自由电子后，银/铜离子和电子之间金属键的形成完全只依靠最外层的 s 轨道，而次外层 d 轨道已经形成稳定结构，使得金属键对自由电子的束缚力非常弱，从而导电能力变得非常强。一

ⅢB	ⅣB	ⅤB	ⅥB	ⅦB	Ⅷ			ⅠB	ⅡB
21 Sc 钪 $3d^14s^2$ 44.96	22 Ti 钛 $3d^24s^2$ 47.87	23 V 钒 $3d^34s^2$ 50.94	24 Cr 铬 $3d^54s^1$ 52.00	25 Mn 锰 $3d^54s^2$ 54.94	26 Fe 铁 $3d^64s^2$ 55.85	27 Co 钴 $3d^74s^2$ 58.93	28 Ni 镍 $3d^84s^2$ 58.69	29 Cu 铜 $3d^{10}4s^1$ 63.55	30 Zn 锌 $3d^{10}4s^2$ 65.41
39 Y 钇 $4d^15s^2$ 88.91	40 Zr 锆 $4d^25s^2$ 91.22	41 Nb 铌 $4d^45s^1$ 92.91	42 Mo 钼 $4d^55s^1$ 95.94	43 Tc 锝 $4d^55s^2$ (98)	44 Ru 钌 $4d^75s^1$ 102.9	45 Rh 铑 $4d^85s^1$ 102.9	46 Pd 钯 $4d^{10}$ 106.4	47 Ag 银 $4d^{10}5s^1$ 107.9	48 Cd 镉 $4d^{10}5s^2$ 112.4
57~71 La~Lu 镧系	72 Hf 铪 $5d^26s^2$ 178.5	73 Ta 钽 $5d^36s^2$ 180.9	74 W 钨 $5d^46s^2$ 183.8	75 Re 铼 $5d^56s^2$ 186.2	76 Os 锇 $5d^66s^2$ 190.2	77 Ir 铱 $5d^76s^2$ 192.2	78 Pt 铂 $5d^96s^1$ 195.1	79 Au 金 $5d^{10}6s^1$ 197.0	80 Hg 汞 $5d^{10}6s^2$ 200.6

图 3-5　B族元素周期表（不含人工合成元素）

般来说有效核电荷数越大，自由电子阻力越小，导电性越好。金属中的金属键越强，对金属自由电子的束缚力就越强，导电性就越差。

高导电金属在电力、半导体和电子信息等领域有广泛的应用，例如：

① 银及其合金　在所有金属中，银具有最好的导电性、导热性，并有良好的延展性。一般应用于电子工业作为接点材料，许多继电器的接点都使用银合金，主要是因为银合金的化学稳定性远高于纯银，熔点也比纯银低得多。纳米银被广泛应用于光学显示材料、低温超导材料、医用抗菌抑菌材料、催化材料、生物传感器材料和电子浆料等的制作。

② 铜及其合金　铜是电力和电子工业中应用最广的导电材料之一，其导电性比金、铝好，比银差。铜常用于各种电缆和导线、电机和变压器中。高纯度无氧铜和弥散强化无氧铜用于电真空器件，如高频和超高频发射管、磁控管中。铜印刷电路需要大量的铜箔和铜基钎焊材料。集成电路中以铜代替硅芯片中的铝作为互连线和引线框架。在力学性能要求高的情况下可使用铜合金，如铍青铜可用作导电弹簧、电刷、插头等。

③ 金及其合金　金具有很好的导电性以及极强的抗腐蚀能力，但价格较贵。金丝、金箔、金粉（压制成部件）、金的合金、包金合金材料（如包金玻璃、包金陶瓷、包金石英）等被作为导体材料广泛用于电子设备、半导体器件和微型电路中。在集成电路中常用到金膜或金的合金膜，金及其合金也可作为接点材料。

（2）金属基柔性印刷电路

柔性电路（flex circuits，又称为 membranous circuits）是一种将电子元件安装在柔性基板上组成的特殊电路，基板通常为聚酰亚胺塑料、聚醚醚酮或透明导电涤纶等高分子材料。它的特点包括重量轻、厚度薄、柔软可弯曲。其中液态金属与纳米金属在柔性印刷电路中使用最为突出，占据主体地位。

① 液态金属　液态金属可看作由正离子流体和自由电子气组成的混合物，也是一种不定型、可流动的金属，如图 3-6 所示。室温液态金属具有许多有趣的表面和体积特性，使它们广泛用于包括柔性电子器件和微流体等在内的各种工程应用中。单质中只有汞（水银）是液态金属，镓及其合金由于无毒且难挥发的特性而得到广泛应用。

图 3-6　可流动的液态金属

液态金属在常温下呈液态，导电性强，热导率高，蕴藏着诸多新奇特性。在先进芯片冷却与能源技术领域，液态金属所开启的第四代热管理技术，打破了制约超大功率集成芯片及光电器件性能进一步提升的瓶颈，为各类极端散热难题的解决提供了前所未有的高效手段。此外，在热能捕获、能量储存、智能电网、低成本制氢、光伏发电、高性能电池等方面，它突破了现有技术瓶颈，大幅提升了能量转换和利用效率。

在电子信息技术与先进制造领域，液态金属这种既具有高导电性能，又能像普通墨水一样流动和即时打印的神奇液体，是理想的印刷电子及3D打印材料。我国科学家首创并研制出一系列先进的制造装备，如液态金属喷墨打印机等（图3-7）。这种全新的快速绿色化增材制造为柔性电子器件一体化成型提供了变革性技术途径，甚至重塑了传统电子及集成电路的制造规则。

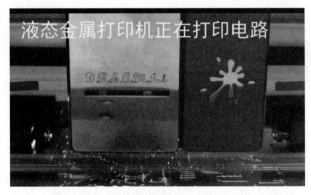

图 3-7　液态金属印刷电路的应用

在医疗卫生与健康技术领域，液态金属已在神经连接与修复、可注射型金属骨骼植入式医疗、电子载体、3D打印，以及高分辨率血管造影术、肿瘤血管阻塞治疗等方面，为一系列世界性医学难题的解决带来了新曙光。同时其也为皮肤电子学、可穿戴技术等方面遇到的难题，提供了极佳的解决方案，促成了液态金属生物材料学全新领域的形成和发展。

在柔性智能机器领域，液态金属颠覆了人们对于传统材料、流体力学及刚体机器的固有认识，为变革传统机器乃至研制未来全新概念的柔性智能机器人奠定了理论与技术基础。

② 纳米金属　纳米金属材料是内部结构为纳米晶粒或纳米颗粒的金属与合金，具有晶界比例高、比表面能大、表面原子多等特点。当纳米金属的粒径由100nm降至5nm时，颗粒表面能与总能量之比由0.8%增至14%，晶界比例由3%增至50%，表面原子的比例增至40%（2nm时增至80%）。纳米金属具有不同于块体材料的特殊性能，例如，纳米铝粉可提高燃烧效率，含1.8%C的纳米晶钢的断裂强度可达4800MPa。

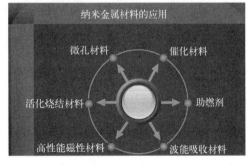

图 3-8　纳米金属材料各项主要应用

基于此，纳米金属材料有较为广泛的应用，其主要应用领域见图3-8。微纳米液态金属材料在多领域应用上具有一定的优越性，见图3-9。

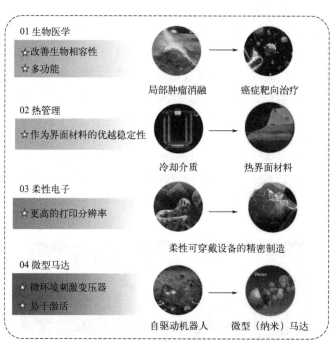

01 生物医学
☆改善生物相容性
☆多功能

局部肿瘤消融　　　癌症靶向治疗

02 热管理
☆作为界面材料的优越稳定性

冷却介质　　　热界面材料

03 柔性电子
☆更高的打印分辨率

柔性可穿戴设备的精密制造

04 微型马达
☆ 微环境刺激变压器
☆ 易于激活

自驱动机器人　　　微型（纳米）马达

图 3-9　微纳米液态金属材料在多领域应用上的优越性

（3）电化学能源转换金属基催化剂

电化学能源转换和存储是可持续新能源研究领域的核心技术，高性能催化剂的设计和构筑则是提升电化学能源转换效率的关键。金属基纳米材料的优异本征催化特性使其成为近年来电化学领域的研究热点。通过对金属基纳米材料的合理设计，调控本征催化活性和活性位点数目以获得高性能催化剂，可大大推动燃料电池和电化学分解水等新能源技术的发展。

① 商业铂碳催化剂　铂碳，又名铂炭，化学式为 Pt/C。铂碳催化剂是将铂负载到活性炭上的一种载体催化剂，属于贵金属催化剂中最常用的一种，其中铂含量（以质量分数计，下同）在 0.5%～20% 之间，广泛应用于制药、电子、能源等领域。

高担载量铂碳催化剂是目前质子交换膜燃料电池的关键材料之一，实际应用的燃料电池铂碳电催化剂，铂担载量一般高达 20%，较通常的化工用担载型催化剂（铂担载量低于5%）的制备难度要大很多。燃料电池铂碳催化剂中铂纳米颗粒粒度、粒度分布及杂质含量对催化剂的电催化性能和运行稳定性有很大的影响。当催化剂中 Pt 金属粒子的粒度在 2～5nm、粒度分布窄、在碳上分散均匀、催化剂中有害杂质（如 Cl）含量少时，催化剂具有较好的活性和稳定性。铂碳催化剂中 Pt 金属粒子的粒度、粒度分布及杂质含量的控制是该催化剂制备研究的难点和重点。

② 金属气凝胶　作为多孔材料家族的最新成员之一，金属气凝胶（metal aerogels，MAs）是完全由纳米结构金属构筑而成的一类新型气凝胶。MAs 兼有金属独特的物理化学性质与气凝胶的结构特征，同时还拥有高速传质通道、高导电性三维网络、自支撑性与独特的光学特性，故在电催化、表面增强拉曼散射和生物传感等领域均表现出卓越性能。尤其在电催化领域，相比于常见的金属颗粒催化剂（通常负载在大比表面积的碳基底上），MAs 的自支撑结构可避免前者在使用时出现的粒子团聚、碳基底腐蚀等问题。因此，兼具高活性与高稳定性的 MAs，在电催化领域具有巨大优势。

众多研究致力于制备 Pt 基或非贵金属基 MAs，并将之应用于电催化氧还原反应，其性价比、稳定性较传统 Pt 基电催化剂有显著提高。此外，随着研究的进一步发展，研究者发现通过合金化策略所组成的双金属气凝胶（如：$Pt_{80}Pd_{20}$ 气凝胶）d 带中心位置适中，可同时兼顾较强的氧气吸附与较弱的中间物种吸附，不仅提高了 MAs 的电催化性能，还节约了成本。此外，MAs 在诸如析氢反应、析氧反应、硝酸根还原等电化学过程中亦存在巨大的发展潜力。因此，MAs 未来在电催化的研究应用方面具有广泛的发展前景。

（4）金属网格柔性触控传感

随着未来移动终端、可穿戴设备、智能家居等智能产品对触摸面板的强劲需求，将触控技术应用于可穿戴设备领域已经逐渐成为厂商的共识，这让柔性触控面板迎来大规模商业化机遇。

然而，由于传统氧化铟锡（ITO）薄膜不能用于可弯曲应用、导电性及透光率相关本质问题不易克服等因素，众多触控面板厂商不得不开始将发展重点转向 ITO 的替代材料，包括金属网格、纳米银线、碳纳米管以及石墨烯等。

目前，石墨烯仍处于研发阶段，距离量产还有很远的距离。碳纳米管工业化量产技术尚未完善，其制成的薄膜产品导电性还不能达到普通 ITO 薄膜的水平。业内人士指出，从技术与市场化来说，金属网格与银纳米线技术将是近期新兴触控技术的两大主角。

① 金属网格　金属网格（metal mesh）技术利用银、铜等金属材料及其氧化物等易于得到且价格低廉的原料，在 PET 等塑胶薄膜上压制所形成的导电金属网格图案，基于贴合的导电膜通过感应触摸实现信号传输功能，通常用于制造柔性电子产品和透明导电膜中（如柔性显示屏、太阳能电池、触摸屏等）。

金属网格的优势包括：

a. 优异的导电性：金属网格具有高度导电性，能够有效地传输电流；

b. 柔韧性：金属网格可以弯曲和拉伸，适用于柔性电子产品的制造；

c. 透明性：一些金属网格具有良好的透明性，可用于制造透明导电膜。

金属网格在柔性电子产品领域具有广泛的应用，为制造具有柔性、透明性和导电性的电子产品提供了重要的材料支持。

② 银纳米线　纳米线可以被定义为一种一维纳米结构，其径向尺寸（直径）被限制在 100nm 以下，而轴向（长度）没有限制。在这种尺度上，材料会显示出一些独特的量子效应，因此也被称作"量子线"。银纳米线除具有银优良的导电性之外，由于纳米尺度的尺寸效应，还具有优异的透光性、耐曲挠性。因此被视为是最有可能替代传统 ITO 透明电极的材料，为实现柔性电子产品、可弯折 LED 显示、触摸屏等的制造提供了可能，并已有大量的研究将其应用于薄膜太阳能电池。此外由于银纳米线的大长径比效应，其在导电胶、导热胶等应用中也具有突出的优势。

3.3　无机半导体材料

3.3.1　半导体的能带，本征半导体和杂质半导体

（1）半导体的能带理论

相比于金属材料，半导体材料最明显的特征就是能带中存在一定宽度的禁带，其导电能

力取决于未被电子占据的能级的电子数目。在外电场作用下，电子从占据满带中的能级跃迁到未被电子占据的能级中，形成电流，起导电作用。如图 3-10 所示，我们称已被价电子占满的满带为价带，未被价电子占满的能带或空带为导带，中间为禁带。理想情况下，没有外界作用时半导体并不导电。当存在外界作用时（例如温度升高或有光照或有外加电场），价带中有少量电子可能被激发到导带中，使导带中存在少量可自由移动的电子参与导电。当这一部分电子被激发到导带中时，使得原来处于满带的价带变成未满带，这样在外电场的作用下，价带中未被电子占据的位置就可以作为电子导电的介质，我们把价带中电子参与导电的机制等效为价带中未被占据的空的状态（空位）参与导电，因此这些空位又被称为空穴。可见，在半导体中，被激发到导带的电子和价带中的空穴都参与导电，这也是半导体材料与金属材料导电机制最大的区别。

（2）本征半导体

本征半导体就是指拥有理想结构的半导体材料，材料中没有杂质和缺陷，其能带如图 3-11 所示。

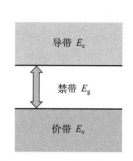

图 3-10　半导体材料的能带

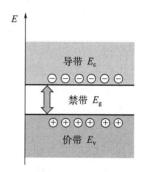

图 3-11　本征半导体的能带

在本征半导体中，当温度为绝对零度，即 $T=0K$ 时，价带中所有的位置都被电子占据处于满带状态，而导带中没有电子占据处于空带状态，此时半导体中的电子不参与导电，不表现出任何导电特性。当温度 $T>0K$ 时，由于温度的存在产生热激发，一部分处于价带的电子被激发到导带中，成为准自由电子参与导电，同时价带形成空穴参与导电。我们将通过热激发将价带中的电子激发到导带中形成准自由电子的过程称为本征激发。本征激发过程中，在导带中形成电子，价带中形成空穴，由于电子和空穴是成对产生的，因此称为电子-空穴对。在电子-空穴对中处于导带的电子浓度 n_0 应等于处于价带中的空穴浓度 p_0，即

$$n_0 = p_0 \tag{3-6}$$

而本征载流子浓度 n_i 可由式（3-7）得出：

$$n_i = n_0 = p_0 = (N_c N_v)^{1/2} \exp\left(-\frac{E_g}{2k_B T}\right) \tag{3-7}$$

式中，N_c 为导带有效状态密度；N_v 为价带有效状态密度；k_B 为绝对零度下的玻尔兹曼常数；$E_g = E_c - E_v$ 为禁带宽度。可见，其本征载流子浓度 n_i 随温度的升高而增加。将公式变形，并引入电子质量 m_0，则

$$n_i = 4.82 \times 10^{15} \left(\frac{m_p^* m_n^*}{m_0^2} \right)^{3/4} T^{3/2} \exp\left[-\frac{E_g(0)}{2k_B T} \right] \exp\left[\frac{\alpha T}{2k_B(T+\beta)} \right] \tag{3-8}$$

式中，α 和 β 称为温度系数；m_p^* 为价带顶空穴有效质量；m_n^* 为导带底电子有效质量。根据式（3-8），作出 $\ln n_i T^{-3/2} \sim 1/T$ 关系直线，通过其斜率可求得 $T=0$K 时的禁带宽度 $E_g(0) = 2k_0 \times$ 斜率。

（3）杂质半导体

实际情况中，我们所见到的半导体材料并不是理想结构，总含有一定量的杂质和缺陷。因此，在实际半导体中，载流子主要来源于杂质电离。掺入的杂质元素使半导体材料中产生多余的价电子形成自由电子参与导电，杂质电离后形成正电中心，我们将掺入的杂质元素称为施主杂质。掺入的杂质元素使半导体材料中缺少价电子需要从别处夺取价电子，形成空穴和负电中心，这种掺入的杂质元素称为受主杂质。对于半导体材料而言，施主杂质引入施主能级（E_D），受主杂质引入受主能级（E_A）。施主能级被电子占据的方式与能带中电子占据能级的方式是不同的。施主能级不允许同时被自旋方向相反的两个电子所占据，而能带中的能级可以同时被自旋方向相反的两个电子所占据。电子占据施主能级只存在两种情况：第一，施主杂质中电子不占据施主能级；第二，施主能级只能被任一自旋方向上的一个电子占据。电子占据施主能级的概率 $f_D(E)$ 可以表示为

$$f_D(E) = \frac{1}{1 + \frac{1}{g_D} \exp\left(\frac{E_D - E_F}{k_B T} \right)} \tag{3-9}$$

空穴占据受主能级的概率 $f_A(E)$ 可以表示为

$$f_A(E) = \frac{1}{1 + \frac{1}{g_A} \exp\left(\frac{E_F - E_A}{k_B T} \right)} \tag{3-10}$$

式中，g_D 是施主能级的基态简并度；g_A 是受主能级的基态简并度。它们通常被称为简并因子。因此，施主能级上的电子浓度 $n_D = N_D f_D(E)$ 可以表示为

$$n_D = N_D f_D(E) = \frac{N_D}{1 + \frac{1}{g_D} \exp\left(\frac{E_D - E_F}{k_B T} \right)} \tag{3-11}$$

受主能级上的空穴浓度 $p_A = N_A f_A(E)$ 可以表示为：

$$p_A = N_A f_A(E) = \frac{N_A}{1 + \frac{1}{g_A} \exp\left(\frac{E_F - E_A}{k_B T} \right)} \tag{3-12}$$

式中，N_D 为施主杂质浓度；N_A 为受主杂质浓度。它们表明了杂质施主能级和受主能级中的量子态密度。由公式可知，杂质能级与费米能级的相对位置 $E_D - E_F$、$E_F - E_A$ 表明电子和空穴占据杂质能级的情况。当半导体材料中施主杂质浓度大于受主杂质浓度时，即半导体材料以电子导电为主，这样的半导体类型称为 N 型半导体。其能带如图 3-12 所示。

在 N 型半导体中，载流子多数为电子，少数为空穴。而 N 型半导体呈电中性，其呈电中性的条件为：

$$n_0 = n_D^+ + p_0 \tag{3-13}$$

式中，n_0 为导带中的电子浓度，表示单位体积中的负电荷数；n_D^+ 为电离施主浓度；p_0 为价带中的空穴浓度；$n_D^+ + p_0$ 表示单位体积中的正电荷数。可见，N 型半导体中的电子浓度由本征激发和杂质电离共同决定。根据式（3-7）和式（3-11）可知，N 型半导体中的本征激发和杂质电离都与温度有关。当温度很低时，热激发对 N 型半导体作用很小，因此，通过本征激发从价带跃迁至导带的自由电子数基本可以忽略不计。此时，N 型半导体导带中的自由电子可以认为全部由杂质电离产生。在施主杂质中，极少的施主杂质发生电离，使得只有少部分的电子能够从价带跃迁至导带形成自由电子，称为弱电离，对应的温度区间称为弱电离区。当温度升高时，通过本征激发和杂质电离产生从价带跃迁至导带的自由电子数增多，N 型半导体的导电能力增加，这种情况称为中间电离区。当温度持续升高至大部分杂质都电离时，有 $n_D^+ \approx N_D$，此时温度（强电离区）、N_D 共同决定了导带中的电子浓度。当施主杂质全部电离时，有 $n_0 = N_D$，此时 N 型半导体的载流子浓度为杂质浓度，浓度保持不变且与温度无关，我们将这一温度区间称为饱和区。

当半导体材料中受主杂质浓度大于施主杂质浓度时，半导体以带正电的空穴导电为主，这样的半导体类型称为 P 型半导体。其能带如图 3-13 所示。

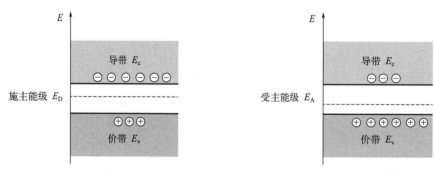

图 3-12　N 型半导体能带　　　　　　　图 3-13　P 型半导体能带

在 P 型半导体中，载流子多数为空穴，少数为电子。在 P 型半导体中同样存在低温弱电离区、中间电离区、强电离区和饱和区。

对于某种掺杂半导体（包括 N 型半导体和 P 型半导体），其掺杂浓度和温度共同决定了半导体的载流子浓度和费米能级。当温度升高时，决定半导体的载流子浓度的作用由以杂质电离为主转变为以本征激发为主。当杂质全部电离时，半导体中的杂质浓度保持不变，我们将半导体从杂质全部电离到完全本征激发之间的阶段称为过渡区。此时，半导体中的载流子浓度一部分来源于杂质的完全电离，另一部分来源于本征激发。

3.3.2　半导体材料的导电机制

（1）半导体材料的电导率

根据德鲁德（Drude）模型，对于电子导电的情况，在电场作用下导体（金属）的导电性可描述如下：

$$j = -nev \qquad (3\text{-}14)$$

式中，j 为电流密度；n 为载流子（电子）浓度；e 为电子的基本电荷量；v 为载流子（电子）在电场中的平均漂移速度。也就是说，电场作用下材料的电流密度取决于材料中的电荷浓度和电子的漂移速度。电子在电场力作用下会沿着电场的反方向作定向运动，即所谓的漂移运动，这种定向运动的速度称为漂移速度。漂移速度的大小是和外加电场的大小相关的，其关系式为

$$|v| = \mu |E| \qquad (3\text{-}15)$$

式中，μ 为载流子的迁移率；E 为电场强度（也可用 $\vec{E}$ 表示）。这里引入了一个物理量——迁移率 μ，表示单位场强下电子的平均漂移速度（习惯上迁移率只取正值），其值的大小与电荷在材料中的有效质量和运动过程中的各种散射有关，单位是 $m^2/(V \cdot s)$ 或 $cm^2/(V \cdot s)$。

将式（3-15）代入式（3-14），得到

$$j = ne\mu E \qquad (3\text{-}16)$$

引入电导率 $\sigma = j/E$，则可以得到

$$\sigma = ne\mu \qquad (3\text{-}17)$$

由此可知，电导率 σ 表示材料在单位电场作用下的电流密度，与外加电场无关，仅与载流子浓度和迁移率有关，是一个更能从本质上反映材料导电性质的物理量。本节后面关于材料导电性的讨论都只考虑对电导率的影响。

通常，在电场强度不太大的情况下，半导体中的载流子在电场作用下的运动遵循欧姆定律，适用于从式（3-14）到式（3-17）的讨论。但半导体中存在着两种载流子，即带正电的空穴和带负电的电子，且半导体中的载流子浓度还与掺杂杂质和温度条件有关，所以其导电机制比一般的导体复杂一些。

在实际测量过程中，在半导体的两端施加电压，其内部会形成电场，在电场的作用下内部的载流子（电子和空穴）便会发生漂移运动。由于半导体中的两种载流子所携带的电荷符号不同，其在电场中受力方向相反，运动方向也相反，如图 3-14 所示。但两种载流子运动所产生的电流方向是一致的，即沿着电场方向。所以，半导体材料在电场作用下所产生的电流应该是电子和空穴所贡献的总和。

在这里需要注意的是，虽然电子和空穴对半导体材料的电导率都有贡献，但是其贡献程度是不一

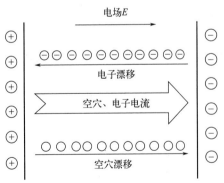

图 3-14　电场作用下半导体中载流子
（电子和空穴）的漂移运动

样的。电子和空穴的有效质量不一样，从而导致它们的迁移率不相同，也就是说电子和空穴在电场作用下的漂移速度不一样（通常电子的漂移速度较快），因而各自贡献的电流也不相同。

在此，我们用 n 和 p 分别表示电子和空穴浓度，μ_n 和 μ_p 分别表示电子和空穴迁移率，j_n 和 j_p 分别表示电子和空穴所贡献的电流密度，则 j_n 和 j_p 可分别用式（3-16）表示出来。因此，半导体材料中的总电流密度 j 应为

$$j = j_n + j_p = (ne\mu_n + pe\mu_p)E \tag{3-18}$$

其电导率 σ 为

$$\sigma = ne\mu_n + pe\mu_p \tag{3-19}$$

由于本征半导体和杂质半导体中载流子的种类和浓度不同，式（3-19）所表示的电导率可以根据实际情况进行改变。在通常的杂质半导体中，一种载流子的浓度会远大于另一种载流子的浓度。因此，在电子和空穴迁移率差别不太大的情况下，材料的电导率主要由多数载流子决定。对于 N 型半导体，$n \gg p$，空穴对电导率的贡献可以忽略，则电导率可直接表达为

$$\sigma = ne\mu_n \tag{3-20}$$

同理，对于 P 型半导体，其电导率表达为

$$\sigma = pe\mu_p \tag{3-21}$$

而在本征半导体中，由前面的内容可知 $n = p = n_i$，其电导率为

$$\sigma = ne\mu_n + pe\mu_p = n_i e(\mu_n + \mu_p) \tag{3-22}$$

下面我们将从半导体材料的电子的有效质量、散射机制等方面进行讨论。

（2）半导体中电子的运动和有效质量

根据能带理论，半导体中的电子是在晶体的周期性势场中运动的。我们把电子在晶体中的运动可以看作波包的运动，波包的群速就是电子运动的平均速度。则半导体中电子的速度 v 与能量 E 的关系可以表示为

$$v = \frac{1}{\hbar} \frac{dE}{dk} \tag{3-23}$$

式中，v 为电子在晶体中的运动速度；$\hbar$ 为约化普朗克常数；E 为晶体中电子能量；k 为波矢。

对于半导体材料，我们通常只关心导带底和价带顶附近的电子。对于导带底附近，其能量与波矢的关系为

$$E(k) - E(0) = \frac{1}{2}\left(\frac{d^2 E}{dk^2}\right)_{k=0} k^2 \tag{3-24}$$

式中，$E(0)$ 为导带底能量。对给定的晶体材料，$(d^2 E/dk^2)_{k=0}$ 应该是一个定值。若令

$$\frac{1}{m_n^*} = \frac{1}{\hbar^2}\frac{d^2 E}{dk^2} \tag{3-25}$$

即

$$m_{\mathrm{n}}^* = \frac{\hbar^2}{\dfrac{\mathrm{d}^2 E}{\mathrm{d}k^2}} \tag{3-26}$$

再将式（3-25）代入式（3-23），可得

$$v = \frac{\hbar k}{m_{\mathrm{n}}^*} \tag{3-27}$$

该表达式与自由电子的速度表达式 $v = hk/m_0$ 类比可以发现，m_{n}^* 有着与自由电子的惯性质量 m_0 相似的特点。因此，我们将 m_{n}^* 称为半导体中电子的有效质量。从表达式（3-27）可知，在能带底附近 $m_{\mathrm{n}}^* > 0$，v 为正值；在能带顶附近 $m_{\mathrm{n}}^* < 0$，v 为负值。

我们还可以将半导体材料中的电子在电场作用下的加速度 a 表示为

$$a = \frac{f}{m_{\mathrm{n}}^*} \tag{3-28}$$

式中，f 为电场作用在电子上的力。与牛顿第二运动定律类似。也就是说，半导体材料中的电子在外场作用下的运动也是用电子的有效质量 m_{n}^* 来描述，而不是电子的惯性质量 m_0。需要注意的是，此处的 f 并不是电子受到的合力，没有考虑晶体中周期性势场的存在。

（3）半导体中电子的迁移率及其影响因素

材料之所以有电阻，从微观上讲是因为载流子在运动的过程中遇到了散射。为了讨论简单，我们暂不考虑载流子速度的统计分布，仅从统计平均的角度简要分析载流子的运动。

在电场作用下，半导体中的载流子（电子）在作漂移运动时会被散射，只有在连续两次散射之间的时间内才作加速运动，这段时间称为自由时间 t。对于大量的载流子，我们取其平均值，则作为载流子的平均自由时间 τ，可表达如下：

$$\tau = \frac{1}{N_0} \int_0^\infty N_0 P \mathrm{e}^{-Pt} t \, \mathrm{d}t = \frac{1}{P} \tag{3-29}$$

式中，N_0 是 $t = 0$ 时未遭散射的电子数；P 是电子被散射的概率。由式（3-29）可知，平均自由时间的数值等于散射概率的倒数。

接下来我们讨论迁移率和平均自由时间的关系。为方便讨论，考虑电子具有各向同性的有效质量 m_{n}^*。假设在 $t = 0$ 时某个电子恰好遭到散射，散射后沿电场方向的速度为 v_0，经过时间 t 后又遭到散射，在此期间做加速运动，再次散射前的速度 v_t 可表示为

$$v_t = v_0 - \frac{e}{m_{\mathrm{n}}^*} E t \tag{3-30}$$

假设每次散射后电子向各个方向运动的概率相同，即散射后 v_0 方向完全无规则，那么多次散射后，v_0 在电场方向分量的平均值应为零。也就是说，实际上只需要计算多次散射后第二项的平均值就可以得到平均漂移速度：

$$\bar{v} = -\frac{e}{m_{\mathrm{n}}^*} E \tau \tag{3-31}$$

结合式（3-15），可以得到电子迁移率 μ 为

$$\mu = \frac{e\tau}{m_n^*} \tag{3-32}$$

也就是说，电子的迁移率大小与电子在材料中的有效质量和运动过程中受到的各种散射有关。

对于半导体材料而言，其中的两种载流子（电子和空穴）的平均自由时间和有效质量不同，所以它们的迁移率也不相同。假设电子和空穴的平均自由时间相同，由于电子有效质量小而空穴的有效质量大，所以一般情况下电子的迁移率大于空穴的迁移率。

下面我们简单讨论一下迁移率与掺入杂质和温度的关系。

在半导体材料中，为了满足实际器件制备的要求，总是会掺入杂质以调节其导电性。当施主杂质电离后就成为带正电的离子，受主杂质电离后就成为带负电的离子，这样就会在电离施主杂质或电离受主杂质周围形成一个库仑势场。这个库仑势场的形成必然会局部地破坏杂质附近的周期性势场，这就是载流子在外电场作用下运动时所遭受散射的附加势场。当载流子运动时，由于库仑势场的作用，载流子的运动方向会发生改变，即被电离杂质所散射，见图 3-15。

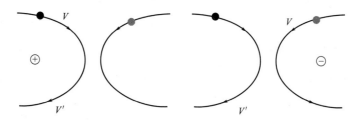

图 3-15　半导体中电离杂质对载流子的散射

由式（3-29）可知，载流子被散射的平均自由时间是散射概率的倒数，在电离杂质散射的情况下可以表示为

$$\tau_i \propto N_i^{-1} T^{3/2} \tag{3-33}$$

式中，N_i 为电离杂质的浓度；T 为温度。从式（3-33）可以看出，N_i 越大，载流子遭受散射的概率越大。而温度越高，由于载流子热运动的平均速率越大，可以较快地掠过杂质离子，从而不易被散射。由此，我们可以得出电离杂质散射在低温下将起到主导作用。

我们知道在一定温度下，晶格中的原子各自都在其平衡位置附近做微小振动，晶格的振动导致晶体中产生所谓的格波。与电子波相似，常用格波的波数矢量 q 来表示格波的波长与传播方向。格波可以分为频率低的声学波和频率高的光学波，其能量是量子化的，能量量子即所谓的声子。根据量子力学，我们可以将声子看成是一种准粒子。当电子在晶体中运动时，必然会和声子发生相互作用，可以看作是电子与声子的碰撞，即电子在晶体中被格波所散射。

对于声学波散射而言，在散射过程中起主要作用的是长纵声学波。当长纵声学波进行传播时，会造成半导体中原子分布的疏密变化，即稀疏处体积膨胀，密集处体积压缩。半导体的禁带宽度随原子间距 A 而发生改变，稀疏处的禁带宽度会减小，密集处的禁带宽度会增大，从而使能带结构发生起伏，如图 3-16 所示。对载流子而言，这一效果相当于产生了一

个附加势场，破坏了原来晶格势场的严格周期性，从而使载流子受到散射。

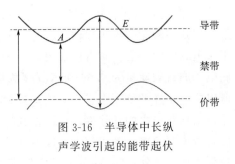

图 3-16　半导体中长纵
声学波引起的能带起伏

对于光学波散射而言，在离子晶体中，长纵光学波具有重要的散射作用。离子晶体中每个原胞内都有正和负两个离子，当长纵光学波传播时，正、负离子的振动位移相反。如果只看其中的一种离子，它们与长纵声学波一样形成疏密相间的区域。由于正、负离子位移相反，使得正离子的密集区与负离子的稀疏区相重合，正离子的稀疏区与负离子的密集区相重合，这将造成在一个半波长区域内带正电，另一个半波长区域内带负电。带正、负电的区域将产生电场，这对载流子来说相当于增加了一个势场的作用，该势场就是引起载流子散射的附加势场。

需要指出的是，光学波散射概率与温度有着强烈的依赖关系。当温度较低时，平均声子数迅速减少，因此散射概率随温度的下降而很快减小；当温度较高时，随着平均声子数迅速增加，光学波散射作用会迅速增强，在载流子的散射机制中占主导地位。

对掺杂锗、硅等原子的半导体，主要的散射机制是声学波散射和电离杂质散射，其迁移率可以表示为

$$\mu = \frac{q}{m^*} \frac{1}{AT^{3/2} + \dfrac{BN_i}{T^{3/2}}} \tag{3-34}$$

式中，q 为基本电荷；m^* 为电子有效质量；A、B 为常数，与半导体材料性质有关。可以看出，在高温下的主要散射机制是声子散射，而低温下则是电离杂质散射占主导地位。

（4）几种常见的半导体材料

① Ⅳ族元素半导体材料　硅（Si）和锗（Ge）是两种主要的Ⅳ族元素半导体，其中 Si 是当前半导体工业中用途最广的半导体材料。Si 的导带极小值位于<100>方向的布里渊区中心到布里渊区边界的 0.85 倍处，而 Ge 的导带极小值位于<111>方向的简约布里渊区边界上。而 Si 和 Ge 的价带顶均位于布里渊区的中心，也就是说，二者均为间接带隙半导体。需要指出的是，Si 和 Ge 的禁带宽度是随温度而变化的。在 300K 时，Si 和 Ge 的禁带宽度分别为 1.119eV 和 0.664eV；而在接近 0K 时，Si 和 Ge 的禁带宽度分别趋近于 1.17eV 和 0.74eV。

对于 Si 和 Ge，其载流子迁移率如表 3-1 所示，电子的迁移率均明显高于空穴的迁移率。换言之，相同的掺杂浓度下，N 型材料的导电性更好。

表 3-1　300K 时几种常见半导体的载流子迁移率

材料	电子迁移率/[cm²/(V·s)]	空穴迁移率/[cm²/(V·s)]
Ge	3800	1800
Si	1450	500
GaAs	8500	400
InP	4600	150
GaN	1250	200
AlN	300	14

② Ⅲ～Ⅴ族化合物半导体材料　GaAs 是一种重要的Ⅲ～Ⅴ族化合物半导体材料，也是最常用的一种化合物半导体材料。GaAs 的导带极小值位于布里渊区的中心点，价带顶也位于布里渊区的中心，是直接带隙半导体材料，室温下 GaAs 的禁带宽度为 1.424eV。其导带底电子的有效质量为 $0.067m_0$，m_0 为电子的惯性质量。由于其导带底的有效质量非常小，所以其电子迁移率非常高，可以达到 $8500cm^2/(V \cdot s)$，见表 3-1。由于 GaAs 具有直接带隙能带结构和极高的迁移率，在制作红外探测器、高效发光器件、微波器件和高速数字电路方面有着重要应用，制成的半导体器件具有高频、高温和低温下性能好、噪声小、抗辐射能力强等优点。此外，GaAs 的能带结构在＜111＞方向布里渊区的边界处还有一个极小值，其能量比布里渊区中心处的能量约高 0.29eV，在极强电场下布里渊区中心处的电子会隧穿到这一极小值处，产生负微分电阻效应。

InP 是具有闪锌矿结构的Ⅲ～Ⅴ族化合物半导体，其导带极小值和价带极大值均位于布里渊区中心，为直接带隙结构，室温下的禁带宽度为 1.34eV，电子有效质量为 $0.077m_0$。除了 GaAs 和 InP 之外，GaP（间接带隙）和 InAs（直接带隙）也是两种主要的Ⅲ～Ⅴ族化合物半导体材料，GaP 在发光二极管的制作中具有重要应用，而 InAs 在 In(Ga)As/GaAs量子点激光器方面显示出了良好的应用前景。

③ Ⅲ族氮化物半导体材料　Ⅲ族氮化物半导体是由 N 元素与Ⅲ族的 Al、Ga、In 元素组成的化合物半导体材料，如 GaN、AlN 和 InN。以 GaN 为代表的Ⅲ族氮化物半导体材料也被称为第三代半导体材料。GaN 为直接带隙半导体，其禁带宽度为 3.42eV。由于 GaN具有直接带隙结构和宽带隙特性，其在高频大功率器件和蓝紫光发射器件中有着广阔的应用前景。目前常用的蓝光发光二极管（LED）就是基于 GaN 材料制备出来的，蓝光 LED 的发明极大地促进了照明效率的提高，被誉为"爱迪生之后的第二次照明革命"。AlN 和 InN 均为直接带隙半导体，其禁带宽度分别为 6.2eV 和 0.77eV。

④ Ⅱ～Ⅵ族化合物半导体材料　Ⅱ～Ⅵ族化合物半导体主要分为两大类，其中一类是由 Zn 元素与 O、S 和 Se 元素组成的 ZnO、ZnS 和 ZnSe 等；另一类是由 Cd 元素与 S、Se 和Te 元素组成的 CdS、CdSe 和 CdTe。CdS 和 CdSe 均为直接带隙半导体材料，其禁带宽度分别为 2.53eV 和 1.74eV，具有良好的光学特性。ZnO 为纤锌矿结构，为直接带隙材料，其禁带宽度为 3.37eV。由于具有较高的禁带宽度，其表现出了在紫外区截止、可见光区高度透明、红外区高度反射及电阻率较低等特性，在制造发光器件、薄膜太阳能电池、光波导、传感器、平板液晶显示器和红外反射器等领域得到了广泛的应用。特别是，它所具有的高达约 60meV 激子束缚能，使其在蓝光发射器件与稀磁半导体的研究中具有十分重要的地位。

3.3.3　半导体 p-n 结材料及器件

（1）p-n 结及其能带图

通过采用合适的掺杂工艺，在半导体单晶上将施主杂质和受主杂质同时掺入其中，使半导体单晶中同时存在 P 型半导体和 N 型半导体，其交界面处就形成了 p-n 结。一般来说，制备 p-n 结的方法很多，主要有以下几种：生长法、合金法、扩散法、离子注入法。生长法可以分为单晶生长法和外延生长法两种，是指材料生长过程中通过先掺入施主杂质形成 N型半导体，然后再掺入受主杂质，保证掺入的受主杂质浓度远高于施主杂质浓度，这样后续生长材料就形成 P 型半导体。合金法是将一种半导体（N 型或 P 型）放在另一种半导体（P

型或 N 型）上，然后加热熔化形成熔融体，再降温凝固，就在 P 型半导体和 N 型半导体的交界面处形成 p-n 结。扩散法是通过不同类型杂质经高温扩散的方法实现的，通过杂质在半导体内部扩散，P 型杂质进入 N 型半导体或 N 型杂质进入 P 型半导体，这样在其界面处就形成 p-n 结。离子注入法是将杂质原子变成杂质离子，然后将杂质离子注入另一类型半导体，通过控制注入深度和浓度在其界面处形成 p-n 结。

在 P 型半导体中，空穴的浓度大于电子的浓度，其导电载流子以空穴为主。在 N 型半导体中，电子的浓度大于空穴的浓度，其导电载流子以电子为主。当 P 型半导体和 N 型半导体接触在一起时就形成了界面，由于它们之间存在着载流子浓度梯度，这就使得 P 型半导体浓度高的空穴会扩散到 N 型半导体中，同时 N 型半导体浓度高的电子会扩散到 P 型半导体中。此时，P 型半导体由于空穴扩散而空穴浓度降低，使得原本处于电中性的 P 型半导体带负电。同理，N 型半导体由于电子扩散而电子浓度降低，使得原本处于电中性的 N 型半导体带正电。因此，在 p-n 结界面处就形成一定宽度的空间电荷区，而该区间所带的电荷称为空间电荷，如图 3-17 所示。

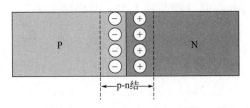

图 3-17　p-n 结的空间电荷区

在空间电荷区中，P 型一侧带负电，N 型一侧带正电，即产生了一个从 N 型指向 P 型的电场，称为内建电场。在内建电场的作用下，p-n 结中的载流子做漂移运动，即电子流向 N 型半导体一侧，空穴流向 P 型半导体一侧，使得它们做漂移运动的方向与做扩散运动的方向相反。可见，在内建电场的作用下，P 型半导体和 N 型半导体的扩散运动会受到阻碍。当空穴和电子的扩散运动和漂移运动相互抵消达到平衡状态时，p-n 结中就会存在一定宽度的空间电荷区和内建电场，我们称这样的平衡状态为平衡 p-n 结。

p-n 结运动为平衡状态可以用图 3-18 表示，图 3-18（a）表示 N 型、P 型半导体的能带，图中 E_{FN} 和 E_{FP} 分别表示 N 型和 P 型半导体的费米能级。在 p-n 结中，N 型半导体的费米能级高于 P 型半导体，电子将从 N 型流向 P 型，空穴将从 P 型流向 N 型，这就导致 N 型半导体的费米能级 E_{FN} 下降，而 P 型半导体的费米能级 E_{FP} 上升，随着 E_{FN} 下降，E_{FP} 不断上升，最终达到平衡状态 $E_{FN} = E_{FP}$，此时，p-n 结的费米能级统一为 E_F，其能带如图 3-18（b）所示。

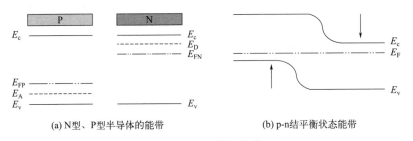

(a) N 型、P 型半导体的能带　　　　　　(b) p-n 结平衡状态能带

图 3-18　p-n 结的能带

（2）p-n 结的电流电压特性

当 p-n 结处于平衡状态时，其费米能级处处相等，p-n 结中没有净电流通过。当在 p-n 结两端外加电压时，外加电场的存在打破了载流子的扩散运动和漂移运动之间的平衡，使

p-n 结处于非平衡状态。p-n 结两端加一正向偏压时，即正极接 P 型一端，负极接 N 型一端。此时外加电场方向由 P 型指向 N 型，与内建电场方向相反。在载流子的扩散运动中，空穴的运动方向为自 P 型到 N 型，电子运动方向为自 N 型到 P 型，方向与外加电场的方向相同，有利于多数载流子的扩散运动。而内建电场方向与外加电场方向相反，减弱了少数载流子的漂移运动，因此载流子的扩散运动大于漂移运动。所以加正向偏压时，运动至 N 型的空穴浓度增加，运动至 P 型的电子浓度增加，这样在 N 型半导体一侧形成空穴扩散电流，在 P 型半导体一侧形成电子扩散电流，因此通过 p-n 结的总电流等于 N 型空穴扩散电流和 P 型电子扩散电流之和。

当 p-n 结两端加一反向偏压时，即正极接 N 型一端，负极接 P 型一端。此时外加电场的方向由 N 型指向 P 型，与内建电场方向相同。在载流子的扩散运动中，空穴由 P 型运动至 N 型，电子由 N 型运动至 P 型，与外加电场的方向相反，减弱了多数载流子的扩散运动。而内建电场方向与外加电场方向相同，增强了少数载流子的漂移运动，使得内建电场的势垒宽度增加，因此载流子的漂移运动大于扩散运动。在外加电场作用下，N 型附近的空穴流向 P 型一侧，P 型附近的电子流向 N 型一侧，形成了反向偏压下的电子扩散电流和空穴扩散电流。因此通过 p-n 结的总电流等于扩散电流之和。而由于扩散运动的载流子浓度很低且浓度梯度较小，使得 p-n 结的总电流较小。

（3）p-n 结半导体器件

将两种不同类型的半导体接触在一起形成 p-n 结，通过调控其结构和制备方法实现其性能的调控成为 p-n 结半导体器件未来的发展方向。由于材料种类多、掺杂类型可控，因此基于 p-n 结的半导体材料和器件受到越来越多的关注。Harry A. Atwater 等人通过构建径向 p-n 结纳米棒太阳能电池的器件物理模型，每个纳米棒在径向上都有一个 p-n 结。该模型表明，径向 p-n 结纳米棒器件的设计相对于传统平面几何 p-n 结太阳能电池的效率大幅提高，前提是满足两个条件：①在由相同吸收材料制成的平面太阳能电池中，少数载流子的扩散长度必须足够长，以允许在吸收体厚度中提取大部分光产生的载流子，以获得完全的光吸收。②耗尽区中的载流子复合速率不得太大（对于硅而言，这意味着耗尽区中的载流子寿命必须约大于 10ns）。Li Chaorong 课题组通过制备透明 NiO/Tm：CeO_2 量子点/SnO_2 p-n 结器件，如图 3-19（a）所示。器件在可见光下具有约 85% 的高透射率，光伏转换约为未改性器件的 10^4（约 9700）倍，这主要归功于双功能 Tm：CeO_2 量子点过渡层改性。此外，Tm：CeO_2 量子点过渡层可以改善 p-n 结界面，SnO_2 纳米片阵列可以提高太阳能利用率，也是重要因素。Zeng Guang 等人研究了金属氧化物半导体（MOS）栅功率器件的 p-n 结正向电压和栅阈值电压，如图 3-19（b）所示。通过 p-n 结正向电压测量的虚拟芯片温度表征大多数情况下功率半导体芯片（MOS 场效应晶体管和二极管）的平均顶面温度，与横向温度分布形式无关。对于绝缘栅双极晶体管（IGBT），p-n 结靠近芯片的底面。如果使用的功率损耗密度高且芯片足够厚，会导致上下表面之间存在不可忽略的温差，则通过 p-n 结正向电压测量的温度对应于 p-n 结附近基区某一层的平均区域温度（取决于掺杂杂质的分布和芯片厚度）。由于功率循环测试通常使用 p-n 结正向电压进行温度测定，因此对于高压 IGBT，芯片表面的温度波动（触发键合线剥离和铝金属化重建）被低估，尤其是在负载脉冲持续时间短和功率损耗密度高的情况下通过 p-n 结正向电压和栅极阈值电压的温度测量结果的差异可能是由两个主要因素引起的：特性和位置。

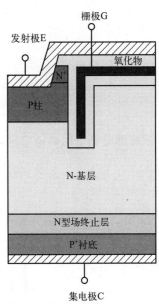

(a) NiO/Tm:CeO$_2$量子点/SnO$_2$透明p-n结器件光伏转换增强机理   (b) 650V沟道栅IGBT的结构

图 3-19   p-n 结半导体器件

e$^-$—电子；h$^+$—空穴

3.4 介电材料

随着电子信息领域的迅猛发展，人类对高性能介电材料的需求也变得非常迫切。不论是电磁波信号的处理还是电能的储存利用都依赖介电材料性能的不断提升，也需要人们对介电材料的认识不断深入并对材料的性能原理不断完善。

由于介电材料是由原子组成的，而原子内部又包含了带正电的原子核及核外大量的带负电的电子，所以，介电材料储存电荷的行为依然离不开物质内部的这些带电粒子。本节旨在揭示带电粒子在材料介电性能方面的作用，启发读者对带电粒子存在状态及运动规律的深层次思考，并进而揭示介电材料的作用原理。

3.4.1 介电材料的能带结构

（1）介电材料的绝缘特性及储能理论

介电材料（电介质）的基本特征是：它们以感应而非传导的方式传递和记录电的作用和影响。在电介质中起主要作用的是束缚着的电荷，在电场的作用下，这些束缚电荷以正、负电荷重心不重合的电极化方式传递和记录电的作用和影响。因此也可以狭义地定义为：在对电场作用的响应中，束缚电荷起主要作用的物质称为电介质。

早期的电介质是作为绝缘材料出现的。实际上，电介质除了绝缘性能以外，其在电场的作用下将产生极化并储存电荷。图 3-20 为一个静电场中的理想平行板电容器，其中，图 3-20（a）的两平行板间为真空。当施加电压 V 时，电极板上将出现充电电荷 Q_0。设极板面积为 A，极间距为 d，则极板上的充电电荷的面密度 σ_0 为

$$\sigma_0 = \frac{Q_0}{A} \tag{3-35}$$

该电容器的电容 C_0 为

$$C_0 = \frac{Q_0}{V} \tag{3-36}$$

根据静电场中的高斯定理，两平行板之间的任一点的电场强度为

$$E = \frac{\sigma_0}{\varepsilon_0} \tag{3-37}$$

式中，ε_0 为真空介电常数，在 SI 单位中，$\varepsilon_0 = 8.854 \times 10^{-12} \, \text{F/m}$。

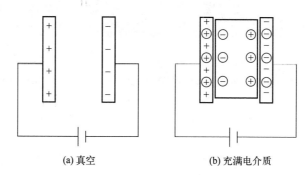

(a) 真空   (b) 充满电介质

图 3-20 　静电场中的理想平行板电容器

若在两个平行板之间充满均匀的电介质，如图 3-20（b）所示，在外电场的作用下，与外电场垂直的电介质表面上出现与极板上的电荷符号相反的感应电荷，由于这些电荷不能自由移动，总值保持电中性，故该电荷也被称为束缚电荷或极化电荷，而极板上的充电电荷此时被称为自由电荷。产生这种极化电荷的原因是：在外电场的作用下，在电介质的内部沿着电场方向产生了感应电偶极矩。这种在电场中介质的表面出现感应电荷的现象称为电介质的电极化。

电介质极化以后，电介质表面的感应电荷所形成的电场与极板上的自由电荷所形成的电场方向相反，因此感应电荷的出现将削弱极板上的自由电荷所形成的电场。由感应电荷所产生的场强被称为退极化场 E_d，可表示为

$$E_d = -\frac{\sigma'}{\varepsilon_0} \tag{3-38}$$

式中，σ' 表示束缚电荷的面密度。

由于在极化过程中，外加极化电压未变，极板之间的距离不变，而两极板之间的电场强度 $E = \frac{V}{d}$，也就是说场强 E 是保持不变的。事实上，为了保持场强的不变，两个极板上的电荷必须得到补充，以抵消电介质中的极化电荷对电场的削弱作用。此时极板上电荷的面密度增加到：

$$\sigma = \sigma_0 + \sigma' \tag{3-39}$$

此时平板电容器的电容为

$$C = \frac{\sigma A}{V} = \frac{(\sigma_0 + \sigma')A}{V} = C_0 + \frac{\sigma' A}{V} \tag{3-40}$$

常用的介电材料参数还包括：介电常数、极化强度、电位移和电极化率等。

① 介电常数（又称介电系数） 为了考察电介质的极化对电容器容量变化的影响，定义电容器充以电介质时的电容量 C 与真空时的电容量 C_0 的比值为该电介质的相对介电常数 ε_r，即：

$$\varepsilon_r = \frac{C}{C_0} \tag{3-41}$$

对于上述的平行板电容器来说：

$$\varepsilon_r = \frac{\sigma A / V}{\sigma_0 A / V} = \frac{\sigma}{\sigma_0} = \frac{\sigma_0 + \sigma'}{\sigma_0} = 1 + \frac{\sigma'}{\sigma_0} \tag{3-42}$$

将式（3-37）代入式（3-42）可得

$$\varepsilon_r = \frac{\varepsilon_0 E + \sigma'}{\varepsilon_0 E} \tag{3-43}$$

$$\sigma' = \varepsilon_0(\varepsilon_r - 1)E = (\varepsilon_0 \varepsilon_r - \varepsilon_0)E = (\varepsilon - \varepsilon_0)E \tag{3-44}$$

其中：

$$\varepsilon = \varepsilon_0 \varepsilon_r \tag{3-45}$$

式中，ε 为电介质的绝对介电常数；ε_r 为电介质的相对介电常数。

电位移 D，可表示为

$$D = \varepsilon E \tag{3-46}$$

介电常数是综合反映介质内部电极化行为的一个主要的宏观物理量。

② 极化强度 电介质材料在外加电场的作用下产生电极化现象的微观本质是：在外电场的作用下，在电介质中产生了大量的沿着电场方向取向的电偶极子。这些电偶极子的生成机制也就是电介质的极化机制，将在后文中详细说明。单位体积中电偶极矩（简称电矩）的矢量和是用来衡量电介质极化强弱的一个参数，该参数被称为极化强度 P，表示为：

$$P = \frac{\sum \boldsymbol{\mu}}{\Delta V} \tag{3-47}$$

式中，$\sum \boldsymbol{\mu}$ 是体积 ΔV 中的电介质的电偶极矩的矢量和。极化强度是一个矢量，它是一个具有平均意义的宏观物理量，在 SI 单位之中，极化强度的单位是 C/m^2。可以证明，电极化强度的值等于介质表面的面电荷密度。

式（3-47）表明，极化强度的大小取决于电介质中电偶极子的数量、在电场作用下的取向以及每一个偶极子的电偶极矩的大小。其中每一个偶极子的感应电偶极矩的大小不仅与外加电场的强度有关，还将受到电介质中其他电偶极矩的场强的影响。因此通常把引起电介质产生感应电偶极矩的电场称为有效电场。理论分析表明，感应电偶极矩的大小与有效电场

成正比，它们之间的关系可以表示为

$$\boldsymbol{\mu} = \alpha \boldsymbol{E}_{\text{eff}} \tag{3-48}$$

式中，$\boldsymbol{E}_{\text{eff}}$ 表示电介质中的有效电场；α 称为微观极化率，它与电介质中组成粒子的性质有关，在 CGS 单位制中 α 的单位是 cm^3，CGS 单位制的数值乘以 $[(1/9) \times 10^{-15}]$ 即可以转化为 SI 单位制的数值，在 SI 单位制中，α 的单位是 $\text{F} \cdot \text{m}^2$。

如果单位体积的电介质内的组成粒子数是 N，那么由式（3-47）和式（3-48）可以得出各向同性的电介质的极化强度的数值为

$$P = N\alpha E_{\text{eff}} \tag{3-49}$$

式（3-49）表明，影响电介质电极化强度的主要因素是：电介质中组成粒子的种类和数量，以及在外加电场的作用下电介质中的有效内电场的性质。式（3-49）称为克劳修斯（Clausius）方程。

③ 电位移和电极化率　在静电学中，为了描述电介质的高斯定理而引入了一个矢量，称为电位移 $\boldsymbol{D}$，其定义为

$$\boldsymbol{D} = \varepsilon_0 \boldsymbol{E} + \boldsymbol{P} \tag{3-50}$$

电位移通常也被称为电感应强度。

在无外加电场时，极化强度 $\boldsymbol{P} = 0$，则在式（3-50）中，$\boldsymbol{P}$ 可以被认为是电场强度 $\boldsymbol{E}$ 所引起的一种响应，它们之间的关系可以写为

$$\boldsymbol{P} = \chi \varepsilon_0 \boldsymbol{E} \tag{3-51}$$

式中，χ 称为极化系数（宏观电极化率），在各向同性的线性电介质中，χ 为标量。它是一个没有单位的纯数，是表示电介质极化特性的一个宏观物理量。反之，如果一个电介质的极化强度和外电场之间的关系符合式（3-51）的线性关系式，则该电介质被称为线性电介质。

由于图 3-20（a）的两极板之间为真空，则在 SI 单位制中，电位移为

$$\boldsymbol{D}_0 = e_0 \boldsymbol{E}_0 \tag{3-52}$$

当两极板之间充以均匀电介质时，根据麦克斯韦（Maxwell）方程组可知，电位移只决定于自由电荷 $\pm Q$，而与电介质中的束缚电荷无关，于是在 SI 单位制中，电位移为

$$\boldsymbol{D} = \varepsilon_0 \varepsilon_r \boldsymbol{E} \tag{3-53}$$

于是由式（3-50）、式（3-51）和式（3-53）可以得到

$$\varepsilon_r = 1 + \chi \tag{3-54}$$

上式表明，用相对介电常数 ε_r 和用宏观电极化率 χ 来描述物质的介电性质是等价的。

为了更加准确地说明电位的概念，下面来计算电场使电介质极化所做的功。电场使正、负电荷 q 相对位移 $\text{d}\boldsymbol{l}$ 所做的功为

$$\text{d}W_\mu = q\boldsymbol{E} \cdot \text{d}\boldsymbol{l} = \boldsymbol{E} \cdot \text{d}\boldsymbol{\mu} \tag{3-55}$$

式中，$\text{d}W_\mu$ 是电场对单个粒子（particle）所作的功。将上式对单位体积中所有的粒子求和，可以得到电场对单位体积电介质所做的功为

$$dW_P = \boldsymbol{E} \cdot d\boldsymbol{P} \tag{3-56}$$

如果计入建立电场所需要的对单位体积自由空间所做的功

$$dW_E = \varepsilon_0 \boldsymbol{E} \cdot d\boldsymbol{E} \tag{3-57}$$

因此电场对充满电介质的单位体积空间所做的功为

$$dW = dW_P + dW_E = \boldsymbol{E} \cdot (\varepsilon_0 d\boldsymbol{E} + d\boldsymbol{P}) \tag{3-58}$$

根据式（3-50），即电位移的定义，上式可以写成：

$$dW = \boldsymbol{E} \cdot d\boldsymbol{D} \tag{3-59}$$

式（3-59）很清楚地描述了电位移 $\boldsymbol{D}$ 的物理意义：如果把电场 $\boldsymbol{E}$ 理解为一种广义的力，而把 $d\boldsymbol{D}$ 理解为广义的微位移，则其标积就是外界对系统所做的功，这就是 $\boldsymbol{D}$ 被称为电位移的原因。

（2）束缚电荷的产生机理

如上所述，从宏观上看，电极化就是在电场的作用下，固体中的正、负电荷的重心不再重合，在固体的表面出现了明显的电荷分布；从微观上看，在外加电场的作用下电介质材料产生电极化现象的本质是，电介质在外电场的作用下产生了大量偶极子，这些偶极子趋向于沿着电场方向取向。这种电偶极子主要产生于两种机制：一是产生于"感应电偶极矩"，二是产生于"固有电偶极矩"。

其中，感应电偶极矩指的是由于组成介质的原子（或离子）中的电子壳层在电场的作用下发生畸变（这个过程通常称为电子位移极化），或者由于分子（或晶胞）中的正、负离子在电场的作用下发生相对位移（这个过程通常被称为离子位移极化）而产生的电偶极矩。

固有电偶极矩是指如果分子（或原胞）中存在不对称性，那么这种分子（或原胞）就存在固有电偶极矩 $\boldsymbol{\mu}_0$。$\boldsymbol{\mu}_0$ 值不随时间而发生变化，也很难受外界宏观条件的影响，因此可以视为固定值。在没有外电场的情况下，这种固有电偶极矩在固体中杂乱无章地排列，因此在宏观上显示不出它的带电特征，但是如果将该系统放入外电场中，这种固有电偶极矩就会趋于转向至与外电场平行的方向，因而在宏观上显示出材料的极化特征，这种固有电偶极矩沿电场方向取向的过程被称为取向极化。

事实上，对于固体介质的微观过程进行描述时必须注意到粒子之间的相互作用，粒子之间的相互作用有短程和长程两类。价键作用、范德瓦耳斯作用、排斥作用等都是短程；而电偶极矩间的相互作用则是长程的。因此对于固体介质的电极化，其微观过程实际上牵涉到大量粒子的错综复杂的相互作用。这里为了说明电极化的微观过程的基本概念，只限于定性地介绍分子或原子（离子）的基本极化过程，而忽略电偶极矩之间的长程相互作用，这相当于稀疏气体的近似情况。

一般地说，在一个宏观物体中含有大量的粒子，由于热运动，这些粒子的取向处于混乱无序状态，因此无论粒子本身是否具有电偶极矩，热运动平均的结果都会使得这些粒子对宏观电极化的贡献总和等于零。只有在外电场的作用下，粒子才会沿电场方向贡献一个可以累加起来给出宏观极化强度的电偶极矩。一般情况下，宏观外加电场的作用比起结构粒子内部的相互作用要小得多，考虑到稀疏气体的近似情况，结构粒子在外电场的作用下而产生的感应电偶极矩，与电场强度呈线性关系，即式（3-48）可以写为

$$\boldsymbol{\mu} = \alpha \boldsymbol{E} \tag{3-60}$$

如上所述，一个粒子对极化率 α 的贡献可以存在多种机制。这里，我们把组成分子的原子（或离子）中的电子云畸变引起的负电荷中心位移贡献的部分计为 α_e，正、负离子发生相对位移贡献的部分计为 α_i，固有电偶极矩取向作用贡献的部分计为 α_d，总的微观极化率为各种机制贡献部分的总和。即

$$\alpha = \alpha_e + \alpha_i + \alpha_d \tag{3-61}$$

另外，除了以上提到的三种微观极化机制以外，在一些实际的电介质材料中，特别是在一些微观不均匀的凝聚态物质中（如聚合物高分子、陶瓷材料、非晶态固体等），还会存在其他微观极化机制。下面我们将分别介绍电子位移极化、离子位移极化以及取向极化的微观过程，并简单阐述其他微观极化机制。

（3）极化的概念及微观本质

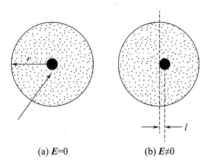

(a) $\boldsymbol{E}=0$ (b) $\boldsymbol{E}\ne0$

图 3-21 电子位移极化

组成电介质的原子或离子，在电场的作用下，带正电的原子核与其壳层电子的负电中心出现不重合现象，从而产生电偶极矩，这种极化称为电子位移极化（图 3-21）。

在没有外电场作用的时候，孤立原子中的电矩等于零，即电子（云）的重心和原子核重合，如图 3-21（a）所示。如果有外来均匀电场的作用，那么它将促使电子云的重心与原子核分离，同时原子核对电子的引力又使电子云的重心趋于和原子核恢复重合。这种电场力和恢复力之间的平衡，就使原子处于了一种具有一定电偶极矩的状态，如图 3-21（b）所示。它属于感应电偶极矩，通常这种感应电偶极矩 $\boldsymbol{\mu}_e$ 与作用于该原子的局部有效电场 $\boldsymbol{E}_{loc}$ 成正比，与上面的讨论同理，考虑到"稀疏气体近似"的假设，可以认为该局部有效场的作用等于外加电场的作用，因此感应电偶极矩与外加电场之间的关系可以表示为

$$\boldsymbol{\mu}_e = \alpha_e \boldsymbol{E} \tag{3-62}$$

式中，α_e 称为电子位移极化率。

以最简单的氢原子为例，量子力学的计算结果为

$$\alpha_e = \frac{9}{2} r^3 \tag{3-63}$$

式中，r 代表电子轨道半径。氢原子的轨道半径为 0.5×10^{-8} cm，故 α_e 为 0.56×10^{-24} cm^3（转化为 SI 单位制，则为 0.622×10^{-40} F·m^2）。实验结果与计算结果具有相同的数量级。式（3-63）不适用于较复杂的原子，但是可以肯定，当电子轨道半径增大时，电子位移极化率也会随之很快增大。

综上所述，可以得到下面的结论：外层电子，特别是价电子，受原子核的束缚最小，在外电场的作用下，这些电子产生的位移最大，因而对电子位移极化率的贡献也最大。在元素周期表中，对于同一族的原子，电子位移极化率自上而下地增大，如表 3-2 所示；在同一周期中的元素，原子的电子位移极化率自左向右可以增大也可以减小，这是因为虽然轨道上电

子数目增多，但是轨道半径却可能缩短，结果要看哪个效应起主导作用。

表 3-2   稀有气体元素原子的电子位移极化率

元素	原子中的电子数	$\alpha_e/(\times 10^{-24}\,cm^3)$
He	2	0.201
Ne	10	0.390
Ar	18	1.62
Kr	36	2.46
Xe	54	3.99

离子的电子位移极化率的变化规律与原子的情况相类似，电子位移极化率随着离子半径及价电子数的增加而增加，负离子的电子位移极化率一般比正离子的要大。表 3-3 是元素周期表中部分元素的离子的电子位移极化率 α_e、离子半径 r 及 $\dfrac{\alpha_e}{r^3}$ 比值。根据定义，极化强度为单位体积的电偶极矩之矢量和。也就是说，极化强度的大小不仅取决于粒子的感应偶极电矩，而且取决于单位体积中的粒子数。因此，$\dfrac{\alpha_e}{r^3}$ 值较大的粒子，通常对极化有较大的贡献，如表 3-3 中的 O^{2-}、F^-、S^{2-}、Ti^{4+}、Se^{2-} 等的 $\dfrac{\alpha_e}{r^3}$ 值都较大，其中的 O^{2-} 和 Ti^{4+} 是制备介电常数较大的固体电介质时，常常需要引入的离子。

此外，电子位移极化率与温度无关，因为温度的改变只影响组成电介质的粒子的热运动，而对原子或离子的半径影响不大。电子位移极化完成的时间非常短，一般在 $10^{-15} \sim 10^{-14}$ s 之间。在所有的电介质中都存在电子位移极化机制。

离子位移极化：由于电场的作用，电介质的分子或晶胞中的正、负离子发生相对位移（表现为键间角或离子间距的改变），因而产生感应电矩，这种电极化被称为离子位移极化。

通常，只有极性分子才表现出比较显著的离子位移极化特性，因此离子位移极化是离子晶体的主要电极化机制。因离子位移极化而产生的感应电矩可以写为

$$\boldsymbol{\mu}_i = \alpha_i \boldsymbol{E} \tag{3-64}$$

式中，α_i 为离子位移极化率。

表 3-3   部分离子的电子位移极化率、离子半径及 $\dfrac{\alpha_e}{r^3}$ 比值

周期	元素离子	离子中的电子数	$\alpha_e/(\times 10^{-24}\,cm^3)$	泡林(Pauling)离子半径 $/(\times 10^{-8}\,cm)$	$\dfrac{\alpha_e}{r^3}$
第 2 周期	Li^+	2	0.029	0.6	0.13
	Be^{2+}	2	0.008	0.31	0.27
	O^{2-}	10	3.88	1.4	1.41
	F^-	10	1.04	1.36	0.41

周期	元素离子	离子中的电子数	$\alpha_e/(\times 10^{-24}\,\text{cm}^3)$	泡林(Pauling)离子半径 $/(\times 10^{-8}\,\text{cm})$	$\dfrac{\alpha_e}{r^3}$
第 3 周期	Na^+	10	0.179	0.95	0.21
	Mg^{2+}	10	0.094	0.65	0.34
	Al^{3+}	10	0.052	0.5	0.42
	Si^{4+}	10	0.0165	0.41	0.24
	S^{2-}	18	10.2	1.84	1.64
	Cl^-	18	3.66	1.81	0.62
第 4 周期	K^+	18	0.83	1.33	0.35
	Ca^{2+}	18	0.47	0.99	0.48
	Sc^{3+}	18	0.286	0.81	0.54
	Ti^{4+}	18	0.185	0.68	0.59
	Se^{2-}	36	10.5	1.98	1.35
	Br^-	36	4.77	1.95	0.64

在弱电场的作用下，离子相对其平衡位置的位移是很小的，还处于正、负离子的静电力场的作用范围内，因此它是一种弹性位移。这种极化是外电场的作用力与异性离子的库仑引力，以及离子的电子壳层之间的静电斥力达到暂时平衡的结果。根据这三种作用力之间的平衡条件，可以推导出离子位移极化率为

$$\alpha_i = \frac{(R_+ + R_-)^3}{n-1} \tag{3-65}$$

式中，n 为晶格参数；R_+、R_- 分别为正、负离子的半径。

由式（3-65）可以看出，极性分子的离子位移极化率和离子半径的立方应具有相同的数量级，而且在数量级上接近于离子的电子位移极化率 α_e。

离子位移极化建立的时间很短，在 $10^{-13} \sim 10^{-12}$ s 内就可以完成，这和晶体点阵内离子的固有振动的周期很接近（强束缚离子的固有振动的周期为 10^{-13} s）。这种极化从直流电场至 10^{12} Hz 的交变电场的频率范围内都会发生。离子位移极化是一种纯弹性位移极化，故基本上不会造成能量损失。

一般的离子晶体电介质的介电常数 ε 随着温度的升高而略有增大，即介电常数-温度系数 $TK\varepsilon$ 为正值。这是因为，当温度升高时，离子的热振动加强，离子间距离增大（宏观上表现为体积膨胀），使得式（3-65）中的分子的增加量大于分母的增加量，所以 α_i 随着温度的升高而增大，这直接导致 ε 的增大；但另一方面，由于温度升高体积膨胀，单位体积中的离子数减少，这将导致 ε 的下降。通常前者的影响大于后者，故总的效果是介电常数 ε 随着温度的升高而增大。

固有电矩的取向极化：如果电介质由极性分子组成，则在电场作用下，除了电子位移极化和离子位移极化外，其固有电矩将沿外电场方向排列，从而在电介质中产生宏观电矩。这种极化称为取向极化。

在凝聚态物质中，由于固有电矩间的相互作用具有长程的性质，一个分子的转向会带动周围许多分子的转向，这样会使得介电常数具有较大的数值。为了使问题简化，我们仍然先讨论电矩之间没有相互作用的情况，即稀疏气体的近似情况。固有电偶极矩的取向极化率 α_d 的物理意义可以描述为：当外电场作用于系统时，分子的电偶极矩沿着电场取向，并获得取向势能；而热运动的作用是扰乱这样的取向，使电偶极矩的取向趋向于杂乱无章；总的效果是，在平均意义上，电偶极矩沿着电场方向的取向占优势，故称 α_d 为固有电偶极矩取向极化率。

由式（3-49）和式（3-50）可知，宏观极化率和微观极化率之间的关系可以写为

$$\chi = \frac{N\alpha}{\varepsilon_0} \tag{3-66}$$

将式（3-61）代入上式，可得到

$$\chi = \frac{N\alpha}{\varepsilon_0} = \frac{N}{\varepsilon_0}(\alpha_e + \alpha_i + \alpha_d) \tag{3-67}$$

式中，$\alpha_d = \dfrac{\mu_0^2}{3k_B T}$。

由于电子位移极化率和离子位移极化率主要由材料的微观结构所决定，而与温度的关系相对于固有电矩的取向极化来说可以忽略不计，所以测量物质的宏观极化率随温度的变化规律，即可由式（3-67）计算出分子的固有电矩 μ_0。

固有电矩的取向极化需要的时间较长，大约为 $10^{-2} \sim 10^{-10}\,\text{s}$，其取向极化率比电子位移极化率要高两个数量级。

在气体、液体和理想的完整晶体中，经常存在的微观极化机制是电（离）子位移极化和固有电矩的取向极化。在非晶态固体、聚合物高分子、陶瓷以及不完整的晶体中，还会存在其他更为复杂的微观极化机制。

（4）克劳修斯-莫索蒂方程

在上面的讨论中，我们假设物质系统是类似稀有气体的情况，即没有考虑物系中粒子之间的相互作用，因此认为促使粒子极化的电场就是宏观的外电场。在此前提下，如果只考虑电子位移极化、离子位移极化和固有电矩的取向极化的作用，则可以得到

$$\boldsymbol{E}_{\text{eff}} = \boldsymbol{E} + \frac{1}{3\varepsilon_0}\boldsymbol{P} \qquad \text{（SI 单位制）} \tag{3-68}$$

将 $\boldsymbol{P} = \varepsilon_0(\varepsilon_r - 1)\boldsymbol{E}$ 代入式（3-68）可得

$$\boldsymbol{E}_{\text{eff}} = \left(\frac{\varepsilon_r + 2}{3}\right)\boldsymbol{E} \tag{3-69}$$

式（3-68）就是克劳修斯-莫索蒂方程，弥散物系中周围的分子对被考察分子的作用的电场强度接近于零的情况，正是莫索蒂（Mossotti）的假设，它相当于洛伦兹理论中 $\boldsymbol{E}_{\text{球内}} = 0$ 的情况。式（3-68）右边的第二项通常称为洛伦兹修正项。

由式（3-49）、式（3-51）和式（3-54）可知，克劳修斯-莫索蒂方程可以写成下面的形式：

$$\varepsilon = \varepsilon_0 + N\alpha \frac{\boldsymbol{E}_{\text{eff}}}{\boldsymbol{E}} \tag{3-70}$$

将式 (3-70) 代入式 (3-69) 得

$$\frac{\varepsilon_r - 1}{\varepsilon_r + 2} = \frac{1}{3\varepsilon_0} N\alpha \tag{3-71}$$

上式是 1880 年由 H. A. Lorentz 和 L. Lorenz 各自独立得到的，称为 Lorentz-Lorenz 公式。现在有教科书也把式 (3-71) 称为克劳修斯-莫索蒂方程。

克劳修斯-莫索蒂方程把反映物质系统极化本质的宏观物理量介电常数 ε 和微观物理量微观极化率 α 联系了起来。

3.4.2 交变电场的介电材料

（1）介质损耗的来源

弛豫这个概念是从宏观的热力学唯象理论中抽象出来的。它的定义是：一个宏观系统，由于周围环境的变化，或经受了一个外界的作用，而变成非热平衡状态，这个系统经过一定时间由非热平衡状态过渡到新的热平衡状态的整个过程就称为弛豫。

由上文介绍的情况可知，各种极化过程都需要时间，其中有的极化过程（如电子位移极化和离子位移极化）需要的时间非常短（一般在 $10^{-15} \sim 10^{-12}$ s）。这对于无线电频率范围（通常小于 5×10^{12} Hz）来讲，可以认为是瞬时完成的，一般把这类极化划归为位移极化；而另外一些极化过程需要的时间较长。例如热转化极化（包括固有电矩的取向极化等），要达到极化的稳定状态，一般需要经历 10^{-8} s，甚至更长的时间。因此这类极化在外施电场频率较高时，就有可能来不及跟随电场的变化，表现出极化的滞后性。这部分极化常被划归为松弛极化。

于是电介质极化强度 $\boldsymbol{P}$ 可以表示为

$$\boldsymbol{P} = \boldsymbol{P}_\infty + \boldsymbol{P}_r \tag{3-72}$$

式中，$\boldsymbol{P}_\infty$ 为位移极化强度；$\boldsymbol{P}_r$ 为松弛极化强度。

一般说来，松弛极化强度 $\boldsymbol{P}_r$ 与时间 t 的关系比较复杂，当 $t = 0$ 时，$\boldsymbol{P}_r = 0$，若在此时加上一个恒定电场，则作近似处理，可以用下式表示松弛极化强度 $\boldsymbol{P}_r$ 与时间 t 的关系：

$$\boldsymbol{P}_r = \boldsymbol{P}_{rm}(1 - e^{-\frac{t}{\tau}}) \tag{3-73}$$

式中，$\boldsymbol{P}_{rm}$ 为稳态（即 $t \to \infty$）时的松弛极化强度；τ 为松弛时间常数（也称为弛豫时间，relaxation time），它与时间无关，但是与温度有关。

如果在某一时刻移去加在电介质上的宏观（恒定）电场，那么松弛极化强度 $\boldsymbol{P}_r$ 与时间 t 的关系可以表示为

$$\boldsymbol{P}_r = \boldsymbol{P}_{rm} e^{-\frac{t}{\tau}} \tag{3-74}$$

$$\frac{\boldsymbol{P}_r}{\boldsymbol{P}_{rm}} = e^{-\frac{t}{\tau}} \tag{3-75}$$

此时，P_{rm} 为稳态（即 $t \to 0$）时的松弛极化强度。

式（3-75）的关系可以用图 3-22 的曲线来描述。

从图 3-22 中可以看到，弛豫时间 τ 是松弛极化强度 P_r 减小至 P_{rm} 的 e^{-1} 倍时所需的时间。

这种松弛极化强度对时间的关系适用于研究线性电介质对可变电场的响应问题。

对于介电弛豫现象最直观的观察是电介质在脉冲电压的作用下，回路中能观测到吸收电流和残余电流的产生（图 3-23）。

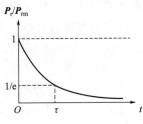

图 3-22　弛豫规律关系曲线

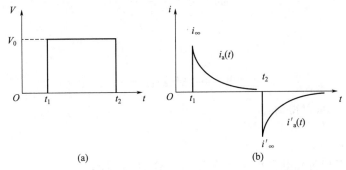

(a)　　　　　　　　　(b)

图 3-23　电介质的吸收电流 $i_a(t)$ 和残余电流 $i_a'(t)$

将一个脉冲电压加在电介质上，电压振幅为 V_0，脉冲时间间隔为 $t_1 \sim t_2$，在时刻 t_1，由于脉冲前缘的作用，连接电介质与电源的回路中流过瞬时充电电流 i_∞，接着就可以观察到随着时间增加而逐渐减小的吸收电流 $i_a(t)$ 继续流过，这种随着时间增加而逐渐减小的电流被称为吸收电流。如果在时刻 t_2，切断电源，并且把电容器的两个极板短接，就会发现此时有瞬时放电电流 i_∞' 流过，接着还有逐渐衰减的残余电流 $i_a'(t)$ 流过。由于讨论的是线性电介质，因此有

$$i_\infty = -i_\infty', \quad i_a(t) = -i_a'(t) \tag{3-76}$$

图 3-23 说明：由于电介质存在缓慢的极化机制，使得极化滞后于电压的变化，因此出现随着时间而变化的吸收电流或残余电流。这种现象被称为介电弛豫现象。

（2）德拜方程

如上文所述，在交变电场的作用下，由于电介质中存在松弛极化的机制，因此反映电介质的总介电响应的参数——介电常数，可以用复介电常数来描述，而复介电常数的实部和虚部必与外加电场的频率有关。在频率为 ω 的正弦波交变电场的作用下，电介质的介电弛豫现象一般地可以用如下的 ε 与 ω 的普遍关系的形式来描述：

$$\varepsilon(\omega) = \varepsilon_\infty + \int_0^\infty \alpha(t) e^{i\omega t} \, dt \tag{3-77}$$

式中，$\alpha(t)$ 被称为衰减因子（decay factor），它描述了突然除去外电场后，介质极化衰减的规律，以及迅速加上恒定外电场时，介质极化趋向于平衡态的规律。由于介质中电矩的运动需要时间，因此极化响应落后于外加电场的变化，同时，弛豫过程中微观粒子之间的能量交换在宏观上将表现为一种损耗，因此，衰减因子将使式（3-77）中的 $\varepsilon(\omega)$ 分为实部

ε' 和虚部 ε''。在式（3-77）中，显然当 $\omega \to \infty$ 时，必有 $\varepsilon(\omega) = \varepsilon_\infty$；因此式（3-77）所描述的弛豫关系只适用于研究频率较低的弛豫现象，而忽略了光频弛豫效应。

如果只考虑具有单一的弛豫时间 τ 的极化过程，则衰减函数 $\alpha(t)$ 具有下面的形式：

$$\alpha(t) = \alpha_0 e^{-\frac{t}{\tau}} \qquad (3\text{-}78)$$

式中，α_0 是指外加电场刚刚被撤去的瞬时衰减，可以视为常数。

把式（3-78）代入式（3-77），积分后得到

$$\varepsilon(\omega) = \varepsilon_\infty + \frac{\alpha_0}{\dfrac{1}{\tau} - i\omega} \qquad (3\text{-}79)$$

记：

$$\text{当 } \omega \to 0 \text{ 时}, \varepsilon(\omega) = \varepsilon_s \qquad (3\text{-}80)$$

则由式（3-79）可以得到

$$\varepsilon_s = \varepsilon_\infty + \tau\alpha_0 \qquad (3\text{-}81)$$

式中 ε_s 为静态相对介电常数。于是式（3-78）可以写成

$$\alpha(t) = \frac{\varepsilon_s - \varepsilon_\infty}{\tau} e^{-\frac{t}{\tau}} \qquad (3\text{-}82)$$

把式（3-82）代入式（3-77），得

$$\varepsilon(\omega) - \varepsilon_\infty = \frac{\varepsilon_s - \varepsilon_\infty}{\tau} \int_0^\infty \exp\left(i\omega t - \frac{t}{\tau}\right) dt \qquad (3\text{-}83)$$

积分式（3-83）得

$$\varepsilon(\omega) = \varepsilon'(\omega) - i\varepsilon''(\omega) = \varepsilon_\infty + \frac{\varepsilon_s - \varepsilon_\infty}{1 - i\omega\tau} \qquad (3\text{-}84)$$

由式（3-84）可以得到复介电常数的实部 $\varepsilon'(\omega)$、虚部 $\varepsilon''(\omega)$ 和损耗角正切的表示式：

$$\begin{cases} \varepsilon'(\omega) = \varepsilon_\infty + \dfrac{\varepsilon_s - \varepsilon_\infty}{1 + \omega^2\tau^2} \\[3mm] \varepsilon''(\omega) = \dfrac{(\varepsilon_s - \varepsilon_\infty)\omega\tau}{1 + \omega^2\tau^2} \end{cases} \qquad (3\text{-}85)$$

$$\tan\delta = \frac{\varepsilon''(\omega)}{\varepsilon'(\omega)} = \frac{(\varepsilon_s - \varepsilon_\infty)\omega\tau}{\varepsilon_s + \varepsilon_\infty\omega^2\tau^2} \qquad (3\text{-}86)$$

式（3-85）被称为德拜方程。

图 3-24 是根据德拜方程画出的 ε'_r 和 ε''_r 与 ω 的关系曲线。

当 $\omega = 1/\tau$ 时，ε''_r 具有极大值，$\tan\delta$ 在略大于该频率值时也将达到最大值；当频率 $\omega \to 0$ 时，ε'_r 趋于静态介电常数 ε_s；当交变电场频率很高时，如当 $\omega \to \infty$ 时，由德拜方程可以得到：$\varepsilon' \to \varepsilon_\infty$，$\varepsilon_\infty$ 对应的是光频介电常数，此时的极化机制只有电子位移极化的贡献。

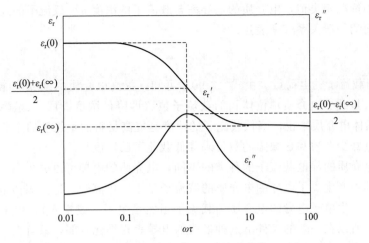

图 3-24 ε_r' 和 ε_r'' 与 ω 的关系曲线

对于实际的电介质，弛豫时间往往分布于一定的范围内，如果按照如下的关系式定义弛豫时间分布函数：

$$\int_0^\infty F(\tau)\mathrm{d}\tau = 1 \tag{3-87}$$

那么式（3-85）可以改写成如下的形式：

$$\begin{cases} \varepsilon'(\omega) = \varepsilon_\infty + (\varepsilon_s - \varepsilon_\infty)\displaystyle\int_0^\infty \frac{F(\tau)\mathrm{d}\tau}{1 + \omega^2\tau^2} \\[2mm] \varepsilon''(\omega) = (\varepsilon_s - \varepsilon_\infty)\displaystyle\int_0^\infty \frac{F(\tau)\omega\tau\mathrm{d}\tau}{1 + \omega^2\tau^2} \end{cases} \tag{3-88}$$

3.4.3 介电材料的介电强度

（1）介质击穿的概念及原理

理想的电介质在外电场的作用下是没有传导电流的。但是，任何实际的电介质都或多或少地具有一定数量的弱联系的带电质点。在外电场的作用下，这些带电质点将会受到电场力的作用而沿着电场方向作定向漂移运动，正电荷的运动方向与外电场一致，负电荷的运动方向与外电场相反，从而形成贯穿介质的传导电流。

这种弱联系的带电质点在电场的作用下作定向漂移运动从而构成传导电流的过程，称为电介质的电导。这种弱联系的带电质点称为导电载流子。事实上，电介质材料中的导电载流子与半导体材料中的导电载流子没有本质的区别。在较弱的外电场的作用下，电介质的电导服从欧姆定律，即

$$J = \gamma E \tag{3-89}$$

式中，J 为电流密度；E 为外加电场强度；γ 为电介质的体积电导率。

对于电介质材料来说，通常用体积电导率的倒数，即体积电阻率 $\rho(\rho = 1/\gamma)$，来表征材料绝缘性能的好坏。对于理想的绝缘体，$\rho \to \infty$；而实际上一般认为 $\rho = 10^8\,\Omega\cdot\mathrm{m}$ 以上的电介质就是绝缘体。

与半导体的情况相类似，电介质的电导率与载流子的浓度 n、载流子的迁移率 μ 之间的关系可以用下面的一般关系式来表达：

$$\gamma = nq\mu \tag{3-90}$$

式中，q 为载流子的电荷量。由式（3-90）可知，提高电介质的绝缘性能主要考虑两个方面的因素：一是减少电介质单位体积的载流子数（即降低浓度 n）；二是降低载流子的迁移率 μ。对于固体电介质来说，降低载流子的浓度是提高材料的绝缘性的主要手段。实际工作中，主要通过减少杂质和热缺陷的数目来降低载流子的浓度。

依据固体电介质的导电载流子的种类的不同，电介质的电导可以分为离子电导和电子电导两种形式。其中产生离子电导的电介质的载流子是正、负离子，这是固体电介质中最主要的导电形式；而产生电子电导的电介质的载流子当然是电子（或空穴），由于固体电介质中的电子数极少，所以在一般的条件下这种形式的电导表现得比较弱，只有在一定的条件下才明显。例如，刚玉（主晶相为 $\alpha\text{-}Al_2O_3$）在室温条件下表现为杂质离子电导，高温时（温度大于 $1100\,℃$）呈现电子电导。

如果外加电场增加到足够强时，电介质的电导就不再服从欧姆定律了。当电场增加到某一临界值 E_j 时，电导率突然剧增，电介质丧失其固有的绝缘性能，变成导体，这时作为电介质的效能已经丧失，这种现象被称为电介质的击穿。相应的电场强度 E_j 称为击穿电场强度（或绝缘强度、介电强度、抗电强度等）。当电场均匀时，有：

$$E_j = \frac{U_j}{h} \tag{3-91}$$

式中，U_j 为击穿电压；h 为击穿处介质的厚度。

（2）击穿的分类

根据电介质丧失绝缘性能的原因，电击穿形式可以分为以下三类。

a. 热击穿：当试样中产生焦耳热，而这种热量又不能通过热传导和对流传热的方式以足够快的速度散发出去时，就会造成试样温度的上升，直至出现永久性的破坏。

电介质在电场作用的下的介质损耗是产生热击穿的主要因素。此外，电介质的环境条件，如周围媒质的温度、散热条件等，对热击穿场强具有重要的影响，因此热击穿场强并不是电介质的一个固定不变的参数。

b. 电击穿：固体电介质的电击穿是击穿的另一种形式，它是在电场的直接作用下瞬间发生的电子的能量状态由量变到质变的过程。对于突然发生的纯的电击穿，一个必要不充分的条件为：材料中有足够多的导电电子，材料中的导电电子能够被加速，而且能够在电场中获得相对于原子电离能而言在同一数量级的能量（通常为 $5\sim10\text{eV}$）。

c. 电化学击穿：电介质在长期的使用过程中受电、光、热以及周围媒质的影响，使电介质产生化学变化，电性能遭受不可逆的破坏，最后被击穿。在工程上常把属于这一类的电击穿现象称为老化，亦称为电化学击穿。这种形式的击穿在有机电介质中表现得更加明显，例如，有机电介质的变硬、变黏等都是化学性质变化的宏观表现。陶瓷介质材料的化学性质比较稳定，但是以银作电极的含钛陶瓷，如果长期在直流电场下使用，其化学性质也将产生不可逆的变化。因为阳极上的银原子容易失去电子变成银离子，银离子进入电介质沿电场方向从阳极迁移到阴极，然后在阴极上获得电子而沉积在阴极附近。如果直流电场作用的时间很长，沉积的银越来越多，形成枝蔓状向电介质内部延伸，相当于缩短了电极之间的距离，使电介质的击穿电压下降。

下面主要讨论前两种击穿形式。

① 热击穿　瓦格纳于1922年最先应用数学方法建立了热击穿理论，虽然该理论存在不足之处，但是其推导过程中的概念清楚，对于我们定性地了解热击穿的特性有很大的帮助。

将一固体电介质置于两个平行板电极a、b之间，如图3-25所示。假设在该电介质中有一处或几处的电阻比其周围的电阻小得多，加上电压 V 以后，电流就主要集中在这样的通道内（图3-25深色区域）。

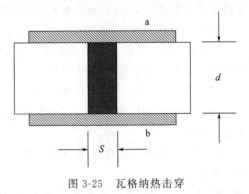

图 3-25　瓦格纳热击穿

若通道的截面积为 S，通道的长度为 d，通道的电导率为 γ，则单位时间内通道中由于电流通过而产生的热量为

$$Q_1 = 0.24\frac{V^2}{R} = 0.24V^2\gamma\frac{S}{d} \qquad (3\text{-}92)$$

如果通道的平均温度为 T，周围电介质的温度为 T_0，那么，从通道散发到旁侧电介质中去的热量与温差 $(T-T_0)$、通道的长度 d 成正比，即通道散发的热量为：

$$Q_2 = \beta(T-T_0)d \qquad (3\text{-}93)$$

式中，β 为比例系数，也称为散热系数。

与半导体材料的情况相类似，固体电介质的电导率是温度的函数，可以写成：

$$\gamma = A\exp\left(-\frac{B}{T}\right) \qquad (3\text{-}94)$$

式中，B 为和载流子的迁移活化能有关的常数；A 为和材料特性有关的常数。

因此发热量 Q_1 应是温度的函数。对应于不同的电压值，Q_1 与 T 之间形成一簇指数曲线，如图3-26所示。而散热量 Q_2 则随温度成正比地增加，在图中是一条斜率为 βd 的直线。

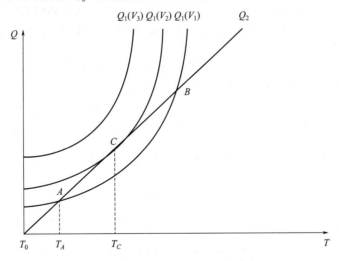

图 3-26　电介质的发热与散热曲线

当外界电压很小的时候，即曲线 $Q_1(V_1)$ 的情况，在 A 点：$Q_1 = Q_2$，即发热量与散热量相等，电介质的温度保持一个恒定的值，A 点对应于一个稳定的平衡态；如果在某一瞬间电介质的温度小于 T_A，那么由于发热量大于散热量，会使电介质的温度升高，使其达到 T_A 并处于热平衡状态；而当电介质的温度大于 T_A 时，则由于散热量大于发热量，电介质被冷却至 T_A；B 点是一个不能达到的非稳定的平衡态，当电介质的温度大于 T_B 时，由于发热量大于散热量，而会使电介质的温度继续升高，最终导致热击穿的发生。

在某一电压时 V_2，曲线 $Q_1(V_2)$ 与直线 Q_2 相切于 T_C 的 C 点，在温度 T_C 时达到热平衡，$T < T_C$ 时，发热量大于散热量，电介质的温度将逐渐升高到 T_C；当 $T > T_C$ 时，发热量仍然大于散热量，温度还要继续上升，最终造成电介质的击穿。这一条曲线 $Q_1(V_2)$ 将热稳定状态与热不稳定状态区别开来，高于它的曲线与直线不相切，不可能达到热稳定状态，因此在相应的任何电压下都会导致热击穿；低于它的曲线，在某一温度范围内能够保持热稳定状态。

$Q_1(V_2)$ 曲线就是电介质热稳定状态与热不稳定状态的临界线，电压 V_2 称为电介质的热击穿电压。

② 电击穿——弗洛里赫的碰撞电离理论　固体电介质的电击穿理论是建立在气体电介质的碰撞电离理论的基础上的。所以可以用气体中发生的电子的碰撞电离来推断固体电介质的击穿场强。固体的密度大约为气体的 2000 倍，若气体电介质的电击穿场强是 $3kV/mm$，则固体电介质的电击穿场强应为 $6000kV/mm$。实际上固体电介质的电击穿场强处于 $10^5 \sim 10^6 V/mm$ 数量级范围。这在一定程度上说明固体电介质的电击穿机理与气体的击穿机理是相似的。

可以说，固体电介质的电击穿是在强电场的作用下发生的，电子从电场获得能量被加速，而又在与晶格碰撞中消耗能量，如果导电电子从电场中获得的能量大于与晶格碰撞消耗的能量，它将可能聚集起碰撞电离所需的能量，这时，它与晶格原子或离子碰撞时，就能离解出新的电子，导致"雪崩"效应，使固体电介质发生电击穿。

在关于电击穿理论的研究方面，有两种类型的理论分析引起了人们的广泛重视：一类被称为碰撞电离理论；另一类被称为雪崩击穿理论。两类理论从不同的角度来说明晶体本征电击穿的物理过程。本文仅通过介绍弗洛里赫的碰撞电离理论来说明固体的电击穿的机理。

理想电介质的导带上是没有电子的，但实际上，电介质由于热的激发，导带上还是会有极少数的电子存在。导带上的这些电子与晶格的热振动相互作用，进行能量交换。当达到热平衡时，根据玻尔兹曼统计理论，电子具有能量为 E_k（指电子的动能）的概率为 $e^{-\frac{E_k}{k_B T}}$。外加电场以后，导带上的电子便从电场获得能量而被加速，同时也在与晶格振动的相互作用中失去能量。假设一个电子在单位时间内从电场获得的能量为 A，与晶格碰撞时失去的能量为 B，以 2τ 表示电子与晶格连续两次碰撞之间所需时间的平均值，这里 τ 称为电子的平均寿命。这时在外电场 E 的作用下，电子的加速度为 $\frac{eE}{m}$，其中，e、m 分别表示电子的电荷量和质量。那么，在 2τ 时间内，电子沿电场方向的速度将增加到 $\left(\frac{eE}{m}\right)2\tau$。

若第一次碰撞的瞬间沿电场方向的平均速度视为零，那么，在 2τ 时间内，电子沿电场方向的平均速度则为 $\left(\frac{eE}{m}\right)\tau$。所以，电子在单位时间内从电场获得的能量（即电子获得能量

的速率）为

$$A = eE \times \frac{eE}{m} \times \tau = \frac{e^2 E^2}{m} \times \tau \tag{3-95}$$

电子的平均寿命 τ 可以应用量子力学的原理求得。电子的平均寿命随着电子动能的增加而缩短，即它是电子动能 E_k 的函数，因此电子从电场获得能量的速率可以表示为

$$A = A(E_k, E) \tag{3-96}$$

另一方面，电子与晶格相互碰撞时能量消耗的速率 B 决定于电子的动能，随着电子动能的增加而减少；同时，因为晶格振动与温度有关，因此 B 可以表示为：

$$B = B(E_k, T) \tag{3-97}$$

当单位时间内电子获得能量的速率与消耗能量的速率相等时，则达到了平衡状态，此时：

$$A(E_k, E) = B(E_k, T) \tag{3-98}$$

如果电场升高到使上述平衡状态被破坏时，碰撞电离过程立即发生，所以由式（3-98）所确定的电场强度为最大电场强度值，也就是碰撞电离开始发生的起始场强。将这一场强作为电介质电击穿场强的理论就是碰撞电离理论，也称为本征电击穿理论。

下面我们看一看利用这一理论如何确定发生电击穿的基本条件。

如果把电子的动能 E_k 作为横坐标，对应于各个场强的 A 和 B 作为纵坐标，则可以得出如图 3-27 所示的曲线。

从图 3-27 中可以看出，当电场强度为 E' 时，对于动能 $E_k > E_k'$ 的电子，由于 $A > B$，电子获得能量的速率大于能量消耗的速率，电子被加速，电子的能量继续增加，直至达到晶格原子的电离能 U 时，便从晶格"撞出"电子，导电电子数增加了一个，这时两个电子的能量 $E_k > E_k'$，又被电场加速，使动能 E_k 增加到电离能 U，再撞击晶格产生新的电子，这样，电子的数目以几何级数的速度增加，形成"电子崩"，电介质瞬间被击穿。而对于 $E_k < E_k'$ 的电子来说，由于 $B > A$，电子被减速，电子永远不会发生碰撞电离，电介质也不会被击穿。

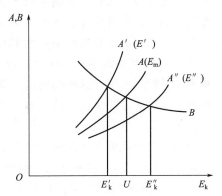

图 3-27 电子获得能量的速率 A、消耗能量的速率 B 与电子动能 E_k 的关系

从图 3-27 中还可以看出，曲线 A、B 交点的位置因电场的大小而不同，当外电场小的时候，交于 E_k 较大的位置，随着外电场的增加，该交点向 E_k 减小的方向移动。当交点的位置大于电离能 U 的时候（即图中 E'' 的情况），按照电子能量的概率分布，这时介质中达到 E_k'' 以上的电子的数目是极少的，故被加速的电子数目是极少的，而且它们由于发生非弹性碰撞而失去能量，不能形成"电子崩"，因此不会发生电击穿。

从以上的讨论可以知道，要在电场的作用下产生这种"电子崩"式的电击穿，必须同时具备以下两个条件：电子具有的动能必须满足 $E_k' < E_k < U$；同时，电场强度 $E' > E_m$。

弗洛里赫把与电离能 U 相应的出现交点时的电场强度作为击穿电场强度，因此：

$$A(E_k, E) = B(E_k, T) \quad E_k = U \tag{3-99}$$

式（3-99）即弗洛里赫的电击穿判据的数学表达式。

将式（3-95）与式（3-97）代入式（3-99），便可以得到电击穿场强为

$$E_m = \left(\frac{mB}{e^2 \tau} \right)^{\frac{1}{2}} \qquad E_k = U \tag{3-100}$$

根据碰撞电离理论可以得知，由于温度的升高，将引起晶格振动的加强，杂质的引入将使得晶体的点阵发生畸变，这些因素都将使电子与晶格的"碰撞"概率增加，从而使电子的平均寿命缩短，因此导致电击穿场强升高。而且，从式（3-100）还可以看到，电击穿场强一般与电介质试样的厚度无关，但是当试样的厚度薄到小于电子的平均自由程时，由于电子尚未加速就已经达到阳极完成复合，所以在这种情况下的电击穿场强也会提高。

（3）影响击穿强度的因素

以上关于固体电介质的击穿理论的讨论，只能够帮助我们对于电介质在电场作用下可能发生的击穿过程，有一种较深层次的理解。以上介绍的几种击穿机理远不能概括电介质实际的所有的击穿过程。在实际工作中，由于电介质本身的结构因素和环境因素的影响，电介质的介电击穿过程异常复杂，迄今为止，还没有一种理论能够准确、清晰地阐明所有的电击穿过程。现有的理论只能作为材料的失效分析的参考判据。对于电介质材料的电击穿破坏的失效分析，可以分别从两个方面进行考虑：一方面是介质结构的影响，另一方面是环境和测试条件的影响。而前者往往被认为是影响介质击穿特性的决定性的因素。因此，下面我们主要介绍介质的结构因素对击穿强度的影响。

① 电介质结构的不均匀性的影响　无机材料的组织结构往往是不均匀的，有晶相、玻璃相和少量的气孔等。这些结构因素都具有不同的介电性能，因而这种不均匀性在电击穿过程中产生的影响是非常显著的。多相系统介质在电场下的击穿情况是复杂的，我们只以双层介质这种最简单的情况为例来分析电介质结构的不均匀性对电介质的电击穿特性的影响。

设某一平板状电介质由两层具有不同介电参数的双层介质材料组成，ε_1、γ_1、d_1 和 ε_2、γ_2、d_2 分别代表第一层和第二层的介电常数、电导率和厚度。若在此系统上施加直流电场 E，则各层内的电场强度可以计算出来：

$$\begin{cases} E_1 = \dfrac{\gamma_2(d_1 + d_2)}{\gamma_1 d_2 + \gamma_2 d_1} \times E \\[3mm] E_2 = \dfrac{\gamma_1(d_1 + d_2)}{\gamma_1 d_2 + \gamma_2 d_1} \times E \end{cases} \tag{3-101}$$

式（3-101）表明，由于电导率的不同，各层所承受的电场强度是不同的，电导率较小的介质承受较高的场强，电导率较大的介质承受的场强较低。在交流电场的作用下也有类似的关系。如果电导率 γ_1 和 γ_2 相差甚大，则必然使其中一层的场强远大于平均电场强度，从而导致这一层可能优先被击穿，其后另一层也将被击穿。也就是说，材料的组织结构的不均匀性将会引起击穿强度的下降。这也是不均匀介质的电击穿场强通常随着电导率的增加而下降的原因之一。

② 材料中气泡的作用　事实上，气泡也是电介质结构的组成成分之一，可以把它纳入

电介质结构的不均匀性的因素来讨论。但是，对于许多无机电介质材料（例如陶瓷材料）来说，少量气泡不可避免地存在对于材料性能的影响是独特而显著的，因此有必要单独加以说明。

材料中的气泡的介电常数和电导率都很小，因此，受到电压作用时，其所承受的电场强度很高，而气泡本身的介电强度远低于固体介质。因此，在电场的作用下，气泡首先被击穿，引起气体放电（内电离）。这种内电离的过程会产生大量的热，使气孔附近的局部区域强烈过热，因而在材料内部形成相当高的内应力，当这种热应力超过一定限度时，材料丧失机械强度而发生破坏，表现为击穿的现象。这种击穿现象常被称为电-机械-热击穿。

气泡对于在高频、高压条件下使用的电容器陶瓷介质或者电容器聚合物介质都是十分严重的问题，因为气泡的放电实际上是不连续的，理论分析表明，即使在交流电频率为 $50\,Hz$ 的情况下，介质中气泡每秒钟的放电次数仍可达 200 次。可见，在高频高压条件下，电介质中由气泡产生的内电离是何等的严重。

此外，内电离不仅会引发电-机械-热击穿，而且还会在电介质内引起不可逆的物理化学变化，从而造成电介质击穿电压的下降。

③ 材料的表面状态和边缘电场 材料的表面状态包括：介质自身的表面加工情况、表面的清洁程度、表面周围的介质及其之间的接触。固体介质的表面，尤其是附有电极的表面，在电场的作用下常常发生介质的表面击穿，这种击穿通常属于气体放电。固体电介质常处于周围气体介质（媒质）中，击穿时常常发现固体介质并未破坏失效，只是火花掠过介质的表面，这种现象被称为固体介质的表面放电。

固体介质表面放电电压常低于没有固体介质时的空气击穿电压，其降低的情况常决定于以下三种条件。

a. 固体介质不同，表面放电电压也不同。铁电陶瓷介质由于介电常数较大、表面吸湿等原因，存在空间电荷极化机制，表面电场会发生畸变，降低了表面放电电压。

b. 固体介质与电极接触不良，则表面放电电压降低。原因是空气孔隙的介电常数低，根据夹层介质原理，电场容易发生畸变，孔隙容易放电。介质的介电常数越大，影响越显著。

c. 电场频率不同，表面放电电压也不同。一般情况下，随着频率的升高，表面放电电压降低。

所谓边缘电场是指电极边缘的电场，在此特别提出是因为电极边缘常发生电场畸变，使边缘局部电场强度升高，导致此处的击穿场强下降。是否会发生边缘击穿主要与下列因素有关：电极周围的媒质的性质，电极的形状、相互位置，材料的介电常数和介电强度。

表面放电和边缘击穿电压并不能表征材料本身的介电强度，因为通过对电介质周围媒质的适当选择和对电极边缘形状的合理设计，这两个指标都能够得到提高。为了防止表面放电和边缘击穿现象的发生，以发挥材料介电强度的作用，可以选取电导率和介电常数较高的媒质，并且媒质自身应有较高的介电强度，例如在电介质的介电强度测试的实验中常选用硅油或变压器油作为媒质。另外，对于在高频、高压条件下使用的陶瓷电介质来说，根据额定工作电压的不同，通常采用浸渍、灌注、包封、涂覆以及在电极边缘施以半导体釉等方法来提高电极边缘电场的均匀性，消除由于空气存在而产生的表面放电的因素，从而提高表面的放电电压。

总之，对于在高频、高压条件下工作的电介质材料来说，除了注重提高材料本身的抗电强度以外，加强对其结构和电极的合理设计也是至关重要的。

3.4.4　BaTiO$_3$ 铁电晶体

（1）BaTiO$_3$ 铁电晶体的一般性质

BaTiO$_3$ 铁电晶体是一种钙钛矿型结构的铁电晶体，在 120℃ 以上为立方晶系，空间群为 $Pm3m$，其介电性能显示为顺电相；当温度降低时，在 120℃ 发生顺电-铁电相变，结构分析表明，在低于 120℃ 时，该晶体为四方晶系，此时 c 轴略有伸长，$c/a=1.01$，空间群为 $P4mm$，在 120℃，介电常数随着温度的变化有一突变现象，这种顺电-铁电相变温度被称为居里温度 T_C，在顺电相温区介电常数-温度的关系服从居里-外斯（Curie-Weiss）定律：

$$\varepsilon_r(0)=\frac{C}{T_C-\theta}+\varepsilon_r(\infty) \tag{3-102}$$

式中，$\varepsilon_r(0)$ 为低频相对介电常数；$\varepsilon_r(\infty)$ 为光频相对介电常数，主要由电子位移极化的贡献；C 被称为居里常数；θ 被称为居里-外斯温度。θ 和 T_C 根据不同的材料可能相同，也可能不同，例如对于二级相变铁电晶体，$\theta=T_C$，对于一级相变铁电晶体，$\theta<T_C$。

BaTiO$_3$ 极性介质的介电常数 ε 和居里温度 T_C 的值对晶体中的掺杂元素非常敏感，因此在工程上常利用元素的掺杂改性来调整介质的介电参数以及介电常数温度特性。图 3-28 是 Ba(Ti$_{1-x}$Sn$_x$)O$_3$ 陶瓷的相对介电常数和温度的关系曲线，可以看出，随着晶格中的 Ti 被 Sn 的置换量的增加，材料的居里温度向低温方向显著地移动，可以从 120℃ 下降到 0℃ 以下。

铁电晶体中存在一系列极化方向不同的区域，而每一个小区域中，所有晶胞的极化方向相同，这样的区域称为"电畴"。电畴间的界面称为"畴壁"。

自发极化：即在某温度范围内，当不存在外加电场时，元晶胞中的正负电荷中心也不相重合（即每一个元晶胞具有一定的固有电偶极矩）。这种晶体的极化形式就是"自发极化"。

如果晶体在某一方向出现自发产生的偶极矩，这个方向就是自发极化轴。在交变电场作用下，外加电场每变化一周，上述过程就重复一次，在每一周期中都有能量由电场传递给晶体，并表现为热的形式而散失（损耗），每一周期的能量损耗成为电滞损耗，它可用电滞回线所围成的面积来量度。

铁电晶体中的电滞偶极矩在外电场作用下，将转向电场方向，因而使介质的极化强度随电场强度的增加而迅速地增长（曲线 AB），见图 3-29。图中 B 点相应于全部电畴偶极矩已定向到电场方向，进一步增加电场强度，只增加感应极化强度，P-E 曲线斜率减小（曲线 BC），如电场强度降低，曲线从 C 点下降，由于自发极化偶极矩仍大部分保持在原定方向，故 P-E 曲线将沿 CD 曲线而缓慢下降，当 E 下降到零时，极化强度 P 并不降低到零，而有一剩余极化强度（OD）。它是自发极化的剩余部分而不是自发极化的全部。外电场反向时，电畴偶极矩反转 P-E 特性沿 DFG 曲线变化，当电场强度 $E=E_c$ 时，$P=0$。

（2）BaTiO$_3$ 铁电晶体的应用

由于铁电晶体具有 ε 与 E 呈非线性关系的特性，即电滞回线，所以其可被用于信息存储器件——非易失记忆元件。

由于电场可引起铁电晶体极化的变化，亦即引起折射率的变化。所以可用于电、光器件，如电光快门、电光显示、抗反射膜等。

由于 $BaTiO_3$ 铁电晶体具有低频下很高的介电常数，所以可制作低频高介电容器。

利用 $BaTiO_3$ 铁电晶体的铁电-顺电相变的特性，可制得热敏元件——正温度系数（PTC）热敏电阻。利用 $BaTiO_3$ 铁电晶体的非线性极化特性，可制得脉冲发生器和压敏元件。

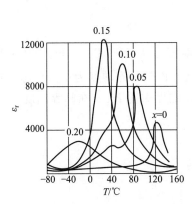

图 3-28　$Ba(Ti_{1-x}Sn_x)O_3$ 陶瓷的
相对介电常数和温度的关系曲线

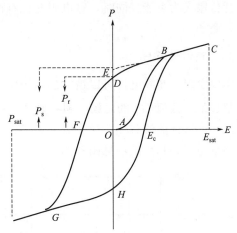

图 3-29　电滞回线

P_s—饱和极化强度（原来每个电畴已经存在的极化强度）；

E_{sat}— 饱和极化强度；P_r—剩余极化强度；E_c—矫顽电场强度

3.5　超导材料

3.5.1　超导现象及性质

3.5.1.1　超导现象

1911 年，荷兰物理学家昂内斯（H. K. Onnes）在成功地将氦气液化、获得 4.2K 的超低温后，开始研究超低温条件下金属电阻的变化，结果发现：当温度下降至 4.2K 时，汞的电阻突然消失了！这就是超导现象。

其后又发现许多元素、合金和化合物都具有超导性。超导材料的研究引起了广泛的关注，现已发现了上千种超导材料。

3.5.1.2　超导材料的特征值

（1）临界温度 T_c

某些金属或金属化合物（即合金），当温度低到一定程度的时候，其电阻会突然消失，把这种材料处于零电阻的状态称为超导态，具有超导态的导体称为超导体。超导体从正常态（电阻态）过渡到超导态（零电阻态）的转变称为正常-超导转变，转变的温度 T_c 称为这种超导态的临界温度。汞（Hg）的临界温度见图 3-30。

当 $T < T_c$ 时，导体的 $R = 0$，具有超导性；当 $T > T_c$ 时，导体的 $R \neq 0$，即失去超导

性。图 3-30 中汞的 $T_c = 4.20K$。

临界温度是在外部磁场、电流、应力和辐射等条件维持足够低时，电阻突然变为零时的温度。由于材料纯度不够，这种零电阻的转变并非瞬间完成，而是跨越了一个温区。

零电阻是超导体最基本的特性，它意味着电流可以在超导体内无损耗地流动，使电力的无损耗传输成为可能；同时，零电阻允许有远高于常规导体的载流密度，可用以形成强磁场或超强磁场。

（2）临界磁场 H_c

实验发现，超导电性可以被外加磁场所破坏，对于温度为 $T(T < T_c)$ 的超导体，当外磁场超过某一数值 H_c 的时候，超导电性就被破坏了，使它由超导态转变为正常导态，电阻重新恢复。这种能够破坏超导所需的最小磁场强度，叫作临界磁场 H_c。在临界温度 T_c 处，临界磁场为零。临界磁场见图 3-31。

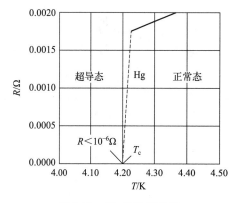
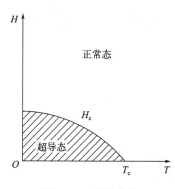

图 3-30　Hg 的临界温度　　　图 3-31　临界磁场

H_c 随温度而变化：

$$H_c(T) = H_{c_0}\left(1 - \frac{T^2}{T_c^2}\right) \tag{3-103}$$

式中，H_{c_0} 是绝对零度时的临界磁场。

对于金属，H_c-T 曲线几乎有相同的形状。

引入经验 H_0 系数，则有经验公式：

$$H_c(T) = H_0\left(1 - \frac{T^2}{T_c^2}\right) \tag{3-104}$$

利用这个性质，可以制备超导体的电子学元件。

（3）临界电流 I_c

实验表明，在不外加磁场的情况下，超导体中通过足够强的电流也会破坏其超导电性。破坏超导电性所需要的最小极限电流，也就是超导态允许流动的最大电流，称作临界电流 I_c。临界电流见图 3-32。

临界电流随温度变化的关系有

$$I_c(T) = I_{c_0}\left(1 - \frac{T^2}{T_c^2}\right) \qquad\qquad (3\text{-}105)$$

式中，I_{c_0} 是绝对零度时的临界电流。

I_c 实质上是无阻负载的最大临界电流。

临界温度（T_c）、临界电流（I_c）和临界磁场（H_c）是"约束"超导现象的三大临界条件。三者具有明显的相关性，只有当超导体同时处于三个临界条件以内，即处于如图 3-33 所示的三角锥形曲面内侧，才具有超导电性。

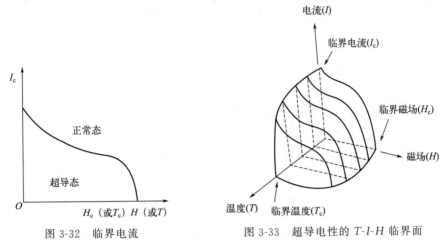

图 3-32　临界电流　　　　图 3-33　超导电性的 T-I-H 临界面

超导体的临界值越高，实用性就越强，利用价值就越高。

3.5.1.3　超导材料的特殊效应

（1）零电阻

零电阻是超导体的一个基本特性。也就是说，当温度处于 T_c 以下时，超导体进入零电阻状态——超导态。超导材料的临界温度发展历程与展望见图 3-34。历经元素超导体、合金超导体、化合物超导体、高温氧化物超导体四个阶段，临界温度不断提高。尤其是自 1986 年以来，高温氧化物超导体的发展，使超导体的研究与应用有了突破性的飞跃。相信在不久的将来，还有望实现室温下超导体的制备。

（2）迈斯纳效应（完全抗磁效应）

① 完全导体理论　直到 1933 年，人们从零电阻现象出发，才把超导体和完全导体（或称无电阻导体）完全等同起来。

完全导体中，$E = 0$，则有

$$-\frac{\partial B}{\partial t} = \nabla \times E = 0 \qquad\qquad (3\text{-}106)$$

式中，B 为磁感应强度；t 为时间；∇ 为 ∇ 算子，用于描述电场和磁场的动态关系。

完全导体中不可能有随时间变化的磁感应强度，即在完全导体内部保持着当它失去电阻时样品内部的磁场。可以看作磁通分布被冻结在完全导体中，致使完全导体内部的磁场不变。完全导体必然产生磁滞效应。

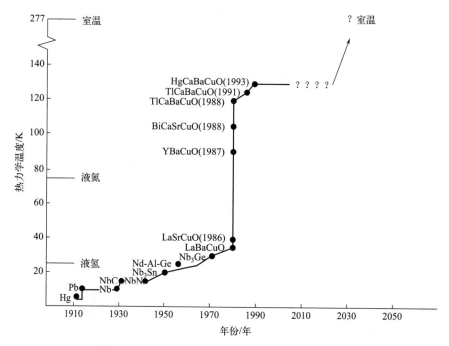

图 3-34　超导材料的临界温度的发展历程与展望

② 超导体的完全抗磁性　超导体的完全抗磁性指超导体处于外界磁场中，磁力线无法穿透，超导体内的磁通量为零。

1933 年，迈斯纳（W. Meissner）和澳克森菲尔德由实验发现，只要温度低于超导临界温度，则置于外磁场中的超导体就始终保持其内部磁场为零，外部磁场的磁力线统统被排斥在超导体之外。即便是原来处在磁场中的正常态样品，当温度下降至 $T < T_c$ 使它变成超导体时，也会把原来在体内的磁场完全排出去，使得 $B = 0$，即超导体具有完全抗磁性。这一现象被称为迈斯纳（Meissner）效应，它是超导体的另一个独立的基本特性。

迈斯纳效应产生的原因：当超导体处于超导态时，在磁场的作用下，表面产生无损耗感应电流，这个电流产生的磁场与原磁场的大小相等，方向相反，因而总合成磁场为零。即，无损感应电流对外加磁场起着屏蔽的作用，因此又称为抗磁性屏蔽电流。

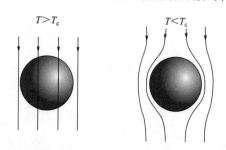

图 3-35　超导体的完全抗磁性

超导体的完全抗磁性如图 3-35 所示。

超导体内磁感应强度 B 总是等于零，即金属在超导电状态的磁化率为 $\chi = M/H = -1$（M 为磁化强度，H 为磁场强度），则 $B = \mu_0 (1 + \chi) H = 0$（$\mu_0$ 为真空磁导率）。

超导体的迈斯纳效应的意义：否定了把超导体看作理想导体的观点，还指明超导态是一个热力学平衡的状态，与怎样进入超导态的途径无关，从物理上进一步认识到超导电性是一种宏观的量子现象。同时，超导体在静磁场中的行为可以近似地用"完全抗磁体"来描述，利用这一特性，可以实现磁悬浮。

仅从超导体的零电阻现象出发，得不到迈斯纳效应。同样，用迈斯纳效应也不能描述零电阻现象。因此，迈斯纳效应和零电阻性质是超导态的两个独立的基本属性，衡量一种材料是否具有超导电性必须看其是否同时具有零电阻和迈斯纳效应。

根据上述超导材料的两个基本特征，可以看出：超导体是指某种物质冷却到某一温度时电阻突然变为零，同时物质内部失去磁通成为完全抗磁性的物质。

（3）约瑟夫森效应（超导隧道效应）

当两超导材料之间有一薄绝缘层（厚度约1～3nm）时，会有电子对穿过绝缘层形成电流，而绝缘层两侧没有电压，即绝缘层也成了超导体，如图3-36所示。

当电流超过一定值后，绝缘层两侧出现电压 V，同时，直流电流变成高频交流电，并向外辐射电磁波。

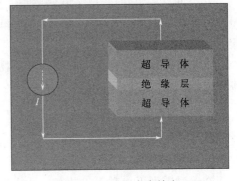

图3-36 约瑟夫森效应

1962年，英国物理学家 B. D. Josephson 对于超导体-势垒（绝缘层）-超导体的情况进行了计算，得出了一系列出乎意料的结果。

直流约瑟夫森效应：在势垒两边电压为零的情况下，电子对能够凭借隧道效应穿过绝缘层，产生直流超导电流。

交流约瑟夫森效应：在势垒两边有一定电压 V_0 时，还会有特定频率的交流超导电流存在，即

$$J_s = J_c \sin\left(2\pi \frac{2e}{h} V_0 t + \varphi_0\right) \tag{3-107}$$

式中，J_s 为约瑟夫森超导电流密度；J_c 为临界电流密度；h 为普朗克常数；φ_0 为相位差。

随后，大量的实验证实了约瑟夫森的所有预言。1963年，安德森（P. W. Anderson）和罗威尔便发现了直流超导电流（直流约瑟夫森效应），夏皮罗（S. Shapiro）也观察到了交流超导电流（交流约瑟夫森效应）。凭借超导隧道效应的相关研究，约瑟夫森、贾埃弗和江崎玲于奈共享了1973年的诺贝尔物理学奖。

约瑟夫森效应为超导体材料在器件方面的应用奠定了理论基础。

3.5.2 超导理论

（1）二流体模型

1934年 Gorter 和 Casimir 提出二流体模型。金属处于超导态时，导电电子分为两部分：一部分为正常传导电子 n_N，它占电子总数 n 的 $1-w_B = n_N/n$；另一部分为超导电子 n_S，它占电子总数 n 的 $w_B = n_S/n$（$n = n_S + n_N$）。这两部分电子占据同一体积，在空间上彼此互相渗透，彼此独立地运动，两种电子的相对数目 w_B 与（$1-w_B$）都是温度的函数。

正常电子受到晶格散射做杂乱运动，所以对熵有贡献。

超导电子处在一种凝聚态，即 n_S 凝聚到某一个低能态。所以对熵没有贡献，即它们的熵等于零。

由于超导相变是二级相变，所以超导态是某个有序化的状态。

温度 $T < T_c$，电阻 $R = 0$，是由于出现超导电子，它们的运动是不受阻的，金属中如果有电流完全是超导电子做定向运动造成的。

出现超导电子后，金属内 $E = 0$，正常电子不承载电荷电流，所以没有电阻效应。

在温度 $T = T_c$ 时，电子开始凝聚，出现有序化，而 W 则是有序化的量度，称为有序参量或有序度。温度 T 越低，凝聚的超导电子越多，有序化越强。到 $T = 0$ 时，全部电子凝聚，则有序度为 1。

二流体模型是一种比较成功的唯象物理模型，但唯象理论有它的局限性，并不能从物理本质上解决问题。

（2）I型超导体 BCS 理论

1957 年，巴顿（Bardeen）、库珀（Cooper）和施里费尔（Schrieffer）提出了著名的 BCS 超导理论。

在绝对零度下，对于超导态、低能量的电子（在费米面深处的电子）仍与在正常态中的一样。但在费米面附近的电子，则在吸引力的作用下，按相反的动量和自旋全部两两结合成库珀对，这些库珀对可以理解为凝聚的超导电子。它是两个电子之间由净的相互吸引作用形成的电子对，形成了束缚态，两个电子的总能量将降低。

在有限温度下，一方面出现一些不成对的单个激发热电子，另一方面，每个库珀对的吸引力也减弱，结合程度较差。这些不成对的热激发电子，相当于正常电子。温度越高，结成对的电子数量越少，结合程度越差。达到临界温度时，库珀对全部拆散成正常电子，此时超导态即转变为正常态。从动量角度看，在超导基态中，各库珀对单个电子的动量可以不同，但每个库珀对的两个电子具有动量互补特性，即库珀对的总动量为零，因此，所有库珀对都凝聚在零动量上。

当正常态的金属载流时，将会出现电阻，因为电子会受到散射而改变动量，使载流子沿电场方向的自由加速受到阻碍。而在超导体情况下，组成库珀对的电子虽然会不断地受到散射，但是，由于在散射过程中，库珀对的总动量保持不变，因此电流没有变化，呈无电阻状态。

根据麦克斯韦（Maxwell）等人对同位素含量不同的超导体的研究，发现它们的 T_c 与金属的平均原子量 M 的平方根成反比。即质子质量影响超导态。这表明，超导现象与晶格振动有关。因此，BCS 理论认为，物质超导态的本质是被声子（phonon）所诱发的电子间的相互作用，也就是以声子为媒介而产生的引力克服库仑排斥力而形成电子对。

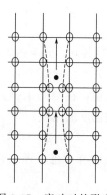

先以金属中的两个自由电子的运动为例。超导理论认为，金属中的阳离子以平衡位置为中心进行晶格振动。如图 3-37 所示，当一个自由电子在晶格中运动时，阳离子与自由电子之间的库仑力作用使阳离子向电子方向收缩。由于晶格离子运动比电子的运动速度慢得多，故当自由电子通过某个晶格后，离子还处于收缩状态。因此，这一离子收缩地带局部呈正电性，于是就有第二个自由电子被吸入。这样，由于晶格运动和电子运动的相位差，两个电子之间会产生间接引力，形成电子对。这种电子对由库珀（L. M. Cooper）所发现，因此称为库珀对。

图 3-37　库珀对的形成

由于库珀对之间的引力并不是很大，因此，当温度较高时，库珀对会被热运动打乱而不能成对。同时，离子在晶格上强烈地做不规则振动，使形成库珀对的作用大大减弱。而当温度足够低时，库珀对在能量上比单个电子运动要稳定，因此，体系中仅有库珀对的运动，库珀对电子与周围其他电子实际上没有能量的交换，因此也就没有电阻，即达到了超导态。

显然，使库珀对从不稳定到稳定的转变温度，即为超导临界温度。根据 BCS 理论的基本思想，经量子力学方法计算，可得如下关系式：

$$T_c = \frac{W_D}{k_B} \exp\left[\frac{-1}{N(0)V}\right] \tag{3-108}$$

式中，W_D 为晶格平均能，其值在 $10^{-1} \sim 10^{-2}$ eV 之间；k_B 为玻尔兹曼（Boltzmann）常数；$N(0)$ 为费米（Fermi）面的状态密度；V 表示电子间的相互作用。

按上式计算，金属的 T_c 上限为 30K 左右。1986 年，瑞士制得的金属氧化物，其 T_c 已经达到 30K 这个阈值。因此，要得到高温超导体，必须摆脱声子-电子超导机理的约束，寻找由其他机制引起超导态的可能性。

由上述理论可知，要提高材料的超导临界温度。必须提高库珀对电子的结合能。

当电子在金属晶格中运动时，如果离子的质量越小，则形成的库珀对就越多，越稳定。根据质量平衡关系，离子的最大迁移率与离子质量的平方成反比。因此可以认为，库珀对电子的结合能与离子的质量有关。离子的质量越小，库珀对电子的结合能就越大，相应的超导临界温度就越高。

（3）Ⅱ型超导体理论有序超导点阵

1957 年阿列克谢·阿布里科索夫提出了一种能够解释Ⅱ型超导体特性的理论。

这一理论认为，Ⅱ型超导体中的电流形成了一个个小旋涡，这些旋涡构成了一个有序的点阵。这样既可以使超导体中电子运动的阻力消失，又可以使磁场能够从点阵中的通道通过。

Ⅱ型超导体理论有序超导点阵见图 3-38。

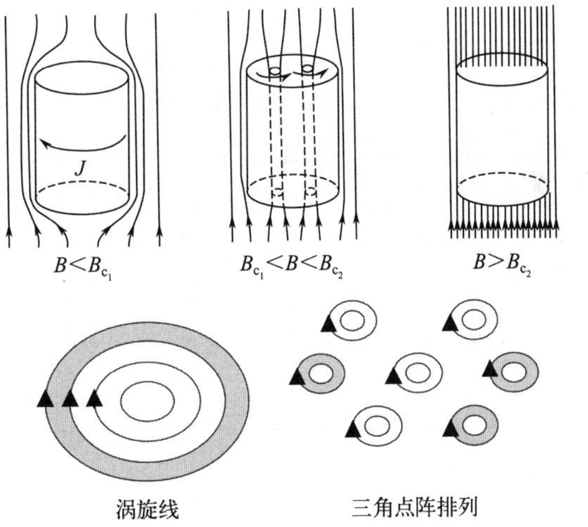

涡旋线　　　　　三角点阵排列

图 3-38　Ⅱ型超导体理论有序超导点阵

（4）高温超导理论

1957 年 BCS 理论的提出，在解释超导现象方面取得了一定的成功。在许多具体问题上，它不仅定性地而且是定量地与实验结果一致。然而，当人们进一步将 BCS 理论的结果和实验作更为细致的比较时，逐渐发现了一系列的偏差。人们后来认识到，原来 BCS 理论只是一种弱耦合理论，它对超导体中的相互作用考虑得不够仔细，做了太多的简化。因此，BCS 理论需要进一步地发展和修正。

与实验上已经获得的相当丰富的结果相比，高临界温超导电性的微观理论研究还是很初步的，目前大致有以下四类理论尝试。

第一类，基本上是在原有 BCS 理论框架中的尝试，如认为铜氧呼吸模式对电子的相互作用很强；认为有某些声子软化作用的存在等。目前看来，除了对 Bi 化合物 $Ba_{1-x}K_xBiO_2$

外，对所有铜化合物高临界温度氧化物的超导电性都需要非声子的机理才能得到解释。

第二类，强调载流子和铜离子的自旋相互作用的模型。

第三类，认为载流子所需的吸引作用是电荷涨落引起的。

第四类，所谓任意子模型。由于掺杂使母系的反铁磁相有改变，空穴在转移时是和元胞中铜离子的取向有关的，矩阵元是一个复数，可以等效于一个磁场下的实矩阵元的紧束缚能带。可以认为这个等效磁场相当于"黏附"在载流子上的磁通量，且有半个量子磁通量。于是，载流子的统计性质既非玻色子也不是费米子，而是把它叫作"半"子。任意子模型（系统）可以有迈斯纳效应与超流现象。

高温超导电性的微观机理还有待科学界进一步深入研究。相信在不久的将来，人们会认识到高临界温度超导电性的本质，建立符合客观规律的高临界温度超导电性的理论，并为发现新型高临界温度超导材料指明方向。

3.5.3 超导材料的分类与应用

3.5.3.1 超导材料的分类

（1）按其成分分类

① 元素超导体 一些元素在常压或高压下就具有超导电性能，另外一些元素经特殊处理后才显示出超导电性，如表 3-4 所示。由于临界电流和临界磁场均较小，所以元素超导体很难实用化。

除碱金属、碱土金属、铁磁金属、贵金属外，几乎全部的金属元素都具有超导性，其中铌的 $T_c = 9.26K$，为已知元素中最高的临界温度。

② 合金和化合物超导体 合金和化合物超导体包括二元、三元和多元的合金及化合物，其组成可以是全为超导元素；也可以部分为超导元素，部分为非超导元素。表 3-5 列出了一些超导合金和化合物的 T_c 和 $H_c(0)$。

Nb_3Sn 和 V_3Ga 是最先引起人们注意的，其次是 Nb_3Ga、Nb_3Al、$Nb_3(AlGa)$。实际能够实用的只有 Nb_3Sn 和 V_3Ga 两种。其他的化合物因难于加工成线材还不能实用化。

表 3-4　超导元素

元素	T_c/K	$H_c(0)/(A/m)$	晶体结构
Rh	0.0002(外推值)		面心立方
W	0.0120		体心立方
Be	0.0260		六角密堆
Ir	0.1400	1512	面心立方
α-Hf	0.1650		六角密堆
α-Ti	0.4900	4456	六角密堆
Ru	0.4900	5252	六角密堆
Cd	0.5150	2387	六角密堆
Os	0.6500	5172	六角密堆
α-U	0.6800		正交晶系
α-Zr	0.7300	3740	六角密堆

元素	T_c/K	$H_c(0)$/(A/m)	晶体结构
Zn	0.8440	4138	六角密堆
Mo	0.9200	7799	六角密堆
Ga	1.1000	4695	正交晶系
Al	1.1740	7878	面心立方
α-Th	1.3700	12892	面心立方
Pa	1.4000		四角晶系
Re	1.7000	15359	六角密堆
Tl	2.3900	13608	面心立方
In	3.1460	23316	四角晶系
β-Sn	3.7200	24590	四角晶系
α-Hg	4.1500	32786	棱方晶系
Ta	4.4800	66050	体心立方
V	5.3000	81170	体心立方
β-La	5.5980	127325	面心立方
Pb	7.2010	63901	面心立方
Tc	8.2200	112205	六角密堆
Nb	9.2600	155177	体心立方

表 3-5　超导合金和化合物的 T_c 和 $H_c(0)$

材料	T_c/K	$H_c(0)$/(kA/m)	材料	T_c/K	$H_c(0)$/(kA/m)
Mo-3Re	10.8	2228	Pb-50Bi	8.4	2387
Mo-50Re	12.6	2149	NbN	17.0	11141
Nb-25Ti	9.8	5809	V_3Si	17.0	
Nb-60Ti	9.3	9152	V_3Ga	16.8	19099
Nb-60Ti-4Ta	9.9	9868	Nb_3Al	18.8	23873
Nb-70Ti-5Ta	9.8	10186	Nb_3Sn	18.1	1950
Nb-25Zr	11.0	7242	$Nb_3Al_{0.75}Ge_{0.25}$	21.0	33422
Nb-75Zr	10.8	62628	Nb_3Ge	23.2	
Pb-35Bi	8.7	2069			

其中，$Nb_3Al_{0.75}Ge_{0.25}$ 的临界温度为 21.0K。目前最主要实用的是 NbTi 和 Nb_3Sn 合金。复合法制备 Nb_3Sn 和 V_3Ga 线材的流程见图 3-39。

超导合金在技术上有重要价值，它们具有较高的临界温度和特别高的临界磁场以及临界电流。此外，超导合金还具有塑性好、易于大量生产、成本低等优点。

最早出售的超导线材是 Nb-Zr 系，用于制造超导磁体。Nb-Zr 合金具有低磁场高电流的特点。1965 年后被加工性能好、临界磁场高、成本低的 Nb-Ti 所取代。目前 Nb-Ti 系合金实用的线材使用最广，Nb-Zr-Ti、Nb-Ti-Ta、Nb-Ti-Zr-Ta 用于磁流体发电机大型磁体。

③ 含稀土元素的化合物超导体　为了寻找高临界温度的超导材料，人们对含稀土元素的化合物进行了深入的研究。1987 年，中、美和日三国科学家几乎同时发现了钡钇铜氧系超导材料的临界温度达到 90~93K。以后又发现了临界温度更高的超导材料。

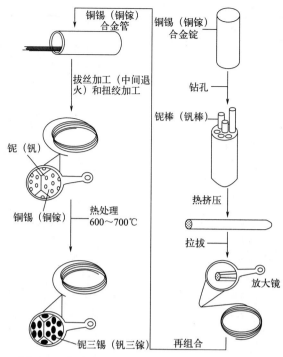

图 3-39　复合法制备 Nb_3Sn 和 V_3Ga 线材的流程

表 3-6 中列出了 1987 年后发现的一些高临界温度的氧化物超导系列材料。

表 3-6　高临界温度氧化物超导系列材料

母相	高临界温度相	导电类型	T_c/K
La_2CuO_4	$La_{2-x}A_xCuO_4$（A：Sr、Ba、Ca）	P	约 36
$R_2CuO_4$①	$R_{2-x}M_xCuO_{4-y}$（M：Th、Ce）	N	约 25
$BaBiO_3$	$Ba_{1-x}K_xBiO_3$	P	约 30
$RBa_2Cu_3O_{<6.4}$②	$RBa_2Cu_3O_{>6.5}$	P	约 95
	$YBa_2Cu_4O_8$	P	约 80
BiRSrCuO R：稀土	$Bi_2Sr_2(Ca_xR_{1-x})_nCu_{n+1}O_{2n+6}$	P	约 112
TlRBaCuO R：稀土	$Tl_2Ba_2(Ca_xR_{1-x})_nCu_{n+1}O_{2n+6}$	P	约 125
	$TlBa_2(Ca_xR_{1-x})_nCu_{n+1}O_{2n+5}$	P	
$Pb_2SrRCu_3O_8$	$Pb_2Sr_2Ca_{1-x}R_xCu_3O_{8+\sigma}$	P	约 70

①R 为 Pr、Nd、Sm、Eu 等。

②R 为 Y、La、Nb、Sn、Eu、Gd、Ho、Er 等。

（2）按迈斯纳效应分类

① 第一类超导体（软超导体）　除钒、铌、钌外，元素超导体都是第一类超导体。$H<H_c$ 时，$B=0$（B 为磁感应强度），$H>H_c$ 时，$B=\mu H$。

超导态内能完全排除外磁场，且 H_c 只有一个值，见图 3-40。

功能材料基础

② 第二类超导体（硬超导体） $H<H_{c_1}$ 时，$B=0$，排斥外磁场。$H_{c_1}<H<H_{c_2}$ 时，$0<B<\mu H$，磁场部分穿透。$H>H_{c_2}$ 时，$B=\mu H$，磁场完全穿透。也就是在超导态和正常态之间有一种混合状态存在，H_c 有两个值 H_{c_1} 和 H_{c_2}。见图 3-41。

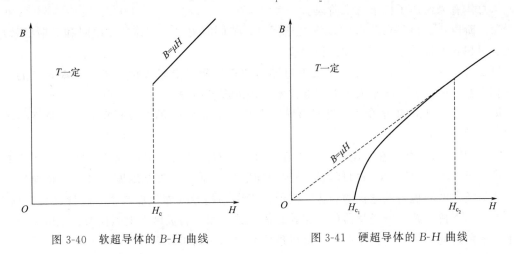

图 3-40　软超导体的 B-H 曲线　　　　　图 3-41　硬超导体的 B-H 曲线

铌、钒、钌及大多数合金或化合物超导体都是属于第二类超导体。第二类超导体的 T_c、H_c、J_c 都比第一类超导体高，因此在应用地位上比较重要。

（3）按超导温度分类

① 常规超导体　相对于高温超导体而言，元素、合金和化合物的超导转变温度较低（以液氮温度 77K 为界），因此这类超导体被称为常规超导体。

② 高温超导体（HTS）　一些复杂的氧化物陶瓷具有高的转变温度，其临界温度超过了 77K，可在液氮的温度下工作，因此被称为高温超导体。

从已经发现的氧化物超导体的晶体结构得知，它们都是由岩盐（R 型）、钙钛矿（P 型）与萤石（F 型）3 种基本结构单元相互重复连接而成的复杂晶体物质（图 3-42）。

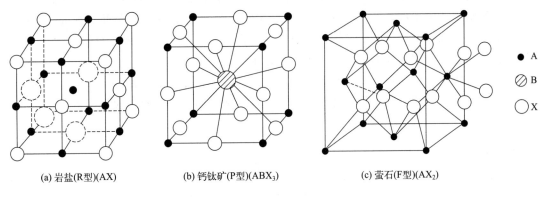

(a) 岩盐(R型)(AX)　　　(b) 钙钛矿(P型)(ABX_3)　　　(c) 萤石(F型)(AX_2)

● A
◪ B
○ X

图 3-42　超导体的晶体结构

许多铜氧化物超导体是由 R 型、P 型与 F 型基本结构单元依次连接构筑而成的，通常都是沿 c 轴平行地重复构造而得，每个单元中有二维的"CuO_2 席位"两个以上。

3.5.3.2 超导材料的应用

从 1911 年至今，人类对超导电性的研究已历经了一百一十多个寒暑，回顾它的发展历史，从总体看来经历了以下三个阶段。

第一阶段：1911—1957 年，BCS 理论问世，能同时解释超导体的零电阻和迈斯纳效应，是人类对超导电性的基本探索和认识阶段。

第二阶段：1958—1985 年，第二类超导体的有序超导点阵理论、约瑟夫森效应的发现及其相应器件的开发，属于人类对超导技术应用的准备阶段。

第三阶段：1986 年至今，在发现超导转变温度高于 30K 的超导材料后，人类逐步转入了超导技术开发时代。

"将来某一天，如果在常温下，例如在 300K 左右能实现超导电现象，则现代文明的一切技术都将发生变化"，美国物理学家马梯阿斯的这段话并非哗众取宠，事实上超导技术将在电能输送、电动机与发电机的制造、磁流体发电、超导线圈储能技术、超导磁悬浮列车、超导电子计算机、超导电子学器件、超导磁体及其应用、高灵敏度电磁仪器、地球物理探矿技术、地震研究技术、生物磁学、针灸机理研究技术、临床医学应用、强磁场下物性、军事应用等技术领域得到应用。下面，着重探讨一下超导强电磁应用和超导弱电磁应用。

（1）超导强电磁应用

超导强电磁的应用，是基于超导体的零电阻特性和完全抗磁性以及非理想第二类超导体所特有的高临界电流密度和高临界磁场的。

1986 年后的 10 多年来，相继被发现的 T_c 在液氮温度（77K）以上的化合物如 Y-Ba-Cu-O，Bi-Sr-Ca-Cu-O，Tl-Ba-Ca-Cu-O，Hg-Ba-Cu-O，V-Sr-Tl-O 等达 34 种之多。在电力应用方面如超导电缆是实现大容量、低损耗输电的重要途径。尽管世界各国都作了很大努力，已将 Bi 系超导粉末置于银管通过拉、拔、轧等复杂工艺做出长达 50km 的线材，但它作为电力电缆，应用于大型工业电机和发电机以及强磁装置等仍处于探索阶段。

超导体的强电磁应用主要是超导磁体的应用。超导磁体能在大的空间内产生很高的磁场，所需的励磁功率很小，一个 10T 的磁体只需使用汽车蓄电池充电即可，重量轻，体积小，稳定性好，均匀度高（1cm 范围内达到 10^{-8} 量级），也可以产生高梯度场（14T/cm）。和常规磁体相比，使用超导磁体效率提高，费用节省。

大电流应用主要是指：超群的超导磁体用于超导发电、输电和储能等三方面；利用超导磁悬浮方法可制磁悬浮列车；磁流体发电；巨大环形超导磁体使热核反应连续运行；超导磁分离。

（2）超导弱电磁应用

① 超导量子干涉器件　以约瑟夫森（Josephson）效应为理论基础，建立了以极灵敏的电子测量装置为目标的超导电子学，发展了低温电子学。

超导量子干涉器件是一种高灵敏度的测量装置，主要功能是测量磁场。

通过电磁之间的关系，利用超导量子干涉可使电流、电压、电感的测量精度大大提高，推动电工仪表向更高水平发展。

② 无线电技术上的重要应用　借助约瑟夫森结的交流伏安特性可以用于微波检测，可

做成视频检测器、混频器、变频器及高频电磁波发生器，还可做成参量放大器。

③ 超导计算机　随着计算技术和电子计算机工业的迅猛发展，超导计算机将是第五代计算机中的"种子选手"，约瑟夫森结具有极快的开关速度和极低的功耗，从而为制造亚纳秒级的电子计算机提供了途径。

3.6　导电高分子材料

3.6.1　导电高分子材料概论

高分子材料从导电性能上划分，应属绝缘体范畴（电导率 $\sigma < 10^{-10}$ S/cm），但经物理掺杂或化学掺杂后，电导率可达到半导体至导体状态，因而成为导电高分子或导电聚合物（conducting polymer），例如导电聚乙炔便是其中最典型的代表。1977 年，日本筑波大学 H. Shirakawa 等与美国宾夕法尼亚大学 A. MacDiarmid 和 A. Heeger 等人合作，用 I_2 或 AsF_5 蒸气掺杂反式聚乙炔膜，将电导率提高了十几个数量级，即从绝缘体（反式聚乙炔电导率 $\sigma < 10^{-9}$ S/cm）经半导体接近导体状态（$\sigma = 10^2 \sim 10^3$ S/cm），从而引起了世界各国科学家的极大关注，在物理和化学之间开辟出了一门活跃的交叉学科。1979 年国际性学术杂志 *Synthetic Metals*（《合成金属》）的创刊，标志着导电高分子这一新兴学科的诞生。后来，经过二十多年的发展，导电高分子已从实验室基础研究走向了二次电池、电容器等实际应用领域。Shirakawa、MacDiarmid、Heeger 三位科学家由于在导电高分子领域做出了杰出的贡献，因此荣幸地获得了 2000 年诺贝尔化学奖。

近几十年来，导电高分子取得了长足的发展，其不仅理论研究已臻成熟，应用研究也从二次电池、电容器等储能材料，拓宽到发光显示材料、非线性光学材料、磁性材料、抗雷达隐身材料、抗静电涂料等许多领域。随着科学技术在 21 世纪不断地向前发展，导电高分子的应用前景变得更加广阔。

在本节中，将从凝聚态物理角度，介绍结构型导电高分子的基本特征、导电机理及复合型导电高分子材料的性能与基本应用。以聚乙炔为例，重点介绍了导电高分子的掺杂导电机理（包括孤子理论、极化子理论及双极化子理论等）。

3.6.2　导电高分子的基本特征

3.6.2.1　掺杂与导电高分子的电导率

大家知道，金属是靠自由电子定向运动（迁移）来导电，而半导体是靠电子和空穴定向运动来导电，这些电子和空穴统称为载流子（charge carrier）。而纯高分子材料，即使是具有共轭结构的聚乙炔，虽然它含有可移动的 π 电子，但它的本征态却属于绝缘体，只有经过一定形式的激发，如采用化学或电化学方法掺杂，才能具有导电特征。

"掺杂"（doping）导电方法，最早来源于半导体物理，通过控制掺杂物质（剂）的量，将半导体制成各种器件从而得以应用。掺杂方法按掺杂元素（施主）与被掺杂元素（受主）相比外层电子数的多少，分为 N 型掺杂（或电子掺杂）和 P 型掺杂（或空穴掺杂）。对于依靠施主提供的电子导电的半导体称为 N 型半导体，对于依靠空穴导电的半导体称为 P 型半导体。

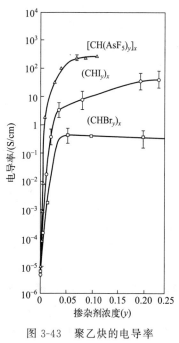

图 3-43 聚乙炔的电导率
与掺杂剂浓度的关系

对于 N 型和 P 型半导体，电导率的大小与载流子的数量（或浓度）及迁移率有关，可用式子 $\sigma = nq\mu$ 表示，式中，n 表示载流子的浓度；q 表示载流子所携带的电荷量；μ 表示载流子的迁移率（即单位电场作用下载流子的迁移速度）。可见，载流子的浓度越大，所带的电荷越多，迁移速度越快，则半导体的电导率越高。

聚乙炔可通过 P 型掺杂（掺杂 I_2 或 AsF_5），或 N 型掺杂（掺杂 Na 或 K 等碱金属元素）使电导率由绝缘体（10^{-9} S/cm）达到半导体至导体状态（$10^2 \sim 10^3$ S/cm），掺杂剂浓度不同，聚乙炔的电导率也不同，如图 3-43 所示。

在掺杂剂浓度一定时，常温下可通过控制掺杂时间的长短来控制掺杂剂的量，掺杂时间越长，掺杂剂的量也越多，但随着掺杂时间的延长，掺杂剂的量趋于一个饱和值，高分子的电导率也趋于不变。由图 3-43 可见，当掺杂剂浓度从 0 达到 1％时，聚乙炔的电导率急剧增大，升高约 5～7 个数量级，当掺杂剂量达到 3％时，电导率值趋于饱和，接近半导体至导体状态。表 3-7 为使用不同掺杂剂的导电高分子的室温电导率。

表 3-7　常见高分子材料掺杂后的室温电导率

材料	掺杂剂	电导率 σ/(S/cm)
聚乙炔	I_2，AsF_5，$FeCl_3$，Li，Na，K	$10^3 \sim 2 \times 10^5$
聚噻吩	I_2，SO_3，$FeCl_3$，Li	$10 \sim 6 \times 10^2$
聚吡咯	ClO_4^-，BF_4^-，SO_4^{2-}，Br_2，I_2	6×10^2
聚对亚苯	AsF_5，SbF_5，ClO_4^-，Li，Na	$10^2 \sim 10^3$
聚苯胺	ClO_4^-，BF_4^-，SO_4^{2-}	10^2
聚苯基乙烯	I_2，AsF_5	5×10^3
聚苯硫醚	AsF_5	10^0
聚并苯	无（由裂解温度控制）	$10 \sim 10^2$

3.6.2.2　高分子的本征态

导电高分子常分为复合型和结构型（又称本征型）导电高分子两大类。前者是由普通高分子材料与金属粉或导电炭黑等导电材料通过共混或表面镀层等方法复合而成的，其导电性能是借助其中的金属或导电炭黑等导电材料来实现的。例如，矿井中的抗静电塑料管道，便是通过向聚氯乙烯等高分子材料中掺杂导电炭黑制备的，这种掺杂称为物理掺杂。

本节中所介绍的聚乙炔等导电高分子属于结构型导电高分子，所利用的掺杂方式为化学或电化学掺杂，其导电性能是靠掺杂所形成的新的载流子（孤子或极化子）来实现的。

聚乙炔是由单双键交替构成的线型共轭高分子。每个碳原子最外层有 4 个价电子（$2s^2 2p^2$），采用 sp^2 杂化与同一分子链上左右相邻的两个碳原子和一个相连的氢原子分别组成两个 C—C 键（σ 键）和一个 C—H 键（σ 键），相邻两条键之间的夹角都是 120°，因而聚乙炔是一个平面型高分子，有多种同分异构体（如图 3-44 所示）。碳链上的 σ 键上的电子云集中在 C—C 键轴的周围，是定域的，不能自由移动，对导电没有贡献；未参与杂化的 $2p_z$ 电子与相邻另一个碳原子的 $2p_z$ 电子云采用肩并肩式交叠，形成的 π 电子云对称轴垂直于聚乙炔分子平面，它们是离域的，π 电子可以沿碳链自由移动。但纯净的聚乙炔却是不导电的，这与材料空间结构的维度特性有关，下文还要对此详细阐述。

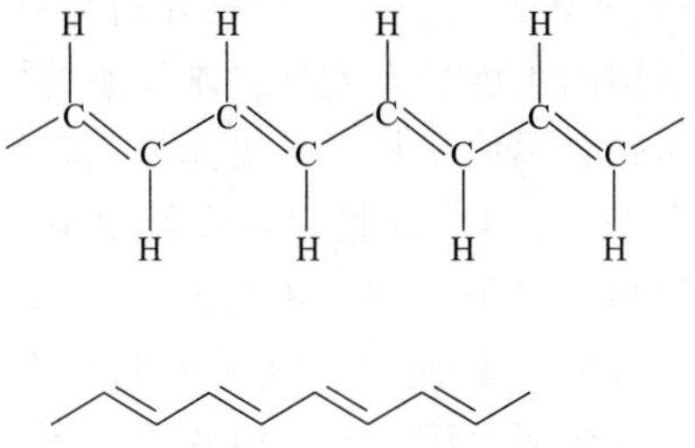

(a) 反-反式聚乙炔链(t_1)

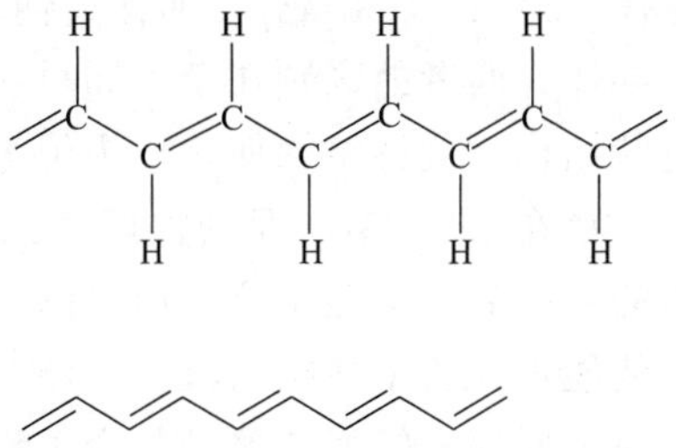

(b) 反-反式聚乙炔链(t_2)

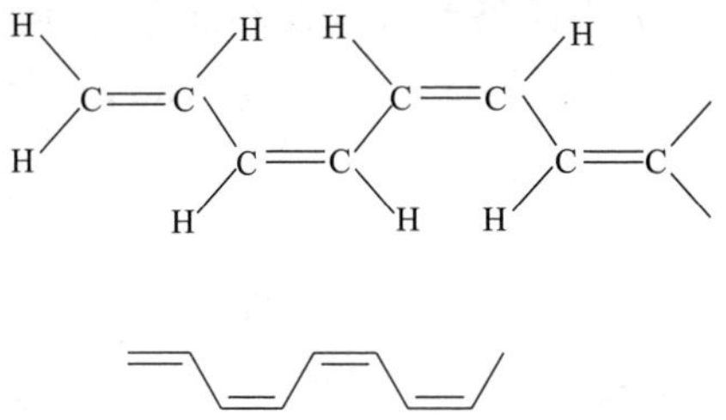

(c) 顺-反式聚乙炔链(c_1)

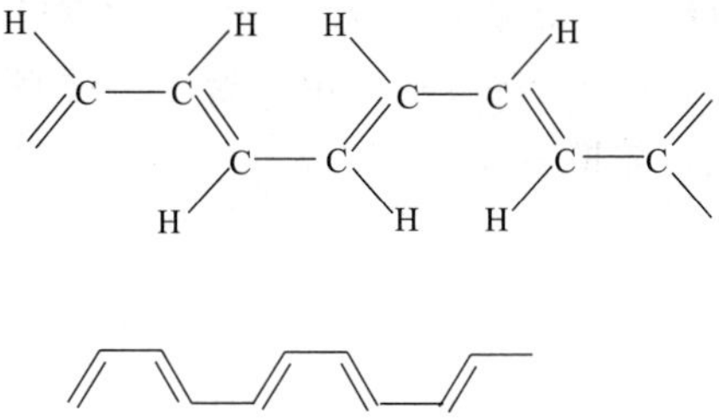

(d) 反-顺式聚乙炔链(c_2)

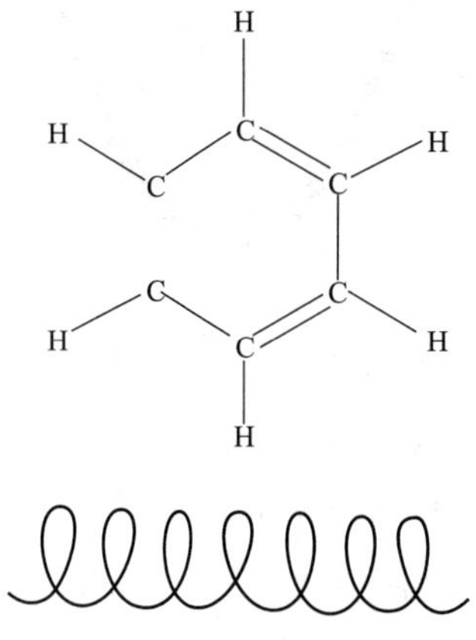

(e) 顺-顺式聚乙炔链(c_3)

图 3-44　聚乙炔的几何异构体

在聚乙炔的同分异构体中，最常见的是反式和顺式结构。反式又称为反-反式，是指聚乙炔分子链中 C═C 双键两端的两个氢原子位于双键的异侧，C—C 单键两端的两个氢原子也位于单键的两侧。顺式也称顺-反式，是指 C═C 双键两端的两个氢原子位于双键的同侧，C—C 单键两端的两个氢原子位于单键的异侧。另外还存在着顺-顺式聚乙炔，单键和双键两端的两个氢原子都位于 C—C 键的同侧，具有螺旋状的结构，但不能稳定存在。在聚乙炔的上述异构体中，热力学稳定性顺序如下：反-反式＞顺-反式＞反-顺式＞顺-顺式。其中，聚乙炔的反式异构体处于热力学的稳定状态，当温度升高时，顺式会逐渐变为反式，在150℃下加热数分钟，可使顺式转化为反式。

3.6.2.3 派尔斯相变

虽然聚乙炔的每个碳原子都有一个可自由移动的π电子，但纯净的聚乙炔却是不导电的，即绝缘体（$\sigma = 10^{-9}$S/cm）；而锂、钠、钾等碱金属元素，最外层也分别有一个价电子，却是电的良导体。两者的区别在于不同材料空间结构的维度性有差异。本征态的聚乙炔分子是一维的链状结构，这种结构使之成为绝缘体；而碱金属原子构成三维晶体点阵结构，因此成为良导体。早在1955年，理论物理学家派尔斯（Peierls）便指出：在低温下，具有等间距点阵结构的一维晶体的能量是不稳定的，电子与晶格原子间存在相互作用，会引起晶格结构的畸变，使能带在费米能级附近发生断裂，产生能隙，从而使一维体系由导体（金属性）向绝缘体（非金属性）转变，这种相变过程，称为派尔斯（Peierls）相变。

对于聚乙炔，先假定碳原子之间是等间距排列的，如图3-45所示，即N个碳原子排列在一条直线上，形成长度为$L = Na$的直链，其中a为晶格参数（即相邻原子间的距离）。准确地讲，$L = (N-1)a$，由于聚乙炔被假定为一维无限长链，因而$N-1$约等于N，对于聚乙炔，晶格参数$a = 1.22$Å（1Å$= 10^{-10}$m）。

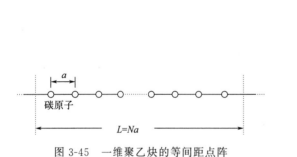

图 3-45　一维聚乙炔的等间距点阵　　　　图 3-46　聚乙炔的等间距排列的能带结构

如果每个碳原子有一个可自由移动的π电子，则在晶格中共有N个电子。电子的线密度$n = N/L = 1/a$；电子的费米动量$k_F = n/4 = 1/(4a)$，与第一布里渊区（或第一能带）的边界$k_B^{(1)} = 1/(2a)$相比，则$k_F = (1/2) \times k_B^{(1)}$，说明等间距点阵结构的聚乙炔，费米能级恰好等于第一布里渊区的一半，如图3-46所示，即第一个能带是半满的，其他能带是空的，这应是导体状态。

但根据派尔斯预言，等间距碳原子排列的聚乙炔是不稳定的，晶格一定会发生畸变。这种等间距排列的一维晶格的不稳定性称为派尔斯不稳定性。聚乙炔晶格发生畸变时，所有奇数碳原子向左移动δa，偶数碳原子向右移动δa（或者奇数碳原子向右移动，偶数碳原子向左移动），这种两个原子相互靠近配对组成一个新的原胞的过程称为二聚化。聚乙炔二聚化后，新的晶格参数变为$a' = 2a$，如图3-47所示。电子的线密度$n = N/L = 1/a$，费米能级的位置$k_F = \pm 1/(4a)$，由于费米动量由电子的线密度决定，电子的线密度与二聚化前相比，没有改变，因而其费米能级的位置与二聚化前相比，也保持不变。但二聚化后晶格参数变为 $a'=2a$，而布里渊区边界由晶格参数决定，因而新的第一布里渊区边界变为 $k_\mathrm{B}^{(1)'}=\pm 1/(2a')=\pm 1/(4a)$，与费米面的位置 k_F 相互重合，如图 3-48 所示。

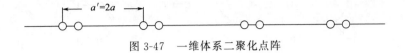

图 3-47　一维体系二聚化点阵

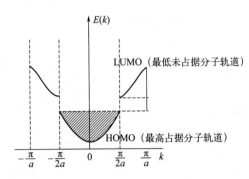

图 3-48　聚乙炔二聚化后的能带结构

聚乙炔二聚化后，原先的那个半充满能带分裂成两个能带，二者之间的能级差称为能隙（$E_g=1.3\mathrm{eV}$），费米面以下的能带（也称价带 valance band，VB）完全充满，上面的能带（也称导带，conducting band，CB）完全空着，因而二聚化的聚乙炔应是半导体或绝缘体。

3.6.2.4　高分子的基态和简并态

反式聚乙炔属于基态简并体系，因为对于反式聚乙炔，由于发生派尔斯相变，碳链上的碳原子发生二聚化，这种二聚化有两种情形：

① 链上奇数位置碳原子向右移动 δa，偶数位置的碳原子向左移动 δa，形成 A 相，如图 3-49（a）所示。

② 链上奇数位置碳原子向左移动 δa，偶数位置的碳原子向右移动 δa，形成 B 相，如图 3-49（b）所示。

显然，A 相和 B 相互为镜像对映，将 A 相中的单双键互换，就变成 B 相，其中 A 相和 B 相的能量相等，都是反式聚乙炔碳原子二聚化的基态，因此，对于反式聚乙炔存在着二重简并的基态（A 相和 B 相）。

对于顺式聚乙炔，碳原子二聚化后也会形成 A 相和 B 相，如图 3-50 所示。其中 A 相为顺-反式结构，B 相为反-顺式结构，这两种相的结构不同，能量也自然不同，顺-反式结构的能量低于反-顺式的，因此顺式聚乙炔的基态能量是非简并的。

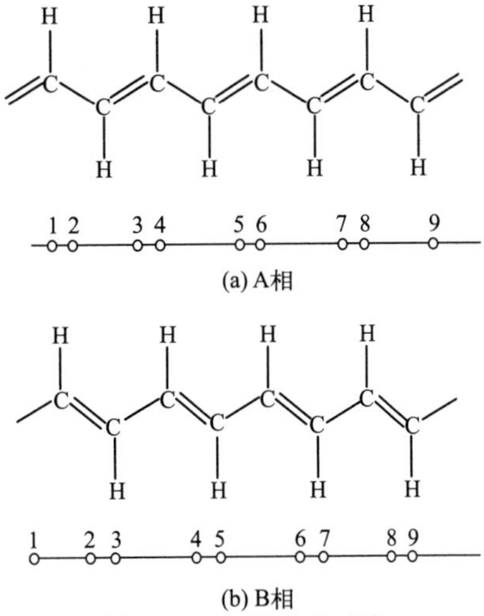

图 3-49　二聚化反式聚乙炔的简并基态

实际上，大多数导电高分子的基态都是非简并的，如聚吡咯（polypyrrole）、聚噻吩（polythiophene）、聚对亚苯 ［poly（p-phenylene）］ 以及前面讲到的顺式聚乙炔（cis-

polyacetylene）等，这些高分子的不同相具有不同的能量，如图 3-51 所示，其中 B 相的能量高于 A 相的能量，A 相为基态，因而属于基态非简并高分子。

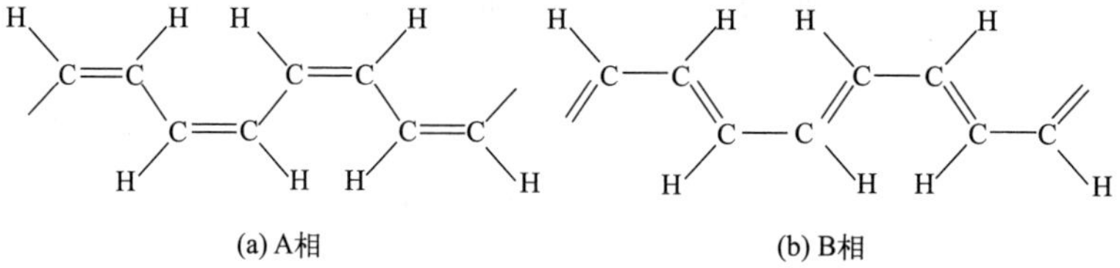

(a) A相   (b) B相

图 3-50　二聚化顺式聚乙炔的非简并基态

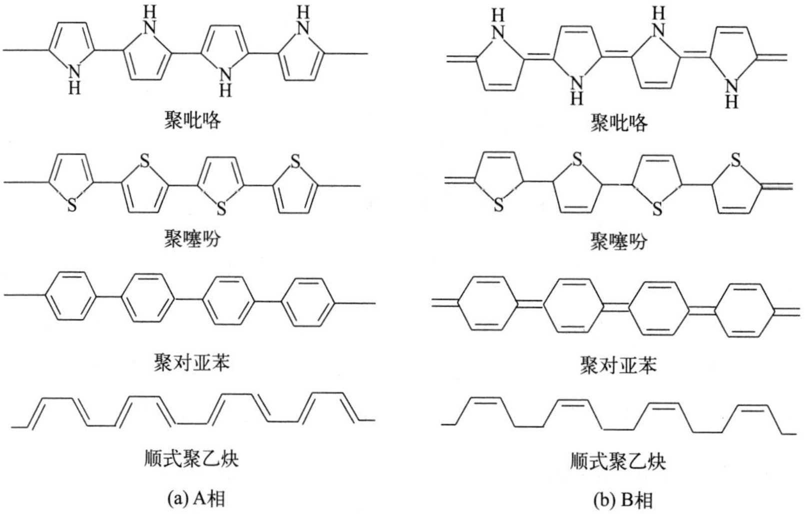

聚吡咯   聚吡咯

聚噻吩   聚噻吩

聚对亚苯   聚对亚苯

顺式聚乙炔   顺式聚乙炔

(a) A相   (b) B相

图 3-51　非简并基态高分子

另外，还有一些导电高分子，如聚苯胺、聚苯硫醚及聚对苯醚等，它们的基态只有一个相，当然也属于基态非简并体系，如图 3-52 所示。

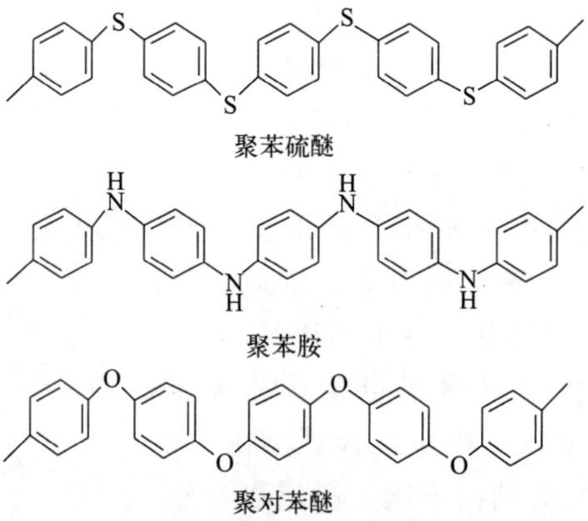

聚苯硫醚

聚苯胺

聚对苯醚

图 3-52　非简并单相基态高分子

导电高分子基态的简并性决定着高分子激发态的类型，具有基态简并度（简并基态）的高分子如反式聚乙炔，其激发态呈现孤子态，载流子为具有正、负电荷的荷电孤子；而基态非简并体系（非简并基态）的高分子，其激发态出现极化子（分为单极化子和双极化子），如表 3-8 所示。

表 3-8　高分子基态简并性与激发态类型

项目	孤子$(q=\pm e, s=0)$ $(q=0, s=1/2)$	单极化子 或$(q=\pm e, s=1/2)$	双极化子 $(q=\pm 2e, s=0)$
简并基态	有	有	无
非简并基态	无	有	有

注：q 为所带电荷；s 为自旋量子数。

3.6.3　导电高分子的载流子

3.6.3.1　一维固体的元激发——孤子态

众所周知，金属是靠自由电子定向运动导电，半导体是靠电子和空穴定向运动导电，电子具有的自旋和自旋磁矩可以用实验测得，其磁化率一般大于零。然而，实验发现聚乙炔的载流子具有电荷却没有自旋，其磁化率为零，说明聚乙炔中的载流子既不是电子，也不是空穴，这一特殊现象引起了科学家们的关注。1979 年，物理学家 A. Heeger、J. R. Schrieffer 和苏武沛合作，经过大量研究，提出了聚乙炔导电的孤子理论（简称为 SSH 理论），认为聚乙炔中的载流子为孤子，孤子可以带正电，也可以带负电，但没有自旋。根据 SSH 理论，人们解释了聚乙炔中观察到的光、电、磁等现象，与实验结果比较吻合。那么，到底什么是孤子？聚乙炔中的孤子又具有哪些特征呢？

"孤子"（soliton，S）概念最早来源于流体力学中的"孤波"，孤波具有以下三个特点。

① 定域性：孤波存在于一定的范围内，呈现孤立的波峰，能量也局限于一定的范围；超出一定的范围，波幅很快趋于零。

② 稳定性：孤波在传输过程中，波形保持不变，传播速度也保持不变。

③ 完整性：两个孤波相遇，各自穿过对方分离以后，仍会恢复各自原先的波形（只是位相发生了变化），并以原先的速度继续向前传播，如图 3-53 所示。后来，人们把具有上述三个性质的孤波称为孤子，也有的书籍把仅具有定域性和稳定性的孤波称为孤子，这样使孤子的范围得到了外延。

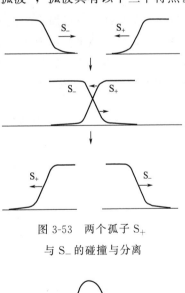

图 3-53　两个孤子 S_+ 与 S_- 的碰撞与分离

另外，孤子从形状上分为波峰状（型）孤子和畴壁型孤子。波峰状孤子是一种具有波峰形式的孤子（如图 3-54 所示）；另外，还有一种形式的孤子，它的波形像楼梯的一个台阶（如图 3-53 所示），波形前后是两条平坦的水平线，形成两种均匀的"畴"，中间区域类似于墙壁，将左右两个畴分开，因而称为"畴壁型"（domain wall）或阶梯型孤子。不管波峰型孤子还是畴壁型孤子

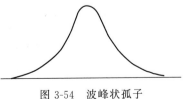

图 3-54　波峰状孤子

都具有一定的质量和能量，都具有粒子性。孤子的质量约为电子质量的六倍，孤子的能量定域在一定的范围内，畴壁型孤子的能量集中在中间波形弯曲的地方，两边平坦的部分没有能量。聚乙炔中的载流子便是这种畴壁型孤子。

孤子和反孤子总是成对出现的，通常我们将位相 $\delta\phi > 0$ 的孤子称为正（相）孤子 S^+，位相 $\delta\phi < 0$ 的孤子称为反（相）孤子 S^-。孤子可以是电中性的，如中性孤子（S）和中性反孤子（S^-）；也可以是带电的，称为荷电孤子，如荷正电孤子 S^+ 和荷负电孤子 S^-。孤子的产生可以通过热激发和光激发来实现，也可以通过化学或电化学掺杂来形成。聚乙炔便可通过 N 型掺杂（如碱金属给电子体）和 P 型掺杂（如 AsF_5、I_3^- 等受电子体）形成荷电孤子。

3.6.3.2 反式聚乙炔中的正、反孤子

由于反式聚乙炔在晶格畸变时，骨架上的碳原子发生二聚化生成互为镜像的 A 相和 B 相二重简并态，当两相首尾相连时，必然在中间交界处出现"键的缺陷"，共轭链上的这种"键的缺陷"称为"畴壁"，在畴壁处有一个未配对的自由电子，能够产生自旋现象，如图 3-55 所示。

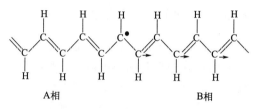

图 3-55 反式聚乙炔键的缺陷的形成

如果将由 A 相到 B 相的变化称为"正畴壁"，则 B 相到 A 相的变化称为"反畴壁"，可见正、反畴壁就是两相相连处分子链条结构的一种"扭结"，如图 3-56 所示。

正、反畴壁都具有粒子性，因而也都具有质量和能量，质量约为电子质量的六倍，能量集中在正、反畴壁中，约为 0.44eV。正、反畴壁都具备前文叙述过的孤子的性质，因而正畴壁也称为正孤子（或简称为孤子），反畴壁也称为反孤子。可见畴壁是反式聚乙炔的一种激发方式，激发的单元称为元激发，因而畴壁便是一种元激发。

另外，正孤子与反孤子总是成对出现的，如果 A 相与 B 相连接处形成正孤子，则 B 相与 A 相连接处一定形成反孤子。

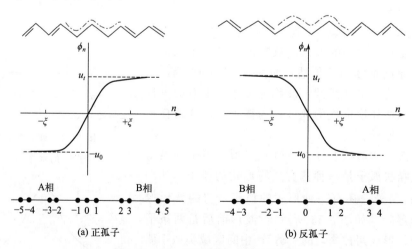

图 3-56 正、反孤子的畴壁型结构图

3.6.3.3　孤子的电荷与自旋

孤子的电荷和自旋方向不同于电子、质子等粒子。对于反式聚乙炔，孤子激发前后，碳链中电子的总数不变，整个体系呈现电中性，因此中性孤子不导电，但孤子产生后价带中有一个电子填充到能隙中间的非键轨道上，如图 3-57（b）所示，因而该电子有两种可能的自旋状态，正自旋状态 $+1/2$，或负自旋状态 $-1/2$。所以，中性孤子虽然不带电，但有自旋 $\pm 1/2$，可以产生自旋共振，这在实验中已得到验证。

当对聚乙炔实施 N 型掺杂（掺杂碱金属 Li、Na、K 等施主杂质）时，这些施主杂质便向碳链提供一个电子，该电子占据原先孤子态中的另一个空的自旋轨道，与原先中性孤子非键轨道上的电子形成自旋反平行（自旋方向相反）状态，如图 3-57（c）所示，因而该孤子成为带一个负电荷的荷电孤子（S^-），但总的自旋密度却为零。

另外，当聚乙炔实施 P 型掺杂（掺杂 AsF_6^-、I_3^- 受主杂质）时，受主杂质将从原孤子态中的非键轨道上夺取一个电子，使原先的中性孤子变为一个缺电子的带正电荷的荷电孤子（S^+），如图 3-57（a）所示，因而该正电孤子也没有自旋，见表 3-9 所示。这种电荷与自旋相悖的关系是孤子态的一个重要特征，是解释导电高分子磁性与光谱性质的理论依据，苏武沛等也是从发现聚乙炔掺杂导电载流子中无自旋现象入手，建立起了聚乙炔掺杂导电的理论即 SSH 模型。

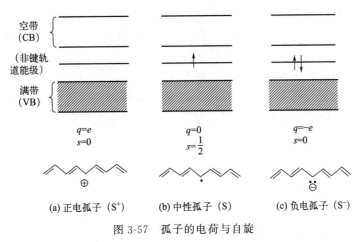

图 3-57　孤子的电荷与自旋

表 3-9　载流子的电荷与自旋

载流子类型	电荷 q	自旋角动量量子数 s
中性孤子	0	$+1/2$ 或 $-1/2$
正电孤子	$+e$	0
负电孤子	$-e$	0
电子	$-e$	$+1/2$ 或 $-1/2$
空穴	$+e$	$+1/2$ 或 $-1/2$

可见，当在聚乙炔中掺杂施主杂质或受主杂质时，虽然在聚乙炔链中会产生电子或空穴，但由于电子或空穴的激发能都大于孤子或反孤子的激发能（孤子或反孤子的激发能约为电子或空穴的激发能的 2/3），因而在掺杂的聚乙炔中，导电载流子是带正电或负电的荷电

孤子，而不是电子或空穴。

另外，聚乙炔中引入孤子概念后，能带便产生出分数值，电荷也可呈现出分数值，称为分数电荷。整个聚乙炔分子链上的总电荷为整数，是因为我们同时考虑到孤子与反孤子成对出现，因而总电荷是电子电荷的整数倍；如果把聚乙炔看作一维无限长链，孤子与反孤子相距较远，这时单独考察孤子与反孤子所带的电荷，则可呈现出分数值。

因而对于二聚化聚乙炔，可产生 $\pm e/2$，对于三聚化的 TTF-TCNQ（四硫代富瓦烯与四氰代对二亚甲基苯醌）可产生 $\pm e/3$ 和 $\pm 2e/3$。可见，对于一维固体材料，如果发生 n 聚化，生成 n 重度简并基态，则晶格中孤子的电荷可呈现 $\pm e/n$ 的整数倍，这一新的发现，对于有机固体材料的研究产生了重大影响。

3.6.3.4 导电高分子的单极化子态

通过前面的讲述得知，聚乙炔链上的孤子与反孤子总是成对出现的，SSH 理论结果表明，聚乙炔分子链上孤子的长度为 14 个碳原子的链长，当孤子与反孤子的距离大于孤子的长度时，二者之间的相互作用趋于零。由于孤子沿碳原子链运动，与反孤子接近的概率很大，因而二者相互作用并发生交叠的概率也很大。由于孤子与反孤子可以带不同种类的电荷，因此二者之间的相互作用随不同的带电状态而变化，下面分三种情况进行讨论。

① 总电荷为零。即孤子与反孤子带等量异号电荷或两者都为中性孤子。此时孤子与反孤子相互吸引，随着二者之间距离不断缩小，中间相越来越短，直至最后相互湮灭。从能量角度看，当孤子与反孤子相距较远时，二者之间无相互作用或相互作用较弱，体系总能量等于正、反孤子的能量和（$2\times 2\Delta_0/\pi$）（其中 Δ_0 为电子或空穴的激发能）。当二者相互接近时，能量单调减少，最后变为零。从化学键角度看，当聚乙炔链上正、反孤子相互接近时，两个键的"缺陷"相互交叠，最后形成一个双键，如图 3-58 所示。因此带相反电荷的正、反孤子对和两个中性的正、反孤子在聚乙炔链上是不能稳定存在的，而是呈现忽生忽灭的过程。

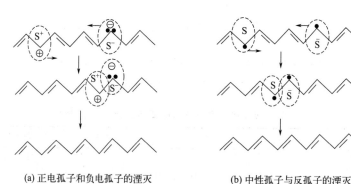

(a) 正电孤子和负电孤子的湮灭   (b) 中性孤子与反孤子的湮灭

图 3-58　聚乙炔链正、反孤子的总电荷为零时孤子的湮灭过程

② 总电荷为 $\pm 2e$。此时孤子与反孤子带同号电荷，二者相互排斥。当孤子与反孤子相距较远时，体系的总能量是 $4\Delta_0/\pi$，当二者相近时，排斥力不断增强，体系总能量不断增高。

③ 总电荷为 $\pm e$。在正、反孤子中，一个带电，另一个为中性。当两个孤子离得较远时，存在相互吸引作用，当它们相互接近时，二者又呈现原子核与核间的排斥作用。显然，

当二者间距为一恰当的距离时，相互作用力等于零，在能量变化曲线呈现一个作用能的最低点，如图 3-59 所示。此时整个体系呈现一个稳定的束缚态，这种被束缚在一起的孤子-反孤子对称为极化子（polaron）。在反式聚乙炔中呈现的极化子只带一个电荷，又称为"单极化子"。如果单极化子中带有一个正电荷，称为空穴极化子，如果单极化子中带有一个负电荷，则称为电子极化子，如图 3-60 所示。

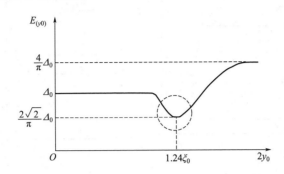

图 3-59　总电荷为 $\pm e$ 孤子-反孤子对的能量曲线
（其中 Δ_0 为电子或空穴的激发能，ξ_0 为孤子长度参量）

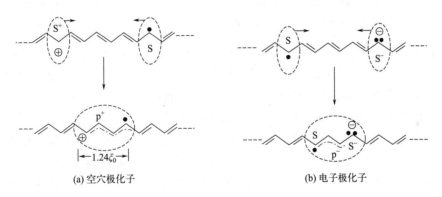

(a) 空穴极化子　　　　　　　　　(b) 电子极化子

图 3-60　聚乙炔中单极化子的形成

3.6.3.5　极化子的结构、电荷和自旋

由上述可知，极化子是孤子与反孤子对的束缚态，它的结构与孤子态类似，包括导电高分子的分子链上原子位置的位移分布情况及电子能带结构两方面。对于孤子在右、反孤子在左的一对孤子，在分子链上形成 B-A-B 三个相段，左边和右边都是 B 相，中间是 A 相，如图 3-61 所示。当孤子与反孤子发生交叠后，A 相逐渐消失，相对应处出现一个凹坑，其他的链段都为 B 相，该凹坑便是所形成的极化子。

相反，如果反孤子在右、孤子在左，则在分子链上形成 A-B-A 的相段，即两侧是 A 相，中间是 B 相，如图 3-62 所示。当孤子与反孤子相互交叠后，B 相消失，在链的中间对应之处出现一个较高的凸峰，其他的链段都是 A 相，中间的这个凸峰就是极化子。

由图 3-62 (d) 可见，极化子也是一种定域的晶格畸变状态，在碳原子的二聚化过程中，奇数碳原子或偶数碳原子发生了非均匀的位移，导致了晶格势场的畸变，因而电子在这定域的畸变势场中运动时产生了束缚电子态，即形成了极化子稳定态。

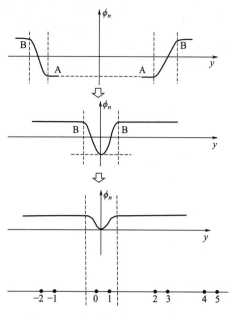

图 3-61 凹坑状极化子的形成和结构

y—孤子与反孤子之间的距离参量；ϕ_n—慢变函数

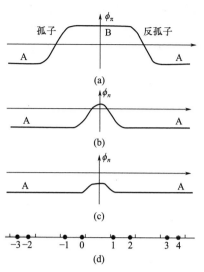

图 3-62 凸峰状极化子的形成和结构

相应的电子能带结构可按孤子态的能带耦合而成。孤子和反孤子都是处在价带和导带之间能隙处的非键轨道上，当孤子与反孤子对相互作用时，产生了两个非键孤子轨道 ψ_S 和 $\psi_{\bar{S}}$，二者经过杂化，形成了一个成键轨道 $-\omega_S$ 和一个反键轨道 ω_S，如图 3-63 所示。对于两个电中性的孤子与反孤子对，价带（VB）都是填满电子的满带，导带（CB）为空带，在成键轨道 $-\omega_S$ 上将填有两个自旋反平行的电子，反键轨道 ω_S 上没有电子。对于反式聚乙炔中的电子极化子态，孤子或反孤子中多了一个电子，这个电子将填充在反键轨道 ω_S 上，因而体系的自旋角动量量子数为 1/2；对于反式聚乙炔中的空穴极化子态，体系中缺少一个电子，因而在成键的轨道 $-\omega_S$ 上只能填充一个电子，如图 3-64 所示，因此空穴极化子的自旋角动量量子数也为 1/2。

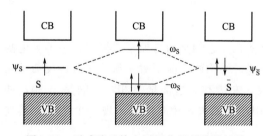

图 3-63 反式聚乙炔电子极化子的能带结构

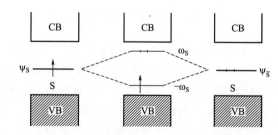

图 3-64 反式聚乙炔空穴极化子的能带结构

由此可见，对于反式聚乙炔，不论是形成电子极化子还是空穴极化子，电荷只能为 $-e$ 或 $+e$，体系的自旋为 $+1/2$ 或 $-1/2$，这与一般粒子（如电子）的电荷与自旋关系相一致。

综上所述，在反式聚乙炔中既可形成孤子态，又可产生极化子态，归根结底，所形成的激发态类型与不同元激发所产生的激发能大小有关。激发能越小，所对应的激发态类型越容易形成。一维高分子链上发生的各种元激发：孤子与反孤子、极化子、电子（或空穴）、孤子-反孤子对、电子-空穴对。它们的激发能大小顺序如下：

孤子（或反孤子）＜极化子 ＜电子（或空穴）＜孤子-反孤子对＜电子-空穴对

即：$E_S < E_p < \Delta_0 < 2E_S < 2\Delta_0$

其中，Δ_0 为电子（或空穴）的激发能；E_S 为孤子的激发能，$E_S = 2\Delta_0/\pi$；E_p 为极化子的激发能，$E_p = 2\sqrt{2}\Delta_0/\pi$。

3.6.3.6 高分子的双极化子态

对于反式聚乙炔，基态属于简并体系，A 相与 B 相能量相同，从 A 相变到 B 相不需要能量，因而在反式聚乙炔中可以形成孤子。而对于非简并基态高分子，如顺式聚乙炔，基态是顺-反式（称作 A 相），将单、双键交换一下，则变为反-顺式（称作 B 相），由于 B 相能量高于 A 相，因而顺式聚乙炔中不能产生孤子态。其他的非简并基态高分子，如聚对亚苯，分子链中也不能产生孤子。因为如果把聚对亚苯的基态 A 相看作是由苯环构成的，它的 B 相看作是由醌环构成的，如图 3-65 所示，由于每个醌环的能量比苯环高 $\delta_B = 0.35\text{eV}$，则整个 B 相的能量要高出基态 $N_B\delta_B$（其中 N_B 为 B 相中醌环的数目），因此所需的激发态能至少要高于 $N_B\delta_B$，才能在 A 相与 B 相之间的过渡区形成孤子。显然，这样高的激发能很难达到，因而在聚对亚苯链中不能产生孤子。

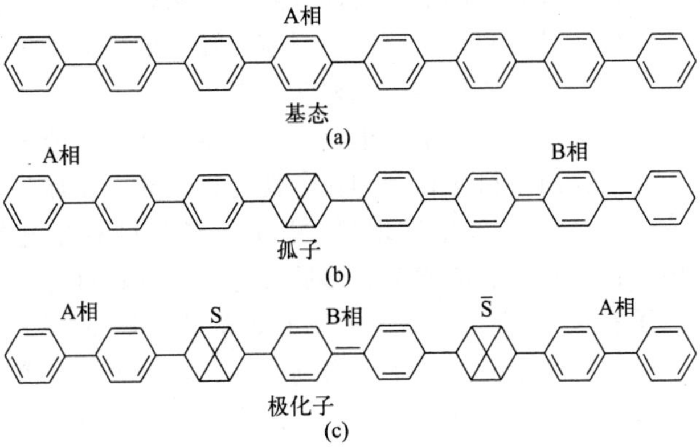

图 3-65　非简并基态高分子中的孤子-反孤子对的"禁闭"

但是，对于非简并基态的高分子，不但可以产生带一个电荷的单极化子，还可以产生带两个电荷的极化子，称为双极化子（bipolaron）。如果将聚对亚苯基态 A 相中少部分苯环变为醌环，如图 3-65（c）所示，即只改变 A 相中间一小段为 B 相，因而所需的激发能 $N_B\delta_B$ 很小，在分子链中可以产生孤子-反孤子对的束缚态，即可以存在电荷量为 $\pm 2e$ 的双极化子，图 3-66 为顺式聚乙炔和聚苯胺（polyaniline）中的双极化子的形成。

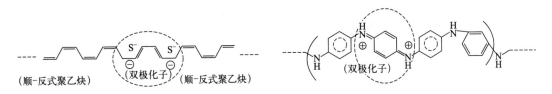

(a) 顺式聚乙炔中的双极化子　　　　　　(b) 聚苯胺中的双极化子

图 3-66　顺式聚乙炔与聚苯胺中的双极化子的形成

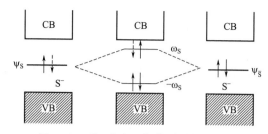

图 3-67　双（负电）极化子的能带结构

相应的双极化子的能带结构，只是在单极化子体系中多一个电子或少一个空穴，对于带有 2 个负电荷的双极化子，能带结构如图 3-67 所示，孤子与反孤子所带的 2 个电子，占据在非键轨道能级上，当两个孤子相互作用时，两个非键轨道 ψ_S 与 $\psi_{\bar{S}}$ 通过杂化分离成一个成键轨道 $-\omega_S$ 和一个反键轨道 ω_S，因而两个非键轨道上的 4 个电子（原先两个中性孤子非键轨道上各有一个电子），分别两两配对，自旋反平行填充在成键轨道 $-\omega_S$ 和反键轨道 ω_S 能级上。这时所形成的双极化子的电荷为 $-2e$，自旋角动量量子数为 0 。当然，如果两个带正电（空穴）的孤子与反孤子相互作用，则所形成的双极化子的电荷为 $+2e$，自旋角动量量子数仍为 0 。因此双极化子是只带电荷 $\pm 2e$、无自旋的载流子。

另外，在高分子中，除了孤子和极化子（包括单极化子和双极化子）两种激发态之外，还存在第三种激发态——孤子晶格，它是由孤子与反孤子周期性交替排列构成的。在孤子晶格中，每个晶格周期包含一个孤子和一个反孤子，由于每个孤子或反孤子在能隙中具有两种状态（即相应两种不同方向的自旋），因而每个孤子晶格常数具有 4 种状态。相应地，对于孤子晶格的电子能谱，在价带和导带的能隙之间存在着一条较宽的孤子能带，因此孤子晶格的能谱由三部分组成：价带、导带和孤子能带。只有当孤子能带完全填满或者完全空着，体系的总能量达到一定极值时，才能形成孤子晶格激发态。

总之，在高分子激发态中，存在孤子、极化子、孤子晶格等载流子，不同种类的元激发形成的载流子种类也不同，因而材料的物理和化学性能也不同。比如，顺式聚乙炔在实验中可观察到光致发光（荧光），但没有光电导现象；反式聚乙炔则有光电导现象，而没有光致发光。这与顺式聚乙炔吸收激光光子的能量后形成极化子，反式聚乙炔吸收激光后生成相互独立运动的孤子和反孤子有关。其他的导电高分子如聚对亚苯经掺杂后，具有较高的电导率，但磁化率非常小；聚吡咯掺杂后电导率也很高，但在实验中也观察不到电子自旋共振现象，说明在这些非简并基态的导电高分子中，导电载流子既不是电子、空穴、极化子这些有自旋的粒子，也不是只存在于简并基态高分子中的孤子，因而只能用双极化子来解释其具有导电性能而无自旋共振这一特殊现象。

应该指出的是，像孤子理论（SSH 模型）、极化子理论能够解释一些高分子掺杂导电等现象，因而这些新的概念、理论方法及模型等被引入凝聚态物理与化学交叉领域中，已逐渐被人们认同并接受。还有一些关于导电高分子的掺杂导电机理、模型等同样在近十几年来引起了国内外科学家的关注。下文将讲述几种具有代表性的导电高分子的掺杂导电机理，希望能引起更多科学家的关注。

3.6.4　导电高分子的掺杂导电机理

纯高分子（如聚乙炔）是电的绝缘体，只有经过一定程度的电化学或化学掺杂，才能使它的电导率发生飞跃，而成为导体。电化学掺杂是在电极上发生氧化还原反应，从而使聚乙炔分子链上的中性孤子变为荷电状态。化学掺杂是通过掺杂剂（电子给体或电子受体）与聚乙炔中性孤子链段之间发生电子转移来实现导电。

对于聚乙炔，常用的电子给体掺杂剂有 Li、Na、K 等碱金属，常用的电子受体掺杂剂

有 Cl_2、Br_2、I_2、PF_5、AsF_5、ClO_4^-、BF_4^- 等。相应地，掺杂前后的能带结构变化如图 3-68 所示。当高分子进行给体掺杂（N 型掺杂，亦称 D 型掺杂）时，掺杂剂的电子填充到原高分子体系的导带中，使费米（Fermi）能级 E_F 向上移动，因而导带和价带之间的能隙（也称带隙，E_g）变小。当进行受体掺杂（P 型掺杂，亦称 A 型掺杂）时，高分子体系的价带产生空穴，从而使 Fermi 能级 E_F 向下移动，而导带也随之呈现较大幅度下移，从而减小了导带与价带之间的能隙。因此，不管是 N 型掺杂还是 P 型掺杂，其作用都是减小导带与价带之间的能隙，从而使该高分子成为导体。另外，掺杂剂种类不同、浓度不同，高分子的电导率也不同，这在本节前文部分中已经说明。

关于高分子导电机制，一般分为链内（沿分子链伸展方向）导电机理和链间（垂直于分子链伸展方向）导电机理。其中，链内导电机理研究得较多，也最为成熟，如聚乙炔的孤子导电机理（SSH 理论）和极化子理论等都是分子链内导电机理，已被人们广泛接受，前文已经详述，在此不再重述。现就链间导电机理的几个典型模型进行说明。

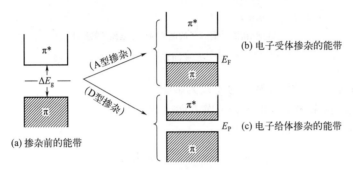

图 3-68　高分子掺杂前后的能带结构变化

3.6.4.1　"孤子间跃迁"机理

1981 年，Kiverson 提出了"孤子间跳跃"（ISH）的导电模式，认为荷电孤子不仅可以在一维共轭分子链内运动，而且可以在两条分子链之间运动，如图 3-69 所示。他认为当一条分子链上的荷电孤子（荷正电孤子 S^+ 或荷负电孤子 S^-）与另一条链上的中性孤子 S 相邻时，两个孤子的电子态之间发生重叠，因而电子可以形成一个声子（phonon），通过晶格振动从一个定域态向另一个定域态跃迁。

由图 3-69（a）可见，当中性孤子附近没有杂质存在时，跳跃前束缚中心是荷电孤子，当中性孤子的电子跃迁到荷电孤子的非键轨道上后，原荷电孤子变成中性孤子，原中性孤子成为荷正电孤子。当然，这种跃迁过程需要的活化能很高。当中性孤子附近有杂质存在时，如图 3-69（b）所示，跃迁过程要容易得多。因为杂质对中性孤子的束缚能比对荷电孤子的束缚能小得多，因而图 3-69（b）比图 3-69（a）更容易实现分子链之间的电子（或电荷）转移。根据 ISH 模型，Kiverson 推导出了孤子之间电子跃迁的速率 $v_{(R)}$ 为

$$v_{(R)} = Y_n S_{(R)}^2 v_{(T)} \tag{3-109}$$

式中，$v_{(T)}$ 是电子-声子耦合常数；Y_n 为每个 CH 单元里中性孤子的浓度；$S_{(R)}$ 是电子波函数间的重叠因子。并由此推导出了直流电导率 σ_{DC} 与交流电导率 σ_{AC} 之间的关系等公式。

根据 ISH 机理，可以得出以下结论。

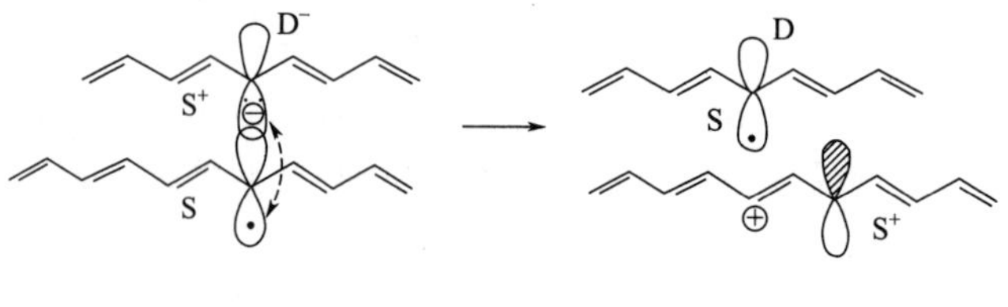

(a) 掺杂后中性孤子的电子向荷正电孤子的跃迁

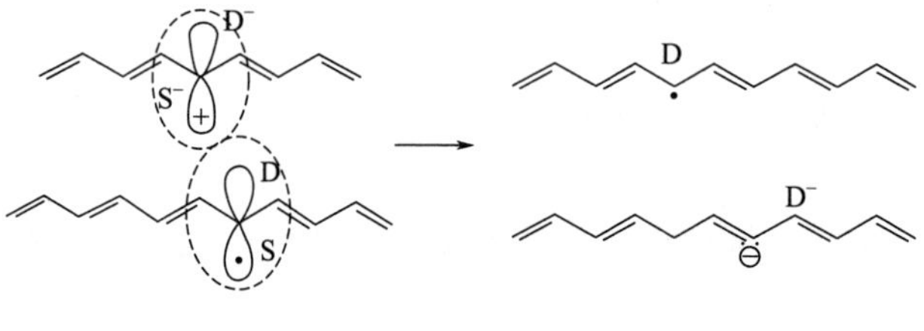

(b) 掺杂后的中性孤子的电子向荷正电孤子的跃迁

图 3-69　孤子间跃迁导电模型

① 掺杂剂浓度对电导率与温度的关系无影响。

② 电导率随着掺杂剂浓度的 $-1/3$ 次方而变化。

③ 电导率与交流频率的关系遵循：

$$\sigma_{AC}(\omega) - \sigma_{DC} = \omega(\ln\omega)^4 \tag{3-110}$$

这些结论都与实验结果相吻合，因而 Kiverson 的 ISH 模型已成为被广泛接受的孤子导电的理论之一。但 ISH 理论也有不足之处，没有考虑掺杂剂对中性孤子的束缚作用，另外也忽略了聚乙炔实际结构的影响。

3.6.4.2　"掺杂剂振动辅助孤子间的电子跃迁"模型

1985 年，Yamabe 等提出，位于两条聚乙炔分子链上孤子之间的掺杂剂（电子给体 D 或电子受体 A）不是静止不动的，而是以某种频率在中间振动，荷电孤子上的电荷（电子或空穴）以振动的掺杂剂为桥梁，实现它在两条分子链之间的跃迁。在理论上相当于把掺杂剂的存在看作一种微扰，用含时薛定谔（Schrödinger）方程进行计算，并得出电子在两条分子链的孤子间的跃迁速率比没有掺杂剂分子参与时大得多的结论。因而这种掺杂剂振动辅助孤子间电子跃迁机理被人们所接受，成为 ISH 机理的有益补充。

3.6.4.3　可变范围跳跃机理

可变范围跳跃（variable-range hopping，VRH）理论是最经典的一种半导体导电理论。1983 年，Epstein 等发现，聚乙炔经掺杂后的电导率 σ 与温度的变化关系为

$$\sigma \propto T^{1/2} \exp\left[-(T_0/T)^{1/4}\right] \tag{3-111}$$

这与 VRH 理论中的 σ-T 变化关系是一致的，因此便认为聚乙炔的导电机理与经典半导体导电机理（VRH）一致，但这种理论模型却不能解释聚乙炔的温差电势、交流电导率 σ_{AC} 与温度 T 的变化关系等。

3.6.5　导电高分子掺杂导电的双向机制

以上可见，大多数理论研究是以一维体系为基础，仅适用于讨论聚乙炔（简称 PA）单方向的导电过程，忽视了掺杂剂与链间的相互作用，不能全面反映掺杂后 PA 的二维或三维导电体系。1991 年王荣顺、孟令鹏等提出了高聚物掺杂导电的"双向机制"模型，后经王存国等用不同种类掺杂剂对二维聚乙炔膜进行掺杂建模，应用量子化学计算方法，分别计算了平行于聚乙炔分子链方向和垂直于分子链方向的电导率，成功地解释了反式聚乙炔掺杂导电的各向异性，弥补了导电聚乙炔单方向导电机制的不足；另外，张景萍等应用该"双向机制"导电模型，成功地解释了天然橡胶等非共轭高分子掺杂后导电性能的各向异性，上述理论化学研究结果与实验结果比较吻合。

该机制认为，掺杂后的 PA 实际上是弱的三维体系，链间的强耦合在导电过程中起着重要的作用，而这种强耦合来源于掺杂剂与 PA 链间的相互作用，并由此引起聚乙炔多种性质的变化。因此，考虑到掺杂后的聚乙炔应具有二维性质后，分别从孤子模型和能带结构模型角度建立了含有掺杂剂的双链模型（二维空间构型），见图 3-70。采用两条多烯链模拟两条聚乙炔链，两条多烯链的分子平面互相平行，$a_{//}$ 取 $C_{12}H_{12}$ 链长，$a_\perp$ 取 4.13Å，聚乙炔分子平面与 $a_\perp$ 交角为 57°（取自 X 射线衍射的结果）。为了讨论掺杂剂在链间导电过程中的作用，研究了不同掺杂剂（N 型：掺杂 Li、Na、K；P 型：掺杂 BF_4^-、ClO_4^-、PF_6^-、AsF_6^-）的存在对中性孤子生成的影响。

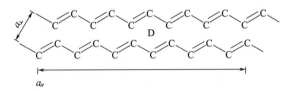

图 3-70　反式聚乙炔含掺杂剂的二维空间构型

采用量子化学从头（*ab initio*）算法，对图 3-70 中掺杂剂与聚乙炔链之间的电荷转移量及掺杂剂与聚乙炔链之间成键作用能，在 SGI 工作站上进行计算。计算结果表明，当 PA 掺杂金属 Na 时，在有掺杂剂处生成一个中性孤子所需的能量要比无掺杂剂低 0.31eV。这表明，掺杂剂对周围 PA 链存在强耦合作用。另外计算结果表明，掺杂剂与聚乙炔之间的电荷转移是不完全的，说明 N 型掺杂剂原子的价电子并未全部转移至 PA 链上（形成负电孤子），部分仍在碱金属原子上。再有，从能量分割得到的双中心作用能，可以看到 Na 与 C 双中心作用能是－0.155623（相对强度），二者之间的成键作用比 C—C、C—H 等正常化学键小得多，所以掺杂剂很容易在聚乙炔链之间移动。因此得出结论：垂直于 PA 链方向的电荷输运是通过掺杂剂对链的耦合及其在链间的振动实现的，从而解释了垂直于聚乙炔链方向电导率 $\sigma_\perp$ 产生的机理。

其次，通过计算不同掺杂剂（N 型、P 型）掺杂状态下聚乙炔链中的电荷分布，表明掺杂后形成的荷电孤子 S^+ 和 S^- 周围出现了电荷的振荡分布，即存在电荷密度波（CDW），而且荷电孤子中心处电荷密度最大（如图 3-71 所示）。这样，在外电场作用下荷电孤子沿链移动，电荷密度波沿链传播，这就起到了电荷输运的作用。当无掺杂剂存在时，中性孤子 S 的电荷分布基本上是均匀的，且各个碳原子上所带的电荷都很小，最大的只有 $0.007e$，可以认为不存在电荷密度波，中性孤子不能起到输运电荷的作用。由此得出结论：平行于 PA 链方向的电荷输运是通过荷电孤子沿链移动、电荷密度波沿链的传播实现的。从而解释了平行于聚乙炔链方向电导率 $\sigma_{//}$ 产生的机理。

最后得出掺杂聚乙炔导电的"双向机制"：垂直于聚乙炔链方向的电荷输运是由掺杂剂与链的耦合及其在链间的振动实现的；平行于聚乙炔链方向的电荷输运是通过荷电孤子沿链移动和电荷密度波沿链的传播实现的。

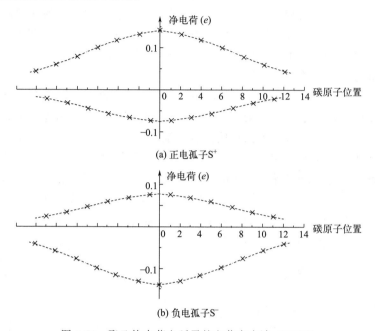

图 3-71　聚乙炔中荷电孤子的电荷密度波（CDW）

另外，根据固体能带理论，采用量子化学 EHMO/CO 方法，依据 PA 本征态和掺杂态的晶体结构测定数据，在二维倒易晶格的第一布里渊区 $[(0, \pi/a_{//}); (0, \pi/a_{\perp})]$ 中，按图 3-70 所示的二维空间构型计算了反式聚乙炔及其掺杂态（N 型：掺杂 Li、Na、K；P 型：I_3^-、Br_3^-、SO_3^-、$FeCl_4^-$）的二维能带结构，所得结果是三维空间中的曲面。取价带（VB）和导带（CB）两曲面之间能量差最小的点（能隙 E_g）分别作平行于分子链方向和垂直于该方向的截面，计算出了聚乙炔掺杂前后的主要能带参量（数据列于表 3-10）。

结果表明，掺杂后的聚乙炔在平行方向和垂直方向上的能隙大幅度减小，由掺杂前的绝缘体态经半导体态，变成导体态。掺杂 Li、Na、K 后，聚乙炔在垂直方向上的能隙比在平行方向的能隙减小的幅度更大，说明掺杂后聚乙炔在垂直方向上电导率提高的幅度很大。

对于 P 型掺杂剂，掺杂溴和碘二者比较，无论是平行于链方向还是垂直于链方向，后者的能隙都比前者小，说明掺杂碘后的 PA 比掺杂溴后的 PA 电导率高，这与实验上测得的掺杂碘后 PA 的电导率约为 $10^3 \mathrm{S/cm}$，掺杂溴后 PA 的电导率约 $10\mathrm{S/cm}$ 是一致的。

因此，导电的"双向机制"的能带理论解释为：一方面，"掺杂"明显减小了高分子的能隙，使其由半导体变成导体；另一方面，"掺杂"降低了平行和垂直于链方向带宽的比值，从而大幅度地增强了垂直于链方向电荷输运对总导电过程的贡献，使掺杂后的 PA 具有明显的二维和三维导电特征。

表 3-10　聚乙炔经不同掺杂剂掺杂后的室温电导率及各向异性比值　单位：S/cm

掺杂剂	$\sigma_{//}$	$\sigma_{\perp}$	$\sigma_{//}/\sigma_{\perp}$
SO_3	4.09×10^3	1.70×10^3	2.4
AsF_6^-	2.50×10^3	2.31×10^2	10.8
$FeCl_4^-$	1.53×10^3	9.16×10	16.7
I_3^-	3.63×10^3	4.00×10^2	9.1

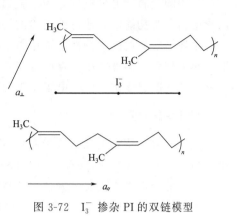

图 3-72　I_3^- 掺杂 PI 的双链模型

另外，对于非共轭骨架的导电高分子——顺式聚异戊二烯（简称 PI），张景萍等也进行了掺杂后的研究，如图 3-72 所示。

研究表明：I_3^- 掺杂后，并未改变 PI 体系的非共轭性，但 I_3^- 链的形成，使平行方向的能隙由原来未掺杂态的 4.783eV，降低为 0.0842eV，说明在平行方向上的导电，是由 I_3^- 形成的聚碘链导致的。而在垂直于 PI 链的方向，由于掺杂剂 I_3^- 在 PI 链间搭起了"共轭浮桥"，建立了链间的共轭体系，使导电载流子在垂直方向上输运变得更加畅通。图 3-73 为掺杂 I_3^- 的 PI 的前线分子轨道模型。

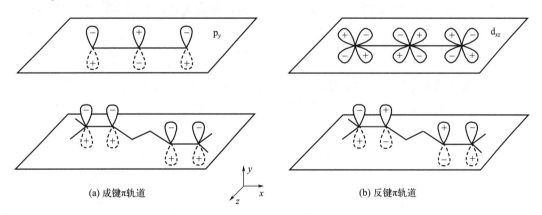

(a) 成键π轨道　　　(b) 反键π轨道

图 3-73　I_3^- 掺杂后 PI 的前线分子轨道模型

由成键 π 轨道 [图 3-73（a）] 可见，I_3^- 单元中与 PI 中双键相近的碘的 p_y 轨道与 C=C 双键的 p_y 轨道符号相同，因而高分子链间通过 I_3^- 单元两端的 I 形成了 π-p-π 弱共轭体系，使垂直方向的导电行为成为可能；由反键 π 轨道 [图 3-73（b）] 可见，I_3^- 中的 d_{xz} 轨道可相互重叠形成离域体系，但与 PI 链上 C 的 p_z 轨道无重叠，不能形成共轭体系，因此，在平行方向上的电荷输运是通过掺杂剂 I_3^- 链来实现导电的。

总之，经过近半个世纪的发展，导电高分子不仅在理论研究上日臻成熟，在锂（离子）二次电池、电容器以及高分子发光材料和高分子磁性材料方面也得到了广泛应用，移动电话、电动汽车、平板显示器等设备的迅猛发展都得益于导电高分子材料的长足进步，相信导电高分子材料未来在光、电、磁、热等方面还会有很大的发展潜力。

辅助阅读材料

1. 常用的金属导电材料

常用的金属导电材料可分为：金属元素、合金（铜合金、铝合金等）、复合金属以及不以导电为主要功能的其他特殊用途的导电材料（特殊功能导电材料）等 4 类。

金属导电材料的电特性主要用电阻率表征。影响电阻率的因素有温度、杂质含量、冷变形、热处理等。温度的影响常以金属导电材料电阻率的温度系数表征。除接近熔点和超低温以外，在一般温度范围内，电阻率随温度的变化呈线性关系。

（1）金属元素

金属元素（按导电性高低排列）：银（Ag），铜（Cu），金（Au），铝（Al），钠（Na），钼（Mo），钨（W），锌（Zn），镍（Ni），铁（Fe），铂（Pt），锡（Sn），铅（Pb）。

金属的物理性质主要分为共性和特性讨论。

① 共性：常温下，大多数都是固体，有金属光泽，具有优良的导电性、导热性和延展性。

② 特性：大多数金属呈银白色，但铜呈紫红色，金呈黄色；常温下，绝大多数金属是固体，而汞却是液体。

（2）合金

合金是由金属和金属（或非金属）熔合而成的具有金属特征的物质。

常见合金：铝合金、钛合金、黄铜、硬铝等。

表 3-11 为纯金属与合金的一些区别。

表 3-11 纯金属与合金的区别

项目	纯金属	合金
分类	纯净物	混合物
硬度	低	高
熔点	高	低

注：表中高低为二者相对高低，而非绝对高低。

各类型合金都有以下通性：

① 多数合金熔点低于其组分中任一种组成金属的熔点。

② 硬度一般比其组分中任一组成金属的硬度大（特例：钠钾合金是液态的，用于原子反应堆里的导热剂）。

③ 合金的导电性和导热性低于任一组分金属。利用合金的这一特性，可以制造高电阻和高热阻材料。还可制造具有特殊性能的材料。

④ 有的合金抗腐蚀能力强，如在铁中掺入 15％铬和 9％镍得到一种耐腐蚀的不锈钢，适用于化学工业。

（3）复合金属

复合金属由 3 种加工方法构成：利用塑性加工进行复合，利用热扩散进行复合，利用镀层进行复合。高机械强度的复合金属有：铝包钢、钢铝电车线等。高电导率复合金属有：铜包铝、银复铝等。

合金与复合材料的区别：

① 材料组成的区别

合金：一定包含有金属材料。

复合材料：不一定包含有金属材料。

② 是否为人工制造

合金：不一定由人工制造而成。

复合材料：一定由人工制造而成。

（4）特殊功能导电材料

特殊功能导电材料是指不以导电为主要功能，而在电热、电磁、电光、电化学方面具有良好性能的导体材料。它们广泛应用在电工仪表、热工仪表、电气、电子及自动化装置的技术领域。

产生电流的本质原因为自由电子的定向运动。纯金属元素内部都含有大量自由电子，当金属的两端加上一个电压时，正极堆积正电荷，负极堆积负电荷，由于同种电荷互相吸引，异种电荷互相排斥，迫使电子进行定向运动，于是材料开始导电。

相反，在绝缘体中由于原子核对电子的束缚力较强，电场力弱于原子核对电子的束缚力，也就无法使电子进行定向运动，因此无法产生电流，绝缘体也就无法导电。

金属内部的电子原本的运动是杂乱无章的（产生电阻的原因之一），当有外接电源（即存在电势差）时，电子就会做定向运动，完成导电。粒子的热运动由于温度升高而加剧，导电性是由于电子的定向运动造成，温度升高使其运动杂乱无章，导电性降低。因此金属的导电性与其物理性质有很大的关系。

常见纯金属的物理性质如表 3-12 所示。

表 3-12　常见纯金属的物理性质

金属材料	符号	密度(20℃)/(kg/m³)	熔点/℃	电阻率(ρ)/($\times 10^{-8}\Omega \cdot m$)
银	Ag	10.49×10^3	960.8	1.5
铜	Cu	8.96×10^3	1083	1.67~1.68
铝	Al	2.7×10^3	660	2.665
镁	Mg	1.74×10^3	650	4.47
钨	W	19.3×10^3	3380	5.1
镍	Ni	8.9×10^3	1453	6.84
铁	Fe	7.87×10^3	1538	9.7
锡	Sn	7.3×10^3	231.9	11.5
铬	Cr	7.19×10^3	1903	12.9

金属材料	符号	密度(20℃)/(kg/m³)	熔点/℃	电阻率(ρ)/($\times 10^{-8}\Omega \cdot m$)
钛	Ti	4.502×10^{3}	1677	42.1～47.8
锰	Mn	7.43×10^{3}	1244	185
金	Au	19.32×10^{3}	1064.43	2.4
锌	Zn	7.14×10^{3}	419.53	5.9

2. 纳米金属的导电性

影响纳米金属导电性的因素主要有：表面散射、电子结构的变化、量子输运和库仑阻塞等。

（1）表面散射

① 定义　界面散射是指半导体载流子沿表面运动的表面迁移率总低于体内迁移率，这种由于沿表面层运动的载流子受到的不同于体内的附加散射，就称为表面散射或界面散射。

② 散射机制　表面散射机制比较复杂。例如，由于表面粗糙不平整引起的散射过程，这时表面不是一个平面，而是像一个被弯曲了的薄片，因此当电子沿表面运动时将受到干扰，使迁移率降低。这种散射作用对薄的表面空间电荷层较明显，例如强反型层就属于这种情况。

③ 温度效应　碳纳米管是常见的，也是最具代表性的一维纳米材料。最小的碳纳米管直径仅为 0.4nm，而最长的碳纳米管已可达到数十厘米的长度，因此它具有超高的长度直径比（长径比），是研究一维体系新奇物理效应的理想平台。碳纳米管具有许多不同于块体材料的电学、光学、力学、热学等物理性质。碳原子之间的共价键几乎是自然界最强的化学键，因此碳纳米管具有非常好的机械特性，有着广泛的应用前景。实验研究发现，多壁碳纳米管在室温下热导率可以达到 3000W/(m·K) 左右。而在此之前，金刚石作为当时已发现的热导率最高的材料，其室温热导率也仅有 2000W/(m·K)。常用的金属材料，铜和银的室温热导率也只有 400W/(m·K) 左右。与金属不同，碳纳米管中主要的传热载流子为声子，而非电子。碳纳米管完美的晶格结构、原子间超强的碳-碳共价键，使得声子的平均自由程很长，从而具有超高的热导率。与体材料类似，碳纳米管热导率也会随材料中的缺陷、同位素掺杂等因素而降低。这里我们主要讨论碳纳米管中独特的热传导性质，即随长度发散的热导率。

三维体材料的热导率是一个只依赖于材料成分和温度的本征参数，与它的尺寸无关。近年来的理论、计算模拟和实验研究表明，这一在体材料中成立的基本规律，在碳纳米管中不再成立。Zhang 和 Li 基于分子动力学计算研究了单壁碳纳米管热导率随长度的变化关系。如图 3-74（a）所示，对单壁碳纳米管，其热导率随长度增加而呈发散性增加。此图中显示的是双对数坐标下的变化关系，呈很明显的线性规律，因此单壁碳纳米管的热导率κ对长度 L 的依赖关系为：$\kappa \sim L^{\beta}$。

碳纳米管热导率随长度增加而增加的效应得到了加州大学伯克利分校实验结果的直接证实。如图 3-74（b）所示，应用微纳加工技术，Chang 等人制备了可测量纳米尺度温度及热流的"热桥"平台，通过测量碳纳米管两端温度差和通过的热流，从而得到其热导率。如何可控地改变碳纳米管的长度，是实验上的一大难题。如果选用不同长度的碳纳米管，则很难保证其结构的均一性，特别是结构缺陷浓度不同会干扰热导率对长度的依赖关系。为了解决这个问题，Chang 等人很巧妙地采用了在同一根碳纳米管上降低有效热传导长度的方法。如图 3-74（b）所示，在两个电极间悬空放置一根碳纳米管，其左端和电极通过金属沉淀"焊点"牢固结合，而右侧通过在不同位置 1~5 处沉淀"焊点"的方法来减少有效热传导长度，从而得到随长度变化的热导率。由图 3-74（c）可见，他们的实验测量结果与傅里叶定律给出的依赖关系差别很大，而与理论预言的指数发散规律符合得很好。在体材料中，从傅里叶定律得到的材料热导率只依赖材料的组分和温度，而与材料的尺寸、形状无关，通常称为正常热传导。而在纳米材料中发现的热导率随材料尺寸而变化的现象被称为反常热传导，在某些文献中也称"傅里叶定律在纳米体系热传导中不再成立"。

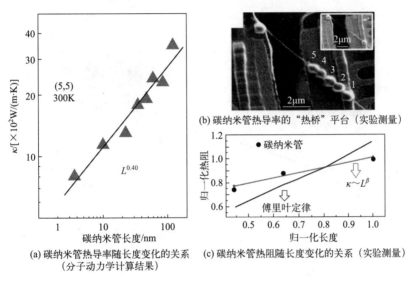

(a) 碳纳米管热导率随长度变化的关系（分子动力学计算结果）
(b) 碳纳米管热导率的"热桥"平台（实验测量）
(c) 碳纳米管热阻随长度变化的关系（实验测量）

图 3-74　碳纳米管的热导率

实验测量结果与理论预言的指数发散特性契合度很高，而与傅里叶定律给出的依赖关系差别很大。

碳纳米管中反常热传导现象的物理机制可通过其中的反常热扩散传输来理解。Zhang 和 Li 研究了单壁碳纳米管中温度脉冲宽度 σ 随时间 t 的展宽趋势，发现可以用幂数关系 $\sigma^2 \propto t^\alpha$ 描述，其中指数 α 为描述热扩散的主要参数。$\alpha = 2$ 对应弹道热输运（ballistic）；$\alpha > 1$ 为超扩散（super-diffusive）；$\alpha = 1$ 表示正常扩散热输运（diffusive）；$\alpha < 1$ 表示亚扩散（sub-diffusive）。根据分子动力学的计算结果，他们发现室温下碳纳米管的热扩散指数 $\alpha = 1.2$，对应超扩散的情况。因此，碳纳米管中的反常热扩散是其热导率随尺寸变化的物理基础。与热导率可以直接通过实验测量不同，如何在实验上准确定量地测量纳米材料的热扩散指数还存在很大的挑战，这是当前需要研究和发展的实验技术之一。

（2）电子结构的变化

单原子中的电子局限于原子自身。一个原子的原子轨道与另一个原子的原子轨道互相重叠，构成两条分子轨道（molecular orbital），能量较低的轨道称为成键分子轨道（bonding molecular orbital），能量较高的轨道称为反键分子轨道（anti-bonding molecular orbital）。

更多的原子组成固体，与同一原子能级对应的成键和反键分子轨道的数目增加并最终形成能带。同一能带中各轨道间仅有微小的能量差。

对于自由电子系统，当尺度在 3D（三维）到 0D（零维）受到限制时电子态密度的变化见图 3-75。

在三维（3D）固体中，如图 3-75（a）所示，态密度通常与能量 E 具有某种函数关系。在二维（2D）材料中，以图 3-75（b）所示的量子阱结构为例，其态密度表现为阶梯函数的形式。对于一维（1D）系统，例如量子线，图 3-75（c）中以分子束外延（MBE）生长的线和碳纳米管为例，态密度与能量的关系变为 $1/E$ 的依赖性。这种依赖性导致在接近能带边缘时，态密度会呈现出奇异性。在零维（0D）系统中，如图 3-75（d）所示，以通过 MBE 生长的量子点和纳米晶粒为代表，出现分立的类似 δ 函数电子态。

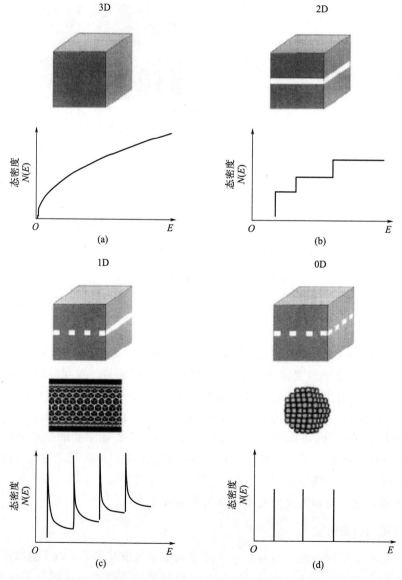

图 3-75　尺度在 3D 到 0D 受到限制时电子态密度的变化

（3）量子输运

量子输运是一种全新的通信方式，它传输的不再是经典信息而是量子态携带的量子信息，是未来量子通信网络的核心要素。利用量子纠缠技术，需要传输的量子态如同科幻小说中描绘的"超时空穿越"，在一个地方神秘消失，不需要任何载体携带，又在另一个地方神秘出现。需要注意的是，这并不是瞬间完成的。

（4）库仑阻塞

1951 年，C. Gorter 发现并正确解释了低偏压下隧道电流受到"压制"的现象。这就是所谓的"库仑阻塞"效应。

1985年，Dimitri Averin 和 Konstantin Likharev 提出了单电子隧道效应的"正统"理论，对库仑阻塞效应作了定量的描述，见图 3-76。

当金属微粒的尺寸足够小时，它与周围外界之间的电容 C 可小到 10^{-16}F 量级。在这种条件下，每当单个电子从外面隧穿进入金属微粒时（有时也称它为孤立的库仑岛），它给库仑岛附加的充电能

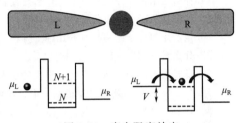

图 3-76　库仑阻塞效应

$e^2/2C$（e 为电子电荷）可以远远大于低温下的热运动能量 k_BT（k_B 为玻尔兹曼常数，T 是热力学温度）。这样就会出现一种十分有趣的现象：一旦某个电子隧穿进入了金属微粒，它将阻止随后的第二个电子再进入同一金属微粒。因为这样的过程将导致系统总能的增加，所以是不允许发生的过程。这就是库仑阻塞现象。很显然，只有等待某个电子离开库仑岛以后，岛外的另一个电子才有可能再进入。

习题

1. 金属材料导电的原因是什么？
2. 纳米金属材料的定义是什么？有哪些特点？
3. 碳纳米管的基本特性有哪些？
4. 什么是库仑阻塞现象？
5. 成键分子轨道和反键分子轨道的定义是什么？
6. 什么是液态金属？液态金属的优势有哪些？
7. 根据马基申定则分析金属材料电阻率随温度变化的原因。
8. 本征半导体、杂质半导体的导电机理有何异同？
9. 温度影响半导体电导率的原因是什么？
10. 常见的半导体材料有哪些？
11. 什么是 p-n 结？p-n 结形成的机制是什么？
12. 长为 20mm、厚度为 1.5mm 的方形平板介质电容器，其电介质的相对介电常数为 3000，计算相应的电容量。若电容器外接 220V 电压，计算：（1）电介质中的电场；（2）每个极板上的总电荷量；（3）储存在介质电容器中的能量。
13. 在交变电场的作用下，实际电介质的介电常数为什么不再是常数值？如何描述复介电常数的实部和虚部？

14.交变电场作用下引起介质损耗的原因有哪些？如何降低或避免损耗的发生？

15.造成固体电介质的电击穿和热击穿的主要原因是什么？如何提高固体电介质的击穿电压？

16.提高介电常数的途径有哪些？如何获得高介电常数的材料？

17.内电离是在什么情况下形成的？如何有效避免内电离？

18.$BaTiO_3$ 铁电晶体的特点是什么？针对其特点都有哪些应用？

19.超导材料的 3 个特性分别是什么？

20.什么是超导体的约瑟夫森效应？

21.超导体常用的三个临界参数是什么？

22.简述 Ⅰ 型超导体的 BCS 理论的主要内容是什么？

23.Ⅱ 型超导体理论有序超导点阵的主要内容有哪些？

24.什么是结构型导电高分子？什么是复合型导电高分子？

25.什么是孤子、单极化子、双极化子？

26.聚乙炔的化学结构都有哪几种？哪种结构最稳定？

27.什么是派尔斯（Peierls）相变？

28.反式聚乙炔分子结构产生二聚化的原因是什么？

29.什么是 N 型掺杂和 P 型掺杂？请解释聚乙炔的掺杂导电机制。

30.什么是费米能级、带宽、带隙（或能隙）？请用固体能带理论解释反式聚乙炔掺杂导电的各向异性。

31.常见的导电高分子的掺杂导电机理都有哪几种？

32.常见的导电高分子材料都有哪些？请举例说明导电高分子材料在现实生活中有哪些具体应用。

参考文献

[1] 李安敏，杨树靖，惠佳琪，等. 液态金属的多功能化[J]. 材料导报，2023，37(01)：139-150.

[2] 赵鹏华. 对金属导电性的解释[J]. 渤海大学学报（自然科学版），2006(02)：156-158.

[3] 王宁，李一，崔乾，等. 金属气凝胶：可控制备与应用展望[J]. 物理化学学报，2023，39(9)：1-30.

[4] 张盛强，汪建义，王大辉，等. 纳米金属材料的研究进展[J]. 材料导报，2011，25(S1)：5-9，20.

[5] 许静，谢凯，陈一民，等. 金属复合气凝胶的制备研究[C]//第三届中国功能材料及其应用学术会议论文集. 1998：1140-1141，1145.

[6] 胡佳伟. 液态金属导电胶的制备及性能表征[D]. 哈尔滨：哈尔滨工业大学，2020.

[7] 耿桂宏，杨庆祥. 材料物理与性能学[M]. 北京：北京大学出版社，2019：135.

[8] 虞丽生. 半导体异质结物理[M]. 2 版. 北京：科学出版社，2006.

[9] 刘恩科，朱秉升，罗晋生. 半导体物理学[M]. 4 版. 北京：国防工业出版社，1994.

[10] 钱佑华，徐至中. 半导体物理[M]. 北京：高等教育出版社，1999.

[11] 方俊鑫，陆栋. 固体物理学（下）[M]. 上海：上海科学技术出版社，1981.

[12] 冯端，金国钧. 凝聚态物理学（上册）[M]. 北京：高等教育出版社，2003.

[13] 彭英才，赵新为，傅广生. 低维半导体物理[M]. 北京：国防工业出版社，2011.

[14] Von Klitzing K, Dorda G, Pepper M. New method for high-accuracy determination of the fine-structure constant based on quantized hall resistance[J]. Phys Rev Lett，1980，45：494.

[15] 周世勋. 量子力学[M]. 上海：上海科学技术出版社，1961.

[16] 谢希德. 能带理论的进展[J]. 物理学报，1958，14：164.

[17] 陈治明，王建农. 半导体的材料物理学基础[M]. 北京：科学出版社，1999：219-228.

[18] 田莳. 材料物理性能[M]. 北京：北京航空航天大学出版社，2004.

[19] Kayes B M, Atwater H A, Lewis N S. Comparison of the device physics principles of planar and radial

p-n junction nanorod solar cells[J]. Journal of Applied Physics, 2005, 97(11): 114302.

[20] Pan J, Li S, Ou W, et al. The photovoltaic conversion enhancement of NiO/Tm: CeO_2/SnO_2 transparent p-n junction device with dual-functional Tm: CeO_2 quantum dots[J]. Chemical Engineering Journal, 2020, 393: 124802.

[21] Zeng G, Cao H, Chen W, et al. Difference in device temperature determination using p-n-junction forward voltage and gate threshold voltage[J]. IEEE Transactions on Power Electronics, 2018, 34(3): 2781-2793.

[22] 方俊鑫,殷之文. 电介质物理学[M]. 北京:科学出版社,2000.

[23] 钟维烈. 铁电体物理学[M]. 北京:科学出版社,1998.

[24] (法)R. 科埃略,(法)B. 阿拉德尼兹. 电介质材料及其介电性能[M]. 张治文,陈玲,译. 北京:科学出版社,2000.

[25] 徐挺献. 电子陶瓷材料[M]. 天津:天津大学出版社,1993.

[26] 郑冀,梁辉. 材料物理性能[M]. 天津:天津大学出版社,2008.

[27] 朱建国,孙小松,李卫. 电子与光电子材料[M]. 北京:国防工业出版社,2012.

[28] 章立源. 超导理论[M]. 北京:科学出版社,2006.

[29] 周馨我. 功能材料学[M]. 北京:北京理工大学出版社,2014.

[30] 殷景华,王雅珍,鞠刚. 功能材料概论[M]. 哈尔滨:哈尔滨工业大学出版社,2009.

[31] 张骥华. 功能材料及其应用[M]. 北京:机械工业出版社,2009.

[32] Chiang C K, Fincher Jr C R, Park Y W, et al. Electral conductivity in doped polyacetylene[J]. Phys Rev Lett, 1977, 39: 1098.

[33] Yata S, Hato Y, Sakural K, et al. Polymer battery employing polyacenic semiconductor[J]. Synth Met, 1987, 18: 645.

[34] 黄昆,韩汝琦. 半导体物理基础[M]. 北京:科学出版社,1979.

[35] (日)崔部博之. 导电高分子材料[M]. 曹镛,叶戊,朱道本,译. 北京:科学出版社,1989.

[36] 孙鑫. 高聚物中的孤子和极化子[M]. 成都:四川教育出版社,1987.

[37] 赵成大. 固体量子化学[M]. 北京:高等教育出版社,1997.

[38] Su W P, Schrieffer J R, Heeger A J. Solitons in polyacetylene[J]. Phys Rev Lett, 1979, 42: 1698.

[39] Bredas J L, Street G B. Polarons, bipolarons, and solitons in conducting polymers[J]. Acc Chem Res, 1985, 18: 309.

[40] Yamabe T, Tanaka K, Koike T, et al. Electronic structure of conjugated polymer and conducting mechanism[J]. Mol Cryst Liq Cryst, 1985, 117: 185.

[41] 王荣顺,孟令鹏. 聚乙炔掺杂导电的双向机制[J]. 化学学报,1991,49: 26.

[42] 王存国,王荣顺,黄宗浩,等. SO_3 掺杂反式聚乙炔导电性能各向异性研究[J].科学通报,1999,44 (24): 2632.

[43] Wang C G, Wang R S, Su Z M, et al. On anisotropic conductivity of undoped and $[FeCl_4]^-$-doped *trans*-polyacetylene[J]. J Molecular Structure (THEOCHEM), 2001, 540: 1.

[44] Wang C G, Wang R S. Theoretical studies on anisotropic electrical conductivity of *trans*-polyacetylene doped with n-type dopants[J]. Solid State Commun, 2001, 117: 109.

[45] (英)拉顿威尔逊. 固体物理学基础[M]. 刘阳君,张宝峰,译. 天津:天津科学技术出版社,1984.

[46] 谢希德,陆栋. 固体能带理论[M]. 上海:复旦大学出版社,1998.

[47] Wang R S, Zhang J P, Su Z M. Theory study on conduction mechanism of isodine-doped 1,4-*cis*-polyisoprene[J]. Synth Met, 1993, 55-57: 4411.

[48] Levi M D, Wang C G, Gnanaraj J S, et al. Electrochemical behavior of graphite anode at elevated temperatures in organic carbonate solutions[J]. J of Power Sources, 2003, 119-121:538.

[49] Levi M D，Wang C G，Aurbach D. Self-discharge of graphite electrodes at elevated temperatures studied by a combination of cyclic voltammetry and electrochemical impedance spectroscopy techniques [J]. J Electrochem Soc，2004，151：A781.

[50] Scrosati B. Lithum rocking chair batteries，an old concept[J]. J Electrochem Soc，1992，139：2776.

[51] 谢德民，王荣顺，张喜艳，等. 酚醛树脂热(裂)解产物的 X 射线衍射研究[J]. 高等学校化学学报，1991，12 (8)：1122.

[52] Wang R S，Wang C G，Hu L H，et al. Quantum chemical studies on intercalation of lithium into polyacene[J]. Synth Met，2001，119：223.

[53] Wang C G，Wang R S，Su Z M，et al. Electronic properties and structure of vulcanized polyacene[J]. Synth Met，2001，119：451.

[54] 王存国. 温度对酚醛树脂聚合与裂解的影响[J]. 分子科学学报，2019，35(5)：353.

[55] 王存国. 从两个经典高分子化学实验谈如何提高高分子材料与科学领域研究生的科研能力[J]. 高分子通报，2021(4)：70.

第 4 章

磁性材料

 引言与导读

　　磁性材料是一个既古老又新颖的话题，人类对磁现象和磁性材料的认识可以追溯到春秋战国时期。凭借人类对磁性材料的最早应用——指南针，航海家得以发现新大陆，实现世界经济和文化的交流与融合。19～20 世纪，磁学理论逐步建立和发展。丹麦的奥斯特、法国的安培、英国的法拉第和麦克斯韦等科学家相继发现并完善了电磁感应理论，建立了电与磁之间的关联。法国科学家居里发现了铁磁性与顺磁性可在特定温度下转变。法国科学家朗之万提出了抗磁性和顺磁性的经典理论。法国科学家外斯提出了分子场理论，解释了铁磁性的起源。随后，奥地利的泡利、英国的狄拉克、德国的海森堡和苏联的朗道等科学家利用量子理论对磁性进行了解释，奠定了现代磁学的基础。在磁学理论建立之后，各种磁性材料也在不断发展。例如：电工纯铁、硅钢、坡莫合金等传统金属软磁材料；非晶合金、纳米晶合金等新型软磁材料；高性能稀土永磁材料；软磁及永磁铁氧体；磁性颗粒及薄膜、磁性液体等形式的功能磁性材料等。当前，磁性材料作为功能材料家族中的重要成员，在能源、交通、信息通信等产业中发挥着巨大作用。随着传统磁性材料性能的不断提高和新型磁性材料的不断涌现，磁性材料在国民经济和社会发展中的作用将越来越重要。全面了解和认识磁性原理及磁性材料，并明确磁性的物理本质，对功能材料乃至所有材料类相关专业的学生来说十分必要。

　　本章将从物质（指实体物质）的磁性本源——电子的轨道和自旋运动讲起，引出介绍物质的磁性分类以及决定物质磁性的物理本质，随后介绍软磁和永磁两大类目前应用最为广泛的铁磁性及亚铁磁性材料，包括它们的化学组成、结构特征、磁特性、制备工艺和典型应用等，最后介绍磁记录、磁制冷、磁致伸缩和磁性液体等磁性功能材料。其中，铁磁性理论（包括自发磁化、技术磁化和动态磁化等）以及铁（亚铁）磁性材料将做重点介绍。

　　本章后面还附有辅助阅读材料，介绍了一些磁学理论和磁性材料相关的书籍，学有余力的同学可自由选择阅读。

 本章学习目标

　　了解并掌握物质的磁性起源和决定材料磁化特性的物理本质，认识并掌握软磁和永磁材料的磁性特点和应用领域，了解新型功能磁性材料的特点和应用。

4.1 物质的磁性起源

4.1.1 原子磁性

　　磁及磁现象的根源是电荷的运动，即电流。物质是由原子构成的，而原子是由原子核及核外电子构成的。带有负电荷的电子在原子核周围做轨道运动和自旋运动。无论是轨道运动还是自旋运动，均可等效为环电流，进而产生磁矩（**μ**）。即使是原子核，其内质子的运动也会产生磁矩。不过，因其核磁矩值很小，几乎对原子磁矩无贡献，故在材料磁性中通常不考虑。

4.1.1.1 电子磁矩

（1）电子轨道磁矩 μ_l

图 4-1 示意一个单电子原子的核外电子以线速度为 v（对应角速度 ω 为 v/r）绕原子核（O 点）做半径为 r 的轨道运动。

根据环电流磁矩定义，该电子的轨道磁矩为

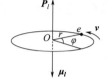

图 4-1 电子的轨道运动及其轨道角动量和轨道磁矩

$$\boldsymbol{\mu}_l = iS = -\frac{ev}{2\pi r}(\pi r^2) = -\frac{e\boldsymbol{\omega}}{2\pi}(\pi r^2) \tag{4-1}$$

式中，i 为环电流强度；S 为环电流包围的面积，即电子轨道运动平面的面积，负号表示环电流方向与电子运动方向相反。注意 $\boldsymbol{\mu}_l$ 为矢量，其方向可用右手螺旋定则来确定。因此电子运动的轨道角动量（动量矩）为

$$\boldsymbol{P}_l = mr v = m\boldsymbol{\omega} r^2 \tag{4-2}$$

式中，m 为电子的质量；$\boldsymbol{P}_l$ 方向可用右手定则来确定。则式（4-1）可改写成

$$\boldsymbol{\mu}_l = -\frac{e}{2m}\boldsymbol{P}_l \tag{4-3}$$

可见，电子轨道磁矩数值上正比于其角动量，而方向相反。

在量子力学中，原子核外电子的轨道角动量是量子化的，其数值 $P_l = |\boldsymbol{P}_l| = \sqrt{l(l+1)}$ $\hbar$[l 为角量子数，可取 $0,1,2,\cdots,(n-1)$，共 n 个可能值；$\hbar$ 为约化普朗克常数]，则电子轨道磁矩的数值 μ_l 为

$$\mu_l = |\boldsymbol{\mu}_l| = \sqrt{l(l+1)}\frac{e\hbar}{2m} = \sqrt{l(l+1)}\,\mu_B \tag{4-4}$$

式中，μ_B（$=\dfrac{e\hbar}{2m}$）为玻尔磁子，是电子磁矩的最小单位，其值为 9.274×10^{-24} J/T。

施加磁场在原子上后，电子轨道角动量和轨道磁矩在外磁场方向上的分量分别为

$$(P_l)_H = m_l\hbar \tag{4-5}$$
$$(\mu_l)_H = m_l\mu_B \tag{4-6}$$

式中，m_l 为轨道磁量子数，可取 $0,\pm1,\pm2,\cdots,\pm l$，共 $(2l+1)$ 个可能值。由式（4-6）可知，电子轨道磁矩在外磁场方向上的分量是量子化的，数值可能是 0 或 μ_B 的整数倍，注意，磁矩方向与外磁场方向相反。

（2）电子自旋磁矩 μ_s

电子在做绕核运动的同时也在做自旋运动，因而具有自旋磁矩。电子的自旋角动量的数

值 $P_s = |\boldsymbol{P}_s| = \sqrt{s(s+1)}\,\hbar$（自旋量子数 $s=1/2$），则电子自旋磁矩的数值为

$$\mu_s = |\boldsymbol{\mu}_s| = \sqrt{s(s+1)}\frac{e\hbar}{m} = 2\sqrt{s(s+1)}\,\mu_{\mathrm{B}} \tag{4-7}$$

注意，自旋磁矩的方向也与自旋角动量的方向相反。电子自旋磁矩在外磁场方向上的分量为

$$(\mu_s)_H = 2m_s\mu_{\mathrm{B}} \tag{4-8}$$

式中，m_s 为自旋磁量子数，可取值 $\pm 1/2$。可见，自旋磁矩在外磁场方向的分量也是量子化的，且数值恰好为一个 μ_{B}，数值的正负取决于自旋方向。

4.1.1.2　原子总磁矩

对于多电子原子，所有电子的轨道磁矩和自旋磁矩的总和构成了原子总磁矩 $\boldsymbol{\mu}_J$，称为原子固有磁矩或本征磁矩。在填满的电子（次）壳层中，电子的轨道磁矩和自旋磁矩相互抵消。所以，计算原子总磁矩时，只需考虑未填满的电子壳层即可。

在未填满的电子壳层中，轨道磁矩和自旋磁矩组合成原子总磁矩的耦合方式主要可分为两类：$j-j$ 耦合和 $L-S$ 耦合。

$j-j$ 耦合：各电子的轨道运动与自身的自旋运动之间有较强的相互作用，因此每个电子的轨道磁矩与自己的自旋磁矩先耦合成该电子的总磁矩，然后各电子的总磁矩再耦合成原子的总磁矩。采用量子数可表示为

$$(l_i + s_i) \rightarrow j_i, \sum j_i \rightarrow J$$

式中，j_i 由单电子的 l_i 与 s_i 合成；J 为总量子数。该类耦合多发生于原子序数 $Z>82$ 的原子中。

$L-S$ 耦合：各电子的轨道与轨道运动之间、自旋与自旋运动之间存在较强的相互作用，因此各电子的轨道磁矩耦合成总轨道磁矩，自旋磁矩耦合成总自旋磁矩，然后全部电子的总轨道磁矩与总自旋磁矩再耦合成为原子的总磁矩。采用量子数可表示为

$$\sum l_i \rightarrow L, \sum s_i \rightarrow S, L+S \rightarrow J$$

式中，L 和 S 分别为总轨道角量子数和总自旋量子数。该类耦合多发生于原子序数 $Z<32$ 的原子中。对于原子序数 Z 介于 $32\sim82$ 之间的原子，其耦合方式由 $L-S$ 耦合逐渐向 $j-j$ 耦合过渡。多电子原子的 L、S 和 J 根据其价电子层的电子分布，由洪特规则确定，具体参见本章辅助阅读材料部分。

对于 $L-S$ 耦合，原子总角动量 $\boldsymbol{P}_J$ 为总的轨道角动量 $\boldsymbol{P}_L$ 和自旋角动量 $\boldsymbol{P}_S$ 的矢量和，即 $\boldsymbol{P}_J = \boldsymbol{P}_L + \boldsymbol{P}_S$。$\boldsymbol{P}_L$ 和 $\boldsymbol{P}_S$ 的数值分别为 $P_L = \sqrt{L(L+1)}\,\hbar$ 和 $P_S = \sqrt{S(S+1)}\,\hbar$。相应地，可以计算总的轨道磁矩 $\boldsymbol{\mu}_L$ 和总的自旋磁矩 $\boldsymbol{\mu}_S$ 的矢量和 $\boldsymbol{\mu}_{L-S}$，即 $\boldsymbol{\mu}_{L-S} = \boldsymbol{\mu}_L + \boldsymbol{\mu}_S$。$\boldsymbol{\mu}_L$ 和 $\boldsymbol{\mu}_S$ 的数值分别为 $\mu_L = \sqrt{L(L+1)}\,\mu_{\mathrm{B}}$ 和 $\mu_S = 2\sqrt{S(S+1)}\,\mu_{\mathrm{B}}$。图 4-2 示意了 $L-S$ 耦合时各类角动量和磁矩之间的关系。需要注意的是，因 μ_L/μ_S 系数与 P_L/P_S 并不相同，$\boldsymbol{\mu}_{L-S}$ 并不在 $\boldsymbol{P}_J$ 的轴线上。依据 $\boldsymbol{\mu}$ 与 $\boldsymbol{P}$ 须满足共

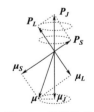

图 4-2　原子总磁矩的矢量合成

轴且方向相反，原子总磁矩 $\boldsymbol{\mu}_J$ 应是 $\boldsymbol{\mu}_{L-S}$ 在 $\boldsymbol{P}_J$ 轴线上的投影，其数值为

$$\mu_J = g_J \sqrt{J(J+1)} \mu_B \tag{4-9}$$

$$g_J = 1 + \frac{J(J+1) + S(S+1) - L(L+1)}{2J(J+1)} \tag{4-10}$$

式中，g_J 称为朗德因子。当 $L=0$ 时，$J=S$，$g_J=2$，式（4-9）即改写为式（4-7），此时原子总磁矩均源自自旋磁矩；当 $S=0$ 时，$J=L$，$g_J=1$，式（4-9）即改写为式（4-4），此时原子磁矩均源自轨道磁矩；当 $1 < g_J < 2$ 时，原子磁矩由轨道磁矩和自旋磁矩共同贡献。可见，朗德因子 g_J 反映了轨道和自旋磁矩对原子总磁矩的贡献程度。比如，通过实验测定 g_J 可知，铁磁性物质的磁矩主要由电子自旋磁矩贡献。

原子总磁矩在外磁场方向的分量为

$$(\mu_J)_H = g_J m_J \mu_B \tag{4-11}$$

式中，m_J 可取 $-J, -J+1, \cdots, J$，共 $(2J+1)$ 个可能值。

总结而言，原子核外电子磁矩在耦合过程中，对于被电子填充满的壳层，由于电子轨道运动占据了所有可能的方向，且自旋方向相反的电子均成对出现，因此满壳层内电子的轨道磁矩和自旋磁矩都相互抵消，它们对原子总磁矩的贡献也为零。只有未被填满的壳层中才有未成对的电子磁矩对原子磁矩有贡献。因此，未填满电子的壳层也称为磁性电子壳层。需要指出的是，对于分子、晶体或其他多原子体系，由于原子间的相互作用，原子的磁矩有可能与其孤立存在时的状态不同。

4.1.2　固体的磁性

固体物质的磁化特性取决于组成原子是否具有净磁矩，以及原子磁矩的局域排列特征，称为基本磁结构，这既与原子结构有关，也与物质晶体结构有关，并且在不同温度、压力等外部条件下也会呈现差异。根据物质被磁化时对外磁场的响应特点，可将磁化特性划分为抗磁性、顺磁性、铁磁性、反铁磁性及亚铁磁性，对应的物质即为抗磁质、顺磁质、铁磁质、反铁磁质和亚铁磁质。各类磁介质的磁化特性 [即磁化率 $\chi_m(=M/H)$ 与外磁场 H 和温度 T 的关系] 及其基本磁结构见表 4-1。通常将铁磁质和亚铁磁质称为强磁性物质。

表 4-1　不同类型磁介质的磁化特性和基本磁结构

磁介质类型	磁化特性	基本磁结构
抗磁质	$\chi_m < 0$，数值大小在 $10^{-6} \sim 10^{-4}$ 量级；是与 H、T 无关的常数	无净磁矩
顺磁质	$\chi_m > 0$，数值大小在 $10^{-5} \sim 10^{-2}$ 量级；与 H 无关；满足居里定律 $\chi_m = C/T$（C:居里常数）	
铁磁质	$\chi_m \gg 0$；与 H 呈非线性关系；居里温度 T_C 以下满足居里-外斯定律 $\chi_m = C/(T-T_C)$；T_C 以上转变为顺磁性	

磁介质类型	磁化特性	基本磁结构
亚铁磁质	$\chi_m>0$，数值大小在 $10^0\sim10^3$ 量级；T_C 以下与 H、T 呈非线性关系；T_C 以上转变为顺磁性，但 $1/\chi_m$ 与 T 呈非线性关系	
反铁磁质	$\chi_m>0$；与 H 无关；奈尔温度 T_N 以下随 T 升高而增加；T_N 以上转变为顺磁性	

4.1.2.1 抗磁性

物质抗磁性的产生机理可用楞次定律来简单概括：外磁场穿过电子轨道时，引起的电磁感应使轨道电子加速，而这种加速引起的磁通量（磁矩）方向总是与外磁场方向相反。具体而言，原子的抗磁性源自电子在做轨道运动时因受外磁场洛伦兹力的作用而产生的附加磁矩。当无外磁场时，电子以线速度 v 绕原子核做轨道运动，其向心力为 $\boldsymbol{F_0}$；施加外磁场 $\boldsymbol{H}$（对应磁感应强度为 $\boldsymbol{B}=\mu_0\boldsymbol{H}$，$\mu_0$ 为真空磁导率）后，电子受到的洛伦兹力为 $\Delta\boldsymbol{F}=-e\boldsymbol{v}\times\boldsymbol{B}$，电子受到的向心力变为 $\boldsymbol{F}=\boldsymbol{F_0}+\Delta\boldsymbol{F}$，进而会相应改变运动速度。考虑当电子轨道平面与外磁场垂直时，存在轨道磁矩 $\boldsymbol{\mu_l}$ 同向平行和反向平行于外磁场 $\boldsymbol{H}$ 两种极限情况，如图 4-3 所示：若 $\Delta\boldsymbol{F}$ 与原来的 $\boldsymbol{F_0}$ 同向，向心力增大，电子运动的线速度 v 随之增大，结果使轨道磁矩增加 $\Delta\boldsymbol{\mu}$；若 $\Delta\boldsymbol{F}$ 与原来的 $\boldsymbol{F_0}$ 反向，向心力减小，电子运动的线速度 v 随之减小，结果会产生一个与原轨道磁矩方向相反的 $\Delta\boldsymbol{\mu}$。由图 4-3 可知，无论哪种情况，因洛伦兹力作用而产生的附加磁矩 $\Delta\boldsymbol{\mu}$ 总是与外磁场 $\boldsymbol{H}$ 的方向相反，这就是原子产生抗磁性的原因。

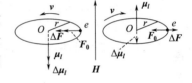

图 4-3 外加磁场引起的附加磁矩

当电子轨道平面与外磁场垂直时，感应电动势 ε 引起的电场强度为

$$E=\frac{\varepsilon}{l}=-\frac{\mathrm{d}\Phi}{l\,\mathrm{d}t}=-\frac{S}{l}\frac{\mathrm{d}B}{\mathrm{d}t}=-\frac{\mu_0 S}{l}\frac{\mathrm{d}H}{\mathrm{d}t}=-\frac{\mu_0 r}{2}\times\frac{\mathrm{d}H}{\mathrm{d}t} \tag{4-12}$$

式中，l 为电子轨道长度。根据牛顿第二定律可以得到

$$\frac{\mathrm{d}v}{\mathrm{d}t}=\frac{F}{m}=\frac{eE}{m}=-\frac{e\mu_0 r}{2m}\times\frac{\mathrm{d}H}{\mathrm{d}t} \tag{4-13}$$

对上式就磁场由零变化至 H 的过程积分，并假设 r 不因外磁场的作用而改变，由式（4-1）可得电子运动速度的改变引起的附加磁矩大小为

$$|\Delta\mu|=er\Delta v/2=-(\mu_0 e^2 r^2/4m)H \tag{4-14}$$

当轨道平面与外磁场不垂直时，式（4-14）中的 r 即为实际轨道半径 R 在垂直于外磁场平面上的投影，如图 4-4 所示。闭壳状态下，电子为球对称分布，所有可能方向的 R 在垂直外磁场平面上的投影半径的均方值为

$$\overline{r^2} = \frac{2R^2}{3} \tag{4-15}$$

代入式（4-14）中，获得单个电子的附加磁矩为

$$|\Delta\mu| = -(\mu_0 e^2 R^2/6m)H \tag{4-16}$$

当材料单位体积内有 n 个原子，每个原子有 z 个的轨道电子时，其总的附加磁矩为

$$|\Delta\mu| = -\frac{n\mu_0 e^2 H}{6m}\sum_{i=1}^{z}R_i^2 = -\frac{n\mu_0 e^2 H}{6m}z\overline{R^2} \tag{4-17}$$

式中，$\overline{R^2}$ 为电子轨道半径的均方值。于是，抗磁磁化率为

$$\chi_m = \frac{M}{H} = -\frac{nz\mu_0 e^2}{6m}\overline{R^2} \tag{4-18}$$

由于式中的各个物理量都不随温度变化，因此抗磁磁化率不受温度影响。

需要说明的是，所有物质的磁化过程都伴有抗磁性的产生，无论其是否具有净磁矩。但因抗磁磁化率数值较小，抗磁效应极易被其他磁化效应所掩盖。只有具有满壳层电子结构的原子，即没有净磁矩时，抗磁性才能表现出来。例如，单原子惰性气体，如 He、Ne 和 Ar，都是抗磁质。大多数的双或多原子气体，如 H_2 和 N_2，其原子在结合成分子的过程中使核外电子结构变为满壳层，因此它们也是抗磁质。像 NaCl 等离子晶体，单一的 Na^+ 和 Cl^- 都具有满壳层，因此也是抗磁质。类似的共价晶体，如 Si、Ge 和金刚石，也同样是抗磁质。几乎所有的有机化合物都是抗磁质。当然在气体、离子晶体和共价晶体中也有个别例外的情况。另外，超导体存在迈斯纳效应，表现为完全抗磁性。如图 4-5 所示，当进入超导态时，磁力线无法穿过超导体，其内部磁场为零。

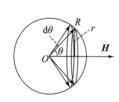

图 4-4　电子在垂直于外磁场平面上的投影

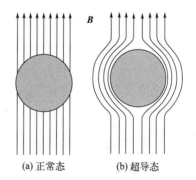

图 4-5　正常态和超导态的磁通量变化

4.1.2.2　顺磁性

物质顺磁性的产生主要是由各原子固有磁矩（净磁矩）在外磁场中的取向形成的。揭示顺磁性物理本质的是法国物理学家保罗·朗之万（Paul Langevin）。朗之万认为：顺磁质的原子磁矩间无相互作用，热平衡态下（无外磁场）磁矩方向随机分布，磁矩相互抵消而使宏观磁化强度为零；施加外磁场后，原子磁矩会受到向外磁场转矩作用而转向接近于外磁场方向，引起顺磁磁化强度的变化。但因为热扰动影响，最终在外磁场方向只能获得较小的正值

磁化率 χ_m。

假设顺磁质中某个原子的磁矩为 $\boldsymbol{\mu}_J$，与外磁场 $\boldsymbol{H}$ 的夹角为 θ，则其磁位能为

$$E_H = -\boldsymbol{\mu}_J \times \boldsymbol{B} = -\mu_0 \boldsymbol{\mu}_J \times \boldsymbol{H} = -\mu_0 \mu_J H \cos\theta \tag{4-19}$$

根据麦克斯韦-玻尔兹曼统计分布规律，在 T 温度下 $\boldsymbol{\mu}_J$ 取 θ 方向的概率正比于玻尔兹曼因子 $\exp[-E_H/(k_B T)]$，即 $\exp[-\mu_0 \mu_J H \cos\theta/(k_B T)]$。另一方面，磁矩 $\boldsymbol{\mu}_J$ 分布在夹角 $\theta \sim (\theta + \mathrm{d}\theta)$ 间的概率与图 4-4 中阴影面积成正比，即 $2\pi\sin\theta\,\mathrm{d}\theta$，因此 $\boldsymbol{\mu}_J$ 分布在 $\theta \sim (\theta + \mathrm{d}\theta)$ 间的实际概率为

$$\rho_\theta = \frac{\exp(-\mu_0 \mu_J H \cos\theta/k_B T)\,2\pi\sin\theta\,\mathrm{d}\theta}{\int_0^\pi \exp(-\mu_0 \mu_J H \cos\theta/k_B T)\,2\pi\sin\theta\,\mathrm{d}\theta} \tag{4-20}$$

磁矩 $\boldsymbol{\mu}_J$ 在 $\boldsymbol{H}$ 方向的分量为 $\mu_J \cos\theta$，设单位体积内的原子数为 n，则各个方向上磁矩在 $\boldsymbol{H}$ 方向的分量之和，即所有磁矩对磁化强度 $\boldsymbol{M}$ 的贡献为

$$M = n\mu_J \int_0^\pi \cos\theta\,\rho_\theta\,\mathrm{d}\theta = n\mu_J \frac{\int_0^\pi \cos\theta \exp(-\mu_0 \mu_J H \cos\theta/k_B T)\,2\pi\sin\theta\,\mathrm{d}\theta}{\int_0^\pi \exp(-\mu_0 \mu_J H \cos\theta/k_B T)\,2\pi\sin\theta\,\mathrm{d}\theta} \tag{4-21}$$

令 $\mu_0 \mu_J H/(k_B T) = \alpha$，$\cos\theta = x$，则 $\sin\theta = -\mathrm{d}x$，上式可进一步化简为

$$M = n\mu_J[\coth\alpha - (1/\alpha)] = n\mu_J L(\alpha) = M_0 L(\alpha) \tag{4-22}$$

式中 $L(\alpha) = \coth\alpha - (1/\alpha)$，称为朗之万函数；$M_0 = n\mu_J$，为 0K 时顺磁磁化强度的饱和值，称为绝对饱和磁化强度。$L(\alpha)$ 函数曲线如图 4-6 所示。考虑两种极限情况：当 $k_B T \ll \mu_0 \mu_J H$（或 $T \to 0$）时，$\alpha \gg 1$，$L(\alpha) \to 1$，这表明当温度较低时，顺磁磁化强度趋近于 M_0；当 $k_B T \gg \mu_0 \mu_J H$ 时，$\alpha \ll 1$，$L(\alpha) \to \alpha/3$，此时顺磁磁化强度和顺磁磁化率分别为

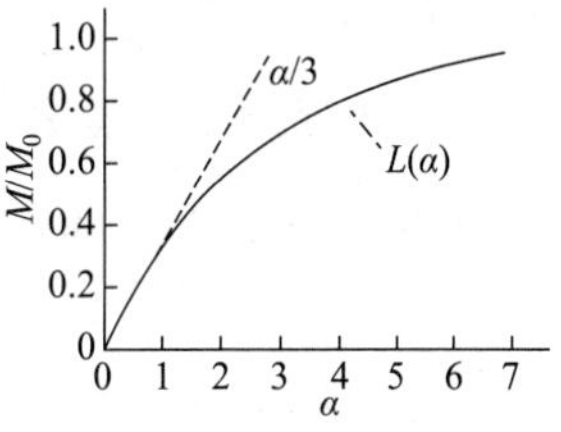

$$M = \frac{n\mu_0 \mu_J^2}{3k_B T} H \tag{4-23}$$

$$\chi_m = \frac{M}{H} = \frac{n\mu_0 \mu_J^2}{3k_B T} = \frac{C}{T} \tag{4-24}$$

图 4-6　朗之万函数曲线

式中，$C = n\mu_0 \mu_J^2/(3k_B)$，称为居里常数，而式（4-24）称为顺磁性居里定律。

上面推导过程中，假定原子磁矩可以取所有可能的方向，即 θ 可以是任意值的连续变量。但在量子理论中，θ 的取值受空间量子化条件限制，只能取某些特定值。回顾式（4-11）可知，m_J 只能取 $-J, -J+1, \cdots, J$，共 $(2J+1)$ 个可能值。类比经典的朗之万函数的计算方法，可以得到基于量子理论的磁化强度：

$$M = n\frac{\sum\limits_{m_J = -J}^{+J} g_J m_J \mu_B \exp(-\mu_0 g_J m_J \mu_B H/k_B T)}{\sum\limits_{m_J = -J}^{+J} \exp(-\mu_0 g_J m_J \mu_B H/k_B T)} = ng_J J\mu_B B_J(\alpha_J) = M_0 B_J(\alpha_J)$$

$$\tag{4-25}$$

$$B_J(\alpha_J) = \frac{2J+1}{2J}\coth\left(\frac{2J+1}{2J}\alpha_J\right) - \frac{1}{2J}\coth\left(\frac{\alpha_J}{2J}\right) \qquad (4\text{-}26)$$

式中，$\alpha_J = \mu_0 g_J J \mu_B H/(k_B T)$；$B_J(\alpha_J)$ 称为布里渊函数；$M_0 = n g_J J \mu_B$，对应绝对饱和磁化强度。当 $J \to \infty$ 时，$B_J(\alpha_J) \to L(\alpha)$，量子模型退化为经典模型。

由顺磁性居里定律［式（4-24）］可知，顺磁磁化率 χ_m 随温度的升高而降低。常温下，因磁矩在磁场中所受磁位能远小于热能，磁矩完全排列于外磁场方向不容易实现。顺磁性是一种弱磁性。除原子磁矩外，自由电子在磁场中也可产生抗磁和顺磁两种效应，但总的贡献为顺磁性，并且较原子磁矩的贡献弱得多。顺磁质都是由具有净磁矩的原子组成的。Pt、Pd、奥氏体不锈钢、一些稀土元素等都属于顺磁质。

4.1.2.3 铁磁性

与顺磁质或抗磁质的弱磁性相比，铁磁质的磁化率为远大于零的正值，并且其磁化率是磁场强度的非线性函数。图 4-7 是 Fe、Co 和 Ni 的室温磁化曲线。可见，室温下每种铁磁质最终的饱和磁化强度 M_s 都具有确定值。

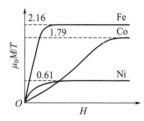

图 4-7　Fe、Co 和 Ni 在室温下的磁化曲线

为了解释铁磁性特征，法国物理学家皮埃尔·外斯（P. Weiss）于 1907 年在朗之万顺磁理论的基础上提出了著名的分子场假说和磁畴假说。分子场假说认为，铁磁质内部存在很强的分子场 H_m，在 H_m 的作用下，原子磁矩趋向于同方向平行排列，即发生自发磁化。磁畴假说认为，铁磁质内分布有若干原子磁矩同方向平行排列的小区域，即磁畴。磁畴内部自发磁化达到饱和状态。由于各磁畴的磁化方向随机分布，彼此抵消，所以无外磁场时，铁磁质整体对外不显示磁性。

（1）外斯分子场理论

外斯分子场理论假定分子场 H_m 与自发磁化强度 M 成正比，即 $H_m = \gamma M$，式中，γ 为分子场常数，与铁磁性物质原子性质相关。假设铁磁质原子均具有净磁矩，按顺磁磁化理论，其磁化强度 M 随磁场强度 H 的变化规律遵循朗之万函数 $L(\alpha)$ 或布里渊函数 $B_J(\alpha_J)$，如图 4-8 中的曲线 1 所示。如只考虑分子场对顺磁质的磁化，其 M 与 H_m 为线性关系（$M = H_m/\gamma$），如图 4-8 中的直线 2 所示。分子场自发磁化的饱和磁化强度 M_s 由两线的交点确定。图 4-8 中，交点 O 为非稳定磁化状态，遇到磁场强度起伏，磁化就会沿 $O \to A \to B$ 路径自动发展到达另一交点 P 的稳定状态，P 点对应的 M 值即为铁磁质自发磁化达到的饱和值 M_s。

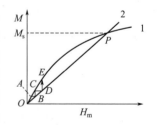

图 4-8　分子场的自发磁化

铁磁质可看作是在分子场 H_m 作用下的顺磁质，故顺磁性朗之万理论可以应用到铁磁质中。因铁磁质的原子磁矩完全由自旋磁矩贡献，故可用总自旋量子数 S 代替总量子数 J。根据式（4-25）和式（4-26）可得

$$M = n g_S S \mu_B B_S(\alpha_S) = M_0 B_S(\alpha_S) \qquad (4\text{-}27)$$

$$B_S(\alpha_S) = \frac{2S+1}{2S}\coth\left(\frac{2S+1}{2S}\alpha_S\right) - \frac{1}{2S}\coth\left(\frac{\alpha_S}{2S}\right) \qquad (4\text{-}28)$$

$$\alpha_S = \frac{\mu_0 g_S S\mu_B H_m}{k_B T} = \frac{\mu_0 g_S S\mu_B \gamma M_s}{k_B T} \qquad (4\text{-}29)$$

当 $T\rightarrow 0$，即 $B_S(\alpha_S)\rightarrow 1$ 时，所有原子磁矩同方向平行排列，此时 $M(M_s)$ 即为绝对饱和磁化强度（$M_0 = ng_S S\mu_B$）。T 为其他温度时，可通过图解法求解 M_s。式（4-27）可变形为

$$M_s = \frac{k_B T}{\mu_0 g_S S\mu_B \gamma}\alpha_S \qquad (4\text{-}30)$$

这表明 M_s 在给定温度 T 下与 α_S 是线性关系。而式（4-27）表明 M_s 服从布里渊函数（表现为曲线）。将式（4-30）与式（4-27）联立求解 [图 4-9（a）中直线与曲线的非 0 交点] 即可确定给定温度下的 M_s。结合不同温度下直线与曲线的交点，可以绘出 M_s 随 T 变化的曲线 [如图 4-9（b）所示]。

图 4-9（a）中一系列直线代表不同温度 T 下的自发磁化曲线，直线斜率表征 T 对铁磁质自发磁化的影响。T 越低，原子磁矩有序化程度越高，M_s 越趋近于其饱和值 M_0。随 T 逐渐升高，热运动的无序作用程度逐渐加强，M_s 逐渐降低。当 T 达到某一特定温度时，直线与曲线仅在原点（$\alpha_S = 0$）相切，M_s 为 0，分子场自发磁化作用消失，铁磁性转变为顺磁性，对应温度称为居里温度 T_C。当 $T = T_C$ 时，$\alpha_S \ll 1$，$B_S(\alpha_S)$ 在原点处的切线斜率为 $(S+1)/3S$，式（4-27）变为 $M_s = M_0[(S+1)/3S]\alpha_S$，代入式（4-29）消去 α_S 即可得到居里温度的表达式：

$$T_C = \frac{M_0\mu_0 g_S\mu_B\gamma(S+1)}{3k_B} = \frac{n\mu_0 g_S^2\mu_B^2 S(S+1)\gamma}{3k_B} \qquad (4\text{-}31)$$

可见铁磁质的 T_C 随分子场常数 γ 和总自旋量子数 S 的增加而增大，而 γ 和 S 与物质原子性质及晶体结构有关。当 $T > T_C$ 时，图中直线与曲线仅在原点处有交点，铁磁质等同于顺磁质。图 4-10 总结了基于分子场理论的磁化强度和磁化率与温度的关系。需要说明的是，分子场理论很好地解释了自发磁化的各种行为，特别是自发磁化强度随温度变化的规律。由于该理论物理图像清晰、数学方法简单，在磁学理论中占有重要地位。但分子场理论是一种唯象理论，并未给出分子场的物理本质，在处理低温和居里温度附近的磁行为时会与实验结果有所偏差。

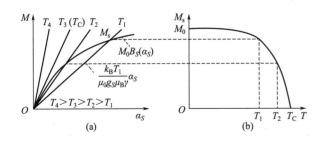

图 4-9　饱和磁化强度与温度的关系

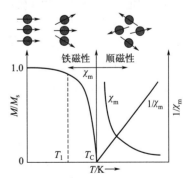

图 4-10　基于分子场理论的磁化强度和磁化率与温度的关系

（2）海森堡交换作用模型

1928 年，德国物理学家沃纳·海森堡等受到氢分子中电子自旋相对取向与电子交换作用关系的启发，提出铁磁质的自发磁化源自电子自旋的交换作用模型，从而揭示了分子场的物理本质。交换作用模型认为，铁磁质内近邻原子之间存在交换作用，其自旋交换能为

$$E_{ex}=-2A\sum_{\text{近邻}}S_i\cdot S_j=-2A\sum_{\text{近邻}}S_iS_j\cos\varphi \tag{4-32}$$

式中，A 为交换积分（常数）；S_i、S_j 为发生交换作用的自旋量子数；φ 为自旋角动量间的夹角。由式可知，当 $A>0$ 时，自旋平行（$\varphi=0$）状态下 E_{ex} 取极小值；当 $A<0$ 时，自旋反平行（$\varphi=\pi$）状态下 E_{ex} 取极小值。因 E_{ex} 取极小值对应系统稳定状态，故只有 $A>0$ 时，自旋平行状态才可稳定存在。据此可知，铁磁质的形成既要满足原子结构条件，即原子必须具有未被填充满的电子壳层（具有净磁矩），又要满足 $A>0$，使自旋磁矩同向

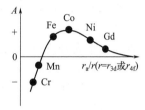

图 4-11　交换积分 A 与 r_a/r_{3d}
（或 r_a/r_{4f}）的关系
（贝蒂-斯莱特曲线）

平行排列稳定存在。而交换积分 A 与物质分子或晶体结构有关。如图 4-11 的贝蒂-斯莱特曲线所示，各元素的 A 值由原子间距 r_a 与未填充满电子的 3d（稀土元素 Gd 为 4f）轨道半径 r_{3d}（或 r_{4f}）的比值确定。换言之，铁磁质必须有合适的原子间距 r_a，使其交换积分 $A>0$。从图 4-11 中的曲线可知，Fe、Co、Ni 和 Gd 具有铁磁性。实际上，Tb、Dy 等稀土元素也具有铁磁性，只不过这些元素的 T_C 远低于室温，在室温下已转变为顺磁质。此外，一些单质元素如纯 Mn 并不是铁磁质，但形成化合物如 MnBi 后，Mn 原子间距变大，达到了 $A>0$ 的条件，也转变了为铁磁质。

（3）磁晶各向异性和磁致伸缩

① 磁晶各向异性和磁晶各向异性能　对铁磁质单晶体沿不同的晶向进行磁化，其磁化的难易程度不同，这种现象被称为磁晶各向异性。其中，容易磁化的晶向称为易磁化方向（或易轴），难磁化的晶向称为难磁化方向（或难轴）。以体心立方（bcc）α-Fe 单晶为例，如图 4-12 所示，其 [100] 方向为易磁化方向，[111] 方向为难磁化方向。对于面心立方（fcc）Ni 单晶，其易轴为 [111]，难轴为 [100]。密排六方（hcp）Co 单晶的易轴为 [0001]，难轴为垂直于易轴的任一方向。

磁化功是铁磁质磁化至饱和状态的过程中外磁场对其所做的功，它代表了外磁场在此过程中消耗的能量（转化为铁磁质内能）。如图 4-13 所示，磁化功可由磁化曲线、磁化强度坐标轴和饱和磁化强度三条线围成的面积决定。沿不同晶向磁化的磁化功不同，沿易轴的磁化功最低，沿难轴的磁化功最高。以易轴磁化功为基准，沿其他晶向磁化而增加的磁化功称为磁晶各向异性能 E_k。E_k 值也可直接用沿不同晶向的磁化功表示。

对于立方晶体，设其磁化强度与各晶轴夹角的余弦分别为 α_1、α_2 和 α_3，则其磁晶各向异性能可以表示为

$$E_k\approx K_1(\alpha_1^2\alpha_2^2+\alpha_2^2\alpha_3^2+\alpha_3^2\alpha_1^2)+K_2\alpha_1^2\alpha_2^2\alpha_3^2 \tag{4-33}$$

式中，K_1、K_2 为立方晶体磁晶各向异性常数，其数值大小表示材料沿不同晶向磁化到饱和状态所需的能量不同，由材料结构决定。一般情况下，K_2 较小，可忽略。

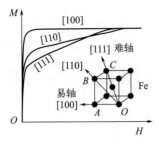
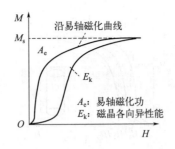

图 4-12 α-Fe 单晶沿不同晶相的磁化曲线　　图 4-13 磁化功和磁晶各向异性能

在铁磁质中，相邻自旋磁矩之间通过交换能而产生自旋-自旋强耦合作用，其结果导致相邻自旋形成平行（同向）或反平行（反向）排列。因交换能是各向同性的，它仅取决于相邻自旋的夹角，与自旋轴和晶轴的夹角无关，因此该耦合与磁晶各向异性无关。但除自旋-自旋耦合外，自旋磁矩与轨道磁矩之间也存在耦合，且轨道磁矩与晶体结构和晶体取向存在极强的耦合。当有磁场试图使电子自旋磁矩改变方向时，它势必会受到其轨道磁矩的束缚或阻碍，必须通过磁场做功才能改变自旋磁矩的方向。因此，铁磁质的磁晶各向异性源自其自旋磁矩与轨道磁矩的耦合效应。

② 形状各向异性和退磁能　铁磁质的磁化不仅对其晶向存在择优取向，对其几何形状也存在择优取向。例如，对于能形成封闭磁回路的环形试件，磁化较容易发生，细长杆的磁化也比短粗杆容易，这种现象叫磁化的形状各向异性。图 4-14 给出了圆柱状铁磁质的磁化曲线随长径比 l/d 的变化，可见 l/d 越大，其磁化功越小，磁化越容易。

铁磁质的形状各向异性是由退磁场引起的。当材料被磁化而产生磁极时，其内部会出现与磁化强度方向相反的磁场，称为退磁场。退磁场 H_d 的数值为

$$H_d = -NM \tag{4-34}$$

式中，N 为退磁因子，与材料几何形状、是否存在磁极有关；负号表示 H_d 与 M 方向相反。对于棒状样品，l/d 值越高，N 值越小，因此更容易被磁化。类比磁位能，退磁场与铁磁质的相互作用能称为退磁能 E_d，其数值等于磁化过程中外磁场为克服退磁场而消耗的磁化功，即

$$E_d = -\int_0^M \mu_0 H_d dM = \int_0^M \mu_0 NM dM = \frac{1}{2}\mu_0 NM^2 \tag{4-35}$$

式中负号表示外磁场做功。为降低体系的退磁能，铁磁质内部各磁化方向的磁畴应尽可能通过排列形成封闭磁回路（因封闭磁回路的退磁因子为 0）。

③ 磁致伸缩与磁弹性能　铁磁质在磁化过程中其形状和尺寸发生变化的现象称为磁致伸缩。磁致伸缩的程度通常用磁致伸缩系数 λ 衡量，即

$$\lambda = (l - l_0)/l_0 \tag{4-36}$$

式中，l 和 l_0 分别为材料磁化后的尺寸和原始尺寸。如图 4-15 所示，λ 与外磁场 H 的大小有关，其数值一般随 H 的增加而增大。磁化达到饱和后，λ 为一确定值，称为饱和磁致伸缩系数 λ_s，其值多在 $10^{-6} \sim 10^{-3}$ 量级范围。λ_s 的数值可正可负，甚至可等于零。

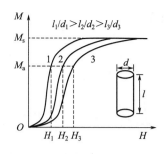
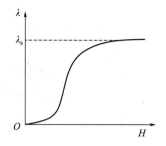

图 4-14　圆柱状（不同长径比）铁磁质的磁化曲线　　　　图 4-15　磁致伸缩系数与外磁场的关系

各向异性磁介质（如单晶）的 λ_s 也具有各向异性。对多晶材料，其磁致伸缩是不同取向的晶粒的磁致伸缩的平均值。如立方晶体的平均饱和磁致伸缩系数为

$$\overline{\lambda_s} = \frac{2\lambda_s <100> + 3\lambda_s <111>}{5} \tag{4-37}$$

铁磁质在磁化过程中因磁致伸缩效应有可能在内部产生压（或拉）应力，进而产生弹性应变能，称为磁弹性能，其表达式为

$$E_\sigma = (3/2)\lambda_s \sigma \sin^2 \theta \tag{4-38}$$

式中，σ 为应力；θ 为应力与磁化方向的夹角。磁致伸缩存在逆效应，即应力或应变可诱发磁化。对于 $\lambda_s < 0$ 的材料，如图 4-16（a）中所示的 Ni，压应力有利于磁化，而拉应力则会阻碍磁化。对于 $\lambda_s > 0$ 的材料，应力作用则相反。应力还能够影响铁磁质的磁化强度和磁致伸缩系数［图 4-16（b）］。

铁磁质产生磁致伸缩同样是因为自旋磁矩与轨道磁矩的耦合。如图 4-17 所示，图中黑点代表原子核，箭头表示原子磁矩，椭圆表示核周围非对称分布的电子云。当原子磁矩受到自发磁化磁场或外磁场作用时，非对称分布的电子云将产生有序化排列，宏观上引起磁致伸缩。磁致伸缩包括自发磁化磁致伸缩（由 T_C 以上的顺磁性转变为 T_C 以下的铁磁性引起）和外磁场引起的磁致伸缩。

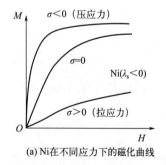
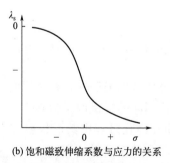
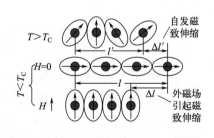

(a) Ni 在不同应力下的磁化曲线　　(b) 饱和磁致伸缩系数与应力的关系

图 4-16　磁化、饱和磁致伸缩系数与应力的关系　　　　图 4-17　磁致伸缩机理

磁致伸缩不仅会影响材料的磁导率、矫顽力等磁性能，在某些应用领域中也会带来有害的影响。例如：软磁材料由于磁致伸缩在交流磁场下发生振动，使得镇流器、变压器等器件在使用时会产生噪声。减少噪声的有效途径之一就是降低软磁材料的磁致伸缩系数，这已经

成为电力电子领域中软磁材料（特别是硅钢）研制方面的重要课题。另一方面，可以利用材料的压磁效应和磁致伸缩效应制备所需的器件。例如：利用材料在交变磁场作用下长度的伸长和缩短可以制成超声波发生器和接收器，力、速度、加速度传感器，延迟线以及滤波器等器件。这些应用要求材料的磁致伸缩系数要大，灵敏度要高，磁弹耦合系数要高。

（4）磁畴理论

① 磁畴结构及其成因　铁磁质自发磁化的结果是在其内部形成磁畴。每个磁畴内部的磁矩是同向平行均匀排列的，但不同磁畴之间的磁矩方向不同。相邻磁畴之间存在磁矩改变方向的过渡区，称为磁畴壁。无外磁场时，铁磁质宏观上对外不显示磁性。磁畴的形态、尺寸、取向，磁畴壁的类型、厚度及磁畴组成形式称为磁畴结构或磁畴组态。图 4-18 为在磁光显微镜中观察到的各类磁畴结构，图像衬度是由于不同磁畴内磁矩方向不同而形成的。

(a) 条形畴　　　　　　(b) 树枝状畴　　　　　　(c) 迷宫畴

图 4-18　不同类型的磁畴结构

铁磁质自发磁化形成的磁畴结构由其内部的各种能量因素共同决定。涉及的能量因素主要包括交换能、退磁能、磁弹性能以及磁晶各向异性能。交换能倾向于让所有自旋磁矩同方向平行排列，形成磁单畴；退磁能倾向于使铁磁质内的磁畴形成尽可能多的封闭磁回路；磁弹性能倾向于形成多数量、小尺度、多方向、应变自恰协调的磁畴结构；磁晶各向异性能倾向于让所有磁畴的磁化方向均处于易磁化晶向。上述各种能量因素都倾向于自身在系统总能量中所占比例尽可能低，但它们各自所倾向的磁畴结构在整体上往往相互矛盾。最终形成的磁畴结构是体系总能量最低的状态。对于多晶材料，各晶粒取向不同，其内部的磁畴取向也是不同的，磁畴壁一般不能穿过晶界（图 4-19）。如果材料内部存在夹杂物、应力、空洞等因素，将增加晶体的不均匀性，磁畴结构也将更为复杂。

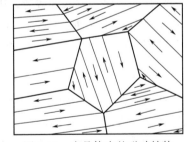

图 4-19　多晶体中的磁畴结构

② 磁畴壁结构　按磁畴壁两侧磁畴磁化方向的角度差，可将磁畴壁分为 90°畴壁和 180°畴壁（图 4-20）。磁畴壁内，相邻两磁畴间的磁矩按一定规律逐渐改变方向。按磁畴壁中磁矩转向的方式不同，可将磁畴壁分为布洛赫壁和奈尔壁。布洛赫壁常存在于较厚的块体铁磁材料中，磁矩的回转面始终保持平行于壁面，即磁矩回转轴垂直于壁面［图 4-21（a）］。其特点是畴壁内无退磁场，畴壁能密度较小。尽管晶体表面会出现磁极，但对于大块晶体，其表面磁极对内部的影响较小。奈尔壁通常存在于铁磁薄膜中，其内磁矩围绕薄膜平面的法线方向转动，即转动平面平行于薄膜平面［图 4-21（b）］。奈尔壁两侧表面会存在磁极而产生退磁场。当畴壁厚度比薄膜厚度大得多时，退磁场比较弱。

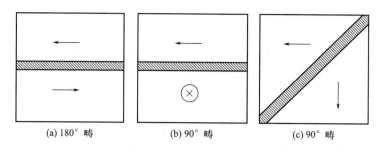

(a) 180° 畴　　　(b) 90° 畴　　　(c) 90° 畴

图 4-20　磁畴壁的种类（按磁化方向的角度差分）

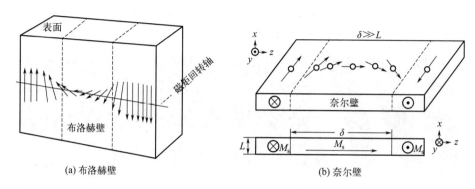

(a) 布洛赫壁　　　　　　(b) 奈尔壁

图 4-21　磁畴壁的种类（按磁矩转向的方式分）

磁畴壁的能量密度要高于磁畴内部，高出的能量称为畴壁能。磁畴壁的类型取决于相邻磁畴磁化方向的角度差和介质的宏观几何形状，而磁畴壁的厚度和体积分数则取决于畴壁能。影响畴壁能的因素主要有交换能和磁晶各向异性能。交换能倾向于使畴壁增厚，因为畴壁越厚，相邻过渡层之间的原子磁矩夹角越小，越接近于同向平行排列，交换能越低。磁晶各向异性能倾向于使畴壁减薄，因为畴壁越薄，过渡层的原子磁矩会尽可能选择易磁化晶向以减少磁晶各向异性能，磁晶各向异性能越低。综合这两方面能量因素，畴壁能（E_{wall}）与磁畴壁厚度的关系如图 4-22 所示。畴壁能最低处对应于平衡态磁畴壁的厚度。

（5）技术磁化

铁磁质在无外磁场时发生自发磁化会形成磁畴结构。施加外磁场后，磁畴壁发生迁移，磁畴转向外磁场方向，铁磁质对外显示磁性。这种铁磁质在外磁场作用下通过磁畴转动和磁畴壁位（迁）移表现出宏观磁性的过程称为技术磁化。

① 磁化过程中磁畴结构的变化规律　铁磁质的静态磁化曲线如图 4-23 所示，按磁化强度 M 随外磁场 H 的变化规律大致可分为三个阶段。阶段Ⅰ：无外磁场时，铁磁质内为自发磁化状态，M 随 H 增加而缓慢增加；H 去除后无剩磁；在铁磁质内部，磁化通过磁畴壁的可逆迁移（畴壁近邻区磁矩转向）使磁畴方向与外磁场方向成锐角的畴区面积增加。阶段Ⅱ：M 随 H 的增加而快速增加；由于 H 较大，磁畴壁在迁移过程中克服了某些能垒，造成磁畴壁的不可逆迁移，H 去除后有剩磁；铁磁质内与外磁场方向成锐角的畴区面积进一步扩大，有可能形成单一磁畴。阶段Ⅲ：M 随 H 增加又缓慢增加并接近饱和值 M_s；铁磁质内部单一磁畴转向 H 方向使 M 进一步增加。

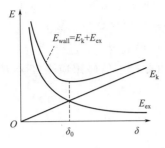

图 4-22　畴壁能与磁畴壁厚度的关系

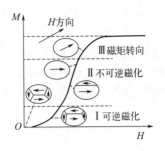

图 4-23　技术磁化过程及磁化曲线分区

② 磁畴壁迁移和迁移阻力　磁畴壁迁移的本质是在外磁场作用下相邻磁畴之间（过渡区）的磁矩排列方向重新取向的过程。磁畴壁的迁移行为对铁磁质的技术磁化具有显著影响。磁畴壁迁移是一个弛豫过程，存在不同的阻尼机制。迁移阻力主要与磁介质的均匀性有关，常见的迁移阻力来源包括不均匀的内应力、夹杂物、第二相和空隙等。畴壁能的构成主要有交换能和磁晶各向异性能，同时也包含磁弹性能。由不均匀的内应力引起的局部应力区与迁移经过该处的磁畴壁通过弹性应力与磁弹性的耦合效应可产生能量上的交互作用，造成畴壁能随迁移位置变化而起伏变化。内应力起伏愈大，分布愈不均匀，对畴壁迁移的阻力愈大。对磁介质而言，夹杂物（或第二相、空隙）可视为材料磁性质分布不均匀或磁化特性不同于基体的异类物质。当畴壁经过此异质物时，也会产生交互作用使畴壁能增高或降低，造成畴壁经过时的"钉扎"效果（图 4-24）。上述磁畴壁的迁移阻力是造成不可逆磁化的根本原因。此外，磁晶各向异性能、磁致伸缩等也会影响磁畴壁的迁移。

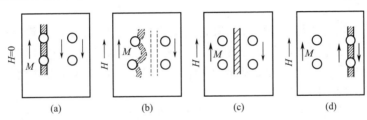

图 4-24　磁畴壁迁移

③ 铁磁质的动态磁特性　交变磁场作用下的磁化曲线称为磁滞回线。随着交变磁场频率的不断增加，磁滞回线的形状会逐渐发生变化。对于静态磁化过程，注重磁化强度 M（或磁感应强度 B）与磁场强度 H 的依赖关系；对于动态磁化过程，则更关注 $M(B)$-H 之间的时间响应关系，即磁化特性对 H 的变化频率的依赖关系，以及磁化过程中的能量损耗情况。

铁磁质的磁滞回线形状不仅与磁场强度 H 有关，还与 H 的变化频率和变化波形有关。当频率（f）一定时，磁滞回线的形状随交变磁场强度幅值的减小逐渐趋于椭圆形 ［图 4-25（a）］。随频率增加，磁滞回线呈椭圆形的磁场强度幅值的范围扩大，且各磁场强度幅值下磁滞回线的矩形比增大 ［图 4-25（b）］。这是因为磁畴壁的迁移是一个弛

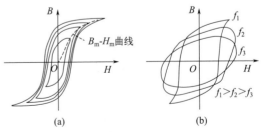

图 4-25　不同最大外场和不同频率下的动态磁滞回线的比较

豫过程，需要足够的时间来完成，其磁化强度 M（或磁感应强度 B）的变化相对于外磁场强度 H 的变化存在滞后效应（有相位差），高频的交变磁场导致材料的磁化特性无法对快速变化的磁场强度做出迅速、充分的响应，即磁化弛豫过程不能充分进行。

在动态磁化过程中，设外磁场强度为 $H_m e^{j\omega t}$，由此产生的磁感应强度为 $B_m e^{j\omega t - \delta}$，其中 δ 为相位的滞后角，则复数磁导率为

$$\mu = B/H = (B_m/H_m) e^{-j\delta} = \mu' - i\mu'' \tag{4-39}$$

$$\mu' = (B_m/H_m)\cos\delta \tag{4-40}$$

$$\mu'' = (B_m/H_m)\sin\delta \tag{4-41}$$

式中，μ' 为磁导率实部，以表征磁性材料储存能量的能力；而 μ'' 为磁导率虚部，以表征磁性材料磁化一个周期的能量损耗；i,j 为虚数单位。通常定义材料的磁损耗系数为

$$Q^{-1} = \tan\delta = \mu''/\mu' \tag{4-42}$$

式中，Q 为材料的品质因子，以表征其损耗特性。铁磁性介质在交变磁化过程中的能量损耗统称为铁损，主要由磁滞损耗、涡流损耗和剩余损耗三部分构成。其中，磁滞损耗是因为磁感强度滞后于磁场强度，磁化曲线变成磁滞回线而产生的损耗，磁滞损耗的数值正比于磁滞回线所围成的面积；涡流损耗则是由于在磁介质内感生涡电流而形成的能量损耗，生产中采用带有绝缘层的薄片状硅钢片来叠成变压器或电机的铁芯，就是为了减少涡流损耗；除上述两项以外的所有损耗均归入剩余损耗的范畴。

4.1.2.4 亚铁磁性

亚铁磁质的磁化特性与铁磁质极为相似。在居里温度 T_C 以下。亚铁磁质存在自发磁化并形成磁畴，也有磁滞现象，在交变磁场下存在损耗；当温度超过 T_C 以后，亚铁磁质自发磁化消失，转变成顺磁质。但亚铁磁质在顺磁区的 $1/\chi_m$-T 曲线是非线性的，如图 4-26 所示，这与铁磁质不同（图 4-10）。

亚铁磁质的磁畴内原子磁矩排列方式与铁磁质不同。如图 4-27 所示，磁畴内存在两套原子磁矩反向平行排列的"次晶格" A 和 B，二者磁矩数值大小不同，不能相互抵消，因此亚铁磁质中存在净自发磁化磁矩。

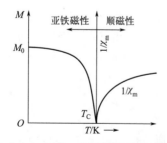

图 4-26　亚铁磁质的磁化强度和磁化率与温度的关系

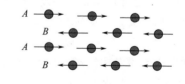

图 4-27　亚铁磁质的磁畴内原子磁矩排列

亚铁磁质一般都是离子化合物，以铁氧体为代表，其晶体结构分为立方晶系和六方晶系，前者的通用分子式为 $MO \cdot Fe_2O_3$，其中 O^{2-} 按面心立方排列，金属离子 M^{2+} 占据面心立方四面体间隙构成次晶格 A，Fe^{3+} 占据面心立方八面体间隙构成次晶格 B。因亚铁磁

质的两种次晶格实际上未被金属离子全部占满，而是根据具体位置和金属离子种类的不同保持一定的占据率。因此，不同种亚铁磁质的净自发磁矩数值有差异，其自发磁化强度也不同。

亚铁磁质主要包括铁氧体、稀土-Co 金属间化合物等，在具有较高的自发磁化强度的同时，其电阻率远高于金属。因此，亚铁磁质在高频电磁领域具有比铁磁质更为广泛的用途。尽管亚铁磁质的饱和磁通密度没有铁磁质高，但高的电阻率使其涡流损耗远低于铁磁质。

4.1.2.5 反铁磁性

反铁磁质的磁化率χ_m随温度 T 的变化特性与铁磁质和亚铁磁质均不同。如图 4-28 所示，随着 T 升高，反铁磁质的χ_m首先增大，在临界温度 T_N 处达到最大值；T 继续升高，则χ_m随之下降。T_N 称为反铁磁质的奈尔温度，通常远低于室温。T_N 以上，反铁磁性转变为顺磁性。

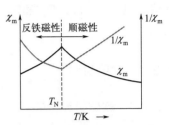

图 4-28 反铁磁质的磁化率与温度的关系

如图 4-29 所示，同亚铁磁质类似，反铁磁质的磁畴内也存在两套原子磁矩反向平行排列的"次晶格"A 和 B，但二者磁矩数值大小相等。每个原子周围最近邻原子的磁矩的取向都与该原子磁矩的方向相反。温度越低，热扰动的无序作用越小，这种反平行排列的倾向越大，绝对零度（$T=0K$）时，反铁磁质中不存在净自发磁矩，只有通过较强的外磁场磁化，才能使其对外显示一定的磁性。随着温度升高，热扰动的无序作用增强，磁矩反向平行的耦合作用减弱，磁化率逐渐增大。当温度达到 T_N 后，强烈的热扰动进一步破坏了磁矩反向平行的耦合作用，反铁磁质在外磁场中的磁化行为类似于顺磁质。

图 4-30 总结了反铁磁质、理想顺磁质和铁磁质（在居里温度 T_C 以上）的磁化率χ_m（或$1/\chi_m$）与温度的关系。可以看出，三者的磁化率的温度特性既有相同点，又不完全一致。注意，反铁磁质的内部分子场 $H_m < 0$，其对应的 T_C 也为负值。

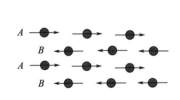

图 4-29 反铁磁质的磁畴内
原子磁矩排列

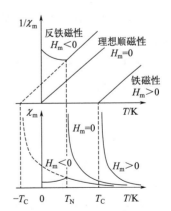

图 4-30 铁磁质、理想顺磁质和
铁磁质的磁化率与温度的关系

反铁磁质多为离子化合物，如氧化物（FeO、MnO）、硫化物（FeS、MnS）和卤化物（$FeCl_2$、MnF_2）等。反铁磁性金属主要包括 Cr、Mn 和部分稀土元素。

4.2 强磁性材料

通常将铁磁和亚铁磁物质统称为强磁性物质。强磁性物质可在外磁场的作用下显示出强的磁性，因而具有重要应用。强磁性材料的种类很多，从矫顽力大小的角度可分为软磁材料和永磁材料（或硬磁材料）。图 4-31 给出了软磁和永磁材料两类材料的磁滞回线。其中，H_c、B_s 和 B_r 分别为矫顽力、饱和磁化强度和剩磁。

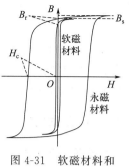

图 4-31　软磁材料和永磁材料的磁滞回线

4.2.1　软磁材料

4.2.1.1　软磁材料特性

软磁材料是指能够迅速响应外磁场的变化且能低损耗地获得高磁感应强度的材料。软磁材料容易被磁化，在相对较低的外磁场下就可以达到饱和磁化状态，去除外磁场后又容易退磁，施加较小的反向磁场即可消除剩磁。软磁材料的基本特点（或基本要求）有：

① 高初始磁导率 μ_i 和最大磁导率 μ_{max}；

② 低矫顽力 H_c；

③ 高饱和磁感应强度 B_s；

④ 低损耗功率 P；

⑤ 高稳定性。

以上几个性能参数也是实际应用中衡量软磁材料磁性能的重要技术指标。

（1）初始磁导率

从软磁材料应用的角度看，初始磁导率 μ_i 是重要的磁性能参数之一。μ_i 指外磁场强度趋近于 0 时，磁导率的极限值 $[(B/H)_{B \to 0, H \to 0}]$，反映了软磁材料响应外界信号的灵敏度。材料在外磁场作用下发生磁化（即技术磁化）包含畴壁位移磁化和磁畴转动磁化两个过程，初始磁导率可看作是这两个过程的叠加。初始磁导率与材料其他磁性能指标密切相关：$\mu_i \propto M_s^2$；$\mu_i \propto K_1^{-1}$；$\mu_i \propto \lambda_s^{-1}$。此外，初始磁导率与材料中的内应力和杂质浓度成反比。

（2）有效磁导率

对于金属和铁氧体软磁材料，起始磁导率和最大磁导率是常用的性能参数。而在磁粉芯等软磁复合材料中，一般采用有效磁导率（μ_e）来表征其对外界信号的灵敏性，用 μ_e 随频率的衰减幅度来表征其性能的稳定性。

有效磁导率是指在一定频率和电信号下测得的磁导率，一般通过测量材料在一定外加磁场下的电感值，再通过换算得到：

$$\mu_e = \frac{2.5Ll \times 10^2}{\pi N^2 A} \tag{4-43}$$

$$A = \frac{h \times [\ln(D/d)]^2}{2 \times \left(\frac{1}{d} - \frac{1}{D}\right)} \tag{4-44}$$

$$l = \frac{\pi \times \ln(D/d)}{\frac{1}{d} - \frac{1}{D}} \tag{4-45}$$

式中，L 为测得的电感值，μH（微亨）；N 为测试时所绕线圈的匝数；A 为磁环的截面积，cm^2；l 为平均磁路长度，cm；D、d 和 h 分别为磁环的外径、内径和高度，cm。

有效磁导率随频率的升高而降低。有效磁导率的大小决定了软磁复合材料适用的频率范围。一般情况下，当应用频率低于 100kHz 时，μ_e 越高的软磁复合材料适用频率越高；而当应用频率高于 100kHz 时，μ_e 越高的软磁复合材料，其适用频率范围越小，因为 μ_e 越高，μ_e 随频率增高而衰减的速度越快。

磁粉芯由软磁合金粉和绝缘剂（非磁性相）组成，其有效磁导率与非磁性相的含量和密度密切相关。非磁性相含量越高，磁粉芯磁导率越低。此外，磁粉的粒度会影响磁粉芯的密度，进而影响其有效磁导率。磁粉粒度小，比表面积大，界面多，粉料间的空隙多，磁粉芯的密度低，磁导率相应较低；反之则磁导率较高。工业生产中常通过控制绝缘剂的添加量以及磁粉粒度配比来得到不同磁导率的磁粉芯以适应不同的应用场合。

（3）直流偏置特性

直流偏置是指交流电力系统中存在直流电流或电压成分的现象。磁粉芯的直流偏置特性是指磁导率随直流叠加衰减的现象，采用叠加直流磁场后磁导率的数值和原始磁导率数值之比来衡量。数值越大说明磁粉芯的直流偏置特性越好，其抵挡外界直流信号干扰的能力越强。

（4）矫顽力

矫顽力（H_c）是指在磁性材料经磁化到磁饱和后，再使其磁化强度减到零所需要的磁场强度。矫顽力代表磁性材料抵抗退磁的能力，是划分磁性材料"软""硬"的重要指标。一般软磁材料的 H_c 为 $10^{-1} \sim 10^2$ A/m。软磁材料的反磁化过程主要是通过畴壁位移来实现的，不可逆的畴壁位移是产生矫顽力的主要原因，而在铁磁体中应力、杂质以及晶界等结构起伏变化则是产生不可逆畴壁位移的根本原因。

（5）饱和磁感应强度

软磁材料通常要求其具有高的饱和磁感应强度（B_s），这样不仅可以获得高的磁导率，还可以节省资源，实现磁性器件的小型化。磁性材料的 B_s 由其 M_s 决定，而 M_s 主要与材料的总磁矩（由元素组成和晶体结构决定）有关，故可以通过调整软磁材料的成分和相结构来提高其 B_s。例如，Co 含量为 35% 的 Co-Fe 合金的 B_s 可达 2.43T，是目前已知块体磁性材料中的最大值。

（6）磁损耗

高初始磁导率是软磁材料的基本要求，而高频下的磁损耗则是软磁材料得以应用的关键考核因素。作为电磁转换的软磁材料多用于交变磁场中，动态磁化造成的磁损耗不可忽视。随着交变磁场频率的增加，磁损耗增大。工程上，一般采用比损耗功率（P），如单位体积或单位质量损耗，来评价软磁材料的损耗，磁芯的损耗常称为铁损。软磁材料的磁损耗主要包括涡流损耗、磁滞损耗和剩余损耗 3 个部分，但测量磁损耗时通常只考虑前两项。涡流损耗功率 P_e 常用式（4-46）估算：

$$P_e = \frac{\pi^2 \delta^2 B_m^2 f V}{6\rho} \times 10^{-16} \tag{4-46}$$

式中，δ、V 和 ρ 分别是材料的厚度、体积和电阻率；B_m 为材料磁感应强度的最大值；f 为频率。弱磁场下的磁滞损耗功率 P_h 计算公式为

$$P_h = \frac{4}{3} b H_m^3 f \tag{4-47}$$

$$b = \frac{d\mu}{dH} \tag{4-48}$$

式中，H_m 为外磁场的最大值；b 称为瑞利常数，表示磁化过程中不可逆能量的大小。

（7）稳定性

工程中使用软磁材料，不仅要求其具备高磁导率、高饱和磁感应强度及低损耗等软磁性能，更要求其具备高磁性能稳定性。影响软磁材料稳定工作的因素有温度、湿度、机械负荷、电磁场及电离辐射等。其中，温度是影响软磁材料稳定性的最主要因素之一。例如，软磁材料的应用一般都要控制在一定温度范围内，如软磁复合材料的最大工作温度是 200℃，而且要求其温度稳定性要高，磁性能随温度变化的改变不能过大。此外，在太空、海底和地下等特殊应用领域，要求软磁材料的长期稳定性要好，磁性能随工作时间的延长而产生的衰减要小，服役时间要长。

（8）提高软磁材料磁性能的途径

软磁材料的各磁性能指标之间相互关联，提高各磁性能指标的途径有时是一致的，但有时也会存在矛盾。改善软磁性能的途径可分为调整材料成分（配方）和改善材料的显微结构两大方面。

调整材料成分（配方）可提高软磁材料的饱和磁化强度、饱和磁感应强度和磁导率。通过提高铁磁性元素的含量，选择合适的成分可有效提高材料的 $M_s(B_s)$。尽管 $\mu_i \propto M_s^2$，但有时 μ_i 并不能随 M_s 的增加而同步提高。这是因为在某些材料中 M_s 的增加会引起 K_1 和 λ_s 的升高。通过成分调整降低 K_1 和 λ_s 是提高 μ_i 的有效手段，并且在提高 μ_i 的同时还可以实现 H_c 的降低。

材料的显微结构指结晶状态（晶粒尺寸、完整性、均匀性和织构等）、晶界状态、杂质和气孔的大小与分布等。材料的显微结构会影响磁化过程中磁畴壁移动和磁畴转动，进而会影响磁导率、矫顽力和损耗等磁性能。晶粒尺寸增大，晶界数量减少，其对磁畴壁位移的阻碍作用降低。故增大晶粒尺寸可提高 μ_i，降低 H_c 和磁滞损耗。随着晶粒尺寸的改变，磁化机制也会产生变化。以 MnZn 铁氧体为例，当其晶粒尺寸在 $5\mu m$ 以下时，晶粒近似为磁单畴，磁化以磁畴转动为主；当晶粒尺寸增大后，晶粒内不再是磁单畴，磁化转变为以磁畴壁位移为主，此时 μ_i 增大。当晶粒尺寸降低到 100nm 以下时，晶粒间会发生铁磁交换耦合作用，此时晶粒尺寸越小，则软磁特性越好，如纳米晶软磁合金的软磁性能远优于传统晶态合

金。图 4-32 总结了软磁材料的矫顽力与晶粒尺寸的关系。织构化是提高软磁材料 μ_i 的有效方法。织构通常包括结晶织构和磁畴织构，也可能两种织构共同存在。结晶织构是将各晶粒易磁化轴排列在同一方向上，若沿该方向磁化，则可获得很高的 μ_i 值。磁畴织构则是使磁畴沿磁场方向取向，从而提高 μ_i 值。此外，软磁材料内部的杂质、气孔和内应力也会阻碍磁化，降低磁导率，增大矫顽力和磁滞损耗。通过提高原料纯度，控制熔炼过程的温度和时间及热处理条件等提高材料的密度，降低内部杂质浓度，使结构均匀化，消除晶格畸变、内应力和气孔等，可有效改善材料的软磁性能。针对涡流损耗，可通过提高材料电阻率、降低材料厚度等手段降低涡流，减小损耗。

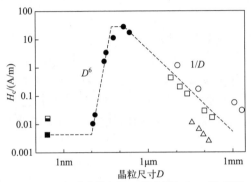

图 4-32　软磁材料的矫顽力与晶粒尺寸的关系

■ □ Co、Fe 基非晶合金；● 纳米晶 Fe-Cu$_{0\sim1}$Nb$_3$(SiB)$_{22.5}$；○ Fe-Si6.5%（质量分数）；□ 50Ni-Fe；△ 坡莫合金

4.2.1.2　传统金属软磁材料

传统金属软磁材料包括电工纯铁、硅钢、坡莫合金、铁铝合金和铁硅铝合金等。传统金属软磁材料在软磁材料中发展最早，适用的应用领域也十分广泛。

（1）电工纯铁

电工纯铁指纯度在 99.8% 以上的铁，不含故意添加的合金化元素，是人们最早使用的纯金属软磁材料。电工纯铁通过在平炉中冶炼，首先用氧化渣除去 C、Si、Mn 等元素，再用还原渣除去 P 和 S，并在出钢时向钢包中添加脱氧剂获得。经过退火热处理后，电工纯铁的初始磁导率 μ_i 为 $300\sim500$，最大磁导率 μ_{max} 为 $6000\sim12000$，矫顽力 H_c 为 $39.8\sim95.5A/m$。

电工纯铁的含碳（C）量是影响其磁性能的主要因素。如图 4-33 所示，随着铁中 C 含量（w_C）的增加，μ_{max} 逐渐降低，而 H_c 逐渐升高。这是因为 C 对磁畴壁的位移有阻碍作用。为提高铁的软磁性能，常在高温下用 H_2 除去 C。此外，铁中的 Cu、Mn、Si、N、O、S 等杂质都会对软磁性能产生有害影响。

电工纯铁存在时效现象，高温时铁固溶体内溶解有较多的 C 或 N，快速冷却到室温时，因溶解度降

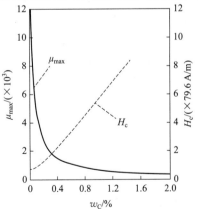

图 4-33　电工纯铁的最大磁导率和矫顽力与 C 含量的关系

低，Fe_3C 或 Fe_4N 在 α 固溶体中以细微弥散形式析出，这对软磁性能有害。为了消除时效，一般在保温后采用缓慢冷却到 $100\sim300℃$ 的退火措施，这样在 $650\sim300℃$ 之间，Fe_3C 有足够的时间析出，并长大为对磁性能影响不大的大颗粒夹杂物。要求更高时，需采用人工时效的处理方法，在 $100℃$ 下保温 $100h$。

电工纯铁主要用于制造电磁铁的铁芯和磁极、继电器的磁路和各种零件、感应式和电磁式测量仪表的各种零件、扬声器的各种磁路、电话中的振动膜和电磁屏蔽膜、电机中用以导引直流磁通的磁极等。因纯铁的电阻率较低，在交变磁场下的涡流损耗很大，只适用于在直流磁场下工作。

（2）硅钢

硅钢（或称电工钢）指 C 的质量分数在 0.02% 以下、Si 的质量分数为 $1.5\%\sim4.5\%$ 的 Fe 合金。如图 4-34 所示，在纯 Fe 中加入少量 Si 形成固溶体，可提高合金的电阻率，减少涡流损耗。并且，随着硅钢中 Si 含量的增加，磁晶各向异性常数 K_1 和饱和磁致伸缩系数 λ_s 均降低，故可提高磁导率，降低磁滞损耗。不过，Si 含量的增加也会使饱和磁感应强度 B_s 和居里温度 T_C 降低。而且，Si 含量的增加会使硅钢的加工性能变差，因此，一般硅钢中 Si 含量的上限为 6.5%。

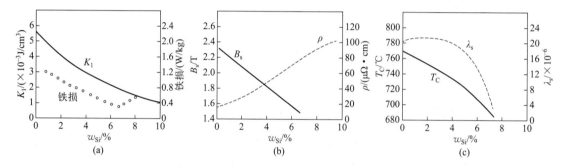

图 4-34　硅钢的磁特性和电阻率与 Si 含量的关系

硅钢常被轧制成薄片的形式应用。将相互绝缘的薄硅钢片紧密叠在一起，使叠片与磁场方向平行，这不会干扰磁通量通道，可大大降低涡流损耗。按材料的生产工艺和结晶织构，电工用硅钢片可分为热轧无取向、冷轧无取向、冷轧戈斯织构（单取向）和冷轧立方织构（双取向）等类型。取向硅钢通过变形和再结晶退火产生晶粒择优取向，使其磁导率沿与叠片平行的方向取得最高值，恰好与通过该方向最高的磁通相一致。

硅钢是目前应用最广泛的金属软磁材料，是交流电力、电子设备中理想的磁芯（铁芯）材料，广泛应用于高频电机、配电变压器、电源变压器、脉冲变压器、电抗器、磁放大器、通信用的扼流线圈和开关、磁屏蔽元件等。但其在高频下的损耗不可忽视。

（3）坡莫合金

坡莫合金（permalloy）指 Ni 的质量分数（w_{Ni}）为 $34\%\sim84\%$ 的 Fe-Ni 基二元或多元合金。坡莫合金在室温时为面心立方 γ-(Fe，Ni) 单相固溶体。坡莫合金具有很高的磁导率，成分范围宽，而且其磁性能可以通过改变成分和热处理工艺等进行调节。Fe-Ni 系合金磁性能随 Ni 含量的变化关系如图 4-35 所示。可以发现，当 w_{Ni} 在 81% 附近时，坡莫合金的饱和磁致伸缩系数 λ_s 为 0；急冷条件下，w_{Ni} 在 76% 附近时，磁晶各向异性常数 K_1 为

0。$w_{Ni}=76\%$时，合金成分接近 Ni_3Fe（原子比），缓冷条件下，在 490℃会发生无序-有序转变形成 Ni_3Fe 有序相，致使 K_1 增大，磁导率 μ 下降，因此必须从 600℃左右急冷以抑制有序相的出现。急冷的坡莫合金的 μ 在 w_{Ni} 为 80% 附近出现极大值。坡莫合金在 w_{Ni} 为 75%～83% 的范围内具有最佳的综合软磁性能。不过，高的 Ni 含量会降低合金的饱和磁化强度 B_s，对于要求高 B_s 的应用，可采用 w_{Ni} 为 40%～50% 的坡莫合金。

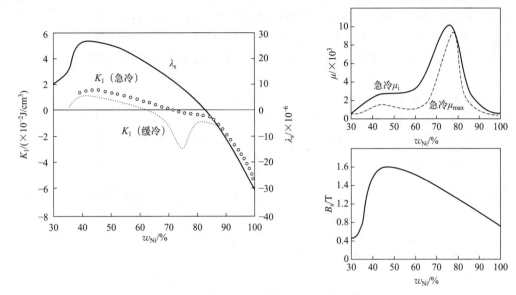

图 4-35　坡莫合金的磁特性与 Ni 含量的关系

根据坡莫合金的不同磁特性，可将它们大致分为高磁导率合金（高初始磁导率、高直流磁导率、高高频磁导率等）、矩磁合金、恒磁导率合金、高饱和磁感应强度合金等。表 4-2 列出了不同类型的坡莫合金的磁特性和主要用途。

表 4-2　坡莫合金的类别、磁特性和主要用途

类别	磁特性	主要用途
高初始磁导率合金	很高的 μ_i 和 μ_{max}； 极低的 H_c 和损耗	高灵敏导磁元件、探头、各类电子变压器、磁屏蔽、磁放大器、互感器、磁调制器、变换器、继电器、微电机及录音录磁头等的铁芯
高直流磁导率合金	磁滞回线呈矩形； 具有最高的直流磁导率	扼流圈和计算机元件,因电阻率低,不宜用于高频场合
高高频磁导率合金	高频下磁导率高、铁损小	通信、电话、计算机等的开关和存储元件,测控系统的失真扼流圈和磁放大器
矩磁合金	磁滞回线呈矩形； 高的矩形系数($B_r/B_s \geqslant 0.85$)； 较高的 B_s 和 μ_{max}	大、中和小功率的双极脉冲变压器、磁放大器,方波变压器和计算机记忆和存储元件
恒磁导率合金	磁滞回线扁平； B_r 和 H_c 趋于零	交流电感和恒电感元件、耦合变压器和单极脉冲变压铁芯
高饱和磁感应强度合金	非取向材料； 具有较高的 B_s； H_c 也较高	中、小功率变压器,扼流圈,继电器以及控制微电机铁芯

（4）铁铝合金

铁铝合金是以 Fe 和 Al 为主要成分的软磁材料，Al 的质量分数（w_{Al}）为 6%～16%。当 $w_{Al} > 6$% 时，冷轧困难；当 $w_{Al} < 16$% 时，可热轧成板材或带材。同其他金属软磁材料相比，铁铝合金具有独特的优点：通过调节 Al 的含量，可获得满足不同要求的铁铝合金软磁材料，如较高的高磁导率、较高的饱和磁致伸缩系数等；具有较高的电阻率；具有较高的硬度、强度和耐磨性；合金密度低，可以减轻磁性元件的铁芯重量；对应力不敏感，适于存在冲击、振动等的环境下工作；此外，铁铝合金还具有较好的温度稳定性和抗核辐射性能等优点。

铁铝合金由于价格上的优势，常用来作为坡莫合金的替代品。其主要用于磁屏蔽器件、小功率变压器、继电器、微电机、信号放大铁芯、超声波换能器元件、磁头等。此外，还用于在中等磁场中工作的元件，如微电机、音频变压器、脉冲变压器、电感元件等。

（5）铁硅铝合金

铁硅铝合金是 1932 年在日本仙台被开发出来的，因此又称为仙台斯特合金（Sendust），其典型成分为 Fe-9.6Si-5.4Al。此合金的饱和磁致伸缩系数 λ_s 和磁晶各向异性常数 K_1 几乎同时趋于零，具有高的磁导率和低的矫顽力，并且电阻率高、耐磨性好，因不含 Co 和 Ni，原料成本也低。但该合金既硬又脆，不适合加工成薄板和薄带。为了改善铁硅铝合金的磁性能和加工性能，可以在合金中添加 2%～4% 的 Ni，成分为 Fe-(4～8)Si-(3～5)Al-(2～4)Ni 的合金称为超铁硅铝合金。超铁硅铝合金可轧制成薄带，其高频磁特性可与含 Mo 的高 Ni 坡莫合金相媲美，且耐磨性提高。（超）铁硅铝合金是制作磁头磁芯的理想材料。

（6）铁钴合金

铁钴合金，即以 Fe 和 Co 为主要组元的软磁合金。铁钴合金具有高的饱和磁化强度 B_s，在 Co 质量分数（w_{Co}）为 35% 时，合金的 B_s 具有最大值 2.45T；w_{Co} 为 50% 左右的铁钴合金称为坡明德（Permendur）合金，其同时具有高的 B_s、μ_i 和 μ_{max}。铁钴合金的加工性能差，通常加入 V、Cr、Mo、W 和 Ti 等元素以改善加工性能。铁钴合金通常用作直流电磁铁铁芯、极头材料、航空发电机定子材料以及电话受话器的振动膜片等。此外，由于铁钴合金具有较高的饱和磁致伸缩系数，也是一种很好的磁致伸缩合金。但由于合金电阻率较低，不适合于高频场合的应用。

4.2.1.3　铁氧体软磁材料

铁氧体软磁材料（又称软磁铁氧体）是指在弱磁场下既易磁化又易退磁的铁氧体材料。它是由 Fe_2O_3 和二价金属氧化物（MO）组成的化合物。软磁铁氧体最早由荷兰菲利普实验室的 Snoek 于 1935 年研制成功，由此拉开了软磁铁氧体材料在工业中应用的序幕。截至目前，软磁铁氧体仍是应用最多的软磁材料之一。

软磁铁氧体属于亚铁磁质，其饱和磁化强度 M_s 普遍低于金属软磁材料，居里温度 T_C 和温度稳定性也较低，但其电阻率比金属软磁材料高得多。铁氧体的电阻率为 $10～10^8\Omega\cdot cm$，是金属磁性材料的 $10^7～10^{14}$ 倍，因此铁氧体具有良好的高频磁特性。此外，铁氧体成本低，原材料可以很廉价地获得，并能用不同成分和不同制造方法制备各种性能的材料，特别是可以用粉末冶金工艺制造形状复杂的元件。对软磁铁氧体材料最基本的性能要求有：高起始磁导率 μ_i；高品质因子 Q；高时间和温度稳定性；高截止频率 f_r。在不同的应用场合下，有时还有不同的特殊要求。

软磁铁氧体按晶体结构不同，主要可划分为尖晶石型（立方）软磁铁氧体和磁铅石型（六角）软磁铁氧体。尖晶石型软磁铁氧体，顾名思义，具有尖晶石结构，属于立方晶系，其成分通式为 AB_2O_4（可改写为 $AO \cdot B_2O_3$），其中，A 为二价金属阳离子，占据由氧离子堆积构成的面心立方体的四面体间隙；B 为三价金属阳离子，占据八面体间隙。尖晶石型软磁铁氧体的晶体结构如图 4-36 所示。尖晶石型软磁铁氧体主要包括 MnZn 铁氧体、NiZn 铁氧体和 MgZn 铁氧体等。磁铅石型软磁铁氧体属于六方晶系，常称六角铁氧体，其简单成分通式为 $AB_{12}O_{19}$（可改写为 $AO \cdot 6B_2O_3$），记为 M 型铁氧体。在此基础上，可将 AO 和 B_2O_3 按不同比例混合，得到其他类型的六角铁氧体。其中，$2BaO \cdot 2CoO \cdot 6Fe_2O_3$（$Co_2Y$）和 $3BaO \cdot 2CoO \cdot 12Fe_2O_3$（$Co_2Z$）是典型的磁铅石型软磁铁氧体。

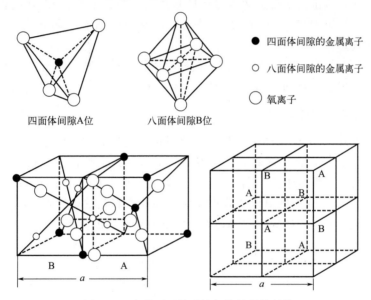

图 4-36 尖晶石型软磁铁氧体的晶体结构

（1）锰锌铁氧体

锰锌铁氧体（MnZn 铁氧体）是具有尖晶石结构的 $m\,MnFe_2O_4 \cdot n\,ZnFe_2O_4$ 和少量 Fe_3O_4 组成的单相固溶体。MnZn 铁氧体在 1MHz 频率以下较其他铁氧体具有诸多优点：磁滞损耗低，在相同高磁导率的情况下 T_C 较 NiZn 铁氧体高，初始磁导率 μ_i 高，且价格低廉，故在低频段应用最广。MnZn 铁氧体主要分为高磁导率铁氧体和高频低损耗功率铁氧体等。

初始磁导率是衡量软磁铁氧体材料性能最关键的指标。通常将 $\mu_i > 5000$ 的 MnZn 铁氧体称为高磁导率铁氧体。其主要特点是 μ_i 特别高，一般达到 10000 以上，从而使材料体积缩小很多，适应器件向小型化、轻量化发展的需要。高磁导率铁氧体在电子工业和电子技术中是一种应用广泛的功能材料，可以用作通信设备、测控仪器、家用电器及新型节能灯具中的宽频带变压器、微型低频变压器、小型环形脉冲变压器和微型电感元件等更新换代的电子器件。

高频低损耗功率铁氧体的主要特征是在频率为几百千赫兹、高磁感应强度的条件下仍能保持很低的功耗，而且其功耗随磁芯温度的升高而下降，在80℃左右达到最低点，从而形成良性循环。高频低损耗功率铁氧体的主要用途是以各种开关电源变压器和彩色回扫变压器为代表的功率型电感器件，用途十分广泛。

（2）镍锌铁氧体

镍锌铁氧体（NiZn铁氧体）具有多孔性的尖晶石型晶体结构，广泛应用于高频领域，在1~100MHz范围应用最广。NiZn铁氧体的重要特征是其优良的高频磁特性，尽管在1MHz以下时，其性能不如MnZn铁氧体，但是在1MHz以上时，由于它具有多孔性及高电阻率，其性能大大优于MnZn铁氧体。由NiZn铁氧体做成的铁氧体宽频带器件的应用下限频率为kHz量级，上限频率可达约10^3MHz，大大扩展了软磁材料的使用频率范围。其主要功能是在宽频带范围内实现射频信号的能量传输和阻抗变换。NiZn铁氧体还具有良好的温度稳定性，其居里温度比MnZn铁氧体高。此外，NiZn铁氧体还具有成分配方多样、制备工艺简单等优点。

由于NiZn铁氧体具有电阻率高、高频损耗功率低、适用频带宽等特点而被广泛应用在电视、通信、仪器仪表、自动控制、电子对抗等领域。

（3）磁铅石型软磁铁氧体

MnZn铁氧体和NiZn铁氧体由于其最高使用频率受到立方晶体结构的限制，只能工作在300MHz以下的频段，更高频率下需要用到六方晶系的磁铅石型软磁铁氧体，即六角铁氧体。六方晶系的对称性低于立方晶系，其磁晶各向异性常数远大于立方晶系。在初始磁导率μ_i值相同的情况下，六角铁氧体的截止频率f_r（指在材料的磁导率-频率曲线上，磁导率实部下降到初始值的一半或磁导率虚部达到极大值时所对应的频率）较立方晶系材料高5~10倍。

六角铁氧体材料中，Y、Z型是甚高频用软磁材料。其中Co_2Y和Co_2Z是近年来高频用软磁铁氧体材料研究中的热点，其具有高居里温度、高品质因子、良好的化学稳定性、高截止频率以及高频下高起始磁导率等优良的软磁性能，从而使其在高频片式电感和超高频段抗电磁干扰等应用场合极具潜力。不过，六角铁氧体的合成与烧结温度高，结构与组成复杂。

4.2.1.4 非晶/纳米晶软磁材料

非晶态软磁材料是磁性材料发展史上重要的里程碑，它超越了传统晶态软磁材料的范畴，从晶态软磁材料到非晶和纳米晶软磁材料，大大拓宽了磁性材料研究、生产与应用的领域。

（1）非晶软磁合金

非晶合金内部原子排列不具有晶态材料的周期重复性，而是呈长程无序、短程有序的特征。图4-37对比了非晶软磁合金与硅钢的原子排列结构。非晶合金的微结构特征决定了其独特的性能。例如：不存在位错和晶界，强度、硬度较高，抗化学腐蚀和抗辐射能力强，电阻率比同种晶态材料高，等等。但是，非晶合金也存在热稳定性较差、加热时有结晶化（转变为晶态）倾向的不足。

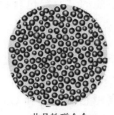 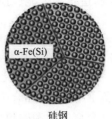

非晶软磁合金   硅钢

图 4-37   非晶软磁合金和硅钢的原子排列结构

磁性非晶合金的综合软磁性能更为优良。非晶合金没有晶粒结构，在磁学上可看作是各向同性，不存在阻碍磁畴壁位移的晶界、位错等障碍，磁导率高，矫顽力低。同时其电阻率高，在高频使用时涡流损耗小。

目前，已达到实用化的非晶软磁合金主要可划分为以下三个体系。

① 3d 过渡金属-非金属系。3d 过渡金属包括 Fe、Co、Ni 等，提供净磁矩；非金属包括 B、C、Si、P 等，利于非晶态的形成。Fe 基非晶合金，如 $Fe_{80}B_{20}$、$Fe_{78}B_{13}Si_9$ 等；Fe-Ni 基非晶合金，如 $Fe_{40}Ni_{40}P_{14}B_6$、$Fe_{40}Ni_{38}Mo_4B_{18}$ 等；Co 基非晶态合金，如 $Co_{70}Fe_5(Si, B)_{25}$、$Co_{58}Ni_{10}Fe_5(Si,B)_{27}$ 等。该体系的非晶合金多制成薄带或磁粉芯进行使用。

② 3d 过渡金属-前过渡金属系。3d 过渡金属包括 Fe、Co、Ni 等；前过渡金属包括 Ti、Zr、Nb、Ta 等。多制成薄膜形式使用。例如，Co-Nb-Zr 溅射薄膜、Co-Ta-Zr 溅射薄膜等，其中 Co-Ta-Zr 非晶常用作薄膜磁头。

③ 3d 过渡金属-稀土系。3d 过渡金属包括 Fe、Co 等；稀土包括 Gd、Tb、Dy、Nd 等。例如，Gd-Tb-Fe、Tb-Fe-Co 等可用作磁光薄膜材料。

目前，使用最广泛的非晶软磁材料仍是 3d 过渡金属-非金属系非晶合金。Fe 基非晶合金具有高的饱和磁感应强度（B_s 为 1.56～1.80T），同时矫顽力和损耗都很低，常用作配电变压器、互感器、电抗器、电机等的铁芯，但其磁致伸缩系数较大，高频下需考虑噪声问题。Co 基非晶合金的磁导率高、矫顽力和损耗低、磁致伸缩系数接近零，适宜作为高频开关电源变压器铁芯，不过其饱和磁感应强度低于 Fe 基非晶合金。

作为一类亚稳材料，不但非晶合金的形成要求组成元素种类和配比需要满足特定原则，其制备也需要足够快的速度将高温合金熔体冷却至室温，使熔体中无序的原子来不及有序化排列就被冻结下来。制备非晶合金的方法有气相沉积（蒸发、溅射）、液态急冷和高能粒子注入等。其中，液态急冷法是制备非晶软磁合金最常用的方法。如图 4-38 所示，将合金母锭加热至熔融状态，依靠合金重力或压力（气体）使熔体从石英喷嘴中喷出，形成均匀的细流，连续喷射到高速旋转（2000～10000r/min）的冷却铜辊表面，熔体以 10^6～10^8K/s 的速度冷却，即可形成非晶态薄带。带材的厚度、宽度可通过改变喷嘴尺寸、铜辊转速以及喷嘴与辊面距离来调整。与硅钢制造的长流程（工艺线可达 1km）相比，采用液态急冷"平面流铸带技术"制备非晶软磁合金带材的工艺线仅需 10m 左右，短的冶金工艺流程可比普通钢铁制造流

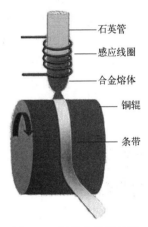

石英管

感应线圈

合金熔体

铜辊

条带

图 4-38   制备非晶带材的
液态急冷法（单辊甩带法）

程节能 80%。采用 Fe 基非晶带材作为铁芯的配电变压器的空载损耗仅为传统硅钢的 1/3～1/4。非晶软磁合金被誉为制造技术节能、应用节能的"双绿色材料"。

（2）纳米晶软磁合金

1988 年，日本的吉泽克仁等在 Fe 基非晶软磁合金基础上通过晶化处理开发出了 Fe 基纳米晶软磁合金。图 4-39 为各类软磁材料磁性能的对比。从图 4-39 中可以看出，纳米晶软磁合金的突出优势在于兼备了 Fe 基非晶合金的高磁感应强度和 Co 基非晶合金的高磁导率、低损耗的优点。纳米晶软磁合金的饱和磁致伸缩系数也非常低，同时原料成本相对低廉。纳米晶软磁合金的发明是软磁材料继非晶软磁合金之后的又一个突破性进展。

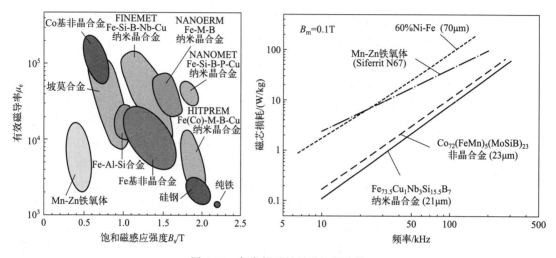

图 4-39　各类软磁材料磁性能比较

Fe 基纳米晶软磁合金具有体心立方结构的 α-Fe 相均匀分布于非晶基体中的纳米复相组织结构，其晶粒尺寸一般小于 20nm，如图 4-40 所示。根据传统磁畴理论，矫顽力与晶粒尺寸成反比，因此以往追求的材料显微结构是结晶均匀、晶粒尺寸尽可能大。Fe 基纳米晶软磁材料出现以后，人们发现其矫顽力并没有升高，而是降低了，并且随晶粒尺寸的缩小而继续降低。通过铁磁交换耦合模型可解释这一现象。当 α-Fe 的晶粒尺寸小于铁磁交换长度（30～40nm）时，铁磁交换相互作用占据主导地位，其不断迫使磁矩平行排列，阻碍了沿每个结构单元易轴的磁化，有效磁晶各向异性常数是几个结构单元的平均值，其数值在数量级上明显降低，因此矫顽力大大降低。晶粒尺寸越小，平均各向异性越小，矫顽力也越低。

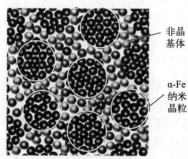

图 4-40　Fe 基纳米晶软磁合金原子排列结构

最早开发的 Fe 基纳米晶软磁合金体系为 Fe-Si-B-Nb-Cu，命名为 Finemet，代表成分为 $Fe_{73.5}Si_{13.5}B_9Nb_3Cu_1$。Finemet 具有高磁导率、低损耗功率和磁致伸缩系数等优点，但其饱和磁感应强度仅为 1.24T，远低于硅钢，不利于电磁元器件的小型化。继 Finemet 之后，Nanoperm（代表成分 $Fe_{90}Zr_7B_3$）、Hitperm ［代表成分（$Fe_{0.6}Co_{0.4}$）$_{88}Hf_7B_4Cu_1$］ 和 Nanomet（代表成分 $Fe_{85}Si_2B_8P_4Cu_1$）等多个纳米晶软磁合金体系陆续被研制出来。与 Finemet 相比，Nanoperm、Hitperm 和 Nanomet 合金在 B_s 方面得到了较大程度的提升。另外，Hitperm 合金还具有很高的居里温度，适用于高温应用。表 4-3 列出了不同体系的纳米晶软磁合金的磁性能以及与其他软磁材料性能的对比。

表 4-3　纳米晶软磁合金的代表成分和磁性能及与其他软磁材料性能的对比

软磁合金	B_s/T	H_c/ (A/m)	μ_e(@1kHz)/ ($\times10^3$)	λ_s/ ($\times10^{-6}$)	P/ (W/kg)	T_c/℃
$Fe_{73.5}Si_{13.5}B_9Nb_3Cu_1$	1.24	0.5	150	2.1	35(0.2T/100kHz)	570
（$Fe_{0.6}Co_{0.4}$）$_{88}Hf_7B_4Cu_1$	1.77	16	24	30	—	980
$Fe_{90}Zr_7B_3$	1.63	4.2	29	−1.1	0.21(1.4T/50Hz)	770
$Fe_{85}Si_2B_8P_4Cu_1$	1.85	5.8	27	2.3	0.26(1.5T/50Hz)	728
$Fe_{78}Si_9B_{13}$（非晶）	1.56	2.4	10	27	0.68(1.5T/50Hz) 168(0.2T/100kHz)	395
Fe-3.5%Si（硅钢）	1.90	26	0.7	6.8	2.03(1.5T/50Hz) 180(0.2T/10kHz)	740
MnZn 铁氧体	0.44	8.0	5300(10kHz)	—		150

注：纳米晶软磁合金中的元素含量，以原子分数计；硅钢中的元素含量，以质量分数计。

构成典型纳米晶合金的元素按其作用可分为四类，分别为铁磁性元素、非晶形成元素、提供异质形核点的元素以及抑制晶粒生长的元素，每一类别中所包含的元素与具体特点如下。

① 铁磁性元素主要指 Fe、Co 和 Ni 元素，是保证合金具有软磁性能的必要元素。增加合金中铁磁性元素的占比可提高纳米晶合金的 B_s。由于 Co 的交换积分强度更高，在 Fe 基纳米晶合金中添加适量 Co 可增强铁磁交换耦合作用，从而提高合金 B_s；Ni 较 Fe 具有更低的磁晶各向异性常数，适量 Ni 的加入可有效降低合金的平均磁晶各向异性常数，从而改善其软磁性。

② 非晶形成元素主要包括 B、Si、P、Nb、Zr、Hf 等，适当的元素搭配可提高合金非晶形成能力，使其形成足够大的三维尺寸的非晶前驱体，但过量的非磁性元素含量将使合金的 B_s 明显下降。

③ 提供异质形核点的元素主要指 Cu 元素，其与 Fe 不互溶，非晶前驱体经热处理后会诱发成分起伏而形成富 Cu 团簇，可作为 α-Fe 相的异质形核点，促进晶粒析出。

④ 抑制晶粒生长的元素主要是具有较大原子半径的 Nb、Zr、Hf 等元素。由于其在 α-Fe 相中的固溶度很低，热处理时，这些大原子半径的原子在残余非晶相中富集，并阻碍 Fe 原子的扩散，阻碍晶粒过度长大。

纳米晶软磁合金主要通过非晶晶化获得。先通过液态急冷法制备非晶前驱体条带，而后在略高于非晶晶化温度下等温退火一定时间，使之纳米晶化。晶化过程中的微结构演化如图

4-41 所示。纳米晶软磁合金的磁性能与其组织结构密切相关,而细微、均匀的纳米晶组织需要特定的热处理工艺才能获得。在要求高磁导率、低剩磁比等特定的磁性能场合下,还需要在热处理时施加合适方向的磁场。不同体系的纳米晶软磁合金组织对热处理工艺(升温和降温速率、保温温度及保温时间等)的敏感程度不同。目前,只有 Finemet 系纳米晶软磁合金适合大规模工业化生产,作为铁芯材料广泛应用于高频变压器、电流互感器、电抗器等设备中,而其他纳米晶软磁合金因制备工艺或原料成本的限制尚未实现商业化。不过,纳米晶软磁合金在高频下的软磁性能具有突出优势,因而可替代 Co 基非晶、坡莫合金和铁氧体,在高频电力电子和电子信息领域具有广阔应用前景。

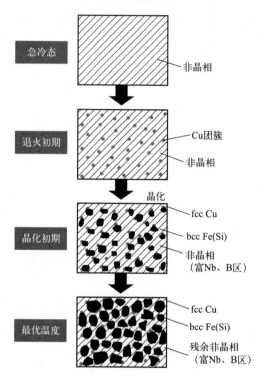

图 4-41 FeSiBNbCu 纳米晶合金的形成过程(微结构演化)

4.2.2 永磁材料

4.2.2.1 永磁材料特性

永磁材料(又称永磁体或硬磁材料)是指被外加磁场磁化以后,除去外磁场,仍能保留较强磁性的一类材料。永磁材料的基本特点(或基本要求)有:

① 高剩余磁感应强度 B_r;

② 高矫顽力 H_c;

③ 高最大磁能积 $(BH)_{max}$;

④ 高稳定性。

通常用退磁曲线(图 4-42)上的有关物理量,如 B_r、H_c 和 $(BH)_{max}$ 等,来表征永磁材料磁性能的优劣。此外,永磁材料在使用过程中性能的稳定性,往往也是实际应用中所要考察的重要指标。

（1）剩磁

磁性材料被磁化到饱和以后，当外磁场降为零时所剩的磁感应强度称为剩余磁感应强度，简称剩磁（B_r）。但在退磁场 H_d 作用下，永磁材料实际的工作点由图 4-42 中的 B 点移到 D 点，剩磁由 B_r 变为 B_d，B_d 称为表观剩磁。退磁曲线上连接 D 点和坐标原点 O 的连线 OP 称为开路磁导线，OP 的斜率称为磁导系数，其数值与退磁因子 N 有关，而 N 由材料形状决定。N 越小，磁导系数的数值越大，B_d 越高。

（2）矫顽力

永磁材料的 H_c 有两种定义：一种是使磁感应强度 $B=0$ 所需的磁场值，用 $_BH_c$ 表示；另一种是使磁化强度 $M=0$ 所需的磁场值，用 $_MH_c$ 表示，称为内禀矫顽力。因 $B=\mu_0(M+H)$（μ_0 为真空磁导率），$_MH_c$ 的数值大于 $_BH_c$。若 $B_r \gg \mu_0H_c$，$_BH_c$ 和 $_MH_c$ 极为接近；若 $B_r \approx \mu_0H_c$，两者可相差很大。

（3）最大磁能积

图 4-43 表示退磁曲线及该曲线对应的 B_d 和 H_d 的乘积曲线。当 $H_d=0$ 和 $B_d=0$ 时，即退磁曲线与 B 和 H 轴交点处，$B_dH_d=0$。B_dH_d 在两交点之间某处存在最大值，称为最大磁能积（BH）$_{max}$。材料形状决定退磁因子 N 的大小，进而影响 H_d，故可根据（BH）$_{max}$ 确定各种永磁体的最佳形状。在最佳形状下，再根据能获得磁场的大小来比较不同永磁体的强度。（BH）$_{max}$ 值越高的永磁体，产生同样磁场所需的体积越小，因此（BH）$_{max}$ 是评价永磁体性能的最主要指标。

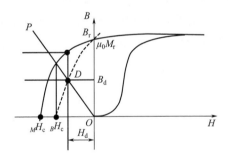

图 4-42　永磁材料的磁化曲线和退磁曲线

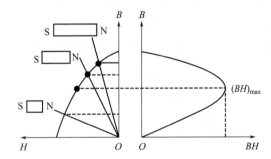

图 4-43　退磁曲线与最大磁能积

N—磁体的北极；S—磁体的南极

在矩形磁滞回线中，若 $_MH_c$ 充分大，（BH）$_{max}$ 在数值上等于 μ_0M_s 的 $1/2$ 与其对应的磁场强度的乘积，即 $\mu_0M_s^2/4$，这是理想条件下永磁体可以达到的最大（BH）$_{max}$ 值。获得该值，永磁体必须满足 $M_r=M_s$ 且 $_MH_c > M_s/2$（M_r 为剩余磁化强度）。

（4）稳定性

永磁材料的稳定性是指其磁性能在长长期使用过程中，受到温度、外磁场、冲击、振动等外界因素影响时保持不变的能力。同软磁材料类似，永磁材料的稳定性也主要包括长期稳定性和温度稳定性。永磁材料的长期稳定性是指在室温下放置引起的长期时效，它和永磁体材料自身的矫顽力 H_c 和外形尺寸密切相关。一般来说，永磁材料的 H_c 越大，尺寸比（如长径比）越大，长期稳定性就越高。永磁材料的应用温度区间通常较宽，所以在设计磁路时，必须考虑到其磁性能随温度的变化。一般采用温度系数，即由温度变化引起的某一磁性能指标相对变化与温度变化之比，来衡量永磁材料的热稳定性。例如，剩磁的温度系数 α 为

$$\alpha(B_r) = \frac{B_{r2} - B_{r1}}{B_{r1}(T_2 - T_1)} \tag{4-49}$$

（5）提高永磁材料磁性能的途径

提高永磁材料的剩磁 B_r，要求材料有高的饱和磁化强度 M_s，同时矩形比 B_r/B_s 应接近 1。对于成分基本确定的永磁材料，M_s 不会有大的变化，可通过提高 B_r/B_s 来提高 B_r。提高 B_r/B_s 来的基本途径包括定向结晶、塑性变形、磁场成型和磁场热处理等。简单而言，上述方法均可使晶粒产生择优取向，增加磁各向异性。永磁材料的矫顽力 H_c 的大小主要由各种因素（如各向异性、掺杂、晶界等）对磁畴壁不可逆位移和磁畴不可逆转动的阻滞作用的大小来决定。对于由许多铁磁性的微细颗粒和将这些颗粒彼此分隔开的非（弱）磁性基体组成的永磁材料，其磁化仅需考虑磁畴转动，可通过提高材料的形状各向异性或磁晶各向异性来提高 H_c。而由畴壁钉扎控制的永磁材料，除提高磁各向异性外，增加晶体中各种点缺陷、位错、晶界、堆垛层错、相界等"钉扎"点也是提高 H_c 的重要方向。同时提高材料的 H_c 和 M_s 是提高永磁材料最大磁能积 $(BH)_{max}$ 的最有效途径。寻找化学成分稳定、物理性能优良的永磁材料，对设计和制备高性能、高稳定性的磁学器件至关重要。

4.2.2.2 金属永磁材料

金属永磁材料是以铁和铁族元素为主要组元的合金型永磁材料，又称永磁合金，其发展和应用都较早。根据形成高矫顽力的机理，可将永磁材料分为淬火硬化型磁钢、析出硬化型磁钢、时效硬化型永磁合金、有序硬化型永磁合金和单畴微粉型永磁合金。

（1）淬火硬化型磁钢

淬火硬化型磁钢包括碳钢、钨钢、铬钢、钴钢和铝钢等。该类磁钢的矫顽力主要是通过高温淬火手段，把已经加工过的零件中的原始奥氏体组织转变为马氏体组织来获得的。该类磁钢的矫顽力和磁能积相对较低，目前已很少使用。

（2）析出硬化型磁钢

析出硬化型磁钢大致可分为三类：Fe-Cu 系合金，主要用于磁簧继电器等方面；Fe-Co 系合金，主要用于半固定装置的存储元件；Al-Ni-Co 系合金，在金属永磁材料中应用最为广泛。Al-Ni-Co 合金中的主要组分为 Fe、Ni 和 Al，再加入 Co、Cu 或 Mo、Ti 等元素，通过适当热处理形成强磁性 α-(Fe，Co) 和非磁性 α-(Ni，Co) 双相组织，其中强磁性 α-(Fe，Co) 相为细长的单磁畴颗粒，其形状各向异性决定了高的永磁性能。Al-Ni-Co 合金的主要优点是剩磁高（最高可达 1300mT），温度系数低（使用温度可到 550℃），但其矫顽力低（通常低于 160kA/m）。Al-Ni-Co 合金，可通过铸造和粉末烧结成型后经热处理而获得。

（3）时效硬化型永磁合金

时效硬化型永磁合金的矫顽力通过淬火、塑性变形和时效硬化的工艺获得，加工性能

好，可制成带材、片材和板材等。时效硬化型永磁合金可分为：α-Fe 基合金，包括 Fe-Mo、Fe-W-Co 和 Fe-Mo-Co，其磁能积较低，一般用在电话接收机上；Fe-Mn-Ti 和 Fe-Co-V 系合金，前者的磁性能相当于低钴钢，主要用于指南针和仪表零件等，后者可用于制造微型电机和录音机磁性零件；Cu 基合金，主要包括 60%Cu-20%Ni-Fe 和 50%Cu-20%Ni-2.5%Co-Fe，可用于测速仪和转速计；Fe-Cr-Co 系合金，基本成分为 Fe-(3～25)%Co-(20～33)%Cr，可添加 Mo、Si、V、Nb、Ti、W 和 Cu 等。Fe-Cr-Co 的硬磁性也源于细长形状的 α-(Fe,Co) 单磁畴颗粒，磁性能与中等性能的 Al-Ni-Co 合金相当，但其居里温度更高，可达 680℃，适合在高温下使用。Fe-Cr-Co 也是目前应用广泛的金属永磁合金。凭借其良好的可加工性，可部分取代 Al-Ni-Co、Fe-Ni-Cu 和 Fe-Co-V 等合金，常用于扬声器、电能表、转速表、陀螺仪、空气滤波器和磁显示器等领域。

（4）有序硬化型永磁合金

有序硬化型永磁合金包括 Ag-Al-Mn、Co-Pt、Fe-Pt、Mn-Al 和 Mn-Al-C 合金。这类合金的显著特点是在高温下处于无序状态，经过适当的淬火和回火后，由无序相中析出弥散分布的有序相，从而提高了合金的矫顽力。这类合金一般用来制造磁性弹簧、小型仪表元件和小型磁力马达的磁系统等。Fe-Pt 合金耐腐蚀性好，可用于化学工业相关的测量仪表中。

（5）单畴微粉型永磁合金

单畴微粉型合金是指尺寸细小的 Fe 粉或者 Fe-Co 合金粉、Mn-Bi 合金粉以及 Mn-Al 合金粉等。微粉一般是球状或者针状，尺寸大概在 $0.01～1\mu m$。其高的矫顽力主要是由单畴颗粒磁矩的转动决定的。

4.2.2.3 铁氧体永磁材料

具有亚铁磁性的铁氧体除了软磁性铁氧体外，还有一类是永磁性铁氧体（又称铁氧体永磁材料）。在铁氧体永磁材料中，六方晶系的磁铅石型 Ba（Sr）铁氧体（$BaO \cdot 6Fe_2O_3$，$SrO \cdot 6Fe_2O_3$），称为 M 型铁氧体，是铁氧体永磁材料的典型代表。此外还有尖晶石型 Co 铁氧体（$CoFe_2O_4$）。

永磁铁氧体按模压成型时是否需要磁场取向，可分为各向异性（需要）和各向同性（不需要）永磁铁氧体；按成品是否进行烧结处理，可分为烧结永磁铁氧体和黏结永磁铁氧体；按成型用料的含水率的高低，可分为干压成型和湿压成型永磁铁氧体。

与金属永磁材料相比，铁氧体永磁材料的优点在于：矫顽力大，密度低，原材料来源丰富、成本低，耐氧化和腐蚀，磁晶各向异性常数大，退磁曲线近似为直线。永磁铁氧体的缺点是剩磁低、温度系数大、脆而易碎。

铁氧体永磁材料主要用作各种扬声器和助听器等电声电讯器件、各种电子仪表控制器件、微型电机以及微波和压磁铁氧体器件等。

4.2.2.4 稀土永磁材料

稀土永磁材料是稀土元素 RE（Sm、Nd、Pr 等）与过渡金属 TM（Fe、Co 等）形成的一类高性能永磁材料。稀土元素具有轨道磁矩，由于自旋磁矩与轨道磁矩之间存在强的耦合作用，稀土永磁材料的磁晶各向异性能和磁弹性能很大，使得磁晶各向异性常数和磁致伸缩系数高。同时，稀土永磁材料的晶体结构包括六方和四方晶系，具有强烈的单轴各向异性。因此，稀土永磁材料具有高的矫顽力和永磁性能。

20 世纪 60 年代开发的以 $SmCo_5$ 为代表的第一代稀土永磁材料和 20 世纪 70 年代开发的以 Sm_2Co_{17} 为代表的第二代稀土永磁材料都具有良好的永磁性能，其最大磁能积 $(BH)_{max}$ 分别为 $147.3kJ/m^3$ 和 $238.8kJ/m^3$。因 Sm-Co 合金存在原材料价格高和供应受限的问题，故其发展和应用受到制约。1983 年，日本的佐川真人等发展出具有单轴各向异性的四方晶系（型）金属间化合物 $Nd_2Fe_{14}B$，并制成了 $(BH)_{max}$ 达 $446.4kJ/m^3$ 的高磁能积 Nd-Fe-B 永磁体，开创了第三代稀土永磁材料。Nd-Fe-B 永磁体兼具高剩磁、高矫顽力、高磁能积、低膨胀系数等诸多优点，并且原料成本较 Sm-Co 永磁体低很多。以 Sm-Fe-N 为代表的新型结构稀土永磁材料和纳米复相永磁体是比较有开发潜力的稀土永磁材料，但目前综合磁性能仍不如第三代 Nd-Fe-B 永磁体。图 4-44 中列出了永磁材料的最大磁能积 $(BH)_{max}$ 随时间的进展情况。

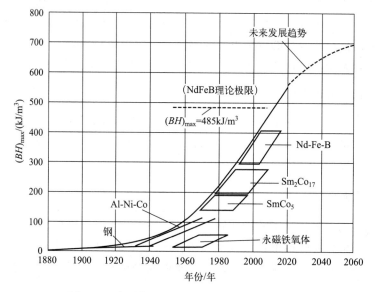

图 4-44　永磁材料的最大磁能积随时间的变化

（1）$SmCo_5$ 永磁体

$SmCo_5$ 永磁体具有 $CaCu_5$ 型的六方晶系结构，由两种不同的原子层所组成，一层是呈六角形排列的 Co 原子，另一层由稀土原子和 Co 原子以 1:2 的比例排列而成。低对称性的六方晶系结构使 $SmCo_5$ 化合物具有较高的磁晶各向异性。$SmCo_5$ 的内禀矫顽力 $_MH_c$ 为 $1200\sim2000kA/m$，单轴磁晶各向异性 K_u 为 $15000\sim19000kJ/m^3$，饱和磁化强度 M_s 为 $890kA/m$，理论 $(BH)_{max}$ 为 $244.9kJ/m^3$。

（2）Sm_2Co_{17} 永磁体

Sm_2Co_{17} 永磁体在高温下是稳定的 Th_2Ni_{17} 型六方结构，在低温下为 Th_2Zn_{17} 型的菱方结构，是在三个 $SmCo_5$ 型晶胞基础上用两个 Co 原子去取代一个稀土原子，并在基面上经滑移而成的。Sm_2Co_{17} 的内禀饱和磁化强度 $\mu_0 M_s$ 为 1.2T，居里温度 T_C 高达 926℃，

但 H_c 偏低；采用部分 Fe 取代 Co 后，$\mu_0 M_s$ 可升至 1.63T，理论 $(BH)_{max}$ 可高到 525.4kJ/m^3。

（3）Nd-Fe-B 永磁体

Nd-Fe-B 永磁体一般由硬磁性的 $Nd_2Fe_{14}B$ 相、非磁性的富 Nd 相和富 B 相三部分组成。其中主相为 $Nd_2Fe_{14}B$ 相，为四方相，具有单轴各向异性，每个晶体单胞由 4 个 $Nd_2Fe_{14}B$ 分子组成，各原子在晶胞中所处位置如图 4-45 所示。$Nd_2Fe_{14}B$ 相的磁晶各向异性常数 K_1 为 4.2MJ/m^3、K_2 为 0.7MJ/m^3；各向异性场 $\mu_0 H_a$ 为 6.7T；饱和磁极化强度 J_s 为 1.61T；T_C 为 585K。

Nd-Fe-B 永磁体按制造方法可分为两类：一类是黏结永磁体，主要用于电子、电气设备的小型化领域；另一类是烧结永磁体，多为块体状，主要满足高矫顽力、高磁能积要求。

Nd-Fe-B 永磁体具有如下特点：磁性能高，价格属中下水平，力学性能好，居里温度低，温度稳定性较差，化学稳定性也欠佳，但可以通过调整化学成分和采取其他措施来改善。Nd-Fe-B 永磁体优异的永磁性能有利于仪器仪表的小型化、

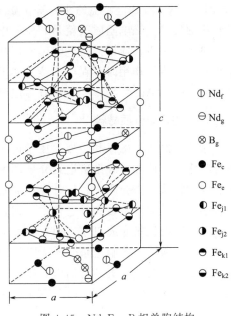

图 4-45 $Nd_2Fe_{14}B$ 相单胞结构

轻量化和薄型化发展。Nd-Fe-B 永磁材料已在计算机、航空航天、核磁共振、磁悬浮等高新技术领域得到了广泛应用，随着科技的进步和社会的发展，钕铁硼（Nd-Fe-B）永磁体的社会需求逐年增加。我国稀土资源十分丰富，大力开发及应用 Nd-Fe-B 永磁材料具有广阔的前景。

4.3 功能磁性材料

4.3.1 磁记录材料

磁记录是指将声音、文字、图像等信息通过电磁转换记录和存储在磁记录介质上，且该信息可再现的技术手段。磁记录技术依赖于用于读、写操作的磁头材料以及磁记录介质（存储介质）材料。

（1）磁头材料

磁头是磁记录过程中实现信息记录和再生的关键部件，可分为体型磁头、薄膜磁头和磁电阻磁头。体型磁头和薄膜磁头利用电磁感应原理进行信息的记录和再生，要求磁头材料具有高磁导率、高饱和磁化强度、低矫顽力和低各向异性等软磁特性。体型磁头的磁芯通常使用坡莫合金（电阻率较低）、Fe-Si-Al 合金（硬度高）和 Fe-Al-B 合金等。Mn-Zn 和 Ni-Zn 铁氧体（电阻率高、高频性能好、耐磨）适合用于制作视频磁头。薄膜磁头可提高磁记录速度和读出分辨率。薄膜磁头也主要采用坡莫合金，通过电镀、溅射镀膜等方法制作。除坡莫

合金外，非晶软磁合金，如 Co-（Zr，Hf，Nb，Ta，Ti）和 Co-Fe-B 非晶薄膜也是优良的磁头材料。另外，由不同化学组分的纳米级超薄膜周期沉积获得的多层膜磁头材料因其优良的软磁特性也是应用热点。目前典型的多层膜材料有 Fe-C/Ni-Fe（垂直记录磁头）和 Fe-Nb-Zr/Fe-Nb-Zr-N（硬盘磁头）等。磁电阻效应是指由于磁化状态的改变而引起材料电阻率变化的现象。磁电阻磁头就是利用磁电阻效应制成的。坡莫合金因其磁各向异性小，是历史最悠久且一直在使用的磁电阻磁头用材料，一般选择的合金成分为 $Ni_{85}Fe_{15}$。材料的电阻率在有无外磁场作用时存在巨大变化的现象称为巨磁电阻（GMR）效应。利用 GMR 效应制作的 Ni-Fe/Ag 和 Ni-Fe/Cu/Co 多层膜磁头的分辨率和信噪比大幅度提高。

（2）磁记录介质材料

涂覆在磁带、磁盘和磁鼓上用于记录和存储信息的磁性材料称为磁记录介质，主要分为颗粒状涂布介质和薄膜型磁记录介质两大类。薄膜型磁记录介质因具有更高的存储密度而逐渐取代颗粒状涂布介质。磁记录介质通常应具备以下特点：高饱和磁感应强度、高矩形比、高矫顽力、低温度系数和低老化率（即长寿命）。常用的磁记录介质包括氧化物和金属。其中，氧化物磁记录介质以 $\gamma\text{-}Fe_2O_3$ 应用最广泛；金属磁记录介质有 Fe、Co、Ni 的合金粉末和磁性合金薄膜。薄膜记录介质无需涂布介质中的非磁性带基，为完全连续磁性材料，比使用颗粒状介质能得到更高的输出幅度。常用的磁性层合金体系主要有 Co-Ni-Cr/Cr、Co-Cr-Ta/Cr、Co-Ni-Pt、Co-Cr-Pt/Cr 和 Co-Cr-Pt-B/Cr 等。

4.3.2 磁制冷材料

磁制冷是利用磁性材料的磁矩在无序态（非磁化态）和有序态（磁化态）之间来回转换的过程中，磁性材料放出或吸收热量的冷却方法。磁制冷材料，也称磁熵变材料，是用于制冷系统的具有磁热效应的物质。磁热效应，指由外磁场的变化引起材料内部磁熵的改变，并伴随材料的吸热或放热。利用强磁材料、顺磁材料和抗磁材料（其原子核系统）的磁热效应，通过等温磁化和绝热退磁过程，可以分别在室温-低温区、低温区（约 1K）和超低温区（约 10^{-2} K）获得幅度为 1～10K 量级的温度下降、约 10^{-3} K 量级的超低温和 10^{-6}～ 10^{-9} K 量级的极低温度。因为磁制冷温度区域的不同，对于磁制冷材料的要求也是不同的。对于强磁性材料，因磁制冷效应在材料的磁相变点（如居里点或奈尔点）附近最为显著，故应在磁制冷材料的磁相变点区域进行磁冷却。对于顺磁材料，则要求其顺磁居里点尽量低，内部磁场也尽量低。对于原子核制冷的抗磁性材料，则要求减少核外电子对磁性的影响。

目前，室温区的强磁材料制冷尚处于探索研究阶段；顺磁材料的毫开（10^{-3} K）级磁制冷已进入实用阶段；原子核系统的磁制冷正从微开（10^{-6} K）级向纳开（10^{-9} K）级极低温区作深入研究。强磁制冷材料主要有：磁转变点较高的稀土金属，如 Gd、Tb、Dy 等，可获得的温度降为 8～14K；Gd-Tb 和 Y-Tb 系稀土合金，可获得的温度降为 2～3K。

4.3.3 磁致伸缩材料

磁致伸缩材料通常具有如下特点：饱和磁致伸缩系数高、可获得最大变形量；产生饱和磁致伸缩的外加磁场低；在恒定应力作用下，单位磁场变化可获得高的磁致伸缩变化，或在恒定磁场下单位应力变化可获得高的磁通密度变化；材料的磁状态和上述磁参量对温度等环境因素的稳定性好。目前常见的磁致伸缩材料主要有三大类：一是金属与合金磁致伸缩材料，如 Ni、Ni-Co、Ni-Co-Cr、Fe-Ni、Fe-Al、Fe-Co-V 合金，其饱和磁化强度高，力学性能优良，可在大功率下使用，但电阻率低，不能用于高频；二是铁氧体磁致伸缩材料，如 Ni-Co 铁氧体、Ni-Co-Cu 铁氧体，电阻率高，可用于高频，但饱和磁化强度低，力学强度也不高，不能用于大功率状态；三是稀土金属间化合物磁致伸缩材料，如 $TbFe_2$、$SmFe_2$ 等，其饱和磁致伸缩系数和磁弹耦合系数都高，缺点是要求外加磁场很高，一般比较难以满足。前两类被称为传统磁致伸缩材料，其饱和磁致伸缩系数 λ_s 值为 $(20 \sim 80) \times 10^{-6}$；稀土金属间化合物磁致伸缩材料的 λ_s 值很高，例如 $Tb_{0.3}Dy_{0.7}Fe_{1.95}$ 的 λ_s 高达 $(1500 \sim 2000) \times 10^{-6}$，称为稀土超磁致伸缩材料。

4.3.4　磁性液体

1963 年，美国国家航空航天局采用油酸作为表面活性剂，把它包覆在直径约为 $0.01\mu m$ 的超细 Fe_3O_4 微颗粒上，并高度弥散于煤油（称为基液）中，从而获得了一种稳定的胶体体系。在磁场作用下，Fe_3O_4 磁性颗粒带动着被表面活性剂所包裹着的液体一起运动，好像整个液体具有磁性，因而被命名为磁性液体。

磁性液体的主要特点是在磁场作用下，可以被磁化，可以在磁场作用下运动，但同时它又是液体，具有液体的流动性。在静磁场作用下，磁性颗粒将沿着外磁场方向形成有序排列，使液体变为各向异性的介质。当光波、声波在其中传播时会产生光的法拉第旋转、双折射效应、二向色性以及超声波传播速度与衰减的各向异性。

磁性液体内的强磁性颗粒要足够小，以削弱磁偶极矩之间的静磁作用，使颗粒能在基液中做无规则的热运动。当颗粒尺寸足够小时，强磁性颗粒可呈现没有磁滞现象的超顺磁状态。为了防止颗粒间由于静磁与电偶极矩的相互作用而团聚沉积，磁性颗粒的表面需化学吸附一层长链的高分子材料（称为表面活性剂），长链的一端应与磁性颗粒产生化学吸附，另一端与基液亲和。根据基液的不同可生成不同性能、不同应用领域的磁性液体，如水基、煤油基、烃基、聚苯基、硅油基等。

磁性液体最重要的应用之一是旋转轴的动态密封。通常静态密封采用橡胶、塑料或金属制成的 O 形环作为密封元件。旋转条件下的动态密封一直是较难解决的问题，通常的方法无法实现在高速、高真空条件下的动态密封。利用磁性液体可被磁控的特性，利用环状永磁体在旋转轴密封部位产生一环状的磁场分布，从而将磁性液体约束在磁场之中而形成磁性液体的 O 形环，这样就实现了没有磨损、长寿命的动态密封。这种密封方式可以用于真空、封气、封水、封油等情况下旋转轴的动态密封。此外，在电子计算机中为了防止尘埃进入硬盘中损坏磁头和磁盘，在转轴处也普遍采用磁性液体的防尘密封。磁性液体还可作为新型的润滑剂。通常使用的润滑剂易损耗，易污染环境。磁性液体中的磁性颗粒尺寸仅为 10nm，不会损坏轴承，同时基液也可作润滑油使用。只要施加合适的磁场就可以将磁性润滑油约束在所需的部位。磁性液体还可提高扬声器的功率。通常扬声器中音圈的散热是靠空气传热，音圈能承受的功率有限。在音圈与磁铁间隙处滴入磁性液体，由于其热导率比空气高，利于散热，在相同条件下扬声器的功率可以提高一倍。磁性液体可用于仪器仪表中的阻尼器、无声快速磁印刷、磁性液体发电机、医疗中的造影剂等。

习题

1.什么是原子的本征磁矩？原子的本征磁矩由哪几部分构成？

2.绘图说明抗磁质、顺磁质和铁磁质的磁化率及磁化强度与外加磁场和温度的关系，并简述这三类磁介质的磁化特性。

3.铁磁性产生的原子结构条件和晶体结构条件是什么？

4.什么是磁畴和磁畴壁？试从能量角度分析磁畴结构和磁畴壁厚度的决定因素。

5.什么是铁磁质的技术磁化？磁化过程中磁畴结构的变化规律是什么？

6.什么是铁磁质磁化的磁晶各向异性和形状各向异性？形状各向异性的影响因素是什么？

7.铁磁质在交变磁化过程中的能量损耗包括哪几方面？降低损耗的途径有哪些？

8.软磁材料磁性能的基本要求是什么？为什么非晶合金通常具有低的矫顽力？

9.永磁材料磁性能的基本要求是什么？提高永磁材料磁性能的途径有哪些？

10.多相合金的饱和磁化强度 M_s 通常满足加权平均的混合定律，即 $M_s = C_i M_{si}$。式中，C_i 为 i 相的体积分数；M_{si} 为 i 相的饱和磁化强度。若某合金钢淬火后只有马氏体和残余奥氏体，试据此提出一种估算该钢中的残余奥氏体含量的办法（提示：奥氏体为顺磁相）。

参考文献

[1] 谭家隆. 材料物理性能[M]. 大连：大连理工大学出版社，2013.

[2] 严密，彭晓领. 磁学基础与磁性材料[M]. 2 版. 杭州：浙江大学出版社，2019.

[3] 田莳. 材料物理性能[M]. 北京：北京航空航天大学出版社，2004.

[4] 殷景华，王雅珍，鞠刚. 功能材料概论[M]. 哈尔滨：哈尔滨工业大学出版社，2009.

[5] 李国栋. 当代磁学[M]. 合肥：中国科学技术大学出版社，1999.

[6] 邱成军，王元化，曲伟. 材料物理性能[M]. 哈尔滨：哈尔滨工业大学出版社，2003.

[7] 郑冀，梁辉，马卫兵，等. 材料物理性能[M]. 天津：天津大学出版社，2008.

[8] 陈光，崔崇，徐峰，等. 新材料概论[M]. 北京：国防工业出版社，2013.

[9] 郑子樵. 新材料概论[M]. 长沙：中南大学出版社，2009.

[10] 谭毅，李敬锋. 新材料概论[M]. 北京：冶金工业出版社，2004.

[11] 戴道生. 物质磁性基础[M]. 北京：北京大学出版社，2016.

[12] 郭贻诚. 铁磁学[M]. 北京：北京大学出版社，2014.

[13] Spaldin N A. Magnetic materials（Second Edition）[M]. 北京：世界图书出版公司，2015.

[14] Jiles D. 磁学及磁性材料导论[M]. 肖春涛，译. 兰州：兰州大学出版社，2003.

第 5 章

发光材料

 引言与导读

我们能看到的五彩缤纷的世界起源于各种物质的光学现象，天边的彩虹是水滴对太阳光的折射现象，绿叶红花是植物对阳光的选择性吸收现象，闪烁的群星是物质的发光现象。对这些光学现象的探索，不仅揭开了自然的奥秘，还推动了各种各样的新型发光材料和器件的研发与应用。从早期的黑白电视机，到后面的液晶显示器，再到今天的发光二极管显示屏，发光器件带给我们越来越赏心悦目的体验。

无论是光吸收还是光发射，都牵涉物质内部电子的跃迁和复合。当物质受到光照时，光子被物质捕获，其内部的电子得到光子的能量发生跃迁，到达激发态，则发生光吸收现象。处于激发态的电子不能长期稳定存在，最终又会和空穴复合，当多余的能量以光子的形式发射出来时，则产生发光现象。不同的物质结构，其能带结构不同，发光过程不同，发射的光子能量不同，导致发出不同颜色的光。

不仅是光照，其他能量也会引起电子的跃迁和复合，根据激发源的不同，发光类型有光致发光、阴极射线发光、电致发光、热释发光、光释发光、辐射发光等。一般来讲，当外界激发源对固体物质的作用停止后，发光还会持续一段时间，称为余辉，这是固体发光与其他光发射现象的根本区别。余辉现象即物质发光的衰减。衰减过程有的很短，可短于 10^{-8} s；有的则很长，可达数分钟甚至数小时。一般将发光持续时间（寿命）短于 10^{-8} s 的称为荧光，长于 10^{-8} s 的称为磷光。余辉现象说明物质在受激和发光之间存在一系列中间过程。不同材料在不同激发下的发光过程可能不同，但都是电子从激发态辐射跃迁到基态或其他较低能态的过程中释放出能量而发光。

本章首先简要讲述了光学发光的基本原理和知识，然后分别介绍了常见无机和有机光致发光材料的发光机理，并借助实例介绍了发光材料的应用，最后讲述了激光的产生原理和条件，并概述了常见无机激光材料和有机激光材料的发展现状。

 本章学习目标

掌握无机和有机材料的光致发光机理及激光产生的原理；能运用光致发光机理，分析无机、有机材料的发光过程；了解光致发光材料的应用领域和发展现状；了解常见的激光材料。

5.1 光吸收

光在介质中传播时部分能量被介质吸收的现象称为光吸收。光吸收的原因有很多，比如光可以与材料中的电子、激子、晶格振动及杂质和缺陷等相互作用，从而产生光吸收。当光与材料中的电子发生作用时，光子的能量被基态上的电子吸收，电子发生跃迁，从基态跃迁到激发态（图 5-1）。作用于体系的光只有当其能量等于或大于电子跃迁前后的两个状态的能量差，才有可能被吸收：

$$h\nu \geqslant \Delta E = E_e - E_g \tag{5-1}$$

式中，h 为普朗克常数；ν 为光子的频率；E_e 和 E_g 分别为激发态和基态的能量。上式只是照射光被吸收的必要条件。能量足够的光作用于分子，并不一定都能被吸收，视材料对光的感光性大小而定，即由化合物的摩尔吸光系数（也称摩尔消光系数）表征其吸收光能力。

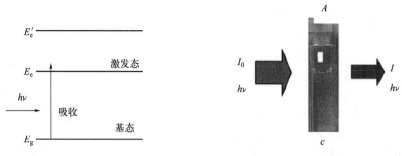

图 5-1　物质光吸收的能量关系　　　　图 5-2　物质的光吸收过程

（1）朗伯-比尔定律

当一束平行单色光垂直通过某一均匀非散射的吸光物质时，其吸光度（A）与吸光物质的浓度（c）及吸收层厚度（l）成正比（图 5-2）。以数学式表达如下：

$$\frac{I}{I_0} = 10^{-\varepsilon cl} \tag{5-2}$$

$$A = \lg\frac{I}{I_0} = \varepsilon cl \tag{5-3}$$

式中，I_0 和 I 分别为入射光强和透射光强；l 为光在介质中通过的距离；c 为溶液的摩尔浓度；A 为吸光度；ε 为摩尔吸光系数，ε 在数值上等于浓度为 1mol/L、液层厚度为 1cm 时该溶液在某一波长下的吸光度，是吸收物质在一定温度、波长和溶剂条件下的特征常数，不随浓度 c 和光程长度 l 的改变而改变。ε 仅与吸收物质本身的性质有关，与待测物浓度无关。同一吸收物质在不同波长下的 ε 值是不同的。在最大吸收波长 λ_{max} 处的摩尔吸光系数，常以 ε_{max} 表示。ε_{max} 表明了该吸收物质最大限度的吸光能力，也反映了光度法测定该物质可能达到的最大灵敏度。当样品的 ε 值大于 10^4 L/(mol·cm) 时，为强吸收，表示在该波段的电子跃迁概率大；ε 值在 $10^2 \sim 10^4$ L/(mol·cm) 之间时，为中强吸收；ε 值小于 10^2 L/(mol·cm) 时，为弱吸收，表示在该波段的电子跃迁概率小。

若介质对光的吸收程度与波长无关，则为一般吸收；若介质对某些波长或一定波长范围内的光有较强吸收，而对其他波长的光吸收较少，则称为选择性吸收。物质呈现各种各样的颜色，就是它们对可见光中某些特定波长的光线选择性吸收的结果。

（2）吸收光谱

吸收光谱（absorption spectrum）是指物质吸收光子，从低能级跃迁到高能级而产生的光谱。吸收光谱可以是线状谱或吸收带。研究吸收光谱可了解原子、分子和其他许多物质的结构和运动状态，以及它们同电磁场或粒子相互作用的情况。

5.1.1 无机材料的光吸收

（1）基础（固有）吸收

基础吸收又叫固有吸收或本征吸收，是在外界光源的照射下，电子吸收光子从价带跃迁到导带，形成电子-空穴对的过程。由于材料的能带结构有差异，基础吸收可能处于紫外、可见光或者近红外区。无机材料的吸收带一般较宽且吸收带少。图 5-3 以 TiO_2 为例展示了无机材料的典型的紫外-可见吸收光谱。

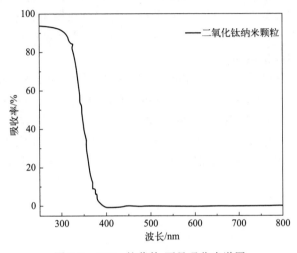

图 5-3　TiO_2 的紫外-可见吸收光谱图

如果材料中不存在杂质和缺陷，那么在能隙中就不能存在电子的能级。如果辐射光子的能量不足以使电子由价带跃迁至导带，晶体就不会被激发，也就不会发生光致发光现象。光子的能量用 $\hbar\omega$ 或 $h\nu$ 表示（$\hbar=\dfrac{h}{2\pi}$，$\omega=2\pi\nu$），只有光子的能量大于禁带宽度 E_g 时，才可能产生基本吸收现象。因此可根据 E_g 计算出材料发生基础光吸收的最大光波长 λ，$\lambda \leqslant \dfrac{c\hbar}{E_g}$（$c$ 为真空中的光速），这个波长叫基础（本征）吸收边。即只有波长小于此值时，光子的能量大于禁带宽度，才能引起基础吸收，反之，则不能。

基础吸收边附近，电子吸收光子发生跃迁分为直接跃迁（又称为竖直跃迁）以及间接跃迁（又称为非竖直跃迁）。

① 直接跃迁　电子吸收光子的能量产生跃迁，跃迁前后保持波数（准动量）不变，称为直接跃迁，这一过程无需声子的辅助。图 5-4 为材料吸收光子后电子产生了直接跃迁。在光照下，电子吸收光子的跃迁过程，除了能量必须守恒以外，还必须满足动量守恒，即满足选择定则。设电子原来的波矢量是 k，要跃迁到波矢量是 k' 的状态。由于对于能带中的电子，$\hbar k$ 具有类似动量的性质，因此在跃迁过程中，k 和 k' 必须满足如下的条件：

$$\hbar k' - \hbar k = \text{光子动量} \tag{5-4}$$

由于价带顶部电子的波矢量通常在布里渊区边界取值，数量级为布里渊区的范围，约为

$10^8 \, \text{cm}^{-1}$，光子的波矢量远小于价带顶部电子的波矢量，约为 $10^4 \, \text{cm}^{-1}$，光子动量远小于能带中电子的动量，故光子动量可忽略不计，于是式（5-4）可近似为：$k'=k$。这意味着电子吸收光子产生跃迁时电子能量增加，但波矢量保持不变，这就是电子吸收光子产生跃迁的选择定则。为了满足该定则，以使电子在跃迁的过程中波矢量保持不变，则原来在价带中的状态 A 的电子只能跃迁到导带中的状态 A'（图5-4）。A 与 A' 在 $E(k)$ 曲线上位于同一垂线上，这种跃迁称为直接跃迁，在 A 到 A' 直接跃迁中所吸收光子的能量 $h\nu$ 与图中垂直距离 AA' 相对应。显然，对应于不同的 k，垂直距离各不相等，那么任何一个 k 值的不同能量的光子都有可能被吸收，而吸收的光子能量应大于或等于禁带宽度。因而通过测量光吸收，计算出材料的禁带宽度 E_g 的数值。在基础吸收限 $\hbar\omega = E_g$，光子的吸收恰好形成一个在导带底的电子和一个在价带顶的空穴。这样形成的电子是完全摆脱了正电中心束缚的自由电子，空穴也同样是自由空穴。由于基础吸收产生的电子和空穴之间没有相互作用，它们受到外加电场的作用时能独立地改变运动状态。

② 间接跃迁　由于材料导带底 k' 值和价带顶 k 值不同，电子从价带到导带的跃迁为间接（非直接）跃迁。图5-5展示了吸收光子后电子产生间接跃迁。在间接跃迁过程中，电子不仅吸收光子，同时还和晶格交换一定的振动能量，即放出或吸收一个声子。因此，严格讲，研究能量转换关系时应该考虑声子的能量，非直接跃迁过程是电子、光子和声子三者同时参与的过程。在满足能量守恒定律时，动量也必须守恒，因此必须有声子的参与，其动量守恒的表达式为：

$$\hbar k' - \hbar k \pm \hbar q = \text{光子动量} \tag{5-5}$$

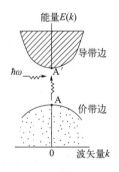

图 5-4　吸收光子后电子直接跃迁

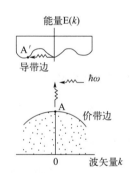

图 5-5　吸收光子后电子间接跃迁

因为光子动量很小，可忽略，则式（5-5）可简化为

$$\hbar k' - \hbar k = \pm \hbar q \tag{5-6}$$

式中，q 为声子波矢；"$\pm$"表示电子在跃迁时发射（$-$）或吸收（$+$）一个声子。

能量守恒定律表示为：电子能量差＝光子能量±声子能量，即

$$\Delta E_k = \hbar\omega \pm E_p \tag{5-7}$$

式中，E_p 代表声子的能量；（$+$）或（$-$）分别表示吸收或发射声子。因为声子的能量非常小，数量级为 $10^{-2} \, \text{eV}$，可以忽略不计。因此，一般近似认为电子在跃迁前后的能量差

就等于所吸收的光子能量，声子的能量只在禁带宽度这个能量附近有微小的变化，所以可推导出下式：

$$\Delta E_x = \hbar\omega = E_g \tag{5-8}$$

总之，在光的基础吸收过程中，如果只考虑电子和电磁波的相互作用，则根据动量守恒，只可能发生直接跃迁；但如果还考虑电子与晶格的相互作用，发射或吸收一个声子，使动量守恒原则仍然得到满足，则间接跃迁也是可能发生的。由于间接跃迁的吸收过程，一方面依赖于电子与电磁波的相互作用，另一方面还依赖于电子与晶格的相互作用，故在理论上是一种二级过程。发生该过程的概率要比直接跃迁的概率小得多。因此，间接跃迁的光吸收系数（摩尔吸光系数）比直接跃迁的光吸收系数小得多。

实验证明，波长比基础吸收限 λ_0 长的光波在半导体中往往也能被吸收。这说明除了基础吸收外，还存在着其他的光吸收过程，比较重要的有：激子吸收、自由载流子吸收、晶格振动引起的吸收和缺陷吸收等，分别介绍如下。

（2）激子吸收

激子吸收中光子能量低于能隙宽度，它对应于电子由价带向稍低于导带底的能级的跃迁，如图 5-6 所示，价带电子受激发后从价带跃出，但还不足以进入导带而成为自由电子，此时受激电子仍然受到空穴的库仑场作用。这时受激电子和空穴互相束缚而结合在一起成为一个新的系统，这种系统称为激子。这样的光吸收称为激子吸收。处于这种能级上的电子，不同于被激发到导带上的电子，它们和价带中的空穴耦合成电子-空穴对，作为整体在晶体中存在或运动着，可以在晶体中运动一段距离（约 $1\mu m$）后再复合湮灭。激子中的电子和空穴通过复合湮灭的同时会放出能量——反射光子或同时反射光子和声子，即发光。另外，激子在运动过程中还可以通过热激发或其他能量的激发，使激子分离成为自由电子或空穴。

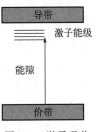

图 5-6　激子吸收

（3）自由载流子吸收

对于一般发光材料，当入射光子的频率不够高，不足以引起电子从价带到导带的跃迁或形成激子时，仍然存在着吸收，而且其强度随激发波长的增大而增加。这是自由载流子在同一能带内的跃迁所引起的，称为自由载流子吸收。与本征跃迁（基础吸收）不同，自由载流子吸收中，电子从低能态到较高能态的跃迁是在同一能带内发生的。但这种跃迁过程同样必须满足能量守恒和动量守恒，必须有声子或电离杂质的散射来补偿电子动量的改变。因为自由载流子吸收中所吸收的光子能量小于 E_g，所以，这种吸收基本上发生在远红外波段。

（4）晶格振动引起的吸收

在晶体吸收光谱有时还在远红外区（$10\sim100\mu m$）存在一定的吸收带，这是由于固体（$T\neq0K$ 时）的晶格振动引起的。因此，所有固体都具有一个由于光子和声子相互作用所引起的吸收区域，在这种吸收中，光子能量直接转换为晶格振动的动能。

（5）缺陷吸收

由于非理想晶体中存在缺陷，晶格的周期性势场局部受到破坏，该局部区的电子态将不同于其他部分，从而在禁带中出现浅能级，电子吸收光子能量从基态跃迁到各相应的浅能级激发态。晶体的缺陷有本征的，如填隙原子和空位，也有非本征的，如替代杂质（发光中心、敏化剂）等。这些缺陷的能级存在于价带和导带之间的能隙之中。若原子缺陷能级上有电子可以跃迁到导带从而产生自由电子，则这种原子缺陷称为施主（donor），施主能级上的电子可以向导带跃迁（迁移）；若原子缺陷有空的能级，可以容纳从价带跃迁上来的电子，则此原子缺陷称为受主（acceptor），受主可以接受从价带跃迁来的电子，同时在价带中产生空穴。因此根据电子跃迁的能级分类，缺陷吸收主要有以下三种形式：

① 价带到导带，即价带的电子吸收光子跃迁到导带，价带上有空穴，导带上有电子。

② 施主到导带，即施主（donor）能级上的电子吸收能量后跃迁到导带。

③ 价带到受主，电子吸收光子后由价带跃迁到受主（acceptor）能级。

5.1.2 有机材料的光吸收

5.1.2.1 分子轨道理论

分子轨道理论又称分子轨道法（molecular orbital theory）或 MO 法，1932 年由美国化学家马利肯（R. S. Mulliken）及德国物理学家洪特（F. Hund）提出，是一种描述多原子分子中电子所处状态的方法。分子轨道理论是现代共价键理论之一，它的要点是：①分子中每一个电子的运动都是发生在核和其余电子的平均势场中的，其运动状态可以用单电子波函数 ψ 描述，这种分子中描述单电子运动的波函数称为分子轨道。②分子轨道可用原子轨道的线性组合（liner combination of atomic orbitals，LCAO）表示。量子力学计算证明，价键轨道数目必须守恒，即形成分子轨道的数目与参与成键的原子轨道数目相同，根据能量的高低，分子轨道可以分为成键轨道和反键轨道，成键轨道的能量低于原来原子轨道的能量，反键轨道的能量高于原来原子轨道的能量。③分子中的电子根据能量最低原理和泡利不相容原理排布在分子轨道上。④不同原子轨道有效组成分子轨道必须满足能量相近、轨道最大重叠和对称性匹配这三个条件。

如图 5-7（a）所示，当两个相同的原子距离足够近时，它们的电子云会重叠。原子中与电子云重叠相关的两个电子轨道，在孤立时处于相同的能级位置，由于电子云的重叠使它们发生重新组合，产生两个新轨道，其中一个轨道在原来轨道的下方，具有较低能量，是成键轨道；而另一个在原来轨道的上方，具有较高能量，是反键轨道。如图 5-7（b）所示，当两个轨道能量不等的原子轨道形成分子轨道时，根据能量相近原则，成键分子轨道的能量将接近能量较低的原子轨道能量，而反键分子轨道则靠近能量较高的原子轨道。根据分子轨道理论中价键轨道数目必须守恒原则，考虑由两个氢原子形成氢气分子的情形：当两个原子足够近时，它们的 1s 轨道重叠，在两个原子的周围会形成两个 σ 键。与孤立原子的轨道相比，一个分子轨道中电子的能量较低，是成键轨道，而另一个分子轨道中电子的能量较高，是反键轨道。通常地，氢气分子中的一对电子分布在成键轨道上，与氢原子相比，氢气分子中电子的能量降低了。将理论扩展到有许多原子的固体中，由于多个原子的相互作用，产生了能级分裂的分子轨道，其数目和参与成键的原子轨道数相同。如果固体中含有 N 个电子相互作用，则可产生 N 个分子轨道，其能级包括简并的和分裂的两种情形。但是，这些分裂出来的轨道能级间隔很小，可形成连续能带。

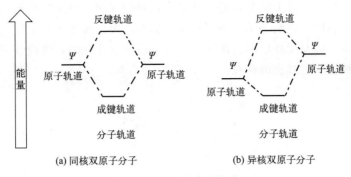

(a) 同核双原子分子   (b) 异核双原子分子

图 5-7　双原子分子轨道

5.1.2.2　有机分子的基态与激发态

分子中所有电子都遵循构造原理所包含的三条原则［能量最低原理、Pauli（泡利）不相容原理和洪特规则］时，分子处于最低能量状态——基态（ground state）；当一个分子中的所有电子的排布不完全遵从构造原理时，此分子处于激发态（excited state）。

根据分子轨道理论，分子中成键轨道的最高填充轨道称为 HOMO（highest occupied molecular orbital），而相应的最低未填充轨道称为 LUMO（lowest unoccupied molecular orbital）。分子处于基态时，最高能量的电子填充在 HOMO 中，在适当光的辐射下，基态分子中的电子可以吸收光能，由较低能级跃迁到较高能级（LUMO 或者更高能量的分子轨道），产生激发态分子。

跃迁至 LUMO 的电子与原来 HOMO 能级中形成的空穴由于库仑引力而相互关联，使该 LUMO 中的电子得到稳定，体系能量降低，形成光激发的第一激发态。也就是说，有机分子的光学第一激发态能级比相应的 LUMO 能级低，如图 5-8 所示。

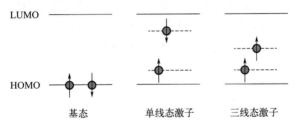

图 5-8　基态、单线态激子（第一激发态）、三线态激子（第一激发态）的能级和电子自旋情况

分子激发态可以分为单线态（singlet）和三线态（triplet）激子，态的多重性由 $M=2S+1$ 表示，S 为各电子自旋量子数的代数和，其数值为 0 或 1。根据 Pauli 不相容原理，分子中同一轨道所占据的两个电子必须具有相反的自旋方向，即自旋配对。若分子中所有电子都是自旋配对的，则 $S=0$，$M=1$，该分子便处于单线态（或叫单重态），用符号 S 表示。大多数有机化合物分子的基态都处于单线态，在受到激发后一个电子从低能量轨道被"打"到了高能量轨道上，这个过程叫作电子的跃迁。基态分子吸收能量后，若电子在跃迁过程中，不发生自旋方向的变化，这时仍然是 $M=1$，分子处于激发的单线态；如果电子在跃迁过程中伴随着自旋方向的变化，这时分子中便具有两个自旋不配对的电子，即 $S=1$，$M=3$，分子处于激发的三线态（也称三重态），用符号 T 表示。有机分子的激发态可以是

单线态也可以是三线态。以上的分析是一种非常直观的理解，对于单线态和三线态的区分最早是从实验中观察到的，单线态不受外界磁场的影响，而三线态在外加磁场的作用下将分裂为3个分立的能态，即在无外场的情况下，三线态是三重简并的，现代量子力学已经从理论上严格证明了单线态和三线态的存在。

单线态激子：

$$S = \frac{1}{\sqrt{2}}(|\uparrow\downarrow\rangle - |\uparrow\downarrow\rangle) \tag{5-9}$$

三线态激子：

$$\begin{cases} T_1 = |\uparrow\uparrow\rangle \\ T_2 = |\downarrow\downarrow\rangle \\ T_3 = \frac{1}{\sqrt{2}}(|\uparrow\downarrow\rangle + |\uparrow\downarrow\rangle) \end{cases} \tag{5-10}$$

可见，单线态激子是自旋非对称的态，只有一种函数表示，而三线态激子是自旋对称的态，存在三种函数表示。在统计上，单线态的多重性为1，而三线态的多重性则为3，因此三线态的轨道是相应单线态轨道数量的三倍。根据泡利不相容原理，当占据不同轨道的电子自旋相同时，体系的能量最低，由此，三线态的能量要比单线态的能量低。

有机化学中，通常把失电子能力强的分子称为"给体（donor）"，而把得电子能力强的分子称为"受体（acceptor）"。当有机分子相互堆积形成固体后，其中的给体失去一个电子后，HOMO 轨道上就产生了一个"空穴（hole）"，其他分子上的电子就可以跳跃到该分子的 HOMO 轨道上，就像是空穴在跳跃；同样地，有机固体中的受体得到一个电子后，LUMO 轨道上就填充了一个电子，这个电子可以再跳跃到其他分子空着的 LUMO 轨道上。在无外加电场的情况下，空穴和电子的跳跃在空间方向上是随机的；在有外加电场的情况下，空穴会顺着电场的方向跳跃，电子则向电场的反方向跳跃，形成两种载流子——电子和空穴。它们作为载流子导电的本质是电子分别在分子的 HOMO 或 LUMO 上跳跃（hopping）。

5.1.2.3 电子的跃迁

材料的光电行为源自电子在分子内及分子间不同能级之间的跃迁运动，材料的电子能级结构决定其光电特性。量子力学和量子化学研究提出的分子轨道理论、配位场理论和能带理论可以在不同程度上解释材料的电子能级结构，预测材料的光电特性。分子轨道理论和配位场理论着重于分子内电子的相互作用及分子水平上电子能级分布及电子行为，而能带理论主要描述大量原子或分子通过堆积而形成固体时所产生的能带，以及其中价电子的行为和过程。

根据分子轨道理论，有机化合物分子的价电子主要有 σ 电子、σ^* 电子、π 电子、π^* 电子和 n 电子，n 电子也称为孤对电子或非键电子。相应电子所在的轨道分别为成键轨道 σ、反键轨道 σ^*、成键轨道 π、反键轨道 π^* 和非键（未成键）轨道 n，如图 5-9 所示，当有机化合物吸收紫外光或可见光时，分子中的价电子就会跃迁到激发态，其跃迁方式主要有 $\sigma \rightarrow \sigma^*$、$n \rightarrow \sigma^*$、$\pi \rightarrow \pi^*$ 和 $n \rightarrow \pi^*$ 跃迁（图 5-10）。各种跃迁所需能量大小为：$\sigma \rightarrow \sigma^* > n \rightarrow \sigma^* > \pi \rightarrow \pi^* > n \rightarrow \pi^*$。

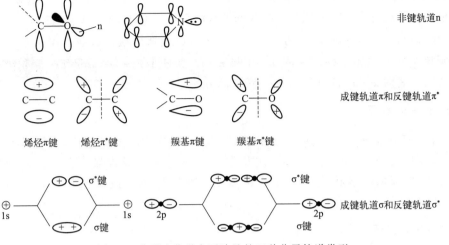

图 5-9　分子光化学主要涉及的五种分子轨道类型

电子能级间位能的相对大小顺序为：$\sigma < \pi < n < \pi^* < \sigma^*$（图 5-10）。一般电子总是填充在 n 轨道以下的各个轨道中，当受到外来激发时就会产生低能级的电子向高能级的跃迁。未成键孤对电子 n 容易跃迁到激发态。成键电子中，π 电子较 σ 电子具有较高的能级，而反键电子却相反。所以，分子的 $n \rightarrow \pi^*$ 跃迁需要的能量最小，吸收峰出现在长波段；$\pi \rightarrow \pi^*$ 跃迁的吸收峰出现在较短波段；而 $\sigma \rightarrow \sigma^*$ 跃迁需要的能量最大，出现在远紫外区。许多有机分子中的价电子跃迁，需要吸收波长在 $200 \sim 1000 nm$

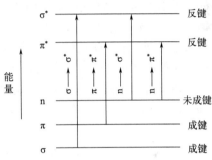

图 5-10　有机化合物的分子轨道和常见的电子跃迁类型

的紫外-可见光区域内的光，因此，紫外-可见吸收光谱是由于分子中价电子的跃迁而产生的，也可以称它为电子光谱。

（1）$\sigma \rightarrow \sigma^*$ 跃迁

成键 σ 电子由基态跃迁到 σ^* 轨道，这是所有存在 σ 键的有机化合物都可以发生的跃迁类型。在有机化合物中，由单键构成的化合物，如饱和烃类能产生 $\sigma \rightarrow \sigma^*$ 跃迁。引起 $\sigma \rightarrow \sigma^*$ 跃迁所需的能量最大，因此，所产生的吸收峰出现在远紫外区，吸收波长 λ 小于 $200 nm$，只能被真空紫外光度计检测到。比如，甲烷的 λ_{max} 为 $125 nm$，乙烷的 λ_{max} 为 $135 nm$。因此，一般不讨论 $\sigma \rightarrow \sigma^*$ 跃迁所产生的吸收带。由于只产生 $\sigma \rightarrow \sigma^*$ 跃迁的物质在吸收波长为 $200 nm$ 处不会出现吸收峰，所以饱和烃类化合物常被用作紫外-可见吸收光谱分析时的溶剂（如正己烷、环己烷、正庚烷等）。

（2）$n \rightarrow \sigma^*$ 跃迁

$n \rightarrow \sigma^*$ 跃迁是指分子中未成对的 n 电子跃迁到 σ^* 轨道；凡含有 n 电子的杂原子（如 N、O、S、P 和卤素等杂原子等）的饱和化合物都可以发生 $n \rightarrow \sigma^*$ 跃迁。由于 $n \rightarrow \sigma^*$ 跃迁比 $\sigma \rightarrow \sigma^*$ 所需能量小，所以吸收的波长会相对长一些，λ_{max} 约为 $200 nm$，但大多数化合物的吸收在小于 200nm 的区域内，λ_{max} 随杂原子的电负性不同而不同，一般电负性越大，n 电子被束缚得越紧，跃迁所需的能量越大，吸收的波长越短，如 CH_3Cl 的 λ_{max} 为 173nm，CH_3Br 的 λ_{max} 为 204nm，CH_3I 的 λ_{max} 为 258nm。$n \rightarrow \sigma^*$ 跃迁所引起的吸收，摩尔吸光系数一般不大，通常为 $100 \sim 300 L/(mol \cdot cm)$，比起 $\pi \rightarrow \pi^*$ 跃迁小 $2 \sim 3$ 个数量级。摩尔吸光系数的显著差别，是区别 $\pi \rightarrow \pi^*$ 跃迁和 $n \rightarrow \pi^*$ 跃迁的方法之一。

（3）$\pi \rightarrow \pi^*$ 跃迁

π 电子跃迁到反键 π^* 轨道所产生的跃迁，这类跃迁所需的能量比 $\sigma \rightarrow \sigma^*$ 跃迁能量小，若无共轭，则与 $n \rightarrow \sigma^*$ 跃迁差不多。波长在 200nm 左右。吸收强度大，ε 在 $10^4 \sim 10^5 L/(mol \cdot cm)$ 范围内，强吸收。若有共轭体系，则波长向长波方向移动，相当于 $200 \sim 700nm$。含不饱和键的化合物可发生 $\pi \rightarrow \pi^*$ 跃迁。

（4）$n \rightarrow \pi^*$ 跃迁

n 电子跃迁到反键 π^* 轨道所产生的跃迁，这类跃迁所需能量较小，吸收峰在 $200 \sim 400nm$ 左右。吸收强度小，$\varepsilon < 10^2 L/(mol \cdot cm)$，弱吸收。含杂原子的双键不饱和有机化合物 C＝S、O＝N—和—N＝N—；$n \rightarrow \pi^*$ 跃迁比 $\pi \rightarrow \pi^*$ 跃迁所需能量小，吸收波长长。

跃迁规则：电子轨道的对称性（或对映性）有两种情况。如果通过对称中心反演，描述轨道波函数的正负性未发生变化，则这种轨道为对称（gerade）的轨道，通常用英文字母 g 表示。如果通过对称中心反演，描述轨道波函数的正负性发生了变化，则描述轨道为非对称（ungerade）轨道，通常用英文字母 u 表示。常见轨道及其对称性如图 5-11 所示。

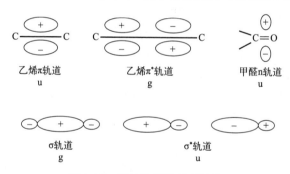

图 5-11　常见轨道及其对称性

宇称性（parity）规则：电子的跃迁通常是由于吸收一个光子引起的，由于光子波动性的存在，这要求电子跃迁前后其轨道的对称性发生改变，这就是所谓的宇称性规则。也就是说，电子跃迁前后轨道的对称性改变是允许的，而轨道对称性不变的跃迁是禁阻的。也就是说，u→u 跃迁和 g→g 跃迁是禁阻的，u→g 跃迁和 g→u 跃迁是允许的。例如，依据宇称性规则，$\pi \rightarrow \pi^*$ 跃迁、$n \rightarrow \pi^*$ 跃迁和 $\sigma \rightarrow \sigma^*$ 跃迁都是允许的，这些分别是 u→g 跃迁或 g→u 的跃迁；$\sigma \rightarrow \pi^*$ 跃迁、$\pi \rightarrow \sigma^*$ 跃迁和 $n \rightarrow \sigma^*$ 跃迁都是禁阻的，这些分别是 g→g 的跃迁或 u→u 跃迁。

Franck-Condon 原理：Franck-Condon 原理是光谱学和量子化学中的一条规则，它解释了电子振动跃迁的强度。该原理指出，在电子跃迁过程中，如果两个振动波函数重叠得越明显，则越有可能发生从一种振动能级到另一种振动能级的变化。

这个原理的名字来自詹姆斯·弗兰克和爱德华·康登的贡献。他们认为：电子跃迁的过程是一个非常迅速的过程，跃迁后电子态虽有改变，但核的运动在这样短的时间内来不及跟上，保持着原状（原来的核间距和振动速度）。由于电子和原子核质量的显著差别，电子的运动速度比原子核快得多，以至在电子跃迁过程中，原子核间距离基本保持不变。这表示在两个不同电子态的势能曲线之间，要用垂线来表示电子跃迁过程。这个原理就称为 Franck-Condon 原理。

图 5-12 中用 Ψ_0 代表基态，Ψ_a 代表激发态，ν 代表基态的振动能级，ν' 代表激发态的振动能级。在跃迁发生前，分子大多处于基态的最低振动能级（$\nu=0$）；在跃迁发生时，分子垂直跃迁到其上方的激发态，这是由于激发态势能面与基态势能面通常存在位移而到达激发态的较高振动态（$\nu'=4$）。根据量子力学基本概念，每个态都可以用一个波函数来描述，而跃迁时始态与终态的分子构型和动量是相似的，用量子力学语言来表示就是要求两个态波函数的重叠尽可能多。我们定义 Franck-Condon 积分$<\Psi_0\mid\Psi_a>$来表示这种重叠，则跃迁的概率就直接与$<\Psi_0\mid\Psi_a>^2$成正比，$<\Psi_0\mid\Psi_a>^2$ 被称为 Franck-Condon 因子。从 $\nu=0$ 开始的跃迁将与 $\nu'=4$ 的激发态振动能级产生最大交叠，这个振动带将是光谱中的最高峰。Franck-Condon 原理不仅适用于吸收光谱，也适用于发射光谱。

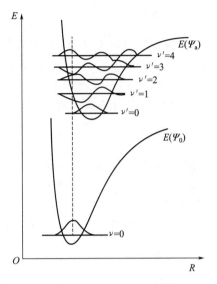

图 5-12　Franck-Condon 原理

5.1.2.4　有机化合物的吸收光谱

对于有机分子而言，生色团是分子中能吸收紫外可见光，而产生电子跃迁的基团，当它们与无吸收的饱和基团相连时，其吸收波长出现在 $185\sim1000nm$ 之间。根据生色团的吸收带类型，可将其分为：①产生于 $\pi\rightarrow\pi^*$ 跃迁的 K 带；②产生于 $n\rightarrow\pi^*$ 的 R 带；③产生于芳香化合物禁阻 $\pi\rightarrow\pi^*$ 跃迁的 B 带。

助色团是一些具有非键电子的基团，如—OH、—OR、—NHR、—Cl、—Br 等，它们本身不能吸收波长大于 $200nm$ 的光，但当它们与生色团相连时，会增加生色团的吸收强度，改变分子的吸收波长。当分子中含有两个或两个以上的生色团时，它们之间的相对位置将会影响分子的吸收带，其一般规律如下：

① 当分子中两个生色团被一个以上的碳原子分开时，产生的吸收等于两个生色团单独存在时的和。

② 当分子中两个生色团相邻时，其吸收波长相比只有一个生色团的情况出现在较长波长处，且吸收强度增强。

③ 当分子中两个生色团同时与一个碳原子相连时，其吸收情况是上述①、②两种极端情况的中间状态。

吸收峰的位置及强度和吸收带的特征与溶剂的性质有关。吸收带是指吸收峰在吸收光谱中的波带位置。一般说来，随着溶剂极性的增加，$n\rightarrow\pi^*$ 跃迁时的吸收带向短波移动，而

$\pi \rightarrow \pi^*$ 跃迁带的吸收带向长波移动。吸收光谱的最大吸收峰位（λ_{max}）向长波方向移动，这种现象称为红移现象（bathochromic shift 或 red shift）；当吸收光谱峰位向短波方向移动，这种现象则称为蓝移现象（hyposochromic shift 或 blue shift）。吸光度增加的现象称为增色效应，吸光度降低的现象称为减色效应。

识别这些吸收带，有助于在解析紫外-可见吸收光谱时了解分子中存在何种基团及其与分子结构的关系。$\pi \rightarrow \pi^*$ 和 $n \rightarrow \pi^*$ 跃迁所涉及的吸收带可分为 4 类。

（1）R 带

R 吸收带因德文 Radikal（基团）而得名。R 带是共轭分子的含杂原子基团的吸收带，如 C=O、N=O、N=N 等基团，由 $n \rightarrow \pi^*$ 跃迁产生，为弱吸收带，摩尔吸光系数 ε 一般小于 100L/(mol·cm)，最大吸收波长较长，一般大于 270nm；随着溶剂极性的增加，R 带会发生蓝移；附近如有强吸收带，R 带有时会红移，有时可能观察不到。

（2）K 带

K 吸收带因德文 Konjugation（共轭作用）而得名，是由共轭 π 键产生的 $\pi \rightarrow \pi^*$ 跃迁所形成的，如共轭烯烃、烯酮等。K 带的吸收强度很高，一般 ε 大于 10000L/(mol·cm)，最大吸收波长比 R 带短，为 217~280nm。K 带随共轭双键数目的增加，会产生红移和增色效应，属于分子的特征吸收带，可用于推断有机化合物的共轭结构。

（3）B 带

B 吸收带因德文 Benzenoid（苯的）而得名，是方向化合物的特征吸收带，如芳香和杂环化合物 $\pi \rightarrow \pi^*$ 的特征吸收带。苯的 B 吸收带在 230~270nm 之间，并出现包含有多重峰或精细结构的宽吸收带。故常用 B 带的精细结构来辨别芳香族化合物。但是在极性溶剂中或有取代基与苯环相连时，B 带精细结构消失并产生红移；当苯环与生色团共轭时，则会产生 K 和 B 两种吸收带，有时还会有 R 吸收带。它们的波长顺序一般为 R>B>K，如乙酰苯同时具有 R 带 [$\lambda_{max}=319$nm，$\varepsilon=50$L/(mol·cm)]、B 带 [$\lambda_{max}=278$nm，$\varepsilon=1.1\times10^3$ L/(mol·cm)] 和 K 带 [$\lambda_{max}=240$nm，$\varepsilon=1.3\times10^4$L/(mol·cm)]。

（4）E 带

E 吸收带因德文 Ethylenic（乙烯）而得名，是芳香化合物另一类型的特征吸收峰，可认为是苯环内 $p \rightarrow p^*$ 跃迁所形成的。E 带可分为 E1 带（$\lambda_{max} \approx 180$nm）和 E2（$\lambda_{max} \approx 200$nm）带，二者都是强吸收带，相比之下，B 带则是较弱的吸收带。它们的最大吸收波长顺序为 E1>E2>B。当苯环上有助色团取代基时，E2 带红移（$\lambda_{max} \approx 210$nm）；当苯环与生色团共轭时，E2 常与 K 带合并为 K 带，并产生显著红移。例如，苯乙酮的 R 带（$\lambda_{max}=319$nm）、K 带（$\lambda_{max}=240$nm）和 B 带（$\lambda_{max}=278$nm），相比丙酮的 R 带（$\lambda_{max}=276$nm）、苯的 E2 带（$\lambda_{max}=204$nm）及 B 带（$\lambda_{max}=256$nm）均有显著红移，这是由于苯乙酮中的羰基与苯环形成了共轭体系。

（5）分子内电荷转移吸收带（ICT 带）

当有机分子内存在离域 π 键，且在 π 键两端接上电子给体（D）和电子受体（A）后，可形成 "D-π-A" "D-π-D" 和 "A-π-A" 型分子（见图 5-13）。具有这种结构的有机分子受光激发后很容易发生分子内的电荷转移（intramolecular charge transfer，ICT），相应的吸收带必定位于吸收光谱的长波长区域，具有明显红移并伴随增色效应，这种吸收带称作ICT吸收带。电子给体（donor，D）是指那些能活化苯环的取代基，通常为第一类定位基（即邻、对位定位基，也为斥电子基或给电子基），如—NR_2、—OH、—OR和—R等。电子受体（acceptor，A）是指那些钝化苯环的取代基，通常为第二类定位基（即间位定位基，也为吸电子基），如—$COOH$、—NO_2、—CHO和—CF_3等。

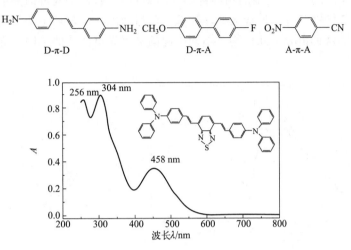

图 5-13 "D-π-A""D-π-D"和"A-π-A"型分子和苯并噻二唑衍生物的
紫外-可见吸收光谱

（溶剂：二氯甲烷，浓度：1×10^{-5} mol/L）

5.1.2.5 影响有机分子紫外-可见吸收光谱的因素

（1）共轭效应

π-π共轭效应。分子的吸收峰位和摩尔吸光系数与分子结构有着密切关系，有机分子随着共轭程度提高，电子的离域作用增大，使得吸收带的峰位红移并伴随增色效应，这种现象称作π-π共轭效应（conjugation effect）。共轭双键越多，吸收峰红移越显著（图5-14）。

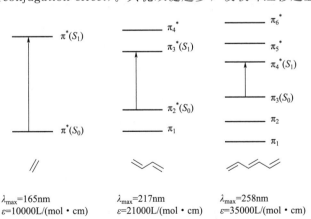

图 5-14 π-π共轭效应与吸收峰红移的关系

σ-π超共轭效应。当分子共轭体系中存在烷基时，烷基中C—H键的σ电子可与共轭体系的π电子产生超共轭效应（σ-π hype-conjugation），这种σ-π超共轭效应也将导致吸收波长红移，如图5-15所示。

（2）空间效应

有机化合物吸收波长和摩尔吸光系数与分子的几何构型、空间效应（spacial effect）密切相关。图5-16给出了二苯乙烯的两种构型（E型和Z型），从两者的分子构型上看，前者的两个苯环可与乙烯键共平面形成大共轭体系，而后者的两个苯环由于空间阻碍与乙烯键不能很好地共平面，这种由分子几何构型不同引起的吸收光谱性质的不同，称为空间效应，又称平面性效应。

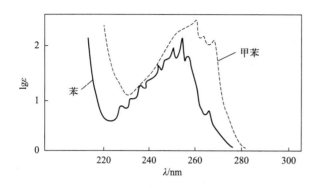

图 5-15　甲苯和苯的紫外-可见吸收光谱

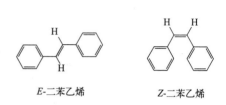

图 5-16　E型和Z型二苯乙烯的结构

（3）溶剂效应

物质的吸收光谱通常是在稀溶液中测试的，因此溶剂对吸收光谱的影响不可忽视。分子的最大吸收峰位（λ_{max}）和摩尔吸光系数（ε）受溶剂极性影响的现象称为溶剂效应（solvent effect）。表5-1列出常见溶剂的极性顺序，表中随着序号增大，溶剂的极性亦增大。图5-17为巴比妥酸衍生物在不同溶剂中的紫外-可见吸收光谱，其最大吸收峰位置和吸收峰强度都受到溶剂的影响。

表 5-1　常见溶剂的极性顺序

序号	溶剂名称	序号	溶剂名称	序号	溶剂名称
1	正己烷	7	正丁醇	13	乙醇
2	环己烷	8	异丁醇	14	丙酮
3	甲苯	9	四氢呋喃（THF）	15	DMF
4	对二甲苯	10	乙酸乙酯	16	乙腈
5	氯苯	11	氯仿	17	甲醇
6	乙醚	12	二氧六环	18	乙酸

（4）取代基效应

取代基的结构也会对分子吸收光谱产生影响，这一现象称为取代基效应（substituted group effect）。以卟啉衍生物为例（见图5-18），取代基不同，卟啉化合物在紫外-可见-区域的 420nm 范围内的强吸收峰位置（Soret 带）不同，表 5-2 列举了 3 种含有不同结构取代基的四苯基卟啉衍生物（TPP）对应的 Soret 带。

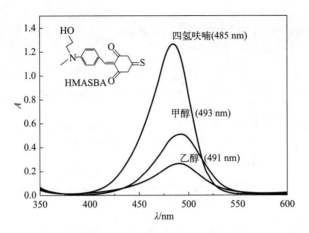

图 5-17 巴比妥酸衍生物在不同溶剂中的紫外-可见吸收光谱

（浓度为 1×10^{-5} mol/L）

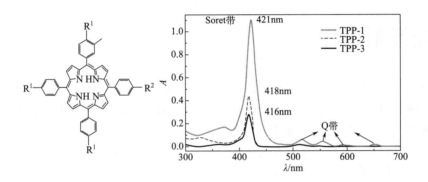

图 5-18 四苯基卟啉衍生物的吸收光谱图（THF，浓度为 1×10^{-6} mol/L）

表 5-2 四苯基卟啉衍生物的取代基结构及其吸收峰位

名称	取代基结构		Soret 带
	R^1	R^2	
TPP-1	—CH=CHPhNPh$_2$	—OOC—PhNO$_2$	421nm
TPP-2	—OOC—PhNPh$_2$	—OOC—PhNPh$_2$	418nm
TPP-3	—Br	—OOC—PhNO$_2$	416nm

（5）浓度效应

物质的吸收光谱一般在很稀的（$\leqslant 1 \times 10^{-5}$ mol/L）溶液中测得，因为只有在很稀的溶液中才能避免分子间的相互作用，真实反映出分子的光谱行为。如图 5-19 所示，当浓度增大时，分子间的相互作用加强，常常导致吸收峰位红移、吸光度发生变化（一般是增强），这种现象称为浓度效应（concentration effect）。

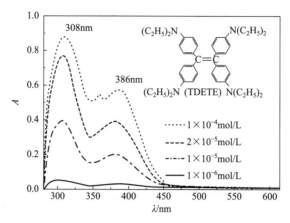

图 5-19　TDETE 在不同浓度的甲苯溶剂中的紫外-可见吸收光谱

（其中在 $1×10^{-6}$ mol/L 浓度下的吸收光谱已缩小至原来的 $\frac{1}{3}$）

5.2 光发射过程

发光材料受到激发（光照、外加电场或电子束的轰击等）后，材料本身只要不发生化学变化，总要恢复到原来的平衡状态，这样一部分能量会以光或热的形式释放出来，如果这部分能量以可见光或近可见光的电磁波形式发射出来，就称为光发射（发光）。通常光发射分为两种：荧光和磷光。物质受激时发光称为荧光，持续时间一般小于 10^{-8} s；外来激发停止后物体继续发光称为磷光，一般持续时间大于 10^{-8} s。

5.2.1 无机材料光发射

5.2.1.1 无机材料光发射过程

光发射过程与光吸收过程相呼应，根据发光材料的能带结构可将光发射大致分为下面 3 种。

（1）导带到价带的跃迁

导带的电子跃迁到价带与价带中的空穴直接复合发射光子，这称为本征跃迁，电子和空穴的复合主要发生在能带的边缘；载流子存在热分布，使得发射光谱有一定的宽度。发射出的光子频率符合下面的公式：

$$\hbar\omega \geqslant E_g \qquad\qquad (5\text{-}11)$$

（2）激子复合

激子的能量稍低于导带能量，激子跃迁回价带并与空穴复合后，能量就会以光子的形式释放出来，即发光。

（3）缺陷存在时的光发射

能带和杂质能级之间的跃迁如图 5-20 所示，缺陷存在时的光发射过程主要有 5 种形式。

① 导带到价带。导带（conduction band）中的电子跃迁到价带（valence band）与价带中的空穴直接复合发射光子。

② 导带到施主。热平衡后，施主能级 D 俘获导带中的电子，即导带中的电子跃迁到施主能级 D，导带和施主能级 D 的能量差以光子的形式释放出来。

③ 导带到受主。导带中的电子和受主能级 A 上的空穴复合而发光。

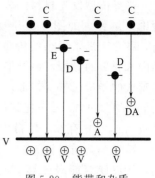

图 5-20　能带和杂质
能级之间的跃迁

④ 施主到价带。被束缚在中性杂质施主能级 D 上的电子和一个价带中的空穴复合发光。

⑤ 施主到受主。被俘获在施主能级 D 中的电子可以与被俘获在受主能级 A 中的空穴复合而发光。该发光过程在实际中经常遇到，当掺杂浓度较低时，可以将分散在母体中的施主和受主当作类氢原子处理，即将受主和施主看成点电荷，把母体晶格看作连续介质。在施主-受主间电子和空穴跃迁复合而发光。此时的光子能量为：

$$\hbar\omega = E_g - (E_D + E_A) + \frac{e^2}{4\pi r \varepsilon \varepsilon_0} \tag{5-12}$$

式中，E_g 为能隙；E_D 和 E_A 分别为施主能级和受主能级的能量；e 为电子电荷量；ε 为晶格介电常数；ε_0 为真空介电常数；r 为发生跃迁发光的施主能级和受主能级中心间的距离。

5.2.1.2　无机材料光发射机理

晶体材料结构都是周期性排列的，内部原子之间的相互作用较强，导致原子能级发生变化，很多相近的能级将构成能带。在合成过程中产生的结构缺陷或杂质缺陷，破坏了无机化合物晶体内部的规则排列，从而形成缺陷能级。当外部光源照射无机物时，电子就会在各种能级间跃迁，从而产生发光现象。

发光现象分为激活发光与非激活发光。激活发光是指由在基质晶格中的杂质原子引起的发光，其中杂质原子被称为激活剂或者发光中心。非激活发光（或叫自激活发光）是由于发光材料基质的热歧化作用出现的结构缺陷所引起的发光。这种发光不需要掺加激活杂质，因此叫作非激活发光。

大部分发光材料属于激活型的发光材料。在这些材料中，入射光可以直接被激活剂吸收，也可以被基质吸收，这两种吸收过程有明显的不同。在第一种情况下，激活剂的电子向较高的能级跃迁，甚至与激活剂完全脱离，使激活剂跃迁到离化态，形成"空穴"。在第二种情况下，基质吸收能量形成空穴和电子，空穴可能沿晶格移动，并被束缚在各个发光中心上。

有两种过程可以导致发光：一种过程是电子返回到较低（初始）能级，第二种过程是电子和离化中心（或空穴）再结合（复合）。某些材料的发光只和发光中心内的电子跃迁有关，这种材料叫作"特征型"发光材料，过渡元素和稀土金属离子以及类汞离子是这种材料的发光中心。

（1）无机材料荧光的产生过程

半导体型发光材料的发光机理一般用固体能带理论来解释。如图 5-21 所示，对于一般的发光材料，存在充满了电子的价带和电子可在其中自由运动的未充满的导带，各能带之间由一定的间隔分开，即禁戒的能量区带（禁带）。在掺入激活剂时所产生的能级 A_1 和 A_2 分布在禁带中。同时，电子的俘获能级 （A_3）也存在于禁带中，这种能级是由各种缺陷（特别是杂质缺陷）决定的。由于陷阱的性质不同，所以俘获能级能够具有不同的深度。能级 A_1 对应于激活剂的未激发态（基态），在这种状态中电子是充满的，而能级 A_2（激发态）和能级 A_3 均为自由的状态。当发光材料被激发时，光能无论是在激活剂能级上还是在基质中都会被吸收。

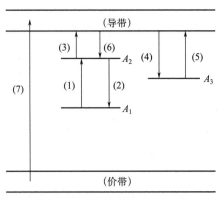

图 5-21　半导体型发光材料最简单的能带图

在第一种情况中，光的吸收伴随着从激活剂基态能级 A_1 到激发态能级 A_2 的电子跃迁（1），而光辐射发生在跃迁（2）的情况下，这对应于电子返回到基态能级。在这种情况下产生的"荧光"，其延续时间为 $10^{-9} \sim 10^{-8}$ s。

（2）无机材料磷光的产生过程

由光的激发而逃逸出的一些电子能够跃迁到导带（3），并被限制在陷阱里（4）。如果再把必需的能量传递给这些电子（例如对发光材料加热或施加红外光的作用），电子能由陷阱中释放出来（5）。这时电子可能会重新被陷阱俘获，也可能通过导带跃迁到激活剂能级（6），并与发光中心复合。这引起了长时间的发光，即"磷光"，这种发光一直持续到所有被陷阱俘获的电子都被释放出来并与离化中心复合为止。激发停止后发光持续的时间称为余辉时间，通常 $\geqslant 10^{-8}$ s。根据余辉时间的长短，磷光又可以分为短期磷光（余辉时间 $\leqslant 10^{-4}$ s）和长期磷光（余辉时间 $\geqslant 10^{-4}$ s）。

（3）敏化过程

在发光材料基质中，吸收光时电子由价带跃迁到导带（7），同时在价带中会形成一些空穴，空穴会迁移并可能被限制在激活剂的能级上。导带中的电子与激活剂能级上的空穴复合时可发生辐射。如果晶格中的一些其他杂质吸收了能量，而这种杂质的辐射光谱和激活剂的吸收光谱一致，那么这种杂质所吸收的能量就可能传递给激活剂，这种杂质就是敏化剂。

（4）施主-受主模型

普勒纳和威廉斯提出的"施主-受主"模型能级图如图 5-22 所示。基态能级 A_1 靠近价带，而激发态能级 A_2 在导带底下方。在光激发下形成电子与空穴之后，能级 A_1 可从价带俘获空穴，能级 A_2 可从导带俘获电子，能级 A_2 上的电子可跃迁至能级 A_1 从而发光。在很多情况下都可用"施主-受主"模型来解释发光过程。

（5）位形坐标模型

对于特征型的发光材料，电子跃迁发生在发光中心的内部，可用位形坐标模型（单坐标模型）来描述发光中心的能量状态和变化。位形坐标表示发光中心离子与周围晶格环境中分布的离子所构成的体系的能量（纵坐标）与周围晶格离子的位形（横坐标）的关系。如图 5-23 所示，位能曲线 a_1 和 a_2 分别描述发光中心在未激发和激发状态下晶体发光中心能量与周围离子距离之间的关系。其中，点 E_{10} 和 E_{20} 分别对应 0K 下发光中心的未激发态和激发态，水平线则表示原子核在高于 0K 时相对于平衡位置发生的振动。系统的激发用 E_{10} 到 E_2 的跃迁来描述。然后，部分能量以声子的形式传输给晶格，系统则到达平衡位置 E_{20}，最后发生 E_{20} 到 E_1 的辐射跃迁。在这种情况下，$E_2 - E_{10} > E_{20} - E_1$。从而解释了斯托克斯损耗，它导致辐射光相对于吸收光谱向长波范围移动。

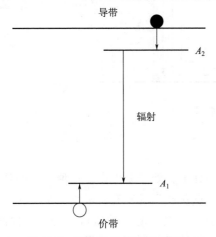

图 5-22　普勒纳和威廉斯提出的
"施主-受主"模型能级图

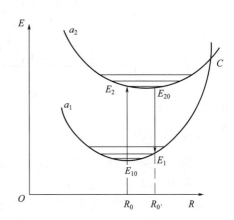

图 5-23　特征型发光材料的位形坐标模型

　　需要特别指出的是，一般激发态的平衡距离 $R_{0'}$ 与基态的平衡距离 R_0 不相等，且发光中心离子可以处在不同的振动能级上，因此，吸收、激发和发光光谱往往表现为宽的能带。当发光中心吸收激发能时，系统的能量将由基态垂直到达激发态（对应电子的跃迁过程），而横向位移是原子核之间距离的变化。由于电子的质量比原子核的质量小得多，而运动速度快得多，所以在电子的快速跃迁过程中，可以近似地认为晶体中原子间的相对位置保持恒定不变，原子核只有稍后才占据合适的位置，从而导致 a_1、a_2 位移了 ΔR（$\Delta R = R_{0'} - R_0$）。

　　若温度高到某一值时，激发态的系统由曲线的交点 C 来表示，那么系统能够沿着曲线 a_1 降下来，而没有辐射。这种在中心内部把吸收的能量转变成热能的猝灭被称为"内部猝灭"。发光中心的单坐标模型可在一定情况下解释吸收和辐射光谱的形式及其和温度的关系。

5.2.2　有机材料光发射过程

5.2.2.1　Jablonski 能级图

　　Jablonski 能级图简洁直观地描述了分子的能级和电子跃迁的物理过程。如图 5-24 所示，分子在被激发和去活化的过程中经历了多种光物理过程，分子被激发后，一般会经历光子的吸收、振动弛豫（vibration relaxation）、内转换（internal conversion）、外转换（external conversion）、系间窜越（intersystem crossing）及反向系间窜越、荧光（fluorescence）、磷光（phosphorescence）和猝灭等形式的去活化过程，以下分别进行介绍，其中重点介绍

"荧光"和"磷光"。

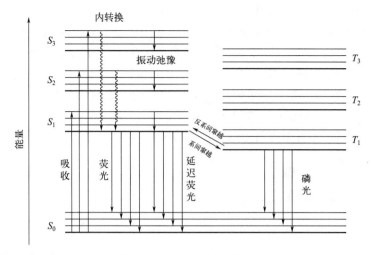

图 5-24   Jablonski 能级图

（1）光子的吸收

分子的激发需要吸收一定的能量，吸收能量之后，分子就处于激发态，这种激发态是不稳定的，很容易以各种方式将这种能量释放出来。从基态跃迁到激发态时吸收能量，后又重新回到稳定的基态，这一过程称为激发态的失活或者猝灭。失活的过程既可以是分子内的，也可以是分子间的；既可以是物理失活，也可以是通过化学反应失活。分子内的失活是不可避免的。

（2）振动弛豫

振动弛豫（vibration relaxation，VR）：当分子吸收光辐射后可能从基态的最低振动能级（$\nu=0$）跃迁到激发单重态的较高振动能级上。在液相或压力足够高的气相中，分子间的碰撞概率很大，分子可能将过剩的振动能量以热的形式传递给周围环境，而自身从激发态的高振动能级跃迁至该电子能级的最低振动能级上，这个过程称为振动弛豫。发生振动弛豫的时间的数量级为 10^{-12}。

（3）内转换

内转换（IC）属于分子内过程，具体属于相同多重态（单重态或者三重态）的两个电子能级间，电子由高能级回到低能级的分子内过程。内转换发生在具有相同多重性的电子能态之间的非辐射跃迁中。分子很快地从 S_n 态失活降到一个较低的电子能态（如 S_{n-1} 态）的等能量振动能层而产生非辐射跃迁，随后分子再通过振动弛豫过程降到 S_{n-1} 能级的最低振动能层。能级间隔越小，S_n 与 S_{n-1} 势能曲线之间的振动能级交叉程度越大，内转换效率越高，内转换速率常数 k_{IC} 越大。

（4）系间窜越

将从单重态到三重态的非辐射转变称为系间窜越（intersystem crossing，ISC），或者将处于激发态分子的电子发生自旋反转而使分子的多重性发生变化的非辐射跃迁的过程称为系间窜越。按照电子跃迁规则（选律），自旋多重度不同的能级间的电子跃迁是自旋禁阻跃迁，但是，通过自旋-轨道耦合（spin orbital coupling，SOC）作用，有可能实现单重态和三重态之间原本禁阻的跃迁。

（5）反向系间窜越

在环境热量的作用下，三重态的分子会跃迁回到单重态，这个过程即为反向系间窜越或逆向系间窜越（reverse intersystem crossing，RISC），随后单重态跃迁到基态辐射发出荧光，这样的荧光称为延迟荧光或者延时荧光（delayed fluorescence，DF）。

5.2.2.2 荧光（有机荧光物理过程）

（1）荧光发射过程

有机材料中除了第一激发态，其他激发态的寿命都非常短，它们可以在皮秒时间内将能量通过内转换过程以非辐射振动热能的方式衰减到第一激发态。单线态和三线态的第一激发态（S_1 和 T_1）的寿命都相对较长。通常情况下，S_1 态的寿命为 $10^{-9} \sim 10^{-6}$ s 范围。将电子从 S_1 到基态的辐射跃迁过程定义为荧光过程，所发出的光称为荧光（图5-25）。

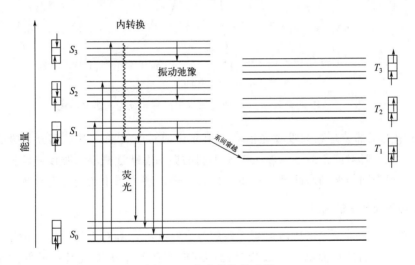

图 5-25　荧光的发射过程

荧光发射是分子从单重态激发态跃迁到基态的辐射现象。光的辐射遵循卡莎规则（图5-26），即光的辐射（荧光或者磷光）或者光化学反应只从一定多重性的最低电子能态发生，也就是说荧光是分子从最低单重态激发态（S_1）辐射跃迁到基态的过程。荧光寿命为纳秒级。

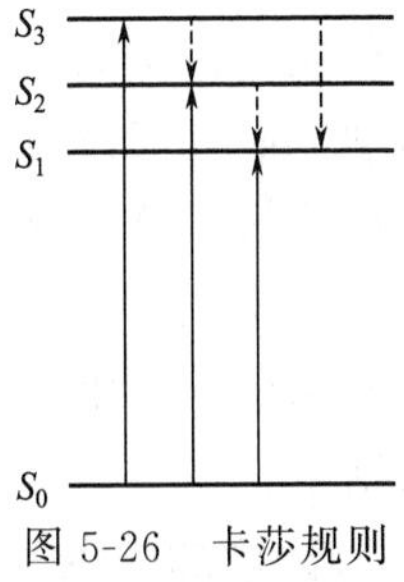

非辐射跃迁过程不仅存在于激发态和基态之间，不同的激发态之间也存在非辐射跃迁，被称为"内转换（internal conversion）"，而内转换速率常数（k_{IC}）则与激发态之间的能量差相关（被称为 energy gap law）。

图 5-26　卡莎规则的图像表述

$$k_{IC} \approx 10^{12-2\Delta E} \tag{5-13}$$

内转换速率非常快，在荧光发射出来之前就已经完成，那么无论激发到什么激发态，荧光发出之前都是处于能量最低的激发态的，于是就只有一个激发态发光。内转换速率常数（k_{IC}）往往和辐射跃迁速率（k_r）有四个数量级的差距：

$$\frac{k_r}{k_{IC}} \leqslant 10^{-4} \tag{5-14}$$

图 5-27 中给出了苝分子的紫外-可见吸收光谱和荧光（发射）光谱。值得注意的是，在谱图中明显看出吸收和发射光谱呈现镜像对称关系。这种镜像对称关系是 Franck-Condon 原理最有力的实验证据。从中可以推导出每个吸收（发射）带的跃迁归属。

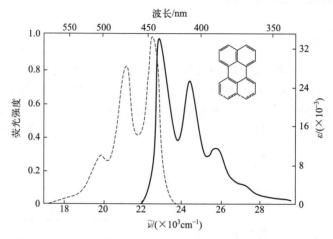

图 5-27 苝的紫外-可见吸收光谱（实线）和荧光光谱（虚线）

图 5-28 中上半部分是蒽的吸收光谱和发射光谱的对应关系，下半部分是吸收带和发射带的归属，在激发时对应于终态（激发态）不同的振动态跃迁概率（强度）不同，同样在发射时对应于基态不同的振动态跃迁概率也不同，这就呈现了图中的镜像对称现象。

（2）影响荧光产生的因素

一般来说，一个强荧光物质所需要具备的基本特征有：具有大的共轭 π 键结构；具有较为刚性的结构，特别是平面结构；取代基团中有较多的给电子取代基；最低的单重激发态 S_1 为 $\pi \rightarrow \pi^*$ 型跃迁。当然，这些"规则"并不是绝对的，只不过是人们在科学研究中的一些归纳总结而已，但却具有相当的普遍意义。

① 具有大的共轭 π 键结构的化合物容易产生荧光　共轭体系越大，离域 π 电子越容易被激发，相应地，荧光越容易产生。一般来说，芳香体系越大，其荧光峰越容易向长波方向移动，而且荧光强度往往也越强。对于同样共轭环数的芳香化合物，线形分子结构的荧光波长比非线形结构分子的荧光波长要长。

② 增加分子的刚性平面结构有利于荧光产生　大量研究表明，具有刚性结构（特别是平面结构）的化合物有着较好的荧光性能，这主要是振动和转动耗散引起的内转换概率减小的结果。

③ 增加助色基团有利于荧光的产生　一般来说，化合物的共轭体系上如果具有强给电子基团，如—NR_2、—OH、—OR 等，可以在一定程度上加强化合物荧光发射，因为含这

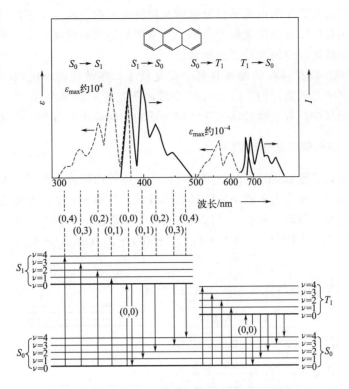

图 5-28　蒽的吸收光谱和发射光谱的对应关系及其归属

类基团的荧光材料的激发态常由环外的羟基或氨基上的电子转移到环上而产生。由于它们的电子云几乎与芳环上的 π 轨道平行,实际上它们共享了共轭电子结构,同时扩大了其共轭双键体系,所以这类化合物的吸收和发射光谱的波长都比未取代的芳香化合物的波长要长,且荧光量子产率(荧光量子效率)也高。

与给电子取代基相反,吸电子取代基如羰基、硝基、重氮基团等会减弱本体的荧光发射。这主要是由于这些基团所引起的 $\pi \rightarrow \pi^*$ 跃迁是禁阻跃迁,结果是 S_1 到 T_1 的系间窜越被加强,在实验中可以观察到荧光减弱和磷光增强的现象。例如,二苯甲酮的 S_1 到 T_1 的系间窜越效率接近于 1。

如果在荧光发色团上引入重原子如 Cl、Br、I 等,会导致荧光减弱和磷光增强,这种现象称为"重原子效应",原因是重原子的存在使得荧光发色团中的电子自旋-轨道耦合作用加强,从而显著增加了 S_1 到 T_1 的系间窜越效率。

④ 化合物中含杂原子不利于荧光产生　大多数不含 N、O、S 等杂原子的有机芳香荧光物质的 S_1 态均属 $\pi \rightarrow \pi^*$ 型跃迁,它们的吸收跃迁摩尔吸光系数 ε 的数量级大约是 10^4,比 $n \rightarrow \pi^*$ 和 $n \rightarrow s^*$ 跃迁大两个数量级以上,相应的荧光跃迁概率高、强度大、量子效率高。而大多数含 N、O、S 等杂原子的有机芳香荧光物质的 S_1 态均属 $n \rightarrow \pi^*$ 型跃迁,$n \rightarrow \pi^*$ 跃迁属于自旋禁阻跃迁,ε 一般都小于 10^2,相应的荧光强度很弱,或不发光。

⑤ 溶剂的影响　增大溶剂极性,一般有利于荧光的产生,例如喹啉、吡啶、吖啶在非极性溶剂中无荧光产生,而在极性溶剂中它们都可以产生荧光,4-N,N-二甲基黄酮在环己烷中的荧光量子产率为 0.007,而在乙腈中为 0.96。黄酮类化合物在质子性溶剂中荧光量子

产率会明显下降，这是分子内电荷转移导致荧光猝灭造成的。此外，溶剂的黏度增加，有氢键生成或吸附发生都可以提高荧光量子产率，这主要是溶剂的黏度增大，吸附的发生，减少了分子内的振动和转动造成的能量弛豫所致。

⑥ 温度的影响　降低体系的温度有利于荧光量子产率的提高，例如，顺式二苯乙烯在25℃时，观察不到荧光现象，但在－196.15℃时，荧光量子产率为0.75，这是因为温度降低后，分子热运动减少，分子通过热振动实现失活的比例减小，有利于荧光的发射。

5.2.2.3　磷光（有机磷光物理过程）

经由系间窜越到三重态激发态的激子，可进一步通过内转换、外转换而失活，又可通过磷光辐射衰减。由于三重态到单重态的跃迁概率较低，三重态的平均寿命达毫秒级，甚至数秒。分子的磷光起源于最低三重态，所以磷光寿命与三重态的平均寿命基本一致。磷光的过程可以表述为：$S_n(IC \rightarrow VR) \rightarrow S_1 \rightarrow ISC \rightarrow T_n(IC \rightarrow VR) \rightarrow T_1 (n=0) \rightarrow S_0 (n=i)$（图5-29）。

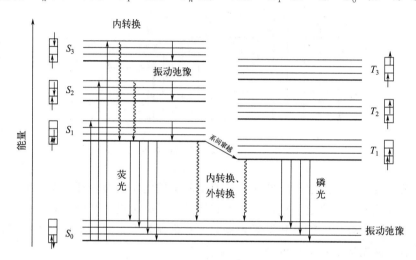

图 5-29　磷光的产生过程

由于磷光发射时存在自旋禁阻的过程，因此磷光通常难以直接测定，尤其是在溶液中，可以通过以下方法增强磷光发光现象。

① 引入重原子。重原子可以增强自旋-轨道耦合作用，提高电子自旋翻转的概率，进而提高系间窜越效率、磷光跃迁效率以及磷光量子产率。重原子效应包括分子内重原子效应和分子外重原子效应，分子内重原子效应是指研究对象的分子内含有Br、I或中间数原子等元素。分子外重原子效应是指重原子与研究分子存在相互作用（如H…I键），或者用含有重原子的试剂（如使用碘甲烷替代普通溶剂）来溶解被研究的分子。

② 提高分子刚性。同增强荧光强度一致，提高体系刚性有利于减少振动引起的能量耗散，从而提高辐射跃迁速率。

③ 降低体系温度。温度降低，可以降低与磷光辐射跃迁过程竞争的非辐射跃迁速率，从而提高辐射跃迁速率。

④ 引入顺磁性分子。顺磁性分子（如O_2、NO等）有类似于重原子的功效，可以提高自旋-轨道耦合作用，从而提高系间窜越效率、磷光跃迁效率以及磷光量子产率。

5.2.3 有机分子激发态能量转移

激发态能量转移可以发生在分子之间和分子内部。对于分子之间的能量转移来说，它既可以发生在相同的分子之间，也可以发生在不同的分子之间；分子内部的能量转移是指同一分子中的两个或几个发色团之间的能量转移，这些发色团既可以是相同的，也可以是不同的。

能量转移可以分为两大类，即辐射转移和无辐射转移。一个给体和一个受体之间的辐射能量转移是一个两步过程，可以表示如下：

$$D^* \longrightarrow D + h\nu \tag{5-15}$$

$$h\nu + A \Longrightarrow A^* \tag{5-16}$$

第一步是被激发的给体 D^* 发射一个光子（$h\nu$），第二步是受体 A 吸收光子而处于激发态 A^*。辐射能量转移的第一个特点是它不涉及给体与受体间的直接相互作用，因而在稀溶液中它可能占主导地位。一般来说，属于这种转移的给体-受体间距离约为 $5\sim10nm$。辐射能量转移的第二个特点是转移的概率与激发态给体 D^* 发射的量子产率、受体 A 的浓度和吸收（吸光）系数、D^* 的发射光谱与 A 的吸收光谱重叠程度有关（图 5-30）。

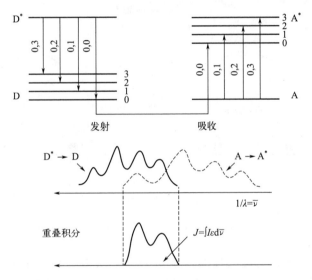

图 5-30　发生能量转移时给体的发光光谱和受体的吸收光谱的交叠

相对于两步过程的辐射能量转移，无辐射能量转移过程是一个一步过程，可简单表示为

$$D^* + A \Longrightarrow D + A^* \tag{5-17}$$

无辐射能量转移必须遵循体系总能量守恒定律，这就要求 $D^* \to A$ 和 $A^* \to A$ 的能量相同。其次，自旋守恒也是能量转移速率的重要决定因素，即能量转移前后体系的总自旋角动量不变。

无辐射能量转移过程是受不同机理支配的。它们是库仑转移机理（Förster 机理）和交换转移机理（Dexter 机理）。当给体与受体分子距离较远时（在 $5\sim10nm$ 之间），二者通过偶极作用发生库仑能量转移，光子从一个处于激发态的分子（D）发出，被另一个处于基态的分子（A）所吸收，见图 5-30。发生 Förster 能量转移时，其发生的概率正比于给体分子的发光光谱和受体分子吸收光谱的交叠程度。相比而言，交换转移是接触型短距离的能量转移，当给体与受体分子间的距离在 0.5～1nm 时，二者的电子云重叠，处于激发态的分子上的电子和空穴直接迁移到处于基态的邻近分子上，在载流子迁移的同时完成能量的转移。

图 5-31 为 Förster 和 Dexter 机理的能量转移过程中电子之间的相互作用，其中黑色实心圆表示填在基态上的惰性电子，空心圆表示参与作用的电子。在图 5-31（a）中，库仑微扰的本质用激发给体 D^* 的轨道上的电子 1 和基态受体 A 的轨道上电子 2 的相互作用（虚线）来表示。电子 1 的轨道运动（振动）使电子 2 的轨道运动（振动）受到微扰。如果发生共振，则电子 2 进入振动运动（即被激发），电子 1 运动弛豫（即去激），这样便可以发生能量转移，即实现了 $D^*+A\longrightarrow D+A^*$，图 5-31 包含了其逆过程。

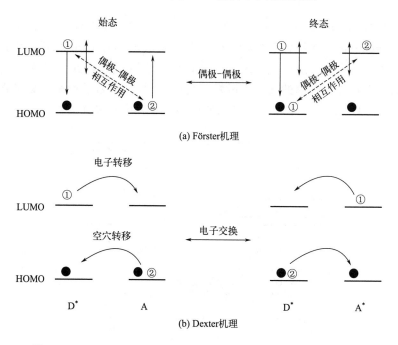

(a) Förster机理

(b) Dexter机理

图 5-31　Förster 和 Dexter 机理的能量转移的电子之间的相互作用

如图 5-31（b）所示，交换微扰的本质用 D^* 的 LUMO 轨道电子 1 与基态受体 A 的 LUMO 的重叠（用箭头表示）和 A 的 HOMO 轨道电子 2 与受激发给体 D^* 的 HOMO 的重叠（用箭头表示）表示。这些重叠可以看作是电荷转移。在极端情况下，电子 1 完全转移到 A 的 LUMO 轨道上，电子 2 则完全转移到 D 的 HOMO 轨道上，最后结果是碰撞导致能量转移 $D^*+A\longrightarrow D+A^*$；库仑相互作用与交换相互作用有以下明显区别：

① 库仑相互作用表示在某一距离上的作用，即原先在 D^* 上的电子留在 D 上，原先在 A 上的电子留在 A^* 上。换言之，库仑共振相互作用是通过电磁场而实现的，它不需要相互作用的双方实体接触。基本机制是 D^* 诱导 A 的偶极振动。

② 交换相互作用表示双重电子取代反应，即原先在 D^* 上的电子跳到 A 上，同时在 A 上的一个电子跳到 D^* 上。换句话说，交换共振相互作用是通过电子云的重叠而发生的，它要求相互作用的双方实体接触。

5.2.4 发光性能参数

5.2.4.1 发光光谱

发光光谱根据材料的发光机制分为荧光光谱和磷光光谱，发光光谱包括激发光谱和发射光谱两种（图 5-32）。激发光谱是荧光物质在不同波长的激发光作用下测得的某一波长处的荧光强度的变化情况，也就是不同波长的激发光的相对效率；发射光谱则是在某一固定波长的激发光作用下荧光强度在不同波长处的分布情况，也就是荧光中不同波长的光成分的相对强度。

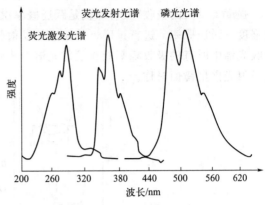

图 5-32　室温下菲的乙醇溶液的
激发光谱和荧（磷）光光谱

其中，荧光光谱的基本特征如下。

（1）斯托克斯位移

激发光谱与发射光谱之间的波长存在差值。若发射光谱的波长比激发光谱的长，则振动弛豫消耗了能量。

斯托克斯（Stokes）位移是指荧光光谱较相应的吸收光谱红移，是吸收或激发峰位置与发射峰位的能量之差（以波数 cm^{-1} 表示）。由于斯托克斯位移的产生，荧光发射波长总是大于激发光波长，因斯托克斯在 1852 年首次观察到而得名。它表示激发态分子返回基态之前，在激发态寿命期间的能量损失，是振动弛豫、内转换、系间窜越、溶剂效应和激发态分子变化的总和。可表示为

$$\Delta \nu = 10^7 \left(\frac{1}{\lambda_{ex}} - \frac{1}{\lambda_{em}} \right) \tag{5-18}$$

式中，λ_{ex} 和 λ_{em} 分别是校正后的最大激发波长和最大发射波长，nm。斯托克斯位移越大，说明吸收的能量中用于发光的比例越小。可能原因在于基质晶格的振动能量与激发光和发射光之间的能量差形成了一定的耦合关系，造成大部分的能量以振动的形式耗散掉了。

激发态分子通过内转换和振动弛豫过程而迅速到达第一激发单重态的最低振动能级，这是产生斯托克斯位移的主要原因。荧光发射可能使激发态分子返回到基态的各个不同振动能级，然后进一步损失能量，这也会产生斯托克斯位移。此外，激发态分子与溶剂分子的相互作用，也会加大斯托克斯位移。

（2）发射光谱的形状与激发波长无关

电子跃迁到不同激发态能级，吸收不同波长的能量，产生不同吸收带，但均会回到第一激发单重态的最低振动能级，再跃迁回到基态，产生波长一定的荧光。

（3）镜像规则

Franck-Condon 原理描述了电子在哪两个振动能级之间发生跃迁概率最大，简单地来讲，就是电子在跃迁时更倾向于在两个概率密度之积最大的振动能级之间发生跃迁。镜像规

则描述了荧光分子吸收光谱和荧光发射光谱的对称性。也就是说，理论上荧光分子的吸收和发射光谱呈镜像对称（图 5-33）。荧光分子的每一个吸收峰都有一个对应的发射峰，根据 Franck-Condon 原理，强度最大的吸收/发射峰就是跃迁概率最大的两个振动能级之间的跃迁；强度第二大的吸收/发射峰就是跃迁概率次之的跃迁……总之，可以对每一个波长的吸收强度（跃迁概率）进行排序，其对应的发射强度也应该按照同样的顺序排列。也就是说，吸收光谱中所有的吸收峰都能在发射光谱中找到对应的发射峰，因此理论上，荧光吸收光谱与发射光谱呈镜面对称。

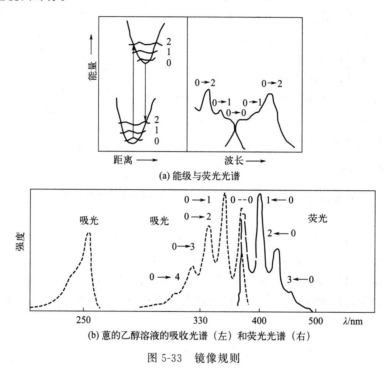

(a) 能级与荧光光谱

(b) 蒽的乙醇溶液的吸收光谱（左）和荧光光谱（右）

图 5-33　镜像规则

5.2.4.2　发光寿命

当某种物质被一束激光激发后，该物质的分子吸收能量后从基态跃迁到某一激发态上，再以辐射跃迁的形式回到基态。当去掉激发光后，分子的发光强度降到激发时的发光最大强度 I_0 的 $\frac{1}{e}$ 所需要的时间，称为发光寿命，常用 τ 表示（图 5-34）。发光强度的衰减符合指数衰减的规律：

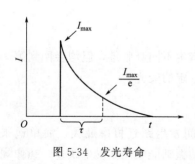

图 5-34　发光寿命

$$I_t = I_0 e^{-kt} \tag{5-19}$$

式中，I_0 是激发时最大发光强度；I_t 是时间 t 时的发光强度；k 是衰减常数。假定在时间 $t=\tau$ 时测得的 I_τ 为 I_0 的 $\frac{1}{e}$，则 τ 就是我们定义的发光寿命（包括荧光寿命和磷光寿命，因前者应用较广泛，故重点讨论荧光寿命）。

发光寿命 τ 是衰减常数 k 的倒数。事实上，在瞬间激发后的某个时间，发光强度达到最大值，然后发光强度将按指数规律下降。从最大发光强度值后任一强度值下降到其 $1/e$ 所需的时间都应等于 τ。如果激发态分子只以发射荧光的方式丢失能量，则发光（荧光）寿命与荧光发射速率的衰减常数成反比，荧光发射速率即为单位时间中发射的光子数，因此有 $\tau_F = \dfrac{1}{k_F}$，式中，τ_F 表示荧光分子的固有荧光寿命；k_F 表示荧光发射速率的衰减常数。

处于激发态的分子，除了通过发射荧光回到基态以外，还会通过一些其他过程（如猝灭和能量转移）回到基态，加快了激发态分子回到基态的过程（或称退激过程），结果是荧光寿命降低。荧光寿命 τ 和这些过程的速率常数有关，总的退激过程的速率常数 k 可以用各种退激过程的速率常数之和来表示：

$$k = k_F + \sum k_i \tag{5-20}$$

式中，k_i 表示各种非辐射过程的衰减速率常数。则总的发光寿命 τ 为

$$\tau = \frac{1}{k} = \frac{1}{k_F + \sum k_i} \tag{5-21}$$

由于吸收概率与发射概率有关，τ_F 与摩尔吸光系数 ε_{max} 也密切相关。从下式可以得到 τ_F 的粗略估计值（单位为 s）。

$$\frac{1}{\tau_F} \approx 10^4 \varepsilon_{max} \tag{5-22}$$

在讨论发光寿命时，必须注意不要把发光寿命与跃迁时间混淆起来。跃迁时间是跃迁频率的倒数，而寿命是指分子在某种特定状态下存在的时间。通过测量寿命，可以得到有关分子结构和动力学方面的信息。

荧光寿命与物质所处微环境的极性、黏度等有关，可以通过发光寿命分析直接了解所研究体系发生的变化。荧光现象多发生在纳秒量级，这正好是分子运动所发生的时间尺度，因此利用荧光技术可以"看"到许多复杂的分子间作用过程，例如超分子体系中分子间的簇集、固液界面上吸附态高分子的构象重排、蛋白质高级结构的变化等。荧光寿命分析在光伏、法医分析、生物分子、纳米结构、量子点、光敏作用、镧系元素、光动力治疗等领域均有应用。

荧光寿命的测定技术有时间相关单光子计数技术（TCSPC）、相调制法、闪频法等。其中，TCSPC 具有灵敏度高、测定结果准确、系统误差小的优点，是目前最流行的荧光寿命测定方法。

5.2.4.3　荧光量子产率

荧光材料的荧光量子产率的高低直接影响它们的性能优劣。荧光量子产率（Φ）即荧光物质吸光后所发射的荧光的光子数与所吸收的激发光的光子数之比值。其定义为

$$\Phi = \frac{\text{发射的光子数}}{\text{吸收的光子数}} = \frac{\text{荧光强度}}{\text{吸收的光强}} \tag{5-23}$$

Φ 的数值在通常情况下总是小于 1。Φ 的数值越大，则化合物的荧光越强，无荧光的物质的荧光量子产率等于或非常接近于零。

荧光量子产率可以采用参比法测定。即在相同激发条件下，分别测定待测荧光试样和已知量子产率的参比荧光标准物质两种稀溶液的积分荧光强度（即校正荧光光谱所包括的面积）以及对一相同激发波长的入射光（紫外-可见光）的吸光度，再将这些值分别代入特定公式进行计算，就可获得待测荧光试样的量子产率：

$$\frac{I_S}{I_U} = \frac{\Phi_S A_S}{\Phi_U A_U} \tag{5-24}$$

式中，Φ 为荧光量子产率；I 为荧光强度；A 为在激发波长处的吸光度；下标 S 为标准物质，U 为待测物质。通过比较待测发光物质和已知量子产率的参比物质在同样激发条件下所测得的积分发光强度和对该激发波长入射光的吸光度就可以得到待测物质的量子产率。一般要求吸光度 A_S、A_U 低于 0.05。参比标准样最好选择与其激发波长值相近的荧光物质。以上所测量的荧光量子产率为相对荧光量子产率，也可以通过相关仪器测量绝对荧光量子产率，例如日本滨松公司的 Quantaurus-QY 系列绝对量子产率测量仪。

5.2.4.4 荧光猝灭

荧光猝灭泛指任何可以降低样品荧光强度的过程。狭义上主要指那些由于荧光物质分子与溶剂分子或其他溶质分子的相互作用所引起的荧光强度降低的情况。其主要原理是：溶剂猝灭剂和荧光物质之间发生相互作用，从而引起荧光效率降低或激发态寿命缩短，最终导致荧光强度降低。卤素离子、重金属离子、氧分子都是猝灭剂。研究主要集中在可测量的"狭义荧光猝灭"。生化方面主要应用猝灭现象来指示分子之间的相互作用，揭示发色团和猝灭剂的接近程度，反映发色团在蛋白和膜上的局域位置，研究质子的通透性和膜的通透性。碰撞猝灭可以用来确定猝灭剂的扩散系数，可以采用 Stern-Volmer 方程来解释：

$$\frac{F_0}{F} = 1 + \frac{k_q[Q]}{k_F + \sum k_i} = k_q \tau_0 [Q] = K_{SV}[Q] \tag{5-25}$$

式中，F_0 和 F 分别为不存在猝灭剂和猝灭剂浓度为 $[Q]$ 时的荧光强度；τ_0 为不存在猝灭剂时荧光分子的平均寿命，s；K_{SV} 为 Stern-Volmer 猝灭常数，mol/L；k_q 为双分子猝灭速率常数，L/(mol·s)。Stern-Volmer 方程表明，F_0/F（或 τ_0/τ）与猝灭剂的浓度 $[Q]$ 呈线性关系。方程的斜率即为 K_{SV} 猝灭常数。作为有效的猝灭剂，K_{SV} 约为 100~1000L/mol。

5.3 无机荧光材料

5.3.1 稀土发光材料

（1）稀土元素的电子结构

稀土元素（rare earth element，RE）是指元素周期表中原子序数 57~71 的 15 种镧系元素（lanthanide element）加物理化学性质与镧系元素相似的 21 号元素钪和 39 号元素钇，共 17 种元素，如表 5-3 所示。

表 5-3 稀土元素

参数	稀土元素															
	轻稀土（铈组元素）								重稀土（钇组元素）							
原子序数	21	57	58	59	60	61	62	63	64	65	66	67	39	68	69	70	71
元素名称	钪	镧	铈	镨	钕	钷	钐	铕	钆	铽	镝	钬	钇	铒	铥	镱	镥
元素符号	Sc	La	Ce	Pr	Nd	Pm	Sm	Eu	Gd	Tb	Dy	Ho	Y	Er	Tm	Yb	Lu

从表 5-4 可以看出，15 个镧系元素的电子结构特点是都含有 4f 电子壳层，各个元素之间的主要差别只是 4f 电子的数目不同。镧系元素电子层结构为 $[Xe]4f^{0\sim14}5d^{0\sim1}6s^2$。钪和钇原子的外层电子结构类似，虽然没有 4f 电子，但其外层有 $(n-1)d^1ns^2$ 的电子层构型，化学性质与镧系元素相似，故也将它们划为稀土元素。

镧系元素原子的电子层结构有如下特点：

① 原子的最外层电子结构相同，均为 $6s^2$；

② 次外层电子结构相近；

③ 4f 轨道上的电子数从 0→14 不等，且随着原子序数增大，新增电子时填充到 4f 层。因为屏蔽效应，当原子序数增大时，外层电子受到的有效核电荷的引力实际上增强了。由引力增强而引起原子半径或离子半径缩小的现象称为镧系收缩。

表 5-4 稀土元素的电子层结构和半径

原子序数	元素名称	元素符号	原子的电子层结构						原子半径/nm	RE^{3+} 的电子层结构	RE^{3+} 半径/nm
				4f	5s	5p	5d	6s			
57	镧	La		0	2	6	1	2	0.1879	$[Xe]4f^0$	0.1061
58	铈	Ce		1	2	6	1	2	0.1824	$[Xe]4f^1$	0.1034
59	镨	Pr		3	2	6	—	2	0.1828	$[Xe]4f^2$	0.1013
60	钕	Nd		4	2	6		2	0.1821	$[Xe]4f^3$	0.0995
61	钷	Pm		5	2	6	—	2	0.1810	$[Xe]4f^4$	(0.098)
62	钐	Sm	内部各层已填满,共46个电子	6	2	6		2	0.1802	$[Xe]4f^5$	0.0964
63	铕	Eu		7	2	6	—	2	0.2042	$[Xe]4f^6$	0.0950
64	钆	Gd		8	2	6	1	2	0.1802	$[Xe]4f^7$	0.0938
65	铽	Tb		9	2	6		2	0.1782	$[Xe]4f^8$	0.0923
66	镝	Dy		10	2	6	—	2	0.1773	$[Xe]4f^9$	0.0908
67	钬	Ho		11	2	6		2	0.1766	$[Xe]4f^{10}$	0.0894
68	铒	Er		12	2	6		2	0.1757	$[Xe]4f^{11}$	0.0881
69	铥	Tm		13	2	6		2	0.1746	$[Xe]4f^{12}$	0.0869
70	镱	Yb		14	2	6		2	0.1940	$[Xe]4f^{13}$	0.0858
71	镥	Lu		15	2	6	1	2	0.1734	$[Xe]4f^{14}$	0.0848

原子序数	元素名称	元素符号	原子的电子层结构					原子半径/nm	RE³⁺的电子层结构	RE³⁺半径/nm
			4f	5s	5p	5d	6s			
21	钪	Sc	内部填满 18个电子	1	2	6	—	—	0.1641	[Ar]	0.0680
39	钇	Y		10	2	6	1	2	0.1801	[Kr]	0.0880

注：[Ar]、[Kr] 和 [Xe] 分别为稀有元素氩、氪和氙的电子层构型。
$[Ar]=1s^2 2s^2 2p^6 3s^2 3p^6$；
$[Kr]=1s^2 2s^2 2p^6 3s^2 3p^6 3d^{10} 4s^2 4p^6$；
$[Xe]=1s^2 2s^2 2p^6 3s^2 3p^6 3d^{10} 4s^2 4p^6 4d^{10} 5s^2 5p^6$。

（2）稀土元素的价态

稀土元素最外层 5d 和 6s 电子构型大致相同，化学反应过程中，易在 5d、6s 和 4f 亚层失去 3 个电子成为 +3 价离子，其电子组态为 $1s^2 2s^2 2p^6 3s^2 3p^6 3d^{10} 4s^2 4p^6 4d^{10} 4f^n 5s^2 5p^6$ $(n=0\sim14)$。

镧系离子的 4f 电子位于 $5s^2 5p^6$ 壳层之内，受到 $5s^2 5p^6$ 壳层的屏蔽作用，故而 4f 电子受外界磁场、电场和配位场等因素的影响不大；即便处于晶体中时，其也只是受到晶体场的微弱作用，故其光谱性质受外界影响小，形成特有的类原子性质。

图 5-35 为镧系元素价态变化，其横坐标为原子序数，纵坐标的长短表示价态变化倾向的相对大小。根据洪特（Hund）规则，在原子或离子的电子结构中，对于同一亚层，当电子数为全充满、半充满或全空时，原子或离子体系比较稳定。因此，La^{3+}（$4f^0$）、Gd^{3+}（$4f^7$）和 Lu^{3+}（$4f^{14}$）三个离子比较稳定。在 La^{3+} 之后的 Ce^{3+} 比 $4f^0$ 多一个电子，Gd^{3+} 之后的 Tb^{3+} 比 $4f^7$ 多一个电子。它们有进一步氧化成 +4 价的倾向；而在 Gd^{3+} 之前的 Eu^{3+} 比 $4f^7$ 少一个电子，Lu^{3+} 之前的 Yb^{3+} 比 $4f^{14}$ 少一个电子，它们有俘获一个电子，自身还原为 +2 价的趋势。此外，在三价稀土离子中，没有 4f 电子的 Sc^{3+}、Y^{3+} 和 La^{3+}（$4f^0$）及 4f 电子全充满的 Lu^{3+}（$4f^{14}$）都具有密闭的壳层。因此它们都是无色离子，具有光学惰性，很适合做发光基质。而从 Ce^{3+} 的 $4f^1$ 开始逐一填充电子，依次递增至 Yb^{3+} 的 $4f^{13}$，其电子组态中都有未成对的 4f 电子，当这些 4f 电子跃迁时，能产生发光或激光。因此，它们很适合作为光学材料的激活离子。

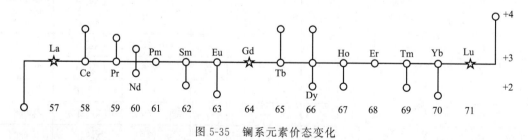

图 5-35　镧系元素价态变化

（3）稀土元素的光学性质

稀土离子位于内层的 4f 电子在不同能级之间跃迁，产生了大量的吸收和荧光发射光谱信息，这些光谱信息是化合物的组成、价态和结构的反映，为设计和合成具有特定性质的发光材料提供了有力依据。

① 镧系元素的光谱项与能级　对于不同的镧系离子而言，除了要了解它的电子层模型，还需要了解它的基态光谱项 $^{2S+1}L_J$。光谱项是通过总轨道角动量 L，磁量子数 m 以及它们之间的不同组态，来表示与电子排布相联系的能级关系的一种符号。其中，L 是原子或离子的总磁量子数的最大值；S 是原子或离子的总自旋量子数沿 Z 轴磁场方向分量的最大值；J 称为光谱支项，表示轨道和自旋角动量总和的大小，相当于一定的状态或能级。若 4f 电子数 <7（La^{3+} 到 Eu^{3+}），$J=L-S$；若 4f 电子数 $\geqslant 7$（从 Gd^{3+} 到 Lu^{3+}），$J=L+S$；J 的取值分别为 $(L+S)$、$(L+S-1)$、$(L+S-2)\cdots(|L-S|)$。L 的数值以大写英文字母表示，其对应关系如表 5-5 所示。

表 5-5　L 数值对应英文关系表

L 数值	0	1	2	3	4	5	6	7	8
字母	S	P	D	F	G	H	I	K	L

$2S+1$ 的数值表示光谱项的多重性，$^{2S+1}L_J$ 称作光谱项。

以 Tb^{3+} 为例说明光谱项的计算方法。如表 5-6 所示，Tb^{3+} 有 8 个 4f 电子，2 个为自旋相反的成对电子，6 个为自旋平行的未成对电子。

$L=\sum m=2\times 3+2+1+0-1-2-3=3$（将所有电子的磁量子数相加）

$S=\sum m_s=(+1/2-1/2)+6\times 1/2=3$（将所有电子的自旋量子数相加）

$2S+1=7$

$J=L+S=3+3=6$

表 5-6　三价镧系离子基态电子排布与光谱项

离子	4f电子数	4f轨道的磁量子数							L	S	J	$^{2S+1}L_J$	Δ/cm^{-1}	ξ_{4f}/cm^{-1}
		3	2	1	0	-1	-2	-3						
$J=L-S$														
La^{3+}	0	—	—	—	—	—	—	—	0	0	0	$^1S_0$	—	—
Ce^{3+}	1	↑	—	—	—	—	—	—	3	1/2	5/2	$^2F_{5/2}$	2200	640
Pr^{3+}	2	↑	↑	—	—	—	—	—	5	1	4	$^3H_4$	2150	750
Nd^{3+}	3	↑	↑	↑	—	—	—	—	6	3/2	9/2	$^4I_{9/2}$	1900	900
Pm^{3+}	4	↑	↑	↑	↑	—	—	—	6	2	4	$^5I_4$	1600	1070
Sm^{3+}	5	↑	↑	↑	↑	↑	—	—	5	5/2	5/2	$^6H_{5/2}$	1000	1200
Eu^{3+}	6	↑	↑	↑	↑	↑	↑	—	3	3	O	$^7F_0$	350	1320
$J=L+S$														
Gd^{3+}	7	↑	↑	↑	↑	↑	↑	↑	0	7/2	7/2	$^8S_{7/2}$	—	1620
Tb^{3+}	8	↑↓	↑	↑	↑	↑	↑	↑	3	3	6	$^7F_6$	2000	1700
Dy^{3+}	9	↑↓	↑↓	↑	↑	↑	↑	↑	5	5/2	15/2	$^6H_{15/2}$	3300	1900
Ho^{3+}	10	↑↓	↑↓	↑↓	↑	↑	↑	↑	6	2	8	$^4I_8$	5200	2160

离子	4f电子数	4f轨道的磁量子数							L	S	J	$^{2S+1}L_J$	Δ/cm^{-1}	ξ_{4f}/cm^{-1}
		3	2	1	0	-1	-2	-3						
Er^{3+}	11	↑↓	↑↓	↑↓	↑↓	↑	↑	↑	6	3/2	15/2	$^4I_{15/2}$	6500	2440
Tm^{3+}	12	↑↓	↑↓	↑↓	↑↓	↑↓	↑↓	↑	5	1	6	$^3H_6$	8300	2640
Yb^{3+}	13	↑↓	↑↓	↑↓	↑↓	↑↓	↑↓	↑	3	1/2	7/2	$^2F_{7/2}$	10300	2880
Lu^{3+}	14	↑↓	↑↓	↑↓	↑↓	↑↓	↑↓	↑↓	0	0	0	$^1S_0$	—	—

所以，Tb^{3+} 的基态光谱项 $^{2S+1}L_J$ 可以写成 $^7F_6$，即 Tb^{3+} 共有 7 个光谱支项。按能级由低到高依次为 $^7F_6$、$^7F_5$、$^7F_4$、$^7F_3$、$^7F_2$、$^7F_1$、$^7F_0$。

由表 5-6 可知，+3 价镧系离子的光谱项有如下特点，以 Gd^{3+} 为中心，Gd^{3+} 以前的 f^n（$n=0\sim6$）和 Gd^{3+} 以后的 f^{14-n} 具有类似的光谱项，是一对共轭元素。Gd^{3+} 两侧离子的 4f 轨道上具有相等数目的未成对电子，故能级结构相似，且 L 和 S 的取值相同，基态光谱项呈对称分布。Gd^{3+} 以前的 +3 价镧系离子的总自旋量子数 S 随原子序数的增加而增加，在 Gd^{3+} 以后的 +3 价镧系离子的总自旋量子数 S 随原子序数的增加而减少；而总轨道角 L 和总角动量 J 随原子序数的增加呈现出双峰的周期变化。

镧系元素的 4f 电子在 7 个 4f 轨道上任意排布（La^{3+} 和 Lu^{3+} 为 $4f^0$ 和 $4f^{14}$ 除外），产生多种光谱项和能级，+3 价镧系离子 $4f^n$ 的组态上共有 1639 个能级，能级之间可能的跃迁数目更是高达 199177 个。再如，Gd 原子的 $4f^75d^16s^2$ 构型有 3106 个能级，其激发态 $4f^75d^16p^1$ 有 36000 个能级。Pr 原子的 $4f^36s^2$ 构型有 41 个能级，在 $4f^36s^16p^1$ 构型有 500 个能级，$4f^35d^16s^2$ 构型有 100 个能级，$4f^35d^16s^1$ 构型有 750 个能级，$4f^35d^2$ 构型有 1700 个能级。稀土离子的几个最低激发态的组态 $4f^n$、$4f^{n-1}5d$、$4f^{n-1}6s$ 和 $4f^{n-1}6p$ 的能级数目列于表 5-7 中。

表 5-7 稀土离子各组态的能级数目

RE^{2+}	RE^{3+}	4f电子数	基态	能级数目				总和
				$4f^n$	$4f^{n-1}5d$	$4f^{n-1}6s$	$4f^{n-1}6p$	
—	La	0	$^1S_0$	1	—	—	—	1
La	Ce	1	$^2F_{5/2}$	2	2	1	2	7
Ce	Pr	2	$^3H_4$	13	20	4	12	49
Pr	Nd	3	$^4I_{9/2}$	41	107	24	69	241
Nd	Pm	4	$^5I_4$	107	386	82	242	817
Pm	Sm	5	$^6H_{5/2}$	198	977	208	611	1994
Sm	Eu	6	$^7F_0$	295	1878	396	1168	3737
Eu	Gd	7	$^8S_{7/2}$	327	2725	576	1095	4723
Gd	Tb	8	$^7F_6$	295	3006	654	1928	5883
Tb	Dy	9	$^6H_{15/2}$	198	2725	576	1095	4594
Dy	Ho	10	$^5I_8$	107	1878	396	1168	3549

RE^{2+1}	RE^{3+1}	4f电子数	基态	能级数目				总和
				4f^n	4f^{n-1}5d	4f^{n-1}6s	4f^{n-1}6p	
Ho	Er	11	$^4I_{15/2}$	41	977	208	611	1837
Er	Tm	12	$^3H_6$	13	386	82	242	723
Tm	Yb	13	$^2F_{7/2}$	2	107	24	69	202
Yb	Lu	14	$^1S_0$	20	4	12	37	62

实际上，由于能级之间的跃迁会受到光谱选律的制约，观察到的谱线不会达到难以估计的程度。具有未充满的 4f 电子亚层的原子或离子的光谱约有 30000 条可被观察到的谱线，具有未充满的 d 电子亚层的过渡元素的谱线约有 7000 条，而具有未充满的 p 电子亚层的主族元素的光谱线仅有 1000 条。由于稀土元素的电子能级和谱线要比普通元素丰富得多，可以吸收或发射多种波长的电磁辐射（从紫外光区、可见光区到红外光区皆可实现），故稀土元素可以为人们提供多种多样的发光材料。

图 5-36 为+3 价镧系元素离子的能级图。Gd^{3+} 以前的轻镧系离子的光谱项的 J 值从小到大向上排列，而其后的重镧系离子的 J 值则是从大到小反序向上排列。以 Gd^{3+} 为中心，对应的一对共轭的重镧系和轻镧系元素的离子具有相似的光谱项，但由于重镧系的自旋-轨道耦合系数 ζ_{4f} 大于轻镧系（见表 5-7），Gd^{3+} 以后的 f^{14-n} 元素离子的 J 多重态能级之间的差距大于 Gd^{3+} 以前的 f^n 元素离子，这体现在离子的基态与其上最邻近另一多重态之间的能级差值随原子序数呈转折变化（表 5-7）。在重镧系元素方面，由于 Yb^{3+} 的值大于 Er^{3+}、Tm^{3+} 和 Ho^{3+}，故可利用 Yb^{3+} 作为敏化离子，Er^{3+}、Tm^{3+} 和 Ho^{3+} 作为激活离子，敏化离子将能量传递给激活离子，这是研究上转换发光材料的能级依据。

影响镧系自由离子能级的位置和劈裂的因素较多，如电子互斥、自旋-轨道耦合、晶场和磁场等微扰作用。各种微扰作用对 4f^n 组态劈裂程度的影响顺序如下：电子互斥＞自旋-轨道耦合＞晶场作用＞磁场作用。4f^n 电子会受到外层 5s^{2}5p^6 电子的屏蔽，故晶场作用对镧系离子 4f^n 电子的影响要比对 d 电子处于外层的过渡元素小，所引起的能级劈裂也仅仅几百个波数而已。

② 稀土离子的 f→f 跃迁　稀土离子发光通常可分为两类：一类是线状光谱的 f^n 组态内跃迁，称为 f→f 跃迁；另一类是宽带光谱的 f→d 跃迁。大部分+3 价稀土离子的吸收和发射主要是内层的 4f→4f 能级跃迁引起的。根据选择定则，这种 $\Delta l=0$ 的电偶极跃迁原本是属于禁戒跃迁的，但事实上却可以观察到这种跃迁，其原因在于 4f 组态与相反宇称的组态发生混合，或对称性偏高的反演中心使原属禁戒跃迁的 f→f 跃迁变为允许跃迁，导致镧系离子 f→f 跃迁的光谱呈现窄线状、谱线强度较弱（振子强度数量级约 10^{-6}）和荧光寿命较长的特点。稀土离子 f→f 跃迁的发光特征归纳如下。

a. 谱线丰富，从紫外光区、可见光区到红外光区皆有谱线。

b. 大多数稀土离子的 f→f 跃迁由于受到 5s^2 和 5p^6 壳层的屏蔽作用，而受周围环境的影响很小。因此，其光谱呈现线状的类原子光谱类型，发射光谱呈窄线状，同时，在不同的基质中各个光谱线的强度之间的比例几乎不改变。

c. 发光体的温度上升引起的或加强的荧光猝灭，称为温度猝灭。稀土离子 f→f 跃迁受

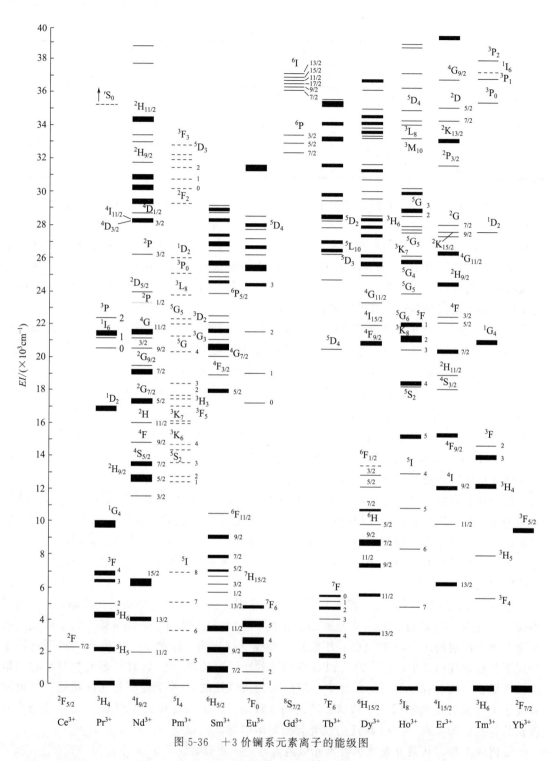

图 5-36 +3 价镧系元素离子的能级图

温度的影响很小，温度猝灭小，即使在 400～500℃仍然发光。

d. 浓度猝灭是指，当材料中发光中心的浓度大于某一特定值时，材料的发光亮度正比于掺杂浓度，随着掺杂浓度进一步提高，到某个浓度时发光达到最强，然后开始下降。稀土离子 f→f 跃迁的浓度猝灭小。

③ 稀土离子的 f→d 跃迁 多数三价稀土离子的 5d 态能量较高，难以在可见区观察到 4f→5d 的跃迁。而某些三价稀土离子，如 Ce^{3+}、Pr^{3+} 和 Tb^{3+} 的 $4f^{n-1}5d$ 能量较低（$< 50 \times 10^3 cm^{-1}$），可以在可见区观察到它们的 4f→5d 的跃迁。其中 Ce^{3+} 的吸收和发射在紫外光区和可见光区均可观察到，因此比较有价值。

有些稳定存在的二价稀土离子，如 Eu^{2+}、Sm^{2+}、Yb^{2+}、Tm^{2+}、Dy^{2+} 和 Nd^{2+} 等，也可以观察到 4f→5d 的跃迁。二价稀土离子的电子结构与原子序数比它大 1 的三价稀土离子的电子结构相同。例如，Sm^{2+} 的组态和 Eu^{3+} 的组态都是 $4f^6$。它们的光谱项相同，但由于中心核电荷不同，造成二价稀土离子相应光谱项的能量都比三价离子低，约降低 20%。同样，$4f^{n-1}5d$ 的组态能级也相应大幅度下降，导致一些二价离子的 5d 组态的能级位置比三价状态时的 5d 组态的能级位置低得多。因此，在光谱中能够观察到 4f→5d 的跃迁。Eu^{2+} $4f^n \to 4f^{n-1}5d$ 离子的组态间的跃迁是允许跃迁，所以具有相当高的跃迁强度，通常比 f→f 跃迁要强 10^6 倍。其跃迁概率为 10^7 数量级，比 f→f 跃迁大得多，并且是宽峰发射。

稀土离子 f→d 跃迁有如下发光特征。

a. 通常发射光谱为宽带。

b. 因为 5d 轨道裸露在外，晶场环境对光谱影响很大，其发射波长可覆盖紫外光区到红外光区。

c. 温度对光谱的影响较大。

d. 属于允许跃迁，荧光寿命短。

e. 总的发射强度比稀土离子的 f→f 跃迁强。

（4）稀土发光材料的优点

稀土元素特殊的电子结构决定了它具有独特的发光特性和如下优点。

① 稀土元素 4f 电子层构型的特点，使其化合物具有多种荧光特性。除 Sc^{3+} 和 Y^{3+} 无 4f 亚层，La^{3+} 和 Lu^{3+} 的 4f 亚层构型分别为 $4f^0$ 和 $4f^{14}$ 外，其余稀土元素的 4f 电子可在 7 个 4f 轨道之间任意排布，产生丰富的光谱项和能级，从紫外光区、可见光区到红外光区皆有吸收或发射谱线，使稀土发光材料呈现丰富多变的荧光特性。

② f→f 跃迁呈现尖锐的线状光谱，发光的色纯度高。因为稀土元素的 4f 电子处于内层轨道，受外层 s 和 p 轨道的有效屏蔽，很难受到外部环境的干扰，而 4f 能级差极小。

③ 荧光寿命跨越从纳秒到毫秒 6 个数量级。长寿命激发态是其重要特性之一，一般原子或离子的激发态平均寿命为 $10^{-10} \sim 10^{-8} s$，但 4f 电子能级之间的自发跃迁概率小，所造成稀土元素电子能级中有些激发态平均寿命长达 $10^{-6} \sim 10^{-2} s$。

④ 吸收激发能量的能力强，转换率高。稀土离子具有丰富的能级，其 4f 电子在众多能级间跃迁可产生不同波段的光，尤其在肉眼可见的范围内发射能力极强。

⑤ 由于无机材料的物理化学性质相对较稳定，因此无机发光材料可在承受大功率的电子束、高能辐射和强紫外光的激发辐照之后，仍然保持一定的物理化学性能稳定。

5.3.2 上转换发光材料

通常情况下，发光现象都是吸收光子的能量高于发射光子的能量，即发光材料吸收高能量的短波辐射，发射出低能量的长波辐射，服从斯托克斯规则。通常将这种常见的先吸收短波然后辐射出长波的材料称为下转换材料，下转换材料通常是由无机基质和激活剂组成的。

稀土氧化物、硫氧化物、氟氧化物、钒酸盐和磷酸盐都是常见的下转换荧光宿主材料，尽管下转换荧光理论对大多数镧系离子都是成立的，但实际上常用的下转换激活剂只包括 Eu^{3+}、Tb^{3+}、Sm^{3+} 和 Dy^{3+}。

还有一种与之相反的发光现象，激发波长大于发射波长，称为反斯托克斯效应或上转换现象。这种先吸收低能量长波然后辐射出高能量短波的材料，称为上转换材料。目前，绝大多数的上转换发光材料都是掺杂稀土离子的化合物，因为稀土离子独特的能级结构，可以吸收多个低能量的长波辐射，经多光子加和之后发出高能量的短波辐射，从而实现了用小能量光子激发得到大能量光子发射的现象。上转换发光材料属于光致发光范畴的多光子材料。

5.3.2.1　上转换发光材料发光机理

（1）激发态吸收上转换

激发态吸收（excited state absorption，ESA）是上转换发光的最基本过程。其原理如图 5-37 所示，首先在泵浦光的作用下发生基态吸收（ground state absorption，GSA），即发光中心处于基态能级 G 上的离子吸收一个能量为 φ_1 的光子后跃迁至中间亚稳激发态能级 E_1 上；能级 E_1 上的离子如果再吸收一个能量为 φ_2 的光子就会跃迁到高能级 E_2；当 E_2 能级上的光子跃迁返回基态时，就发射出一个高能量光子为 $\varphi(\varphi > \varphi_1$，$\varphi_2)$，从而发射波长短于激发波长，出现上转换发光现象。这些吸收一般是电子跃迁过程，也可能是声子辅助的电子跃迁过程。上转换发光

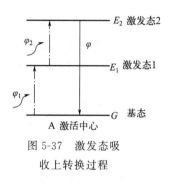

图 5-37　激发态吸收上转换过程

是由激发态吸收引起的，同一个激活剂离子从基态能级通过连续的双光子或多光子吸收到达能量较高的激发态能级，发生辐射跃迁，返回基态时产生上转换发光。

如果在同一泵浦光的作用下发生激发态吸收上转换，即 $\varphi_1 = \varphi_2$，那么只有在相邻能级之间的能量间距与泵浦光子的能量接近时，即 $E_1 - G \approx E_2 - E_1 \approx \varphi_1$，才能实现光子的连续吸收产生上转换发（荧）光。

（2）能量传递上转换

在上转换发光过程中，能量传递（energy transfer，ET）在增加发射光子能量方面起到重要作用。在固体发光过程中，从敏化剂到激活剂的能量传递，减少了敏化剂激发态上的电子数，降低了其寿命，使敏化剂的发光变得微弱或者消失。当敏化剂的电子从激发态跃迁到较低能量的激发态时，释放的能量传递给激活剂离子，使其被激发到高能态上。同激活剂（如稀土离子）的直接吸收相比，能量传递能使激活剂离子激发态上的电子数增加两到三个数量级，从而提高了上转换发光效率。

晶体中，稀土离子间的能量传递方式一般可分为辐射传递和无辐射传递。辐射传递过程是指一种离子发出的辐射光谱的能量如果与另一种离子吸收光谱的能量相重合，那么这种辐射光将被另一种离子所吸收，发生离子间的能量传递，即辐射再吸收传递过程。发生辐射传递的两种离子之间没有直接的相互作用，可认为是相互独立的，只有当两者的发射光谱和吸收光谱相互重叠时，即一种离子发出的能量接近另一种离子的吸收能量时，辐射传递才能发生。

无辐射传递过程是通过体系中的多极矩相互作用，使一种离子的某组能级对的能量无辐射地转移到另一种离子能量相等的能级对上。在这种过程中，敏化剂不产生辐射，能量传递效率较高，是能量传递的主要方式。无辐射传递过程又可分为共振传递、交叉弛豫传递和声子辅助传递三种形式。

根据无辐射能量传递方式的不同，上转换发光过程可以分为以下几种形式。

① 连续能量传递上转换发光　连续能量传递（successive energy transfer，SET）一般发生在不同类型的离子之间。前提是敏化中心（S）的激发态（E）和基态（G）之间的能量差与激活中心（A）的激发态和基态之间的能量差相同，并且两者之间空间距离足够近。如图 5-38 所示，通过两个中心的电磁相互作用，两者之间就可发生共振能量传递。处于激发态的敏化剂 S 离子通过共振能量传递，把吸收的能量传递给激活剂 A

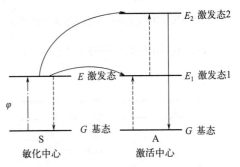

图 5-38　连续能量传递上转换发光过程

离子，A 离子跃迁到激发态，S 离子本身则通过无辐射弛豫的方式返回基态，另一个受激发的 S 离子又把能量无辐射传递给已处于激发态的 A 离子，A 离子跃迁至更高的激发态；激活剂离子以这种方式连续跃迁两次（或多次）后，以一种能量几乎是激发光能量两倍（或多倍）的光子形态辐射跃迁回到基态。

② 交叉弛豫上转换发光　交叉弛豫（cross relaxation，CR）上转换发光也称为多个激发态离子的协同上转换发光，可以发生在相同类型离子或性质相近的不同类型离子之间。如图 5-39 所示，当足够多的离子被激发到中间态，两个物理上相当接近的激发态离子可能通过无辐射跃迁而耦合，一个返回基态或能级较低的中间能态，另一个则跃迁至上激发能级，而后产生辐射跃迁。

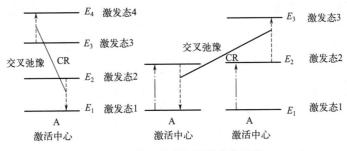

图 5-39　交叉弛豫上转换发光过程

实际上，交叉弛豫多指发生在同种激发态离子之间的，且部分激发能参与的能量传递过程。交叉弛豫能够为上转换提供一种发光机理，但有时候这种现象本身将导致荧光的猝灭。事实上，交叉弛豫是猝灭高能级发射的重要过程，例如，当 Tb^{3+} 和 Tm^{3+} 的掺杂浓度过高时，它们的高能级发射就会被猝灭，因为发生了如图 5-40 所示的交叉弛豫过程。高能级发射的猝灭，将有利于低能级的发射。交叉弛豫过程仅取决于两个中心间的相互作用，故只有发光中心的浓度超过一定值之后，交叉弛豫才发挥作用。

③ 声子辅助能量传递上转换　当敏化剂 S 和激活剂 A 的激发态与基态之间的能量差不同时，即存在能量失配，当失配不严重时，两种中心的激发态之间就不能发生共振能量传

递，但 S 和 A 可以通过产生声子或吸收声子来协助完成能量传递，即声子辅助无辐射能量传递（图 5-41）。S 和 A 发生共振传递的前提是 S 与 A 之间有一定的能级匹配，实际应用中，如果敏化剂和激活剂能级不匹配，但差别在一或两个声子能量范围内，则能量差可由基质放出或吸收声子来平衡，但传递效率要低一些；若敏化剂和激活剂能级之间的能量失配达几千波数每厘米，则必须考虑多声子辅助能量传递。

$$Tb^{3+}(^5D_3)+Tb^{3+}(^7F_6) \longrightarrow Tb^{3+}(^5D_4)+Tb^{3+}(^7F_0)$$

$$Tm^{3+}(^1G_4)+Tm^{3+}(^3F_4) \longrightarrow Tm^{3+}(^3H_4)+Tm^{3+}(^3F_3)$$

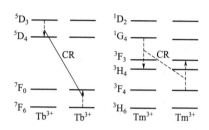
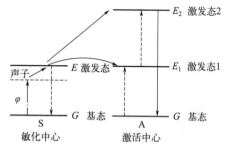

图 5-40　高浓度 Tb^{3+} 和 Tm^{3+} 的交叉弛豫过程　　图 5-41　声子辅助能量传递上转换发光过程

例如，采用 970nm 红外光激发时，Yb^{3+}-Ho^{3+} 共掺杂体系上转换发光现象的机理就是声子辅助能量传递上转换发光，基态吸收是由 Yb^{3+} 产生的，激发到 $^2F_{5/2}$ 能级的 Yb^{3+} 必须通过声子参与的非共振能量转移过程，才能把能量转移到 Ho^{3+} 的 $^5I_6$ 能级上去，因为敏化剂 Yb^{3+} 的能级 $^5F_{5/2}$ 与激活剂 Ho^{3+} 的能级 $^5I_6$ 之间能量差近似 $1580cm^{-1}$，能量不相匹配。

④ 合作敏化（cooperative sensitization）上转换发光　激发态吸收上转换发光和连续能量传递上转换发光两种机理都需要激活剂具有中间态能级，且中间态能级的寿命较长，在其辅助下实现激活剂的连续能级跃迁。然而，对于不存在这种中间态能级的激活剂，上转换发光可遵循合作敏化机理或者能量迁移辅助机理的上转换发光过程。

合作敏化上转换发光过程发生在同时位于激发态的同一类型的离子之间，即多个离子之间的相互作用，如图 5-42 所示。首先，同时处于激发态的两个或多个 S 离子将能量同时传递给 1 个位于基态能级的 A 离子，使其跃迁至更高的激发态能级，然后产生辐射跃迁而返回基态产生上转换发光，而两个或多个 S 离子则同时返回基态，每一个吸收的光子的能量都小于最后发射出的光子的能量。简单来说，合作敏化上转换发光就是两个或多个离子将能量传递给另一个离子，而使该离子从基态跃迁到激发态的过程。不同于连续能量传递上转换，合作敏化上转换的 A 离子不存在可以和 S 离子相互匹配的中间亚稳态能级。

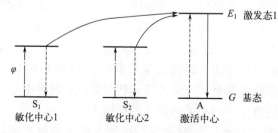

图 5-42　合作敏化上转换发光过程

⑤ 能量迁移辅助上转换（energy migration-mediated upconversion，EMU）发光　目前，在 Gd^{3+}-Gd^{3+}、Yb^{3+}-Yb^{3+} 和 Tb^{3+}-Tb^{3+} 发现了能量迁移现象的存在。例如，Gd^{3+} 最低的激发态能级 $^6P_{7/2}$ 位于紫外光谱区，而多数镧系离子在该紫外光谱区都拥有重叠吸收带。因此，Gd^{3+} 在上转换过程中主要被用作能量迁移剂（migrator），将吸收的能量转移给其他离子产生上转换发光，这些获得能量的离子因缺少长寿命中间态能级而需要 Gd^{3+} 的辅助。Gd^{3+} 作为迁移剂的另一个优势是激发态能级与基态能级被一个较大的能隙（$3.2 \times 10^4 cm^{-1}$）分隔开，致使多声子发射和交叉弛豫过程导致的能量损失很低。

因为该机制的实验证实较晚，目前，主要集中在现有几种固定的稀土离子之间，即敏化剂为 Yb^{3+}，累积剂为 Tm^{3+}，迁移剂为 Gd^{3+}，激活剂主要是 Eu^{3+}、Tb^{3+}、Dy^{3+} 和 Sm^{3+} 等缺少长寿命中间态能级的稀土离子。主要机制如图 5-43 所示，敏化剂离子首先将吸收的激发能传递给邻近的累积剂离子；累积剂连续多次吸收能量后跃迁到高能激发态，再把能量传递给迁移剂离子；获得了激发能的迁移剂将利用自身对能量的迁移能力，将其逐次转移给其他迁移剂；最终，在迁移剂间逐次转移的能量被激活剂离子捕获，产生上转换发光。

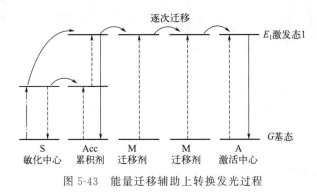

图 5-43　能量迁移辅助上转换发光过程

5.3.2.2　上转换发光材料实例分析

以 Yb^{3+}-Tm^{3+} 对的双掺杂体系为例，Yb^{3+} 敏化 Tm^{3+} 有两种方式：一种是直接敏化上转换发光，采用 980nm 激光激发；另一种是间接敏化上转换发光，可用 808nm 激光激发。后者有利于提高上转换发光的量子效率。用溶剂热法制备上转换纳米晶 $NaGdF_4$：Yb，Tm，在 980nm 近红外激光泵浦时可以获得明亮的紫光（图 5-44）。将适量的 $NaGdF_4$：Yb^{3+}，Tm^{3+} 样品分散在环己烷中，在室温下测定它的上转换发光光谱。结果如图 5-44 所示，可以观察到位于 475nm、700nm 处的发射峰，分别对应于 Tm^{3+} 的 $^1G_4 \rightarrow {}^3H_6$、$^1G_4 \rightarrow {}^3F_4$ 的跃迁。图 5-45 为在 980nm 激光器激发下 Yb^{3+}-Tm^{3+} 体系的发光机理。首先是基体材料在 980nm 近红外光-激光的激发下，其中掺杂的 Yb^{3+} 首先被激发，将能量传递给邻近的敏化剂离子。第一步：Yb^{3+} 首先被激发，由基态 $^2F_{7/2}$ 能级跃迁到激发态 $^2F_{5/2}$ 能级，然后 Yb^{3+} 将能量传递给 Tm^{3+}，即 $^2F_{5/2} \rightarrow {}^2F_{7/2}$（$Yb^{3+}$）；$Tm^{3+}$ 在吸收 Yb^{3+} 传递的能量后由基态的 $^3H_6$ 能级跃迁至激发态 $^3H_5$ 能级，即 $^3H_6 \rightarrow {}^3H_5$（$Tm^{3+}$）；第二步：$Tm^{3+}$ 处于 $^3H_5$ 能级上的电子无辐射弛豫到 $^3F_4$ 能级，然后吸收一个光子的能量跃迁到 $^3F_{2/3}$ 能级，即 $^3F_{5/2} \rightarrow {}^2F_{7/2}$（$Yb^{3+}$）：$^3F_4 \rightarrow {}^3F_{2/3}$（$Tm^{3+}$）；第三步：处于 $F_{2/3}$ 能级上的电子再次弛豫到 $^3H_4$ 能级，再吸收一个光子能量跃迁到 $^1G_4$ 能级，即 $^3F_{5/2} \rightarrow {}^2F_{7/2}$（$Yb^{3+}$）：$^3H_4 \rightarrow {}^1G_4$

（Tm^{3+}）。位于 $^1D_2$ 能级的光子是通过能量传递 $^3F_{2/3} \rightarrow {}^3H_6$（$Tm^{3+}$）：$^3H_4 \rightarrow {}^1G_4$（$Tm^{3+}$）完成的。位于 $^1I_6$ 能级的光子是通过 $^2F_{5/2} \rightarrow {}^2F_{7/2}$（$Yb^{3+}$）：$^1D_2 \rightarrow {}^3P_2$（$Tm^{3+}$），位于 $^3P_2$ 能级上的电子再无辐射弛豫到 $^1I_6$ 能级，整个的能量传递过程共需要吸收五光子，因此为五光子吸收过程。是目前发现的最复杂的光子传递过程之一。

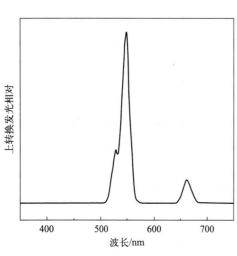

图 5-44 980nm 下激发 $NaGdF_4$：Yb，Tm 的荧光发光光谱

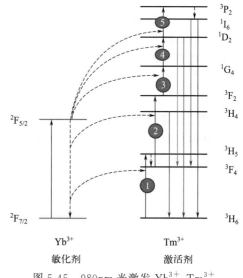

图 5-45 980nm 光激发 Yb^{3+}-Tm^{3+} 共掺杂体系的上转换发光过程

5.3.3 量子点发光材料

将纳米技术运用于发光材料而制得的纳米发光材料，是介于宏观和微观之间的纳米态发光物质，与常规的发光材料相比，其拥有许多新的发光特性，因此备受关注。量子点（quantum dots，QDs）是准零维（quasi-zero-dimensional）的纳米材料，小的量子点，可以小到只有 2～10nm。其内部电子在各方向上的运动都受到局限，量子局限效应（quantum confinement effect）特别显著。量子局限效应会导致类似原子的不连续的电子能级结构，因此量子点又被称为人造原子（artificial atom）。量子点是把导带电子、价带空穴及激子在三个空间方向上束缚住的半导体纳米结构。这种约束可以归结于静电势（由外部的电极、掺杂、应变、杂质产生）、两种不同半导体材料的界面（如在自组织量子点中）、半导体的表面（如半导体纳米晶体）或者这三者的结合。量子点具有分离的量子化的能谱，所对应的波函数在空间上位于量子点中，但延伸于数个晶格周期。美籍法国-突尼斯裔化学家芒吉·G. 巴文迪（Moungi G. Bawendi），美国化学家路易斯·E. 布鲁斯（Louis E. Brus）和俄罗斯物理学家阿列克谢·I. 叶基莫夫（Alexei I. Ekimov）因"发现和合成量子点"获得 2023 年诺贝尔化学奖。

5.3.3.1 量子点的发光机理和荧光性质

（1）量子点的发光机理

当半导体量子点的颗粒尺寸与其激子（电子-空穴对）的玻尔半径相近时，随着尺寸的减小，其载流子（电子、空穴）的运动将受限，导致动能增加，原来连续的能带结构变成准分立的类分子能级，并且动能的增加使得半导体颗粒的有效带隙增加，其相应的吸收光谱和荧光光谱发生蓝移，尺寸越小，蓝移幅度越大。受这种量子尺寸效应的影响，半导体量子点的发光原理（辐射跃迁）如图 5-46 所示，当一束光照射到半导体材料上，半导体材料吸收光子后，其价带上的电子跃迁到导带，导带上的电子可以再跃迁回价带而发射光子，也可以落入半导体材料的电子陷阱中。当电子落入较深的电子陷阱中时，绝大部分电子以非辐射的形式猝灭，只有极少数的电子以光子的形式跃迁回价带或吸收一定能量后又跃迁回导带。因此，当半导体材料的电子陷阱较深时，它的发光效率会明显降低。

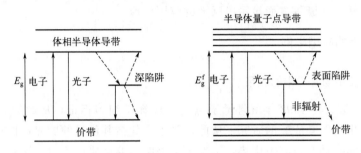

图 5-46　半导体辐射跃迁

半导体量子点受光激发后能够产生电子-空穴对（即激子），电子和空穴复合的途径主要有：①电子和空穴直接复合，产生激子态发光，由于量子尺寸效应的作用，所产生的发射光的波长随着颗粒尺寸的减小而蓝移；②通过表面缺陷态间接复合发光，在纳米颗粒的表面存在许多悬挂键，形成了许多表面缺陷态，半导体量子点材料受光激发后，光生载流子以极快的速度被表面缺陷态俘获而产生表面态发光，量子点的表面越完整，表面对载流子的俘获能力就越弱，从而使得表面态的发光越弱；③通过杂质能级复合发光。事实上，三种发光情况是相互竞争的。当量子点的表面存在的缺陷较多时，对电子和空穴的俘获能力很强，一旦电子和空穴产生就被俘获，那么它们直接复合的概率很小，导致激子态的发光就很弱，甚至观测不到，而只有表面缺陷态的发光。为了消除由于表面缺陷引起的缺陷态发光而得到激子态的发光，常常设法制备表面完整的量子点或者通过对量子点的表面进行修饰来减少其表面缺陷，从而使电子和空穴能够有效地直接复合发光。

（2）量子点的荧光性质

量子点独特的结构特性和荧光机理使得它相对于传统的有机荧光染料具有明显的优越性，具有取代传统有机荧光染料、作为新型生物荧光探针的潜力，具体表现在以下几方面。

① 作为多电子体系，量子点的吸光系数远高于单个分子，这就使得其荧光发射强度远高于有机荧光材料。

② 通过变更量子点的材料配比和尺寸，可调控量子点的荧光发射波长范围在 400nm 至 $2\mu m$ 之间，并且量子点尺寸可均匀调控，其谱峰呈对称高斯分布，在长波方向没有拖尾现象，半峰宽在 30nm 左右，斯托克斯位移较大，因此当几种不同发射波长的量子点用于不同靶点的同时监测时，可避免光谱干扰。

③ 量子点具有宽而连续的激发光谱且存在一个量子发射限域峰（能够激发量子点发射荧光波长最长的光），凡是比量子发射限域峰波长更短的光都能有效地激发量子点发射荧光。

因此，在实际应用中，可以用单一波长光源同时激发不同大小的量子点，使它们发出不同颜色的荧光并被同时监测。

④ 荧光量子产率高，光稳定性好，适合于对标记对象进行高灵敏、长时间、实时动态的监测，且荧光寿命较长，可用于长时间荧光显微实验。

⑤ 具有空间兼容性。一个量子点可以偶联两种或两种以上的生物分子或配体，从而使多功能的检测及成像探针的制备成为可能。

⑥ 量子点可用于多光子荧光显微成像。它是迄今为止吸收截面积最大的多光子成像探针。

如此多的光学特性都集中在一种荧光探针上是十分难得的，这使得量子点在多元分析、多色成像、高灵敏度诊断等方面显示出巨大的应用价值。

5.3.3.2　量子点的应用举例

（1）量子点在生物医学中的应用

P. Alivisatos 等人在 1998 年就将量子点用于成纤维细胞标记，从此揭开了量子点作为荧光探针应用于生物医学成像的研究。从此，量子点凭借其优异的荧光特性、一元激发多元发射和超长时间实时动态监测等优势，引发了生物医学领域研究手段的深刻变革。量子点主要的医学应用包括细胞成像分析（如细胞内吞作用、细胞膜标记、细胞核标记等）、生物大分子光谱编码、作为发现药物靶点的有力工具、用于生物芯片的标记探针、用于活性小分子测定的荧光探针、光动力学治疗等。

近红外二区（1000～1400nm）荧光对生物组织穿透能力强，成像信噪比高，该区域荧光成像技术在生物活体成像领域已展现出巨大的临床转化前景。Ag_2S 近红外 QDs 具有量子产率高、生物相容性好以及尺寸均匀可控等优点。Ag_2S 近红外 QDs 可应用于活体小动物血管成像，经尾静脉注射实时观测到近红外量子点在小鼠体内的动态分布情况，实现了全身血管网络及小动物深层组织器官的清晰成像，并可以利用上述 Ag_2S 量子点动态示踪肿瘤新生血管的生成。

（2）量子点在 LED 中的应用

在光致发光的量子点光源中，量子点吸收来自 LED 的紫外光后，发出可见光。因为不同元素组成的量子点材料的发光范围不同，所以可通过改变量子点表面的化学性质来改变发光的波长，实现同一个尺寸的量子点发出几种不同的光。量子点材料按照其荧光吸收范围可划分为红光量子点、蓝光量子点、绿光量子点。三原色量子点经过复合可用于制备白光LED。相比传统荧光粉，量子点白光 LED 具有封装工艺简单、成本低、发光效率高和显色指数高等多项优点。

5.3.4　长余辉发光材料

长余辉发光材料属于储光材料，它可以吸收紫外光、自然光或人工可见光并将光能储存起来，在光源撤去以后较长时间内，以可见光的形式将能量缓慢释放出来，余辉可以达到几十小时。

5.3.4.1　Eu^{2+} 掺杂的长余辉发光材料的机理

目前研究最广泛、发光性能最好的一类长余辉发光材料是 Eu^{2+} 激活的铝酸盐和硅酸盐材料，主要加入三价稀土离子 Re^{3+}（如 Dy^{3+} 或者 Nd^{3+}）作为辅助激活剂，形成长余辉发光材料。对于这类材料，主要有 3 种发光机理模型。

（1）空穴转移模型

新型的以铝酸盐为基质的长余辉发光材料被广泛接受的发光机理为空穴转移模型（机理）。以 Eu^{2+} 激活的 MAl_2O_4：Eu^{2+},RE^{3+}（M＝碱土金属元素，RE＝稀土元素）为代表的新型长余辉发光材料的空穴转移机理如下。由于 Eu^{2+} 和 RE^{3+} 的引入，在点阵中产生缺陷，便有了深浅不同的局部能级，如图 5-47 所示。首先，发光体受紫外光或太阳光照射时，发光中心 Eu^{2+} 的基态 $4f^7$（^8S）电子吸收光子向激发态 $4f^65d^1$ 跃迁，在 4f 轨道上产生的电子空位（空穴）通过热能释放到价带，同时 Eu^{2+} 变为 Eu^+，产生的空穴通过价带迁移，被 RE^{3+} 的缺陷能级俘获使 RE^{3+} 转变为 RE^{4+}。当光照停止时，由于热激发，被 RE^{3+} 俘获的空穴从环境中获得足够能量重新回到价带。回到价带中的空穴继续迁移，当靠近 Eu^+ 的局域能级时又会被 Eu^+ 俘获并与 $4f^65d^1$ 组态的电子复合而释放光子形成余辉。空穴转移机理认为，RE^{3+} 的作用就是俘获价带中的空穴，改变空穴数量和浓度，然后再随时间的延长和热扰动放出空穴，使发光中心重新俘获空穴，与电子复合发光，从而延长余辉时间和增强余辉强度。

陷阱属于缺陷化学研究的范畴。对于长余辉材料，缺陷的能级深度十分重要。能级较浅，电子在室温时较易从陷阱中热致逃逸，从而导致余辉时间过短或观察不到长余辉；能级较深，则室温下从陷阱中逃逸出的电子数量较少或不存在，同样不利于长余辉现象的产生。

虽然通过光电导测试验证了价带中空穴的存在，但是此机理目前仍没有被确认。这是因为 Eu^+ 存在与否尚无定论，镧系元素的三价离子态比较稳定，所以在普通可见光源的激发下生成 RE^{4+} 是非常困难的。目前还没有发现 Eu^+ 和 RE^{4+} 的存在，实验也证明，X 射线和激光辐照前后，掺杂离子的价态并没有发生变化。因此空穴转移模型（图 5-47）虽然是目前最流行的模型原理，但是仍然受到质疑。

（2）电子陷阱模型

MAl_2O_4：Eu^{2+},RE^{3+} 及 MAl_2O_4：Eu^{2+} 的余辉发射与晶体内部的晶格缺陷有关。材料合成过程采用弱的还原气氛会在晶格中形成 O^{2+} 空位 $V_O^{\circ\circ}$。$V_O^{\circ\circ}$ 过剩 2 个单位的正电荷，因而对晶体场中的电子有库仑引力，可以俘获电子。空位 $V_O^{\circ\circ}$ 在晶格中可以和 Eu^{2+}、RE^{3+}、Al^{3+}、M^{2+} 这 4 种离子相邻。若考虑 4 种正离子和 O^{2-} 之间键合力的强弱及电荷平衡关系，就会发现 $V_O^{\circ\circ}$ 将尽可能地与 Eu^{2+} 相邻以降低体系的能量。当发光体受紫外光或太阳光激发时，Eu^{2+} 的基态 $4f^7$ 电子向激发态 $4f^65d^1$ 跃迁，激发态能级具有一定能级宽度，电子进入激发态以后的行为将有 2 种：①向能级底部弛豫并跃迁回基态形成荧光；②向邻近的 $V_O^{\circ\circ}$ 的缺陷能级弛豫。$V_O^{\circ\circ}$ 对电子来说是一个有限深势阱，作近似处理后的量子力学计算结果表明，阱内至少存在一个分立的能级。可以把势阱内分立的能级理解为 $V_O^{\circ\circ}$ 的缺陷能级，并将该势阱称为电子俘获陷阱。激发态 $4f^65d^1$ 电子弛豫到陷阱中后即被俘获，只有从环境中获取足够能量才能从陷阱中逸出，逸出的电子回到发光中心的激发态，然后向基态跃迁而释放光子，即余辉发射。MAl_2O_4：Eu^{2+},RE^{3+} 和 MAl_2O_4：Eu^{2+} 余辉发光特点不同的原因只是晶体中的电子俘获陷阱的深度不同，可用电子陷阱模型来描述它们的余辉发光过程，如图 5-48 所示。发光中心 Eu^{2+} 激发态的 $4f^65d^1$ 电子被陷阱俘获后，处于晶格上

的发光中心变为 Eu^{3+}，余辉结束后又变回 Eu^{2+}。这种电子陷阱模型是一种较新的提法，目前并没有被广泛接受。

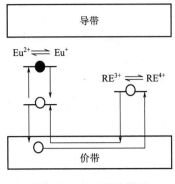

图 5-47　空穴转移模型

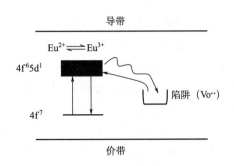

图 5-48　电子陷阱模型

（3）热释光机理模型

基于位形坐标模型的热释光机理模型也可用于解释长余辉现象。如图 5-49 所示，A 是 Eu^{2+} 的基态，B 是 Eu^{2+} 的激发态，C 是缺陷能级，位于 A 和 B 之间。由于这种杂质能级主要是由固定离子的加入产生的（合成条件的影响所产生的杂质能级相对较少），并且 RE^{3+} 取代 M^{2+} 而生成的缺陷是电子的俘获陷阱。当电子受激发从基态跃迁到激发态后（1），一部分电子跃迁回低能级产生发光（2），另一部分电子通过弛豫过程储存在缺陷能级 C 中（3），当缺陷能级中的电子吸收能量时，

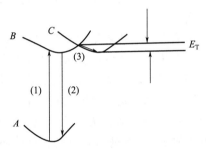

图 5-49　热释光机理模型

重新受激回到激发态能级 B，跃迁回基态能级 A 而发光。长余辉时间的长短与储存在缺陷能级中的电子的数量及吸收的能量有关，缺陷能级中的电子数量多，则余辉时间长；吸收的能量多，使电子容易克服缺陷能级与激发能级之间的能量间隔（E_T），从而产生持续发光的现象。但并非持续增加吸收能量就会使长余辉时间延长，长余辉的时间取决于缺陷能级中的电子的数量和其返回激发态能级的速率，长余辉的强度则取决于缺陷能级中的电子在单位时间内返回激发态能级的速率。

这一机理也可解释不同稀土离子对余辉的影响：①不同稀土离子由于其原子序数、电负性、电离能等在精细结构上的微小差别，使它们取代 M^{2+} 后产生的杂质能级的位置及有效性都是不同的，所以在相同条件下，它们的余辉时间也各不相同；②由于 Eu^{2+} 与 RE^{3+} 之间发生有效的能量传递，RE^{3+} 的能级中的电子通过弛豫过程传递到 Eu^{2+} 的能级中，从而导致 Eu^{2+} 发射，所以看不到 RE^{3+} 的发光。

5.3.4.2　Ce^{3+}、Pr^{3+}、Tb^{3+} 等三价稀土离子掺杂的发光材料的长余辉发光机理模型

除了 Eu^{2+} 激活的长余辉发光材料外，Pr^{3+} 激发的红色发光材料也研究较多。另外，最近也有报道将 Ce^{3+} 和 Tb^{3+} 掺杂在晶体和玻璃材料中也会形成长余辉发光，并提出新的发光机理。

（1）能量传递模型

Ce^{3+}、Pr^{3+}、Tb^{3+} 等三价稀土离子，容易形成＋4 价氧化态，因此在空气中合成的材料中，这 3 种稀土离子都以＋3 和＋4 价两种氧化态存在。RE^{3+} 容易获得空穴，因而可以作为空穴陷阱；RE^{4+} 容易获得电子，因而可以作为电子陷阱。这些被缺陷中心俘获（捕获）的空穴和电子在热扰动下进行复合，释放出的能量传递给三价稀土离子，由于 Ce^{3+}、Pr^{3+}、Tb^{3+} 相对于其他稀土离子来说具有较低的 5d→4f 跃迁能量，因此电子和空穴复合释放出的能量与 Ce^{3+}、Pr^{3+}、Tb^{3+} 离子的相应能级匹配，又由于电子和空穴陷阱的深度比较合适，所以在室温下就可以观察到这些离子的长余辉发光。

虽然在还原气氛中，这些稀土离子的＋4 价氧化态是不易形成的，但是仍然能观察到长余辉发光。这是因为在聚焦的脉冲激光激发下，材料中通过多光子电离产生电子和空穴，并可分别被不同的缺陷所俘获。激发停止后，由于室温热挠动，电子和空穴又被释放出来，重新被其他的陷阱俘获，产生的能量传递给稀土离子，导致长余辉发光的发生。

碱土离子作为组分的晶体和玻璃体系中，氧离子空位起了至关重要的作用，因为氧离子空位可以俘获电子成为电子陷阱，至于空穴陷阱可以是体系中存在的 Al^{3+} 空位、Al—O—Si(Al) 桥氧或其他缺陷，甚至可以是 Ce^{3+} 等稀土离子。这些体系中氧离子空位的存在已经被电子顺磁共振（EPR）波谱所证实。

这种缺陷与稀土离子之间的能量传递过程被称为"能量传递模型"。

（2）电子转移模型

长余辉发光材料设计的核心是建立受主和施主之间有效的电子和空穴转移。在 Tb^{3+} 等稀土离子激活的许多氧化物中，空穴的迁移速率比电子的小得多，所以电子的转移效率比空穴高得多。在某些晶体和玻璃中存在一些氧空位，可以作为电子的俘获陷阱，氧空位可以俘获 1 个或 2 个电子形成 F$^+$ 或 F 心。

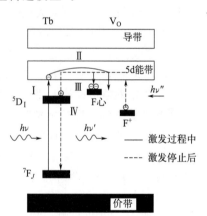

图 5-50　电子转移模型

若激活剂离子为 Tb^{3+}，余辉发光过程的机理（电子转移模型）如图 5-50 所示。首先，紫外线激发 4f5d 能带，从而使得 Tb^{3+} 释放电子（Ⅰ）；然后氧空位俘获 1 个电子生成 F$^+$ 或俘获 2 个电子生成 F 心（Ⅱ）；在热或光的作用下，氧空位上俘获的电子被释放，重新与光离化的 Tb^{3+} 复合（Ⅲ）；当电子从激发态跃迁回基态时即产生余辉发光（Ⅳ）。

5.4　有机发光材料

5.4.1　有机小分子发光材料

5.4.1.1　有机荧光材料

自 20 世纪初以来，有机荧光材料广泛用于纺织、塑料着色及印刷颜料。1963 年，美国

Pope 等以电解质溶液为电极，在荧光材料蒽单晶的两侧施加 400V 直流电压时，观察到了蒽的蓝色电致发光，拉开了以有机荧光材料获得电致发光的序幕。随后人们又利用荧光材料探测各种不同体系的状态及其变化，如研究胶束、囊泡、微乳胶等特殊环境的性质、行为及其形成过程。近年来发展起来的荧光化学敏感器（fluorescence chemical sensor）和分子信号系统（molecular signaling system）更是使荧光探针的方法和应用有了很大程度的提高和扩充。有机荧光材料在药物学、生理学、环境科学、信息科学方面都有广阔的应用前景。

（1）纯有机荧光材料

有机小分子发光材料种类繁多，它们多带有共轭杂环及各种生色团，结构易于调整，可通过引入烯键、苯环等不饱和基团及各种生色团来改变其共轭长度，从而使化合物光电性质发生变化。如噁二唑及其衍生物类，三唑及其衍生物类，罗丹明及其衍生物类，香豆素类衍生物，1,8-萘酰亚胺类衍生物，吡唑啉衍生物，三苯胺类衍生物，卟啉类化合物，咔唑、吡嗪、噻唑类衍生物，芘类衍生物，等等。它们广泛应用于光学电子器件、DNA 诊断、光化学传感器、染料、荧光增白剂、荧光涂料、激光染料、有机发光二极管（OLED）等方面。光致发光材料的应用：光致发光粉是制作发光油墨、发光涂料、发光塑料、发光印花浆的理想材料。发光油墨不但适用于网印各种发光效果的图案文字，如标牌、玩具、字画、玻璃画、不干胶等，而且因其具有透明度高、成膜性好、涂层薄等特点，可在各类浮雕、圆雕（佛像、瓷像、石膏像、唐三彩）、高分子画、灯饰等工艺品上喷涂或网印，在不影响其原有的饰彩或线条的前提下大大提高其附加值。发光油墨的颜色有透明、红、蓝、绿、黄等。

在 OLED 研究中，蓝色发光（简称蓝光）材料是必需的，其本身可以作为发光层用来制备蓝色发光（三基色之一）OLED。蓝色发光材料一般具有宽的带隙，且其电子亲和势（EA）和第一电离能（IP）要匹配，有机染料可以通过结构修饰获得蓝色发光材料。蓝色发光材料在分子结构设计上要求材料的化学结构具有一定的共轭程度，且分子的偶极矩不能太大，否则发光会红移至绿光区。蓝色发光材料主要有只含碳和氢两种元素的芳香性蓝光材料、芳胺类蓝光材料、有机硼类蓝光材料、有机硅类蓝光材料以及其他蓝光材料。

最早应用于电致发光（EL）领域的蓝光材料是蒽，但是蒽太容易结晶而不易形成无定形薄膜。TDK 公司的研究人员发现，苯基取代的蒽是一种性能不错的蓝光材料，但是详细的结构没有报道。1999 年，Kodak 公司报道了 9,10-二(2-萘基)蒽（ADN 或 BNA，结构如图 5-51 所示）蓝光材料，其最大发射波长为 460nm，CIE 色坐标为（0.197，0.257）。其他常见的蓝光材料有芴类蓝光材料、二苯乙烯基芳基蓝光材料等。

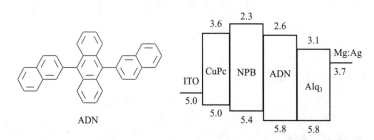

图 5-51 ADN 的分子结构和 EL 器件能级图

芳胺类蓝光材料（染料）是一类重要的蓝光材料，它通常具有电子传输和（或）空穴传输能力。从化学结构上，芳胺类蓝光材料可以分为电子给体-共轭体系（D-π）、电子给体-共轭体系-电子给体（D-π-D）、电子给体-共轭体系-电子受体（D-π-A）和含氮杂环等几种类型。通常，连有 N,N-二芳氨基电子给体的 π 共轭体系都是具有高荧光量子效率的蓝光材料。例如，香豆素类蓝光材料 MeCl 和 XTPS，其荧光量子效率分别为 77％ 和 54％，它们在固态时的荧光发射峰值分别为 451nm 和 465nm（图 5-52）。

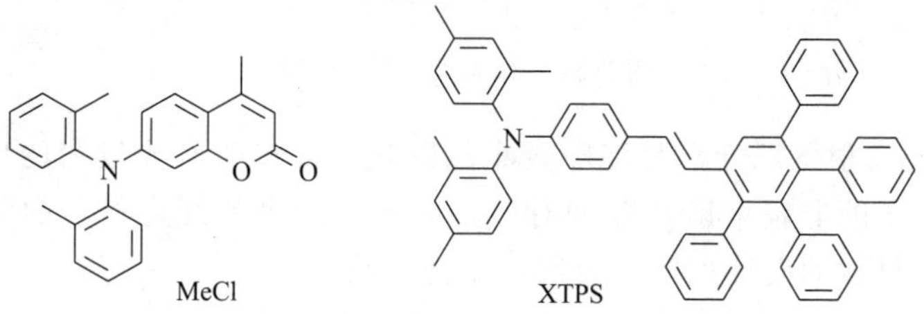

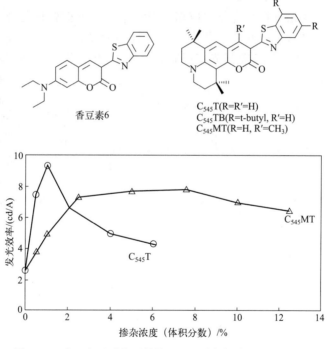

图 5-52　发光材料的结构——MeCl 和 XTPS

香豆素染料 Coumarin 6 是一种激光染料，Kodak 公司首先将其应用于 OLED 研究。Coumarin 6 的荧光峰值为 500nm（蓝绿光），荧光量子效率几乎达到 100％，但是在高浓度时存在严重的自猝灭现象。其器件最高效率可达 2.5％。OLED 中发光较好的香豆素类绿光材料是 $C_{545}T$（图 5-53）。

图 5-53　香豆素系列分子结构和 EL 效率与掺杂浓度的关系

此外，其他绿光材料还包括六苯并苯（coronene，发射峰在 500nm）、咪唑酮类、噻吩吡咯和萘酰亚胺类（naphthalimide，发射峰在 540nm）等。对于萘酰亚胺类荧光染料，C-5位置上的基团给电子能力越强，发射峰的红移现象越明显（图 5-54）。

红光材料要求发射峰大于 610nm，色坐标为（0.64，0.36），相对于蓝光和绿光材料，红光材料的发展相对滞后，主要原因有：

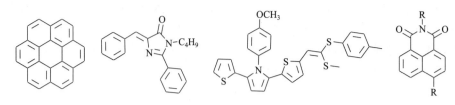

图 5-54 绿光荧光分子结构

① 对应于红光发射的跃迁都是能隙较小的跃迁,即产生红光发射的化合物的能级差很小,激发态染料分子的非辐射跃迁较为有效,因此,大多数红光材料的荧光量子效率比较低,这增加了红光材料的设计难度,导致红光材料缺乏。

② 在红光材料体系中,存在较强的 π-π 相互作用,或者具有较强的电荷转移特性,因此在高浓度或者固态薄膜状态下,发光材料分子之间的距离很小,分子间相互作用强烈,导致荧光量子效率下降,表现为浓度猝灭效应,使得许多红光材料在固态薄膜状态下发光很弱,甚至不发光。

③ 为避免浓度猝灭现象的产生,在制备 OLED 器件时会将其掺杂在主体材料中使用。掺杂技术虽然解决了器件制备的问题,但是也带来了其自身无法克服的问题,如主客体材料的能级匹配、相分离、载流子传输不平衡等问题。

尽管有许多红色荧光材料被合成并应用,但是分子内电荷转移化合物仍是目前 OLED 研究中应用最多的红光材料,其典型代表是具有较高的光致发光量子效率的 DCM 衍生物(图 5-55)。其中,DCM 和 DCJ 是最先使用的 DCM 系列化合物,而 DCJTB 仍然是目前最有效的红光材料。

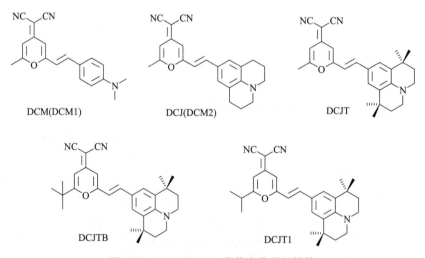

图 5-55 DCM 和 DCJ 类荧光分子的结构

电致发光光谱的半峰宽(FWHM)直接影响着器件的色纯度,因此设计和制作具有较窄 FWHM(通常小于 70nm)的红色 OLED 是非常重要的工作。卟啉类大环化合物是一类具有特殊窄带发射的红光材料。大环化合物 TPP、TPC 或 TBDPP 的红色 EL 器件的 FWHM 约 20nm,发光波长处于 635~660nm 范围内。但是卟啉类红光材料同样存在严重的浓度猝灭效应,荧光量子效率不高(图 5-56)。

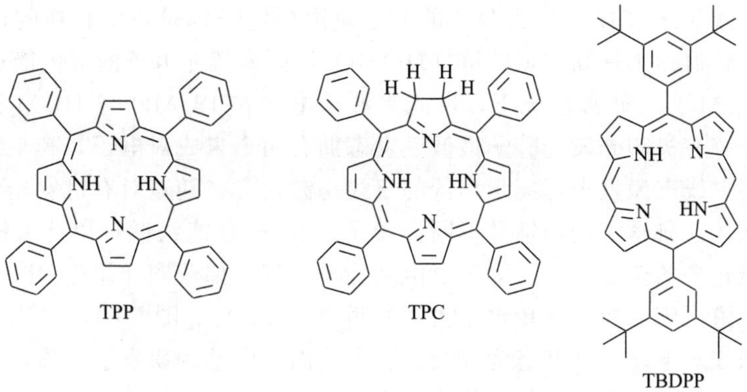

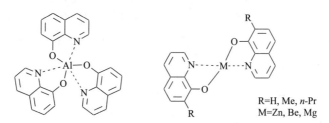

图 5-56　卟啉类荧光分子结构

（2）金属配合物荧光材料

金属配合物介于有机物和无机物之间，既具有有机物高荧光量子效率的优点，又具有无机物稳定性好的特点，因此被认为是最具有应用前景的一类发光材料。许多金属配合物在溶液中具有高的荧光量子产率，而在固体中的荧光却很弱，这主要是因为其存在着浓度猝灭现象。作为电致发光材料而言，金属配合物要求金属配位数应当饱和，以避免在真空蒸镀时发生分解。常用的金属离子有周期表中第一主族元素如 Li^+（配位数为 2）；第二主族元素如 Be^{2+}、Mg^{2+}（配位数为 4）；第三主族元素如 Al^{3+}、Ga^{3+}、In^{3+}（配位数为 6）；第二副族元素如 Zn^{2+}、Cd^{2+}（配位数为 4）。

8-羟基喹啉铝类金属配合物是有机电致发光器件中的关键材料，1987 年，美国 Eastman Kodak 公司的 Tang 和 Van Slyke 采用新的器件结构，选用氧化铟锡（indium-tin oxide，ITO）透明薄膜作为阳极，镁银合金作为阴极，采用有机小分子材料 8-羟基喹啉铝（Alq_3）作为发光材料，研制出低电压（10V）、高亮度（1000cd/m^2）、高效率（1.5lm/W）的有机电致发光器件，从此掀起了人们对有机电致发光材料研究的热潮。此外，Alq_3 器件的稳定性非常好，用 10V 电压驱动，在 100cd/m^2 亮度时，其发光器件的寿命超过 15000h。

日本 Sanyo 公司也报道了类似 Alq_3 的电致发光配合物，其分子结构如图 5-57 所示，其中，7 位的取代基包括氢（H）、甲基（Me）、正丙基（n-Pr）等，金属离子 M 有 Zn、Be 和 Mg 等。这些发光材料的发光颜色各不相同，有绿光也有黄光，其中以 Znq_2（R＝H）为发光材料的器件性能最好，且亮度高达 16200cd/m^2。

图 5-57　Alq_3 和二价金属与 8-羟基喹啉形成的配合物的分子结构

（3）有机自由基发光材料

自由基分子与传统有机闭壳发光分子相比，最大的区别在于两者的电子结构不同。如图

5-58（a）所示，传统有机闭壳发光分子的分子轨道中电子都是成对存在的，其中填充成对电子的最高能量轨道称为最高占据轨道（HOMO），而未填充电子的最低能量轨道称为最低未占据轨道（LUMO），通常情况下，发光来源于电子在 LUMO 与 HOMO 之间的辐射跃迁过程。由于传统有机闭壳发光分子最低激发态拥有两个未成对电子，其激发态按照自旋多重态又可以分为单线态激发态与能量稍低的三线态激发态。随着对有机发光材料与其发光过程研究的不断深入，科学家们归纳并不断完善了 Jablonski 能级图，以此来描述发光分子激发与发光时可能包含的全部过程。对于自由基分子而言，如若同样用 HOMO、LUMO 概念来描述其分子轨道，则需要引入单电子占据轨道（SOMO）［图 5-58（b）］。自由基分子基态便拥有一个未成对电子，其基态为双线态基态。而自由基的激发态，理论上也可形成双线态激发态以及四线态激发态等。但从能量角度而言，四线态将拥有更高的能量，因此自由基的最低激发态应为双线态激发态。根据卡莎规则，其发光便应当来源于双线态基态与激发态之间的电子跃迁过程。相应的，也可以用与 Jablonski 能级图相似的图来描述其中双线态间可能发生的过程［图 5-58（c）］。

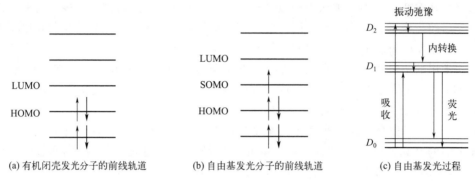

(a) 有机闭壳发光分子的前线轨道　　(b) 自由基发光分子的前线轨道　　(c) 自由基发光过程

图 5-58　有机闭壳发光分子和自由基发光分子的前线轨道以及自由基发光过程

5.4.1.2　磷光材料

源于 T_1 态到 S_0 态电子跃迁的磷光发射，由于是在不同多重态间的电子跃迁，故属于禁阻跃迁。与磷光不同，荧光源于跃迁允许的同种多重态间的电子跃迁，一般认为辐射寿命小于 10^{-4} s 的发光为荧光，而辐射寿命大于 10^{-4} s 的辐射定义为磷光。荧光和磷光是两个相互竞争的光发射过程，由于常温下溶液中振动弛豫十分迅速，大多数分子能直接到达 S_1 态，因此更容易观察到荧光。只有在固体或低温条件下，振动弛豫被限制，才能观察到磷光。根据结构特点，磷光材料可以分为过渡金属有机配合物磷光材料和纯有机室温磷光材料。

（1）过渡金属有机配合物磷光材料

过渡金属有机配合物磷光材料是现在有机磷光材料中的研究热门，过渡金属有机配合物磷光材料中都加入了过渡金属原子。这些过渡金属基本上具有 d^6 和 d^8 的电子结构，如 Pt、Ir、Nd、Os、Rh、Re、Eu 等。这些过渡金属原子即使发生原子跃迁后也并不发光，但是将过渡金属与有机配体做成金属有机配合物后，在空穴和电子分别注入配合物的 HOMO 和 LUMO 后，有机配体被激发，过渡金属有机配合物能够诱导强烈的自旋-轨道耦合（spin orbital coupling，SOC），允许原来被禁阻的三线态进行跃迁，单线态激子的衰减变慢，三线态激子的衰减加快，使过渡金属有机配合物能够同时利用单线态和三线态，产生高效的磷光。

过渡金属有机配合物的电荷跃迁有多种类型：金属到配体间的电荷转移（metal-to-ligand charge-transfer，MLCT），这种电荷跃迁容易在温度非常低的情况下发生；金属与金属间的电荷转移（metal-to-metal charge-transfer，MMCT），这种电荷跃迁多数发生在多核金属有机配合物中，金属键与金属键之间容易发生断裂；配体到金属的电荷转移（ligand-to-metal charge-transfer，LMCT），在室温下的可见光谱低能量区会有弱小的磷光；配体与配体间的电荷转移（ligand-to-ligand charge-transfer，LLCT），这种电荷跃迁产生的能量是由配体的氧化还原能力来决定的；其他还有配体内的电荷转移（ILCT）、金属与金属到配体的电荷转移（MMLCT）、配体到金属与金属的电荷转移（LMMCT）等。

最早关于有机电致磷光材料的报道是在 1998 年，普林斯顿大学的 Forrest 将 PtOEP 掺杂在 CBP 基质中制成多层有机电致磷光器件。在 PtOEP 的掺杂浓度为 6% 时，器件的外量子效率和内量子效率分别可达 4% 和 23%。通过对两个结构不同的器件的电致发光光谱进行对比，证实了短程 Dexter 能量转移在 Alq$_3$ 与 PtOEP 体系中起主导作用。由于 PtOEP 的固态磷光寿命长达 91μs，这个器件在高电流密度下具有很严重的磷光饱和现象。

近年来报道了多种比 PtOEP 更适用于有机电致磷光器件的 Pt(Ⅱ) 配合物（图 5-59），这些配合物的磷光寿命一般在几微秒。其中，基于 Pt(thpy-SiMe$_3$)$_2$ 溶液成膜的器件外量子效率在 11.5% 左右，由于该配合物具有较短的磷光寿命，器件效率在高电流密度下的衰减程度只是 PtOEP 器件的三分之一，配合物 9-1 的光致最大发射峰位于 541nm，以 4%（以质量分数计，下同）配合物 9-1 掺杂的 CBP 为发光层的器件最大外量子效率和最大亮度分别达到 11%（31cd/A）和 23000cd/m^2，类似的配合物 PtPren，在 CBP 发光层中 6% 掺杂时所制备的多层器件的最大发射峰位于 620nm，是色纯度较好的红光，器件的最大外量子效率和最大亮度分别为 6.5% 和 11100cd/m^2。近几年，基于重金属有机配合物，特别是铱配合物电致磷光材料和器件的研究，已成为目前有机电致发光领域研究的热点。

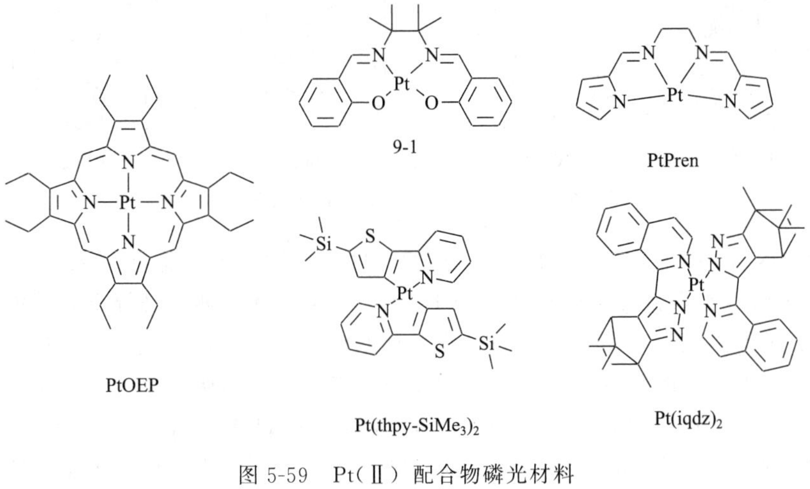

图 5-59　Pt(Ⅱ) 配合物磷光材料

在众多已经报道过的过渡金属（如铱、铂、铼、铑等）有机配合物磷光材料中，由于铱配合物具有三线态寿命短、量子效率高、热稳定性较高、因较强的自旋-轨道耦合而有较好的磷光发射性能等优点，使其成为有机电致磷光材料领域的研究热点。另外，铱配合物的发光波长受配体结构影响，改变配体结构可以使配合物的发光颜色在整个发光区域可调。铱

（Ir）的配位方式是六配位，大部分情况下铱配合物磷光材料的结构为（C^N）₂Ir（LX）和Ir（C^N）₃两种。通常情况下合成结构为（C^N）₂Ir（LX）的铱配合物需要首先合成二氯桥联中间体（C^N）₂Ir（μ-Cl）₂Ir（C^N）₂，但由于二氯桥联中间体在有氧环境下会变得不稳定，因此在整个反应过程中均需要有 N₂ 作为保护气体，而最终产物（C^N）₂Ir（LX）则比较稳定［图 5-60（a）］。

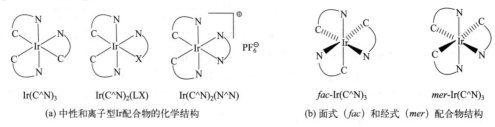

(a) 中性和离子型Ir配合物的化学结构　　(b) 面式（*fac*）和经式（*mer*）配合物结构

图 5-60　中性和离子型 Ir 配合物及其异构体

Ir（C^N）₃ 配合物根据晶型的不同可以分为面式（*fac*）和经式（*mer*）配合物［图 5-60（b）］。在环金属铱配合物的合成中，反应条件可能会影响产物的构型，但比较复杂。对于某些配合物来说，在高温（＞200℃）下，其倾向于生成面式异构体，在低温（＜150℃）下，其倾向于生成经式异构体。在高温下，经式结构可以转变为面式结构，表明面式异构体是热力学控制的产物，而经式异构体是动力学控制的产物。Tsuboyama 等合成了一系列 Ir（C^N）₃ 配合物，其结构如图 5-61 所示，根据配体结构不同可调节配合物的光发射波长，最大发射波长在 558～652nm 之间，其中 Ir（piq）₃ 是很好的红光材料，其三重态寿命为 2.8μs，可以抑制三重态-三重态湮灭，从而得到高效红光。以 Ir（piq）₃ 发光层的器件最大亮度可达 11000cd/m²，在 100cd/m² 下的功率效率和外量子效率分别为 8.0lm/W 和 10.3％。

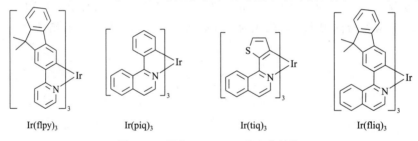

图 5-61　部分 Ir（C^N）₃ 配合物结构

多数（C^N）₂Ir（LX）结构的 Ir 配合物的 HOMO 轨道主要贡献来自金属中心，而 LUMO 轨道主要贡献来自环金属配体上与 Ir 配位的 N 杂环。通常情况下，辅助配体并不直接参与最低能量的激发态，但是可以通过改变辅助配体的结构进而促使金属中心的电子云发生变化，改变辅助配体的结构也可以改变激发态的能量。具有吸电子效应的辅助配体可以使金属中心的电子云密度降低，稳定金属轨道，从而降低 HOMO 能级，而对于 N 杂环上的 LUMO 能级影响较小。因此，强吸电性的辅助配体可以增加 HOMO-LUMO 能级差，导致配合物的发光蓝移。Lamansky 等人报道了一系列发红、绿、蓝光的铱配合物磷光材料。铱配合物具有两个环金属化（C^N）配体和单个双齿辅助配体（LX），即（C^N）₂Ir（LX）。LX 配体为乙酰丙酮（acac）。通过选择合适的 C^N 配体，可以制备（C^N）₂Ir（acac）配合物，实现从红色到绿色的发光。合成出三种 Ir 配合物（图 5-62），即双(2-苯基吡啶-N,C²′)

铱（乙酰丙酮）［ppy$_2$Ir（acac）］、双（2-苯基苯并硫代唑并-N，C$^{2'}$）铱（乙酰丙酮）［bt$_2$Ir（acac）］、双（2-(2'-苯并噻吩)吡啶-N，C$^{3'}$）铱（乙酰丙酮）［btp$_2$Ir(acac)］，并将它们分别掺杂到多层气相沉积的 OLED 的发光区域中。基于 ppy$_2$Ir(acac)、bt$_2$Ir(acac) 和 btp$_2$Ir(acac)的 OLED 分别产生绿色、黄色和红色电致发光。根据发光颜色，通常可以将铱配合物磷光材料分为红色铱配合物磷光材料、蓝色铱配合物磷光材料和绿色铱配合物磷光材料三种。

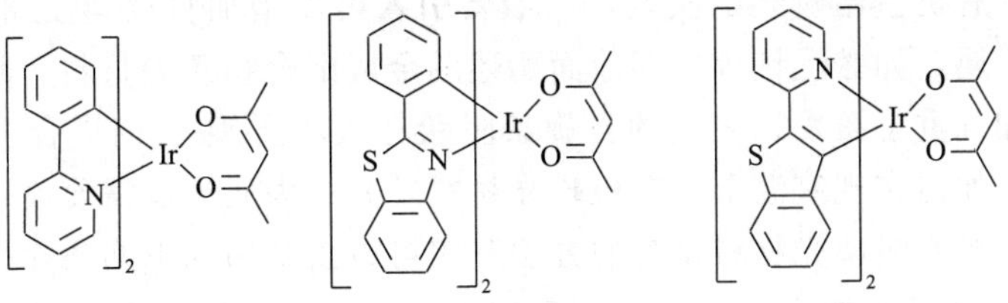

ppy$_2$Ir(acac)　　　　　　　bt$_2$Ir(acac)　　　　　　　btp$_2$Ir(acac)

图 5-62　Ir 配合物磷光材料

（2）纯有机室温磷光材料

在有机分子中，据泡利不相容原理，电子在分子轨道上会有序地排布。当发光分子受激发后吸收能量，电子会发生跃迁，由 $S_0 \rightarrow S_n$（即基态到激发态的跃迁）。处于激发态的电子通过弛豫振动、内转移（IC）等非辐射跃迁的形式到达第一电子激发单重态，最后回到 S_0，发出的光即为荧光。与泡利不相容的原理相一致，也就是在单重态中，电子的自旋方向不需要翻转，可直接回到基态，故荧光的衰减会比较快。但是磷光却不一致，它在受激发后会持续地发光一段时间，这个过程是需要从 $S_1 \rightarrow T_1$（激发单重态到三重态的跃迁）的系间窜越过程，最终由 T_1 回到 S_0 的发光过程，把它称为磷光发射（P）（图 5-63）。这个过程中，分子在受激发之后会慢慢地发光一段时间，效果就如同夜明珠一样。这是因为处于三重态的电子与基态电子自旋相反，所以速度比较慢，对于有机室温磷光材料，在激发停止后呈现余辉现象，其余辉时间可达毫秒级或秒级以上。通常情况下，在有机分子中，磷光的发射波长之所以会比荧光的红移，正是因为相比二者的能量，T_1 会小于 S_1。对于纯有机室温磷光材料来说，在磷光发射的同时往往伴随着荧光的发射。

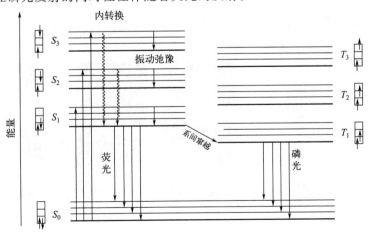

图 5-63　有机室温磷光材料发光机理

传统的有机发光材料，因自旋禁阻的限制，大部分的有机发光材料寿命仅停留在纳秒级。另外，自旋禁阻效应以及三重态易被氧气猝灭会导致三重态-三重态的猝灭，或是利用一些非辐射的途径耗散随后失活，所以只能限制在惰性条件下以及冷冻低温方能观察到磷光的发射；纯有机材料由于缺乏重金属的高阶外围轨道，通常具有较弱的自旋-轨道耦合（SOC）效应，使得实现快速的系间窜越和磷光辐射具有一定的挑战性，导致三重态激子的寿命较长。传统的有机室温磷光的实现，一般要引入可以增加自旋-轨道耦合的元素，比如半径比较大的重金属，如铱、铂等，即前面所述的金属配合物磷光材料。此外，从分子的理论上讲，单重态和三重态激发态之间的自旋禁阻跃迁或弱自旋-轨道耦合也给室温磷光带来了巨大挑战。因此如何实现室温下的有机磷光材料发光成为研究者需要攻克的一个难题。

　　目前，实现有机室温磷光材料发光的方法其实可以总结为如下两条途径。①可以通过增加发光体系的自旋-轨道的耦合，以促进单重态（S_1）到三重态（T_1）的系间窜越过程，进而获得更多的三重态激子。一个具体的例子是芳香 C＝O 上氧原子能促进 n→π* 的跃迁，进而提高系间窜越过程，产生三重态激子，因此在分子中引入芳香 C＝O 基团是可以促进磷光。另外引入重原子（卤素原子 Cl、Br 和 I 等，硫族元素 S、Se、Te 等）或者顺磁性分子（一氧化氮以及氧气等），利用高核电荷引起产生磷光的分子发生电子能级的交错，促进 SOC 的作用，有利于电子从 S_1→T_1 态的 ISC 过程。②抑制由 T_1 到 S_0 的非辐射衰减，例如采用氘代策略，以重氢原子替代有机分子中原有的氢原子，可以达到减弱分子内振动的目的，减小三重激发态的非辐射衰减，进而可以实现有机室温磷光的发射；或者形成聚合物，利用聚合物结构稳定有机分子中的三重态，以减少三重态（T_1）到基态（S_0）的非辐射失活的过程。

　　当今迅猛发展的信息通信安全技术给人们带来了许多便利，而其中的安全性能指标成了所有人关注的焦点。电子信息时代的发展促进了编码技术的进步。而这些编码技术也一直在研究如何才能增加数据的安全性。结合材料的特性，可以将有机室温磷光材料应用于信息编码中 [图 5-64（a）和（b）]。此外，光学成像在生物以及医学等领域中起着不可或缺的作用，并已成功应用于临床成像引导手术中。然而，在成像过程中对实时光激发的需求会产生组织自身荧光，这将降低活体生物的成像灵敏度和特异性 [图 5-64（c）]。因此，无需激发光源的纯有机室温磷光材料，因其长余辉或持续发光的特性引起人们高度关注，这类材料不仅可以避免稀土金属或重金属带来的生物毒性侵扰问题，还可以避免自发荧光的干扰，比如

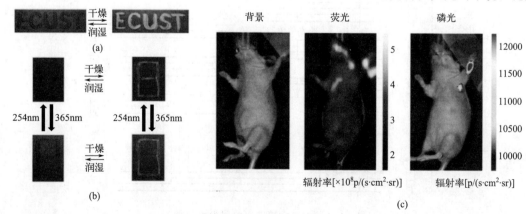

图 5-64　有机室温磷光材料在防伪标记、生物以及医学等领域的应用

可以避免激发光源带来的散射以及杂质自发的纳秒级荧光，提供了更清晰、更可靠的生物成像与高的信噪比，为生物体内成像提供了应用途径。

5.4.1.3 延迟荧光材料

荧光发射一般是指光激发有机分子到其单重态激发态，如果跃迁到较高的单重态激发态通常会通过 IC 过程弛豫到 S_1 激发态，再通过发射荧光回到基态的过程，这个过程一般会非常快，其寿命一般为几纳秒。除此之外，在有些情况下，三重态 T_1 的电子可以通过反向系间窜越的过程上转换到其单重态 S_1 上，这时也可以发生荧光现象。这种荧光现象的寿命要远长于普通的荧光发射，这一现象一般被称为延迟荧光。延迟荧光又可以进一步分为两种类型，分别为"P 型"延迟荧光和"E 型"延迟荧光。

（1）"P 型"延迟荧光——TTA 上转换发光

"P 型"延迟荧光源自三重态-三重态湮灭（triplet-triplet annihilation，TTA）。有机分子的 TTA 是发生能量上转换的方式之一，即两个或多个低能级的三重态通过上转换产生更高能级激发态的过程。TTA 发光过程如图 5-65 所示，当两个处于三重态激发态的分子 $^3M^*$ 相互碰撞后，其中一个分子作为敏化剂将能量传递给另一个分子后回到基态，后一个分子得到足够的能量后通过反向系间窜越变为单重态激发态后以荧光的形式发射。为使这一过程发生，两倍三重态激发态的能量要大于单重态激发态的能量，同时小于最高能级的三重态激子能量，即 $T_n(M) > 2E_T(M) > E_S(M)$。有机分子的 TTA 上转换相对于稀土金属上转换而言量子产率更高，且光谱可调，即使在太阳光下也能产生 TTA 上转换发光现象，这具有很大的应用前景，因此，在有机太阳能电池领域已广泛应用有机材料的 TTA 上转换发光现象。

利用 TTA 获得的最大外量子效率（EQE）的理论可用式（5-26）表示：

$$
\begin{aligned}
\eta_{\text{EQE}} &= \gamma \times \Phi_{\text{PL}} \times \eta_r \times \eta_{\text{out}} \\
&= (\chi_S + \chi_{\text{TTA}}) \times \Phi_{\text{PL}} \times \eta_r \times \eta_{\text{out}} \\
&\approx (0.25 + 0.75/2) \times 1.0 \times 1.0 \times 0.2 = 12.5\%
\end{aligned} \tag{5-26}
$$

式中，χ_S 和 χ_{TTA} 分别表示单重态激子生成比例和 TTA 过程生成的单重态激子的比例；γ 表示器件的载流子平衡常数；Φ_{PL} 表示分子在薄膜状态下的光致发光量子产率（PLQY）；η_r 表示材料产生总的单重态激子；η_{out} 表示光输出耦合因子（0.2～0.3）。从式（5-26）可以推导出，理论上若所有的三重态激子都发生了 TTA，就有 37.5% 的三重态激子转变为单重态，加上原有的 25% 的单重态激子，其内量子效率（IQE）最大可以达到 62.5%，若光输出耦合因子为 0.2，则器件的最大 EQE 为 12.5%，这也突破了传统荧光材料的理论外量子效率的极限 5%。

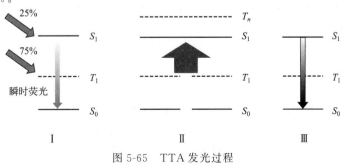

图 5-65　TTA 发光过程

基于 TTA 的上转换最早由 Parker 和 Hatchard 在 20 世纪 60 年代提出,他们在菲和萘的混合溶液中通过选择性地激发菲而观察到萘的反斯托克斯延迟荧光("P 型"延迟荧光),即延迟荧光的发射波长比激发波长短。他们提出这种延迟荧光的产生机理是:能量给体(菲)的三重态将能量传递给受体(萘)的三重态,两个受体的三重态相互作用而产生一个激发态的二聚体,最后产生一个处于激发单重态的分子和一个回到基态的分子(三重态-三重态湮灭过程),这种延迟荧光的强度与激发光强度呈平方关系。随后,他们又在普罗黄素与蒽的混合溶液中观察到蒽的"P 型"延迟荧光。此后,Parker 和 Hatchar 及其他研究者又利用不同的芳香碳氢化合物做受体,观察它们的延迟荧光。

Lu 等在 2019 年报道了由三苯基胺/菲并咪唑和四苯基乙烯取代的蒽组成的两种不对称结构化合物 TPAATPE 和 PPIATPE(图 5-66),其非掺杂器件的最大 EQE 分别是 6.97% 和 6.10%,在 $1000cd/m^2$ 下的 CIE 坐标分别为(0.15,0.12)和(0.15,0.14),实现了纯蓝光发射。将化合物 TPAATPE 作为蓝光发射部分,结合绿光 TADF 材料 PTZMes2B 和红光磷光材料 $Ir(piq)_3$ 制备出基于三色的纯白光 OLED 器件,其最大 EQE 为 25.3%,CIE 坐标为(0.34,0.38),实现了 92 的超高显色指数。这也是目前报道的白光 OLED 器件的最高水平。

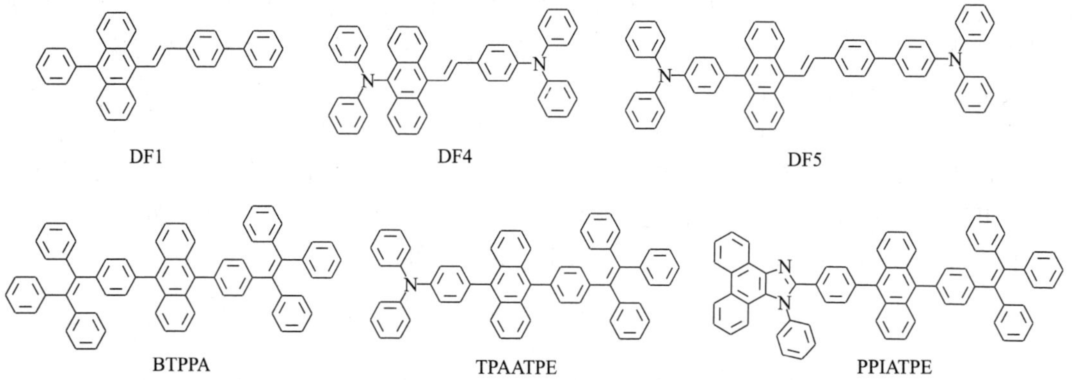

图 5-66　典型的 TTA 发光材料

(2)"E 型"延迟荧光——热活化延迟荧光

"E 型"延迟荧光又称为热活化延迟荧光(thermally activated delayed fluorescence,TADF)。"E"取自最早发现该现象的四溴荧光素——伊红(eosin)。这类延迟荧光的特点是分子的单重态 S_1 和三重态 T_1 之间的能量差(ΔE_{ST})非常小,在环境热量的作用下,三重态激子很容易通过反向系间窜越跃迁(RISC)到单重态并发射荧光(图 5-67)。一般来说,ΔE_{ST} 越小,越有利于 T_1 态反向系间窜越到 S_1 态;此外,TADF 的强度对温度非常敏感,通常在温度低的情况下光强会很快衰减。

TADF 材料在光激发条件下,单重态与三重态之间存在多重上转换/下转换循环过程,其重要的激子动力学过程可以简化为图 5-68。

在实验当中,通过瞬态光致发光光谱测试并对寿命衰减曲线进行多次指数拟合,可以根据权重表达式计算得到相应的瞬态成分(ϕ_{PF})和延迟荧光成分(ϕ_{DF})的比率。相应地,在瞬态测试中,如果根据二次以上指数拟合得到相应寿命值,可以将瞬态和延迟成分分开,分别得到瞬态成分寿命(τ_{PF})和延迟荧光寿命(τ_{DF})值。

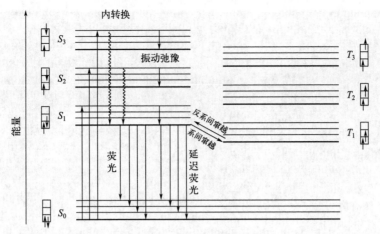

图 5-67　TADF 发光过程

　　TADF 的首次发现，可以追溯到 1961 年，第一个纯有机 TADF 材料被认为是由 Parker 和 Hatchard 在伊红染料中发现的（图 5-69）。1980 年，Blasse 等人在Cu(Ⅰ) 配合物中发现了第一个含金属的 TADF 材料。1990 年代末，Berberan-Santos 等人在富勒烯中进一步验证了这种有效的延迟荧光，并首次将其用于氧和温度的检测。将 TADF 材料应用于有机电致发光器件的尝试始于 2009 年。该器件需要一个相当高的电流注入起始值。2012 年，日本九州大学 Adachi 教授揭开了TADF 研究的新篇章。此后，红、绿、蓝光的 TADF材料相继被报道，TADF-OLED 器件的效率也逐步达到甚至超过 30%，并超过磷光器件的效率，表现出可以取代磷光材料的趋势。

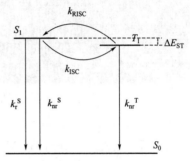

图 5-68　TADF 典型的激子
动力学过程

k_r^S 和 k_{nr}^S —单重态的辐射跃迁速率常数和非辐射跃迁速率常数；k_{nr}^T —三重态的非辐射跃迁速率常数；k_{ISC} 和 k_{RISC} —系间窜越和非系间窜越速率常数

　　TADF 材料的设计要求分子具有非常小的 ΔE_{ST}。理论上，最低单重态（E_S）和三重态（E_T）激发态的分子能量可以由两个未配对电子在激发态的轨道能量（E）、电子排斥能量（K）和交换能量（J）决定，如式（5-27）和式（5-28）所示。由于单分子中单重态和三重态的电子排列相同，E、K 和 J 在两个激发态中是相同的。然而，由于 T_1 中未配对电子的自旋状态相同，E_T 减少［式（5-28）］，而 S_1 中 E_S 增加［式（5-27）］。因此，ΔE_{ST} 即E_S 与 ΔE_T 的差值，等于 J 的两倍［式（5-29）］。

$$E_S = E + K + J \tag{5-27}$$
$$E_T = E + K - J \tag{5-28}$$
$$\Delta E_{ST} = E_S - E_T = 2J \tag{5-29}$$

　　在 S_1 或 T_1 态，未配对的两个电子主要分布在 HOMO 和 LUMO 的前线轨道上，无论自旋态如何，其 J 值都相同。因此，这两个电子在 HOMO 和 LUMO 上的交换能 J 可由式（5-30）计算。

$$J = \iint \phi_L(1) \phi_H(2) \left(\frac{e^2}{r_1 - r_2} \right) \phi_L(2) \phi_H(1) dr_1 r_2 \tag{5-30}$$

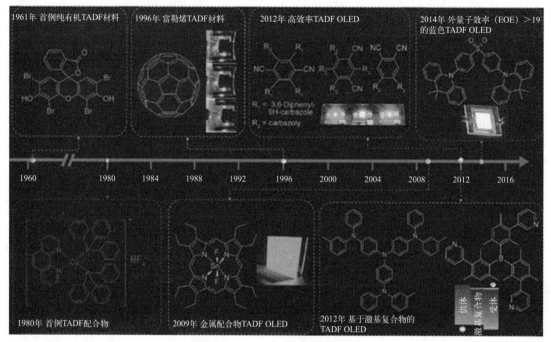

图 5-69　TADF 材料的发展史

1961年 首例纯有机TADF材料　1996年 富勒烯TADF材料　2012年 高效率TADF OLED　2014年 外量子效率（EOE）>19 的蓝色TADF OLED

R₁ = 3,6-Diphenyl-9H-carbazole
R₂ = carbazoly

1960　1980　1984　1988　1992　1996　2000　2004　2008　2012　2016

1980年 首例TADF配合物　2009年 金属配合物TADF OLED　2012年 基于激基复合物的 TADF OLED

供体
激基复合物
受体

式中，ϕ_L 和 ϕ_H 分别为 LUMO 和 HOMO 波函数；e 为电子电荷。根据式（5-30）可以看出，可以通过空间分离 HOMO 和 LUMO 的波函数，降低 HOMO 与 LUMO 重叠积分 $\langle \phi_H \mid \phi_L \rangle$，从而实现小的 ΔE_{ST}。引入大位阻基团，构建电子给体（electron-donating unit）和电子受体（electron-withdrawing unit）体系，或者通过扭曲、螺旋或者大的基团相连都可以降低 HOMO 与 LUMO 的重叠程度，并且保证分子内电荷转移（intramolecular charge transfer，ICT）。

为了实现 HOMO 与 LUMO 的分离，一般将电子给体和电子受体通过桥基连接成给体-受体型（D-A 型）的分子（图 5-70）。在这种类型的分子中，HOMO 主要分布在电子给体上，LUMO 主要分布在电子受体上，从而实现 HOMO 与 LUMO 的分离。电子给体主要是含氮的芳香胺类基团，如二苯胺、咔唑、吩噻嗪等；而电子受体主要是具有很强吸电子性的基团或多个吸电子性基团的组合，如氰基苯、三嗪、嘧啶、砜基、羰基和氰基吡啶等（图 5-71）。基于 D-A 或者 D-π-A 的方式，大量的红、绿、蓝光 TADF 分子被报道，器件效率从最初的大于 10%，逐步超过 20% 和 30%，甚至接近 40%。

除了上述的纯有机小分子的 TADF 材料之外，还有一些金属配合物［如 Cu（Ⅰ）、Ag（Ⅰ）、Au（Ⅰ）和 Sn（Ⅳ）的金属配合物］也具有 TADF 性质。与 d^6 和 d^8 金属配合物相比，d^{10} 金属配合物通常具有较小的自旋-轨道耦合效应，所以其 T_1 到 S_0 的跃迁通常是禁阻的。但是，这类化合物通常具有比较小的 ΔE_{ST} 和稳定的 T_1 态，可以实现快速的反向系间窜越，表现出 TADF 性质。d^{10} 金属配合物的小 ΔE_{ST} 主要来源于从金属中心到配体的电荷转移。刚性的配合物结构可以抑制非辐射跃迁，加之较弱的 SOC 作用可以抑制磷光发射，使金属配合物具有一个稳定的 T_1 态。此外，d 轨道满电子的闭壳的 d^{10} 金属配合物不会发生低能态的 d→d* 猝灭激发态的情况。d^{10} 金属配合物的这些优点和便宜低毒的特性使得其适用于制备高性能的 TADF 配合物。图 5-72 是一些 d^{10} 金属配合物 TADF 材料的结构。

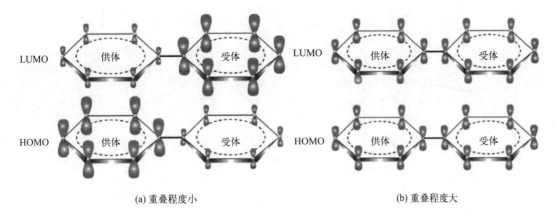

(a) 重叠程度小   (b) 重叠程度大

图 5-70　HOMO 和 LUMO 重叠程度

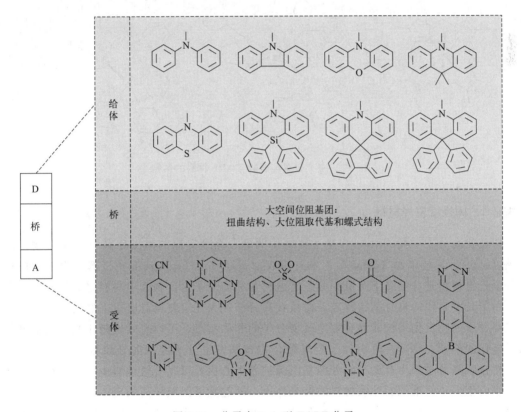

图 5-71　分子内 D-A 型 TADF 分子

5.4.2　有机大分子发光材料

有机大分子发光材料包括树枝状发光材料（高分子）和有机聚合物发光材料。其中，树枝状发光材料不仅有传统聚合物的诸多优点，还拥有传统聚合物无可比拟的优势——分子尺寸、结构组成、形状、溶解度等都可以在合成中得到精确控制。

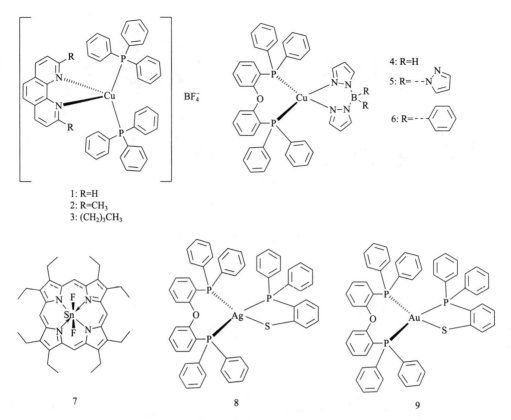

图 5-72 d^{10} 金属配合物 TADF 材料的结构

5.4.2.1 树枝状发光材料

树枝状高分子（dendrimer）是一类结构明确、高度有序的超支化高分子化合物，由中心核（core）、树枝单元（dendron）和外围表面基团（surface group）三部分组成。树枝状高分子光电材料是一类介于有机小分子光电材料和高分子聚合物光电材料之间的新型光电材料。由于高度有序的自身结构特点，树枝状高分子作为光电材料具有以下非凡的特点：①树枝状高分子的超支化结构能够有效地改善分子的非晶型态，可以有效地防止光电功能器件再结晶老化的问题；②与有机小分子金属配合物容易发生分子堆积而导致材料的荧光猝灭相比，树枝状高分子因为有大量的外围基团保护着中心核，可以有效地减少分子间堆积，从而防止了由于分子间堆积而导致材料的荧光猝灭，即起到了区域隔离效应；③相对于常规高分子聚合物，树枝状高分子在分子大小和结构构型方面可以实现精确控制，同时还可以通过引入不同的端基官能团从而得到相应的理化性能；④树枝状高分子的外围基团的 HOMO 与 LUMO 之间的能级差较大，而中心核部分的 HOMO 与 LUMO 能级差较小，使得载流子可以通过"漏斗式"的方式向中心核传输，从而大大地提高了中心核的发光强度。

树枝状高分子在中心核、树枝单元和外围基团上具有更多可供选择和设计的功能基团，从而可以设计、合成出具有多样化结构和多重功能的树枝状发光材料。功能化树枝状高分子特殊的结构体系使其不仅具有特殊的表面物化性质，而且具有独特的内部光电性能。在能量和电荷传输方面，功能化树枝状高分子能够实现高效的能量和电荷传递，这主要是因为其具有多个吸收单元和作为反应中心受体的基团、荧光陷阱空穴以及骨架单元的刚性结构，更重要的是功能化树枝状高分子自身所具有传递能量和电荷的梯度结构体系，使其能够进行定向的、垂直的基态能量和电荷传输。作为光电材料，功能化树枝状高分子是由中心核控制其发光的颜色，外围表面基团决定其物化特性，而树枝单元则是其电子传输到中心核的通路。因此，鉴于功能化树枝状高分子优越的光电性能，其在光电材料中被广泛用作空穴传输材料、电子传输材料、荧光发光材料和磷光发光材料。

用作功能器件的光电材料，要求其应该具备良好的发光效率和较长的使用寿命。因此，对应用于器件中的荧光发光材料的化学稳定性和热稳定性就有了很高的要求。另外，当荧光材料在高浓度时或者是固体薄膜状态下，极易发生浓度猝灭效应，严重影响了功能器件的发光效率。而树枝状高分子由于其特殊的超支化结构特点，使得发光中心核之间距离较大，从而有效避免了浓度猝灭效应。同样，由于树枝状高分子特殊的结构特点，该类分子一般都具有较好的化学稳定性和热稳定性。树枝状高分子在荧光、磷光和 TADF 等材料中都有应用存在。

Zhao 等报道了以蒽为发色团的二代蓝色荧光树枝状高分子，该树枝状高分子几乎不存在浓度猝灭问题，其在 CH$_2$Cl$_2$ 溶液中的最大发光波长为 416nm，而在固体薄膜状态下的最大发光波长为 418nm。另外，该功能化树枝状高分子的高热解温度可达 350℃，具有良好的热稳定性。以该分子作为发光层制备的器件，最大外量子效率为 0.82%。Tsuzuki 等报道了以 Ir(ppy)$_3$ 为中心核、以苯基咔唑为树枝单元的磷光树枝状高分子 5a 和 5b（图 5-73）。发

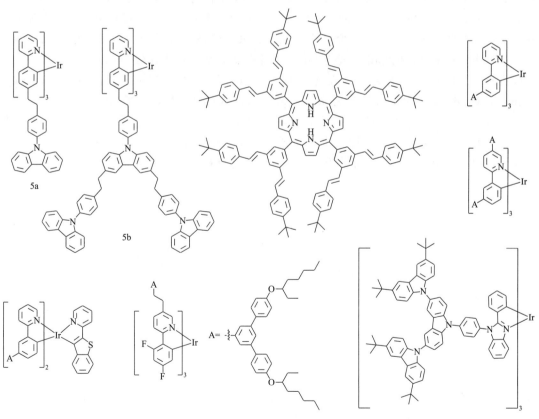

图 5-73　树枝状铱配合物的分子结构

现用旋涂法制膜时，材料 5a、5b 均有较好的成膜性。而以磷光树枝状高分子 5a、5b 作为发光层制备的发光器件，发光颜色测试为绿色。另外，将磷光树枝状高分子 5a 与电子传输材料2,2′-(1,3-苯基)二[5-(4-叔丁基苯基)-1,3,4-噁二唑](OXD-7)混合后制膜得到发光器件，其外量子效率为 7.6%。Burn 等报道的以二苯基苯为树枝单元的铱配合物，其溶液的荧光效率为 70%，而其固体薄膜的荧光效率却只有 22%。但是，将其掺杂到特定基质中所制备的器件，可以得到较高的外量子效率（8.1%），如果在器件中加入一层空穴阻挡层 TPBI，则该器件外量子效率可以达到 16%，亮度为 400cd/m² ，流明效率为 40lm/W。

5.4.2.2　高分子发光材料

高分子（聚合物）发光材料均为含有共轭结构的高聚物（conjugated polymer）材料，其中常见的是具有主链 π 共轭结构的高分子发光材料。Friend 等首次报道了聚对苯亚乙烯（PPV）的电致发光，并制备发光器件，在 14V 左右的驱动电压下发黄绿光，使得电致发光材料的研究从有机小分子推广到高分子领域。

高分子在受到可见光、紫外光、X 射线等照射后吸收光能，高分子电子壳层内的电子向较高能级跃迁或电子基体完全脱离，形成空穴和电子，空穴可能沿高分子移动，并被束缚在各个发光中心上，辐射是由于电子返回较低能量级或电子和空穴复合所致。高分子把吸收的大部分能量以辐射的形式耗散，从而产生发光现象。

有机高分子发光（光学）材料通常分为三类。①侧链型：小分子发光基团挂接在高分子侧链上。②全共轭主链型：整个分子均为一个大的共轭高分子体系。③部分共轭主链型：发光中心在主链上，但发光中心之间相互隔开，未形成一个共轭体系。所研究的高分子发光材料主要是共轭聚合物，如聚苯、聚噻吩、聚芴、聚三苯基胺及其衍生物等。还有聚三苯基胺、聚咔唑、聚吡咯、聚卟啉及其衍生物、共聚物等，研究得也比较多。

目前研究比较广泛的高分子发光材料主要有以下几类：聚对苯亚乙烯类［poly(p-phenylenevinylene)，PPV］、聚乙炔［poly(acetykene)，PA］、聚对苯类［poly-(p-phenylene)，PPP］、聚噻吩类（polythiophene，PT）、聚芴类（polyfluorene，PF）和其他高分子电致发光材料。PPV 是第一个被报道用作发光层制备电致发光器件的高分子，也是研究最多的高分子材料之一，部分 PPVs 高分子发光材料的分子结构如图 5-74 所示。

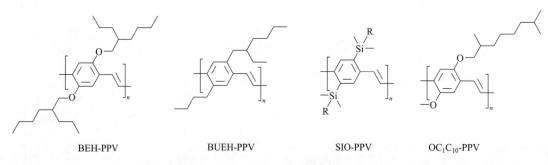

BEH-PPV　　　　　BUEH-PPV　　　　　SIO-PPV　　　　　OC₁C₁₀-PPV

图 5-74　PPVs 高分子发光材料的分子结构

还可以把发光基团引入聚合物末端或链中间来制备高分子发光材料。Kenneth P. Ghiggino 等将荧光发色团引入可逆加成-断裂链转移聚合（reversible addition-fragmentation chain transfer polymerization）试剂，通过 RAFTP，把荧光发色团连接到聚合物上。从以上发光聚合物中可以看出，多数是主链共轭的聚合，主链聚合易形成大的共轭面积，但是溶解性、熔融性都会降低，加工起来比较困难；而将发光基团引入聚合物末端或引入链中间时，仅端基发光，分子量通常较小，若分子量过大，则发光基团在聚合物中含量低，荧光很弱。而侧链高分子发光材料是对主链共轭高分子发光材料的有力补充。

5.5　激光原理与材料

激光（light amplification by stimulated emission of radiation，LASER）即受激辐射产生的光。1960 年，第一台红宝石 Cr^{3+}：Al_2O_3 激光器的诞生把电子学拓展到光频波段，从而意味着光电子时代的来临。随着激光理论和激光技术的发展，激光技术已在工业、医学、国防、科学研究等各个领域得到广泛应用，促进了当代科学技术、经济社会的发展与变革。按照工作介质分类，激光器一般分为气体激光器、半导体激光器、固体激光器（晶体或玻璃）和有机染料激光器。目前，以晶体作为工作物质的激光器占主导地位。

5.5.1　激光产生的原理

激光的产生过程不同于普通光源，物质是由原子组成的，各种发光现象都与光源内部原子的运动状态有关。原子、分子或离子辐射光和吸收光的过程是与原子能级之间的跃迁联系在一起的。普朗克（Max Planck）于 1900 年提出辐射量子化假设，玻尔（Niels Bohr）在 1913 年提出原子中电子运动状态量子化假设，在此基础上，爱因斯坦从光与原子相互作用的量子论观点出发，提出光与原子的相互作用应包括原子的自发辐射跃迁、受激辐射跃迁和受激吸收跃迁三个过程。激光器的发光过程中，这三个过程同时存在并且相互关联。其中，受激辐射跃迁过程是激光产生的物理基础。下面以原子的两个能级 E_1 和 E_2 为例（$E_2 >$ E_1），来讨论光与原子的相互作用过程中原子能级间的跃迁，其规律同样适用于多能级系统。

5.5.1.1　无机激光材料受激辐射跃迁过程

（1）自发辐射跃迁

从经典力学的观点认为，一个物体如果势能很高，它将是不稳定的。与此类似，当原子被激发到高能级 E_2 时，它在高能级上是不稳定的，趋于跃迁至低的能量状态 E_1。处于高能级 E_2 的原子自发地向低能级跃迁，并发射出一个能量为 $h\nu = E_2 - E_1$ 的光子，这个过程称为自发辐射跃迁，如图 5-75 所示。

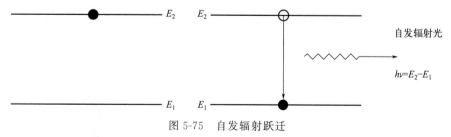

图 5-75　自发辐射跃迁

自发辐射跃迁过程用自发辐射跃迁概率 A_{21} 描述。A_{21} 为单位时间内发生自发辐射跃迁的粒子数密度占处于 E_2 能级总粒子数密度的比例。

$$A_{21} = \left(\frac{\mathrm{d}n_{21}}{\mathrm{d}t}\right)_{\mathrm{sp}} \frac{1}{n_2} = -\frac{1}{n_2}\frac{\mathrm{d}n_2}{\mathrm{d}t} \tag{5-31}$$

式中，$\mathrm{d}n_{21}$ 为 $\mathrm{d}t$ 时间内自发辐射粒子数密度；n_2 为 E_2 能级总粒子数密度；下标 sp 表示自发辐射跃迁。也可以说，A_{21} 是每一个处于 E_2 能级的粒子在单位时间内发生自发辐射跃迁的概率。A_{21} 又称为自发辐射跃迁爱因斯坦系数，由式（5-32）可得

$$n_2(t) = n_{20}\mathrm{e}^{-A_{21}t} \tag{5-32}$$

式中，n_{20} 为起始时刻 $t=0$ 时的粒子密度。

原子停留在高能级 E_2 的平均时间，称为原子在该能级的平均寿命，通常用 τ_s 表示，它等于粒子数密度由起始值 n_{20} 降到其 $\frac{1}{\mathrm{e}}$ 所用的时间，由式（5-32）可推出

$$\tau_\mathrm{s} = \frac{1}{A_{21}} \tag{5-33}$$

可见自发辐射跃迁爱因斯坦系数 A_{21} 的大小与原子处在 E_2 能级上的平均寿命 τ_s 有关。原子处在高能级的时间是非常短的，一般为 $10^{-8}\mathrm{s}$ 左右。由于原子以及离子、分子等内部结构的特殊性，各个能级的平均寿命是不一样的。例如：红宝石中铬离子的能级 E_3 的平均寿命很短，只有 $10^{-9}\mathrm{s}$，而能级 E_2 的平均寿命却很长，为几个毫秒，这些平均寿命较长的能级称为亚稳态。在氢原子、氖原子、氩原子、氩离子、铬离子、钕离子、二氧化碳分子等粒子中都有亚稳态能级，这些亚稳态能级的存在，提供了形成激光的重要条件。

自发辐射过程只与原子本身性质有关，而与外界的辐射作用无关。各个原子的辐射都是自发地、独立地进行的，因而各光子的初始相位、光子的传播方向和光子的振动方向等都是随机且不相干的。除激光器以外，普通光源的发光都属于自发辐射，因为自发辐射光是由这样许许多多杂乱无章的光子组成，所以普通光源发出的光包含许多种波长成分，向四面八方传播，如阳光、灯光、火光等。

（2）受激辐射跃迁

在频率为 $\nu = (E_2 - E_1)/h$ 的光照射（激励）下，或在能量为 $h\nu = E_2 - E_1$ 的光子诱发下，处于高能级 E_2 的原子有可能跃迁到低能级 E_1，同时辐射出一个与诱发光子的状态完全相同的光子，这个过程称为受激辐射跃迁（又称受激发射跃迁），如图 5-76 所示。

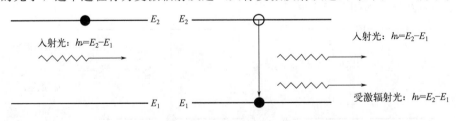

图 5-76　受激辐射跃迁

需要注意的是，只有外来光子能量 $h\nu = E_2 - E_1$ 时，才能引起受激辐射，且受激辐射所发出的光子与外来光子的频率、传播方向、偏振方向、相位等性质完全相同。受激辐射跃迁过程用受激辐射跃迁概率 W_{21} 来描述，其定义与自发辐射跃迁概率类似，即

$$W_{21} = \left(\frac{\mathrm{d}n_{21}}{\mathrm{d}t}\right)_{\mathrm{st}} \frac{1}{n_2} = -\frac{1}{n_2}\frac{\mathrm{d}n_2}{\mathrm{d}t} \tag{5-34}$$

式中，$\mathrm{d}n_{21}$ 是 $\mathrm{d}t$ 时间内受激辐射粒子数密度；n_2 为 E_2 能级总粒子数密度；下标 st 为受激辐射跃迁。

不同于自发辐射跃迁，受激辐射跃迁是在辐射场（光场）的激励下产生的，因此，其跃迁概率不仅与原子本身的性质有关，还与外来光场的单色能量密度 ρ_ν 成正比，即

$$W_{21} = B_{21}\rho_\nu \tag{5-35}$$

式中，B_{21} 为受激辐射跃迁爱因斯坦系数，它只与原子本身的性质有关，表征原子在外来光辐射作用下产生从 E_2 到 E_1 受激辐射跃迁的能力。当 B_{21} 一定时，外来光场的单色能量密度越大，受激辐射跃迁概率就越大。

（3）受激吸收跃迁

处于低能级 E_1 的原子，在频率为 ν 的光场作用（照射）下，吸收一个能量为 $h\nu_{21}$ 的光子后跃迁到高能级 E_2 的过程称为受激吸收跃迁，如图 5-77 所示。

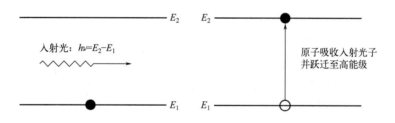

图 5-77　受激吸收跃迁

受激吸收跃迁恰好是受激辐射跃迁的反过程。受激吸收跃迁用受激吸收跃迁概率 W_{12} 来描述：

$$W_{12} = \left(\frac{\mathrm{d}n_{12}}{\mathrm{d}t}\right)_{\mathrm{st}} \frac{1}{n_1} = \frac{1}{n_1}\frac{\mathrm{d}n_2}{\mathrm{d}t} \tag{5-36}$$

式中，$\mathrm{d}n_{12}$ 是 $\mathrm{d}t$ 时间内受激吸收粒子数密度；n_1 是 E_1 能级粒子数密度。

受激吸收跃迁过程也是在辐射场作用下产生的，故其跃迁概率 W_{12} 也与辐射场单色能密度成正比。

$$W_{12} = B_{12}\rho_\nu \tag{5-37}$$

式中，B_{12} 为受激吸收跃迁爱因斯坦系数，它也只与原子本身性质有关，表征原子在外来光场作用下产生从 E_1 到 E_2 受激吸收跃迁的能力。

（4）自发辐射跃迁、受激辐射跃迁和受激吸收跃迁之间的关系

在光和大量原子系统的相互作用中，自发辐射、受激辐射和受激吸收三种跃迁过程是同

时发生的，它们之间密切相关。在单色能量密度为 ρ_ν 的光照下，$\mathrm{d}t$ 时间内在光和原子相互作用达到动平衡的条件下，有下述关系式：

$$A_{21}n_2\,\mathrm{d}t \ + \ B_{21}n_2\rho_\nu\,\mathrm{d}t \ = \ B_{12}n_1\rho_\nu\,\mathrm{d}t \tag{5-38}$$

（自发辐射光子数）（受激辐射光子数）（受激吸收光子数）

即单位体积中，在 $\mathrm{d}t$ 时间内，由高能级 E_2 通过自发辐射和受激辐射而跃迁到低能级 E_1 的原子数应等于低能级 E_1 吸收光子而跃迁到高能级 E_2 的原子数。

求出自发辐射系数 A_{21} 与受激辐射系数 B_{21}、受激吸收系数 B_{12} 之间的具体关系，特别是 A_{21} 与 B_{21} 比值的具体关系，就可以说明激光器和普通光源的差别。因为爱因斯坦系数 A_{21}、B_{21}、B_{12} 只是原子能级之间的特征参量，而与外来辐射场的单色能量密度 ρ_ν 无关。为此，可以设想把要研究的原子系统充入热力学温度为 T 的空腔内，使光和物质相互作用达到热平衡，从而求得爱因斯坦系数间的关系。虽然研究的过程是由"物质原子与空腔场相互作用达到动态平衡"这一特例进行的，但得到的结果应该是普遍适用的。

设高能级 E_2（简并度为 g_2）的原子数密度为 n_2，低能级 E_1（简并度为 g_1）的原子数密度为 n_1，则由玻尔兹曼分布定律得

$$\frac{n_2/g_2}{n_1/g_1}=\mathrm{e}^{-\frac{E_2-E_1}{k_\mathrm{B}T}}=\mathrm{e}^{-\frac{h\nu}{k_\mathrm{B}T}} \tag{5-39}$$

即

$$(B_{21}\rho_\nu+A_{21})\frac{g_2}{g_1}\mathrm{e}^{\frac{h\nu}{k_\mathrm{B}T}}=B_{12}\rho_\nu \tag{5-40}$$

由此算得热平衡空腔的单色辐射能量密度：

$$\rho_\nu=\frac{A_{21}}{B_{21}}\times\frac{1}{\dfrac{B_{12}g_1}{B_{21}g_2}\mathrm{e}^{\frac{h\nu}{k_\mathrm{B}T}}-1} \tag{5-41}$$

再与普朗克理论所得黑体单色辐射能量密度公式：

$$\rho_\nu=\frac{8\pi h\nu^3}{c^3}\times\frac{1}{\mathrm{e}^{\frac{h\nu}{k_\mathrm{B}T}}-1} \tag{5-42}$$

比较得

$$\frac{A_{21}}{B_{21}}=\frac{8\pi h\nu^3}{c^3} \tag{5-43}$$

$$g_1B_{12}=g_2B_{21} \tag{5-44}$$

式（5-43）与式（5-44）即为爱因斯坦系数之间的基本关系。

如果上下能级的简并度相等，即 $g_1=g_2$，则式（5-44）为：$B_{12}=B_{21}$。

在折射率为 μ 的介质中，光速 ν 为 c/μ，则式（5-43）应为：$\dfrac{A_{21}}{B_{21}}=\dfrac{8\pi\mu^3h\nu^3}{c^3}$。

5.5.1.2 激光产生的条件

（1）受激辐射光放大

一个光子激发一个粒子产生受激辐射，可以使粒子产生一个与该光子状态完全相同的光子，这两个光子再去激发另外两个粒子产生受激辐射，就可以得到完全相同的4个光子，如此激发下去，在一个入射光子的作用下，可引起大量发光粒子产生受激辐射，并产生大量运动状态完全相同的光子，这种现象称为受激辐射光放大，如图5-78所示。

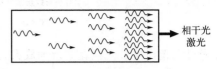

图 5-78　受激辐射光放大

由于受激辐射产生的光子都属于同一光子态，因此它们是相干的。在受激辐射过程中产生并被放大的光，便是激光。但是，光与原子体系相互作用时，总是同时存在自发辐射、受激辐射和受激吸收三种过程。一束光通过发光物质后，光强增大还是减弱，要看哪种跃迁过程占优势。

通常情况下，原子体系总是处于热平衡状态，各能级粒子数服从玻尔兹曼统计分布：

$$\frac{n_2}{n_1} = \frac{f_2}{f_1} e^{-\frac{(E_2 - E_1)}{k_B T}} \tag{5-45}$$

式中，已令 $f_1 = f_2$。因 $E_2 > E_1$，意味着高能级集居数恒小于低能级集居数。而爱因斯坦理论指出，原子受激辐射跃迁的概率和受激吸收跃迁的概率是相同的，即 $B_{21} = B_{12}$。因此，当频率 $\nu = (E_2 - E_1)/h$ 的光通过物质时，受激吸收光子数 $n_1 W_{12}$ 恒大于受激辐射光子数 $n_2 W_{21}$。因此，处于热平衡状态下的物质只能吸收光子，故光强减弱。

由式（5-45）可知，受激辐射跃迁概率 W_{21} 与自发辐射跃迁概率 A_{21} 之比为

$$R = \frac{B_{21}\rho_\nu}{A_{21}} = \frac{c^3 \rho_\nu}{8\pi h \nu^3} = \frac{1}{e^{h\nu/k_B T} - 1} \tag{5-46}$$

当 $T = 300K$ 时，$R \approx 10^{-35}$。由此可见，通常情况下，受激辐射的概率是微乎其微的，占主导优势的是自发辐射。普通光源的相干性差正是绝大部分原子做自发辐射造成的。

可见，在光与原子相互作用的三种基本过程中，存在着两种基本矛盾：受激辐射和受激吸收的矛盾，受激辐射和自发辐射的矛盾。而在正常情况下，受激辐射并不占优势。要想通过受激辐射光放大过程产生激光，就必须具备解决这两种矛盾，从而确保受激辐射在三种过程中占主导地位。

（2）集居数反转

形成集居数反转分布是解决受激辐射和受激吸收的矛盾的必要条件。为了产生受激辐射，就必须改变粒子的常规分布状态。如果采取诸如光照、放电等方法从外界不断地向发光物质输入能量，把处在低能级 E_1 的发光粒子激发到高能级 E_2 上去，便可使高能级 E_2 的粒子数密度超过低能级 E_1 的粒子数密度，这种状态称为粒子数反转或集居数反转，如图5-79所示。由式（5-45）可知，只要 $T < 0$，就有 $n_2 > n_1$，因此，又称粒子数反转分布为负温度状态。由此可知，激光器是远离热平衡状态的系统。

只要使发光物质处于粒子数反转的状态，受激辐射就会大于受激吸收，当频率为 ν 的光

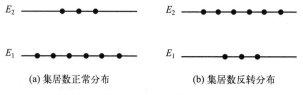

|(a) 集居数正常分布|(b) 集居数反转分布|

图 5-79　集居数正常分布与反转分布

束通过发光物质，光强就会得到放大，这便是激光放大器的基本原理。即便没有入射光，只要发光物质中有一个频率合适的光子存在，便可像连锁反应一样，迅速产生大量相同光子态的光子，形成激光，这就是激光器的基本原理。由此可见，形成粒子数反转是产生激光或激光放大的必要条件。

一般来说，当物质处于热平衡状态时，集居数反转是不可能的。要想使处于正常状态的物质转化成反转分布状态，必须激发低能级的原子使之跃迁到高能级，且在高能级有较长的寿命，因而必须由外界向物质供给能量，从而使物质处于非热平衡状态时，集居数反转才可能实现。外界向物质供给能量，把原子从低能级激励到高能级，从而在两个能级之间实现集居数反转的过程称为泵浦（pump）。现有的泵浦源多种多样，如闪光灯、气体放电、化学反应热能、核能等。

（3）激活粒子的能级系统

为了形成稳定的激光，首先必须有能够形成粒子数反转的发光粒子，称之为激活粒子。激活粒子是可以独立存在或依附于某些材料中的分子、原子或离子。基质是为激活粒子提供寄存场所的材料，可以是固体或液体。基质与激活粒子统称为激光工作物质。

并非各种物质都能实现粒子数反转，在能实现粒子数反转的物质中，也并非在该物质的任意两个能级间都能实现粒子数反转。要实现粒子数反转必须有合适的能级系统。首先必须要有激光上能级和激光下能级；除此之外，往往还需要有一些与产生激光有关的其他能级。通常的激光工作物质都是由包含亚稳态的三能级结构或四能级结构的原子体系组成。

① 二能级系统　如图 5-80 所示，对于二能级系统，若原子体系受到强光的照射，处于低能级 E_1 上的原子会被激发到高能级 E_2 上。但是由于 $B_{12}=B_{21}$，所以，原子受激吸收概率 W_{12} 和受激辐射概率 W_{21} 也应相等，即 $W_{12}=W_{21}=W$。

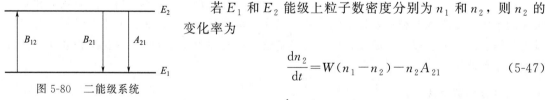

图 5-80　二能级系统

若 E_1 和 E_2 能级上粒子数密度分别为 n_1 和 n_2，则 n_2 的变化率为

$$\frac{\mathrm{d}n_2}{\mathrm{d}t}=W(n_1-n_2)-n_2A_{21} \tag{5-47}$$

达到稳定时，粒子数密度 n_2 不再变化，即 $\dfrac{\mathrm{d}n_2}{\mathrm{d}t}=0$，由式（5-47）得到

$$\frac{n_2}{n_1}=\frac{W}{A_{21}+W} \tag{5-48}$$

从式（5-48）可以看出，不论使用多强的光激励，n_2 总是小于 n_1，当 W 非常大时，上下能级的粒子数密度才能大致相等。所以，在由两个能级构成的体系中，即使有很强的入射光，也不能实现粒子数的反转分布。

② 三能级系统　固体激光器中红宝石激光器的激活粒子——铬离子就属于三能级系统，它是用强的闪光灯作为泵浦源来激励激光介质。从上面分析可以看出，如图 5-81 所示，三能级系统中实现粒子数反转的激光上能级是 E_2 能级，激光下能级是基态 E_1 能级。由于基态能级上总是聚集着大量粒子，因此，要实现 $n_2 > n_1$，外界泵浦作用需要相当强，这是三能级系统的一个显著缺点。

③ 四能级系统　图 5-82 展示了一种典型的四能级系统。与三能级系统相比，此四能级系统是在基态能级之上多了一个能级（图 5-82 中 E_2 能级），该能级的平均寿命非常短。

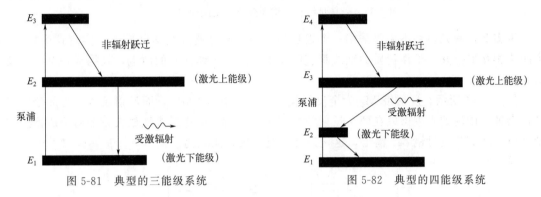

图 5-81　典型的三能级系统　　　　图 5-82　典型的四能级系统

四能级系统的泵浦过程与三能级系统类似。其中 E_3 为激光上能级，E_2 为激光下能级，泵浦源将激活粒子从基态 E_1 抽运到 E_4 能级，E_4 能级的寿命很短，上面的粒子立即通过非辐射跃迁方式到达 E_3 能级。E_3 能级寿命较长，是亚稳态能级。而 E_2 能级寿命很短，热平衡时基本是空的，因此易于实现 E_3 与 E_2 两个能级之间的粒子数反转。

固体激光器中的钕玻璃激光器及掺钕钇铝石榴石激光器（Nd：YAG）中的激活粒子——钕粒子便属于这类能级系统。

由于四能级系统中激光下能级是 E_2 而不是基态，在室温下，E_2 能级上的粒子会很快以非辐射跃迁方式回到基态 E_1，因此 E_2 能级粒子数非常少，甚至是空的，因而，四能级系统比三能级系统更容易实现粒子数反转。

三能级系统和四能级系统都是指与激光的产生过程直接有关的能级，不是说该物质只具有三个能级或四个能级。而是在归纳各类激光工作物质能级结构和跃迁行为的共同特性的基础上，提出的具有代表性的三能级和四能级简化系统模型来进行分析。

（4）光的自激振荡

受激辐射除了与受激吸收过程相矛盾外，还与自发辐射过程相矛盾。处于激发态能级的原子，可通过自发辐射或受激辐射两种过程回到基态，其中，自发辐射是主要的。可见，即使介质已实现粒子数反转，也未必就能实现以受激辐射为主的辐射。利用光学谐振腔可以实现光的自激振荡，使受激辐射占绝对优势，从而解决受激辐射与自发辐射的矛盾。

① 光学谐振腔　要使 n_2 个激发态的原子以受激辐射为主的方式产生跃迁，要满足 $B_{21}\rho_v > A_{21}$。理想的激光器应该是加上泵浦源之后就能输出激光，引起受激辐射的最初激励光子不需另外输入，而应来自自发辐射。

可通过图 5-83 所示的模型来产生方向性和单色性都很好的激光。如果有一粒子数反转的介质，其长度远远大于横向尺寸。起始时介质以自发辐射为主，偏离轴向 l 的自发辐射光子很快地逸出介质。而沿着轴向传播的自发辐射光子会不断地引起受激辐射而得到加强，使相应的光场单色能量密度不断增大。如果增益介质足够长，受激辐射跃迁概率就有可能大于自发辐射跃迁概率，从而实现以受激辐射为主的输出。

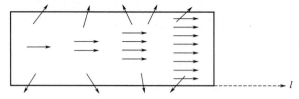

图 5-83　光在足够长的增益介质中受激辐射放大

事实上，激光器并不需要采用一个很长的介质，而是通过光学谐振腔来实现这个模型。将两块相互平行并与工作物质的轴线垂直的反射镜放在工作介质的两端，就构成一个光学谐振腔。

如图 5-84 所示，反射镜 M_1 为全反射镜，其反射率是 100％，而反射镜 M_2 为部分反射镜，沿轴向传播的光束可以在两个反射镜之间来回反射，被连锁式地放大，最后形成稳定的激光束，从部分反射镜 M_2 输出，这一过程就是光的自激振荡。

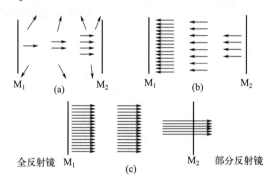

图 5-84　光的自激振荡过程

反射镜可根据需要选择凹面镜、凸面镜、平面镜等，几种组合可构成各种各样的光学谐振腔。光学谐振腔是激光器中最重要的部件，可影响激光的形成及光束特性等很多方面。

② 振荡条件　虽然光学谐振腔能够引起光放大，但谐振腔内还存在着损耗，即光子减少的相反过程。损耗有多种原因，如反射镜的透射、吸收和衍射，工作物质不均匀所造成的折射或散射，等等。显然，只有当光在谐振腔内来回一次所得到的增益大于同一过程中的损耗时，才能维持光振荡。要产生激光振荡，必须满足激光器实现自激振荡所需的最低条件，又称阈值条件。

通常用增益（放大）系数 G 来描述光通过激活介质时受到的放大作用。设在光传播方向上 z 处的光强为 $I(z)$，则增益系数定义为

$$G(z) = \frac{\mathrm{d}I(z)}{\mathrm{d}z} \times \frac{1}{I(z)} \tag{5-49}$$

式中，$G(z)$ 表示光通过单位距离激活物质后光强增长的分数。在光强 I 很小时，增益系数近似为常数，记为 G^0，称为小信号增益系数。

光放大的同时，还存在着光的损耗，用损耗系数即光通过单位距离后光强衰减的分数 α 来描述，α 定义为

$$\alpha = -\frac{dI(z)}{dz} \times \frac{1}{I(z)} \qquad (5\text{-}50)$$

同时考虑增益和损耗，则

$$dI(z) = [G(I) - \alpha]I(z)dz \qquad (5\text{-}51)$$

起初，激光器中光强按小信号放大规律增长，设初始光强为 I_0，则

$$I(z) = I_0 e^{(G^0 - \alpha)z} \qquad (5\text{-}52)$$

要形成光放大，须满足

$$I_0 e^{(G^0 - \alpha)z} \geqslant I_0 \qquad (5\text{-}53)$$

即 $$G^0 \geqslant \alpha \qquad (5\text{-}54)$$

这就是激光器的振荡条件（阈值条件）。

总之，激光的产生需满足三个条件：

a. 有提供放大作用的增益介质作为激光工作物质，其激活粒子（原子、分子或离子）有适合于产生受激辐射的能级结构。

b. 有外界激励源，使激光上、下能级之间产生集居数反转。

c. 有光学谐振腔，并且使受激辐射的光能够在谐振腔内维持振荡。

总之，集居数反转和光学谐振腔是形成激光的两个基本条件。由激励源激发在工作物质能级间实现集居数反转是形成激光的内在依据，起决定性作用；光学谐振腔则是形成激光的外部条件，对激光的形成和激光束的特性有着强烈的影响。

5.5.2 无机激光材料

固体激光材料包括激光晶体、激光半导体、激光玻璃与激光陶瓷等激光介质材料。激光晶体相对于激光玻璃来说，具有良好的光谱、物化与力学性能及丰富的光谱特性，而激光陶瓷的研究尚处于起步阶段，因此目前激光晶体仍然是固体激光器的最主要工作物质，成为激光材料发展的重点。

自从第一台激光器问世以来，人们对激光晶体材料进行了广泛深入的研究与探索。到目前为止，已探索研究了 500 多种激光晶体。由于增益的限制、晶体生长困难、难于掺入激活离子、光谱性能及热机械性能差等诸多原因，真正得到实际应用的激光晶体只有十来种。目前，最常见的有掺钕钇铝石榴石（Nd^{3+}：YAG）、掺钛蓝宝石（Ti^{3+}：Al_2O_3）和掺钕钒酸钇（Nd^{3+}：YVO_4）等晶体。其中，Nd^{3+}：YAG 主要应用在高功率激光上，Nd^{3+}：YVO_4 主要应用在中、低功率以及小型化激光上，Ti^{3+}：Al_2O_3 主要应用在可调谐激光和超短脉冲激光上。

5.5.2.1 基质晶体

基质晶体提供可被掺杂离子取代或占据的格位，同时提供骨架，使其有可能发出所需的辐射波长。激活离子在晶体场作用下发生能级分裂。晶体场对激活离子光谱线的位移加宽、能量转移以及激光发射等辐射和无辐射过程也起着非常重要的作用。

激光晶体中大部分是稀土激光晶体。稀土激光晶体可以应用于所有激光运行方式——脉冲、调 Q 或连续，直接输出波长基本上覆盖了紫外光区到中红外区（$0.286\sim3.91\mu m$）。

基质晶体包括氟化物、氧化物、复合氧化物、磷酸盐、硼酸盐等。这些基质晶体在特定的波段具有良好的光学透过率，同时还含有与掺杂激活离子在价态、化学活性、离子半径等性质上接近的被取代离子。对稀土激活离子，大多选择以稀土作为取代离子，这也是基质晶体中大多含有稀土元素的原因。凡是具有在 200nm 波长以上无吸收的封闭壳层电子结构的 Y^{3+}、La^{3+} 和 Lu^{3+} 都适合做稀土激光晶体的基质成分。Gd^{3+} 壳层是半满的，在 275nm 以上无强吸收，也可作为稀土激活离子的取代对象。另外，由于稀土离子可以取代具有相似半径的 Ca^{2+}、Sr^{2+} 和 Ba^{2+}，这些二价化合物也可以成为基质晶体，例如，$CaWO_4$ 与具有磷灰石结构特征的 $A_5(PO_4)_3X$（$A=Ca$、Sr、Ba 和 $X=F$、Cl）化合物也是一类重要的基质晶体材料。

5.5.2.2 稀土激活离子

激活离子是发光中心，过渡族金属离子、稀土离子、锕系离子等可成为激活离子。例如，过渡族金属离子 Cr^{3+}、Ti^{3+} 可作为激活离子。稀土元素除满壳层的 Sc^{3+}、Y^{3+}、La^{3+}、Lu^{3+} 和半满壳层的 Gd^{3+} 外。都可以作为激活离子。在它们中已实现激光输出的有 Ce^{3+}、Pr^{3+}、Nd^{3+}、Sm^{3+}、Eu^{3+}、Tb^{3+}、Dy^{3+}、Ho^{3+}、Er^{3+}、Tm^{3+}、Yb^{3+} 共 11 个三价离子和 Sm^{2+}、Dy^{2+}、Tm^{2+} 共 3 个二价离子。锕系元素多为人工合成的放射性元素，应用很少。

目前，研究和应用最广泛的激活离子是 Nd^{3+}、Er^{3+} 和 Yb^{3+}。

Nd^{3+} 的电子构型为 $4f^3$，其能级结构如图 5-85 所示，$^4I_{9/2}$ 为基态能级，$^4F_{5/2}$ 和 $^2H_{9/2}$ 及以上为激发态能级，在 Nd^{3+}：YAG 和 Nd^{3+}：YVO_4 晶体中，辐射波长为 $1.06\mu m$ 的受激辐射发生在亚稳态能级 $^4F_{3/2}$ 和另一中间能级 $^4I_{11/2}$ 之间。它的激光下能级不是基态能级，而是中间能级，属于典型的四能级系统。因而 Nd^{3+} 很容易实现粒子数反转，使得掺 Nd^{3+} 的激光晶体具有低的阈值。

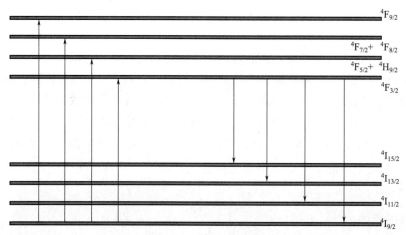

图 5-85 Nd^{3+} 的能级结构

Yb^{3+} 的电子构型为 $4f^{13}$，能级结构如图 5-86 所示。从图中可以看出，掺 Yb^{3+} 的激光晶体仅有两个电子态——基态 $^2F_{7/2}$ 和激发态 $^2F_{5/2}$，由于不存在其他的激发态能级。所以可以避免上转换、激发态吸收和弛豫振荡等激光能量损耗。在晶体场的作用下，能级发生分裂，激光过程发生在激发态下 $^2F_{5/2}$ 最低的 Stark 能级和下能级 $^2F_{7/2}$ 的子能级之间，这样形成了准三能级的激光运行系统。

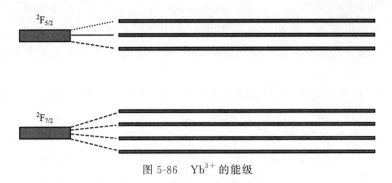

图 5-86　Yb^{3+} 的能级

5.5.2.3　激光晶体应具备的条件

为了获得较小的激光振荡阈值能量和尽可能大的振荡输出能量，激光器对激光晶体主要有下列几点要求。

① 材料的荧光线宽要窄，则激光振荡阈值小，这对连续器件有利。但对大功率、大能量输出的器件反而希望材料的荧光线宽要宽，以便减小自振，增加储能。

② 对荧光寿命 τ 的要求比较复杂。不同工作状态的激光器对 τ 的要求也就不同。对四能级脉冲运转的系统，较短的 τ 可以使激光振荡阈值较低，却限制了振荡能量的提高。对连续运转的三能级系统，较长的 τ 可以降低激光振荡阈值。对连续运转的四能级系统和脉冲运转的三能级系统，荧光寿命 τ 与激光振荡阈值关系不大。

③ 要求在所发射的波长上有尽量大的荧光量子效率、宽的吸收带和高的吸收系数，要求吸收光谱带与光源的辐射谱带尽可能重叠，这样有利于充分利用激光源的能量。一般来说，激活离子的荧光亮度随基质结合键能的加大而增加。配位离子半径小，配位体的电子亲和力小，公有化的电子多，则荧光强度大。另外，电子-声子耦合系数越小，则荧光转换效率越大。

④ 要求有大的能量转换效率和大的激光线的荧光分支比，使吸收的激发能量尽可能多地转化为激光能量。

⑤ 从降低阈值和提高效率的角度来衡量能级结构，四能级优于三能级。

⑥ 对于四能级系统，要求激光终态至基态的非辐射弛豫快。

⑦ 要求基质的内部损耗要小。首先，要求基质在泵浦光谱区域内有高度的透明度。其次，要求基质在激光发射的波段上无光吸收。

⑧ 要求与内部损耗有关的光学均匀性高。

⑨ 要求材料折射率随温度的变化、热膨胀及内应力引起的热透镜效率小，还必须具有良好的热光稳定性。

⑩ 容易长出大尺寸优质的晶体。

⑪ 要求激光材料应具有良好的物理、化学性能，热膨胀系数要小，弹性模量要大，热导率要高，化学价态和结构组分要稳定，有足够的机械强度，光学加工容易，在水和溶剂中稳定，还要有良好的光照稳定性。

5.5.3 掺稀土激活中心的激光晶体

5.5.3.1 掺 Nd^{3+} 激光晶体

Nd^{3+} 属于四能级系统，它在 808nm 左右有很强的吸收峰，刚好与 AlGaAs 的激光二极管（LD）发射波长（808nm）相匹配。因此，掺 Nd^{3+} 激光晶体仍然是激光晶体中最重要的研究领域。

目前适合于 LD 泵浦的掺 Nd^{3+} 激光晶体主要有 Nd^{3+}：YAG、Nd^{3+}：$YAlO_3$、Nd^{3+}：YVO_4、Nd^{3+}：$LiYF_4$、Nd^{3+}：$YAl(BO_3)_4$、Nd^{3+}：$LaSc_3(BO_3)_4$ 和 Nd^{3+}：$KGd(WO_4)_2$ 等。其物理性能参数如表 5-8 所示。

Nd^{3+}：YAG 晶体是目前使用广泛的一种固体激光材料，在室温下可实现连续和脉冲等多种激光运行方式。它有较低的光弹性系数、较高的力学性能和良好的热力学性能等优点。但它存在掺杂浓度低、分凝系数小、吸收系数小、在 808nm 处吸收峰的半峰宽窄等缺点，从而限制了其激光效率的进一步提高，也给激光二极管泵浦带来了不便。尽管如此，它仍然是 LD 泵浦激光器首先考虑的工作介质。

表 5-8　掺 Nd^{3+} 激光晶体的物理性能参数

晶体	掺杂浓度	热导率/[W/(m·K)]	808nm 半峰宽/nm	激光波长/nm	发射跃迁截面/($\times 10^{-20}cm^2$)	寿命/μs
Nd^{3+}:YAG	1%	0.13	0.8	1064	46	255
Nd^{3+}:$YAlO_3$	1%	0.11	1.0	1079.5	46	150
Nd^{3+}:YVO_4	1%	0.05	0.8	1064	300	92
Nd^{3+}:$LiYF_4$	2%	0.06	1.3	1047 1053	37 26	480
Nd^{3+}:$YAl(BO_3)_4$	4%	—	2.0	1062	50	50
Nd^{3+}:$LaSc_3(BO_3)_4$	10%		21.3	1064	4.2	120
Nd^{3+}:$KGd(WO_4)_2$	—	0.03	3	1064	38	108

1966 年，J. R. O'Conner 发现了 Nd^{3+}：YVO_4，由于这种晶体不容易长成大尺寸晶体，而且热导率又小，所以在灯泵浦时代没有引起人们的重视。但又由于该晶体具有发射跃迁截面大、吸收谱线宽、吸收跃迁截面大、泵浦效率高、阈值低等优点，而且吸收系数受温度的影响不灵敏，适合用二极管泵浦。由于 Nd^{3+}：YVO_4 晶体属于单轴晶，可输出 $1.064\mu m$ 线偏振光，目前最高斜率效率达 48.6%，光转换效率为 50%。随着晶体生长工艺的改进，生长出来晶体质量有了大幅度提高，已大量应用于中、小功率激光器中。Nd^{3+}：$GdVO_4$ 的光谱性能比 Nd^{3+}：YVO_4 更优越，光谱和振动性能与 Nd^{3+}：YVO_4 相似。Gd^{3+} 的半径大于 Y^{3+}，从而使 Nd^{3+} 的分凝系数接近于 1，使晶体的质量有明显提高。它是一种很有应用前景的新型激光晶体。

Nd^{3+}：$LiYF_4$ 晶体是所有的氟化物晶体中性能最好的一种。它的折射率温度系数很小（或为负值），升温造成的折射率减小可以抵消热膨胀引起的光程增大，因为热透镜效应小，这一特征使该氟化物晶体在中、小功率激光器应用中具有很强的竞争力。由于该晶体具有荧光谱线宽，荧光寿命长和发射跃迁截面大的特点，因而在中、小功率脉冲激光器或者连续激光器中均是较理想的候选者。由于它的热效应小，在单模、高稳定性状态工作和超快脉冲激光系统中应用前景广泛。例如，小型化的二极管泵浦 Nd^{3+}：$LiYF_4$ 晶体的激光器，尺寸仅为 $27mm \times 3.5mm \times 4mm$，可输出 $3W/1.047\mu m$ 连续激光。但 Nd^{3+} 在 $LiYF_4$ 晶体中的分凝系数小（0.29），晶体随着 Nd^{3+} 浓度增加易开裂，且存在亚晶界等缺陷。

Nd^{3+}：YAB[Nd^{3+}：$YAl_3(BO_3)_4$] 和 Nd^{3+}：GAB[Nd^{3+}：$GdAl_3(BO_3)_4$] 是目前最好的自倍频 Nd^{3+} 激光晶体。它们具有较高的非线性系数、较大的受激发射跃迁截面、良好的热力学性能以及宽的温度匹配范围，使得这类晶体很好地将激光性能和非线性性能集于一身。然而，由于它们是非同成分熔化化合物，必须采用助熔剂法生长，因此晶体存在气泡、丝状物等缺陷。

Nd^{3+}：LSB[Nd^{3+}：$LaSc_3(BO_3)_4$] 是在 Nd^{3+}：YAB 基础上发展起来的唯一可采用提拉法生长的硼酸盐激光晶体，其显著特点是可掺入 Nd^{3+} 直至 100% 而不发生明显的荧光猝灭，具有较宽的吸收光谱范围（790~830nm），吸收系数大，因而激光效率高，还具有非线性光学效应。

Nd^{3+}：$KGd(WO_4)_2$、Nd^{3+}：$KY(WO_4)_2$ 和 Nd^{3+}：$KLu(WO_4)_2$ 在低重复率下，其性能可以与 Nd^{3+}：YAG 相比较，而且其阈值比较低，但它们的热力学性能较差，在高功率或连续运转时表现出的激光性能较差。

以上这些掺 Nd^{3+} 激光晶体在一些方面具有较大的优势，同时在另外一些方面具有致命的缺点，因此应根据具体的应用要求选择最佳的激光晶体。

5.5.3.2　掺 Yb^{3+} 激光晶体

Yb^{3+} 的电子构型为 $4f^{13}$，仅有两个电子态（基态 $^2F_{7/2}$ 和激发态 $^2F_{5/2}$），上下能级各有三个和四个子能级。作为能级结构最简单的激活离子，具有如下优点：因不存在其他激发态能级，即没有上转换、激发态吸收和弛豫振荡等激光能量损耗，从而提高了效率，具有很高的光-光转换效率；荧光寿命长，有利于储能和减少吸收和发射间的量子缺陷；Yb^{3+} 的吸收峰在 970nm 附近，能与 InGaAs 激光二极管泵浦波长（900~1100nm）有效地耦合。但是其缺点就是激光过程发生在激发态 $^2F_{5/2}$ 最低的 Stark 能级和下能级 $^2F_{7/2}$ 的子能级之间，形成了准三能级的激光运行机制。

Yb^{3+} 是准三能级工作系统，激光阈值较高，在灯泵浦时代没有引起人们的重视。但随 InGaAs 激光二极管泵浦源的发展，掺 Yb^{3+} 激光晶体重新受到了重视。根据有关文献报道的数据，将掺 Yb^{3+} 激光晶体的主要光谱特性列于表 5-9。

表 5-9　掺 Yb^{3+} 激光晶体的主要光谱特性

晶体	参数									
	吸收波长 λ_{abs}/nm	吸收带宽 $\Delta\lambda_{abs}$/nm	吸收跃迁截面 σ_{abs}/ ($\times 10^{-20}$ cm^2)	发射波长 λ_{ext}/nm	发射带宽 $\Delta\lambda_{ext}$/nm	受激发射跃迁截面 σ_{emi}/ ($\times 10^{-20}$ cm^2)	荧光寿命 τ_{ext}/ms	最小系数 β_{min}	饱和泵浦强度 I_{sat}/ (kW/cm^2)	最小泵浦强度 I_{min}/ (kW/cm^2)
Yb^{3+}：YAG	940	19	0.8	1030	10	2.0	1.3	5.5%	28	1.53

晶体	参数									
	吸收波长 λ_{abs}/nm	吸收带宽 $\Delta\lambda_{abs}$/nm	吸收跃迁截面 σ_{abs}/($\times 10^{-20}$ cm²)	发射波长 λ_{ext}/nm	发射带宽 $\Delta\lambda_{ext}$/nm	受激发射跃迁截面 σ_{emi}/($\times 10^{-20}$ cm²)	荧光寿命 τ_{ext}/ms	最小系数 β_{min}	饱和泵浦强度 I_{sat}/(kW/cm²)	最小泵浦强度 I_{min}/(kW/cm²)
Yb^{3+}:$Ca_5(PO_4)_3F$	905	2.4	10.0	1043	4.0	5.9	1.10	4.7%	2.0	0.09
Yb^{3+}:$Sr_5(PO_4)_3F$	899	3.7	8.6	1047	4.1	7.3	1.26	4.3%	2.0	0.13
Yb^{3+}:$BaCaBO_3F$	912	19	1.1	1034	24	1.3	1.17	9.7%	17	1.64
Yb^{3+}:$KY(WO_4)_2$	981	3.5	13.3	1025.3	24	3	0.6	6%	—	0.13
Yb^{3+}:$KGd(WO_4)_2$	981	3.5	12	1023.3	25	2.7	0.6	6%	—	0.15
Yb^{3+}:$CaYO(BO_3)_3$	976.6	3	1	1050	44	1.6	2.38	6%	21.3	—
Yb^{3+}:$CaGd_3O(BO_3)_3$	976	3	1.12	1032	44	3.6	2.44	6%	8.7	1.54

Yb^{3+}：YAG 晶体具有较长的上能级荧光寿命、大的吸收线宽和发射线宽，可在一定范围内调谐和实现飞秒脉冲。由于 Yb^{3+}：YAG 晶体可以掺入高浓度 Yb^{3+} 而不产生荧光猝灭现象，因此该晶体可以用作全固态激光器的小型化和集成化的微片增益介质。

Yb^{3+}：FAP[$Ca_5(PO_4)_3F$] 和 Yb^{3+}：SFAP [$Sr_5(PO_4)_3F$] 晶体光谱性能优异，具有阈值低、增益大、效率高、成本低等优点。其缺陷在于这类晶体的热力学性能和力学性能均不好，生长过程中由于组分的挥发而难以获得高质量大尺寸单晶。

掺 Yb^{3+} 钨酸盐钾类激光晶体大多具有较大的吸收跃迁截面和发射跃迁截面，可以考虑作为微片激光器的工作物质。

在掺 Yb^{3+} 激光晶体中，Yb^{3+} 的 $4f^{13}$ 电子具有大的自旋-轨道耦合系数而导致其具有较强的声子耦合、较宽的发射带与发射线宽，可用于支持飞秒锁模脉冲激光器的研究。

5.5.3.3　掺 Er^{3+} 上转移激光晶体

稀土上转换发光是激发态的粒子受到外来能量被激发到更高能级后发出波长短于激发波长光的现象，例如，发出蓝绿光。众所周知，蓝绿波段的光在高密度光存储、红外量子探测器、生物纳米管、彩色激光发光显示、激光安全打印、海洋水色和海洋水资源探测等方面具有良好的应用前景。因此，近红外光转换可见光的上转换材料已经越来越受到人们的关注。

上转换现象最初是由 Auzel、Ovsyankin 与 Feofiloy 等人发现的。在寻找新的荧光跃迁通道和激光波长，探索新的基质材料方面，国内外科学家做了大量的工作，不断开发出转换效率更高的新材料；同时在理论层面，对上转换发光机制和敏化发光机制也进行了大量研究。

上转换发光材料是应军事用途的红外传感器卡片和红外量子探测器的需要而发展起来的。1971 年 L. F. Johnson 等人采用红外光泵浦的 Yb^{3+}/Er^{3+} 双掺的 BaY_2F_8 晶体，在 77K 实现了频率上转换绿光激光输出。紧接着 A. J. Silversmith 等人实现了 Er^{3+}：$YAlO_3$ 晶体中连续上转换激光输出。此后一段时间，由于没有适合的红外激发光源和缺乏明显的实用性，上转换研究一度走向低谷。20 世纪 80 年代末，由于对小型、高效、全固化、短波长激光器的需要和近红外波段大功率的半导体激光器的出现，重新激发了人们对上转换激光的兴趣。1993 年 R. Brede 等人采用 Er^{3+}（1%）：$LiYF_4$ 与 Er^{3+}（1%）：KYF_4 晶体在室温下实现脉冲上转换激光振荡。1994 年 F. Heine 等人采用功率为 3W、波长为 810nm 的 Ti^{3+}：Al_2O_3 激光作为泵浦源泵浦 Er^{3+}（1%）：$LiYF_4$ 晶体，在室温下获得了输出功率为 40mW 的波长为 551nm 的激光输出，最大斜率效率为 10%。1997 年 P. E. A. Mbert 等人用 Ti^{3+}：Al_2O_3 泵浦 Er^{3+}/Yb^{3+}：$LiYF_4$ 获得了 37mW 的波长为 551nm 的绿光输出。1998 年，E. Heumann 和 G. Huber 等人实现了室温下 Er^{3+}/Yb^{3+}：$LiYF_4$ 晶体的上转换激光运转。2001 年 A. Smith 等人分别用 Ar^+ 激光器、651nm 的半导体激光器和 808nm 的半导体激光器泵浦 Er^{3+}（1%）：$LiKYF_5$ 晶体获得了 550nm 左右的绿光输出。2002 年，德国的 G. Huber 等人采用腔内多次折叠泵浦方式，采用最大输出功率为 3W、泵浦波长为 970nm 的钛宝石激光器与峰值功率为 3W、泵浦波长为 968nm 的半导体激光器泵浦 Er^{3+}：$LiLuF_4$ 晶体分别获得了最大输出功率为 213W、斜率效率为 35% 的 552nm 绿光与最大输出功率为 8W、斜率效率为 14% 的 552nm 绿光。

到目前为止，掺 Er^{3+} 上转换激光晶体材料主要集中在氟化物上，这是由于氟化物晶体与氧化物相比具有较低的声子能量，容易产生上转换激光。但氟化物晶体的化学稳定性和机械强度较差，这给实际应用带来了很大的困难。因此寻找新的上转换晶体材料，开拓上转换晶体材料的应用领域，仍然是当前研究的重要课题。

5.5.3.4　激光二极管泵浦激光

20 世纪 90 年代以来，激光二极管（LD）泵浦源在激光器系统中逐渐得到应用。LD 泵浦源的应用提高了激光器的输出效率，减小了器件的体积，提高了器件的稳定性，大大拓宽了激光的应用范围。LD 泵浦技术降低了对材料的物理和力学性能的要求，并允许使用小尺寸的甚至是片状的晶体。

LD 泵浦固体激光器具有光谱性能好、效率高、寿命长、体积小和可靠性高等优点。与普通泵浦灯相比，LD 的优点是具有高的空间亮度、高的电光转换效率、长寿命和输出辐射在时间波形上有更大的灵活性。目前 LD 的发光波段已从紫外光延伸到中红外光，作为泵浦用的 AlGaAs-AlGaAs、GaInP-AlGaInP、AlGaAs 和 In-GaAs 发光波长分别为 780～810nm、780～1100nm、670～690nm 和 940～990nm，并分别处在 Nd^{3+}、Ho^{3+}、Cr^{3+}、Er^{3+} 和 Yb^{3+} 晶体的主吸收带上。LD 的光谱宽度为 2～3nm，波长温度变化率约为 0.2～0.3nm/℃，在 p-n 结方向上光束发散度为 30°～50°，在结平面内约 10°，因此 LD 输出是椭圆光斑，采用芯径为 400μm、数值孔径为 0.4 的多模光纤可将输出光斑转化为发散度为 50° 的径向对称圆斑。

LD 泵浦对晶体材料的要求与传统的灯泵浦不同：激光晶体材料应具备宽的吸收峰、长的荧光寿命 τ、大的发射跃迁截面 σ 等条件。荧光寿命 τ 长的晶体能在亚稳态能级上能积累更多的粒子，有利于储能和器件的输出功率的提高。τ 长和 σ 大的晶体易实现激光振荡，在相同的输入条件下能得到较大的输出。这对连续激光器是非常有利的。但对大能量大功率的脉冲激光器而言，σ 大的器件容易起振，但不易贮能，从而限制了器件能量和功率的提高；荧光寿命 τ 长的激光晶体能在亚稳态能级上能积累更多的粒子，增加了储能，有利于器件输出功率或能量的提高，因而无论对大功率器件还是连续器件都是有利的。

吸收带 $\Delta\lambda$ 越宽，LD 结温变化对激光输出的影响越小。因为这不仅有利于激光晶体对泵浦光的吸收，而且还放宽了泵浦 LD 温度控制的要求。LD 的发展使全固态小型化激光器成为可能。

5.5.4 有机激光材料

以有机材料为光增益介质的激光可称为有机激光。有机激光材料一般都包含 π 共轭电子结构，通常要求有很强的光发射特性，同时其吸收光谱和发射光谱之间要有较大的 Stoke 位移。另外，该材料还必须有良好的光热稳定性。

有机激光材料的能级结构可看作四能级系统，通常包括低能级和高能级两个电子能级，其中的每一个电子能级又可以细分为由许多振动能级组成的亚能级，这些亚能级之间大约有 0.2eV 的能量间隔，如图 5-87 所示。

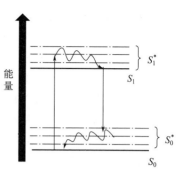

图 5-87　有机激光材料的
四能级系统

根据分子结构特点，有机激光材料可以分为有机染料激光材料和有机半导体激光材料。

5.5.4.1 有机染料激光材料

有机染料分子通常是指在紫外光到可见光范围内有很强吸收特性的含有共轭双键体系的有机小分子。这类有机材料由于具有很强的可见光吸收特性而显现出不同的颜色，可作为染料。同时，它们也表现出很强的受激辐射特性，具有很高的光致发光量子效率，发光范围涵盖近紫外光到红外光。因此，利用有机染料，可实现可见光谱范围的激光输出。目前，染料激光器的技术已经非常成熟，在光化学、光生物、光谱学、同位素分离、全息照相和光纤通信中都有广泛的应用。但是，在染料激光器中，有机染料激光材料通常以溶液或者蒸气形态工作。

虽然有机染料激光材料具有可调光谱范围宽、输出功率高、吸收和增益容易控制、可产生连续波或超短波等优点，但是由于染料激光器大都为液体激光器，因此操作、运输和存储都很不方便。另外有机染料激光材料都不具有导电性，只能采用光泵浦的形式产生激光。

5.5.4.2 有机半导体激光材料

虽然有机半导体和无机半导体激光材料都有很强的固体发光效率，且都能输运载流子，但是它们之间有明显的差别：一般有机半导体薄膜结构的无序性导致了其载流子迁移率的低下；有机半导体薄膜材料中激子寿命远远低于无机半导体；而有机半导体激光材料的种类和数量远远多于无机半导体材料，且可以根据光、电、热等性能要求进行分子设计；有机半导体固体器件的制备工艺比无机半导体简单和成本低。另外，有机半导体激光材料中的激子结合能比无机半导体中的大很多，以至于热激发不能够将其解离，因此基于有机半导体的激光器的阈值受温度影响程度远远小于无机半导体激光器。

与有机染料激光材料相比，有机半导体激光材料除了具有有机激光染料的优点（高发光效率、可视为四能级系统等）外，还具有比较高的固态发光效率，能够传输载流子，容易制备高品质薄膜等优点，因而在激光应用方面受到广泛关注。同时，基于有机半导体激光材料的导电性，有机半导体激光器存在电泵浦的可能性。

5.5.4.3 有机微纳米线激光材料

1961 年，E. G. Brock 等预言了有机分子的相干受激辐射行为。1967 年，B. H. Soffer 等利用染料掺杂聚合物的体系构筑了有机固态激光器。到 2007 年，G. Redmond 课题组利用阳极氧化铝模板法制备了有机共轭聚合物纳米线，首次实现了有机纳米线激光器的制备。由于具有宽谱可调和易加工等优点，有机固态激光器吸引了众多科研工作者参与研究。其中，便携式、紧凑型的小型化有机固态激光器由于其在光谱和医疗等领域所展现的巨大应用潜力而备受关注。

受各种分子间弱相互作用支配，有机分子能够在温和条件下自组装或者被加工成各种各样规则的微纳米结构。这些具有规则形状的微纳米结构能够作为高品质光学微腔，为低阈值激光的实现提供结构支撑。例如，通过溶液再沉淀方法制备得到的规则的一维结构，能够作为法布里-珀罗型的微腔来有效地限域和调制光子的行为，进而实现微纳相干辐射和光调制等功能。此外，有机微纳米线激光材料具有良好的柔性，可以通过改变材料的形状和尺寸，实现微腔效应的调控。例如可以通过机械刺激、拉伸或弯折有机聚合物微腔，从而实现激光波长的动态调控。

一般情况下，有机微纳米线激光材料的增益过程是准四能级或四能级结构，这有利于粒子数反转的实现和低阈值激光的产生。得益于有机微纳米线激光材料中丰富的激发态过程，有机微纳激光器还具有高增益和宽调谐等特性。更重要的是，通过一些特殊的激发态过程，如分子内电荷转移与准分子发射等，能够实现基于多个激发态增益竞争过程的可调谐激光器。

有机微纳米线激光材料具有丰富而有效的光物理、光化学过程，特别是分子激发态能级过程，比如单重态准四能级跃迁、激发态分子内质子转移（excited state intramolecular proton transfer，ESIPT）、准分子态发射、分子内电荷转移（intramolecular charge transfer，ICT）等，能够被用来构筑各种各样的高性能纳米光学器件。这些激发态过程通常对分子结构或分子所处的环境非常敏感。因此可以通过分子、晶体工程或外界刺激来调制它们的增益过程，实现可调激光。下面将介绍一些与粒子数反转、增益行为相关的激发态过程及其调控。具体实例介绍如下。

（1）基于准四能级结构的有机微纳激光器

有机微纳米线激光材料丰富的能级结构和激发态过程，有助于设计新型微纳激光材料以及构筑高性能激光器。如图 5-88 所示，有机微纳米线激光材料的基态（S_0）能级、第一单线激发态（S_1）能级以及它们各自的振动亚能级共同构成了一个准四能级系统。由于有机分子的吸收和发射都满足弗兰克-康登原理，当其吸收光子时会由原来的基态最低能级（E_1）垂直跃迁到第一单线激发态的高振动能级（E_4）上。处于高振动态的分子会经无辐射跃迁迅速振动弛豫到第一单线激发态的最低能级（E_3）上。同样是由于弗兰克-康登原理，处于 E_3 能级上的分子会垂直跃迁到基态的

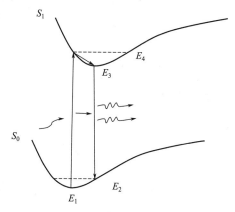

图 5-88 有机微纳米线激光
材料的准四能级系统

高振动能级（E_2）上，并会经无辐射跃迁振动弛豫到基态的最低能级上。由于振动态（E_2 和 E_4）上的粒子寿命非常短，一般在皮秒或亚皮秒量级，而 E_3 能级上的粒子寿命较长，通常在纳秒量级，所以有机微纳米线激光材料的能级结构构成了一个准四能级系统。

（2）基于有机激发态分子内质子转移过程的波长可切换激光器

常规材料中的准四能级系统是基于振动能级实现的，不可避免地会存在一定的自吸收效应，使得激光阈值仍然较高。如果能在有机材料的基态能级与第一单线激发态之间引入一个能量较低的亚稳态能级，将会有效地减少材料体系中的自吸收损耗。这有助于激光阈值的进一步降低。

2015 年，赵永生课题组利用激发态分子内质子转移（excited-state intramolecular proton transfer，SIPT）过程构筑了具有更低阈值的纳米线激光器。如图 5-89 所示，选用具有 ESIPT 过程及较高发光效率的有机分子 2-(2′-羟基苯基)苯并噻唑[2-(2′-hydroxyphenyl) benzothiazole，HBT]，利用液相自组装制备了具有纳米线结构［图 5-89（a）］的激光器。所制备的纳米线激光器具有非常大的斯托克斯位移（约 160nm）［图 5-89（b）］，使得纳米线激光器的光学传输损耗非常低（约 30dB/cm）。该激光器在非常低的泵浦功率（197nJ/

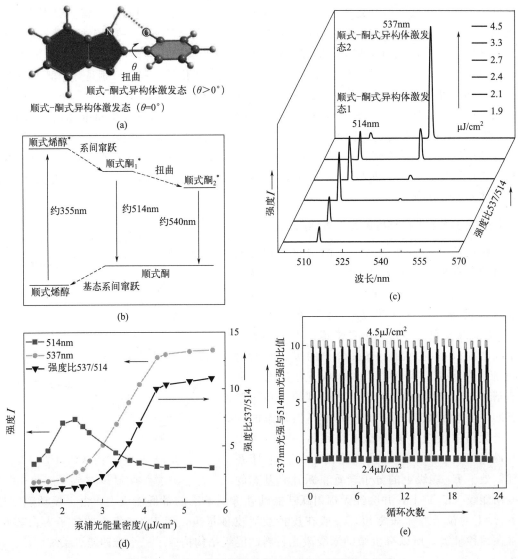

图 5-89　HBT 分子结构及其 ESIPT 过程及激光阈值

cm^2）下实现了纳米线的激光发射。通过优化纳米线结构，可以进一步降低激光阈值至 $70nJ/cm^2$。

（3）基于激基缔合物发光的波长可切换激光器

处于激发态的分子可以通过分子间电荷转移（charge transfer，CT）相互作用与相邻的分子形成 CT 态，若与同种分子发生 CT 相互作用，则形成的复合物称为激基缔合物（也称准分子态，excimer）。此类准分子在辐射出光子后形成的基态准分子是极不稳定的，会快速解离到单分子基态。这样则会在单分子（monomer）和准分子之间形成有效的四能级过程（monomer-monomer*-excimer* excimer-monomer）。该能级过程通常还伴随有单分子的准四能级跃迁辐射过程，由于准分子态的形成涉及分子间相互作用，分子浓度将直接影响准分子态和单分子态的比重。因此，可以通过调控分子浓度或聚集状态来实现宽带波长可调的有机激光器的制备。

曹伟和赵永生等将 4-(二氰亚甲基)-2-甲基-6-(4-二甲氨基苯乙烯基)-4H-吡喃［4-(dicyanomethylene)-2-methy1-6-(4-dimethylaminostyryl)-4H-pyran，DCM］分子作为模型化合物，掺杂到自组装的聚苯乙烯（PS）微球中，得到多种掺杂浓度的微球结构。在低掺杂浓度下（DCM@PS，0.5%，以质量分数计，下同）得到了波长在 580nm 的单分子态激光［图 5-90（a）］，在 3.0% 的掺杂下得到了波长在 630nm 的激基缔合物激光［图 5-90（b）］，在 1.5% 的掺杂下，则同时观察到了两者的激光发射。更进一步，在该体系中引入螺吡喃光致变色分子。该光致变色分子在紫外光照射后发生异构化反应，从在可见波段没有吸收的螺噁嗪构型变成在 590nm 附近有吸收峰的部花菁构型，该部花菁构型可以选择性地吸收 DCM 单分子态的发光，这样就能够有效地调节该体系中单分子态和激基缔合物态之间的发光平衡，进而实现对两个波长激光的动态切换［图 5-90（c）］。

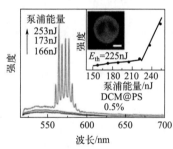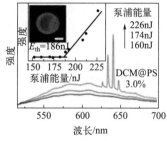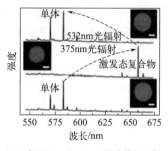

(a) 掺杂浓度为0.5%的DCM@PS微球在不同泵浦能量激发下的发光光谱及相应的荧光显微照

(b) 掺杂浓度为3.0%的DCM@PS微球在不同泵浦能量激发下的发光光谱及相应的荧光显微照

(c) 在375 nm和532 nm激光的循环照射下，DCM@PS微球的激光转换行为

图 5-90　基于激基缔合物发光的波长可切换激光器

E_{th}—激光阈值

习题

1. 无机材料的光吸收过程有哪几种？
2. 简述无机材料的光发射过程。
3. 简述半导体型发光材料磷光的产生过程。

4. 求导 Nd^{3+} 的光谱项。

5. 简述上转换发光材料的发光机理。

6. 简述量子点的发光机理。

7. 简述分子轨道理论。

8. 简述有机分子中电子跃迁的主要形式。

9. 简述影响有机分子荧光产生的因素。

10. 实现有机室温磷光的主要途径有哪些?

11. 简述"P 型"延迟荧光和"E 型"延迟荧光。

参考文献

[1] 张小朋，韩立志，刘艳玲. 基于发光机理探究发光材料性能[M]. 北京：中国纺织出版社，2020：35-58.

[2] 张中太，张俊英. 无机光致发光材料及应用[M]. 2 版. 北京：化学工业出版社，2011：57-68.

[3] 余泉茂. 无机发光材料研究及应用新进展[M]. 合肥：中国科学技术大学出版社，2010：130-150.

[4] 陈家壁，彭润玲. 激光原理及应用[M]. 4 版. 北京：电子工业出版社，2019：3-20.

[5] 陈鹤鸣，赵新彦，王静丽. 激光原理及应用[M]. 3 版. 北京：电子工业出版社，2017：30-40.

[6] 姚建年，付红兵，廖清，等. 有机光功能材料与激光器件[M]. 北京：科学出版社，2020：111-135.

[7] Li C，Zhang Y，Wang M，et al. In vivo real-time visualization of tissue blood flow and angiogenesis using Ag_2S quantum dots in the NIR-II window[J]. Biomaterials，2014，35(1)：393-400.

[8] Wei C，Gao M，Hu F，et al. Excimer emission in self-assembled organic spherical microstructures：An effective approach to wavelength switchable microlasers[J]. Adv Optical Mater，2016，4(7)：1009.

[9] Zhang W，Yan Y，Gu J，et al. Low-threshold wavelength-switchable organic nanowire lasers based on excited-state intramolecular proton transfer[J]. Angew Chem Int Ed，2015，54：7125-7129.

[10] 黄维，密保秀，高志强. 有机电子学[M]. 北京：科学出版社，2011：29-46.

[11] 图罗 N J(美)，拉马穆尔蒂 V，斯卡约 J C. 现代分子光化学：原理篇[M]. 吴骊珠，佟振合，吴世康，译. 北京：化学工业出版社，2015：87-98.

[12] 樊美公，姚建年，佟振合. 分子光化学与光功能材料科学[M]. 北京：科学出版社，2009：1-113.

[13] 张小伟，杨楚罗，秦金贵. 金属有机电致磷光材料研究进展[J]. 有机化学，2005，08：873-880，867.

[14] Tao Y，Yuan K，Chen T，et al. Thermally activated delayed fluorescence materials towards the breakthrough of organoelectronics[J]. Advanced Materials，2014，26：7931-7958.

[15] Chiang C J，Kimyonok A，Etherington M K，et al. Ultrahigh efficiency fluorescent single and bi-layer organic light emitting diodes：The key role of triplet fusion[J]. Advanced Functional Materials，2013，23：739-746.

[16] 丁梅鹃，史慧芳，安众福. 有机室温磷光材料在生物医学中的应用[J]. 材料导报，2022，36(03)：64-74.

[17] 韦丹. 固体物理[M]. 2 版. 北京：清华大学出版社，2007.

[18] 黄昆. 固体物理学[M]. 北京：高等教育出版社，1998.

第 6 章

新能源材料

 引言与导读

　　面对日益严重的能源和环境危机，"利用绿色能源，减缓全球变暖"成为现代社会的共识。太阳能、风能、潮汐能、生物质能、地热能是目前主要的绿色能源，但是这些能源存在间歇性和不确定性的特点，需要安全的储能系统。电化学储能技术具有高效、环保、可靠、适用场景多等优势，是未来储能的重要技术方向。电化学能量存储与转化的主要方式有一次电池（化学能→电能）、二次电池（化学能↔电能）、超级电容器（电极/电解质界面静电感应——双电层充放电）、燃料电池和光电化学电池，其中光电化学电池又可分为染料敏化太阳能电池（太阳能→电能）和可再生燃料电池（太阳能→电能→化学能→电能）。图 6-1 给出了电化学能量存储与转换的基本模式。

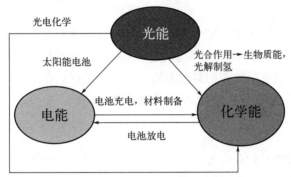

图 6-1　电化学能量存储与转换的基本模式

　　近几十年来，在能源存储领域，金属离子电池研究突飞猛进，并在汽车领域取得了实质性的应用，另外与氢能相关的制氢、储氢及用氢的研究是新能源领域又一个研究热点。那么，材料在新能源领域起到一个什么作用呢？概括起来说可以分为三种：一是把旧能源变为新能源，例如燃料电池能使燃料（如甲烷）与氧反应而直接产生电能；二是提高能量转化和存储效率，例如镍电池、锂离子电池等储能装置依靠新型电极材料提升能量存储效果；三是降低投资与运行成本，通过筛选电池材料的组成、结构、制作、加工等因素来调节电池的质量、寿命和成本。图 6-2 给出了利用光催化剂将二氧化碳转变为燃料的例子。

　　本章主要介绍材料在新能源存储与转化领域的应用，从电极反应出发，分别介绍电化学电池材料、电催化材料和光催化材料，探讨材料的组成与结构对性能的影响，最后分别以锂离子电池、质子交换膜燃料电池和光解水制氢为实例，介绍新能源材料在能源存储与转化领域的应用。

 本章学习目标

1. 从电子的分离与存储的角度出发，了解新能源材料的工作原理。
2. 掌握典型的电化学电池的工作原理，了解材料在电化学电池领域的应用。
3. 掌握电催化反应原理，了解材料在电催化领域的应用。
4. 掌握光催化原理，了解材料在光催化领域的应用。

图 6-2　通过光催化合成燃料实现零排放的碳循环

6.1　电子的分离与存储

一般而言，材料是由电中性的原子和分子组成的，即使是部分离子化合物材料，正、负离子的电荷也会抵消，因此材料对外不显电性。在存储能源时，需要通过施加外场（光、电、力、温度等）使材料从低能态向高能态转变，将能量存储在处于高能态的电子中。在释放能量的时候，高能电子与离子分离，通过外电路释放出来。

6.1.1　电化学电池

电化学电池是一种能量转化装置：放电时，化学能转变为电能；充电时，电能转化为化学能并储存起来。化学能与电能之间的转化是电池内部自发进行的氧化、还原反应的结果。

电化学电池由正极、负极、隔膜、电解质（液）、外壳组成。其中，电极是电池的核心部分，由释放与存储电子的活性物质和导电骨架组成；隔膜的作用是防止正、负极活性物质直接接触，防止电池内部短路；电解质在电池内部正、负极之间担负着传递电荷的作用；外壳是电池的容器。放电时，负极发生氧化反应，流出电子或者嵌入金属离子；正极发生还原反应，流入电子或者脱出金属离子；电池内部，两极活性物质与电解质界面发生氧化或还原反应进行电荷的传递，电荷在电解质中的传递由离子的迁移来完成。

以锂离子电池为例，锂较为活泼，一般情况下以锂离子的状态存在于正极中。如图 6-3 所示，在充电过程中，正极内锂离子在电场作用下从正极迁移到负极材料（如石墨、硅等）并形成 LiC_6，其中，锂离子得电子形成电中性的锂原子，这时电能就被转化为化学能并存储在负极材料的层隙中。放电时，锂原子失去电子变成锂离子，并回到正极材料内，而电子通过外电路对外做功，实现能量的释放。

6.1.2　电催化过程

在一些新型储能反应中（如电解水、二氧化碳电还原、氮电还原等），通过将间歇性能源（风、光、水等）获得的不连续电能转换为含能燃料，可以实现能源的绿色存储。在能源

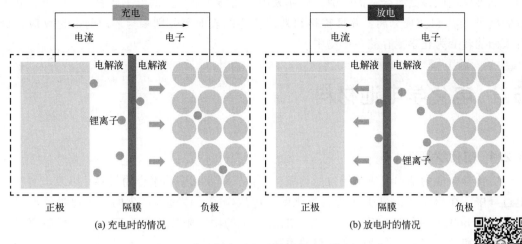

图 6-3　典型锂离子电池的结构及工作原理

存储的过程中，将电子与氢、碳、氮离子结合，形成含氢的燃料，如氢气、甲酸、氨气。采用合适的电催化剂，将大大降低反应的过电势和外加电压，从而降低电能的损耗。以电解水制氢为例（图6-4），通过外加电场将水裂解为氢离子和氢氧根离子，并继续将氢离子还原为氢气，电子作为氢气的价电子，将能量存储起来。

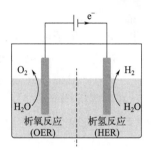

图 6-4　电解水制氢的反应过程

此外电催化也应用在能量的释放过程中。例如，在氢燃料电池的负极上，氢气通过氧化反应释放出价电子和氢离子，对外做功；在正极上，氧气得到电子被还原成氢氧根离子；负极释放的氢离子和正极释放的氢氧根离子反应形成水，避免了温室气体的排放。电催化剂可以降低氢氧化和氧还原的反应势垒，从而使储存在氢气中的电子对外释放出更多的有用功，减少了无用功。

6.1.3　光催化过程

光催化反应可以将太阳能转变成化学燃料，从而实现直接的能量存储。光催化反应主要由三个基本步骤构成：①当半导体光敏剂吸收能量大于或等于其禁带宽度的光子时，电子从价带激发至导带，从而在导带（CB）形成带负电的光生电子（e⁻），同时在价带（VB）留下带正电的空穴（h⁺）；②光激发过程结束后，光生电子与空穴发生分离，并迁移至催化剂表面；③光生电子与空穴分别在催化剂表面参与还原反应和氧化反应。光催化反应完整的过程如图 6-5 所示。

实现光催化反应最关键的材料是光催化

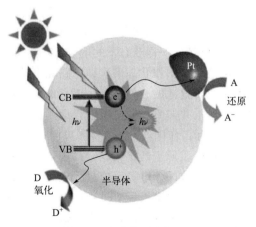

图 6-5　光催化反应机理

剂，光催化剂应该具有合适的带隙，以便太阳光能够将价带上的电子激发到导带上，获得能量的电子-空穴对实现分离，并且转移到光催化剂的表面上分别参与还原与氧化反应，最终将太阳能转变为化学能存储在产物中。

6.2 电化学电池材料

6.2.1 电化学基础

电化学电池的基本组成单元包括负极、正极、隔膜（多孔聚合物材料）以及电解液。放电过程中，在负极（anode）上进行氧化反应产生电子，该过程产生的电子通过外电路流向正极（cathode）进行还原反应。同时，电解液中的阴、阳离子作为溶液中的载荷离子，分别向负极和正极移动，形成一个完整的闭路。

一个电池的最大输出功为

$$W_{max} = nFE \tag{6-1}$$

式中　n——电子的物质的量；

　　　F——每 mol 电子所带的电荷量，nF 就是电子总电荷量 q；

　　　E——电池两极电势差。

在等温等压条件下，体系吉布斯自由能的变化等于其对外所做的最大非膨胀功，即 $\Delta G = -W$，代入式（6-1）可得

$$\Delta G^{\ominus} = -nF\Delta E^{\ominus} \tag{6-2}$$

式中　$\Delta G^{\ominus}$——电池总反应的标准吉布斯自由能的变化；

　　　$\Delta E^{\ominus}$——电池的标准电池电势，即正、负极标准电势差。

单基元电池的理论输出电压由其电极反应的吉布斯自由能决定［式（6-2）和式（6-3）］。在电池体系中，若电功是唯一非膨胀功，则可根据式（6-2）算出电池的标准电池电势 $\Delta E^{\ominus}$，这也代表了化学能转变为电能的最大理想值。

$$\Delta G^{\ominus} = \Delta H^{\ominus} - T\Delta S^{\ominus} \tag{6-3}$$

式中　$\Delta H^{\ominus}$——标准态下的焓变；

　　　$\Delta S^{\ominus}$——标准态下的熵变。

电池在非工作状态下，即电路无电流流过时，电池正、负极之间的电势差为开路电压。一般来说，电池的开路电压小于它的电动势。这是因为电池的两极在电解液中所建立的电极电位，通常并非平衡电极电位，而是稳定电极电位。

在实际工作中，各部件接触电阻、电极反应和传质等造成的过电位的影响［式（6-4）］，使得电池电压低于开路电压。其中，欧姆过电位是电池电极材料、电解液、隔膜及各部件的接触电阻导致的。电极反应过程中所产生的过电位可细分为活化过电位和浓差极化过电位。活化过电位是由电极反应过程中电子转移速率决定的，正、负极电极反应均可导致活化过电位的产生。在一些电极动力学缓慢的反应中，如金属-空气电池中的氧还原/水氧化反应，该部分过电位是其重要限制因素之一。浓度极差过电位是电极反应时传质速率缓慢，从而电化

学活性物质在电极附近的浓度分布不均匀导致的。

$$\eta = \eta_{IR} + \eta_a + \eta_c \tag{6-4}$$

式中　η_{IR}——欧姆内阻过电位；

　　　η_a——活化过电位；

　　　η_c——浓度极差过电位。

6.2.2　电池性能关键指标

电池性能指标主要有电动势、内阻、容量与比容量、能量与比能量、充放电率、自放电和电池寿命等。根据电池种类不同，其性能指标也有差异。

（1）电池电动势

电池的电动势等于单位正电荷由负极通过电池内部移到正极时，电池非静电力（化学力）所做的功。每一个电池反应包括一个还原反应过程和一个氧化反应过程，我们把负极发生的氧化反应和正极发生的还原反应称为半反应，每一个半反应对应一个电极电势。那么每个电池可以假想为两个半电池，如果不同类的半电池组合成电池，电池的电动势遵循加和原理。取标准氢电极（SHE）的电势（位）为 0，以标准氢电极半电池为参比，将各种电池与参比半电池组合，则可得到一系列相对电动势值，即为电极的平衡电极电势。电池的电动势为正、负电极的平衡电极电势之差：

$$E_{cell} = E(+) - E(-) \tag{6-5}$$

可以看出，电动势只与电极活性物质的种类有关，与电池的几何结构和尺寸无关。

（2）电池内阻

电池的内阻是指电池内部电流流过时受到的阻力。电池内阻有欧姆内阻（R_Ω）和电极在电化学反应中所表现的极化内阻（R_f），极化内阻又包括电化学极化内阻和浓差极化内阻。欧姆内阻、极化内阻之和为电池的内阻（R_i）。欧姆内阻由电极材料、电解液、隔膜电阻及各部分零件的接触电阻组成。由于欧姆内阻的存在，在电池有电流通过时，会产生电池极化，通常称为欧姆极化或电阻极化。当电流通过电极时，电极上进行的电化学反应的速度会滞后于电极上电子运动的速度，从而引起电化学极化，该内阻称为电化学极化内阻。由于参与反应的离子在固相中的扩散速度小于电极反应速度而造成的极化称为浓差极化，由浓差极化所产生的内阻称为浓差极化内阻。浓差极化内阻受到电极材料中活性物质组成、电解液浓度以及温度等环境因素的影响。电池内阻可以作为评判电池性能的重要指标，它的大小会直接影响电池的工作电压、输出功率等性能的高低。通常来说，一个实用的化学电源应当具有较小的内阻。为比较相同系列不同型号的化学电池的内阻，引入比电阻（R_i'），即单位容量下电池的内阻。电池的面积越大，其内阻越小。

$$R_i' = \frac{R_i}{C} \tag{6-6}$$

式中　C——电池容量，A·h；

　　　R_i——电池内阻，Ω。

（3）电池的容量和比容量

在一定的放电条件下，电池能够释放的全部电量称为电池的容量，通常用符号 C 表示，单位为安培小时（A·h）或毫安小时（mA·h）。电池容量分为理论容量、实际容量和额定容量。电池的理论容量是假设活性物质全部参加电流的成流反应所给出的电量。活性物质的理论容量 C_0 由式（6-7）给出：

$$C_0 = x(nF) \tag{6-7}$$

式中　C_0——理论容量；

　　　x——活性物质完全反应的物质的量；

　　　F——法拉第常数；

　　　n——成流反应得失电子数。

电池的实际容量是指电池在一定的放电条件（温度、终止电压等条件因素）下能输出的实际电量。当电池处于恒电流放电工况时，放电电流与时间的乘积即为实际容量；当电池处于恒电阻放电工况时，实际容量则为放电电流与放电时间的积分。额定容量是指在设计和制造电池时，规定电池在一定放电条件下应该放出的最低限度的电量。实际容量总是低于理论容量。由式（6-7）可知，电池的容量与电极物质的数量有关，即与电极的体积有关。电池工作时，通过正极和负极的电量总是相等。实际工作中常用正极容量控制整个电池的容量，负极容量过剩。

为了对不同的电池进行比较，引入比容量概念。比容量指单位质量（或者单位体积）电池所给出的容量，单位是 A·h/kg 或者 mA·h/g。以正极为 $LiFePO_4$ 的锂离子电池为例：1mol 正极材料锂离子完全脱嵌时转移的电量为 96485C（法拉第常数 96485C/mol）。由单位可知 mA·h/g 指每 g 电极材料理论上放出的电量为 $1 \times 10^{-3} A \times 3600s = 3.6C$。$LiFePO_4$ 摩尔质量是 157.756g/mol，那么其理论电容量可以由式（6-8）计算：

$$C_{0,LiFePO_4} = \frac{96485}{157.756 \times 3.6} \approx 170 mA \cdot h/g \tag{6-8}$$

（4）电池的能量与比能量

电池在一定条件下对外做功所能输出的电能叫电池的能量，单位为 W·h。电池完全放电时输出的能量即为电池的理论能量（W_0）：

$$W_0 = x(nFE_{cell}) \tag{6-9}$$

式中　x——完全放电时参与反应的物质的量；

　　　F——法拉第常数；

　　　n——成流反应得失电子数；

　E_{cell}——电池电动势。

在电池反应中，单位质量（或者单位体积）反应物质所产生的电能称为电池的理论比能量（也称能量密度）。电池的实际比能量要比理论比能量小。

从式（6-9）可知，电池的理论能量为电池的容量与电动势的乘积。电池容量越大、电动势越高的电池，产生的能量越大。因此，以电极电位最负的电极作为负极，以电极电位最高的电极作为正极所构成的电池的比能量高，如锂离子电池、锌-空气电池、钠硫电池等。

（5）充放电率

电池放电电流（I）、电池容量（C）、放电时间（t）的关系为

$$I = \frac{C}{t} \tag{6-10}$$

充放电率（充放电速率）指充放电时的速率，有"时率"和"倍率"两种表示法。时率指以一定的充放电电流充（放）完额定容量所需的小时数，即以充放电时间（h）表示的放电速率，数值上是电池的额定容量除以规定的充放电电流所得的小时数。例如电池的额定容量为 40A·h，以 2A 电流放电，则速率为 40A·h/2A＝20h，称电池以 20 小时率放电。

"倍率"指电池在规定时间内放出其额定容量时所输出的电流值，数值上等于额定容量的倍数。例如，2"倍率"的放电，表示放电电流数值的 2 倍，若电池容量为 5A·h，那么放电电流应为 $2h^{-1} \times 5A \cdot h = 10A$，也就是 2"倍率"放电。换算成小时率则是 5A·h/10A＝1/2h，即 1/2 小时率。

（6）自放电

一次电池在开路时，在一定条件下储存时容量下降。容量下降的原因主要是负极腐蚀和正极自放电。从热力学上看，电池产生自放电的根本原因是电极活性物质在电解液中不稳定。负极多为活泼金属，其标准电极电位比氢电极负，尤其是当负极中存在正电性金属杂质时，杂质与负极形成腐蚀微电池，发生负极腐蚀。正极会发生自放电反应，消耗正极活性物质，使电池容量下降。同时，正极物质如果从电极上溶解，就会在负极还原，引起自放电。另外，杂质的氧化还原反应会消耗正、负极活性物质，引起自放电。单位储存时间内自放电损失的容量占初始容量的比例为电池的自放电率。要降低电池自放电，一般从以下两个方面着手：一是在负极中加入氢过电位较高的金属，如 Cd、Hg、Pb 等；二是在电极或电解液中加入缓蚀剂，抑制氢的析出，减少自放电反应的发生。

通常电池的自放电会导致过放，这给电池带来的影响是不可逆的，也就是说即使再充电，电池的实际工作容量以及寿命也会受到很大的影响。所以长期搁置不工作的电池，需要定期对其进行充电，避免过放使电池性能下降。

（7）电池寿命

一次电池的寿命是表征在额定容量下的工作时间，主要由其放电制度所确定。在谈到电池容量时，必须指出放电电流大小和放电条件。

二次电池的寿命分为充、放电循环使用寿命和湿搁置使用寿命。二次电池经历一次完整的充、放电过程称为一次循环。在一定的放电制度下，二次电池容量降至某一规定值之前，电池所能耐受的循环次数，称为二次电池的循环寿命或使用周期，例如锂离子电池的充放电循环寿命为 600～1000 次；湿搁置使用寿命则是电池加入电解液后开始充放电循环直至寿命终止的时间（含放电态湿搁置时间），锂离子电池的湿搁置使用寿命为 5～8 年。两者均为衡量二次电池性能的重要参数。

一旦有电流流经电池，将破坏电极的平衡状态，电池将处于不可逆的工作状态。因此，随着充放电循环次数的增加，二次电池容量会有所衰减，从而影响二次电池的循环寿命。影响二次电池循环寿命的主要因素有电极材料、电解液、隔膜、制造工艺、充放电制度（充放

电速率及充放电深度等）、环境温度、存储条件、电池维护过程以及过充电量和过充额度等。在动力电池成组应用中，动力电池单体的不一致性、单体所处温区不同、车辆的振动环境等都会对电池循环寿命产生影响。循环寿命是二次电池的一个非常重要的指标，循环寿命越长，表示电池的性能越好。

6.2.3 一次电池

一次电池是指在使用后不能通过充电反复使用的电池，包括酸性锌锰（锌-锰）电池（又称碳性锌锰电池）、碱性锌锰电池、锂锰（锂-锰）电池、锌空（锌-空气）电池、锌银（锌-银）电池和锂亚硫酰氯电池等。一次电池的最大特点是开启包装便可使用，在遇到自然灾害、停电或无电等紧急情况时，可以迅速用于急需用电的电子产品内，帮助人们采取各种应急措施，应对各种危难局面。

日常生活中接触较多的是酸性锌锰和碱性锌锰电池，其电压以 1.5V 居多。锂锰电池电压为 3V，常用作电脑主机的支撑电源。锌空电池的电压为 1.4V，主要用作助听器电池和航标灯电池。锂亚硫酰氯电池主要在自动化设备上用于电脑芯片程序的支撑电源，其电压达到 3.6V，寿命可长达 10 年。外观上，一次电池有圆柱形、扣式和方形。圆柱形一次电池有酸性锌锰和碱性锌锰及锂亚硫酰氯电池等，扣式的有碱性锌锰、锌空、锌银和锂锰电池等，方形的有酸性锌锰和碱性锌锰电池。

随着各种新材料、新工艺和新技术的不断成熟，一次电池中的碱性锌锰电池因其重负荷、可大电流连续使用、低温性能好、自放电率低和贮存寿命长等系列特点受到广大消费者的欢迎。其他锌空、锌银和锂锰等系列电池的产量相对较低。

6.2.3.1 锌-锰电池

（1）锌-锰电池简介

锌-锰电池是一次电池中使用最广的一种电池。按照电解液性质，可分为酸性和碱性两大类。传统的酸性锌-锰电池即勒克朗谢电池，其电化学表达式为

$$(-)Zn \mid NH_4Cl + ZnCl_2 \mid MnO_2 , C (+)$$

电池的正极是 MnO_2，负极是 Zn 筒，电解液是 NH_4Cl 和 $ZnCl_2$ 的水溶液，隔膜是淀粉浆糊隔离层。酸性电解质 NH_4Cl 和 $ZnCl_2$ 容量小，高电压维持时间短，且容易发生漏液。电池的电极反应为

负极反应：$\quad Zn + 2NH_4Cl - 2e^- \longrightarrow Zn(NH_3)_2Cl_2 \downarrow + 2H^+$ （6-11）

正极反应：$\quad 2MnO_2 + 2H^+ + 2e^- \longrightarrow 2MnOOH$ （6-12）

碱性锌-锰电池的电化学表达式为 $\quad (-)Zn \mid KOH \mid MnO_2 (+)$

负极反应：$\quad Zn + 2OH^- - 2e^- \longrightarrow ZnO + H_2O$ （6-13）

正极反应：$\quad 2MnO_2 + 2H_2O + 2e^- \longrightarrow 2MnOOH + 2OH^-$ （6-14）

这类电池的负极是汞齐化锌粉，电解液是 KOH 溶液，电池的比能量和存储时间较酸性锌-锰电池有所提高。

按照外形，酸性锌-锰电池有筒式、叠层式、薄片形三种；碱式锌-锰电池有筒式、扣式、扁平式几种。碱性锌-锰电池具有代表性的圆筒型结构，与酸性锌-锰电池的圆筒型结构

布局恰好相反。碱性锌-锰电池中圆环状正极紧挨容器钢筒内壁，负极位于正极中间，有一个钉子形的负极集流器，这个钉子被焊在顶部盖子上，作为电池的负极，而钢筒为正极。为了方便并能与酸性锌-锰电池互换使用，同时避免使用时正负极弄错，电池在设计制造时，将上述碱性锌-锰电池的半成品倒置过来，使钢筒底朝上，开口朝下，再在钢筒底上放一个凸形盖（假盖），正极便位于上方；在负极引出体上焊接一个金属片（假底），这样，外观上碱性锌-锰电池正、负极性和形状与酸性锌-锰电池就一致了（见图 6-6）。

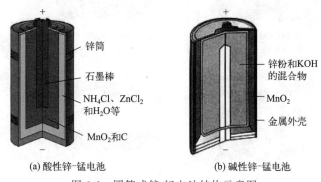

(a) 酸性锌-锰电池　　　　　　(b) 碱性锌-锰电池

图 6-6　圆筒式锌-锰电池结构示意图

（2）MnO_2 正极材料

锰氧化物因其独特的隧道或层状结构以及可变的氧化态，是一种重要的电池正极材料。其中，二氧化锰作为一种较复杂的锰氧化物，一般可以表示为 MnO_x，通常 $x \leqslant 2$。二氧化锰的电化学活性和它的晶体结构、孔径、微孔结构、粒度、表面积及含水量等有着密切的关系。

在氧化态为 Ⅱ、Ⅲ 或 Ⅳ 的所有含锰氧化物中，最基本的构建单元是 O^{2-} 或 OH^- 八面体 $Mn(O,OH)$。$Mn(O,OH)$ 通过共用角或者棱相互连接，可以根据八面体连接方式进行晶体结构分类。

共棱的八面体形成一维无限线，沿着最短的平移周期延伸。这些线中的两条或三条线通过进一步共用棱相互连接，从而形成双重或三重链。4 条这样的 MnO_6 线，通过共用角相连，围成各种尺寸的一维无限通道，通常这类化合物描述为隧道状结构，这类结构包括 α、β、γ 型。另一种结构是由共棱的八面体的二维无限层形成，八面体层的堆积序列和层间原子或分子的种类/数目是这些层状结构进行进一步结构分类的标准，δ 型属于这一类。不同晶型 MnO_2 的晶体结构见图 6-7。

由于晶胞结构不同，各种晶型的电化学活性差别很大，其中 γ-MnO_2 的电化学活性最高。简单来说，β-MnO_2 是单链结构，γ-MnO_2 是双链和单链互生结构。MnO_2 还原时，电子和 H^+ 扩散到结晶中与 O^{2-} 结合成 OH^- 基，形成 $MnOOH$。由于 β-MnO_2 是单链结构，截面积较小，H^+ 扩散比较困难，过电位较大，活性低。γ-MnO_2 因含双链结构，截面积较大，H^+ 扩散容易，过电位较小，活性高。α-MnO_2 虽是双链结构，隧道截面积较大，但隧道中有大分子堵塞，H^+ 扩散受到阻碍，活性也不高。

另一方面，MnO_2 结构中含羟基越多，氧化性能越活泼，按质量分数计，α-MnO_2 中含水率大于 6%，γ-MnO_2 中含水率为 4%，有离子交换的可能，但 α-MnO_2 中含有金属杂质，降低了 MnO_2 的实际氧化能力。β-MnO_2 不含水分，氧化性差。因此，制造电池时均选用 γ-MnO_2。

电池用 MnO_2 有天然 MnO_2（锰矿）、化学 MnO_2 和电解 MnO_2。各类 MnO_2 的物理性

质列于表 6-1 中。

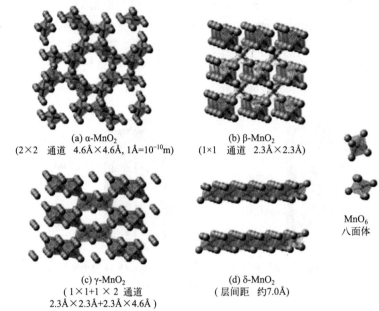

(a) α-MnO$_2$
(2×2 通道 4.6Å×4.6Å, 1Å=10^{-10}m)

(b) β-MnO$_2$
(1×1 通道 2.3Å×2.3Å)

(c) γ-MnO$_2$
(1×1+1×2 通道
2.3Å×2.3Å+2.3Å×4.6Å)

(d) δ-MnO$_2$
(层间距 约7.0Å)

MnO$_6$
八面体

图 6-7　不同晶型 MnO$_2$ 的晶体结构

表 6-1　各类 MnO$_2$ 的物理性质

MnO$_2$ 类别	比表面积 $\sigma/(m^2/g)$	密度 $\rho/(g/cm^3)$	视密度 $\rho'/(g/cm^3)$
天然 MnO$_2$（锰矿）	7～22	4.2～4.7	1.3～1.8
电解 MnO$_2$	28～43	4.3	1.7～1.8
化学 MnO$_2$	30～90	2.8～3.2	0.8～1.3

MnO$_2$ 比表面积越大，活性越高；视密度越大，填充性越好。由表 6-1 可知，电解 MnO$_2$ 具有较高的开路电压和较低的极化。

（3）Zn 负极材料

锌原子的核外电子结构为 $3d^{10}4s^2$，故易失去最外层电子而显示出活泼的化学性质。金属锌是一种比较理想的电池负极材料，可以在弱酸性或中性以及碱性介质中用作负极，其标准电极电势如下：

酸性条件：　　　　$Zn-2e^- \Longrightarrow Zn^{2+}$　　　　$E=-0.763V$　　　　(6-15)

碱性条件：　　$Zn-2e^-+2OH^- \Longrightarrow ZnO+H_2O$　　　$E=-1.216V$　　　(6-16)

可以看出，Zn 的电极电势较负，电化当量较小，交换电流密度较大，可逆性较好，析氢超电势较高。同时，锌的资源丰富，价格低廉。

在电化学电池实际生产中，锌极主要是以锌筒、片状锌和锌合金粉作为电池负极材料，其组成及表面状态都将直接影响电池性能。

（4）电解质（液）

电极电位比锌负的金属盐都可作为锌-锰电池的电解质（液）。酸性锌-锰电池的电解质中主要成分为 NH_4Cl 和 $ZnCl_2$，NH_4Cl 的作用是提供 H^+，降低 MnO$_2$ 放电过电位，提高导电能力。NH_4Cl 的缺点是冰点高，会影响电池低温性能，并且 NH_4Cl 水溶液沿锌筒上爬，会导致电池漏液。$ZnCl_2$ 的作用是间接参加正极反应，与正极反应生成 NH_3，进而生成配合物 $Zn(NH_3)_4Cl_2$。同时，$ZnCl_2$ 可降低冰点，具有良好的吸湿性，可保持电解液的水分，还可以加速淀粉糊化，防止 NH_4Cl 沿锌筒上爬。

在电解液中加入 $HgCl_2$，Hg^{2+} 被 Zn 置换，在锌皮表面生成一薄层锌汞齐。由于汞可以提高氢的过电位，因而可以抑制锌皮腐蚀。$HgCl_2$ 还可以防止电糊发霉。

在碱性锌-锰电池中，电解液是 KOH。

（5）隔膜

酸性锌-锰电池的隔膜是电糊，碱性锌-锰电池用复合膜作为隔膜。电糊的成分包括电解质（NH_4Cl、$ZnCl_2$、H_2O）、稠化剂（面粉、淀粉）、缓蚀剂（$HgCl_2$、OP 乳化剂）。复合膜由主隔膜和辅助隔膜组成。主隔膜起隔离和防氧化作用，一般采用聚乙烯（PE）辐射接枝丙烯酸膜、聚乙烯辐射接枝甲基丙烯酸膜、聚四氟乙烯辐射接枝丙烯酸膜等。辅助隔膜起吸收电解液和保液作用，一般采用尼龙毡、维尼纶无纺布、过氯乙烯无纺布等。使用复合膜时，主隔膜面向 MnO_2，辅助隔膜面向锌负极。

6.2.3.2 锌-银电池

锌-银电池放电电压平稳，自放电率较小，是一种高比能量和高比功率的电池，广泛应用于通信、航天、导弹以及小型电子设备等领域。

锌-银电池的电化学表达式为

$$（-）Zn\,|\,KOH\,|\,Ag_2O(AgO)（+）$$

正极是氧化银（Ag_2O 和 AgO），负极是锌（Zn），电解液是 KOH，电极上发生的反应如下：

负极反应：
$$Zn + 2OH^- - 2e^- \longrightarrow Zn(OH)_2 \qquad (6-17)$$

或
$$Zn + 2OH^- - 2e^- \longrightarrow ZnO + H_2O \qquad (6-18)$$

正极反应：
$$2AgO + H_2O + 2e^- \longrightarrow Ag_2O + 2OH^- \qquad (6-19)$$

或
$$Ag_2O + H_2O + 2e^- \longrightarrow 2Ag + 2OH^- \qquad (6-20)$$

常见的纽扣电池就是锌-银电池，它用不锈钢制成一个由正极和负极盖组成的小圆盒，盒内靠正极壳一端填充由 Ag_2O 和少量石墨组成的正极活性材料，负极盖一端填充用锌汞合金制成的负极活性材料，电解质溶液为浓 KOH，溶液两边用羧甲基纤维素作隔膜，将电极与电解液分开。一粒纽扣电池的电压达 1.59V，安装在电子表里可使用两年之久。

6.2.3.3 锂一次电池

金属（Li）因其低电负性、超高比容量、低密度和相对于标准氢电极的低标准电极电位（$-3.40V$）的特性成为最有吸引力的锂一次电池负极材料。锂一次电池是以金属锂片为负极材料，金属氧化物或其他固态、液态氧化物为正极活性物质组成的一次性电池，同样包括正极材料、隔膜、电解液和负极材料四个部分。锂作为一种非常活泼的碱金属，为避免其与水发生剧烈的放热反应，锂一次电池的电解液通常为有机溶剂和无机盐构成的非水电解液体系。根据正极材料的不同，锂一次电池主要包括 Li/MnO_2 电池、$Li/SOCl_2$ 电池、Li/SO_2 电池、Li/FeS_2 电池和 Li/CF_x 电池。

表 6-2 总结了几种锂一次电池的主要特性，可以清楚地看到 Li/CF_x 一次电池具有比能量高、工作电压平稳、活性物质利用率高、使用温度范围宽、贮存寿命长和安全性能好等优点。下面分别介绍 $Li-MnO_2$ 电池和 Li/CF_x 电池的工作原理和材料体系。

表 6-2　各类锂一次电池的主要性能比较

正极材料	MnO_2	$SOCl_2$	SO_2	CF_x
理论能量密度/(W·h/kg)	1005	1470	1170	2180
实际能量密度/(W·h/kg)	300~600	590	300	1800
理论比容量/(mA·h/g)	359	450	420	865
实际比容量/(mA·h/g)	308	200	418	707
开路电压/V	3.0	3.65	2.95	3.0
工作电压/V	2.8	3.0~3.55	2.7~2.9	2.5~3.0
工作温度/℃	−40~60	−45~85	−55~75	−60~130
使用寿命/h	10~20	10	5~10	15
安全性	高	较低	较低	很高

（1）Li/MnO_2 电池

Li/MnO_2 电池中，正极材料中的活性物质是 $\gamma\text{-}MnO_2$。电解液是将 $LiClO_4$ 溶解于 PC 和 1,2-DME 混合有机溶剂中获得的，其电化学反应如下：

负极反应：$\qquad\qquad Li-e^- \Longrightarrow Li^+ \qquad E=-3.02V \qquad$ (6-21)

正极反应：$\qquad\qquad MnO_2+Li^++e^- \Longrightarrow MnOOLi \qquad$ (6-22)

从式（6-21）与式（6-22）中可以看出，锂负极在失去电子后以锂离子的形式存在于电解液中，并借助电解液进行迁移，最终嵌入到 $\gamma\text{-}MnO_2$ 晶格中，同时，Mn^{4+} 被还原成 Mn^{3+}。锂的插层作用导致 $\gamma\text{-}MnO_2$ 的晶格显著增大，使其产生了不可逆的结构变化。

Li/MnO_2 电池是成本最低且安全性能最好的锂一次电池，但其使用的非水有机电解液体系在低温下黏度会增加，电导率会显著降低，限制了其在低温环境中的功率输出，并且 Li/MnO_2 电池的电化学体系还不完善，局部存在短路现象。

（2）Li/CF_x 电池

锂/氟化碳（Li/CF_x）一次电池是目前已知能量密度最高的化学电池，由氟化碳正极、金属锂负极和有机电解液组成。氟化碳（CF_x）是一种具有化学稳定性和极性 C—F 键的电绝缘体，通过碳材料和氟化剂（如 F_2）在一定条件下发生氟化反应获得。商品化 Li/CF_x 一次电池的有机电解液一般由有机溶剂和溶于其中的电解质锂盐（一般为 $LiBF_4$）组成，其电极反应如下所示：

$$Li+e^- \longrightarrow Li^+ \qquad (6\text{-}23)$$

$$CF_x+xe^- \longrightarrow C+xF^- \qquad (6\text{-}24)$$

$$CF_x+xLi \longrightarrow C+xLiF \qquad (6\text{-}25)$$

Li/CF_x 一次电池在放电过程中金属锂负极失去电子，而固态 CF_x 正极得到电子。金属锂失去电子后以锂离子（Li^+）的形式在电解液中扩散。当 Li^+ 随电解液迁移到 CF_x 表面时，CF_x 得电子发生还原反应与 Li^+ 反应生成绝缘的 LiF 和导电的单质碳（C）。LiF 的结合能约为 6.10eV，很难被破坏，即不能通过单独充电分解 LiF，所以该放电过程是不可逆的。

6.2.3.4 锌-空气电池

金属-空气电池是介于蓄电池和燃料电池之间的一类装置,具有比能量高、工作电压平稳、安全性好等优点。负极为 Zn、Mg、Al、Li 等金属材料,正极为多孔空气电极,空气中的氧气为正极活性物质,电解质以中性或碱性水溶液为主。下面以锌-空气电池为例说明金属-空气电池的电化学原理。锌-空气电池正极采用有催化作用的碳电极,以 O_2 为反应物。负极采用糊状的锌粉和电解液的混合物,电解质为高浓度的 KOH 水溶液,其电化学表达式为

$$(-)\text{Zn}|\text{KOH}|O_2(C)(+)$$

负极反应: $$\text{Zn}+2\text{OH}^- -2e^- \longrightarrow \text{Zn(OH)}_2 \tag{6-26}$$

正极反应: $$\frac{1}{2}O_2+H_2O+2e^- \longrightarrow 2\text{OH}^- \tag{6-27}$$

一次锌-空气电池一旦开封自放电较为严重,容易发生电池漏液;可充式锌-空气电池充电电压较高,充放电率低,还需要开发高性能的双功能催化剂。

6.2.4 二次电池

6.2.4.1 二次电池的发展历程

二次电池又称充电电池或蓄电池,可多次重复使用。二次电池的发展历程如图 6-8 所示。第一块可以反复充电使用的二次电池是由法国物理学家 Gaston Planté 于 1859 年制造出

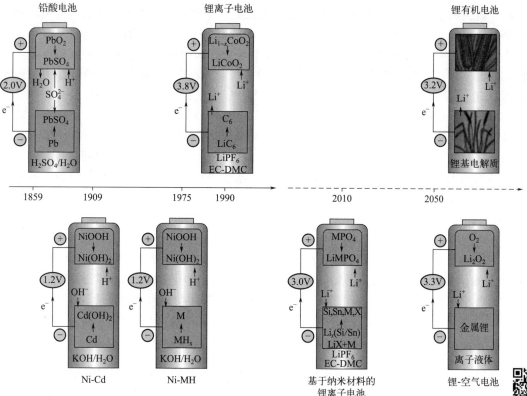

图 6-8 二次电池的发展历程

来的铅酸充电电池，其以 Pb 为负极、PbO_2 为正极、稀硫酸作为电解液。1899 年，瑞典工程师 Jungner 以 $NiO(OH)$ 为正极、Cd 为负极发明了镍镉二次电池，由于镉的环境污染性，自 20 世纪 70 年代开始，镍镉电池逐渐被以储氢合金为负极的镍氢电池替代。时至今日，铅酸电池和镍氢电池仍在汽车启动（点火）电源及移动设备电源等领域具有广泛应用。

表 6-3 列举了几种常见二次电池的性能参数。下面以几种典型的二次电池为例，介绍二次电池材料体系。

表 6-3　常见二次电池的性能参数

电池系列	负极活性物质	正极活性物质	电池反应	电性能（理论值）		
				电压/V	比容量/$(A \cdot h/kg)$	比能量/$(W \cdot h/kg)$
铅酸电池	Pb	PbO_2	$Pb + PbO_2 + 2H_2SO_4 \Longrightarrow 2PbSO_4 + 2H_2O$	2.1	120	252.00
镉镍电池	Cd	NiOOH	$Cd + 2NiOOH + 2H_2O \Longrightarrow 2Ni(OH)_2 + Cd(OH)_2$	1.35	181	244.35
锌镍电池	Zn	NiOOH	$Zn + 2NiOOH + 2H_2O \Longrightarrow 2Ni(OH)_2 + Zn(OH)_2$	1.70	189	321.30
金属氢化物镍电池	MH	NiOOH	$MH + NiOOH \Longrightarrow Ni(OH)_2 + M$	1.5	160	240.00
锂高温电池	Li(Al)	FeS	$2Li(Al) + FeS \Longrightarrow Li_2S + Fe + 2Al$	1.33	345	458.85
钠硫电池	Na	S	$2Na + 3S \Longrightarrow Na_2S_3$	2.1	377	791.70
锂离子电池	LiC_6	CoO_2	$LiC_6 + CoO_2 \longrightarrow C_6 + LiCoO_2$	4.1	170	697.00

随着科技的发展，人们对二次电池的能量密度提出了更高的要求，锂金属因其质轻和电极电势最负的特点而成为热门的负极材料。1976 年，Exxon 公司的 Whittingham 教授以层状化合物 TiS_2 为正极匹配锂金属负极制备了首个锂金属二次电池。然而，锂金属负极在反复地充放电循环中会因为锂的不均匀沉积生成锂"枝晶"。锂"枝晶"在循环过程中可能刺穿隔膜，造成正负极连通，引发电池内部短路，产生严重的安全隐患。1980 年，Goodenough 教授提出以层状氧化物钴酸锂（$LiCoO_2$）作为锂电池正极材料，使得不含金属锂的负极材料成为可能。1985 年，日本科学家 Yoshino 提出了以钴酸锂为正极、能可逆嵌入锂离子的石油焦为负极的锂二次电池，随后人们用石墨代替石油焦作为电池负极，该电池即为"锂离子电池"。当前，锂离子电池仍是移动电子领域使用最广泛的储能设备，并在电动汽车和大规模储能领域具有重要应用前景。

6.2.4.2　铅酸电池

铅酸电池是第一种可以反复充电使用的二次电池，由法国物理学家 Gaston Planté 于 1859 年制造出来。铅酸电池具有价格低廉、原料易得、使用可靠、可大电流放电等优点，是化学电源中市场份额大且使用范围广的电池，特别是在起动和大规模储能等应用领域，在较长时间内尚难以被其他新型电池替代。

（1）电池结构

单体铅酸电池主要由正极板、负极板、隔板、电解液和容器等组成。其结构如图 6-9 所示。

a. 极板：铅酸电池的正、负极极板由纯铅制成，上面直接形成有效物质。有些极板用铅镍合金制成栅架，上面涂以有效物质。正极（阳极）的有效物质为褐色的二氧化铅，这层二

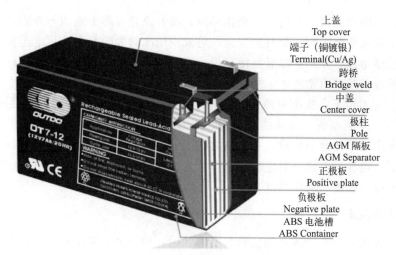

图 6-9　铅酸电池结构

氧化铅由结合氧化的铅细粒构成，在这些细粒之间能够自由地通过电解液。这种细粒结构可以增大其与电解液的接触面积，进而可以增加反应面积，从而减小蓄电池的内阻。负极（阴极）的有效物质为深灰色的海绵状铅。在同一个电池内，同极性的极板片数超过两片者，用金属条连接起来，成为极板群。极板群内的极板数的多少随其容量（蓄电能力）的大小而异。为了获得较大的蓄电池容量，常将多片正、负极板分别并联，组成正、负极板组，如图6-10所示。安装时，将正、负极板组相互嵌合，中间插入隔板，就形成了单格电池。在每个单格电池中，负极板的片数总要比正极板的片数多一片，从而使每片正极板都处于两片负极板之间，使正极板两侧放电均匀，避免因放电不均匀造成极板拱曲。

图 6-10　铅酸电池极板组成结构

　　b.隔板：在各种类型的铅酸电池中，除少数特殊组合的极板间留有宽大的空隙外，在两极板间均需插入隔板，以防止正、负极板相互接触而发生短路。这种隔板上密布着细小的孔，既可以保证电解液的通过，又可以阻隔正、负极板之间的接触，控制反应速度，保护电池。隔板有木质、橡胶、微孔橡胶、微孔塑料、玻璃等数种，可根据铅酸电池的类型适当选定。吸附式密封铅酸电池的隔板是由超细玻璃丝绵制作的，这种隔板可以把电解液吸附在隔板内，这也是吸附式密封铅酸电池名称的由来。

　　c.电解液：铅酸电池的电解液是用蒸馏水稀释高纯浓硫酸而成的。电解液的作用是给正、负电极之间流动的离子创造一个液体环境，或者说充当离子流动的介质。电解液的相对密度对铅酸电池有重要影响：相对密度大，可减少结冰的危险并提高蓄电池容量；但相对密度过大，则黏度增加，反而会降低电池容量，缩短使用寿命。应根据当地最低气温或制造厂家的要求选择电解液相对密度，一般在15℃时为1.200～1.300。

d. 容器：容器用于盛放电解液和极板群，应该耐酸、耐热、耐震。容器多采用硬橡胶或聚丙烯（PP）塑料制成，为整体式结构，底部有凸起的肋条以搁置极板群。壳内由间壁分成3个或6个互不相通的单格，各单格之间用铅质联条串联起来。容器上部使用相同材料的电池盖密封，电池盖上设有对应于每个单格电池的加液孔，用于添加电解液和蒸馏水以及测量电解液密度、温度和液面高度。

（2）电化学原理

铅酸电池可表示为一个多孔铅负极（海绵状铅）和一个二氧化铅正极，两电极都浸入硫酸水溶液中，其电化学表达式为

$$(-)Pb(s)|PbSO_4(s)|H_2SO_4(aq)|PbSO_4(s)|PbO_2(s)|Pb(s)(+)$$

负极反应：
$$Pb+HSO_4^- -2e^- \underset{放电}{\overset{充电}{\rightleftharpoons}} PbSO_4+H^+ \tag{6-28}$$

正极反应：
$$PbO_2+3H^++HSO_4^-+2e^- \underset{充电}{\overset{放电}{\rightleftharpoons}} PbSO_4+2H_2O \tag{6-29}$$

电池充电时，正、负极板上的 $PbSO_4$ 还原为 PbO_2 和 Pb，电解液中的 H_2SO_4 不断增多，电解液密度不断上升。当充电接近终了时，$PbSO_4$ 已基本还原成 PbO_2 和 Pb。过剩的充电电流将用于电解水，使正极板附近产生 O_2 从电解液中逸出，负极板附近产生 H_2 从电解液中逸出，电解液液面高度降低。因此，铅酸电池需要定期补充蒸馏水。电池放电时，正极板上的 PbO_2 和负极板上的 Pb 都与电解液中的 H_2SO_4 反应生成 $PbSO_4$，沉积在正、负极板上。在这个过程中，电解液中的 H_2SO_4 不断减少，电解液密度不断下降。理论上，放电过程可以进行到极板上的活性物质被耗尽为止，但由于生成的 $PbSO_4$ 沉积于极板表面，阻碍电解液向活性物质内层渗透，使得内层活性物质因缺少电解液而不能参加反应，因此在使用中放完电时，蓄电池活性物质的利用率也只有20％～30％。因此，采用薄型极板，增加极板的多孔性，可以提高活性物质的利用率，增大铅酸电池的容量。

（3）电极材料

铅的外层电子结构是 $6s^26p^2$，呈现为变价，通常为+2或+4价。多孔铅粉是铅酸电池的负极活性物质。在铅酸电池的正极中，充电状态的活性物质是 PbO_2，在电极放电时转变成 $PbSO_4$。当铅的表面暴露在氧气中时生成 PbO，PbO 作为正极和负极活性材料在生产过程中的主要成分非常重要。它在酸性溶液中不稳定，但能形成中间层，位于正极板栅表面的铅与 PbO_2 之间。同时，在正极核心材料表面的硫酸铅层的下面也会生成 PbO。Pb_3O_4 代表着 PbO 的更高氧化物形式，能够促进 PbO 电化学氧化为 PbO_2。

6.2.4.3 镍氢（MH-Ni）电池

（1）电池结构

镍氢电池因能量密度高、可快速充放电、低温性能好以及无毒、无污染和不使用贵金属

等优势，而被称为环保绿色电池，在小型便携式电子器件、电动工具、电动车中获得广泛应用。镍氢电池的结构如图 6-11 所示。镍氢电池可分为高压和低压两类。高压镍氢电池采用氢电极为负极，采用镍电极 $[Ni(OH)_2]$ 为正极，正负极之间夹有一层吸饱 KOH 电解质溶液的石棉膜。低压镍氢电池分为两种：一种是在镍氢电池中加入储氢合金，以降低氢压；另一种是以储氢合金（MH）为负极、$Ni(OH)_2$ 为正极、KOH 溶液为电解质的电池，即金属氢化物-镍（MH-Ni）电池，是 Marking 等采用 $LaNi_5$ 电极代替高压氢镍电池中的氢电极制备的一种新型低压镍氢电池。下面重点介绍 MH-Ni 电池。

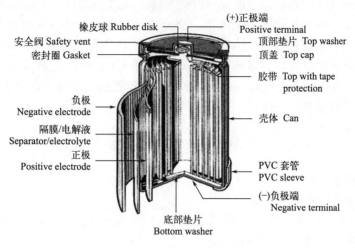

图 6-11　镍氢电池结构

（2）电化学原理

MH-Ni 电池以储氢合金为负极、$Ni(OH)_2$ 为正极、KOH 溶液为电解质，其电化学表达式为

$$(-)MH(s) \,|\, KOH(aq) \,|\, NiOOH(s)(+)$$

负极反应：

$$MH + OH - e^- \underset{\text{放电}}{\overset{\text{充电}}{\rightleftharpoons}} M + H_2O \tag{6-30}$$

正极反应：

$$NiOOH + H_2O + e^- \underset{\text{充电}}{\overset{\text{放电}}{\rightleftharpoons}} Ni(OH)_2 + OH^- \tag{6-31}$$

图 6-12 给出了镍氢电池中电化学反应，在反应中，储氢合金担负着储氢和参与电化学反应的双重任务。

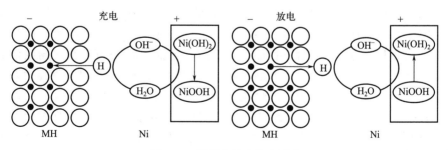

图 6-12　镍氢电池充放电反应

（3）金属氢化物电极和储氢材料

金属氢化物又称储氢合金，当氢与合金表面接触时，氢分子首先会吸附到合金表面，随后氢-氢键发生解离，氢分子转化为原子态氢。这种氢原子活性大，进入金属的原子之间，形成固溶性氢化物。

用金属氢化物电极取代 Cd/Ni 电池中的镉电极，是储氢合金的重要应用之一。早在 1969 年 Philips 实验室就发现 LaNi$_5$ 合金具有很好的储氢性能，并应用于 Ni/MH 电池，但因为容量衰减太快且价格昂贵而长时间没得到发展。直到 1984 年，Philips 公司采用钴部分取代镍，钕取代少量镧，基本解决了 LaNi$_5$ 合金在循环过程中的容量衰减问题，成功制造了以 LaNi$_5$ 合金为负极材料的 MH-Ni 电池，掀起了金属氢化物储氢材料的研究高潮。

金属氢化物电极的电化学容量取决于金属氢化物 MH$_x$ 中含氢量（$x =$ H/M 原子比）。储氢合金充电时，储氢材料每吸收一个氢原子，相当于得到一个电子，因此，根据法拉第定律，其理论容量可以按照下式计算：

$$C = \frac{xF}{3.6M} \ (\text{mA} \cdot \text{h})/\text{g} \tag{6-32}$$

式中　F——法拉第常数；

　　　M——储氢材料的摩尔质量。

对于 LaNi$_5$ 储氢合金，其最大吸氢量为 $x = 6$，即形成 LaNi$_5$H$_6$。因此，可以计算 LaNi$_5$ 储氢合金的理论容量为 372mA·h/g。

用于电化学电池的储氢合金必须满足以下条件：电化学储氢容量大，且在较宽的温度范围内，电化学容量变化小；储氢合金对氢的阳极氧化有电催化作用；在氢的阳极氧化电位范围内，储氢合金有较强的抗氧化能力；在碱性电解质溶液中，合金的化学性能稳定性好，耐腐蚀；在反复充放电过程中，储氢材料的结构和性能保持稳定，电极寿命长；具有良好的导电和导热性；原材料来源丰富，价格便宜，无污染。目前已开发的储氢合金有以 LaNi$_5$ 和 MnNi$_5$ 为主的稀土系和 TiNi、Ti$_2$Ni、Ti$_{1-x}$ZrNi$_x$ 为主的钛系以及锆系和镁系四大系列。但实际用于 MH-Ni 电池的主要是稀土系和钛系两大类，下面就 LaNi$_5$ 做一下介绍。

LaNi$_5$ 晶体呈典型的立方点阵结构，在 20℃下，能与 6 个氢原子结合，生成具有立方晶格的 LaNi$_5$H$_6$，其晶体结构如图 6-13 所示。在图 6-13 中，在 $z = 0$ 和 $z = 1$ 的面上，各由 4 个 La 原子和 2 个 Ni 原子构成一层，在 $z = 1/2$ 的面上由 5 个 Ni 原子构成一层。当吸收氢原子时，2 个 La 和 2 个 Ni 原子形成四面体间隙（T 位置），4 个 Ni 原子和 2 个 La 形成八面体间隙（O 位置）。因此，吸收氢后，在 $z = 0$ 面上，氢占有 3 个位置，在 $z = 1/2$ 面上，氢也占了 3 个位置，所以当氢原子进入 LaNi$_5$ 的全部间隙后，形成 LaNi$_5$H$_6$。氢原子的进入使 LaNi$_5$ 晶格膨胀 23%，而在释放氢后晶格又收缩。反复地吸放氢，会导致晶格变形，形成微裂纹，甚至微粉化。为了改善合金性能，在 LaNi$_5$ 合金中，La 可以被富镧混合稀土或富铈混合稀土部分取代。一般来说，富镧混合稀土合金放电容量高，但循环性能稍差；富铈混合稀土合金活性差，容量较低，但循环性能较好。同时，Ni 可以被 Co、Cu、Fe、Mn、Sn、Al、Si、Ti、Cr、Zn 等过渡金属部分取代。Co 能够降低合金的硬度，增强柔韧性，减小合金氢化后的体积膨胀，同时还能抑制合金表面 Mn、Al 等元素的溶出，降低合金的腐蚀速率，从而改善合金的循环性能。但是过高的 Co 含量会提高合金的成本，且降低合金的放电容量。Cu 也能降低合金吸氢后的体积膨胀，但因为表面存在较厚的 Cu 氧化层，使合金的高倍率放电性能降低。Fe 对 Ni 的部分取代能够降低合金的平衡氢压，但合金容量有所降低。Mn 可以降低合金的平衡氢压，降低合金的温度敏感性，降低吸放氢过程的滞后程度，但是含 Mn 合金吸氢后易粉化，且 Mn 易氧化成 Mn（OH）$_2$ 并溶解在碱溶液中，造成合金腐蚀。Al 或者 Si 可以降低合金的平衡氢压，降低合金的粉化程度，且合金表面的 Al 氧化膜可以防止合金的进一步腐蚀，但会导致合金容量降低。Zn 可以使放电电压更稳定，提高合金的高倍率放电性能。

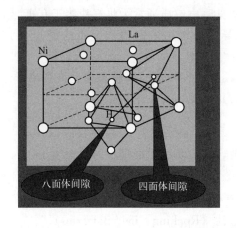
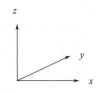

图 6-13　LaNi$_5$ 中氢原子的位置

　　总之，储氢合金因反应可逆、安全可靠、储氢体积密度较高这三大优势促进了高容量、污染小、寿命长的绿色 MH-Ni 电池的迅猛发展。时至今日，MH-Ni 电池在小型便携式电子器件、电动工具、电动车中获得了广泛应用。

6.2.4.4　锂离子电池

　　前面提到，随着对二次电池能量密度要求的提高，锂离子电池进入了研究者的视线。锂离子电池的工作电压与能量密度优于常用的镍镉电池和镍氢电池，兼具无记忆效应、环境污染相对较小的优点，且符合电子产品轻、薄、短、小的要求，因此锂离子电池取得了长足的发展。下面将从电池结构、电化学原理和关键材料体系几个方面介绍锂离子电池。

（1）电池结构

　　锂离子电池具有工作电压高、能量密度大、自放电率低、能量效率高等众多优点，在能源存储领域具有举足轻重的地位。根据形状的不同，锂离子电池可以分为不同的种类，包括圆柱形电池、纽扣式电池、方形电池、软包装薄膜电池等。不同电池之间的构成有所不同，但是正极材料、负极材料、电解质和隔膜这四部分是所有电池都不可或缺的。图 6-14 给出了典型方形锂离子电池的结构。

　　锂离子电池的电化学性能主要取决于所用电极材料和电解质材料的结构和

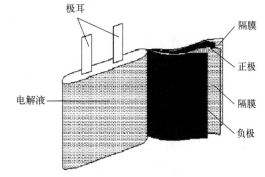

图 6-14　方形锂离子电池结构

性能。锂离子电池正极材料主要为锂与过渡金属元素形成的嵌锂化合物（$Li_x M_y X_z$），而且以氧化物为主，主要有层状结构锂过渡金属氧化物 $LiMO_2$（M＝Ni、Co、Mn 等）、尖晶石型 $Li_x M_2 O_4$ 结构的氧化物（M＝Ni、Co、Mn、V、Cr、Fe 等）、橄榄石型 $LiFePO_4$ 结构聚阴离子化合物以及从单金属层状结构正极材料发展而来的高镍三元正极材料 $LiNi_x Co_y M_z O_2$（$x＋y＋z＝1$，$x \geq 0.6$）。负极材料是充电过程中接收锂离子的物质，常见的负极材料有过渡金属氮化物、金属氧化物、硅及其化合物、石墨类材料等，其中碳材料的研究较为成熟，在商业化应用中较为常见。电解质通常为将锂盐溶于有机溶剂后形成的混合溶液，主要用于正负极之间的离子传导。通常用来制备电解质的锂盐有 $LiClO_4$、$LiPF_6$、$LiAsF_6$、$LiBF_4$ 等，有机溶剂有碳酸二甲酯（DMC）、碳酸乙烯酯（EC）、碳酸二乙酯（DEC）、碳酸丙烯酯（PC）、氯碳酸酯（CIMC）等。隔膜多为允许锂离子通过而电子绝缘的聚烯烃微孔膜，位于正负极之间，防止电池内部发生短路。

（2）电化学原理

锂离子电池是一个锂离子浓差电池，正、负极由两种不同的锂离子嵌入化合物组成。正极采用锂化合物 $Li_x CoO_2$、$Li_x NiO_2$ 或 $LiMn_2 O_4$，负极采用锂-碳层间化合物 $Li_x C_6$，电解质为溶解有锂盐 $LiPF_6$、$LiAsF_6$ 等的有机溶液。在充、放电过程中，Li^+ 在两个电极之间往返嵌入和脱嵌，被形象地称为"摇椅电池（Rocking Chair Batteries）"。

下面以正极为 $LiCoO_2$、负极为层状石墨的锂离子电池为例，说明锂离子电池的电极反应过程。其电化学表达式为

$$（-）C_6 | LiPF_6 \text{ 溶于 } EC＋DEC | LiCoO_2（+）$$

负极反应：
$$Li^+ ＋e^- ＋C_6 \rightleftharpoons LiC_6 \tag{6-33}$$

正极反应：
$$LiCoO_2 －e^- \rightleftharpoons CoO_2 ＋Li^+ \tag{6-34}$$

充电时，Li^+ 从正极脱嵌，经过电解质嵌入负极。放电时，Li^+ 从负极脱嵌，经过电解质嵌入正极。图 6-15 给出了锂离子电池充、放电反应过程。

（3）锂离子电池正极材料

在锂离子电池的关键材料中，正极材料通常直接影响锂离子电池的能量密度、循环稳定性和生产成本。锂离子电池正极材料为嵌锂化合物（$Li_x M_y X_z$），应该同时具有以下性能：

① 较高的电极电势，从而使电池的输出电压高；

② 嵌锂化合物（$Li_x M_y X_z$）能允许大量的锂进行可逆嵌入和脱嵌，以得到较高的容量；

③ 锂离子的嵌入和脱嵌可逆性好，主体结构稳定，氧化还原电势随 x 变化较小，电池的电压不会发生显著改变；

④ 良好的电子电导率和离子电导率，这样可以降低极化，降低电池内阻，满足大电流充放电的需求；

⑤ 成本低廉且无污染，质量较轻。

图 6-16 给出了正极活性材料的平衡电极电势（相对于 Li/Li^+）以及金属锂和嵌锂碳的放电电势。由图可知，正极材料一般选用 $3d^n$ 过渡金属。

锂离子电池正极材料总共可以分成四大类，包括层状结构正极材料、尖晶石结构正极材料、聚阴离子型正极材料和层状三元正极材料，详情如下。

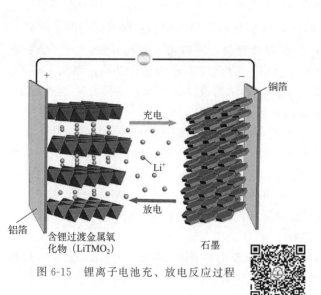

图 6-15 锂离子电池充、放电反应过程

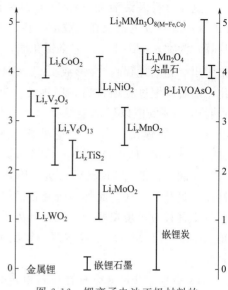

图 6-16 锂离子电池正极材料的
平衡电极电势（相对于 Li/Li$^+$）

① 层状结构正极材料　层状结构的正极材料可由 LiMO$_2$ 表示（其中 M＝Ni、Co、Mn 等）。LiMO$_2$ 正极材料的晶体结构为层状岩盐结构（α-NaFeO$_2$ 结构），具有氧离子按 ABC 叠层立方紧密堆积排列的基本骨架。锂离子或者锂原子的半径都稍大于三价或四价过渡金属离子的半径。通过充电将晶体中的锂离子引出系统之外，要求半径较小的过渡金属离子在八面体位置上不动，而较大的锂离子进行移动，只有过渡金属离子与氧形成共价键，固定在八面体位置上。所以，LiMO$_2$ 的基本结构是有紧密排列的氧离子与处于八面体位置的过渡金属（M）离子形成稳定的 MO$_2$ 层，嵌入的锂离子进入 MO$_2$ 层间，处于八面体位置。锂离子所占据的八面体位置互相连成一维隧道或二维、三维空间，以便于锂的传输。图 6-17 展示了 LiCoO$_2$ 的晶体结构与相应的 Li$^+$ 扩散路径，其锂离子扩散系数高达 $10^{-9} \sim 10^{-7}\,\mathrm{cm^2/s}$。

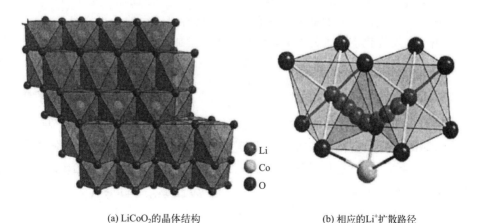

(a) LiCoO$_2$ 的晶体结构　　(b) 相应的 Li$^+$ 扩散路径

图 6-17　LiCoO$_2$ 的晶体结构与相应的 Li$^+$ 扩散路径

这类材料以钴酸锂（LiCoO$_2$）为代表，是最早用于商品化的锂离子电池正极材料。LiCoO$_2$具有放电电压高、放电平稳、循环寿命长等优点，其理论比容量（基于锂离子总量计算）为 274mA·h/g。完全锂化时，LiCoO$_2$为层状六方晶体结构，随着锂不断从层状晶格脱出（充电过程），会形成 Li$_{1-x}$CoO$_2$的脱锂化合物，同时由于电荷补偿，Co^{3+}会被氧化。随着脱锂过程的进行，脱锂化合物 Li$_{1-x}$CoO$_2$会出现不同的晶体结构。当从 LiCoO$_2$中脱出 50% 的锂以后，会发生由六方相向单斜相的结构改变。可见，实际充放电过程中，仅有 50% 的锂离子能够可逆地嵌入和脱出，因此 LiCoO$_2$的实际可逆容量约为 120~150mA·h/g。LiCoO$_2$中 Co 价格昂贵，且具有毒性，过充时循环性能较差且安全性存在隐患等问题，目前对 LiCoO$_2$材料的研究工作主要集中在高充放电电压区间的循环性能、倍率性能的提升等方面。此外，研究者们将注意力转移到由 LiCoO$_2$衍生的系列化合物，用一些储量丰富且对环境友好的过渡金属离子（如 Ni 和 Mn 离子）部分或者全部替代 Co 离子，获得 LiNiO$_2$、LiMnO$_2$以及按照一定比例形成的层状化合物体系 Li-Co-Ni-Mn-O（NCM 三元材料）。

LiNiO$_2$与 LiCoO$_2$有着基本相同的层状结构，理论容量为 274mA·h/g。充放电过程中，70% 的锂离子能够可逆地嵌入和脱出，实际比容量可以达到 190~210mA·h/g。从电子分布角度，在八面体强场作用下，LiNiO$_2$中的 Ni^{3+}的 3d 电子排布为（t$_{2g}$）^{6}（e$_g$）^{1}，t$_{2g}$轨道已完全充满，另外一个电子只能占据与氧原子中具有 σ 反对称的 2p 轨道重叠成键形成 σ 反键轨道，导致电子的离域性较差，键相对较弱。而类似结构的 LiCoO$_2$，Co^{3+}比 Ni^{3+}少一个价电子，其 3d 电子呈（t$_{2g}$）^{6}排布，轨道电子与氧的具有 π 对称性的轨道电子形成电子离域性较强的 π 键。成键特性的不同使得 LiNiO$_2$的许多电化学性质不如 LiCoO$_2$。另外，受 Jahn-Teller（JT）效应的影响，LiNiO$_2$没有 LiCoO$_2$稳定，更加容易发生从六方晶系向单斜晶系，再向尖晶石结构的转变。理想的 LiNiO$_2$属于六方晶系，但在实验室很难合成具有理想晶格结构的层状 LiNiO$_2$。在合成过程中，Ni^{2+}的生成不可避免，其极化能力较小，易形成高对称性的无序岩盐结构，导致 Ni^{2+}分布在 Li 层，生成 Li$_{1-x}$Ni$_{1+x}$O$_2$。O-Ni-O 层电子的离域性较差，且嵌入 Li$^+$层的 Ni^{2+}会阻碍 Li$^+$的扩散，导致充放电过程有明显的极化。当 Li$^+$脱出后，迁入 Li$^+$层的 Ni^{2+}氧化为 Ni^{3+}或 Ni^{4+}。而放电至 3V 时，这些高价镍离子又不能还原，会阻止 Li$^+$的嵌入，导致首次循环出现较大的不可逆容量。Ni^{4+}的离子半径小，且由于 σ 反键轨道电子的失去，键强度明显增加，当充电深度达到一定程度时，层间距会突然紧缩，结构崩塌，其电化学性能会迅速变差，因此不耐过充。同时 Ni^{4+}氧化性较强，容易与电池中的电解质发生反应，放出大量的热，使其热稳定性较差，限制了它的实际应用。

LiMnO$_2$资源丰富，价格低廉，热力学稳定性较高，理论比容量高达 285mA·h/g，实际比容量为 120mA·h/g，是有望取代 LiCoO$_2$的正极材料。但是其制备条件是所有层状材料中要求最为苛刻的，而且这种材料在高温下结构不稳定，在充放电过程中，Mn^{3+}迁移会造成结构重排，形成类尖晶石结构，产生 Jahn-Teller 畸变效应，造成容量衰减。

研究者们另辟蹊径，利用 Ni 和 Mn 部分取代 LiCoO$_2$中的 Co 得到具有层状结构的三元正极材料 LiNi$_x$Mn$_y$Co$_{1-x-y}$O$_2$，来达到降低成本和提高容量的目的。LiNi$_x$Mn$_y$Co$_{1-x-y}$O$_2$三元正极材料是基于 LiNiO$_2$、LiMnO$_2$和 LiCoO$_2$发展而来的，综合了三者各自的特点，具有显著的"Ni-Co-Mn 三元协同效应"。其中，Ni 参与电化学反应，主要作用是提升材料的能量密度。Co 主要作用为稳定材料的层状结构以及减少阳离子混排。Mn 的作用主要是提升材料的稳定性、安全性以及进一步降低材料的成本。高镍三元材料综合了钴酸锂的良好循环性能、锰酸锂的高安全性及低成本、镍酸锂的高比容量，具有放电比容量更高、原料成本更低、毒性小、对环境的污染相对小等优点，有望成为电动汽车动力电池的首选正极材料体系。

② 尖晶石结构正极材料　尖晶石结构正极材料锰酸锂（$LiMn_2O_4$）具有较好的结构稳定性以及高功率密度等优势，目前已经在锂离子电池领域得到成功应用。比起层状结构正极材料，尖晶石结构正极材料能为 Li^+ 提供三维脱嵌通道，因此在倍率性上有一定的优势，且具有容量发挥较好、结构稳定、低温性能优越和成本低廉等特点。

立方尖晶石型 $Li_xMn_2O_4$，可与炭电极组合成高能量密度的锂离子电池，具有较高的电池输出电压（3.75V），以 $LiMn_2O_4$ 为代表。$LiMn_2O_4$ 为面心立方结构，其晶胞结构如图 6-18（a）所示。在立方晶格中，单位晶格为 32 个氧原子，8 个四面体位置（8a）和 16 个八面体位置（16d）。氧原子构成面心立方紧密堆积形式。锂离子处于四面体的 8a 位置，锰离子处于 16d 位置，16d 位置的锰被 Mn^{3+} 和 Mn^{4+} 按照 1∶1 的比例占据，八面体的 16c 位置全部是空位，四面体晶格 8a、48f 和八面体晶格 16c 共面构成互通的三维 ［1×1］ 离子通道。图 6-18（b）展示了锂离子在 $LiMn_2O_4$ 中的扩散路径，结构中独特的 ［Mn_2］O_4 框架为锂离子提供了一个由共面四面体和八面体框架构成的三维网络，比层间化合物更有利于锂离子的自由嵌入和脱出，使得 $LiMn_2O_4$ 具有良好的倍率性能。在锂嵌入和脱出的过程中尖晶石各向同性地膨胀和收缩。尖晶石结构 $LiMn_2O_4$ 的理论比容量为 148mA·h/g，实际比容量为 100～120mA·h/g。在 $Li_xMn_2O_4$ 中，x 值的大小会影响其晶体结构，进而影响其充放电性能。$Li_xMn_2O_4$ 在 4V 电压范围内的充放电过程分为 4 个区域（$x≤1$），如图 6-19所示。当 $x<0.2$ 时，嵌入 Li^+ 进入八面体位置；当 $0.2≤x≤0.5$ 时，富锂的 B 相和贫锂的 A 相两相共存，贫锂相中的锂进入八面体位置，富锂相中的锂进入四面体位置，锂离子的化学位在结构中与锂离子浓度无关，故形成电势平台，平台电压为 4.14V；当 $0.5≤x≤1$

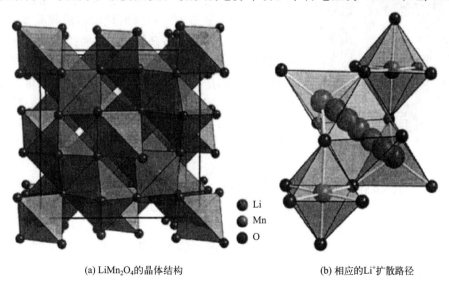

	Li
	Mn
	O

(a) $LiMn_2O_4$的晶体结构　　　　　　(b) 相应的Li^+扩散路径

图 6-18　$LiMn_2O_4$ 的晶体结构和相应的 Li^+ 扩散路径

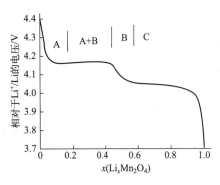

图 6-19 锂嵌入 $Li_xMn_2O_4$
（$x \leqslant 1$）过程电压变化及相区

时，电势平台的变化曲线与 x 有关。在整个 $0 \leqslant x \leqslant 1$ 的 4V 组成范围内，当 Li^+ 嵌入/脱嵌时，电极各向同性膨胀/收缩，保持尖晶石立方网络 $[Mn_2]O_4$ 结构稳定，充放电是可逆的。过度嵌锂（$x>1$）时，$8a$ 位置全充满，电势迅速降至 3.0V 平台，容量衰减。由于发生 Jahn-Teller 效应，$Li_xMn_2O_4$ 转变为四方晶型，晶胞由各向同性转变为各向异性。当大电流充放电或电流密度不均匀时，这种晶型结构的变化往往发生在粉末颗粒表面或局部，这样既破坏了结构的对称性，又造成了颗粒间的接触不良，进而破坏了活性物质的电子或离子通道，导致锂离子的扩散困难和电极的导电性下降。

尽管 4V 的 $Li_xMn_2O_4$ 电极比较稳定，但随着电池充放电循环的进行，其容量衰减明显，其容量衰减主要由两个原因造成：一是 H^+ 腐蚀导致 Mn^{2+} 在电解质中溶解，放电末期 Mn^{3+} 浓度较高，在粒子表面发生歧化反应 [式（6-35）]，产生的 Mn^{2+} 溶于电解液中，限制 Li^+ 通过电极-电解液界面的迁移；二是 Mn^{3+} 的 Jahn-Teller 效应导致尖晶石型结构向四方相的不可逆转变，使尖晶石型晶格在体积上发生变化，最终影响电池的可逆性能。总而言之，在进行脱锂反应时，Li^+ 从尖晶石网络中脱出，锰的化合价也相应从 Mn^{3+} 变为 Mn^{4+}，Li^+ 的脱出总量由化合物中 Mn^{3+} 的量来决定。因此控制缺陷和相变的发生，合成纯的尖晶石型 $LiMn_2O_4$ 是保证合成产物具有优良电化学性能的首要条件。

$$2Mn^{3+}(s) \longrightarrow Mn^{4+}(s) + Mn^{2+}(l) \tag{6-35}$$

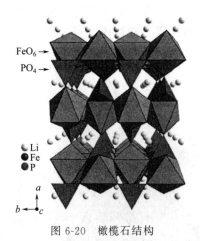

图 6-20 橄榄石结构
正极材料的晶体结构

③ 聚阴离子型正极材料 聚阴离子型正极材料通常用化学式 $Li_xM_y(XO)_z$ 表示，其中 M 代表 Fe、Ni、Mn 等过渡金属元素，X 代表 S、P、Si、B 等元素。与氧化物相比，聚阴离子型正极材料的化学组成和晶体结构繁多，包括硫酸盐、磷酸盐、硅酸盐、硼酸盐等，其中橄榄石结构 $LiMPO_4$（M＝Mn、Fe、Co、Ni）正极材料自 1996 年就引起人们的注意。$LiFePO_4$ 具有能量密度高、充放电平台平稳、结构稳定、无毒、无污染、可在高温环境下使用、原材料来源广泛、价格低廉等优点，是目前电池领域研究和开发的热点。$LiFePO_4$ 晶体结构如图 6-20 所示，FeO_6 八面体和 PO_4 四面体构成其空间骨架，Li、Fe 和 P 原子分别占据八面体 $4a$、八面体 $4c$ 和四面体 $4c$ 位置。晶格中 FeO_6 八面体通过 bc 面的公共角连接起来，LiO_6 八面体形成沿 b 轴方向的共边长链。一个 FeO_6 八面体和两个 LiO_6 八面体与一个 PO_4 四面体共边，而一个 PO_4 四面体则与一个 FeO_6 八面体共用一条边。因为 FeO_6 八面体被 PO_4 聚阴离子隔开，$LiFePO_4$ 的电子电导率较低（室温下约为 10^{-9} S/cm）。充放电反应是在 $LiFePO_4$ 和 $FePO_4$ 两相之间进行的。充电过程中，$LiFePO_4$ 被氧化为 $FePO_4$，体积收缩了 6.81%。$LiFePO_4$ 开路电压在 3.0～4.0V 之间，其容量接近其理论容量 170mA·h/g。但

是 LiFePO$_4$ 结构中氧原子的分布近似密堆六方形，锂离子移动的自由体积小，室温下电流密度不能太大。放电过程中，锂离子嵌入后，产生 Li$_x$PO$_4$/Li$_{1-x}$FePO$_4$ 两相界面，随着锂的不断嵌入，界面面积不断减小，通过此界面的锂不足以维持电流，导致了高电流时可逆容量的损失，其电化学行为受锂离子在晶粒内的扩散控制。为了克服 LiFePO$_4$ 大电流放电时能量衰减较大的问题，研究工作主要集中在提高电导率上，可以通过镀碳或加碳制成复合材料、掺杂金属离子或加入金属粉末诱导成核等方法来提高其电导率。

④ 层状三元镍钴锰酸锂（NCM）正极材料 对于层状材料来说，单一的钴酸锂、锰酸锂以及镍酸锂材料都具有材料本身的缺点，难以满足动力电池领域日益增长的高比能量以及高功率密度要求，于是以另两种元素替代部分镍元素，结合三种材料的特点的固溶体，即镍钴锰三元材料应运而生。镍钴锰酸锂三元正极材料结构与钴酸锂的结构类似，由于 Ni、Co 和 Mn 三种元素的化学性质较接近，其离子半径也相近，因而很容易形成 LiNi$_{1-x-y}$Co$_x$Mn$_y$O$_2$ 型固溶体，即 LiCoO$_2$ 结构中部分 Co 的位置被 Ni 和 Mn 所取代，却仍然保持着 LiCoO$_2$ 的空间结构，三种过渡金属均匀分布于原本的过渡金属层，如图 6-21 所示。

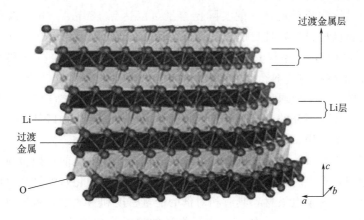

图 6-21 镍钴锰酸锂正极材料的层状结构

层状三元镍钴锰酸锂正极材料综合了 LiCoO$_2$（LCO）、LiNiO$_2$（LNO）和 LiMnO$_2$（LMO）三种锂离子电池正极材料的优点，三种过渡金属元素存在明显的协同效应。该体系中，材料的电化学性能及物理性能随着这三种过渡金属元素的比例改变而变化。引入 Ni，有助于提高材料的容量，但是 Ni^{2+} 含量过高时，与 Li$^+$ 的混排会导致循环性能恶化；通过引入 Co，能够减少阳离子混合占位，有效稳定材料的层状结构，降低阻抗值，提高电导率，但是当 Co 的比例增大到一定范围时会导致晶胞参数 a 和 c 减小且 c/a 增大，容量变低。引入 Mn，不仅可以降低材料成本，而且还可以提高材

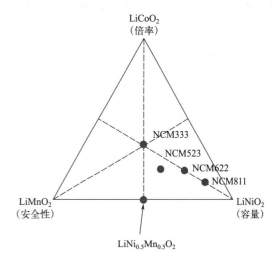

图 6-22 LNO、LCO 和 LMO 三元体系的相图

料的安全性和稳定性，但是当 Mn 含量过高时会使容量降低，破坏材料的层状结构。因此该材料的一个研究重点就是优化和调整体系中 Ni、Co 和 Mn 三种元素的比例。图 6-22 给出了 LNO、LCO 和 LMO 三元体系的相图。总体来说，钴稳定结构，镍提高容量，锰降低成本。目前，研究热点主要集中在以下几种比例的材料：$LiNi_{1/3}Co_{1/3}Mn_{1/3}O_2$、$LiNi_{0.4}Co_{0.2}Mn_{0.4}O_2$、$LiNi_{0.6}Co_{0.2}Mn_{0.3}O_2$、$LiNi_{0.6}Co_{0.2}Mn_{0.2}O_2$ 和 $LiNi_{0.8}Co_{0.1}Mn_{0.1}O_2$。层状三元镍钴锰酸锂虽然保持着 $LiCoO_2$ 的空间结构，但是由于 Ni 和 Mn 的部分替代，材料的电化学特性发生了明显的变化，并且三种元素比例不同，材料所表现出来的相应的电化学性能也有明显的区别。在低镍型 $LiNi_{1-x-y}Co_xMn_yO_2$ 中，如 $LiNi_{1/3}Co_{1/3}Mn_{1/3}O_2$，Co 与 $LiCoO_2$ 中的一样，表现为 +3 价，而 Ni 和 Mn 则分别为 +2 价和 +4 价，在电化学充放电过程中，Mn 元素的化合价基本保持不变，主要起到一个稳定材料结构的作用，而电极材料容量的贡献则主要来自低价态的 Ni^{2+} 和部分 Co^{3+}。在富镍型 $LiNi_{1-x-y}Co_xMn_yO_2$ 中，如 $LiNi_{0.5}Co_{0.2}Mn_{0.3}O_2$、$LiNi_{0.6}Co_{0.2}Mn_{0.2}O_2$ 和 $LiNi_{0.8}Co_{0.1}Mn_{0.1}O_2$ 等，这类材料中 Co 为 +3 价，Ni 为 +2 或 +3 价，Mn 元素依然为 +4 价。充放电过程中，Ni^{2+}、Ni^{3+} 和 Co^{3+} 发生氧化；Mn^{4+} 不发生变化，在材料中起着稳定结构的作用。

层状三元镍钴锰酸锂正极材料的实际比容量可以达到 $180mA \cdot h/g$ 以上，被认为是一种非常有前途的正极材料，并且目前已经逐步替代 $LiCoO_2$ 正极材料在实际中得到应用。相比于 $LiCoO_2$ 正极材料，其不仅具有较高的比容量，而且用较便宜的 Ni 和 Mn 来替代昂贵的 Co，大大降低了材料的成本。此外，该材料的安全性能也相对较好。

锂离子电池的基本反应原理是锂离子在正、负极层间化合物之间的嵌入和脱嵌。基于这一原理，除了已有较多研究的过渡金属氧化物和过渡金属二硫化物以外，一些导电聚合物和层状化合物也得到了应用。

电子导电聚合物如聚乙炔、聚吡咯、聚苯胺，可作为锂电池的正极材料，其电化学过程与嵌入反应很相似，充电时，聚合物获得正电荷被氧化形成极化，通过来自电解质的负离子的嵌入而得到补偿。这类电极材料具有相对低的能量密度和自放电导致的较差的荷电保持能力，故其实用化还有待于进一步研究。文献报道的聚吡咯包覆尖晶石型 $LiMn_2O_4$ 纳米管、聚吡咯/V_2O_5 纳米复合材料，因其高孔隙率，为锂离子的嵌入和脱嵌以及有机溶剂分子的迁移提供了足够的空间。

（4）锂离子电池负极材料

锂离子电池负极材料应具有以下特点：供锂离子嵌入的空间大；锂离子的嵌入/脱嵌可逆性好；锂离子的嵌脱速度快；放电电压低，而且电压平稳性好；对电解液稳定，不发生反应；充放电时结构变化小；电子导电性高；电极成型性好；价格低廉。

目前，用于锂离子电池负极的材料主要有以下几种：碳材料、氮化物、硅基材料、锡基材料、新型合金和其他材料等。下面分别进行介绍。

① 碳负极材料　碳负极的作用是在充电时直接把锂离子储存在碳层之间，放电时把锂离子从碳层中释放出来，转移到电解质中。能将锂容纳在其内部的碳材料包括石墨、焦炭中间相碳微球、碳纤维和碳纳米管等。

石墨类碳材料具有层状结构，6 个碳配位 1 个锂离子（LiC_6），具有良好的导电性和充放电电电压平台，最大容量为 $372mA \cdot h/g$。石墨类碳材料与提供锂离子源的正极材料匹配较好，所组成的电池平均输出电压高，是一种理想的锂离子电池负极材料。其缺点是与有机溶剂的相容性较差，容易发生溶剂共嵌入，降低嵌锂性能。

焦炭类碳材料具有成本低廉、与溶剂相容性好、循环性能好等优点，其放电容量能达到 $185\sim360mA\cdot h/g$，但进一步提高其容量比较困难。

中间相碳微球是沥青类物质在 $400℃$ 左右的温度下进行热熔融而得到的球状粒子，具有层状结构。其放电容量可达到 $750mA\cdot h/g$。

碳纤维也可用于负极材料，其放电容量依赖于其结晶性。高结晶性和低结晶性的碳纤维放电容量大，处于中间状态的放电容量小。高结晶性碳纤维材料表现出的负极稳定特性，类似于金属锂负极。低结晶性碳纤维材料的输出电压随着放电的进行有所降低。

碳纳米管是由单层石墨六角网面以其某一方向为轴卷曲 $360°$ 形成的无缝中空管，一般有几个到几十个管同轴套构在一起，相邻管的径向间距约为 $0.34nm$。碳纳米管的电化学嵌锂行为受到其形貌、微结构、石墨化程度等多方面的影响。

近年来，对锂离子电池负极材料的研究基本上围绕提高质量比容量和体积比容量、首次充放电效率、循环性能以及降低成本这几方面展开。在碳材料中形成纳米空穴结构，以及采用纳米材料新技术，使锂在碳材料中的嵌脱过程不仅可以按 LiC_6 的化学计量比进行，还可以按照非化学计量比进行，提高碳中嵌入和脱嵌的锂离子量，从而使锂离子电池的比容量大大增加。

② 合金负极材料　金属锂具有最负的标准电极电位，利用锂作电池的负极，可以制得高工作电压的电池。然而，在充电过程中，锂晶体在负极表面形成了树枝状的结构。在充放电过程中，这种结构会导致短路，从而造成火灾或爆炸。锂能与许多金属在室温下形成金属间化合物，且该反应通常是可逆的，所以能与锂形成合金的金属理论上都能够作为锂离子电池的负极材料。合金相对于碳材料具有导电性好、快速的充放电能力以及防止溶剂共嵌入等优点，在负极材料中占有一席之地。

锂合金存在的问题是金属在与锂形成合金的过程中，体积变化较大，锂的反复嵌入/嵌出导致材料的机械强度逐渐降低，进而粉化失效，导致循环性能较差。为了解决这一问题，开发了合金体系，一般以两种金属 MM′ 作为锂嵌入的电极：M 为活性组分，能够可逆储锂（体积膨胀与收缩）；M′ 相对活性较差，甚至没有活性，只是起到缓冲 M 的体积膨胀与收缩的作用，从而维持材料结构的稳定性。这类复合合金体系主要包括锡基、硅基、锑基和铝基合金材料及其复合物。

锡（Sn）能与 Li 形成含 Li 量很高的 $Li_{22}Sn_5$ 金属间化合物，理论上 1 个 Sn 原子可以与 4.4 个 Li 原子形成合金，其理论嵌锂容量为 $994mA\cdot h/g$，是碳材料的 2.6 倍。此外，锡基合金作为负极材料还具有以下优势：嵌锂电势为 $1.0\sim0.3V$（相对于 Li^+/Li），这样在大电流充放电过程中因金属锂的沉积而产生枝晶的问题可以较好地得到解决；溶剂选择灵活，电极在充放电过程中没有溶剂共嵌入问题存在。但是上面提到的锂合金化过程中的体积变化，使得其作为负极材料循环寿命太短。采用加入惰性金属形成锡基合金或金属间化合物，利用惰性金属来减小充放电过程中产生的应力。锡-铜合金是最具有代表性的合金体系，铜基底的存在使得反应中体积的收缩和膨胀得到了抑制。此外还有锑-锡、镍-锡和钴-锡、锡-银合金，但因为初次循环的不可逆容量损失和循环性能差等原因，这些合金离商业化应用还有一定的距离。

硅（Si）在嵌入锂时会形成含锂量很高的合金 $Li_{4.4}Si$，其理论容量为 $4200mA\cdot h/g$，是目前研究的各种合金中理论容量最高的。同样为了解决充放电过程中体积变化的问题，引入惰性金属 Ni 以维持结构的稳定性，提高循环性能。

金属锑（Sb）有 660mA·h/g 的理论嵌锂容量，并且锑在嵌脱锂过程中具有平坦的电化学反应平台，能够提供非常稳定的工作电压。其中 Cu_2Sb 是最具吸引力的锑基电极材料之一，一方面 Cu 原子的尺寸与锂的插入具有良好的相容性；另一方面，Cu_2Sb 合金在锂化过程中，Cu 保持惰性，能维持结构的稳定。

铝（Al）能与锂形成含锂量很高的合金 Al_4Li_9，理论容量达到 2235mA·h/g。Al 基合金材料有 Al_6Mn、Al_4Mn、Al_2Cu、AlNi、Fe_2Al_5 等，但其共同的缺点是嵌锂活性很低。

总体而言，合金负极材料是近几年负极材料研究的热点之一，但还没有一种合金材料能满足实际需要。首次充放电效率低是合金材料的固有缺点，这也是限制合金材料发展的最大障碍。

③ 其他负极材料 尖晶石型 $Li_{4/3}Ti_{5/3}O_4$ 晶体稳定，循环性能好，是研究较多的一种锂离子电池负极材料。该材料锂离子的扩散系数为 $2\times10^{-8}cm^2/s$，放电平稳，平均平台电压为 1.56V，第一次充放电效率高达 90% 以上。氮化锂具有良好的离子导电性，电极电势接近金属锂，有可能用作锂离子电池的负极材料。

（5）电解质材料

电解质在电池内部正负极之间担负传递电荷的作用，是锂电池获得高电压、高比能量等性能的保证。锂离子电池电解质分为液态电解质、固态电解质和熔融盐电解质等。下面主要介绍前两种电解质。

① 液态电解质 锂离子电池的液态电解质（电解液）应该满足化学窗口大于电化学窗口，即电解液的 HOMO 轨道稍低于正极电子能量，LUMO 轨道稍高于负极电子能量，如图 6-23 所示，如果正/负极的工作电压超出电解液的化学窗口，则电解液被氧化/还原。最早的二硫化钛（TiS_2）正极材料，搭配使用具有高库仑效率的醚类电解质，这是因为 TiS_2 正极材料的工作电位适中（<3.0V 相对于 Li^+/Li），完全在醚类的稳定范围内。随着过渡金属氧化物发展为高压正极材料，醚类在高于 4.0V 位下的不稳定性迫使电解液向酯类转变。

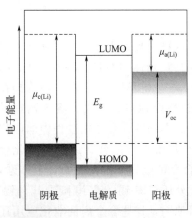
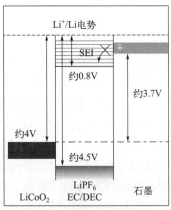
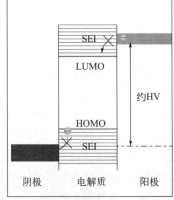

(a) 热力学稳定电池　　(b) 商用 $LiCoO_2$/石墨电池　　(c) 理想高能电池

图 6-23 锂离子电池能级结构图

（SEI：固态电解质界面膜；LUMO：最低未填充轨道；HOMO：最高填充轨道；HV：高电压）

功能材料基础

碳酸丙烯酯（PC）因其强大的溶剂化能力和在高于 4.0V 电位下的稳定性而受到青睐。然而，PC 会不可逆地剥离高度有序的石墨层结构，使其不能与石墨负极一起使用。碳酸乙烯酯（EC）替代 PC 作为溶剂，可以使电解液与石墨负极兼容，几乎达到 LiC_6 的理论容量。为了解决 EC 的高熔点和高黏度问题，将 EC 与其他线性碳酸酯，如碳酸二甲酯（DMC）、碳酸二乙酯（DEC）及碳酸甲乙酯（EMC）混合，从而诞生了现代锂离子电池的主流电解质：$LiPF_6$ 溶解在 EC 和 DMC、DEC 或 EMC 等线性碳酸酯的混合物中。

除了有机溶剂，电解液中还需要添加含有锂离子的锂盐，以实现电解液与电极之间的锂离子平衡，并实现导电。符合需要的锂盐应该具有的特点包括：a.阴离子的抗氧化和还原能力强，在电解液中具有高的稳定性；b.在有机溶剂中的溶解度要足够高，具有小的缔合度，解离容易，能够使电解液的电导率提高；c.具有环境友好性，分解的产物对环境造成比较小的影响；d.制备和纯化简单容易，成本低。

常用在锂离子电池上的锂盐一般分为有机锂盐和无机锂盐。有机锂盐主要有三氟甲基磺酸锂（$LiCF_3SO_3$）、二(三氟甲基磺酸)亚胺锂 $[LiN(SO_2CF_3)_2]$ 及其衍生物和新型的含氟、磷的锂盐等。无机锂盐主要有六氟磷酸锂（$LiPF_6$）、四氟硼酸锂（$LiBF_4$）、高氯酸锂（$LiClO_4$）、六氟砷酸锂（$LiAsF_6$）、六氟硼酸锂（$LiBF_6$）等。

在液态锂离子电池首次充放电过程中，电极材料与电解液在固液相界面上发生反应，形成一层覆盖于电极材料表面的钝化层，称为固态电解质界面膜（SEI）。SEI 膜具有固态电解质的特征。研究表明，SEI 膜的形成，使得电解液的电化学窗口得到拓宽，有利于提高电解液的热力学和动力学稳定性，限制电解液在电极界面分解。基于这种理解，通过调节电解液成分（即锂盐、溶剂、添加剂）以及浓度来形成强大的 SEI 成为电解液的设计原则。

锂离子电池电解液的研究与开发已逐步从经验指导向理论指导发展，未来需要进一步定量分析溶剂化结构和相邻溶剂化结构之间的相互作用，结合界面去溶剂化行为和 SEI 的影响，设计具有耐高压、宽温、阻燃、高倍率及长寿命等特性的功能型电解液。

② 固态电解质　固态电解质被认为是解决锂电池安全性的有效途径之一，一般由聚合物和锂盐组成，兼具隔膜和电解液的功能，可以从根本上排除电解液泄漏和燃烧爆炸问题，是目前锂电池研究的热点。一般来说，固态聚合物电解质应满足以下基本要求：具有电子绝缘性；室温下的离子电导率要高，不能低于 $10^{-4}S/cm$；温度操作范围要宽，热稳定性要好；良好的化学稳定性，特别是在强氧化环境中；电化学稳定性要好，电位窗口最好大于 4.5V；具有合适的机械强度，易于成型。

根据固态聚合物电解质的形态和组成，可以大体分为以下 5 种：全固态聚合物电解质（SPE）、凝胶（固-液）电解质（GPE）、复合聚合物电解质（CGPE）、聚合物单离子导体和盐溶聚合物电解质。

a.全固态聚合物电解质。全固态聚合物电解质由聚合物与锂盐混合制备而成，具有良好的加工性能、安全性能以及与电极良好的界面接触。

聚合物基体需要在分子链中有较强给电子能力的原子或原子团，具有高的介电常数聚合物、良好的链柔顺性，参与配位的杂原子应具有适度的间距。锂盐应该具有体积大、电荷离域程度高的阴离子和较为柔顺的阴离子链。

目前研究最多的固态聚合物电解质是将聚环氧乙烷（PEO）或者聚环氧丙烷（PPO）与锂盐按比例进行复配，利用氧醚基团的配位作用与锂配位并通过链段的迁移实现离子导电作用。分子动力学研究表明，每一个 Li^+ 约与 PEO 链段的五个氧原子配合，锂离子的移动与其配合的 PEO 链段的运动相关。因此，阳离子的传递可以描述为 Li^+ 在 PEO 链段的配合位置中发生的运动，见图 6-24。

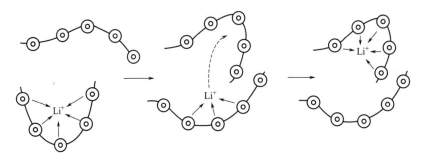

图 6-24   PEO-锂盐体系阳离子导电机理

　　PEO 是目前最理想的聚合物电解质基体，从结构上来说，PEO 具有螺旋结构，使得 PEO 有较强的取向能力，保证了分子链的柔顺性。PPO 由于侧甲基的存在，构型、构象都发生了改变，形成的电解质的离子传输性质要稍差一些，但这些聚合物链都能够起到拟溶剂化作用，促进低晶格能的碱金属盐的离解和迁移。

　　全固态聚合物电解质的关键是抑制聚合物的结晶和降低其玻璃化转变温度，从而提高室温下的离子电导率。PEO 体系在室温下结晶度高，电导率很低，仅有 $10^{-8} \sim 10^{-7}\, S/cm$。人们采取了很多方法来提高聚合物电解质的电导率，例如：降低聚合物的结晶度，提高聚合物链的迁移能力；提高载离子浓度。典型的就是基于 PEO 的分子结构改性，采用共聚、接枝、交联、超支化、共混等方法，改变聚合物链的结构，制成线型、支化、超支化、交联结构，降低结晶度，提高无定形区域的比例，从而提高锂离子迁移能力。尽管研究人员对于研发全固态聚合物电解质的热情高涨，但至今仍然没有一种真正的单一的全固态聚合物电解质符合使用要求，更多的研究还是集中在添加了溶剂的全固态聚合物电解质上。

　　b. 凝胶（固-液）电解质。由于高聚物可以认为是高分子极浓溶液，其本体黏度一般很大（$10^{13}\, P$，$1P = 10^{-1}\, Pa \cdot s$），链段活动能力受到了限制，因此全固态聚合物电解质离子导电率较低，很难达到实际应用中所要求的水平。1975 年，Feuillade 和 Perche 尝试将含有锂盐的有机溶剂浸入聚合物基体中形成凝胶态，发现这种凝胶型聚合物电解质的离子导电率接近液态电解质，并且两者的导电机理类似。事实上，这种凝胶电解质属于物理交联型凝胶电解质，靠分子链和锂盐的活性位点间的相互作用来实现物理交联，一般这种电解质的强度很差。另一种化学交联型的凝胶电解质因为有化学键的强作用，力学强度相对要高得多。无论哪种凝胶都需要加入溶剂，并且这种凝胶绝大多数都是以聚合物为基体，又称为凝胶聚合物电解质。常见的凝胶聚合物电解质有 PEO（聚环氧乙烷）基凝胶聚合物电解质、PAN（聚丙烯腈）基凝胶聚合物电解质、PMMA（聚甲基丙烯酸甲酯）基凝胶聚合电解质、PVDF（聚偏氟乙烯）基凝胶聚合物电解质和 PVDF-HFP（聚偏氟乙烯-六氟丙烯）基凝胶聚合物电解质。表 6-4 列出了几种常见聚合物基体材料的物理性质。

表 6-4   几种常见聚合物基体材料的物理性质

聚合物基体	重复单元	相对介电常数 ε_r	玻璃化转变温度(T_g)/℃	熔点/℃
PE	$-(CH_2CH_2)_n-$	2.3	-123	$136 \sim 142$
PP	$-(CH_2CH(-CH_3))_n-$	$2.2 \sim 2.3$	-23	$160 \sim 170$

聚合物基体	重复单元	相对介电常数 ε_r	玻璃化转变温度(T_g)/℃	熔点/℃
PEO	$-(CH_2CH_2O)_n-$	约5	-64	65
PAN	$-(CH_2CH(-CN))_n-$	5.5	97	319
PMMA	$-(CH_2C(-CH_3)(-COOCH_3))_n-$	3.0	105	—
PVDF	$-(CH_2CF_2)_n-$	8.15～10.46	$-40～-90$	165～170
PVDF-HFP	$-[(CH_2CF_2)_{0.88}-(CF_2CF(-CF_3)_{0.12})]_n-$	7.9～10.0	$-100～-90$	140～145

c. 复合聚合物电解质。聚合物电解质在使用中存在电导率与力学强度矛盾的问题，因此研究人员通过在固态或凝胶聚合物电解质中加入能够改善电解质导电性能、力学性能和界面稳定性等性能的有机、无机添加剂来制备复合聚合物电解质，以期平衡各性能指标之间的矛盾。常见添加剂包括无机纳米粒子、有机改性的纳米粒子、路易斯（Lewis）酸等。

一般来说，无机纳米粒子可以改善聚合物电解质与电极的界面接触，并且可以有效捕捉其中的杂质、水和氧气等，从而有效提升聚合物电解质与锂电极的界面相容性。常用的无机纳米粒子主要包括以下两类：一类是无机纳米粒子本身具有传输离子的功能，如 Li_3N、$LiAlO_2$ 等；一类是本身不具备传输离子的能力，多为一些氧化物，如 SiO_2、TiO_2、ZrO_2、Al_2O_3、ZnO 等。

有机改性的纳米粒子是利用溶胶-凝胶等合成方法在有机、无机分子之间建立化学连接。基体多采用柔性的硅氧烷、硼氧烷等。典型的有以乙烯基三甲氧基硅烷作为前驱体，通过逐步反应合成了核壳结构的 SiO_2（Li^+）粒子。采用 PVDF-HFP 与核壳结构的 SiO_2（Li^+）粒子复合的复合聚合物电解质表现出了比普通无机纳米粒子掺杂的复合聚合物电解质更优异的电化学性能，见图 6-25。

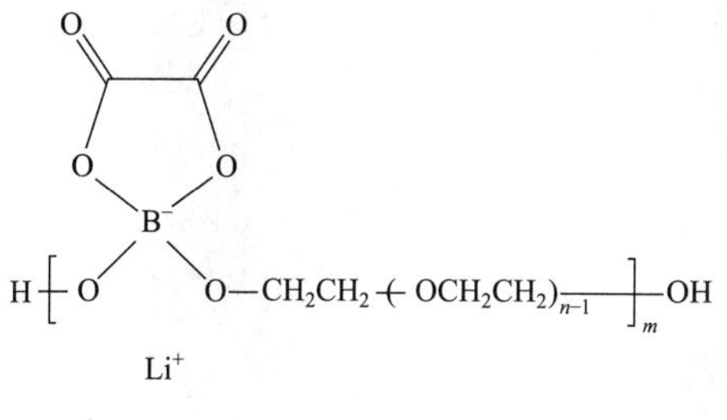

(a) P(LiOEG$_n$B)

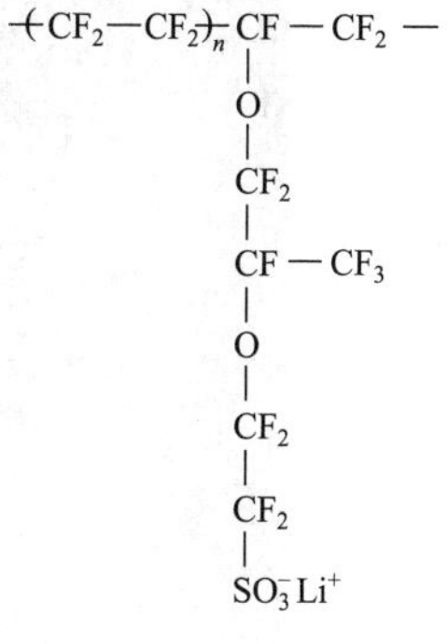

(b) PFSA-Li

图 6-25　P(LiOEG$_n$B) 和 PFSA-Li 的化学结构图

有机/无机复合聚合物电解质有利于发挥聚合物和无机陶瓷的协同作用优势，是提高固态电池综合性能、促进固态电池实用化的有效方法。

d. 聚合物单离子导体。在电池的充放电过程中，电解质体系充当了运输离子的角色，这包括阴、阳离子，通过阴、阳离子的反向迁移来实现电流的传导，因此传统的电解质体系又称为"双离子导体"。其实还有一类将阴离子接在聚合物主链上的电解质，我们称之为聚电解质或聚合物单离子导体。这类电解质在电场的作用下，只有锂离子做定向迁移，其锂离子迁移数接近于1。而高的锂离子迁移数对于锂离子电池电解质有诸多优点：可以有效减少电化学反应过程产生的浓差极化现象；提高能量的转化率和使用率；锂盐在有机溶剂中无需很高的溶解度；对电池而言，在传输距离相同的情况下，电解质离子电导率无需很高即可提供良好的倍率性能。为实现固态聚合物电解质的单锂离子导电，研究者提出了一些固定阴离子的策略，包括：以共价键将阴离子连接到聚合物主链上；将阴离子连接到无机主链上；在双离子导电聚合物电解质中添加捕获剂。阴离子一般为羧酸阴离子、硫酸阴离子、磺胺阴离子或者以硼原子和磷原子作为中心原子的阴离子等。

e. 盐溶聚合物电解质。该电解质是将聚合物高分子溶解在具有低玻璃化转变温度的盐中形成的，因此称为盐溶聚合物电解质。1993年，Angell等在 *Nature* 上首次报道了一种新型的聚合物电解质——盐溶聚合物电解质，与普通聚合物电解质不同的是，该聚合物电解质的性质主要取决于锂盐，而不是高分子材料，因此其离子传输很可能与聚合物链段的运动没有多大关系。盐溶聚合物电解质一方面要求锂盐在低于室温的条件下呈液态或者能够形成稳定的过冷液体，另一方面要求高分子材料必须能够溶于锂盐中，并且少量的聚合物即可使材料具有较强的力学性能而不明显降低离子电导率。目前盐溶聚合物电解质的离子电导率可达 $10^{-6} \sim 10^{-2} \mathrm{S/cm}$。

（6）隔膜材料

隔膜作为锂离子电池结构中最关键的组件之一，主要作用是物理隔离电池的正负极，防止正负极直接接触而发生短路，同时还要允许离子自由通过。隔膜通常采用绝缘高分子材料，如聚烯烃（PP、PE等）微孔隔膜（图6-26）。聚烯烃隔膜具有优异的绝缘性能、良好的化学稳定性和机械强度，生产效率高，成本低，是目前商品化锂离子电池隔膜的主流产品。

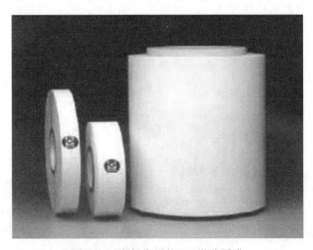

图 6-26　市场商用的 PP 微孔隔膜

原则上，隔膜需要满足以下要求：绝缘性好，保证正负极的物理隔离而不致短路；具有合适的孔径和孔隙率，保证锂离子透过；在有机电解液中保持稳定，特别是在强氧化条件下；易被电解液润湿并具有良好的电解液保持率；具有良好的力学强度和韧性，厚度尽可能小；耐热性或耐热收缩性好，保证电池的安全性。

对隔膜的具体要求包括结构性质和功能性质两方面，结构性质包括厚度、透气度、孔隙率和孔径（大小与分布）等，功能性质包括机械强度、亲液性、电阻率和电化学稳定性等。

① 厚度　隔膜的厚度对隔膜的力学性能和内阻有着较大的影响。在保证一定机械强度的前提下，薄的隔膜厚度可以降低电池内阻，提高电池的能量和功率密度。另外，电池隔膜的厚度均匀性也是电池一致性的重要指标，对电池性能有很大影响。电子产品的锂离子电池中用的隔膜的厚度一般要在 $25\mu m$ 以下，在电动车中却要求隔膜的厚度相对要厚。厚度越厚，则机械强度越高，同时电池在装配时抗被刺破性越强。

② 透气度　隔膜的透气度通常用格利（Gurley）值来表示，其定义为在单位压差下一定量的气体透过单位面积的隔膜需要的时间。为使电池的电化学性能优异，隔膜的 Gurley 值必须比较小。一般用压降的方法择定隔膜的 Gurley 值，对聚烯烃隔膜来说，按照日本工业标准（JIS）的要求，Gurley 值要在 750s 左右，按照美国材料与试验协会标准（ASTM）的要求，Gurley 值应在 25s 左右。对于一个固定的隔膜形态，隔膜的透气度与电阻成正比。一个低的 Gurley 值意味着高的透气度，低的曲折度和低的电阻。

③ 孔隙率和孔径（大小与分布）　孔隙率和孔径是决定隔膜电化学性能最重要的因素之一。孔隙率一般指孔隙所占的体积与多孔膜的总体积的比例，通常以百分数表示。孔隙率的大小对隔膜的保液能力起着至关重要的作用，也直接影响着电池的快速充放电性能和电池的循环使用寿命。孔隙率低会导致电解液吸收率低，电池内阻大，不利于锂离子的传输。过高的孔隙率可能会降低隔膜的机械强度，对电池的安全性存在不利的影响，理想的隔膜孔隙率应为 40%～60%。

隔膜的孔径大小和孔径分布对电池性能有重要影响。孔径过大的隔膜极易因正负极直接接触而短路，或易被锂枝晶刺穿，不利于电池的安全。孔径过小则会增加内阻，劣化电池的电化学性能。一般来说，湿法隔膜的孔径在 $0.01～0.1\mu m$ 之间，干法隔膜的孔径在 $0.1～0.3\mu m$ 之间。隔膜的均匀孔径分布可以促进离子的均匀传输，确保电极/电解液界面性能的一致性，减少锂枝晶的生成，进而提高电池的安全性。图 6-27 是不同隔膜的表面电镜照片。

④ 机械强度　隔膜的力学性能以拉伸强度和穿刺强度为特征。隔膜需要具备足够的拉伸强度来确保电池装配和充放电运行过程中的安全性。锂离子电池的隔膜拉伸强度和断裂伸长率都分为纵向和横向，为满足电池装配的要求隔膜必须有足够的拉伸强度（一般大于 $1000 kg/cm^2$）。此外，锂离子电池的装配方式多为负极-隔膜-正极卷绕，隔膜被夹在凹凸不平的正、负极片之间，需要承受由于电极表面涂覆不平整或极片边缘毛刺而产生的应力，因此要求隔膜必须具备一定的穿刺强度（最少为 $300 g/mil$，$1 mil = 25.4\mu m$）。一般来说，厚的隔膜具有更好的机械强度和更强的抗穿刺性能。然而，内阻也会随着厚度的增加而增加，这对锂离子电池的电化学性能有很大的影响。

⑤ 亲液性　隔膜的亲液性取决于隔膜的孔结构、孔隙率、表面能及孔的曲折度。亲液速率影响着隔膜以及电池电阻以及电池装配的注液时间，因此锂离子电池隔膜的亲液性能必须优异，能够使电解液快速完全润湿隔膜。电解液润湿性可以通过隔膜与电解液的接触角以及电解液吸收率来反映。良好的电解液润湿性有利于增强隔膜与电解液之间的亲和力，从而提高离子导电性，改善电池的电化学性能。如果隔膜对电解液具有较差的润湿性，将会影响离子传输速率，从而不利于锂离子的均匀传输，还可能导致锂枝晶的产生，威胁电池的安全运行。另外，隔膜的电阻在一定程度上由其亲液速率来决定，大的亲液速率有利于电池快速充放电，使电池的寿命延长。

⑥ 电阻率　电池中的隔膜既担当电子绝缘体也是离子导体，在电池的充放电过程中，电解液中离子和离子基团自由穿梭于隔膜中，离子受到隔膜结构（孔径大小、孔隙率等）的

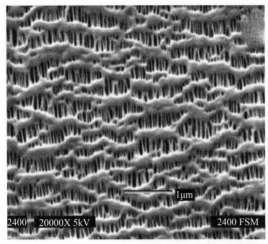

(a) Celgard 2400(PP)

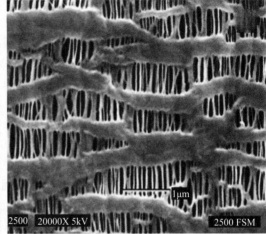

(b) Celgard 2500(PP)

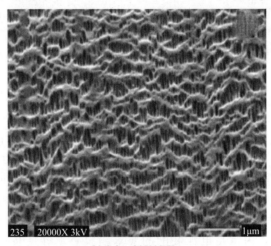

(c) Celgard 2730(PE)

图 6-27　锂电池的单层 Celgard 隔膜的表面电镜照片

阻碍，使电池的充放电速度受到影响，产生一定的电压降，从而使电池的循环性能受到影响。因此，隔膜的一个重要表征参数就是电阻率，它是隔膜曲折度、孔隙率、亲液性、电解液电阻的综合参数。

一般是通过浸渍电解液隔膜饱和后，放置在两块惰性电极之间进行交流阻抗测定来测试隔膜的电阻率。通常使用多层的隔膜进行测试，以便减少实验误差的影响，平均值是单层的隔膜电阻率，可通过下式来换算隔膜电阻率 ρ_s（单位为 $\Omega \cdot cm$）：

$$\rho_s = R_s A / L \tag{6-36}$$

式中，R_s 是隔膜电阻，Ω；A 是电极的面积，cm^2；L 是隔膜厚度，cm。

⑦ 电化学稳定性　电化学稳定性主要是考察隔膜在强氧化还原环境中，与电解液、电极材料等是否发生氧化还原反应。对于隔膜材料，如何有效地设计测试系统，利用极化曲线准确判断在电池系统工作电压的范围内隔膜材料是否与极片或电解液发生氧化还原反应，是判断隔膜材料的电化学稳定性的关键。

锂离子电池由于其较高的能量密度及良好的循环稳定性能被广泛应用，但锂离子电池也存在一些缺点。一方面，根据储能机制，锂离子电池的充放电过程涉及锂离子的反复脱/嵌，导致电池不能满足某些器件快速充电和高功率的需求，且如果进行频繁大功率的充放电，会降低锂离子电池的循环性能，缩短使用寿命。另一方面，锂离子电池存在安全隐患，电池受到碰撞、挤压或者在内部被加热的情况下，可能使电池内部释放出大量热量和气体，导致电池燃烧或爆炸。由于功率密度低、价格昂贵及存在安全隐患等，锂离子电池的应用受到一定限制，这促使人们开发新的储能器件。超级电容器因其高功率密度、快速充放电、大电流充放电和超长循环寿命的特性在能源存储领域具有广泛的应用前景。

6.2.5　超级电容器

超级电容器是介于传统电容器和充电电池之间的一种新型电化学储能装置。相对于传统电解电容器，超级电容器电极面积更大，电极间距更小，增加了电容量，充放电包含物理和化学过程。电池的充放电过程伴随着电极与电解质间的电子交换，从而引起电池组成材料的氧化态的改变，氧化还原反应不仅在电极材料表面发生，还会深入到物质内部，而超级电容器只包含电极/电解质界面双电层的充放电，电化学过程只发生在电极材料表层和近表层，所以更快速，具有更大的功率密度。

超级电容器结构非常类似电化学电池，主要由电极、电解液和隔膜组成，电极之间由导电电解液隔开。通常根据储存电荷机理，把超级电容器分为三大类：第一类是利用界面吸附（即电解质与电极间的界面）来存储电荷的双电层超级电容器；第二类是电解质与电极之间通过氧化还原反应实现电荷储存的法拉第赝电容器；第三类是混合型超级电容器，其主要特点是同时具有双电层和赝电容两种储能机制。随着研究者们不断探求储存电荷的机理，所使用的电极材料也在不断更新。从开始使用的多孔碳，到 20 世纪 20 年代 Trasatti 等人用 RuO_2 作为电极材料研究赝电容机理。之后，导电聚合物和过渡族金属氧化物走入人们视野，成为研发人员的关注热点。下面，分别介绍三类超级电容器的储能机理和材料体系。

（1）双电层超级电容器

在双电层超级电容器的典型结构中，用两个金属集流体来固定碳粉电极，碳电极之间用电解质隔开，隔膜采用多孔绝缘材料。当两个电极板同时施加压时，极板间形成电场，在电场力的作用下，电解液中的正、负离子会分别聚集在两个固体电极的表面，从而产生储存电荷的效果。充电时，在固体电极上的电荷引力的作用下，电解液中的正、负离子分别聚集在两个固体电极的表面。放电时，正、负离子离开固体电极的表面，返回电解液本体，其充放电过程如图 6-28 所示。正、负离子在电极和电解液的界面上吸附并快速形成双电层结构，造成电势差，实现能量的存储，其充放电过程只是一个物理过程。

双电层超级电容器的电容计算公式为

$$C = \frac{\varepsilon_r \varepsilon_0}{d} A \tag{6-37}$$

式中　ε_r——液态电解质的相对介电常数；

　　　ε_0——真空介电常数；

　　　A——电解质离子可接近的电极材料有效表面积；

　　　d——电极间的有效电荷分离距离。

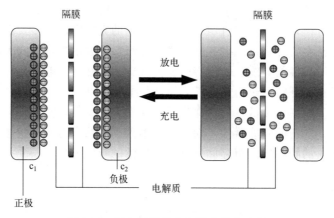

图 6-28 双电层超级电容器充放电过程

由式（6-37）可知，双电层超级电容器的储能性质与电极材料的表面积、孔径、微结构等结构特性有很大关系。双电层超级电容器主要以碳材料作为电极材料，具有较大比表面积和一定程度孔径大小可控的多孔碳材料是较好的双电层超级电容器电极材料。目前，应用于超级电容器的碳材料主要有活性炭、碳纳米管、石墨烯等。

活性炭是最早应用于超级电容器的电极材料。一方面，丰富的孔结构为其带来了较大的比表面积（高达 $3000m^2/g$），这有利于电荷的吸附，能够为其带来更大的比电容。另一方面，活性炭多由椰子壳、海藻、木头、稻壳等含碳的有机体通过高温碳化制备得到，其原材料价格低廉，可以大规模地工业化生产。但由于活性炭的长扩散距离和高转移电阻，在高电流密度下具有较大的 IR 降和较小的电化学有效面积，活性炭的比电容随着充放电速率的增加而显著降低。因此，提高碳材料能量密度的关键因素在于提高比表面积、改善孔径分布、调整颗粒尺寸和修饰表面状态。

碳纳米管是 20 世纪 90 年代初发现的一种纳米管状碳材料。它们是由单层或多层碳原子层制成的空心管状材料。由于其独特的中空结构、良好的导电性、大的比表面积、适合电解质离子迁移的孔径（一般＞2nm）、能够形成交叉缠绕的纳米网络结构，被认为是一种理想的电极材料，特别是适用于高功率超级电容器。此外，它们的介孔特性使电解质更容易扩散，从而降低等效串联电阻，提高功率输出。

石墨烯是由碳原子相互连接成六角网络组成的二维层状结构的碳材料。其具有比表面积大、电导率高、热性能稳定、化学性质稳定等优点。石墨烯作为一种电极材料，有望提高超级电容器的整体性能。然而，石墨烯所表现出的比电容远远低于预期的理论电容值。因此，扩大比表面积、抑制团聚、增加活性点等能够有效提升其储能性能。

碳材料与导电聚合物复合制备氮掺杂多孔材料以应用于超级电容器是目前提升超级电容器比容量非常有效的方法。

（2）法拉第赝电容器

法拉第赝电容器通过法拉第过程存储电荷，该过程涉及在活性材料表面或近表面处的快速、可逆的氧化还原反应，所以又称为氧化还原电化学电容器。法拉第赝电容器充放电过程如图 6-29 所示。充电时，电解液中的离子进入电极中，发生电化学反应，大量的电荷就被存储在电极中；放电时，这些进入电极中的离子又会重新回到电解液中，同时所存储的电荷通过外电路释放出来。

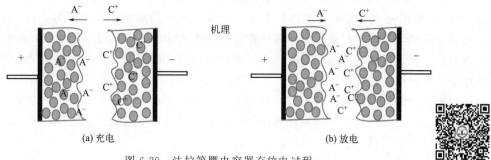

图 6-29 法拉第赝电容器充放电过程

按照电荷存储机制，赝电容可以分为吸附赝电容、表面氧化还原赝电容和插层赝电容。"赝电容"概念是由 Conway 教授于 1962 年率先提出，用以描述电极表面物质的电化学吸附的可逆电容。Conway 教授认为在法拉第电荷转移过程中，电极会与溶剂中的离子或分子发生吸附或脱附，如 Pt（Rh、Ru 和 Ir）电极表面的氢吸附过程中发生的电荷转移就归类为吸附类赝电容，如图 6-30（a）所示。导电电极 M 表面吸附阳离子 A^+ 时发生的法拉第电荷转移过程可以用下式表示：

$$M + e^- + A^+ \rightleftharpoons MA_{ads} \tag{6-38}$$

式中，M 代表贵金属（Pt、Rh、Ru 和 Ir）；A_{ads} 代表被吸附原子。

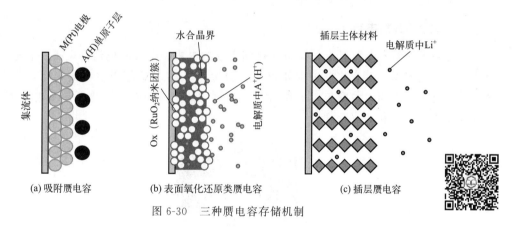

图 6-30 三种赝电容存储机制

Buzzanca 教授首次报道了具有表面氧化还原赝电容性质的 RuO_2 电极材料。表面氧化还原赝电容是指离子在氧化物表面的电化学吸附过程中伴随着快速且可逆的电子转移，如图 6-30（b）所示，可以用下式表示：

$$Ox + e^- + A^+ \rightleftharpoons Red\ A \tag{6-39}$$

式中，Ox 代表过渡金属氧化物（RuO_2、MnO_2 和 Fe_3O_4）；A^+ 代表表面被吸附的电解质阳离子（如 H^+、Na^+ 和 K^+）；Red A 代表还原态物质。

过渡金属氧化物是最早应用于赝电容超级电容器的一类电极材料，其中 RoO_2 和 IrO_2 体现出了超高电容性能，但较高的成本限制了其广泛应用。随着超级电容器电极材料的不断发展，Cu、Co、Ni、Fe 等过渡金属元素逐渐进入人们的视野。例如，具有分级多孔结构的

NiO 微/纳米球在 1A/g 的电流密度下，质量比容量达到 710F/g。金属氧化物电容器依赖于电极/电解质界面处的双电层中的电荷存储，以及通过表面上的氧化还原反应和主体材料中的 OH⁻ 扩散而将电荷存储在主体材料中。在碱性电解质溶液中也可以与 OH⁻ 通过表面氧化还原反应实现电荷的存储。金属氧化物电极的比表面积、晶体尺寸和框架连通性对于提升表面氧化还原赝电容性能至关重要。通过增加电极的比表面积可增大金属氧化物电极赝电容活性单元的利用率，加快电极材料与电解质溶液中 OH⁻ 的氧化还原反应，从而提高表面氧化还原赝电容性能。通过提高电极材料的比表面积对于提升电极表面氧化还原赝电容性能是至关重要的。此外，调控金属氧化物的晶体孔径尺寸和框架连通性是提高金属氧化物电极本征电导率的有效手段。

当金属阳离子插入氧化还原活性材料的孔道或层状结构中时，金属阳离子与活性材料发生法拉第电荷转移和金属化合价的变化以产生插层赝电容。电荷转移过程可以用下式表示：

$$MA_y + xLi^+ + xe^- \Longrightarrow Li_xMA_y \tag{6-40}$$

式中，MA_y 代表层状晶格插层主体材料；x 代表转移的电子数。

插层型赝电容电极材料多为 MOF、Nb_2O_5 和有机电解质中的 MoO_3。插层型电容电极材料要求也要具有规则的孔道结构和导电特性以实现金属离子的顺利进入孔道和层状结构，也要具有良好的电子传导性和快速的离子传输路径。由于没有固态扩散的限制，插层赝电容可在短时间内实现高水平的电荷存储。基于层状纳米材料引入空位缺陷是提高电极材料插层型赝电容的有效方法之一。空位的引入可有效增大层间间距和晶胞尺寸，有利于加快电荷存储和缓解充放电过程中的晶格相变，提高循环稳定性。

（3）混合型超级电容器

混合超级电容器是将具有不同电荷存储机制的电容型电极和电池型电极组装成一个设备形成的超级电容器，其充放电过程如图 6-31 所示。与常规的超级电容器相比，混合超级电容器具有更大的工作电位窗口、更高的能量密度，有望弥补电池和普通超级电容器的不足，实现高的能量密度和功率密度。

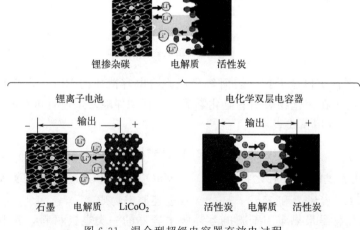

图 6-31　混合型超级电容器充放电过程

设计具有特殊形貌优势的电极材料可以有效加快电荷的传输，并增加电极与电解质的接触面积。将电极活性材料通过后处理或与导电基底复合处理以加快电极之间电荷传输是实现混合电容器储能性能提高的有效方法之一。Kaner 教授采用 3D 激光刻蚀技术制备了还原氧化石墨烯（rGO）/二氧化钌（RuO_2）纳米复合电极。rGO 具有良好的导电性，可实现电子的快速传输。RuO_2 纳米颗粒表现出优异的表现氧化还原赝电容活性。rGO/RuO_2 纳米复合电极表现出良好的电导率（911S/m）和超高的质量比容量（1139F/g）。rGO/RuO_2 纳米复合电极与活性炭电极组装得到的混合型超级电容器具有大的工作电位窗口（1.8V）和优异的能量密度（55.3W·h/kg）。

锌离子混合型超级电容器因其具有较小的原子半径和良好的水稳定性，在水系混合型超级电容器中得到了广泛的研究。但受限于相应碳电极材料的比表面积不足，锌离子的电荷存储容量并不理想。引入具有分级结构的特殊形貌是提高碳电极材料性能的有效方法。同时，N 掺杂处理可以有效改善电极的导电性以及提高 Zn^{2+} 的电荷存储量。例如，以 Zn 箔为阳极、N 掺杂分级多孔碳电极为阴极组成的水系锌离子混合型超级电容器（ZHSCs），在24.9kW/kg 的功率密度下，表现出 107.3W·h/kg 的能量密度。且经过 20000 次循环充放电后，锌离子混合型超级电容器的电容保持率为 99.7%。

Mxene 具有良好的层状结构和导电性，被广泛用于储能领域。但是 Mxene 纳米片易发生堆叠现象，紧密间隔的层状结构使得 Zn^{2+} 嵌入/脱出效率低下。通过金属离子预插层处理或与其他材料复合可有效解决层状结构堆积紧密限制 Zn^{2+} 嵌入/脱嵌的问题。

总体而言，超级电容器电极材料由于其储能机理不同而具有不同的性能特点。双电层超级电容器电极材料具有优异的导电性和循环稳定性，但是，其能量密度过低，使其在实际应用中受到了极大的限制。而赝电容电极具有较大的理论比容量，但是其在粒子嵌入/脱嵌的过程中体积变化较大，从而导致其结构稳定性差，容量衰减快。并且过渡金属化合物的导电能力差，使得在储能过程中电荷难以快速转移，极大地降低了容量。因此，同时改善电极材料的储能能力和使用寿命是提高其实用性的关键。

6.3 电催化材料

电催化是使电极、电解质界面上的电荷转移加速反应的一种催化作用，通过在电极表面引入电子传递体来降低反应活化能，从而提高反应速率和选择性。在电催化反应中，常见的包括氧还原反应、析氢（氢进化）反应、析氧（氧气进化）反应、氢氧化反应等。这些反应在能源转换和环境保护中起着重要作用。电催化材料是实现高效催化的关键，常见的电催化材料包括铂、金等贵金属或铜、镍等过渡金属。此外，碳材料如碳纳米管、石墨烯等也被广泛应用于电催化。实现电催化反应需要在一定的器件上完成，电催化器件通常由电极、电解质和反应物组成。其中，电极是催化反应发生的地方；电解质则用于传递离子或分子，以促进反应进行。总的来说，电催化材料与技术在能源领域、环境保护和合成化学等方面具有重要意义，为实现清洁能源转换和可持续发展发挥着关键作用。通过不断研究和创新，电催化材料与技术有望在未来得到更广泛的应用，并为解决能源和环境问题做出更大的贡献。

6.3.1 电催化理论

电催化当中最为重要的理论基础是 Sabatier 原理，以法国化学家保罗·萨巴蒂尔（Paul

Sabatier）的名字命名。它指出催化剂和反应物分子以及产物分子之间的相互作用必须是"适当的"。换句话说，这种相互作用既不能太强，也不能太弱。如果相互作用太弱，分子就无法与催化剂结合，反应就不会发生。另一方面，如果相互作用太强，产物就无法解离。其原理可以通过绘制反应速率和催化剂对反应物的吸附热等特性进行图解说明。这类图看起来像三角形或倒抛物线，因其形状而被称为"火山"图。

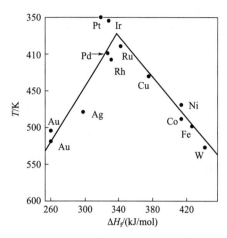

图 6-32 甲酸在过渡金属上
分解时的火山图

图 6-32 显示了甲酸在过渡金属上发生分解时的火山图。如图所示，横坐标为金属甲酸盐的生成焓，纵坐标为反应达到特定速率时的温度。在低生成焓时，反应很慢（换句话说，反应需要更高的温度才能继续进行），因为吸附速率很小并且限制速率。在高生成焓时，解吸成为限速步骤。最大反应速率出现在火山图的顶部，即铂族金属上。此时，金属需要适中的生成焓，吸附速率和解吸速率达到最佳。因此，理想的催化剂就是吸附既不太强，也不太弱。

催化理论对于理解电催化材料尺寸、形状和组成与表面对电催化性能的影响十分重要，对于设计具有高效和稳定的电催化材料至关重要。近年来，科学家们为了将吸附质在材料表面的吸附能与吸附位点的电子结构和几何因素联系起来做了大量的研究，发展了一系列理论来解释电催化机理以及设计电催化材料。这些理论将表面原子的几何形状与组成和催化性能联系起来，来理解催化反应趋势和标识材料的活性。目前，主要的电催化理论包括，金属 d 带（d-band）中心理论和化合物的配位场理论。其中，d-band 中心理论，已经很成功地运用于金属和金属合金催化活性的描述。

（1）d 带中心理论

1995 年，Norskov 计算了 H_2 在 Al(111)、Cu(111)、Pt(111) 和 CuPt 合金（111）上的解离过程，确定了决定金属和合金表面活性的关键物理因素。他们提出了一个模型：当吸附质吸附在金属表面上时，存在 d 轨道的金属会发生成键和反键分裂。因此，可以根据成键和反键与吸附质之间的轨道杂化能量来理解反应趋势。

考虑最简单的单电子描述的量子力学吸附机制：单原子和金属表面的相互作用。单原子的单电子态将与金属表面原子的所有价态电子结构相互作用，形成一个或几个电子结构带。过渡金属的 s 轨道电子态密度是宽能带（s 带），而 d 轨道是窄能带（d 带）。如图 6-33 所示，而当吸附质电子态与 s 带，发生相互作用时，整个态密度会变宽且出现共振峰，此时的电子态变宽对应于化学吸附变弱。当吸附态与 d 带发生相互作用时，由于 d 带是窄能带，表面 d 电子分裂形成成键态和反键态，此时对应于强化学吸附。这就是整个 d 带中心理论模型的基础。

根据上述理论思想，阐述单一的吸附质电子态与金属表面态相互作用。当 d 带的宽度 W 减小，为了保持 d 轨道电子数目不变，d 带中心向费米能级移动。当原本 d 带位置较低且较宽时，在态密度底部只能看到一个共振峰，但随着 d 带向上移动，出现了一些独特的反键态。由于这些反键态高于费米能级（E_F），并且随着反键态的数量增加，相互作用的化学键

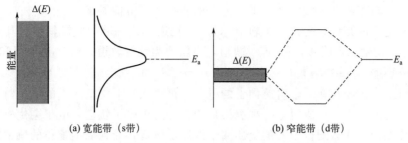

(a) 宽能带（s带）　　　　　　(b) 窄能带（d带）

图 6-33　吸附质的局部电子态密度与两种能带相互作用

变得越来越强。这个模型简单明了地说明过渡金属上弱和强化学吸附的差别（图 6-34）。此模型说明了表面键合的一般原则：如果反键态向上移动超过费米能级，则会发生强键合；同样，如果成键态向下移动到费米能级以下，则会发生弱键合。

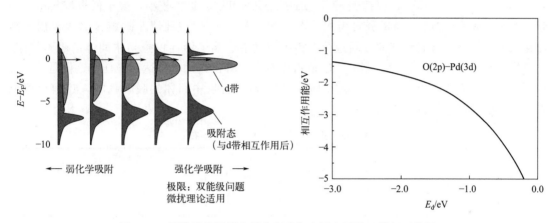

图 6-34　吸附质的局部电子态密度与金属表面的 d 带相互作用

图 6-35 是在密度泛函理论（DFT）模拟计算中和实验中 O 化学吸附能与 d 带中心的线性关系。可以发现，实验中测量的吸附能，与计算的吸附能基本一致。而且，吸附能的值随着相对于费米能级的 d 带中心位置的变化而变化，d 带中心可以当作评价过渡金属反应活性的一种量度。因此，d 带中心理论可以总结为：过渡金属的 d 带中心越靠近费米能级，与吸附质相互作用越强，吸附能越强；而 d 带中心越远离费米能级，与吸附质的作用越弱，吸附能越弱。

（2）化合物的配位场理论

化合物的配位场（晶体场）理论认为：过渡族金属离子当与一些阴离子基团进行配位时，五个简并的 d 轨道（d_{xy}，d_{yz}，d_{zx}，$d_{x^2-y^2}$，d_{z^2}）发生分裂。对于八面体配位，

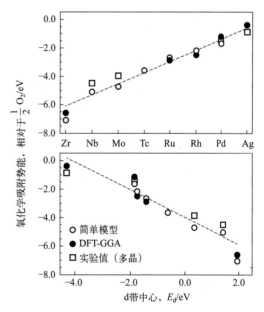

图 6-35　在密度泛函理论计算中和实验中的
O 化学吸附能与 d 带中心的线性关系

这五个简并的 d 轨道则会分裂为"三下二上"的能级。三重简并的 d_{xy}、d_{yz}、d_{zx} 轨道能级较低，根据群论上的知识，把这三个轨道称为 t_{2g} 轨道，该轨道为成键轨道。其余两个轨道（$d_{x^2-y^2}$、d_{z^2}）发生二重简并，称为 e_g 轨道，该轨道为反键轨道。e_g 轨道能级和 t_{2g} 轨道能级之差称为分裂能 Δ（表 6-5）。

在同一轨道中已经存在一个自旋向上的电子，再放入一个自旋向下的电子时，该过程并不是自发的，需要克服一个成对能。根据洪特规则，对于原子轨道，电子会优先分布在不同轨道并且自旋相同。那么配位中心的金属离子的原子轨道，受到周围配位的轨道影响，有时不符合洪特规则。对于 d^4、d^5、d^6、d^7 轨道类型，需要分类讨论：①当分裂能大于成对能时，电子优先填充 t_{2g} 的 3 个简并轨道，该情况称为强场低自旋（一般这种情况，未成对电子数较少，电子自旋极化程度较小）；②当分裂能小于成对能时，电子会按照类似洪特规则填充轨道。对于 Fe^{3+} 来说，其 d 轨道有 5 个电子，当分裂能＞成对能时，d 轨道分布为 ↑↓ ↑↓ ↑，根据磁矩 $S=n(n+2)/2$ 可知，磁矩较小，属于低自旋状态。当分裂能小于成对能时，d 轨道分布为 ↑ ↑ ↑ ↑ ↑，该种情况磁矩 S 较大，属于高自旋状态。而高低自旋状态的 d 轨道分布极大程度上影响了活性位点与中间体的吸附作用。对于析氧反应（OER）而言，当 e_g^* 轨道占据数为 1 时，其过电位达到最佳，这便是 e_g^* 反键轨道理论的主要结论之一。e_g 轨道填充越多，对于含氧中间体的吸附越弱，e_g 轨道填充越少，对于含氧中间体的吸附越强。

表 6-5　正八面体配合物 d 电子排布

d 电子数	弱场高自旋					未成对电子数	强场低自旋				
	t_{2g}			e_g			t_{2g}			e_g	
1	↑					1	↑				
2	↑	↑				2	↑	↑			
3	↑	↑	↑			3	↑	↑	↑		
4	↑	↑	↑	↑		4	↑↓	↑	↑		
5	↑	↑	↑	↑	↑	5	↑↓	↑↓	↑		
6	↑↓	↑	↑	↑	↑	4	↑↓	↑↓	↑↓		
7	↑↓	↑↓	↑	↑	↑	3	↑↓	↑↓	↑↓	↑	
8	↑↓	↑↓	↑↓	↑	↑	2	↑↓	↑↓	↑↓	↑	↑
9	↑↓	↑↓	↑↓	↑↓	↑	1	↑↓	↑↓	↑↓	↑↓	↑
10	↑↓	↑↓	↑↓	↑↓	↑↓	0	↑↓	↑↓	↑↓	↑↓	↑↓

6.3.2 电催化反应

6.3.2.1 析氢反应/氢氧化反应

（1）电化学反应机理

电化学析氢反应（hydrogen evolution reaction，HER）是电解水装置中发生的重要电极反应。电化学析氢反应涉及多个步骤，反应过程中会产生 H^* 或 OH^* 中间体。按照 HER

进行的液体环境的不同，可分为酸性 HER 过程 ［图 6-36（a）］和碱性 HER 过程 ［图 6-36 (b)］。

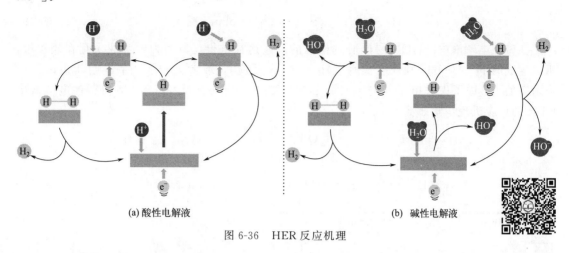

图 6-36　HER 反应机理

在酸性电解液中，第一步（Volmer 反应）是还原质子在催化位点（M）上形成吸附态的氢（H*）。当 H* 在催化剂表面的覆盖率较低时，H* 会与质子和电子结合产生 H_2 分子（Heyrovsky 反应）。在高覆盖率的情况下，两个相邻的 H* 原子结合形成 H_2（Tafel 反应），典型的酸性电解液中 HER 反应机理步骤如下：

$$H^+ + e^- + * \longrightarrow H^* \qquad \text{Volmer 反应} \tag{6-41}$$

$$H^+ + e^- + H^* \longrightarrow H_2 + * \qquad \text{Heyrovsky 反应} \tag{6-42}$$

或 $\qquad H^* + H^* \longrightarrow H_2 + * \qquad \text{Tafel 反应} \tag{6-43}$

式中，* 表示吸附位。在碱性电解质中，HER 通过相似的反应途径进行，但因为电解液中不存在质子，所以催化反应从水的解离开始（Volmer 反应）。氢分子产生也遵循 Tafel 或 Heyrovsky 反应，典型的碱性电解液中 HER 反应机理步骤如下：

$$H_2O + e^- + * \longrightarrow H^* + OH^- \qquad \text{Volmer 反应} \tag{6-44}$$

$$H_2O + e^- + H^* \longrightarrow H_2 + OH^- + * \qquad \text{Heyrovsky 反应} \tag{6-45}$$

或 $\qquad H^* + H^* \longrightarrow H_2 + * \qquad \text{Tafel 反应} \tag{6-46}$

与酸性 HER 相比，碱性 HER 动力学缓慢的原因主要是水的解离过程，即水的解离（Volmer 反应）为速控步，这个过程发生氢氧键的断裂，因而需要较高的活化能。

电化学氢氧化反应（hydrogen oxidation reaction，HOR）是质子交换膜燃料电池和电化学氢气传感器中发生的重要电极反应。同样，电化学氢氧化反应涉及多个步骤，反应过程中也会产生 H* 或 OH* 中间体。按照 HOR 进行的液体环境的不同，分为酸性 HOR 过程 ［图 6-37（a）］和碱性 HOR 过程 ［图 6-37（b）］，在酸性电解液中，第一步是 H_2 在催化位点（M）上形成吸附态的氢分子（H_2^*）。当 H_2 在催化剂表面的覆盖率较低时，H_2 会失去电子形成 H* 和质子（Heyrovsky 反应）。在高覆盖率的情况下，H_2 会分解成两个相邻的 H* 原子（Tafel 反应），接下来吸附态的 H* 失去电子并释放催化位点（M）形成 H^+（Volmer 反应）。典型的酸性电解液中 HOR 的反应机理步骤如下：

$$H_2 + * \longrightarrow H^+ + e^- + H^* \qquad \text{Heyrovsky 反应} \qquad (6\text{-}47)$$

或
$$H_2 + * \longrightarrow H^* + H^* \qquad \text{Tafel 反应} \qquad (6\text{-}48)$$

$$H^* \longrightarrow H^+ + e^- + * \qquad \text{Volmer 反应} \qquad (6\text{-}49)$$

在碱性电解液中，HOR 同样通过相似的反应途径进行，但因为电解液中存在氢氧根，所以生成的 H^+ 与 OH^- 反应生成水（Heyrovsky 反应）。或者氢分子产生遵循 Tafel 反应，吸附态的 H^* 原子失去电子并与 OH^- 反应生成水（Volmer 反应）。典型的碱性电解液中 HER 的反应机理步骤如下：

$$H_2 + OH^- + * \longrightarrow H_2O + e^- + H^* \qquad \text{Heyrovsky 反应} \qquad (6\text{-}50)$$

或
$$H_2 + * \longrightarrow H^* + H^* \qquad \text{Tafel 反应} \qquad (6\text{-}51)$$

$$H^* + OH^- \longrightarrow H_2O + e^- + * \qquad \text{Volmer 反应} \qquad (6\text{-}52)$$

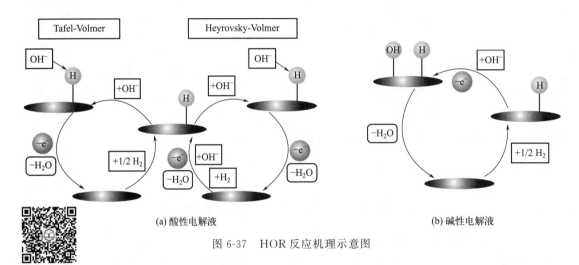

(a) 酸性电解液　　　　　　　　　　　　　(b) 碱性电解液

图 6-37　HOR 反应机理示意图

（2）HER 催化剂

① 贵金属基催化剂　虽然贵金属催化剂价格昂贵，地球储量不足，但其高效的催化活性依旧是许多材料不可比拟的，因此一些研究者致力于通过引入缺陷、合成特定暴露晶面、掺杂等手段进一步提升贵金属基催化剂的催化活性并减少其用量，提升使用效率。常见的贵金属基催化剂为 Pt 金属。将贵金属与其他金属合金化，可降低贵金属的用量并且调节金属电子结构，如 RuMo 催化剂。此外，Ru 和 Mo 形成合金后，Mo 电子转移至 Ru，使 Ru 的 d 带中心下移，对氢的吸附适中，提高了 HER 的催化活性。

② 非贵金属基催化剂　非贵金属基催化剂因其价格低廉、合成方法多样等优点被认为是替代贵金属基催化剂的最佳材料。目前广泛研究的过渡金属基催化剂主要分为：过渡金属硫化物、磷化物、碳化物、氮化物、磷酸盐、氧化物、氢氧化物和羟基氧化物。例如，MoS_2 因其独特二维结构和电子特性而得到广泛研究。实验和计算研究表明：MoS_2 的催化活性中心位于暴露的边缘位点，这些边缘催化位点能够限制并降低 HER 反应的反应势垒。

③ 碳基催化剂　碳化物材料因其优异的导电性和可控形貌，除了应用于本征 HER 活性研究外，还被广泛应用于基底材料与多种催化剂复合，从而共同提高 HER 活性，如有可控碳层的 CoNi 合金复合材料（CoNi@NC）。超薄石墨烯壳（仅 1～3 层）增强了从 CoNi 合金

芯到石墨烯表面的电子渗透，导致 CoNi 芯附近的石墨烯壳电子密度增加，从而提升了催化活性。金属有机框架（MOF）近年来由于其独特的三维结构、可调节的配体与金属中心等优势被广泛应用于电催化领域。相较于原始 MOF 材料以及以 MOF 材料作为载体负载活性组分的体系，以 MOF 材料为前驱体合成的金属基碳结构复合材料具有更优异的导电性能，更适合于电催化应用。

④ 单原子催化剂　一般认为，小型金属纳米颗粒具有超高催化活性或选择性。从理论上讲，负载型催化剂的分散极限是金属以孤立的单个原子形式存在。因此，为了最大程度地发挥金属的催化效率并降低制备成本，合成单原子金属催化剂是一种重要策略。例如，将单个 Co 原子与含 N 掺杂石墨烯耦合得到的单原子催化剂，发现其优异的 HER 活性归因于孤立 Co 原子与 N 结合的活性位点。

（3）HOR 催化剂

① Pt 族金属基催化剂　Pt 是 HOR 反应最优异的催化剂。Pt 基催化剂的不同形式，包括 Pt 单晶面、块状/多晶 Pt、Pt 基金属合金和核壳结构等都会影响其对 HOR 的催化活性。此外 Pt 的合金化能够有效提升 HOR 催化活性，例如 PtRu、PtFe 和 PtCo 纳米线合金具有比 Pt 纳米线更高的催化活性。Pd 与 Pt 有相似的电子结构和物理化学性质，因此 Pd 基材料也可以作为 HOR 在碱性电解质（液）中的催化剂。与仅含 Pd 的催化剂相比，Pd 和 Ni 之间的接触能显著提高 Pd 催化剂的活性，因此 PdNi 合金催化剂能够发挥更高的催化活性。

② Ni 基催化剂　目前 Ni 基催化剂是唯一一种在碱性介质中具有良好 HOR 催化活性的非贵金属催化剂。Ni 基催化剂主要分为 Raney 镍、Ni 基的二元金属或三元金属其催化剂、高分散性 Ni 基催化剂负载和单晶 Ni。Raney 镍在气体扩散电极中是一种催化活性相对较高的非贵金属基催化剂，然而，在单独使用 Raney 镍作为催化剂时其稳定性和催化活性是有限的，通过掺杂少量的过渡金属（Ti、Cr、Fe、Co 等）可以解决这些问题。Ni 基的二元金属催化剂，例如 NiMo 合金、NiCoMo 三元合金在碱性介质中也具有较好的 HOR 催化活性。

6.3.2.2　氧还原反应/析氧反应

（1）电化学反应机理

氧还原反应（oxygen reduction reaction，ORR）是电化学氧气传感器、金属-空气电池和质子交换膜燃料电池装置中发生的重要电极反应。氧还原反应是一个涉及多个电子-质子转移过程的复杂过程，反应中包含 O_2^*、OOH^*、O^* 及 OH^* 等中间体，这些中间体具有较高的势垒，从而导致整个 ORR 过程动力学缓慢。按照 ORR 进行的液体环境的不同，可分为碱性 ORR 和酸性 ORR 过程，而在这两种介质中又分为二电子转移和四电子转移两种路径。

在碱性溶液中，ORR 过程的机理如下。

二电子反应路径，产生的产物为 OOH^- 和 OH^-：

$$O_2 \longrightarrow O_2^* \tag{6-53}$$

$$O_2^* + H_2O + e^- \longrightarrow OOH^* + OH^- \tag{6-54}$$

$$OOH^* + e^- \longrightarrow OOH^- \tag{6-55}$$

四电子反应路径，可以分为缔合机制和解离机制两种（图 6-38）。缔合机制和解离机制

最大的不同就在于 O_2 在表面发生反应的方式，前者 O—O 键在电子-质子转移之前不发生断裂，而后者 O—O 键则在此之前发生断裂。

四电子反应路径，反应生成的终产物为 OH^-：

$$O_2 + 2H_2O + 4e^- \longrightarrow 4OH^- \tag{6-56}$$

解离机制：

$$O_2 \longrightarrow 2O^* \tag{6-57}$$

$$2O^* + 2e^- + 2H_2O \longrightarrow 2OH^* + 2OH^- \tag{6-58}$$

$$2OH^* + 2e^- \longrightarrow 2OH^- \tag{6-59}$$

缔合机制：

$$O_2 \longrightarrow O_2^* \tag{6-60}$$

$$O_2^* + H_2O + e^- \longrightarrow OOH^* + OH^- \tag{6-61}$$

$$OOH^* + e^- \longrightarrow O^* + OH^- \tag{6-62}$$

$$O^* + H_2O + e^- \longrightarrow OH^* + OH^- \tag{6-63}$$

$$OH^* + e^- \longrightarrow OH^- \tag{6-64}$$

氧还原反应中间步骤复杂，机理可能不同，反应具体按照哪一条路径进行，与催化剂有关。一般而言，碱性条件下的解离机制被认为是最有利的途径，称为"直接"四电子氧还原过程。因为在该机制下没有中间体 OOH^* 的生成，相比缔合机制，减弱了总反应的能垒。

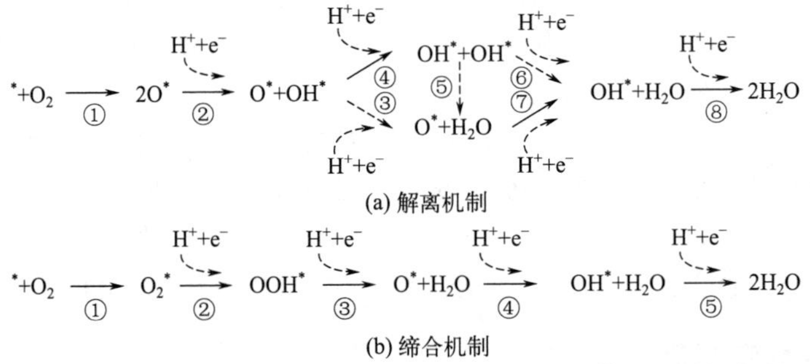

图 6-38　OER 反应机理示意图

析氧反应（oxygen evolution reaction，OER）是电解水过程中发生的重要电极反应。同样，析氧反应过程涉及多个电子和质子的转移过程，反应中会产生高势垒中间体 O_2^*、OOH^*、O^* 及 OH^* 等，导致 ORR 动力学迟缓。OER 主要涉及 M-OOH、M-O 和 M-OH 三个吸附中间体的形成，即伴随着 O—H 的断裂和 O—O 键的形成，所以相比于 HER，OER 过程中需要克服更大的障碍，也就是需要更大的过电位来驱动，所以高效的 OER 电催化剂的开发对电解水技术而言十分重要。

一般认为，在不同电解质中，OER 的反应历程不同。OER 的第一个步骤为水的解离（在酸性电解质中）或者 OH^- 的配位（在碱性电解质中），其余三个步骤涉及 M-OH、M-O 和 M-OOH 的氧化。无论 OER 的电解质如何，OER 的热力学势能在室温下均为 1.23V 相对于可逆氢电极（vs. RHE）。目前，在碱性和酸性电解质中被广泛接受的 OER 机理如图 6-39 所示。

典型的酸性电解液中 OER 的反应机理步骤如下：

$$M + H_2O \longrightarrow M\text{-}OH + H^+ + e^- \tag{6-65}$$

$$M\text{-}OH \longrightarrow M\text{-}O + H^+ + e^- \qquad (6\text{-}66)$$
$$2M\text{-}O \longrightarrow 2M + O_2 \qquad (6\text{-}67)$$
$$M\text{-}O + H_2O \longrightarrow M\text{-}OOH + H^+ + e^- \quad (6\text{-}68)$$
$$M\text{-}OOH \longrightarrow M + O_2 + H^+ + e^- \qquad (6\text{-}69)$$

典型的碱性电解液中 OER 的反应机理步骤如下：

$$M + OH^- \longrightarrow M\text{-}OH + e^- \qquad (6\text{-}70)$$
$$M\text{-}OH \longrightarrow M\text{-}O + H^+ + e^- \qquad (6\text{-}71)$$
$$H^+ + OH^- \longrightarrow H_2O \qquad (6\text{-}72)$$
$$M\text{-}O + OH^- \longrightarrow M\text{-}OOH + e^- \qquad (6\text{-}73)$$
$$M\text{-}OOH + OH^- \longrightarrow M + O_2 + H_2O + e^-$$
$$(6\text{-}74)$$

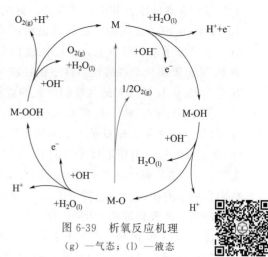

图 6-39　析氧反应机理
(g)—气态；(l)—液态

式中，M 代表活性位点；M-OH，M-O 以及 M-OOH 是 OER 过程中吸附在活性中心的重要中间体。

（2）OER 催化剂

① 贵金属基催化剂　目前，Ru 和 Ir 基催化剂等贵金属基催化剂已被认为是有效的 OER 催化剂，尤其是其贵金属氧化物 RuO_2 和 IrO_2 在酸性和碱性溶液中对 OER 均有较高的电催化活性，通常被认为是 OER 的基准电催化剂。但 Ru 氧化物会在高阳极电位下形成高氧化态物种并进一步溶解，因此 RuO_2 的稳定性不如 IrO_2。

② 非贵金属基催化剂　非贵过渡金属（Fe/Co/Ni）在电化学反应中也有着较好的催化活性潜质和出色的稳定性。过渡金属可以在碱性条件下达到降低成本、过电位和提高稳定性的目的，但在强酸性条件下金属会被腐蚀，因此必须通过过渡金属与氮、磷、硫等形成稳定的化合物从而提高其耐腐蚀性。

③ 金属氧化物（氢氧化物）　各种电催化剂中，过渡金属（如 Ni、Co、Fe、Mn、W 和 Mo）氧化物（氢氧化物）在碱性介质中表现出较高的 OER 活性。层状结构的过渡金属氢氧化物（LMH）具有良好的导电性，并且在单一组分氢氧化物中加入其他过渡金属，往往会增强其电催化活性，它包含了单金属氢氧化物（LSH）、双金属氢氧化物（LDH）等。近些年来，基于 Ni、Fe 等的金属氧化物的研究越来越多，镍铁层氢氧化物（NiFe-LDH）成为一种极有希望降低 OER 中水分解过电位的化合物。

（3）ORR 催化剂

① 铂基金属催化剂　铂（Pt）基贵金属催化剂具有最优的 ORR 催化活性，多表现为四电子反应路径，但 Pt 的自然资源有限、使用成本高，并且稳定性较差，易受 CO 中毒。目前对 Pt 基催化剂的研究主要集中在对 Pt 晶面的调控、形貌结构（尤其在核壳结构上）的调控以及与其他金属的合金化。其中 PtNi 合金催化剂具有良好的催化活性，被认为是最有希望取代纯铂用于 ORR 的催化剂。

② 非铂基金属催化剂　非铂基金属催化剂主要包括过渡金属氧化物、氮化物、碳化物、磷化物和硫化物等。与 Pt 基催化剂相比，非 Pt 基催化剂的主要优点是储量丰富、易于大规

模制备和成本低廉。其中，过渡金属氮化物（TMN）比氧化物具有更好的稳定性，这是因为金属和 N 原子之间的三键能量很高而不易断裂。过渡金属磷化物和硫化物由于具有丰富的 P 和 S 原子的化学价态，在催化过程中可能会产生不同的氧化还原偶联。然而，目前的非 Pt 基金属催化剂在酸性条件下仍存在一定程度的溶解，甚至不稳定，在酸性电解质中具有高 ORR 催化活性和耐久性的催化剂数量仍然相对较少。

③ 碳基催化剂　广泛的碳基材料已被用来作为 ORR 电催化剂，包括碳纳米管（CNTs）、石墨烯、碳量子点、碳纳米带、碳笼等。目前的碳基材料资源丰富，具有较高的 ORR 催化活性，有望取代昂贵的 Pt 基催化剂。目前一些碳基催化剂不仅在碱性条件中表现出较高的 ORR 催化活性，而且在酸性条件下也表现出竞争活性和高稳定性。此外，碳基材料中杂原子的掺杂会引起掺杂位点与相邻碳原子之间的电荷转移，有效地导致电荷再分布，从而增强碳基催化剂的 ORR 催化活性。

④ 单原子催化剂　单原子催化剂（SAC）是指金属活性位点在原子水平上分散于载体之上的催化剂，是近年来 ORR 催化剂领域的研究热点。由于 SAC 的最大原子利用率高达 100%，并且表现出更优越的电化学活性表面积（ECSA），因此对降低催化剂成本和实现催化剂商业化具有重要意义。此外，单原子催化剂可以克服困扰碳基材料的脱金属效应，即使在酸性条件下 SAC 也能够表现出高 ORR 催化活性和稳定性。但是受单金属原子在载体表面上高度分散的限制，大多数 SAC 中金属原子的含量相当低（通常小于 1%，以质量分数计）。

6.3.2.3　二氧化碳电还原

（1）电化学反应机理

二氧化碳电还原（CRR）是一个将 CO_2 气体（原料）转化为碳基燃料的重要电化学催化反应。CRR 不像其他简单的电催化反应，它是涉及到电子以及多表面反应中间体的还原反应，使得 CRR 理论研究尚未透彻。CRR 反应可生成碳（氧）氢化合物，包括一氧化碳、甲酸、甲醛、甲烷、甲醇等 C_1 产物，和其他复杂的 C_{2+}、C_{3+} 产物。这些产物的生成伴随着大量的质子和电子转移，需要许多的吸附中间体参与，正因如此，CRR 的反应机理极其复杂（图 6-40）。

CO_2 气体首先通过电化学加氢反应，变为 *COOH 或 *HCOH 中间体。如果中间体 *COOH 吸附能很弱，则直接变为产物 $HCOO^-$。如果吸附能足够强，接下来 *COOH 再加 H^+ 并脱水，变为最重要的 *CO 吸附中间体。同样，如果 *CO 的吸附能很弱，则直接得到产物 CO。如果 CO 的吸附能很强，*CO 吸附中间体会继续质子化为 *CHO，进而产生其他更为复杂的有机产物。对于甲醇和甲烷的形成，由于其适合的吸附能，吸附态的 CO 会继续反应形成其他更为复杂的有机产物。

对于 C^{2+} 产物的形成更加复杂，因为这涉及 C—C 键的形成。目前理论界有两种可能的认识。第一种认识是，CO 首先加 H 转化为 *HCO，这使得 C—C 键的形成更容易。第二种认识是，两个吸附的 *CO 之间直接发生耦合。对于乙醇的形成，最近的研究表明乙醛是一种重要的中间体。鉴于二氧化碳电还原的复杂性，需要更多的计算和实验工作来阐述潜在的反应机理和吸附中间体。当然，对于进一步的研究应该以最重要的中间体 *CO 为基础，也可以通过一氧化碳电还原来进行更多探索。

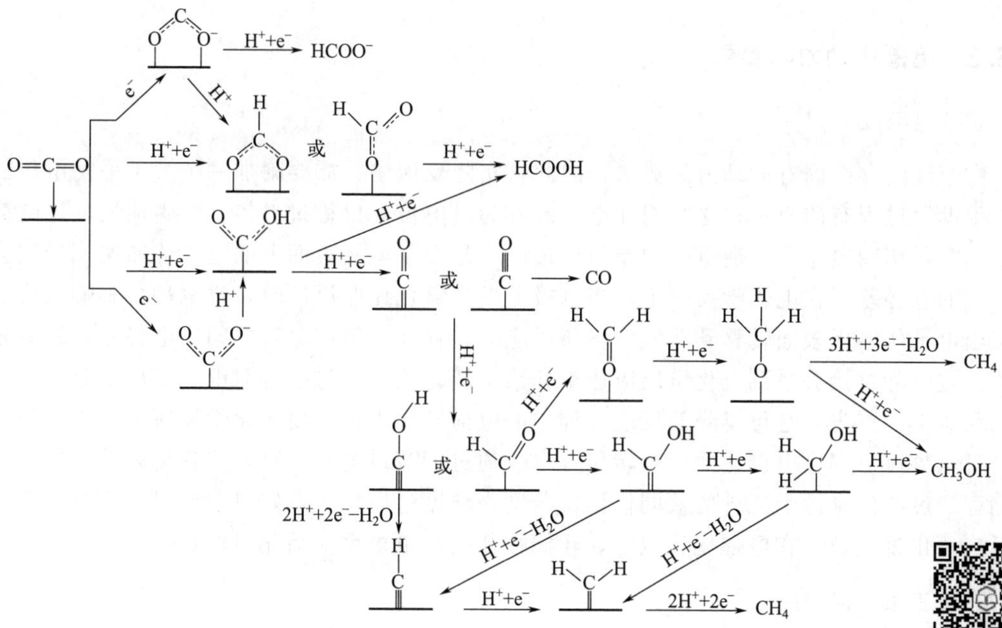

图 6-40　CRR 反应机理

（2）CRR 催化剂

　　① 金属　第一类金属电催化剂包括 Sn、Hg、Pb 和 Bi 等，这类金属很难结合中间体 $CO_2^{\cdot-}$，通过外形机制，这些金属主要催化 CO_2 产生甲酸。第二类主要包括 Au、Ag 和 Zn 等，这类金属很容易与 *COOH 紧密结合，有利于进行 CRR 的下一步催化，但是在获得 *CO 中间体时与催化剂表面结合能力弱，所以很容易在催化剂表面脱附，主要催化 CO_2 转化为 CO。Cu 是唯一的第三类金属电催化剂，具备紧密结合和转化 *CO 中间体的能力，可以催化 CO_2 转化为一系列具有附加值的低碳小分子，如烃类、醇类等。

　　② 金属合金/金属氧化物　金属合金可以通过调节活性中间体（例如 *COOH 和 *CO）的结合能力来增强电催化反应动力学和二氧化碳还原的选择性。例如，Pd_xPt_{100-x}/C 电催化剂可以将 CO_2 转换为 HCOOH；纳米级 Au_3Cu 组装成的单层膜对 CO 表现出了很高的法拉第效率；Ni-Ga 薄膜可以用于催化 CO_2 生成 CH_4、C_2H_4 和 C_2H_6 等；Mo-Bi 双金属电催化剂在乙腈/离子液体电解质辅助下可以催化 CO_2 生成 CH_3OH。

　　少部分的过渡金属氧化物，如 TiO_2、FeO_x 和 Cu_2O 等具有 CRR 催化活性，然而其中大部分仅在有机溶剂存在时才能显示合理的催化性能。锡氧化物、铅氧化物也具备 CRR 催化活性，由于 Sn(Ⅳ) 很容易被还原成金属 Sn，但这种表面氧化层可能没有完全还原，所以在 CRR 过程中会极大地影响电化学过程。

　　③ 金属有机配合物　包含过渡金属原子 Co 或 Ni 与酞菁配体的金属有机（大环）配合物也可以用于电催化二氧化碳还原，例如，多种 Fe-卟啉配合物或 Co-卟啉配合物可以高选择性地将 CO_2 还原为 CO。Cu-环拉胺复合电极能在 DMF 和水混合的电解质中选择性将 CO_2 还原为 HCOOH。联吡啶与 Ru、Cu、W、Mo、Mn 等金属原子形成的配合物可以将 CO_2 还原为 CO 或 HCOOH，例如，Mn 原子与大联吡啶配体结合的配合物在路易斯酸的辅助下能够在很低的过电位下将 CO_2 有效还原为 CO。

6.3.3 电催化动力学参数

（1）过电位（η）

由于反应存在固有的动力学势垒，因此在实际反应中，需要附加一个大于平衡电位的电压来帮助渡过固有的势垒，这个附加电压被称为过电位，也称过电势。准确地说，过电势就是反应实际作用电位和可逆电位的差值。过电势是由于电极表面上的电子传递速率受到阻碍而产生的电势差。在电化学反应中，当电极上发生氧化还原反应时，过电势会影响反应的速率。当电子从电极表面转移到溶液中参与反应时，存在电极和溶液之间的电势差，这就是过电势。过电势直接关系到电化学反应速率和能量转化效率。过电势对电化学反应有着重要的影响和意义。首先，它可以降低反应过程中的电荷转移阻抗，使电化学反应发生得更快。其次，过电势可以提高电催化的能量转化效率。通过调节过电势，可以实现更高效的能量转换和储存。过电位来源于三种的共同作用，分别为浓度过电位、欧姆过电位以及不可忽略的电极反应活化过电位。在电催化领域中，我们往往关心电极反应活化过电位。

（2）交换电流密度（j^0）

交换电流密度是电化学领域中一个重要的物理量，它反映了电解质溶液中离子的传输速率，具有很高的实用价值。交换电流密度不仅描述了电解质溶液中阴阳离子在电极表面上的交换过程，而且揭示了电化学反应速率和电位差之间的关系。当电极反应处于平衡时，电极反应向两个方向进行的速率相等，此时的反应速率叫作交换反应速率。相应地，按两个反应方向进行的阴极反应和阳极反应的电流密度绝对值叫作交换电流密度。交换电流密度可以关联电化学反应速率和过电位，即在一定的电流密度下，交换电流密度越大，反应速率越快，过电势越小。

（3）塔费尔斜率（b）

电流和电压之间的变化关系反映了在热力学平衡的条件下整个电化学系统的响应趋势。在电催化的背景下，电流与电压之间的这种响应行为通常被定义为塔费尔（Tafel）斜率。这一参数量化了在观测到的电流值产生对数增长变化时所需的电化学驱动力的值，即

$$b \equiv \frac{\mathrm{d}\eta}{\mathrm{d}\log_{10} i_{\mathrm{kin}}}\bigg|_{|\eta| \gg k_{\mathrm{B}}T/e} \tag{6-75}$$

式中，b 为 Tafel 斜率；η 为过电势；i_{kin} 为动力学电流。

根据 Tafel 斜率能够判断出电极反应的速度控制步骤，以及电极反应速度的快慢程度。

6.3.4 影响电催化性能的因素

（1）电极材料的形貌、粒径、孔径、比表面积

从宏观角度看，由于电极材料的形貌、粒径、孔径不同，其比表面积也不相同，比表面积越大的催化剂在电极反应过程中拥有更多的反应活性位点。

（2）电极材料种类、价态、晶型结构、晶面

从微观角度看，电极材料表面起催化作用的中心原子及与中心原子相连的配位原子之间

的作用力会影响吸附在中心原子上的反应物的电化学反应过程。因此电极材料种类、价态、晶型结构及晶面都会对电催化性能带来影响。

（3）电解质溶液

在电催化反应过程中，电解质溶液中不同的离子可能会在电极材料表面产生特异性吸附从而影响催化性能。除此之外，电解质溶液的浓度、流速也会影响电极反应的扩散过程，改变催化性能。

6.3.5　电催化材料的应用实例——燃料电池

燃料电池是将燃料中的化学能通过电化学反应直接转换为电能的装置。区别于传统的电池，通过电化学反应，燃料电池可以将燃料中的化学能直接转换成电能，不受卡诺循环效应的限制，转换效率高；另外，燃料电池用燃料和氧气作为原料，同时没有机械传动部件，故排放出的有害气体极少，使用寿命长。由此可见，从节约能源和保护生态环境的角度来看，燃料电池是最有发展前途的发电技术。

燃料电池作为继火电、水电、核电之后的第四代发电方式，被誉为 21 世纪最具前景的清洁能源方式，燃料电池技术得到迅猛发展。本小节主要介绍了燃料电池的基本原理和应用，阐述了电化学反应的热力学和动力学理论，并且介绍了目前应用最为广泛的质子交换膜燃料电池系统。

（1）燃料电池基本原理

燃料电池的发电原理与原电池不同，有一套相对复杂的系统，通常包括燃料供应、氧化剂供应、水热管理及电控等系统。其内部结构如图 6-41 所示。燃料电池工作方式与内燃机类似，燃料和氧气分别在电解质隔膜的两侧，发生氧化反应和还原反应，电子通过外电路做功。理论上只要外部源源不断地供应燃料和氧化剂，燃料电池就可以持续发电。

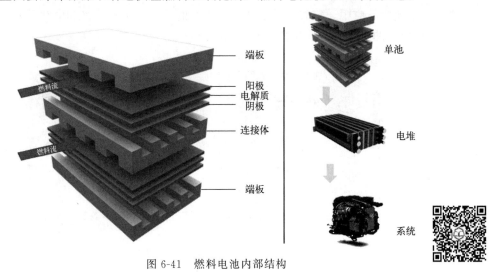

图 6-41　燃料电池内部结构

① 燃料电池中的化学热力学　燃料的直接燃烧不会立即做任何有用功，而燃料电池通过电化学反应能够直接将燃料中的化学能转换为电能，不会转换成热量，这也是燃料电池相对于内燃机的一个根本优势。在燃料电池中，不存在明火燃烧，通过"安静"的电化学氧化

过程，反应吉布斯自由能 ΔG 发生变化。

例如，以氢气和氧气反应生成水为例，如下面方程式所示：

$$2H_2 + O_2 \xrightarrow{\text{点燃}} 2H_2O \tag{6-76}$$

在 25℃时，理论的 $\Delta G = -237.13\text{kJ/mol}$，在没有损失的情况下，可以全部转化为电压：

$$E = -\Delta G/zF \approx 1.23\text{V} \tag{6-77}$$

式中，z 为反应中转移的电子数；F 为法拉第常数。

即氢燃料电池的电动势，或称为可逆开路电压。体系能够对外产生最大电功的前提是假设化学反应在完全可逆的情况下，而在实际过程中是不可能实现的，因此燃料电池的开路电压一般低于电池的电动势。

燃料电池在电化学平衡状态下可提供的最大有用功 ΔG，将其与等量燃料燃烧释放的热能（热焓的变化，ΔH）进行比较，就能直观得到燃料电池的效率。

$$\eta_{\max} = \Delta G/\Delta H = (\Delta H - T\Delta S)/\Delta H = 1 - T\Delta S/\Delta H \tag{6-78}$$

式中，ΔS 为熵的变化；T 为热力学温度。

已知燃料电池反应的焓变为负值（$\Delta H < 0$），故对于大部分燃料电池，伴随着熵增加（$\Delta S < 0$），其效率均小于 100%。但也有例外，对于碳的氧化反应，吉布斯自由能 ΔG 大于反应热焓 ΔH，因此，化学能转化为电能的过程需要从外界吸收能量，理论效率要高于 100%。

真实的燃料电池效率明显低于上述理论效率，这主要是电压损失、燃料的利用率和热值效率导致的。

② 燃料电池中的电极反应动力学 电化学反应都包含电极和化学物质之间的电荷转移，燃料电池的电化学反应中，氢气、质子和电子之间的反应发生在电极和电解质的交界处。电极/电解质界面上的电化学过程如图 6-42 所示。

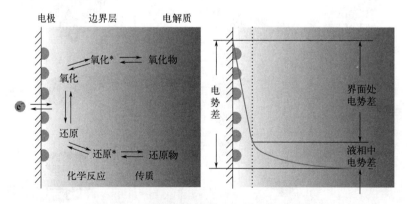

图 6-42 电极/电解质界面上的电化学过程

电极反应过程受到动力学的限制，无法快速地进行，最慢的反应步骤决定了整个电极反应的反应速率。对于无扩散下的电子迁移速率，即电子通过相界的迁移决定了电极的电化学活性。电子从电解质中的活性物质穿过电解质的双电层进入阳极的导带。根据法拉第定律，在迁移电极处，电流和界面处电荷的迁移速率成比例。

基于过渡态理论的 Butler-Volmer 方程可以很好地描述电极过程的电化学极化过程：

$$i = i_0 \{e^{(-\alpha F\mu/RT)} - e^{[(1-\alpha)F\mu/RT]}\} \tag{6-79}$$

式中，i 为净电流密度；μ 为过电位；i_0 为交换电流密度；α 为交换常数，介于 $0\sim1$ 之间；R 为气体常数。

在反应界面上同样会受到扩散的控制，因为扩散边界在电流产生之后缓慢地增加，反应物通过扩散的边界层向电极进行传输。在超过一定的电位之后，反应物的扩散速率决定了反应速率，例如在旋转圆盘电极中，其交换电流密度与转速的平方根成正比。这种由于反应物扩散控制的电化学反应称为浓度差极化，尤其会发生在高电流密度的电化学测试中。这种浓度极化的过程主要取决于燃料利用率、电极孔隙率和膜渗透平衡等因素。

燃料电池还有比较明显的欧姆损失，即由电解质电阻和表面层造成的电压下降。

燃料电池的性能主要是通过极化曲线进行分析的，极化曲线是描述电池电压与电流密度之间关系的曲线，主要反映了电化学（活化）极化、欧姆极化、扩散（浓差）极化之间的关系，如图 6-43 所示。极化曲线电压的降低主要来自各类极化损失如下。

a.电化学（活化）极化损失：这部分电压损失是克服电化学反应势垒引起的。

b.欧姆极化损失：通常与气体扩散层和极板内阻、界面的接触电阻有关。

c.扩散（浓度差）极化损失：与气体扩散层中物料传输过程有关，取决于气体扩散层各组件成分及其结构。物料传输过程与极板流场、气体扩散层结构、催化层介-微观结构等有关。

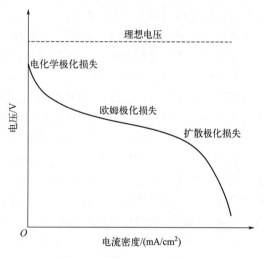

图 6-43　燃料电池的极化曲线

这些不起眼的损失会消耗大量的电能，从而影响燃料电池的性能。

（2）燃料电池系统与分类

① 燃料电池系统　燃料电池系统的核心是电堆，它主要是由三个活性组件组成：电极、电解质和双极板。

电极是由气体扩散层和催化剂层组成，又称为气体扩散电极。气体扩散层通常由导电的多孔材料组成，主要负责支撑催化剂层，扩散气体、水，起到电流传输和热传输的作用。目前常用的扩散层材料主要是碳纸，其能保证优异的导电性能和透气性。催化剂层则主要是燃料和氧化剂发生电化学反应的场所，同时它也是进行电子、水、质子生成转移的场所。通常催化剂层是由催化电化学反应催化剂和质子/离子传导电解质（例如质子交换膜）来构建。反应气体和产物水主要通过催化剂层之间的多孔结构进行传输，这种"催化剂/反应气体/电解质"交界处通常被称为"三相界面"。如何构建"三相界面"，提高催化剂稳定性和利用率，同时有效地进行气体和产物传输，减少传质损失，是研究人员主要关注的问题。

双极板同样是燃料电池的关键部件，具有分隔氧化剂和还原剂、收集和传导电流、阻隔气体的功能。目前主要应用的双极板包括石墨板、金属板、复合双极板等。除了材质要求之外，双极板还必须起到良好的气体和水的分配作用。因此，双极板的流场设计是一个关键，其目的就是保证流体分布的均匀性，降低流体的能耗。常见的流场形式主要是平行沟槽流场和单/多通道蛇形流场等。石墨双极板仍然是目前最常用的双极板材料，它存在着流场加工成本高等问题。对比而言，采用金属石墨的复合双极板设计，结合了石墨板和金属板的优点，具有耐腐蚀、体积小、质量轻和易加工等特点，应是未来发展的趋势。

② 燃料电池的分类　燃料电池的分类目前主要是通过电解质的不同进行划分，主要分为质子交换膜燃料电池、固体氧化物燃料电池、熔融碳酸盐燃料电池、磷酸燃料电池和碱性燃料电池等。还可以通过燃料电池的工作温度进行分类，高于 600℃ 的燃料电池被归类为"高温"燃料电池。在高温工作条件下，碳氢燃料（例如甲烷）自发地转化为氢气并有效地促进电化学反应而无需催化剂。但是这类电池的效率与反应温度成反比，这意味着高于特定温度时，能量释放会受到很大影响。

常见的高温燃料电池种类包括以下几种。

a. 熔融碳酸盐燃料电池（MCFC）。熔融碳酸盐燃料电池一般采用碱性溶液作为电解质，采用纯氢作为燃料。电池在 600～650℃ 下运行，比较稳定。该系统的研究和开发从 19 世纪 50 年代开始，并在 20 世纪 90 年代后期获得较快发展，并用于商业生产。这种高温的熔融碳酸盐燃料电池最适合用于固定发电厂系统中的基荷发电。基于熔融碳酸盐燃料电池的商业发电厂自 2003 年开始可用，目前全球有超过 60 兆瓦的商业发电厂在 50 多个地点运行。该技术的成功归功于与高温操作相关的关键特性，700℃ 左右的温度，高于磷酸或质子交换膜燃料电池，但低于固体氧化物燃料电池。在这个温度下，反应动力学使得电池不需要贵金属催化剂来实现良好的性能，但温度不会高到需要特殊合金或陶瓷作为结构材料。不使用贵金属催化剂既降低了燃料电池组的成本，又降低了燃料电池对燃料杂质和一氧化碳的敏感性，从而实现了高度的燃料灵活性。工作温度也足够高，允许使用碳氢燃料（例如，天然气或生物燃料），无需外部重整系统即可使用。这些燃料可以在燃料电池堆内重整为氢气，这提高了系统效率并降低了冷却系统成本。

b. 固体氧化物燃料电池（SOFC）。这种类型的燃料电池广泛用作固定式发电机，其工作温度约为 700～950℃。固体氧化物燃料电池一般使用固体陶瓷电解质（如氧化锆）和合成气类型的燃料。固体氧化物燃料电池已开发并在实验室和实验工厂规模进行验证，在相对较低的电池电压下，固体氧化物燃料电池的高工作温度具有明显的优势，动力学限制可忽略不计，在约 $1A/cm^2$ 的电流密度下，电解效率接近 100%。然而，在高温操作下，也会面临一些问题：长启停时间，电池组件的高温相互扩散导致的快速降解以及腐蚀产物的中毒，等等。为了同时实现基荷发电和长寿命，一种潜在的解决方案是在固体氧化物燃料电池系统中将反应堆（以恒定电压模式运行）与燃气轮机集成，构建混合系统。与固体氧化物燃料电池独立系统相比，混合系统的效率比固体氧化物燃料电池独立系统高约 36%，寿命也长约 18 倍。

在 250℃ 以下运行的燃料电池被归类为"低温"燃料电池。一方面，这些电池需要催化剂（由昂贵的稀有金属制成），不允许内部重整，因此需要外部氢源。另一方面，较低的温度范围允许更短的启动时间，并且在使用时不会出现太多材料降解。这两个因素使低温燃料电池对汽车应用特别有吸引力。

值得一提的低温燃料电池有以下几种。

a. 碱性燃料电池（AFC）。传统的碱性燃料电池使用质量分数为 $35\% \sim 85\%$ 的 KOH/NaOH 水溶液作为液态电解质，并且通常在 $100℃$ 以下运行，以避免碱性电解质溶液中的水分流失。因此，碱性燃料电池与质子交换膜燃料电池具有一些共同的优点，包括绝热要求低、热循环不受限制、二级启动或关闭、优良的负载跟随等。而且，碱性燃料电池只需要使用非贵金属催化剂（通常为镍）作为电极材料，从而显著降低组件成本。与质子交换膜燃料电池类似，碱性燃料电池会被一氧化碳（CO）和硫化物毒害。此外，在燃料和氧化剂气流不断循环过程中，碱性燃料电池会由于氢氧根离子减少和多孔电极堵塞（金属碳酸盐沉淀）而遭受剧烈降解，对燃料和氧化剂气流或电解液进行杂质的去除，是此问题的一种解决方案。然而，当大气中的空气作为氧化剂进入碱性燃料电池时，以上方案就无法解决降解问题。此外，碱性燃料电池需要额外的电解液管理，以避免碱性电解液的腐蚀和电极溢流或干燥。

b. 磷酸燃料电池（PAFC）。在磷酸燃料电池中，将液态磷酸用作电解质，纯氢用作燃料，工作温度约为 $180℃$，一般用作固定式发电机，但是其发电效率不高。磷酸燃料电池的工作温度几乎是质子交换膜燃料电池的两倍。与质子交换膜燃料电池和碱性燃料电池不同，磷酸燃料电池对重整碳氢燃料中的杂质非常耐受。已发现磷酸燃料电池可用于固定配电、国防和军事应用。化学反应实际上类似于质子交换膜燃料电池，也需要铂催化剂才能进行有效的电化学反应，催化剂还必须耐受浓酸。

c. 质子交换膜燃料电池（PEMFC）。质子交换膜燃料电池也称为"固体聚合物燃料电池"，它通过使用电解质将氢离子（H^+）从阳极传导到阴极来运行。电解质是全氟磺酸聚合物。目前，基于全氟磺酸的质子交换膜燃料电池是应用最广泛的燃料电池技术。质子交换膜燃料电池的工作温度范围在 $60 \sim 80℃$ 之间，而压力通常保持在 $1 \sim 2\,\mathrm{bar}$（$1\,\mathrm{bar} = 10^5\,\mathrm{Pa}$）之间。质子交换膜燃料电池是轻型车辆、建筑以及小型应用（如可充电电池的替代品）的主要候选材料。质子交换膜是一种薄塑料片，氢离子可以通过它。该膜的两面都涂有作为活性催化剂高度分散的金属合金颗粒（主要是铂）。在燃料电池中氢气被送入阳极侧，由于催化剂的作用，氢原子释放电子并变成氢离子（质子）。电子以电流的形式行进，在返回燃料电池的阴极侧供氧之前，可以利用该电流。质子通过膜扩散到阴极，在那里与通过外部电路传递的电子以及氧反应生成水，从而完成整个过程。后面，将着重介绍质子交换膜燃料电池。

③ 燃料电池的应用　燃料电池在生产生活中的很多领域都有着广泛的应用，包括电动汽车、分布式发电、备用电源和家庭电源、航空航天等。

车用燃料电池是燃料电池发展非常有前景的领域。汽车工业的发展是希望能够提高化石燃料的效率，减少有害气体的排放。燃料电池能够彻底取代化石能源，代替内燃机，吸引了越来越多人的兴趣。车用燃料电池的主要挑战是将电能转化为机械动力并进行控制。这就需要实现电池和电机之间的电源管理，目前常用的方法是将其与储能装置结合，实现高里程的续航。

燃料电池的分布式发电是解决我国电网供电不均问题，推进能源转型的关键途径。目前主要分为基于燃料重整制氢的分布式燃料电池系统和基于纯氢的分布式燃料电池系统两种。其热电联供效率高，电力安全性能高，电力负荷供给灵活，寿命长，非常适合在用户侧进行分布式供电，被认为是能源利用历史上又一次变革性技术。

早在 20 世纪 60 年代，燃料电池就成功应用在航空航天领域，例如阿波罗号宇宙飞船等。阿波罗号采用的是碱性燃料电池，累计运行时间高达 10000h，表现出良好的可靠性和安全性。目前，以燃料电池为动力的平流层飞艇、无人机也成为国际研发的热点。燃料电池在航空航天领域表现出广阔的应用前景。

（3）质子交换膜燃料电池

在前面介绍过，根据电解质的不同，常见的燃料电池包括质子交换膜燃料电池、固体氧化物燃料电池、熔融碳酸盐燃料电池、磷酸燃料电池和碱性燃料电池等。其中，质子交换膜燃料电池无污染、无腐蚀，操作温度低，反应速度快，是目前应用最广泛的一种燃料电池，尤其是在氢燃料电池汽车中。

质子交换膜燃料电池属于低温燃料电池，工作温度一般在 60～80℃ 之间，基本结构和工作原理如图 6-44 所示，氢气（H_2）和氧气（O_2）通过双极板上的导气管道分别到达电池的阳极和阴极，在质子交换膜两侧发生氢氧化反应和氧还原反应，电子通过外电路做功，反应产物为水。

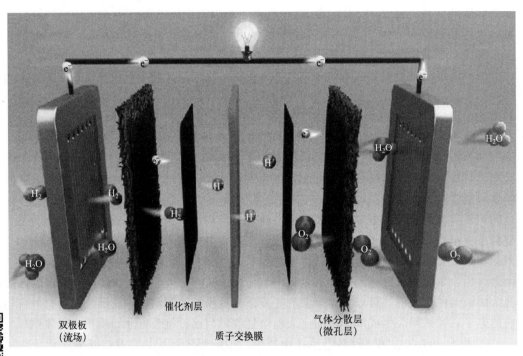

图 6-44　质子交换膜燃料电池的基本结构与工作原理

① 电催化剂设计　电催化剂是燃料电池的关键材料之一，主要目的是降低反应的活化能，加快电化学反应速率。目前在质子交换膜燃料电池中常用的商用催化剂是铂碳颗粒（Pt/C），由 Pt 的纳米颗粒分散到碳粉（如 XC-72）载体上的担载型催化剂。这种 Pt/C 催化剂价格昂贵，国内储量少，而且在长时间的运行过程中常会出现团聚，导致性能下降。

因此针对 Pt/C 催化剂面临的问题，开发一种新型的高催化活性、高稳定性的低 Pt 或非 Pt 催化剂是目前研究的热点。提高催化剂比活性或质量活性的一个主要方法是设计新的催化剂结构（如纳米笼、核-壳、纳米材料、纳米线、纳米晶体等）。典型的例子是带有延伸铂表面的 Pt_3Ni 纳米催化剂，与商用 Pt/C 催化剂相比，其质量活性提高了 36 倍，比活性提高了 22 倍。最近，一种突破性的催化剂在非贵金属材料上负载极低浓度的 Pt 合金（LP@PF-1），在燃料电池循环 30000 次后，其质量活性达到 1.08A/mg（以 Pt 计），并保持初始值的 64%。然而相对于旋转环盘电极（RRDE）的测试，其质量活性下降了一个数量级。此外，一些铂纳米颗粒被认为是亚稳态的，并且几何形状随着催化剂循环时间的延长而减小。因此，未来的挑战是稳定催化剂颗粒形状，以提高其耐久性，同时保持其在运行燃料电池环境中的超高比活性或质量活性。

对于不含 Pt 的非贵金属催化剂，过渡金属氮碳化合物（M-N-C）催化剂表现出了优异的催化活性，特别是原子分散的 Fe-N-C 催化剂，被认为是最有希望代替 Pt 作为质子交换膜燃料电池的阴极催化剂。但是由于其内部活性位点密度低、稳定性不足和三相界面流通性差等问题，依旧阻碍着 M-N-C 催化剂的发展。传统的 M-N-C 催化剂的合成方法一般是高温处理含氮、含碳化合物和过渡金属得到催化剂，很难精确地控制活性位点的密度和局部环境。天津大学的凌涛课题组采用离子扩散的方法，在富含缺陷的碳骨架上合成 SeO$_2$ 官能团修饰的 Fe-N-C 催化剂，表现出优异的氧还原活性，如图 6-45（a）所示。Dodelet 等采用金属有机框架（MOF）和金属盐前驱体，在高温下碳化得到了具有均匀活性位点的催化剂，在燃料电池测试中表现出优异的性能。该催化剂具有最佳颗粒大小、形状和孔隙性的工程催化剂形态，可以进一步增加活性位点密度并改善质量转移。最近，2-甲基咪唑锌盐（ZIF-8）衍生凹形 Fe-N-C 催化剂被开发出来。它们提供较大的外部表面积，从而暴露更多的活性位

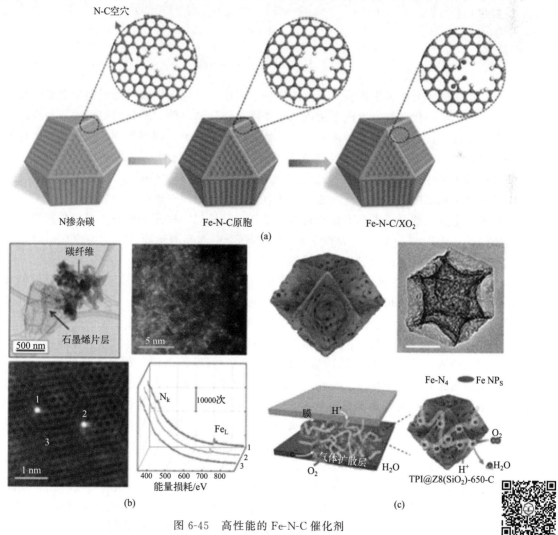

图 6-45　高性能的 Fe-N-C 催化剂

点，具有增强的质量转移。

② 质子交换膜 质子交换膜是一种固态电解质膜，其作用是隔离燃料和氧化剂，传递质子（H^+）。理想的质子交换膜要求在低湿度的条件下具有高质子电导率和良好的电化学、机械稳定性。目前商用的质子交换膜是全氟磺酸膜，其化学式如图 6-46 所示。其碳氟主链是疏水的，而侧链部分的磺酸端基（$-SO_3H$）是亲水的，膜内会产生微相分离，当膜在润湿状态下，亲水基团聚集起来构成离子网络传导质子。质子在传导的过程中，往往是水合质子的形式，因此水在膜中起到非常重要的作用。这也导致温度升高时，质子交换膜会因缺水而产生较大的阻抗，无法正常工作。

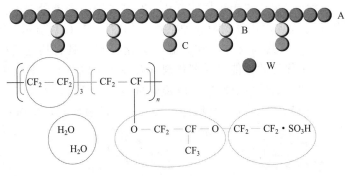

图 6-46 质子交换膜结构

通过优化质子交换膜来提高燃料电池的功率密度，主要策略就是降低商用全氟磺酸膜的厚度。例如，第一代燃料电池汽车采用了最先进的增强超薄膜，不仅缩短了质子和水的传输路径，还实现了自增湿，避免了阳极干燥；然而这种工艺也会带来薄膜机械损伤和电化学降解的挑战。另一种提高薄膜稳定性的方案是在薄膜中加入铈盐，比之前的版本薄了 30%，性能和机械耐久性都得到了改善。此外，含有自支撑氧化铈（CeO_2）的复合薄膜同时表现出增强的化学和机械耐久性，这可能是未来制备高性能燃料电池的合适方法。

考虑到全氟磺酸膜成本高，目前科研工作者也开发出一些非全氟磺酸膜，包括聚三氟苯乙烯磺酸膜、Ballard 公司的 BAM3G 膜、聚四氟乙烯-六氟丙烯膜等。这类膜在电导率、热稳定性和机械强度等方面也表现出优异的特征。

③ 双极板 自 20 世纪后期采用质子交换膜燃料电池应用到汽车以来，双极板的创新和发展就在不断进行。双极板结构设计的主要方向就是优化流场设计。一方面就是修改和缩小通道-肋骨设计，另一方面就是开发没有肋骨但具有多孔结构的流场。这种方式比传统的双极板设计显现出明显的优势，但也会带来新的问题。比如，第一代三维细网双极板，以鱼鳞图案标记的挡板，展现了有效的质量转移（传输）。然而，撕裂过程也造成断裂表面裂缝，使金属基板暴露在酸性电化学环境中。总之，在保证机械耐久性的前提下，提升质量传输仍是设计下一代质子交换膜燃料电池的主要挑战。

热传导和电子传导是双极板设计的又一挑战。通过电极边缘或者气体循环去除热量是非常困难的，因此大量的热量必须通过双极板传输，然后通过外部的散热器去除。同样地，在实现气体和产物运输的同时，还要保证增强其耐久性（减少电化学腐蚀和机械降解的影响）。

④ 集成多孔双极板-膜电极设计 最近，研究人员提出了一种新型的集成多孔双极板-膜电极设计，利用金属/石墨烯多孔泡沫作为气体反应物的分布装置。凭借优异的力学性能，这种多孔双极板不仅减少了体积和质量，而且可以实现了均匀的质量和热量分布。这些多孔

材料的制造成本比精制肋板或挡板低得多，而且其几何参数（包括孔隙率、孔隙形状）是可控的。在这种集成多孔双极板-膜电极设计中，气体扩散层完全可以用多孔材料取代，以便于催化剂层和外部环境进行质量传输。这种集成结构设计除了提供更紧凑的电极结构外，还可以大大促进双极板和气体扩散层之间的质量、热量和电子的界面输运，从而避免界面输运阻力。Tanaka 等人介绍了一种使用波纹的网格流道代替多孔材料，来实现独立的单元设计，证明了集成的可行性。Park 等人采用石墨烯泡沫制造统一的流场/气体扩散层，在宽电流密度范围内实现更高功率输出的同时，电池厚度减少了 82%。虽然在集成的双极板-膜电极设计中，较薄的电池获得了更好的性能，但具有高导电性的多孔流场材料在酸性环境中容易受到化学腐蚀。因此，为了实现三维多孔结构的长期稳定运行，需要有效的涂层材料和涂层方法。此外，多孔材料表现出比传统双极板更低的刚度。为了避免流场的过度变形，双极板的刚度增强处理（例如压缩）是必要的。综上所述，集成多孔双极板-膜电极设计可以同时改善质量传输、缓解"水淹"和减少质子交换膜燃料电池的电极体积，并可能为实现超高功率密度提供一个有前景的方法。

⑤ 质子交换膜燃料电池的应用　为解决由化石燃料能源使用引起的全球能源消耗和环境污染问题，可再生和环保能源的发展受到全球的关注。基于可再生能源的氢经济——包括氢生产、氢储存和氢转化为电能——被广泛认为是未来能源的一个有前途的解决方案。在氢经济中，燃料电池汽车是实现低碳交通的关键，而当使用可再生能源生产氢气时，温室气体排放有望减少到接近零。

质子交换膜燃料电池在过去的几十年中取得了巨大进步。作为两种低碳交通方式，燃料电池汽车和纯电动汽车经常被拿来比较。电池是能量储存设备，而燃料电池是能量转换设备，通常使用氢来储存能量。作为存储介质，氢具有锂离子电池固有的优势，燃料电池汽车具有更高的能量密度和更短的燃料补充时间。在 0℃ 以下的条件下，燃料电池汽车的性能也优于纯电动汽车，因为纯电动汽车经常表现出明显降低的放电容量。目前燃料电池汽车的成本高于短程汽车（200 英里以下，322 公里）的纯电动汽车。然而，它的成本与年产量较高的纯电动汽车相当或更低，特别是远程汽车（300 英里以上，483 公里）。缺点是，燃料电池汽车的使用效率远低于纯电动汽车，而且氢燃料基础设施仍处于初级阶段。近二十年来，随着锂离子电池技术的快速发展，结合电网与家庭充电，实现了纯电动汽车市场的大规模扩张。燃料电池汽车的核心部件——质子交换膜燃料电池，存在需要克服的技术障碍。此外，质子交换膜燃料电池堆栈的性能、成本和耐久性极大地影响着燃料电池汽车的大规模商业化。提高功率密度对燃料电池汽车的发展至关重要。

6.4　光催化材料

6.4.1　光催化原理

6.4.1.1　基本理论

随着人类社会的不断发展，化石燃料过度燃烧所带来的能源与环境问题引起了世界各国的广泛关注。寻找一种绿色清洁的可再生能源是解决这一问题的有效手段。在众多的可再生能源中，太阳能由于分布范围广以及清洁无污染等优点，其高效利用受到广泛的关注。光催化是一种通过吸收光能产生电子-空穴对进而驱动氧化还原反应进行的绿色技术，在水分解制氢、降解有机物以及二氧化碳还原等方面展现出巨大潜力。

（1）光催化剂和光催化反应

光催化剂是指在太阳光的作用下发挥催化作用的物质。光催化剂中研究最广泛的是半导体光催化剂。光催化剂除包含半导体材料本身外，通常还包含负载在催化剂表面的"助催化剂"。含有光催化剂的反应体系在光辐照下激发出具有还原、氧化能力的光生电子和空穴（载流子），进行化学反应。自然界中最典型的光催化反应为植物的光合作用，将二氧化碳和水转变为有机物。在这里我们主要介绍光催化反应在人工光合成方面的内容。

（2）光催化反应的基本过程

光催化反应主要分为三个基本步骤：①半导体吸收大于或等于禁带宽度能量的光子之后，电子由价带跃迁至导带，这样就在导带上形成了带负电的光生电子，在价带上留下了带正电的空穴；②光激发过程完成后，光生电子与空穴分别扩散至催化剂表面；③光生电子与空穴分别进行还原和氧化反应，获得光催化产物。

6.4.1.2　影响光催化性能的因素

影响光催化性能的因素有很多，主要包括光催化剂（主要是半导体材料）本身的影响以及外界条件的影响。从光催化反应的三个基本过程可以看出，半导体材料的光催化活性主要受光吸收范围、光生电子-空穴对的还原与氧化能力、载流子的数量、载流子的分离效率以及表面反应速率等影响。因此，半导体的能带结构、晶体缺陷、暴露晶面以及助催化剂修饰等将对光催化性能产生重要影响。除半导体材料本身的影响外，光源强度、溶液的 pH、催化剂的加入量以及反应温度等都将对光催化性能产生影响。本小节中，将主要讨论半导体材料本身的能带结构、晶格缺陷以及暴露晶面对光催化性能的影响，助催化剂修饰的作用将在后续章节讨论。

（1）能带结构的影响

根据固体能带理论，半导体的能带结构一般是由低能的价带和高能的导带构成，价带充满电子，而导带由未填充电子的空轨道构成。价带和导带之间的能量空隙为禁带，以 E_g（单位：eV）表示。E_g 与半导体吸光波长 λ_g（单位：nm）之间的关系可用式（6-80）表示。半导体的禁带宽度决定了其光吸收范围，半导体禁带宽度越宽，光激发所需的光子能量就越高，相应的波长就越短，从而能利用太阳光的范围就越窄。太阳光谱中波长介于 $400 \sim 780$nm 的光属于可见光的范围，约占太阳光谱能量的 43%，由式（6-80）可以看出，当禁带宽度小于 3.1eV 时，可以利用太阳光中的可见光部分，其对充分利用太阳能开发可见光响应的材料具有重要的意义。

$$\lambda_g = \frac{1240}{E_g} \tag{6-80}$$

当半导体吸收能量大于或等于半导体带隙能量的光子时，将电子从价带激发至导带，产生的光生电子和空穴分别具有还原与氧化能力。根据氧化还原反应原理可知，只有当半导体导带电势低于还原电势时，相应的光催化还原半反应才能进行；同样，当价带电势高于氧化反应电势时，光催化氧化半反应才能进行。因此，半导体导带位置越负，光生电子的还原能力越强，价带位置越正，光生空穴的氧化能力越强。从热力学的角度来看，半导体带隙宽度决定了其吸光能力，导带底与价带顶的位置决定了其光催化反应的能力。因此，催化剂的能带结构在本质上决定了半导体材料的光吸收范围大小以及光催化驱动力的强弱。图 6-47 给出了一些常见的半导体材料在中性条件（pH＝7）下的能带结构。

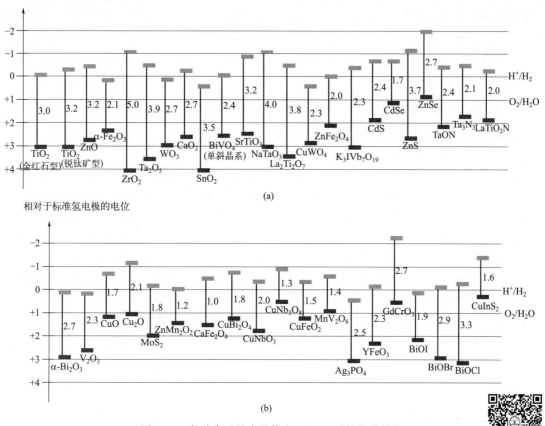

图 6-47 各种常见的半导体在 pH＝7 时的能带结构

（2）晶格缺陷的影响

在晶体中，物质的微观原子排列受到晶体形成条件、原子的热运动，杂质填充及其他条件的影响，导致结构偏离理想晶体结构的区域称为晶格缺陷。这些缺陷在光催化的过程中发挥着重要的作用，同一种缺陷对不同催化剂的影响并不相同。例如，TiO_2 晶体在制备的过程中形成了 Ti^{3+}-V_O-Ti^{3+} 缺陷，这种缺陷有助于在水分解过程中将 H_2O 氧化为 H_2O_2，其反应速率相较于无缺陷的 TiO_2 提升 5 倍以上。然而，某些缺陷在光生载流子迁移的过程中会作为电子空穴的复合中心而降低催化剂的活性。例如，$SrTiO_3$ 在制备的过程形成 Ti^{3+}-V_O-Ti^{3+} 缺陷，Ti^{3+} 作为载流子的复合中心会降低催化剂的活性，通过各种手段调控这种缺陷有助于催化剂活性的提升。但研究表明，适量浓度的氧空位（V_O）有助于 $SrTiO_3$ 催化活性的提升。因此，通过调控催化剂的结晶度进而调控其晶格缺陷的浓度及种类，可以使催化剂具有优良的催化活性。

（3）暴露晶面的影响

不同晶面具备不同的原子排列以及表面能，导致不同晶面具有不同的光催化活性。因此，通过暴露不同的晶面有助于催化剂实现高的光催化活性。以 $SrTiO_3$ 为例，｛001｝晶面是光生电子的聚集面，｛110｝晶面是光生空穴（简称空穴）的聚集面，通过在制备过程中的形貌调控选择性暴露更多的 ｛001｝ 和 ｛110｝ 晶面有助于 $SrTiO_3$ 光催化活性的提高。此外，单斜 $BiVO_4$ 催化剂可以在不同的晶面上实现有效的电荷分离，光生电子的还原反应和光生空穴的氧化反应分别在 ｛010｝ 和 ｛110｝ 面上进行。基于这一发现，还原和氧化助催化剂分别选择性地沉积在 ｛010｝ 和 ｛110｝ 面上，与具有随机分布的助催化剂的光催化剂相比，在光催化反应中具有更高的活性。除 $SrTiO_3$ 和 $BiVO_4$ 外，TiO_2 以及 Cu_2O 等常见的光催化剂均具备此种特性。

6.4.1.3 典型的光催化材料

（1）二氧化钛光催化材料

自 1972 年 Honda 和 Fujishima 首次在 TiO_2 表面发现光催化现象以来，这种半导体材料在太阳能转换和环境保护方面被广泛应用。TiO_2 因具备无毒、易制备以及化学性能稳定等优点而被广泛研究。TiO_2 3.2eV 左右的带隙使其光生电子-空穴对具有较强的还原与氧化能力，因此能满足大多数的光催化反应电势需求。TiO_2 具有金红石型、锐钛矿型和板钛矿型三种晶型。其中板钛矿型属于斜方晶型，较不稳定，在自然界中含量较少，在 650℃ 时转换为金红石晶型。锐钛矿型具有 3.2eV 的带隙，与具备 3.0eV 带隙的金红石型 TiO_2 相比，其表面具备更多的活性中心，因此具有更高的光催化活性。TiO_2 在光催化水分解、降解有机物以及二氧化碳还原等方面得到了广泛的研究。其制备方法主要可以分为气相法、液相法和固相法三种。随着胶体化学的发展，采用溶胶-凝胶法和水热法可以合成出形貌可控的 TiO_2 光催化剂。

（2）钛酸锶光催化材料

钛酸锶（$SrTiO_3$）是一种典型的钙钛矿型（ABO_3）材料，其具备热稳定性好、介电常数高等优点。$SrTiO_3$ 具备与 TiO_2 相似的禁带宽度（3.2eV），吸光带边在 380nm 左右，由于禁带宽度较大，只能利用太阳光谱中的紫外光区域，太阳能利用率较低。目前常见的钛酸锶的合成方法包括：水热法、溶胶凝胶法、高温固相反应法以及共沉淀法等。通过表面处理、缺陷调控以及掺杂等处理手段对 $SrTiO_3$ 进行后期处理可以有效提升其催化活性。$SrTiO_3$ 可以应用于多个领域，包括光催化水分解、光催化降解有机物、光催化二氧化碳还原以及光化学电池等。

（3）钒酸铋光催化材料

钒酸铋（$BiVO_4$）是一种亮黄色不含对人体有害的重金属元素的环境友好型半导体材料，被广泛应用于涂料、油墨以及光催化等领域。在目前研究的众多金属氧化物光催化剂中，$BiVO_4$ 是一种典型的窄带隙（2.4eV）的复杂氧化物，其吸光范围在 520nm 左右。其不仅具有优异的可见光催化性能，而且具有高的光生电转换效率。$BiVO_4$ 广泛应用于可见光诱导光催化水分解以及有机物降解。目前已知的 $BiVO_4$ 晶体结构包括以下四种：四方白钨矿型、四方硅酸锆型、正交钒酸矿型以及单斜晶型，其中，单斜晶型具备最强的光催化活性。因此，通过控制实验条件定向制备高比例单斜晶型 $BiVO_4$ 具有非常重要的意义。

（4）氮化碳光催化材料

氮化碳光催化材料中研究较多的为石墨相氮化碳（$g\text{-}C_3N_4$），其带隙宽度为 2.7eV，吸光范围至 460nm，对可见光具有一定的吸收。其具备抗酸、碱及光腐蚀的特性，结构和性能易于调控，具有较好的光催化性能，因而在光催化领域得到了广泛的研究。$g\text{-}C_3N_4$ 是利用一些廉价富氮物质作为前驱体，如氰胺、双氰胺、三聚氰胺、硫脲以及尿素等，通过热缩聚的方法来制备的。通过调整前驱体的种类以及热缩聚过程中的参数等，可以制得不同形貌以及不同理化性质的 $g\text{-}C_3N_4$。

6.4.2 光催化水分解

氢气不仅是重要的化工原料，还可以用作清洁能源。传统的制氢方式严重依赖于化石燃料，光催化水分解被认为是有望实现工业化制备绿色氢能的有效途径之一。尽管太阳能总量非常大，但光催化水分解制备绿色氢能的工业化应用仍面临艰巨挑战：将光催化水分解的能量转化效率和规模提高到一定水平。

6.4.2.1 全水分解与半反应

光催化水分解的机理如下。半导体吸收能量大于等于其带隙的光后，位于价带的基态电子被激发到能量更高的导带上，同时在价带产生一个空穴［式（6-81）］，光生电子将水还原成氢气［式（6-82）］，光生空穴将水氧化成氧气［式（6-83）］，公式如下：

$$半导体 + h\nu \xrightarrow{h\nu \geqslant E_g} h^+ + e^- \tag{6-81}$$

$$2H^+ + 2e^- \longrightarrow H_2 \tag{6-82}$$

$$H_2O + 2h^+ \longrightarrow 2H^+ + \frac{1}{2}O_2 \tag{6-83}$$

$$H_2O \longrightarrow H_2 + \frac{1}{2}O_2 \tag{6-84}$$

式中，h^+ 为空穴。

光催化水分解可以通过 2 种途径实现：一种是以化学计量比产生氢气和氧气的全水分解；另一种是在牺牲剂存在的情况下进行产氢或产氧半反应。

全水分解是吉布斯自由能增加的反应，反应难度较大。判断是否实现了全水分解的标准为水分解产生的氢气与氧气物质的量之比为 2:1 或接近于 2:1。如图 6-48（a）所示，全水分解可通过单一光催化剂实现，此时产氢和产氧位点在同一个光催化剂上；如图 6-48（b）、（c）所示，也可以通过 2 个光催化剂搭配实现全水分解，其中一端负责产氢半反应，另一端负责产氧半反应。

牺牲剂存在的半反应也常常用来评价光催化剂的水分解性能，特别是对于一些能带位置只满足产氢或产氧能带要求之一的半导体，可以较好地反映光催化剂的产氢或产氧性能。在牺牲剂存在的半反应中，电子牺牲剂（例如 Ag^+、Fe^{3+}、IO_3^- 等）容易被导带的光生电子

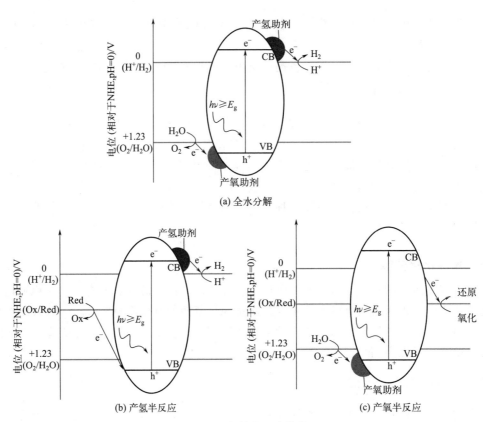

(a) 全水分解

(b) 产氢半反应

(c) 产氧半反应

图 6-48　光催化反应能带

NHE——一般氢电极；Ox—氧化态；Red—还原态

还原，价带上的光生空穴则发生水氧化成氧气的半反应，如图 6-48（c）所示；空穴牺牲剂（例如甲醇、亚硫酸盐、硫化物等）容易被价带的光生空穴氧化，这样导带上的光生电子就可以参与质子还原成氢气的半反应，如图 6-48（b）所示。对于产氢半反应，研究者想到用废弃物作为空穴牺牲剂，这样在光生电子负责产氢的同时，强氧化性的光生空穴可以将废弃物降解处理（图 6-49）。

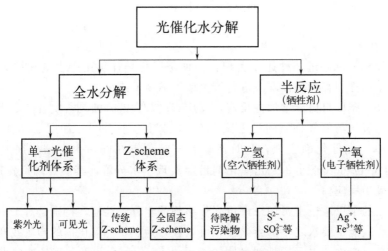

图 6-49　光催化水分解体系

6.4.2.2　反应体系

光催化全水分解催化剂通常可以分为两类：①一步光催化剂体系；②Z-scheme 体系。两者的主要区别为是否需要有电子和空穴的复合，前者不需要，而后者需要。

（1）一步光催化剂体系

利用一步光催化剂进行全水分解时，产氢和产氧反应发生在同一个半导体上，因此，半导体的能带位置需要同时满足以下 2 个热力学条件：①半导体催化剂导带必须比质子还原产氢气的电位 [0.0V 相对于一般氢电极（NHE）pH=0] 更负；②价带必须比水氧化产氧气的电位（+1.23V 相对于 NHE，pH=0）更正。综上，单一半导体进行全水分解的理论最小带隙是 1.23eV，考虑到产氢和产氧反应的过电势，实际上这一最小带隙约为 1.7eV。更大带隙可以提供更高过电势，但带隙过宽会限制半导体对可见光的利用，因此用于单一光催化剂全水分解体系的半导体最合适的带隙为 1.7~1.9eV，对应的光吸收边为 650~730nm。

紫外光响应的 $SrTiO_3$、$NaTaO_3$、TiO_2 等负载合适的助催化剂后都可以实现全水分解。近年来，Al 掺杂 $SrTiO_3$ 作为优异的光催化剂受到研究者的密切关注，当以 Rh@Cr_2O_3 核壳为产氢助催化剂、以 CoOOH 为产氧助催化剂时，该光催化剂可以快速稳定地以化学计量比产生氢气和氧气。在 360nm 波长处的表观量子产率（apparent quantum yield，AQY）高达 96%，是目前单一光催化剂全解水体系的最高值。尽管如此，这一光催化剂的从太阳能到氢能（solar to hydrogen，STH）转化率仅为 0.65%，根本原因是宽带隙限制了半导体所能吸收的太阳光的范围。基于一步光催化剂，已有大规模化的太阳能催化分解水产氢反应器被提出。

2018 年，日本东京大学的 K. Domen 教授研究组设计了一种光催化剂颗粒镶嵌式的板式反应器。该工作将 Al 掺杂的 $SrTiO_3$ 催化剂应用于这个反应器，实现了 $1m^2$（$1m \times 1m$）面积的高效太阳能分解水制氢。

首先，通过熔盐法合成了 Al 掺杂 $SrTiO_3$（$SrTiO_3$：Al）。然后，将 $SrTiO_3$：Al 颗粒固定在 5cm×5cm 的玻璃板上，进而制备了 1m×1m 的光分解水产氢器件。与传统粉末体系的对比实验表明，将 $SrTiO_3$：Al 固定在玻璃板上对光催化性能的影响较小。当这个反应器放置于自然太阳光下，如图 6-50 所示，可以观察到大量的气泡产生。这些气泡可以顺利地从反应器上端的排气孔排出并收集起来。通过计算得出，STH 转化率依然可以达到 0.4%。

2021 年，日本东京大学 K. Domen 将先前报道的面积为 $1m^2$ 的平板反应器系统进行放大，同样以 Al 掺杂钛酸锶颗粒作为光催化剂（图 6-51）。研究者首先将光催化板反应器上产生的湿 H_2 和 O_2 混合气体通过气体收集和输送管被输送到气体分离装置中。利用聚酰亚胺纤维对 H_2 和 O_2 渗透率的显著差异，使用膜分离技术将混合气体分离开。其次，针对装置运行过程中的安全问题，他们将整个制氢系统运行了一年多，在无人为干涉下没有发生自发爆炸或其他故障。研究人员对太阳能制氢系统的每个部件进行了氢氧气体的点燃实验。光催化水分解反应器阵列的大部分保持完好；气体分离和运输系统的内径较小（<20mm）的管道也保持完好无损；中空聚酰亚胺纤维膜分离器也未受损坏，在气体分离装置发生点燃爆炸后仍能够保持其气体分离性能。结果表明，只要反应器尺寸适宜，并使用适当的管道进行运输，光催化制氢系统就可以在一定程度上保障安全。尽管该系统氢气生产效率比较低，但这项研究表明，安全、大规模的光催化水分解制氢和气体收集分离是可能的。下一步的研究

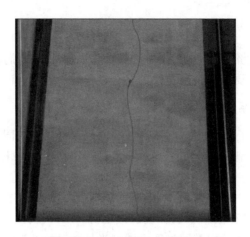

(a) 1m²板式光催化剂在太阳光下反应气泡生成

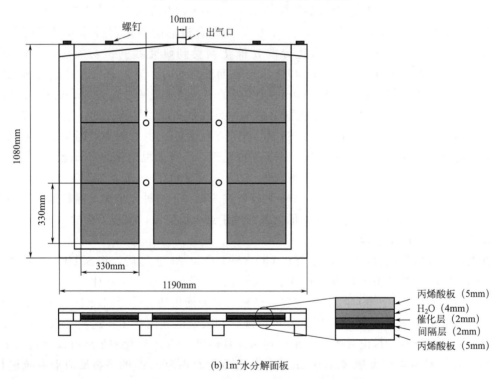

(b) 1m²水分解面板

图 6-50 1m² 面积的高效太阳能分解水制氢

重点是对反应器和工艺进行优化，大幅降低成本，提高 STH 效率、光催化剂稳定性和气体分离效率，进而真正使光催化水分解投入实际生产应用。

一步光催化剂体系中可见光催化全解水面临很多挑战：①要实现全水分解，半导体导带和价带位置必须分别满足产氢和产氧反应的过电势；②目前可见光响应的全解水半导体材料以氮（氧）化物和硫化物居多（Ta_3N_5、C_3N_4、GaN：ZnO、$Y_2Ti_2O_5S_2$ 等），N_3^- 和 S_2^-在氧气和光生空穴存在的环境下面临着严重的光腐蚀，带来了光催化剂稳定性差的问题。基于以上原因，可以实现单一催化剂体系中可见光催化全水分解的半导体材料数量有限，且效率都很低。GaN：ZnO 光吸收最大波长达到 500nm，在 410nm 波长处 AQY＝5％；Ta_3N_5

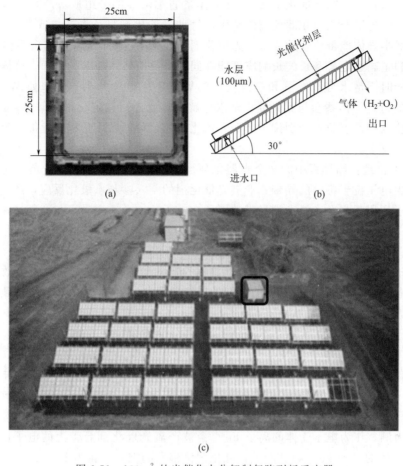

图 6-51　100m^2 的光催化水分解制氢阵列板反应器

光吸收最大波长达到 600nm，在 420nm 波长处 AQY＝0.22％。因此，设法开发新材料和提高可见光（尤其是长波长）响应半导体的稳定性是该体系研究的重点。另外，开发供可见光响应半导体使用的高效助催化剂也是提高可见光光催化全水分解活性的重要方法。

从提高载流子分离效率的角度考虑，构筑Ⅱ型异质结对提高光催化全水分解的效率是有帮助的。需要指出的是，此时利用的是两个半导体导（价）带位置的不同以期达到载流子分离效率的提高，不希望发生电子与空穴的复合。同时，在没有其他辅助的情况下实现电子在不同半导体间转移对复合材料制备提出了很高的要求，现有的研究表明，同一材料的不同相所形成的异质结有不错的效果。

（2）Z-scheme 体系

在一步光催化剂体系中，高氧化还原能力和窄带隙是不可能同时具备的，因此造成了满足全水分解条件的半导体材料数量较少。发展可见光光催化全水分解是光催化水分解工业化应用的必经之路，因此研究者通过将 2 种不同的光催化剂进行复合构筑了 Z-scheme 反应体系。

光催化水分解 Z-scheme 反应体系是受自然界中的 Z 型光合作用机制启发而来。在自然界的光合作用中，两个光系统（PSⅠ和PSⅡ）协同作用，通过一个 Z 型的电子传递链完成太阳能的捕获和转换。在光催化中 Z-scheme 体系通常由 3 部分组成：产氢光催化剂，产氧光催化剂和电子传输介质。在此反应体系中，每种光催化剂只负责产氢或产氧一种半反应，这样放宽了对半导体能带位置的要求，光催化剂的能带不需要同时满足产氢和产氧电位，一定程度上缓和了高过电势和长波长响应不能在同一个反应体系兼顾的局面。这样一些可见光响应却不能同时满足水分解产氧和产氢反应的氧化还原电位的半导体（如 WO_3、$BiVO_4$、Si 等）得以通过这一体系参与到光催化全水分解中。此外，光催化水分解 Z-scheme 反应体系中的产氢位点和产氧位点分别位于 2 个光催化剂上，可以在一定程度上抑制氢气和氧气结合成水这一逆反应。

Z-scheme 机理：当体系中的 2 个光催化剂被光照同时激发，它们的光生空穴位于各自的价带，光生电子位于各自的导带；产氧光催化剂的空穴参与水氧化反应，产氢光催化剂的电子参与质子还原反应，产氧一端导带的电子在电子传输介质引导下与产氢一端价带的空穴复合。在这一反应体系中，光生电子在 2 个光催化剂之间的迁移路径形似字母 "Z"（如图 6-52 所示），因此得名 "Z-scheme"。

在 Z-scheme 中，电子在两个光催化剂之间的定向传输效率非常重要，高效的电子定向传输能促进各个光催化剂中的光生电子和空穴的空间分离并推动两个半反应顺利进行。因此，研究者开发出不同类型的电子传输介质。

根据电子传输介质的不同，Z-scheme 可以分为 2 类：a. 以氧化还原离子对（例如 Fe^{3+}/Fe^{2+}、IO_3^-/I^-、$[Fe(CN)_6]^{3-/4-}$ 等）为电子传输介质的传统 Z-scheme；b. 以导电性良好的固体（金、石墨烯等）为电子传输介质或两种光催化剂直接接触实现电子传输的全固态 Z-scheme。

① 传统 Z-scheme：如图 6-52（a）所示，当电子传输介质是氧化还原离子对时，以 Fe^{3+}/Fe^{2+} 为例，作为电子受体的离子 Fe^{3+} 会被产氧光催化剂导带上的电子还原为 Fe^{2+}，而作为电子供体的离子 Fe^{3+} 会被产氢光催化剂价带上的空穴氧化为 Fe^{2+}。但是，氧化还原离子对的存在也会带来对水分解反应不利的副反应：体系中电子受体离子会与产氢反应竞争产氢光催化剂上的电子，电子供体离子会与产氧反应竞争产氧光催化剂上的空穴。此外，常用的氧化还原离子对需要在特定 pH 下工作，例如，Fe^{3+}/Fe^{2+} 只能在 pH＜2.5 的溶液中发挥作用，否则将形成 $Fe(OH)_3$ 沉淀，IO_3^-/I^- 则需要在 pH＞9.5 才可以完成离子对的循环。在现有报道的该体系中，全水分解活性最好的催化剂在 420nm 波长处 AQY＝10.3%，STH 转化率达到 0.5%。

② 全固态 Z-scheme：如图 6-52（b）所示，此体系是通过导电性良好的固体介质或 2 个光催化剂直接接触来实现 2 个光催化剂之间的电子和空穴的传导。应用较多的是通过金属导体引导 2 个光催化剂之间的电子定向传输，金属导体导电性能好，但是金属导体价格昂贵，研究者以导电性良好的碳材料（如还原氧化石墨烯、碳纳米管等）为电子传输介质成功实现了全水分解。进一步地，研究者为降低成本，开发出不需要借助电子传输介质，而是通过两个光催化剂直接接触实现产氧助剂上的电子定向迁移到产氢半导体上。其中，研究人员开发出基于氮化碳的全固态 Z-scheme 全解水光催化剂并取得重要进展，STH 转化率达到 1.16%。

光照颗粒光催化剂分散在水中形成悬浮液是实验室级别的光催化水分解反应一直在用的研究方法，但是悬浮液模式在工业级的应用中将面临诸多问题：比如如何保持颗粒催化剂在水中的分散性以及如何回收旧催化剂等。于是研究者一改常用的悬浮液评价模式，创新性地设计并制备了基于全固态 Z-scheme 的光催化板：将产氢光催化剂和产氧光催化剂固定在金属导电薄层上，金属层为 2 个光催化剂之间的电子定向移动提供了顺畅的通道。全水分解性能优异的催化剂的 STH 转化率可达 1.1%，相比颗粒催化剂悬浮液模式，这种将光催化剂固定在板子上的模式更利于大规模使用，拓展了全固态 Z-scheme 全解水的设计思路，推动了光催化全水分解在大规模使用场景中的研究。

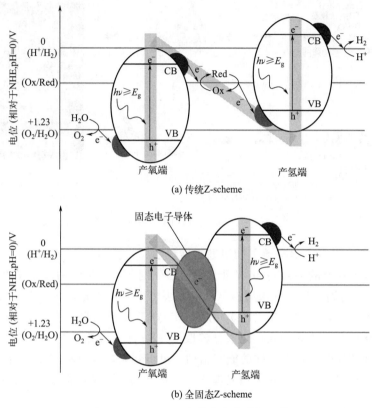

图 6-52　Z-scheme 光催化全水分解能带
Ox—氧化态；Red—还原态

　　理论上，直接通过半导体颗粒一步实现光解水制氢无疑是最经济的途径，但是目前对于高效率的窄禁带半导体的研发依然是全球性的难题。相对一步光水解体系而言，Z 型体系对半导体光催化剂的要求要低得多，所以材料的选择范围也更广。

　　2016 年 Domen 教授课题组研发出一种光催化半导体板。通过将产氢光催化剂（$SrTiO_3$：La，Rh）和产氧光催化剂（$BiVO_4$：Mo）颗粒锚定在导电基底（Au 层）上，从而实现产氢光催化剂和产氧光催化剂之间的有效电子传输，STH 转化率最高达到 1%，远高于其他的 Z 型光催化体系（约 0.1%）。但是这种光催化半导体板制备工艺复杂，成本较高。

　　针对上述材料体系存在的这些问题，2018 年，Domen 教授课题组报道了改进的可打印光催化半导体板。在此工作中，用透明的铟锡氧化物纳米颗粒（np-ITO）替代 Au 作为电子传导介质，规避了逆反应和阻挡半导体吸光的问题，大大提高了这种可印刷制备器件的实用效益。利用丝网印刷术打印出 $SrTiO_3$：Rh/np-ITO/$BiVO_4$：Mo 光催化剂板的过程如图 6-53 所示。利用这种丝网印刷的方法，光催化剂板尺寸可控，规模化应用前景较好。在接近实际应用的反应条件下（333K，91kPa）进行光解水实验，表观量子产率为10.2%（420nm），STH转化率为0.4%，是同等条件下Au颗粒作为导电介质的5倍。制备工艺简单，实用效益可观，这种廉价高效的器件提高了光解水制氢工业化的可能性。

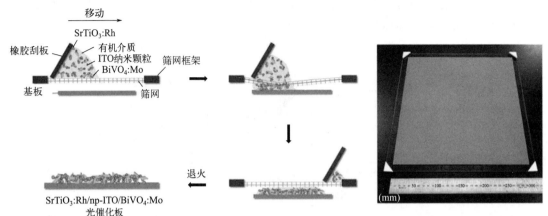

(a) 通过丝网印刷制备
SrTiO$_3$:Rh/np-ITO/BiVO$_4$:Mo片

(b) 一张30cm×30cm打印的
SrTiO$_3$:Rh/np-ITO/BiVO$_4$:Mo薄片的照片

图6-53　打印的SrTiO$_3$：Rh/np-ITO/BiVO$_4$：Mo光催化剂板的制作

2021年，西安交通大学报道了利用硼掺杂/氮缺陷的g-C$_3$N$_4$超薄纳米片成功构建具有优异光催化水分解性能的Z-scheme光催化剂。首先制备了能带结构可连续调控的硼掺杂/氮缺陷的g-C$_3$N$_4$超薄纳米片，并采用静电自组装法构建一系列g-C$_3$N$_4$基2D/2D异质结。在模拟太阳光照射下，以Pt和Co(OH)$_2$分别作为产氢和产氧助催化剂，构建的g-C$_3$N$_4$基2D/2D Z型催化剂具有优异的光催化水分解性能，STH转化率可达到1.16%。该研究工作表明，通过精细调控聚合物半导体的能带结构，可得到兼具产氢和产氧性能的高活性光催化剂，并为设计和构建新型高效的Z型光催化剂体系提供了一种可借鉴的新思路。

6.4.2.3　助催化剂

助催化剂是光催化水分解体系中的另一个重要组成部分。助催化剂的主要功能是在半导体表面作为空穴或电子的捕获中心，增强载流子分离效率；同时，提供氧化还原反应位点，加快表面反应的动力学。由于光催化水分解反应中同时涉及还原反应和氧化反应两部分，所以相应地，助催化剂也分为还原和氧化助催化剂。对应到光催化水分解中，为产氢助催化剂和产氧助催化剂，通常是负载在半导体颗粒表面的某些特定的金属或金属氧化物纳米颗粒。

（1）产氢助催化剂

金属尤其是贵金属（如Pt、Pd、Rh等）具有较大的功函数和低的费米能级，能有效地捕获和富集电子，同时降低产氢反应的过电势或活化能，以Pt为代表的贵金属是理想的产氢助催化剂。这与它们在电催化水分解产氢中的表现基本一致。但同时需要指出的是，Pt对氧还原反应（逆反应，ORR）也表现出较低的过电位，即Pt在催化水分解反应的同时也在催化着逆反应的发生，研究者对如何有效解决这一问题还在进行研究。除贵金属外，一些价格低廉的过渡金属（Ni、Cu、Co等）及其化合物也可以作为光催化水分解产氢助催化剂（图6-54）。这些金属助催化剂一般通过原位光沉积法、化学还原法、浸渍-煅烧法等方式，以团簇状或纳米颗粒的形式负载在半导体上。

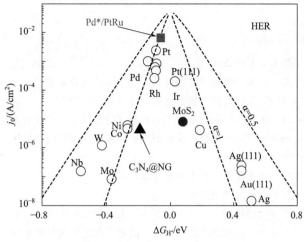

图 6-54　各种金属、合金和非金属材料进行 HER 反应时
交换电流 j_0 值与表面的氢吸附自由能函数的关系

（2）产氧助催化剂

涉及多电子耦合转移的产氧半反应被认为是光催化全水分解的决速步骤，因而其相关研究也是光催化水分解领域的重点研究方向之一。截至目前，RuO_2、IrO_2、CoO_x 等金属氧化物普遍被认为具有优良的助催化性能。同时，产氧助催化剂的引入还在一定程度上具有抑制半导体光腐蚀的作用。

一般而言，助催化剂在光催化中的主要作用是减少载流子复合，并加快反应动力学，进而提高光催化活性。上述光催化体系中产氧助催化剂和产氢助催化剂的性能受到多种因素的影响，包括助催化剂负载量和负载方式、粒径、结构与组成以及助催化剂和半导体之间接触界面等（图 6-55）。

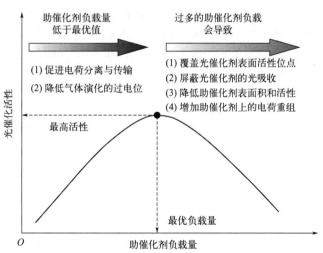

图 6-55　助催化剂负载量与助催化剂加载的半导体
光催化剂的光催化性能之间的火山型关系

习题

1.简述锂离子电池工作原理及组成部分。

2.某研究团队计划开发一种新型电化学储能设备，需兼顾高能量密度（＞300W·h/kg）和快速充电能力（10分钟内充至80％容量），提出可能的技术方案，并简单说明理由。

3.如何通过 d 带中心理论解释不同催化剂在不同类型电催化反应中活性的差异。

4.目前对于某一种电催化反应，不同种类催化剂设计的差异点和共同点是什么？

5.简述燃料电池工作原理及组成部分。

6.总结燃料电池阴极和阳极催化剂设计中需要考虑的因素。

7.简述光催化全水分解的基本原理与过程。

8.请简述影响钛酸锶光催化活性的主要因素有哪些，它们与光催化活性之间的关系是什么。

9.常见的电子牺牲剂有哪些？选取其中之一为例，简述它在光催化分解水中的作用。

10.通过查阅资料，说一说表征光催化剂性能的方法有哪些。分别用于检测什么（以应用于光催化分解水的二氧化钛光催化剂为例）？

参考文献

[1] Boettcher S W, Oener S Z, Lonergan M C, et al. Potentially confusing: Potentials in electrochemistry[J]. ACS Energy Lett, 2021, 6: 261-266.

[2] Tong H, Ouyang S, Bi Y, et al. Nano-photocatalytic materials: Possibilities and challenges[J]. Adv Mater, 2012, 24(2): 229-251.

[3] Wang D, Wang L, Liang G, et al. A superior δ-MnO$_2$ cathode and a self-healing Zn-δ-MnO$_2$ battery[J]. ACS Nano, 2019, 13(9): 10643-10652.

[4] 黄俊达,朱宇辉,冯煜,等. 二次电池研究进展[J]. 物理化学学报,2022,38(12):2208008.

[5] 胡国荣,杜柯,彭忠东. 锂离子电池正极材料:原理、性能与生产工艺[M].北京:化学工业出版社,2017.

[6] 徐艳辉,李德成,胡博. 锂离子电池活性电极材料[M].北京:化学工业出版社,2017.

[7] 刘世平,黄晓晓. d带中心理论探究 MoS$_2$ 电催化氢气析出反应机理的发展[J].大学物理,2024,43(2):71.

[8] 王达,周航,焦遥,等. 离子嵌入电化学反应机理的理解及性能预测:从晶体场理论到配位场理论[J].储能科学与技术,2022,11(2):409-432.

[9] 程锦. 超级电容器及其电极材料研究进展[J].电池工业,2018,22(5):274-279.

[10] Zhang L L, Zhao X S. Carbon-based materials as supercapacitor electrodes[J]. Chemical Society Reviews, 2009, 38(9): 2520-2531.

[11] Conway B E, Angerstein-Kozlowska H. The electrochemical study of multiple-state adsorption in monolayers[J]. Accounts of Chemical Research, 1981, 14(2): 49-56.

[12] Augustyn V, Simon P, Dunn B. Pseudocapacitive oxide materials for high-rate electrochemical energy storage[J]. Energy & Environmental Science, 2014, 7(5): 1597-1614.

[13] Augustyn V, Come J, Lowe M A, et al. High-rate electrochemical energy storage through Li$^+$ intercalation pseudocapacitance[J]. Nature Materials, 2013, 12(6): 518-522.

[14] Heard C J, Čejka J, Opanasenko M, et al. 2D oxide nanomaterials to address the energy transition and catalysis[J]. Advanced Materials, 2018, 31(3): 1801712.

[15] 王维康. 多孔框架材料复合柔性电极的设计、制备及在超级电容器中的应用[D]. 南京:南京邮电大学,2023.

[16] 王钊. 碳纤维基柔性电极的电化学性能研究及在超级电容器中的应用[D]. 长春:长春工业大学,2023.

[17] Hwang J Y, El-Kady M F, Wang Y, et al. Direct preparation and processing of graphene/RuO_2 nanocomposite electrodes for high-performance capacitive energy storage[J]. Nano Energy, 2015, 18: 57-70.

[18] Zhang H, Liu Q, Fang Y, et al. Boosting Zn-ion energy storage capability of hierarchically porous carbon by promoting chemical adsorption[J]. Advanced Materials, 2019, 31(44): 1904948.

[19] Gasteiger H A, Kocha S S, Sompalli B, et al. Activity benchmarks and requirements for Pt, Pt-alloy, and non-Pt oxygen reduction catalysts for PEMFCs[J]. Applied Catalysis B: Environmental, 2005, 56 (1/2): 9-35.

[20] Gasteiger H A, Marković N M. Just a dream—or future reality? [J]. Science, 2009, 324(5923): 48-49.

[21] Nørskov J K, Rossmeisl J, Logadottir A, et al. Origin of the overpotential for oxygen reduction at a fuel-cell cathode[J]. The Journal of Physical Chemistry B, 2004, 108(46): 17886-17892.

[22] Hori Y. Electrochemical CO_2 reduction on metal electrodes[M]// Modern aspects of electrochemistry. New York: Springer, 2008: 89-189.

[23] Rakowski Dubois M, Dubois D L. Development of molecular electrocatalysts for CO_2 reduction and H_2 production oxidation[J]. Accounts of Chemical Research, 2009, 42(12): 1974-1982.

[24] Montoya J H, Peterson A A, Nørskov J K. Insights into C—C Coupling in CO_2 electroreduction on copper electrodes[J]. Chem Cat Chem, 2013, 5(3): 737-742.

[25] Montoya J H, Shi C, Chan K, et al. Theoretical insights into a CO dimerization mechanism in CO_2 electroreduction[J]. The Journal of Physical Chemistry Letters, 2015, 6(11): 2032-2037.

[26] Hammer B, Nørskov J K. Electronic factors determining the reactivity of metal surfaces[J]. Surface Science, 1995, 343(3): 211-220.

[27] Hammer B, Norskov J K. Why gold is the noblest of all the metals[J]. Nature, 1995, 376(6537): 238-240.

[28] Lundqvist B I, Gunnarsson O, Hjelmberg H, et al. Theoretical description of molecule-metal interaction and surface reactions[J]. Surface Science, 1979, 89(1/3): 196-225.

[29] Zhu D D, Liu J L, Qiao S Z. Recent advances in inorganic heterogeneous electrocatalysts for reduction of carbon dioxide[J]. Advanced Materials, 2016, 28(18): 3423-3452.

[30] Lim B, Jiang M, Camargo P, et al. Pd-Pt bimetallic nanodendrites with high activity for oxygen reduction[J]. Science, 2009, 324(5932): 1302-1305.

[31] Xia W, Mahmood A, Liang Z, et al. Earth-abundant nanomaterials for oxygen reduction [J]. Angewandte Chemie International Edition, 2016, 55(8): 2650-2676.

[32] Dong Y, Li J. Tungsten nitride nanocrystals on nitrogen-doped carbon black as efficient electrocatalysts for oxygen reduction reactions[J]. Chemical Communications, 2015, 51(3): 572-575.

[33] Conway B E, Tilak B V. Interfacial processes involving electrocatalytic evolution and oxidation of H_2, and the role of chemisorbed H[J]. Electrochimica Acta, 2002, 47: 3571-3594.

[34] Mu X, Gu J, Feng F, et al. RuRh bimetallene nanoring as high-efficiency pH- universal catalyst for hydrogen evolution reaction[J]. Advanced Science, 2020, 20: 0234.

[35] Liu P, Rodriguez J A. Catalysts for hydrogen evolution from the NiFe hydrogenase to the Ni_2P (001) surface: The importance of ensemble effect[J]. Journal of American Chemical Society, 2005, 127: 14871-14878.

[36] Yilmaz G，Yam K M，Zhang C，et al. In situ transformation of MOFs into layered double hydroxide embedded metal sulfides for improved electrocatalytic and supercapacitive performance[J]. Advanced Materials，2017，29 (26)：1606814.

[37] Tao H B，Zhang J，Chen J，et al. Revealing energetics of surface oxygen redox from kinetic fingerprint in oxygen electrocatalysis [J]. Journal of the American Chemical Society，2019，141 (35)：13803-13811.

[38] Li S，Hao X，Abudula A，et al. Nanostructured Co-based bifunctional electrocatalysts for energy conversion and storage：Current status and perspectives[J]. Journal of Materials Chemistry A，2019，7 (32)：18674-18707.

[39] Meng F L，Liu K H，Zhang Y，et al. Recent advances toward the rational design of efficient bifunctional rechargeable air electrodes for Zn-air batteries[J]. Small，2018，14(32)：1703843.

[40] Jiao K，Xuan J，Du Q，et al. Designing the next generation of proton-exchange membrane fuel cells[J]. Nature，2021，595：361-369.

[41] Zhang J，Sasaki K，Sutter E，et al. Stabilization of platinum oxygen-reduction electrocatalysts using gold clusters[J]. Science，2007，315：220-222.

[42] Chen C，Kang Y，Huo Z，et al. Highly crystalline multimetallic nanoframes with three-dimensional electrocatalytic surfaces[J]. Science，2014，343：1339-1343.

[43] Wan X，Liu X，Li Y，et al. Fe-N-C electrocatalyst with dense active sites and efficient mass transport for high-performance proton exchange membrane fuel cells[J]. Nat Catal，2019，2：259-268.

[44] Dubau L，Castanheira L，Mailard F，et al. A review of PEM fuel cell durability：Materials degradation，local heterogeneities of aging and possible mitigation strategies[J]. WIREs Energy and Environment，2014，3：540-560.

[45] Tanaka S，Shudo T. Corrugated mesh flow channel and novel microporous layers for reducing flooding and resistance in gas diffusion layer-less polymer electrolyte fuel cells[J]. Journal of Power Sources，2014，268：183-193.

[46] Park J E，Lim J K，Lim M S，et al. Gas diffusion layer/flow-field unified membrane-electrode assembly in fuel cell using graphene foam[J]. Electrochimica Acta，2019，323：134808-134808.

[47] Xiao J，Vequizo J J M，Hisatomi T，et al. Simultaneously tuning the defects and surface properties of Ta_3N_5 nanoparticles by Mg-Zr codoping for significantly accelerated photocatalytic H_2 evolution[J]. Journal of the American Chemical Society，2021，143(27)：10059-10064.

[48] Wang Q，Domen K. Particulate photocatalysts for light-driven water splitting：Mechanisms，challenges，and design strategies[J]. Chem Rev，2020，120(2)：919-985.

[49] Liang L，Ling P，Li Y，et al. Atmospheric CO_2 capture and photofixation to near-unity CO by Ti^{3+}-Vo-Ti^{3+} sites confined in TiO_2 ultrathin layers[J]. Science China Chemistry，2021，64(6)：953-958.

[50] Cui J，Yang X，Yang Z，et al. Zr-Al co-doped $SrTiO_3$ with suppressed charge recombination for efficient photocatalytic overall water splitting [J]. Chem Commun (Camb)，2021，57 (81)：10640-10643.

[51] Mu L，Zhao Y，Li A，et al. Enhancing charge separation on high symmetry $SrTiO_3$ exposed with anisotropic facets for photocatalytic water splitting[J]. Energy & Environmental Science，2016，9(7)：2463-2469.

[52] Li R，Zhang F，Wang D，et al. Spatial separation of photogenerated electrons and holes among {010} and {110} crystal facets of $BiVO_4$[J]. Nat Commun，2013，4：1432.

[53] Yang H G，Sun C H，Qiao S Z，et al. Anatase TiO_2 single crystals with a large percentage of reactive facets[J]. Nature，2008，453(7195)：638-641.

功能材料基础

[54] Huang H, Shi R, Zhang X, et al. Photothermal-assisted triphase photocatalysis over a multifunctional bilayer paper[J]. Angewandte Chemie (International ed in English), 2021, 60(42): 22963-22969.

[55] Chen R, Ren Z, Liang Y, et al. Spatiotemporal imaging of charge transfer in photocatalyst particles [J]. Nature, 2022, 610(7931): 296-301.

[56] Chen R, Fan F, Li C. Unraveling charge-separation mechanisms in photocatalyst particles by spatially resolved surface photovoltage techniques[J]. Angewandte Chemie (International ed in English), 2022, 61(16): e202117567.

[57] Fujishima A, Honda K. Electrochemical photolysis of water at a semiconductor electrode[J]. Nature, 1972, 238: 37-38.

[58] He H, Lin J, Fu W, et al. MoS_2/TiO_2 Edge-on heterostructure for efficient photocatalytic hydrogen evolution[J]. Advanced Energy Materials, 2016, 6(14): 1600464.

[59] Wang W, Fang J, Shao S, et al. Compact and uniform TiO_2 @ $g-C_3N_4$ core-shell quantum heterojunction for photocatalytic degradation of tetracycline antibiotics [J]. Applied Catalysis B: Environmental, 2017, 217: 57-64.

[60] Lee D, Kanai Y. Role of four-fold coordinated titanium and quantum confinement in CO_2 reduction at titania surface[J]. Journal of the American Chemical Society, 2012, 134(50): 20266-20269.

[61] Tong L, Ren L, Fu A, et al. Copper nanoparticles selectively encapsulated in an ultrathin carbon cage loaded on $SrTiO_3$ as stable photocatalysts for visible-light H_2 evolution via water splitting[J]. Chemical Communications (Cambridge, England), 2019, 55(86): 12900-12903.

[62] Suguro T, Kishimoto F, Kariya N, et al. A hygroscopic nano-membrane coating achieves efficient vapor-fed photocatalytic water splitting[J]. Nat Commun, 2022, 13(1): 5698.

[63] Vijay A, Vaidya S. Tuning the morphology and exposed facets of $SrTiO_3$ nanostructures for photocatalytic dye degradation and hydrogen evolution[J]. ACS Applied Nano Materials, 2021, 4(4): 3406-3415.

[64] Zhang Q, Liu M, Zhou W, et al. A novel Cl^- modification approach to develop highly efficient photocatalytic oxygen evolution over $BiVO_4$ with AQE of 34.6% [J]. Nano Energy, 2021, 81: 105651.

[65] Lin L, Hisatomi T, Chen S, et al. Visible-light-driven photocatalytic water splitting: Recent progress and challenges[J]. Trends in Chemistry, 2020, 2(9): 813-824.

[66] Ran J, Zhang J, Yu J, et al. Earth-abundant cocatalysts for semiconductor-based photocatalytic water splitting[J]. Chem Soc Rev, 2014, 43(22): 7787-7812.

[67] Takata T, Jiang J, Sakata Y, et al. Photocatalytic water splitting with a quantum efficiency of almost unity[J]. Nature, 2020, 581(7809): 411-444.

[68] Zhang J, Yu J, Zhang Y, et al. Visible light photocatalytic H_2-production activity of CuS/ZnS porous nanosheets based on photoinduced interfacial charge transfer [J]. Nano Letters, 2011, 11(11): 4774-4779.

[69] Maeda K, Teramura K, Lu D, et al. Photocatalyst releasing hydrogen from water[J]. Nature, 2006, 440(7082): 295.

[70] Wang Z, Inoue Y, Hisatomi T, et al. Overall water splitting by Ta_3N_5 nanorod single crystals grown on the edges of $KTaO_3$ particles[J]. Nature Catalysis, 2018, 1(10): 756-763.

[71] Qi Y, Zhao Y, Gao Y, et al. Redox-based visible-light-driven Z-scheme overall water splitting with apparent quantum efficiency exceeding 10%[J]. Joule, 2018, 2(11): 2393-2402.

[72] Wang W, Chen J, Li C, et al. Achieving solar overall water splitting with hybrid photosystems of photosystem Ⅱ and artificial photocatalysts[J]. Nat Commun, 2014, 5: 4647.

[73] Iwase A, Ng Y H, Ishiguro Y, et al. Reduced graphene oxide as a solid-state electron mediator in Z-scheme photocatalytic water splitting under visible light[J]. Journal of the American Chemical Society, 2011, 133(29): 11054-11057.

[74] Zhao Y, Ding C, Zhu J, et al. A hydrogen farm strategy for scalable solar hydrogen production with particulate photocatalysts[J]. Angewandte Chemie (International ed in English), 2020, 59(24): 9653-9658.

[75] Zhao D, Wang Y, Dong C L, et al. Boron-doped nitrogen-deficient carbon nitride-based Z-scheme heterostructures for photocatalytic overall water splitting[J]. Nature Energy, 2021, 6(4): 388-397.

[76] Wang Q, Hisatomi T, Jia Q, et al. Scalable water splitting on particulate photocatalyst sheets with a solar-to-hydrogen energy conversion efficiency exceeding 1%[J]. Nat Mater, 2016, 15(6): 611-615.

[77] Chen S, Takata T, Domen K. Particulate photocatalysts for overall water splitting[J]. Nature Reviews Materials, 2017, 2(10): 17050.

[78] Zhao Q, Yao W, Huang C, et al. Effective and durable Co single atomic cocatalysts for photocatalytic hydrogen production[J]. ACS Applied Materials & Interfaces, 2017, 9(49): 42734-42741.

[79] Liu J, Jia Q, Long J, et al. Amorphous NiO as co-catalyst for enhanced visible-light-driven hydrogen generation over g-C_3N_4 photocatalyst[J]. Applied Catalysis B: Environmental, 2018, 222: 35-43.

[80] Zhao N, Kong L, Dong Y, et al. Insight into the crucial factors for photochemical deposition of cobalt cocatalysts on g-C_3N_4 photocatalysts[J]. ACS Applied Materials & Interfaces, 2018, 10(11): 9522-9531.

[81] Tran P D, Xi L, Batabyal S K, et al. Enhancing the photocatalytic efficiency of TiO_2 nanopowders for H_2 production by using non-noble transition metal co-catalysts[J]. Phys Chem Chem Phys, 2012, 14(33): 11596-11599.

[82] Hou Y, Laursen A B, Zhang J, et al. Layered nanojunctions for hydrogen-evolution catalysis[J]. Angewandte Chemie (International ed in English), 2013, 52(13): 3621-3625.

[83] Zheng Y, Jiao Y, Zhu Y, et al. Hydrogen evolution by a metal-free electrocatalyst[J]. Nature Communications, 2014, 5(1): 3783.

[84] Goto Y, Hisatomi T, Wang Q, et al. A particulate photocatalyst water-splitting panel for large-scale solar hydrogen generation[J]. Joule, 2018, 2(3): 509-520.

[85] Nishiyama H, Yamada T, Nakabayashi M, et al. Photocatalytic solar hydrogen production from water on a 100m^2 scale[J]. Nature, 2021, 598(7880): 304-307.

[86] Wang Q, Okunaka S, Tokudome H, et al. Printable photocatalyst sheets incorporating a transparent conductive mediator for Z-scheme water splitting[J]. Joule, 2018, 2(12): 2667-2680.

[87] 郭炳坤, 李新海, 杨松青. 化学电源电池原理及制造技术[M]. 2版. 长沙: 中南大学出版社, 2009.

[88] Vincent C A, Scrosati B. 先进电池——电化学电源导论[M]. 屠海令, 吴伯荣, 朱磊, 译. 北京: 冶金工业出版社, 2006.

[89] 陈军, 陶占良. 化学电源——原理、技术与应用[M]. 2版. 北京: 化学工业出版社, 2022.

第 7 章

功能转换材料

引言与导读

功能转换材料是指利用能量转换效应制造具有特殊功能元器件的材料。该类材料能实现不同形式的能量转换，在测量技术、传感技术、新能源领域等具有广泛应用。1887 年赫兹发现光电效应，1905 年爱因斯坦提出光子假设，成功解释了光电效应。以光电效应为基础，人们建设了太阳能光伏电站以解决用电问题。这个过程反映了人类"由表及理"，再"由理及用"的过程。类似的例子在电致发光效应、压电效应、热电效应、声光效应、磁光效应、热释电效应等功能转化过程比比皆是。限于篇幅，本章只针对光电效应、电致发光效应、压电效应和热电效应重点介绍。

本章学习目标

掌握功能转换材料的特点，明晰光电效应、电致发光效应、压电效应和热电效应的物理学本质，理解产生上述效应的相关机制，了解各类功能转换材料典型材料体系及其主要应用。

7.1 功能转换材料概论

7.1.1 功能转换材料定义

按功能的显示过程可将功能材料分为一次功能材料和二次功能材料。当向材料输入的能量和从材料输出的能量属于同一种形式时，材料起到能量传输部件的作用，材料的这种功能称为一次功能。以一次功能为使用目的的材料又称为载体材料，如导电材料、磁性材料等。当向材料输入的能量和从材料输出的能量属于不同形式时，材料起能量转换部件的作用，材料的这种功能称为二次功能或高次功能。通常把利用能量转换效应制造具有特种功能元器件的材料叫作功能转换材料，如热电材料、压电材料、电致发光材料等。

在材料中，声、光、热、电、磁等物理性质之间可耦合并产生多种交互效应，例如，在研究材料的弹性性质、热学性质及电学性质之间的关系时，会得到诸如压电效应、热释电效应、热电效应、热压效应等交互效应；在研究磁、力、电、光场量在材料中的作用时，会引出光电效应、磁光效应、磁致伸缩效应、磁介电效应等交互效应。基于这些效应，通过对物质机理（机制）的理论研究、材料制备、器件原型设计、批量生产工艺与结构优化研究等环节，有的效应成果相当显著并已获得应用，有些效应成果并不显著或者目前尚未获得应用。研制开发过程如图 7-1 所示。本章节主要对基本的物理效应、对应材料体系、实现物理效应的基本原理及其在国民经济中的利用等进行讨论。

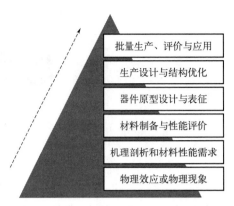

图 7-1 从物理效应和现象到实现产品应用过程

7.1.2 功能转换材料分类

功能转换材料按照所依据的物理效应或者能量转换形式又可分为：太阳能电池（光伏）材料、电致发光材料、压电材料、热电材料、热释电材料、磁光材料、声光材料以及形状记忆材料等。表 7-1 给出了不同类型功能转换材料所依据的物理效应、输入和输出能量形式、衍生的器件以及用途等。

表 7-1　功能转换材料原理及应用

功能转换 材料类型	输入能量 类型	物理效应	输出能 量类型	典型材料	用途
太阳能电池材料	太阳能	光电 效应	电能	单晶硅、多晶硅、砷化镓	太阳能发电
电致发光材料	电能	电致发 光效应	光能	碳化硅、硫化锌、砷化镓、 钙钛矿	LED 灯、交通信号灯、显 示屏
压电材料	机械能	压电 效应	电能	石英、钛酸钡、锆钛酸铅、 铌酸锂	压电振荡器、压力计、助 听器、压电打火机、血压计
热电材料	热能	热电 效应	电能	铝、金、镍、硅、铂-铑、镍 铬-镍铝、钴酸盐	热电偶、温差电源、发电 机、热电制冷机
热释电材料	热能	热释电 效应	电能	铌酸锂、钽酸锂、钛酸钡	温度计、红外光谱仪
磁光材料	磁场能	磁光 效应	光能	钇铁石榴石、磁性石榴石	快速光开关、高密度储 存器
声光材料	声波 （机械能）	声光 效应	光能 （磁场能）	二氧化碲、钼酸铅、硅 酸铋	偏转器、滤波器

本章将重点介绍研究成果较多并有重要应用的光电效应、电致发光效应、压电效应和热电效应的相关机制、对应材料体系及其主要应用。

7.1.3 功能转换材料的应用和今后发展

功能转换材料的出现不仅实现了不同能量形式之间的转换（化），也通过相关器件的制备促进了其在以下方面获得实际应用。

① 应用于物理量的测量。如利用热电效应开发出热电偶，用于温度的测量；利用压电效应用于应力和压力的测定；利用声光效应测量超声波能量等。

② 促进可再生能源的开发。如利用光电效应实现太阳能发电；利用压电效应实现波浪能的发电；利用压电效应实现风能发电；利用热电效应实现太阳能发电等。所有这些应用都促进了"双碳"目标的实现和能源组成的转换。

③ 促进工业余热利用，利用热电材料实现工业余热和散失热量的利用。

④ 利用功能转换效应开发出各种功能元器件，促进了不同能量形式之间的转换和新的功能的实现。如各种振荡器、调频器、振动器和发电机的出现。

在实现上述应用和功能的同时，应该注意到不同能量形式之间转换和功能转换的同时，存在能源转换效率低的问题，为此需要加强机理研究和限制因素研究，提高能量转换效率。为此需要从如下方面加强研究。

① 加强物理基础理论和转换机理研究，找准关键技术重点，从新材料、新结构等关键技术瓶颈实现突破，提高转换效率。

② 注重纳米材料和纳米技术在功能转化材料中的应用，利用纳米材料特殊效应和高表面能实现转化效率的提高。

③ 注重材料复合材料效应，通过结构设计和界面控制实现材料性能的协同提高，提高转化效率和迈向多功能化。

④ 注重功能转换材料与可再生能源技术领域的结合和集成利用，开发新的利用途径，促进可再生能源的利用。

7.2 太阳能电池材料

太阳能电池是将太阳能转变为电能的器件，太阳能电池的工作原理基于光生伏特效应，如图 7-2 所示，当光照射到 p-n 结上时，由于入射光子的能量大于半导体材料的禁带宽度，就会产生电子-空穴对，受内建电场的作用，产生电子-空穴分离，电子流入 N 区，空穴流入 P 区，结果使 N 区储存了过剩的电子，P 区有过剩的空穴，在 p-n 结的两端建立起一定的电势差，即光生电动势/电压。当 p-n 结外接一个负载电阻时，只要光照存在就会产生光电流，光生电流流经负载，实现光能向电能的转化。

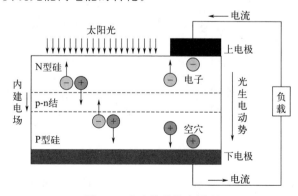

图 7-2　光生伏特效应原理

很多材料可以满足光伏能量转换的要求，但在具体的实践应用中，几乎所有的太阳能电池能量转换都使用了具有 p-n 结结构的半导体材料。1954 年第一个单晶硅太阳能电池在美国贝尔实验室问世，转换效率（以下简称效率）为 4.5％。1959 年成功研制了第一个多晶硅电池，效率为 5％；而首个非晶硅电池于 1977 年问世，效率为 5.5％。在后续的优化过程中，1980 单晶硅太阳能电池效率首次突破 20％，2023 年我国的隆基绿能公司取得了单晶硅电池效率达 27.09％ 的世界纪录。除了硅基太阳能电池之外，1954 年第一个 GaAs 太阳能电池问世，1991 年第一个染料敏化太阳能电池由瑞士的 Gratzel 教授提出，2009 年第一个钙钛矿太阳能电池问世。

通常，太阳能电池分为第一代硅基太阳能电池（单晶硅太阳能电池、多晶硅太阳能电池）、第二代化合物薄膜太阳能电池、第三代太阳能电池〔包括染料敏化太阳能电池（DSSCs）、有机光伏（OPV）、量子点太阳能电池（QDSCs）和钙钛矿太阳能电池（PSCs）等〕。

7.2.1　第一代硅基太阳能电池材料

硅有晶态和无定形两种同素异形体，晶态硅又分为单晶硅和多晶硅，它们均具有金刚石晶格，晶体硬而脆，具有金属光泽，能导电，但导电率不及金属，具有半导体性质。单晶硅和多晶硅的区别是：当熔融的单质硅凝固时，硅原子以金刚石晶格排列为单一晶核，晶面取向相同的晶粒，则形成单晶硅；如果这些晶核长成晶面取向不同的晶粒，则形成多晶硅。多晶硅与单晶硅的差异主要表现在物理性质方面，二者都是硅基太阳能电池的主要材料。

7.2.1.1　单晶硅太阳能电池材料

单晶硅的晶格缺陷较少，硅原子排列是周期性的，且都朝同一个方向，因此，用作太阳能电池材料时转换效率很高。

单硅的晶体结构为金刚石结构，如图 7-3 所示。图 7-3（a）是单晶硅晶体模型，不同颜色的小球代表不同位置的硅原子，绿色代表顶点位置的原子，红色代表内部小立方体中心的原子。图 7-3（b）为两个面心晶格沿着体对角线平移四分之一后而形成的金刚石结构。硅原子与邻近的四个硅原子键结合在一起。黑色和红色代表两个硅晶体。不同颜色是为了区别不同位置。

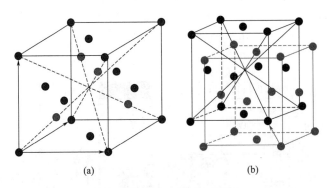

(a)　　　　　　　(b)

图 7-3　金刚石结构晶格模型

单晶硅太阳能电池的主要材料为单晶硅片，单晶硅片是由单晶硅棒根据需要切割而成的，再经过清洗、制绒、镀减反射膜、制作 p-n 结和电极等步骤，最后封装成单晶硅太阳能电池。

7.2.1.2 多晶硅太阳能电池材料

多晶硅的结构是由很多不同排列方向的单晶粒组成的，晶粒与晶粒之间存在着不规则的晶界，单晶硅片表面颜色均匀，而多晶硅片则显示出不规则的晶界图案。由于以上因素的影响，多晶硅太阳能电池的转换效率比单晶硅太阳能电池低。但商业化多晶硅的制造成本比单晶硅低，因此，多晶硅也被广泛用于太阳能电池领域。

影响多晶硅太阳能电池转换效率的因素，除了杂质外，还有内部的晶界及位错，这些缺陷都可能造成载流子的复合。目前多晶硅的制造主要是通过定向凝固（也称热交换法定向凝固铸造）的方式来实现，即在结晶过程中，通过控制温度场的变化，形成单方向热流，并要求固液界面处的温度梯度值大于 0，横向则要求无温度梯度，从而形成定向生长的柱状晶。为提高多晶硅太阳能电池的转换效率，可以引入籽晶，通过控制热场温度使籽晶处于不完全熔化状态，作为形核中心进行外延生长，生长出晶向稳定、低缺陷、高品质的多晶硅锭。

7.2.1.3 单晶硅片与多晶硅片特性

单晶硅片与多晶硅片因其制备工艺不同，硅片杂质含量和性能也有一定的差异，表 7-2 为单晶硅片和多晶硅片性能对比。

表 7-2 单晶硅片和多晶硅片性能对比

硅片类型	多晶	单晶	
掺杂剂	硼（B）	硼（B）	镓（Ga）
导电类型	P	P	P
氧含量(以原子个数计,下同)	$\leq 0.9 \times 10^{18}$个/cm^3	$\leq 8 \times 10^{17}$个/cm^3	$\leq 8 \times 10^{17}$个/cm^3
碳含量	$\leq 5 \times 10^{17}$个/cm^3	$\leq 5 \times 10^{16}$个/cm^3	$\leq 5 \times 10^{16}$个/cm^3
电阻率	0.8~3.0Ω·cm	0.4~1.1Ω·cm	0.4~1.1Ω·cm
少子寿命	$\geq 5\mu s$(硅方)	$\geq 30\mu s$(硅棒)	$\geq 30\mu s$(硅棒)
位错密度	—	≤ 2000个/cm^2	≤ 2000个/cm^2
晶向	—	<100>±1°	<100>±1°
晶向偏离度	—	$\leq 1°$	$\leq 1°$
光照衰减	$\leq -2.00\%$	$\leq -1.50\%$	$\leq -1.00\%$

单晶硅片与多晶硅片均具有准金属的物理性质，有较弱的导电性，其电导率随温度的升高而增加，也随着掺杂浓度的增加而增加，表现出显著的半导电性。

多晶硅片和单晶硅片之间的本质区别在于晶粒尺寸。单晶硅的晶粒尺寸与宏观硅片一致，没有晶界；多晶硅则由许多尺寸不等的晶粒组成，且晶面取向也各不相同。就力学性能而言，单晶硅片比多晶硅片有更高的机械强度，在生产线的制作过程中也较不易破碎。导电性方面，由于多晶硅片是由较多的晶粒组成的，具有较多的晶界和杂质，因而阻碍了电子的传输，具有较低的电导率。因此单晶硅太阳能电池具有较高的转换效率、长期的产品可靠性和较低的光致衰减等。

7.2.2　第二代化合物薄膜太阳能电池材料

作为第二代太阳能电池，化合物薄膜太阳能电池是未来光伏行业的发展趋势，具有节省材料、生产成本低、理论转换效率较高、稳定性好、适用于柔性面板等优势。按其吸光层材料类型划分，薄膜太阳能电池主要包括碲化镉（CdTe）、铜铟镓硒（CIGS）、砷化镓（GaAs）和铜锌锡硫（CZTS 或 CZTSSe）等。各化合物薄膜太阳能电池器件结构通常比较相似，各层材料通过特定的薄膜制备方法逐层堆叠，厚度通常在微米量级。以 CIGS 薄膜太阳能电池的典型器件结构为例（见图 7-4），器件的核心部分是由 P 型的 CIGS 薄膜为吸光层与 N 型的 CdS/ZnO 组成的异质结。其中，CdS 作为缓冲层，主要作用是减少 ZnO 和 CIGS 的带隙台阶和晶格错配。另外，其也可以防止磁控溅射 ZnO 时对 CIGS 吸收层的伤害。异质结两端分别是金属背电极和透明金属氧化物电极（TCO）。由于 CIGS 吸收层直接在金属背电极基底上生长，要求其与吸收层保持良好的欧姆接触的同时，不能与 CIGS 发生化学反应，通常选择金属钼作为金属背电极。TCO 则需兼顾光透过与电极功能。此外，为了减少光能的反射损失，还要在其表面镀一层减反射膜 MgF_2。下面主要介绍以上几类化合物薄膜太阳能电池中吸光层材料的主要物理性质与制备方法。

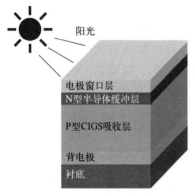

图 7-4　CIGS 薄膜太阳能电池结构

电极窗口层
N型半导体缓冲层
P型CIGS吸收层
背电极
衬底

阳光

7.2.2.1　CdTe 吸光层材料

CdTe 属于Ⅱ～Ⅵ族化合物，是一种深灰色半导体材料，其禁带宽度约为 1.45eV，具有高的光吸收系数，同时还具有较高的载流子迁移率，电子迁移率约为 $300cm^2/(V \cdot s)$，空穴迁移率约为 $65cm^2/(V \cdot s)$，非常适用于太阳能电池光吸收材料，理论效率达 30%，是第二代化合物薄膜太阳能电池吸光层材料中的杰出代表。其制备方法较多，比如近空间升华法、有机金属化学气相沉积法、化学浴沉积法、多元共蒸发法、磁控溅射法和分子束外延法等。考虑到重金属镉的污染问题和碲的稀有性，CdTe 薄膜太阳能电池在加工和使用过程中的毒性和对环境的污染问题同样不容忽视。美国 Brookhaven 国家实验室研究了 CdTe 光伏组件的整个生命周期对环境的影响，结果表明，CdTe 太阳能电池的重金属排放量约为硅太阳能电池的一半。在模拟火灾环境中，经熔融玻璃封装后的 CdTe 太阳能电池器件在 1100℃的环境中镉的流失率不到其总量的 0.04%。因此，封装后的 CdTe 太阳能电池在实际生产和使用过程中对环境的不利影响几乎可以忽略。

7.2.2.2　CIGS 吸光层材料

CIGS 是在铜铟硒（CIS）薄膜的基础上通过掺杂适量的 Ga 原子以替代 CIS 结构中的部分 In 原子，形成的 $CuInSe_2$ 与 $CuGaSe_2$ 固溶化合物 $CuIn_{1-x}Ga_xSe_2$ 半导体。随 Ga 含量（x）从 0 到 1 变化，其光学带隙随 Ga 原子的掺杂量变化而变化，满足维加德（Vegard）定律：

$$E_g(CIGS) = xE_g(CGS) + (1-x)E_g(CIS) - bx(1-x) \qquad (7-1)$$

式中，b 为光学能带间隙弯曲系数，取决于材料制备方法及其结构特性，大小为 0.15～0.24eV。通过调控 In 和 Ga 的比例，能实现 CIGS 的禁带宽度在 1.04eV 到 1.68eV 范围内变化，Ga 原子掺杂量比例为 27% 时得到的带隙约为 1.2eV，较传统 Si 和 CdTe 光吸收材料呈现明显的优势。CIGS 的晶体结构随制备温度不同可以分为两种结构：当沉积温度低于 650℃时，CIGS 呈现黄铜矿晶体结构，而温度高于 810℃为闪锌矿结构。而作为太阳能电池中的吸光层时，CIGS 一般以黄铜矿晶体结构存在。

CIGS 薄膜主要通过多元共蒸、脉冲激光沉积、溅射后硒化法等真空方法以及化学浴沉积、丝网印刷法和溶胶凝胶法等非真空方法制备。通常真空法所制备的 CIGS 薄膜质量较高，器件的光电转换效率高于非真空法，是实验室制备高效率 CIGS 薄膜太阳能电池的主要制备方法。然而真空设备造价昂贵，非真空法被视为是降低 CIGS 薄膜太阳能电池成本的有效途径。比如电沉积法是通过在溶解有化合物的电解质水溶液中插入电极，通过电位差可在阴极上沉积薄膜。电沉积法制备 CIGS 薄膜通常以镀 Mo 的玻璃作为阴极，先沉积一层金属预制层 Cu-In-Ga，再放置在 Se 气氛中退火，得到具有一定化学计量比的 CIGS 薄膜。但由于 Cu、In、Ga 离子的电位差较大，很难获得符合特定化学计量比的 CIGS 薄膜。

7.2.2.3 CZTSSe 吸光层材料

CZTSSe 也是一种直接带隙 P 型半导体材料，可由 Se 原子取代 CZTS 结构中部分 S 原子得到。CZTSSe 材料的组成元素 Cu、Zn、Sn、Se 和 S 均是地球上含量丰富、无毒（一定条件下相对无毒）的元素，通过调整 S/Se 的比例，其禁带宽度可在 1.0～1.5eV 范围连续变化，同时又具有较高的吸光系数，在光伏领域的应用具有一定潜力。根据 Cu 和 Zn 原子的堆叠排序不同，CZTSSe 材料的晶体结构分为锌黄锡矿结构和黄锡矿结构。与 CIGS 材料制备方法类似，CZTSSe 薄膜也可以通过以真空热蒸镀法和磁控溅射为代表的真空法和以电化学沉积、喷涂、旋涂等非真空法获得。真空法需要高昂的设备，制备成本较高，而非真空法获得的最高转换效率的 CZTSSe 光伏器件是利用含肼溶液制备的，含肼溶液的剧毒性不利于该器件的进一步发展应用。此外，CZTSSe 薄膜太阳能电池发展至今面临的一个关键问题是器件的开路电压过低，中国科学院物理所孟庆波等人综合分析了 CZTSSe 薄膜的缺陷性质，认为 CZTSSe 薄膜内部存在着较多本征缺陷，比如原子无序、空位、间隙和反位缺陷等，这些本征缺陷将成为深能级复合中心，引起载流子非辐射复合以及界面复合。目前研究人员主要集中在改善晶体质量、掺杂和建立梯度带隙等方法改善非辐射复合，提高器件的光电转换效率。今后的研究工作还需要进一步提高化合物薄膜太阳能电池的光吸收层材料的薄膜质量。

7.2.3 第三代太阳能电池材料

7.2.3.1 有机太阳能电池材料

1986 年，邓青云发明了第一个 p-n 结有机太阳能电池（OPV 或 OSC），其器件工作原理与传统的无机 p-n 结太阳能电池基本相同。与传统的无机太阳能电池结构不同的是，OPV 的器件结构通常包括正极/正极缓冲层/电子给体层/电子受体层/负极缓冲层/负极。OPV 中的有机半导体材料具有化学结构可变性大、材料光谱吸收范围易调节、材料加工简单、可大面积印刷成膜制备等突出优势。其光电转换效率已经从 20 世纪 80 年代的 1% 提高至 2021

年的 20%。

有机半导体材料通常都是由交替碳碳单键和双键组成的共轭键构成的。其离域的电子简并轨道构成成键 π 轨道和反键 π^* 轨道。离域的 π 轨道构成最高占据轨道（HOMO），π^* 轨道构成最低未占据轨道（LUMO）。HOMO 和 LUMO 的能级差被认为是有机半导体材料的带隙，相当于无机半导体导带底到价带顶的能级差，差值一般在 1～4eV。有机半导体材料的禁带宽度随着共轭体系的增大而变小，与之对应的则是吸收光谱的边界发生红移（向长波长移动）。

（1）正极及正极修饰材料

OPV 的正极材料一般为以氧化铟锡（indium tin oxide，ITO）为代表的透明导电氧化物。室温下 ITO 的禁带宽度为 3.8eV，对应的吸收阈值为 330nm（紫外光），因此其对可见光的透过率很高。由于 In_2O_3 中掺入了大量的 SnO_2（掺杂量大约为 10%），+4 价的 Sn 可向 In-O 晶格中注入大量自由电子，浓度可达 $10^{20}\sim10^{21}cm^{-3}$，而其载流子迁移率高达 10～30cm^2/(V·s)。室温下 ITO 的电导率达到 $10^{-4}\Omega\cdot cm$，100nm 厚的 ITO 薄膜的面电阻（R_{sq}）可以低至 10Ω/sq（方块），适合作为薄膜 OPV 的透明电极材料。

ITO 的功函数一般在 4.7eV 左右，与常见 OPV 给体材料的 HOMO（一般超过 5eV）不匹配，因此需要在 ITO 电极与活性层之间加入一层正极缓冲层（通常为空穴传输层）来使其功函数与给体材料的 HOMO 更加匹配，以提高空穴的引出效率，同时阻挡激子和电子传输至正极附近发生复合。常用的无机空穴传输材料包括氧化钼、氧化镍等；有机空穴传输材料包括聚噻吩类化合物，如聚（3,4-二氧乙氧基噻吩）（PEDOT）：聚苯乙烯磺酸盐（PSS）混合物和三芳胺类化合物［如聚［双(4-苯基)(2,4,6-三甲基苯基)胺］（PTAA）］。

（2）负极及负极修饰材料

OPV 的负极材料一般是低功函金属材料，如 100nm 厚的铝薄膜。为进一步调节其能级，使其功函数与有机半导体的 LUMO 更加匹配，可以在负极界面插入一层氟化锂或金属钙。氟化锂的厚度不宜太厚，否则会导致界面绝缘，使得电子不能顺利传输至负极，一般将厚度控制在 0.8nm 左右。

在负极与受体材料之间需插入一层负极缓冲层［通常为电子传输层（ETL）或空穴阻挡层（HBL）］。空穴阻挡层的作用是利用 LUMO 较浅而 HOMO 较深的材料阻止空穴传输至负极表面与电子发生复合。常用的空穴阻挡层材料为 2,9-二甲基-4,7-二苯基-1,10-邻二氮杂菲（BCP）。常用的无机电子传输层材料为氧化锌或氧化钛（TiO_x），而有机电子传输层包括富勒烯或菲的衍生物、自组装高分子材料等。

（3）光活性层材料

在正负极之间的给体材料（D）和受体材料（A）能够吸收可见光，它们统称为光活性（photoactive）层材料。OPV 中的电子给体（electron donor，简称 D）是指以传输空穴为主的 P 型有机半导体，而电子受体（electron acceptor，简称 A）是指以传输电子为主的 N 型有机半导体。常用的电子给体材料是噻吩及其衍生物的聚合物［如聚(3-己基噻吩)(P3HT)］以及给(D)-受(A)型共聚物［如苯并二噻吩单元和苯并二噻吩二酮单元共聚的 PBDB-TF（PM6）等］。常用的电子受体材料是富勒烯类及以芳酰亚胺类电子受体和稠环电子受体为主的非富勒烯类受体材料。

光活性层材料吸收光子后，形成激发态分子。激发态可以被看作是受静电力作用结合的一个电子和空穴，通常被称为激子（exciton）。由于电子和空穴之间的库仑力与材料的相对介电常数 ε_r 成反比，而有机半导体的 ε_r 一般介于 2～4 之间，远小于无机半导体的 ε_r（通常介于 10～15 之间）。因此有机半导体中激子的结合力比较强，一般大于 0.2eV，被称为弗仑克尔（Frenkel）激子，而无机半导体中的弱束缚态激子则被称为万尼尔（Wannier）激子。室温下原子振动的能量不足以将弗仑克尔激子解离，需要一定的电场辅助作用才能将有机半导体中的电子和空穴分开。此外，与无机半导体不同的是，有机半导体中分子之间的激发态传递方式通常不是自由电子和空穴在晶格中的自由流动，而是在分子内部或分子间以跳跃的形式传递。这导致有机半导体中激子的复合概率较大，扩散距离短，一般只有几十纳米。

为实现对光生载流子的有效收集，平面异质结 OPV 的光活性层厚度只能有几十纳米，这必然导致平面异质结 OPV 无法将入射光全部吸收。若为了实现光吸收而增大 OPV 薄膜的厚度，则会造成由于传输距离短而光生载流子无法被有效收集的问题。针对这一问题，1995 年，俞钢等制备了具有体相异质结结构（BHJ）的 OPV，该结构中聚合物给体和富勒烯受体形成互穿网络结构［图 7-5（c）］，大大增加了给体和受体之间的接触面积。理想状态下，这种结构中的给体相部与正极侧的缓冲层接触，而受体相部与负极侧的缓冲层接触。这样电子和空穴能够在相应的电荷传输层中传输，直至传输至对应的电极，避免了激子在长距离传输中发生复合。具有 BHJ 的 OPV 对光活性层材料的要求除了具有良好的可见光吸收性能，合适的能级匹配以及高的电荷迁移率外，还要求其给体和受体之间能够形成良好的纳米尺度相分离。

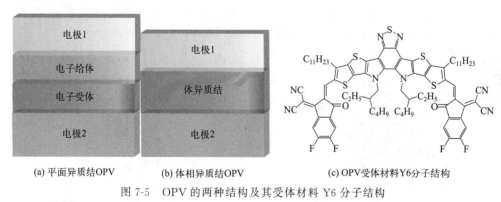

(a) 平面异质结OPV　　(b) 体相异质结OPV　　(c) OPV受体材料 Y6 分子结构

图 7-5　OPV 的两种结构及其受体材料 Y6 分子结构

7.2.3.2　钙钛矿太阳能电池材料

钙钛矿太阳能电池是利用钙钛矿型的有机金属卤化物半导体作为吸光材料的太阳能电池。与有机太阳能电池类似，钙钛矿太阳能电池一般由透明导电电极（导电玻璃）、电子传输层、钙钛矿吸光层、空穴传输层、金属电极（Ag 阴极）等 5 部分组成，如图 7-6 所示。其中，位于中间的电子传输层、钙钛矿吸光层、空穴传输层是钙钛矿电池最基本的三个功能层。

当太阳光照在钙钛矿电池上，太阳光光子能量大于带隙时，钙钛矿层吸收光子产生"电子-空穴对"。电子传输层将分离出来的电子传输到负极上，空穴传输层将与电子分离的空穴传输到正极上，进一步在外电路形成电荷定向移动，从而产生电流，完成光能转换为电能的过程。

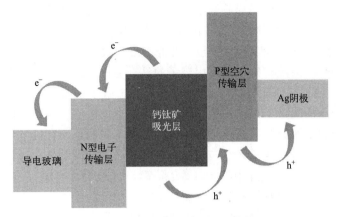

图 7-6　钙钛矿太阳能电池的结构

钙钛矿最初以俄罗斯矿物学家 Lev Perovski 命名，用于指代 $CaTiO_3$ 矿石结构。21 世纪初，一类包含有机-无机杂化金属的卤化物材料由于具有和传统无机钙钛矿相似或相同的结构也被泛称为钙钛矿。

1978 年 Weber 首次报道了基于甲胺阳离子的有机-无机杂化钙钛矿 $CH_3NH_3PbX_3$（X=I，Cl 和 Br）材料。图 7-7（a）是 $CH_3NH_3PbI_3$ 钙钛矿晶体结构，单胞中无机组分 PbI_6 八面体以共顶点的连接方式沿三维空间延伸形成无机框架，阳离子 $CH_3NH_3^+$ 填充在 PbI_6 八面体围成的间隙中，占据了晶胞的 8 个顶点位置。随温度的变化，$CH_3NH_3PbI_3$ 钙钛矿型结构具有三种晶系。当温度低于 162.2K 时属于正交晶系，当温度处于 162.2～327.4K 时转变为四方晶系，而当温度高于 327.4K 时转变为立方晶系。

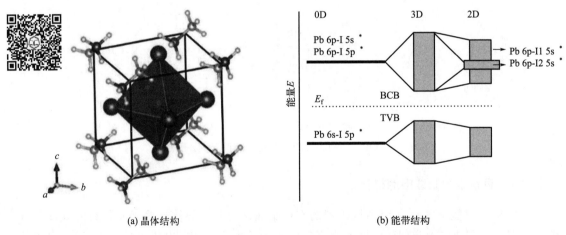

(a) 晶体结构　　　　　　　　　　(b) 能带结构

图 7-7　$CH_3NH_3PbI_3$ 钙钛矿晶体结构和能带结构

这种有机-无机杂化结构结合了无机材料和有机材料的优点：以共顶点连接方式，离子键结合的无机框架 PbI_6 八面体为钙钛矿结构提供了高规整性，从而保证较高的载流子迁移率和较长的扩散距离。对于单晶 $CH_3NH_3PbI_3$ 材料，电子迁移率和空穴迁移率分别可以达到（24.8±4.1）$cm^2/(V \cdot s)$ 和（164±25）$cm^2/(V \cdot s)$，电子和空穴的扩散距离可达数百微米。多晶薄膜电子迁移率一般在 1～24$cm^2/(V \cdot s)$ 范围，扩散距离为几十至几百纳米。

有机组分则具有优良的自组装性质，使杂化钙钛矿材料媲美有机材料所特有的低温、低成本和易加工性。原位 X 射线散射实验证实这种材料的结晶活化能很低，只有 97.3kJ/mol，在 100℃ 的退火温度下就能获得结晶性好、缺陷密度低的高质量多晶薄膜。单晶 $CH_3NH_3PbI_3$ 的缺陷态密度仅为 $10^{10} cm^{-3}$ 数量级，多晶薄膜一般为 $10^{14} \sim 10^{16} cm^{-3}$ 数量级，其中材料内部的缺陷以浅能级缺陷为主，深能级缺陷的形成能较高，表现出独特的缺陷容忍性（包容度）。

其能带结构如图 7-7（b）所示，典型的 $CH_3NH_3PbI_3$ 材料属于直接带隙半导体，光学禁带宽度约为 1.55eV，其中价带顶由 Pb 6s 和 I 5p σ 反键轨道组成，而导带底由 Pb 6p 和 I 5s σ 反键轨道和 Pb 6p 和 I 5p π 反键轨道组成。这种材料具有较高的光学吸收系数，400nm 左右厚度的薄膜即可实现对可见光的充分吸收。同时，其还具有低的激子结合能，仅约为 $(50\pm20)meV$，接近室温 kT 值下的激子结合能。

综上所述，钙钛矿材料可以通过调节组分，使其能带间隙在 1.4~2.3eV 之间连续可调，具有较高的光吸收系数和较长的载流子扩散距离，能产生较高的光生电压和电流，对杂质不敏感，对应的光伏电池对缺陷态的包容度较高，综合表现出较高的光电转换效率。从理论极限效率来看，单结钙钛矿太阳能电池最高转换效率有望达到 33%，超过晶硅电池 29.4% 的极限效率。

然而，这种有机-无机杂化物钙钛矿结构中 A 位有机阳离子和 PbI_6 八面体结构形成 N—H…I 氢键作用对有机阳离子束缚能力较弱，当材料受外部水分入侵、热辐射或高能光子照射时，很容易从 PbI_6 八面体间隙中逃逸或分解，使钙钛矿晶格发生改变甚至坍塌，表现出较差的稳定性。此外，由于晶格扭曲和钙钛矿与基底热膨胀系数的差异，钙钛矿薄膜中存在着沿面外方向的压应力，在光照条件下，应力的存在会降低晶体内部离子迁移的激活能，进一步加速钙钛矿分解。此外，作为有机-无机杂化的离子晶体，其晶体结构中的有机成分耐不住高温。因此，钙钛矿太阳能电池效率衰减较快，这也是目前研究的重点和难点。

7.2.3.3 染料敏化太阳能电池材料

染料敏化太阳能电池（dye-sensitized solar cell，DSSC）作为第三代太阳能电池，其基本结构为"三明治"结构，即由染料敏化的光阳极、对电极和电解液组成。光阳极为负载有介孔 TiO_2 半导体薄膜的 FTO（氟掺杂二氧化锡）或 ITO 导电玻璃，染料被吸附在介孔 TiO_2 上；对电极为负载有贵金属铂（Pt）催化剂的导电玻璃；阳极和对电极材料通过封装膜封装，然后向其中注入电解液，再次封装电解液注入孔，组成 DSSC 基本结构单元。

染料敏化太阳能电池的工作原理如图 7-8 所示：当染料吸收太阳光以后，会产生激发出光生电子和空穴。电子迅速注入二氧化钛光阳极中，而空穴会被电解液接受，同时电解液发生氧化，氧化的离子扩散到光阳极的表面。而电子通过外电路流入到光阳极，在光阳极上的催化剂的作用下，将氧化的离子还原，这样就完成了一次完整的电流循环。

（1）DSSC 光阳极材料

作为 DSSC 的核心组件，理想的光阳极材料应该具备以下特性：①原材料来源丰富、成本低、安全可靠；②材料比表面积大、孔容性好；③材料的结晶性好、电子迁移率高；④能级电位与染料、电解质相匹配。常见光阳极材料及其在碘体系 DSSC 中的光伏性能如表 7-3 所示，其中，TiO_2 和 ZnO 是最常用的光阳极材料。

TiO_2 最突出的优点就是较好的化学稳定性和较强的电荷分离能力。TiO_2 纳米颗粒的尺

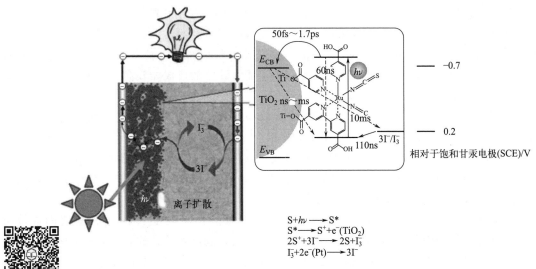

$$S + h\nu \longrightarrow S^*$$
$$S^* \longrightarrow S^+ + e^-(TiO_2)$$
$$2S^+ + 3I^- \longrightarrow 2S + I_3^-$$
$$I_3^- + 2e^-(Pt) \longrightarrow 3I^-$$

图 7 8　染料敏化太阳能电池的结构及工作原理

寸分布、比表面积、孔结构、表面特性、价带结构等都会对电池的光电性能产生一定的影响。因此，形貌控制、结构调控、表面修饰及改性是提升光电性能的有效措施。此外，利用非金属元素 N、C、S 等对 TiO_2 掺杂也是改善 TiO_2 纳米晶光阳极材料光伏性能的有效手段。ZnO 的物理化学性质和带隙与锐钛矿相 TiO_2 相近，电子迁移率是 TiO_2 的 5 倍多。但与 TiO_2 相比，ZnO 电池的效率比较低（约 7.5%）。主要原因是 ZnO 在酸性染料介质中的化学不稳定性及电子注入速率比较低。

除了 TiO_2 和 ZnO 外，Nb_2O_5、Fe_2O_3、CeO_2、Sb_6O_{13} 和 SnO_2 等也是常用半导体光阳极材料。为了进一步提高光阳极材料的性能，采用 Sn、Ga、Zn、Li 等掺杂来改善光阳极材料的性能。此外，还可采用 ZnO、TiO_2、SnO_2、Cu_2O、WO_3、Fe_2O_3、NiO 等半导体氧化物之间的复合，进一步优化电子传输路径，增强光吸收性能。

表 7-3　光阳极材料及其在碘体系 DSSC 中的光伏性能（AM 1.5，100mW/cm²）

光阳极	染料	V_{oc}/V	$J_{sc}/(mA/cm^2)$	FF	PCE/%
TiO_2	锌卟啉	0.94	17.66	0.74	12.30
ZnO	N719	0.64	19.80	0.59	7.50
SnO_2	N719	0.50	9.87	0.64	3.16
Zn_2SnO_4	N719	0.68	9.20	0.75	4.70
Nb_2O_5	N719	0.75	12.20	0.66	6.03
WO_3	N3	0.38	4.67	0.37	0.74
$SrTiO_3$	N719	0.79	3.00	0.70	1.80

注：J_{sc} 为短路电流密度；V_{oc} 为开路电压；FF 为填充因子；PCE 为电池效率。

（2）DSSC 染料

DSSC 染料必须同时满足三个条件：①吸收光谱响应范围宽；②耐光腐蚀性强、无毒无害；③能级电位与半导体和电解质相匹配，且含有特定官能团，能很好地锚固到半导体表面。常用的 DSSC 染料主要包括金属配合物染料和有机染料。

钌系金属配合物染料具有非常高的化学稳定性、良好的氧化-还原性和突出的可见光谱响应特性，是 DSSC 中应用最为广泛的一类染料。其中，多吡啶钌系染料按其结构分为羧酸多吡啶钌、磷酸多吡啶钌和多核联吡啶钌三类。钌系金属配合物染料的光电转换效率超过了 10%。这类染料通过羧基或磷酸基吸附在 TiO_2 薄膜表面，使得处于激发态的染料能将其电子有效地注入纳米 TiO_2 导带中。迄今为止，N3 和 N719（图 7-9）是最有效的两个 DSSC 染料，并经常作为一种标准染料进行比较研究。但其本身也存在一定的缺陷，如羧基的亲水性太强影响了电池的使用寿命。

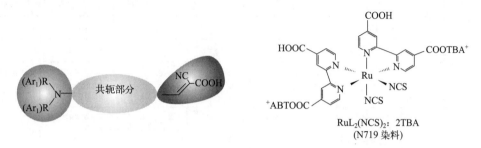

图 7-9　N719 染料的结构及分子结构

从理论上分析，卟啉衍生物可作为 DSSC 的全色光敏剂，这主要是因为它具有合适的 LUMO 和 HOMO 能级，在 $415\sim430nm$ 存在强吸收峰以及 $500\sim700nm$ 区域中的 Q 带。卟啉染料产生的光生电子可以有效注入 TiO_2 导带。基于金属卟啉染料和 Co^{2+}/Co^{3+} 电解液获得了 13% 的效率。

酞菁类化合物在 Q 波段（约 700nm）具有强吸收，且电化学、光化学和热稳定性好，可作为近红外光敏染料。但这些染料的溶解度通常很差。此外，酞菁类化合物极易在半导体表面发生团聚，影响光生电子向半导体的快速注入与分离转移。锌〔Zn(Ⅱ)〕酞菁化合物为代表性的酞菁类染料。

有机染料具有许多优点：①结构丰富多样，分子设计与物质合成简便易行；②相较贵金属系配合物，有机染料更加廉价、环保；③有机染料的摩尔吸光系数通常高于钌配合物，用在薄膜和固态 DSSC 中优越性更强；④对 P 型 DSSC，有机染料效果比钌系配合物更好。

有机染料分子都具有供体-π-受体（D-π-A）结构，这就使得染料分子在结构设计、光谱响应范围、HOMO 和 LUMO 能级以及分子内电荷分离转移等方面变得更易可调可控。对于 N 型 DSSC，染料激发电子通过受体基团 A 注入半导体导带；对于 P 型 DSSC，受激染料通过俘获半导体价带上的电子，完成界面电荷分离转移。目前，已有逾百种有机染料应用于 DSSC，例如香豆素染料、吲哚染料、四氢喹啉染料、三芳胺染料、异蒽染料、咔唑染料、N,N-二烷基苯胺染料、半花菁染料、花菁染料、方酸菁染料、苝系染料以及其他有机染料等。

（3）DSSC 对电极材料

常见对电极材料主要有贵金属 Pt 电极、合金、导电聚合物、碳材料、过渡金属化合物以及相应的复合材料等六大类（表 7-4）。以下重点介绍贵金属 Pt 对电极以及金属和合金对电极。

表 7-4　基于代表性对电极材料 DSSC 器件的光伏性能（AM 1.5，100mW/cm²）

对电极类型	对电极材料	J_{sc}/(mA/cm²)	V_{oc}/V	FF	PCE/%
合金	$Pt_{0.02}Co$[1]	18.53	0.735	0.75	10.23
	$FeSe$[1]	17.72	0.717	0.721	9.16
	$Co_{0.85}Se$[1]	16.98	7.38	0.75	9.40
	$NiSe$[1]	15.94	7.34	0.74	8.69
	$SnSe$[2]	16.55	0.763	0.74	9.34
	$SnSe$[3]	16.55	7.63	0.74	9.40
	Pt_3Ni[1]	17.05	0.72	0.715	8.78
	$Ru_{0.33}Se$[1]	18.93	7.15	0.68	9.22
	$PtNi_{0.75}$[1]	17.50	0.716	0.686	8.59
	$CoNi_{0.25}$[1]	18.02	7.06	0.66	8.39
碳材料	碳[1]	16.80	7.90	0.685	9.10
	碳纳米管[1]	17.62	7.56	0.73	10.04
	石墨烯纳米片[2]	14.80	8.78	0.72	9.40
	卤化石墨烯[2]	14.81	9.77	0.71	10.31
过渡金属化合物	$WO_{2.72}$[1]	14.90	0.770	0.70	8.03
	WO_2[1]	14.02	0.808	0.64	7.25
	TaO[1]	12.59	0.770	0.67	6.48
	Ta_2O_5[1]	13.01	0.750	0.42	4.08
	Mo_2N[1]	14.09	0.743	0.61	6.38
	TaC[4]	15.76	8.45	0.65	8.67
	SnS[3]	16.54	7.62	0.73	9.20
	Ag_2S[1]	16.79	7.57	0.66	8.40
	CoS[1]	17.03	7.66	0.65	8.49
	Ni_5P_4[1]	14.7	7.20	0.72	7.6
	$NiCo_2S_4$[1]	18.43	6.90	0.64	8.10
	Cu_2ZnSnS_4[1]	21.78	7.80	0.51	8.67
	Ag_8GeS_6[1]	16.59	7.46	0.65	8.10
聚合物	$PProDOT$[2]	13.06	9.98	0.774	10.08
	Taproot[1]	17.00	7.61	0.71	9.25
	PEDOT[2]	15.90	9.10	0.71	10.30
	PEDOT 阵列[1]	16.24	7.20	0.70	8.30
	PEDOT 纳米纤维[1]	17.50	7.24	0.73	9.20
	PEDOT[1]	14.10	7.87	0.73	8.00
	PEDOT[5]	15.90	6.87	0.72	7.90
	PANI 阵列[6]	15.09	7.80	0.70	8.24

功能材料基础

对电极类型	对电极材料	J_{sc}/(mA/cm^2)	V_{oc}/V	FF	PCE/%
纳米复合对电极	TiN/介孔碳[1]	15.3	8.20	0.67	8.41
	NiS$_2$/还原氧化石墨烯[1]	16.55	7.49	0.69	8.55
	氧化石墨烯/石墨烯纳米片[2]	15.1	8.85	0.67	9.30
	还原氧化石墨烯/单臂碳纳米管[1]	12.81	8.60	0.76	8.37
	CoS/还原氧化石墨烯$_{0.10}$[1]	18.903	7.67	0.68	9.82
	CoS/还原氧化石墨烯$_{0.20}$[1]	19.42	7.64	0.66	9.39
	Nb$_2$O$_5$/碳[4]	15.68	8.61	0.73	9.86
	Ni/氧化石墨烯[1]	17.80	7.50	0.62	8.30
	NiCo$_2$O$_4$/石墨烯[1]	16.12	7.50	0.61	8.10
	CoTe/还原氧化石墨烯[1]	17.14	7.70	0.69	9.18
	RuO$_2$/石墨烯[1]	16.13	7.66	0.67	8.32
	Zn$_3$N$_2$/PEDOT:PSS[1]	15.77	8.10	0.69	8.73
	ZnSe/PEDOT:PSS[1]	15.72	7.70	0.68	8.13
	Fe$_3$O$_4$/PEDOT[1]	18.60	7.40	0.63	8.69
	PANI/多壁碳纳米管[1]	22.25	6.91	0.60	9.24
	TiO$_2$/PEDOT:PSS[1]	16.39	7.20	0.72	8.27
	NiCo$_2$S$_4$/NiS[1]	17.70	7.44	0.67	8.80
	Au/石墨烯纳米片[7]	18.27	10.14	0.77	14.30

[1]N719 染料与 I^-/I_3^-。
[2]Y123 染料与 Co^{2+}/Co^{3+}。
[3]C101 染料与 I^-/I_3^-。
[4]N719 染料与 Co^{2+}/Co^{3+}。
[5]Z907 染料与 T_2/T^-。
[6]FNE29 染料与 Co^{2+}/Co^{3+}。
[7]ADEKA-1/LEG4 染料与 I^-/I_3^-。

    贵金属 Pt 有良好的导电性与催化性能，是碘体系 DSSC 首选的对电极材料，也是对电极研发的参比电极。新型合金材料，如 $CoPt_{0.02}$、$PtNi_{0.75}$、$FeCo_2$ 等，表现出优异的催化性能。合金通常是金属的混合物或一种金属和另一种元素的混合物。合金可以是金属元素的固溶体（单相），也可以是金属相的混合物（两种或两种以上）。在某些情况下，合金可以保留金属组元的某些重要性能，降低材料的总成本，同时不同组元间会产生协同效应。

    合金对电极材料的设计一般遵循四个原则。①考虑金属固有的电子结构，掺杂原子的电负性小于宿主原子的电负性，可以使部分电子从掺杂原子转移到宿主原子，从而优化电子分布。②考虑活性位点，掺杂原子的晶格常数小于宿主原子的晶格常数。掺杂引起的缺陷都有利于促进 I_3^- 还原反应。③考虑功函数。功函数决定对电极材料与电解液界面电子转移电阻，良好的功函数匹配性可以促进电子转移。④考虑热力学吉布斯自由能，掺杂原子的吉布斯自由能小于宿主原子的吉布斯自由能。

（4）DSSC 电解液材料

DSSC 常用的电解质为液态电解质，由有机溶剂（乙腈、三甲氧基丙腈、离子液体等）、氧化-还原电对（如 I^-/I_3^- 电对）和添加剂（锂盐、4-叔丁基吡啶等）三部分组成。液态电解质扩散速率快、组分易于调节、渗透性好，因此，该体系 DSSC 具有较高的光电转化效率。到目前为止，在 DSSC 中使用最普遍也最成熟的电解液当属 I^-/I_3^- 电对体系电解液。除此之外，还有在非碘体系中的 Br^-/Br_3^-、$SCN^-/(SCN)_3^-$、$SeCN^-/(SeCN)_3^-$、Co^{2+}/Co^{3+}、T_2^-/T^- 等氧化-还原电对电解液。

使用 Co^{2+}/Co^{3+} 电解液，将有机染料 YD2-*o*-C8 与 Y123 混合作为共吸附染料，在 DSSC 中获得了较高的效率 14.3%。对比无机的氧化-还原电对，纯有机氧化-还原电对，例如二硫化物/硫脲和二硫化物/硫醇盐（T_2^-/T^-）的氧化-还原电对，在有机溶剂中表现出了很好的溶解度和扩散系数，取得了优良的 DSSC 应用效果。事实上，硫化物/对硫化物（S^{2-}/S_n^-）体系也在 DSSC 中取得了应用，但由于有机溶剂较差的流动性和较强的碱性，故更多应用在量了点敏化太阳能电池中。

除了上述电解液体系，离子液体（ionic liquids）因其蒸气压极低，无色、无嗅，具有较低的凝固点，较高的离子电导率，较好的化学稳定性及较宽的电化学窗口等优点而应用于 DSSC。离子液体电解质采用了非挥发性电解质溶剂，具有良好的光电化学性能、低黏度以及较好的稳定性。常用的离子液体阳离子为咪唑、吡啶、膦及铵阳离子，阴离子则包括电活性的 I^- 及非电活性的 $N(CN)^-$、Cl^-、Br^-、BF_4^-、PF_6^-、NCS^- 等。咪唑族离子液体是一类最早用于电化学领域研究的离子液体。

7.3 电致发光材料

电致发光（electroluminescence，EL），是一种直接将电能转化为光能而发光的现象，一般是指半导体（主要是荧光体）在外加电场作用下的自发光的现象。电致发光材料可分为无机电致发光材料和有机电致发光材料。

7.3.1 无机电致发光材料

无机电致发光材料有多种形态，主要可分为粉末、薄膜和结型电致发光材料。

1936 年法国的 G. Destriau 在居里实验室首次发现了粉末的电致发光现象。粉末电致发光材料容易与其他体材料掺杂结合，产生具有特殊物理化学性能的新材料，曾经引起了人们极大的兴趣，但是因为粉末电致发光材料制备的器件亮度和寿命均达不到人们的期望值，很难得到合适的三基色，无法实现全色显像，并且驱动电流较大，应用非常有限。

1974 年日本夏普公司的猪口敏夫（T. Inoguchi）得到了高亮度长寿命的薄膜电致发光器件，利用 ZnS：Mn 得到的器件亮度高达 $5000cd/m^2$ 的橙色发光，寿命超过一万小时，后续还有一些研究单位研制了一些多色器件。但是薄膜型电致发光器件的蓝色离三基色所要求的色度值还差得相当远，没法用于彩色显示。此外，和所有粉末器件的缺点一样，无机薄膜器件需要较高（百伏）的交流驱动，难以和一般半导体线路匹配，实际应用意义不大。

相比而言，以结型电致发光材料制作的发光二极管（LED）表现出了低压驱动、高亮度、长寿命的优势，而且发光强度及发光效率随半导体材料及其工艺技术的发展而不断提升。迄今为止，LED 是真正实现产业化的无机电致发光技术，广泛应用在各种指示装置、大屏幕显示和照明光源中，甚至还可以做成半导体激光器。

下面将分别介绍这几种材料，其中粉末和薄膜电致发光材料由于应用前景有限，只做一些简单的介绍。

7.3.1.1 粉末电致发光材料

粉末电致发光材料多为微晶体，尺寸在十个微米量级左右。直流粉末比交流粉末大一些。人们对粉末电致发光材料的研究主要集中在Ⅱ～Ⅳ族化合物作为基质的材料，还有一些多元系化合物。发光的特征谱主要取决于发光中心的性质，发光中心掺入基质材料实现晶格替位。按照掺杂方式可分为主动（故意）掺杂和非故意掺杂。主动掺杂是指人为地向材料中引进其他发光中心元，形成杂质缺陷。非故意掺杂是指不向材料中掺入元素，而是使材料内部自发产生各种结构缺陷。

ZnS：Cu，Cl 是已知最好的一种交流粉末，Cu 的浓度为 $10^{-3}\,\mathrm{g/g}$ 或稍多，这比一般的光致发光材料 ZnS：Cu 高出一个数量级以上。在制造粉末电致发光器件时，将发光粉混合在绝缘的高分子材料中，形成发光膜。将发光膜夹在导电玻璃和金属电极之间，就得到了发光器件。金属电极通常可用铝膜，称为背电极。发光膜的厚度为几十至上百微米。为了使外加电压尽可能多地加在发光的小晶粒上，应该选用介电常数大的绝缘材料。发光膜最好是用丝网印刷的办法涂布在导电玻璃上，然后用真空蒸发的方法蒸上金属膜。

直流粉末电致发光材料的主要成分是锰掺杂的硫化锌（ZnS：Mn），通常会在 ZnS：Mn 粉末表面包裹上 $\mathrm{Cu}_x\mathrm{S}$。将直流粉末和一种有导电性的黏结剂混合，涂布在正负两电极之间，得到直流粉末电致发光器件。在所有的直流粉末电致发光器件中，用 ZnS：Mn 制备的电致发光器件亮度最高，发光性能最好。实验表明，交、直流粉末两种电致发光器件的寿命都受湿度的显著影响，因此制作时密封防潮技术是至关重要的。

交流粉末 EL 材料的亮度-电压关系可用下式表示：

$$L = L_0 \mathrm{e}^{-b/\sqrt{V}} \tag{7-2}$$

式中，L 是亮度；V 是电压；b 是直线的斜率；L_0 是 V 很大时的亮度，也就是饱和亮度。实际上，即使 V 达到击穿电压，也看不到亮度有即将饱和的迹象（图7-10）。

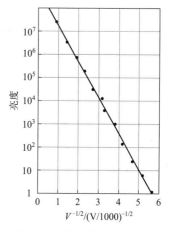

图7-10 交流粉末 EL 材料的亮度-电压关系

7.3.1.2 薄膜电致发光材料

传统的薄膜电致发光器件采用双绝缘层的夹层式结构，也叫 MISIM（metal-insulator-semiconductor-insulator-metal）结构，发光层一般用Ⅱ～Ⅵ族化合物，发光层的两面各有一层绝缘的薄膜将电极隔开，形成"夹心"结构（图7-11）。绝缘层是为了使器件能够耐受高电压，因此其应具有高的介电常度；另外，要有高的介电常数，使电压能尽可能多地分配到发光层。一般要求绝缘层的相对介电常数在 20 左右。在发光层被瞬态击穿后能独立地分压，降低发光层上的电场，发光层在这期间能自愈。

现在公认的薄膜 EL 材料的激发机理是碰撞离化或碰撞激发。其具体过程大致如图 7-12 所示。在绝缘层和发光层的交界处由于物质的差异和晶格不匹配产生了许多界面态 (interface state，IS)，它们会俘获一些电子。当器件加了电压之后，ZnS 能带倾斜，由图 7-12 可见，在边界出现一个三角形势垒。界面态和 ZnS 导带之间的距离缩短了，根据量子力学原理，电子可以穿过势垒进入导带 (1)，这就是所谓的隧道效应。它们在导带中被电场加速 (2)，达到一定速度后即可离化发光中心 (3) 或晶格 (4)，产生更多的电子，即次级电子 (secondary electrons)。而次级电子又将被加速，这就是电子的倍增过程。导带中的一部分电子可能直接激发发光中心，还有一部分则可能从导带落入发光中心的激发能级。这些结果都可以产生发光。

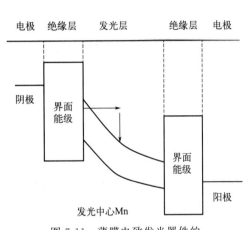

图 7-11 薄膜电致发光器件的
结构与发光过程

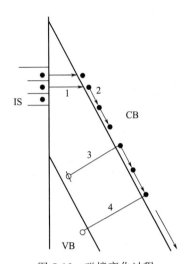

图 7-12 碰撞离化过程

纵轴为电子的能量水平，横轴为电子的运动方向

薄膜电致发光材料的研究主要集中在 ZnS、CaS、SrS 等硫化材料上。采用 ZnS：Mn 材料制成的薄膜 EL 器件可以得到相对较好的发光效果，能够发出橙色光。但是由于硫化物自身不稳定，对水蒸气敏感易潮解，这对电致发光显示 (ELD) 器件的光刻和清洗等制造工艺提出了更高要求，并且会影响器件的长期稳定性。

与硫化物相比，氧化物具有化学稳定性好、材料的种类多、发光色纯度高、容易得到三基色等优点。ZnO 是 Ⅱ～Ⅵ 族直接带隙宽禁带半导体光电材料。常见的晶体结构有三种类型，如图 7-13 所示。常温常压下时 ZnO 以纤锌矿结构存在，在高温高压时以岩盐矿结构和闪锌矿结构的形式存在。

ZnO 室温下禁带宽度为 3.37eV，与 GaN 能带宽度相近 (3.39eV)，激子束缚能为 60meV，比室温热离化能 (26meV) 高很多，所以室温下激子不易产生热离化，可以实现高效率的激光发射。通过掺杂可以调整 ZnO 的禁带宽度，如随着 Mg 掺杂量的增加，光学带隙会加宽。通过对 ZnO 进行 Mg 和 Cd 掺杂，带隙在 3.04～3.99eV 之间可调。

ZnO 薄膜本身存在较多的本征缺陷，要实现其在光电器件领域的应用，需要通过掺杂其他元素来调节和控制 ZnO 薄膜内部的缺陷形式及数量，从而实现其在不同波长范围内的发光。

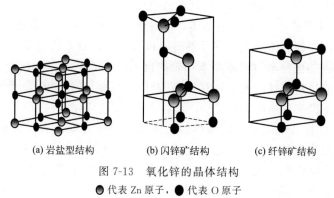

(a) 岩盐型结构　　　　(b) 闪锌矿结构　　　　(c) 纤锌矿结构

图 7-13　氧化锌的晶体结构

● 代表 Zn 原子，● 代表 O 原子

7.3.1.3　发光二极管

发光二极管（light-emitting diode，LED）是由 p-n 结构成的半导体发光器件，制造 p-n 的材料通常为元素周期表中的 Ⅲ ～ Ⅳ 族化合物，如 GaAs（砷化镓）、GaP（磷化镓）、GaAsP（磷砷化镓）。LED 的结构如图 7-14 所示。当 p-n 结不施加电压时，P 型层（P 型半导体）中的空穴会向 N 型层（N 型半导体）扩散，而 N 型层中的电子向 P 型层扩散，直至 p-n 结的两侧由于空间电荷层产生的反向电场形成的势垒 V_D 足以阻止这两种载流子继续扩散。加上正向电压后，势垒降低，电子流向 P 型层，空穴流向 N 型层，电子和空穴在 p-n 结区发生复合而发光。

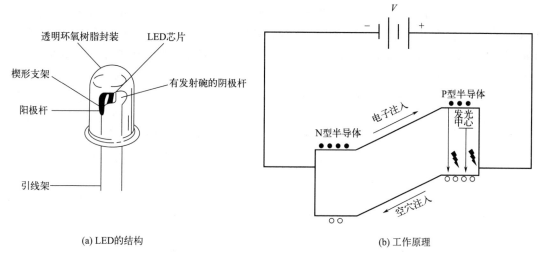

(a) LED 的结构　　　　　　　　　　　　　　(b) 工作原理

图 7-14　LED 的结构和工作原理

用于 LED 的半导体发光材料需要满足以下基本要求：

① 带隙宽度 E_g 合适。LED 的波长由带隙宽度 E_g 决定，可表示为：$\lambda = 1240/E_g$。由于 p-n 结注入的少数载流子与多数载流子复合发光时释放的光子能量小于 E_g，因此发光材料的 E_g 值必须大于所需发光波长的光子能量。对于可见光 LED 而言，长波限约为 700nm，因此要求 $E_g > 1.78\text{eV}$。而如果 LED 要发出短波长的蓝光或紫光，材料的 E_g 值一般要大于 3eV。调节多元半导体化合物材料的组分能够改变 E_g 值。例如，对于 InGaAlP 材料，可选

择合适的 Al、Ga 组分配比，实现从黄色到深红色的可控发光。

②可获得高电导率的 P 型和 N 型晶体。制备优良的 p-n 结，需要有 P 型和 N 型两种晶体材料，而且要求这两种晶体的电导率足够高，以有效提供发光所需的电子和空穴。为使 P 区和 N 区有足够高的电导率，通常要求掺杂浓度不应小于 $1 \times 10^{17} \, \mathrm{cm}^{-3}$。另一方面，为减小正向串联电阻，应尽量选择载流子迁移率高的材料。可以通过选择合适的外延工艺、掺杂材料、掺杂温度与浓度来提高电导率。

③可获得完整性好的优质晶体。晶体的不完整性对发光现象有很大影响。不完整性指的是晶体中的晶格缺陷和外来杂质，它们往往形成复合中心，会缩短载流子寿命并降低器件发光效率。因此，完整性好的优质晶体是制造高效率 LED 的必要条件。影响晶体质量的因素有很多，如衬底材料和晶体生长方法等。SiC 能满足条件①和②，但是晶体生长温度不高，不能得到完整性好的优质晶体，成为研制 SiC 发光二极管的障碍。早期蓝光 LED 发光器件发展缓慢，就是因为没有合适的衬底材料，所生长的 GaN 晶体质量难以满足要求。晶体的完整性与晶体生长的方法密切相关，选择合适的外延技术，对于制造高亮度 LED 的芯片外延材料至关重要。

④发光复合概率大。由于发光复合概率直接影响发光效率，所以目前高亮度 LED 和超高亮度 LED 大多都采用直接带隙型（或直接跃迁型）半导体材料制备。但是采用直接跃迁型半导体（晶体）时，光向外部发射有较大损耗。对于间接跃迁型半导体（晶体）材料，也可以采用优质晶体并掺入适当的杂质，以形成发光复合概率大的高浓度发光中心，就可以获得高发光效率，并且光向外部发射的损耗也小。

按照上述条件寻找可见光或近红外光发光二极管的晶体，可选择的材料有：直接跃迁型晶体 GaAs、GaN、InP 和 InN 等；间接跃迁型晶体 AlP、AlAs、AlSb、GaP，但是 AlP、AlAs、AlSb 在空气中不稳定。晶体生长比较容易且可获得优质晶体的材料有 GaAs 和 GaP。还可以采用 GaAs-GaP 混晶和 GaAs-AlAs 混晶，将 GaAs 的直接跃迁带隙扩展到可见光波段。下面介绍几种常用的 LED 发光材料。

砷化镓（GaAs）是一种重要而且研究成果最多的 III～V 族化合物半导体，是典型的直接跃迁型材料，其直接跃迁发射的光子能量为 1.42eV 左右，相应发射波长在 900nm 左右，属于近红外波段。它是许多发光器件的基础材料，也是许多材料外延生长用的衬底。

砷化镓属闪锌矿结构，它是极性共价键结合，离子性占 0.31。砷化镓的自然解理面是 (110)，因为 (111) 面极性大，对 (110) 面有较强的库仑吸引力，加上 (110) 面是由相同数目的砷原子和镓原子组成的，除引力外还存在斥力，所以最易解理。20 世纪末发展的垂直梯度冷凝法能生长大直径的无位错单晶，成为目前生产砷化镓单晶衬底的主要方法。

砷化镓中的缺陷主要是位错和化学计量比偏离造成的缺陷，如空位（镓空位和砷空位）、填隙原子（镓填隙原子和砷填隙原子）和代位原子（镓占砷位和砷占镓位）。空位特别是镓空位对发光效率影响很大，如富镓条件液相外延生长的发光效率比富砷条件熔体生长的高得多。此外，重掺杂材料中的杂质偏析和显微沉淀，也是砷化镓中重要的缺陷。氧是深能级杂质，非辐射复合中心。铜是砷化镓中最有害的杂质，它能参与砷化镓晶体中所有的结构缺陷和杂质的相互作用，造成大量的有害能级。铜还是一种快扩散杂质，特别是填隙型铜，会造成器件性能劣化。

图 7-15 是室温下用电子束激发 GaAs 发光时的相对发光效率与杂质浓度的关系。可以看到相对发光效率先随着载流子浓度的增加而提高，这是因为带间复合的概率与作为复合对

象的多数载流子浓度成正比。当载流子浓度增大到一定程度时，因杂质沉积形成非发光中心和俄歇效应等载流子间的相互作用而引起非发光过程，所以相对发光效率降低了。由图可以看到，电子束激发最佳相对发光效率时的载流子浓度是 $10^{18} \sim 10^{19} \mathrm{cm}^{-3}$。

GaAs 中的 Si 占据 Ga 或 As 位后形成施主或受主，因此是两性杂质。从 Ga 溶液中液相外延生长 GaAs 时，在高温下掺 Si 形成施主，而在低温下掺 Si 形成受主。在 N-GaAs 衬底上进行掺 Si 液相外延生长可得到生长结，在 940nm 处出现发光峰，如图 7-16 所示。

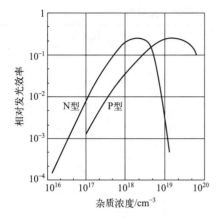

图 7-15　室温下用电子束激发 GaAs 发光时
相对发光效率与杂质浓度的关系

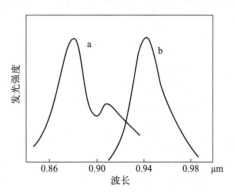

图 7-16　GaAs 发光二极管的发光光谱
a 为扩散结型 LED；b 为掺硅液相外延生长结 LED

砷化镓发光二极管采用普通封装结构时发光效率为 4%，而采用半球形结构时发光效率可达 20% 以上。它们被大量应用于遥控器和光电耦合器中。

磷化镓（GaP）是 Ⅲ～Ⅴ 族化合物半导体中重要的显示用可见光材料，它是典型的间接跃迁型材料，间接带隙宽度为 2.26eV。从理论上讲，磷化镓的辐射复合概率很小。然而磷化镓却是 20 世纪 90 年代前发光效率最高的可见光材料，原因是在 GaP 中通过掺入杂质，产生等电子陷阱，俘获激子，通过激子复合实现发光。例如，通过掺入不同的等电子陷阱发光中心，可以直接发射红（掺入 ZnO）、绿（掺入 N）等颜色的光。GaP 能隙大，衬底对光的再次吸收小，可用廉价的液相外延法（LPE）制备。

磷砷化镓（GaAsP）是目前应用较为广泛的显示用发光材料。$GaAs_{1-x}P_x$ 是闪锌矿结构，由直接禁带的 GaAs 与间接禁带的 GaP 组成的固溶体。当 $x < 0.45$ 时为直接禁带半导体，$x > 0.45$ 时为间接禁带半导体（$x = 0.45$ 为临界点）。比如，$x = 0.40$ 时发红光，峰值波长 650nm，发光效率较高，这也正是 Holonyak 发明发光二极管时所用的材料，是能带裁剪工程的成功例子。当 $x > 0.45$ 时，由于为间接禁带半导体，其发光效率大幅度下降。Craford 等人采用 GaP 作为透明衬底，并在外延层中掺入等电子陷阱杂质氮后，发光效率大大提高。

AlGaAs 材料是 GaAs 和 AlAs 的合金，它们都是立方闪锌矿型晶格。$Al_x Ga_{1-x} As$ 的晶格常数 a 按照 Vegard 定律改变：

$$a = 0.56533 + 0.00078x \ nm \qquad (7-3)$$

由于如此优良的晶格匹配，可以在 GaAs 衬底上以任意顺序外延生长组分不同的 $Al_x Ga_{1-x} As$ 合金，而异质界面上的缺陷却很少。$Al_x Ga_{1-x} As$ LED 在 $x < 0.45$ 为直接带

隙，$x > 0.45$ 为间接带隙。第一种广泛应用于半导体异质结构的材料体系。$Al_x Ga_{1-x} As$ LED N 型导电所用的施主是 Sn 和 Te。Zn 和 Mg 用作 P 型导电层中的受主。Zn 也用于有源层掺杂，引起由导带到受主能级辐射跃迁而产生的发射。

其他常用的 LED 发光材料还有铝镓砷（GaAlAs）、铝镓铟磷（AlGaInP）、铝镓铟氮（AlGaInN）、铟镓氮（InGaN）、氮化镓（GaN）等，分别可以得到不同颜色的发射光。表 7-5 列出了不同颜色的发光二极管所使用的发光材料。

表 7-5　不同颜色的发光二极管所使用的发光材料

发光颜色	使用材料	发光波长/nm
普通红	GaP	700
高亮度红	GaAsP	630
超高亮度红	GaAlAs	660
超高亮度红	AlGaInP	625～640
普通绿、黄绿	GaP	565～572
高亮度绿	AlGaInP	572
超高亮度绿	InGaN	505～540
普通黄、橙	GaAsP	590，610
超高亮度黄、橙	AlGaInP	590～610
蓝	InGaN	455～480
紫	GaN	400，430
白	GaN+荧光粉	460+YAG
红外	GaAs	>780

7.3.2　有机电致发光材料

7.3.2.1　有机电致发光的工作原理

有机半导体由含有 π 共轭单元的有机分子构成（见图 7-17）。有机半导体的电致发光现象在 20 世纪 50 年代即被观测到，随后在蒽基有机晶体等材料中陆续有延续研究。1987 年，华人科学家邓青云博士首次利用二极管的设计思路，制备了低电压高效率的有机发光二极管（OLED）。1990 年，英国科学家在共轭聚合物中实现了高分子基的 OLED。此后，科学家陆续在不同类型的有机电致发光材料中实现高发光效率的 OLED。有机电致发光可以在不同的器件类型中实现，比如有机发光电化学池、有机发光晶体管等。也受限于篇幅，本节主要介绍应用成熟度比较高的 OLED 材料。

半导体中的电致发光现象来源于电子和空穴的复合。在有机半导体中，电子和空穴的距离落在库仑半径之内，会产生复合，这种复合类型称为朗之万复合，是有机半导体实现高效率辐射跃迁的主要途径。此外，还存在陷阱辅助复合、俄歇复合等类型。在有机半导体中，电子和空穴复合后，通常会生成束缚的电子-空穴对，这种束缚的电子-空穴对是一种中间态，会稳定存在一定时间（称为寿命）后才进行复合，因而这种束缚电子-空穴对可以视为一种准粒子，称为激子。激子的寿命根据有机半导体材料的差异会存在极大的不同，从亚纳秒到毫秒量级等。电子和空穴都可以视为自旋分量本征值（s）为 $\frac{1}{2}$ 的费米子。根据量子的

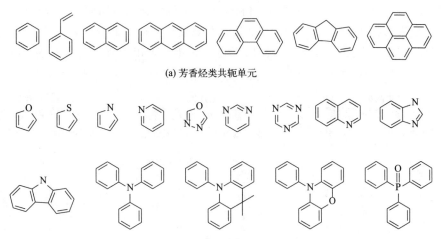

(a) 芳香烃类共轭单元

(b) 含有杂原子的共轭单元

图 7-17　有机半导体中常见的 π 共轭单元

自旋统计原理，两个 s 取值为 $\frac{1}{2}$ 的费米子结合时，可能存在两种不同自旋的双粒子状态，即 $s=1$ 或者 0。其中，电子和空穴的自旋方向相同时，$s=1$，该双粒子系统的自旋多重度为 $2s+1=3$，称为三线态激子；电子和空穴的自旋方向相反时，$s=0$，该双粒子系统的自旋多重度为 1，称为单线态激子。在理想的情况下，三线态激子复合时，不遵循动量守恒原理，因而其跃迁复合是禁阻的，而单线态激子的跃迁复合是自旋允许的，因而可以进行高效发光，这种类型的发光称为荧光。

通过自旋-轨道耦合等效应，可能实现三线态激子的辐射跃迁利用。20 世纪 90 年代以来，大批科学家通过持续努力发展各种发光机理来对三线态激子进行辐射利用，由此也产生了不同类型的有机电致发光材料。对三线态激子进行辐射跃迁利用，大体上可以分为两种常见的思路：①通过自旋-轨道强耦合效应，使得三线态激子直接复合发光，这种发光类型称为磷光；②使得三线态激子转化为单线态激子，再通过单线态激子进行复合发光，这种发光称为延迟荧光，由于这个过程需要热量的参与，因而通常称为热活化延迟荧光。

OLED 发光材料依照发光机理划分为荧光和磷光材料两个类别。依照内部电子过程的差异，荧光材料又可以分为直接荧光材料和延迟荧光材料两个类别。直接荧光材料，即单线态激子直接复合发光的材料；延迟荧光材料指利用延迟荧光机制来对三线态激子进行辐射跃迁（发光）利用的材料。图 7-18 给出了含这三个类别发光材料的 OLED 在电场下的激子动力学机理。对于直接荧光材料，在电场下大约只有 1/4 的激子被辐射发光利用，这使得器件的最大内量子效率限制在 25% 左右 [图 7-18（a）]。这一效率瓶颈在 1998 年后，由于磷光 OLED 发光材料的研究进展而被打破。对于金属配合物等构成的磷光材料，重原子引起的自旋-轨道耦合效应，使得电场下产生的激子可 100% 以磷光辐射发光的形式被利用 [图 7-18（b）]。因而，磷光 OLED 器件的内量子效率可以达到 100%。由于磷光材料中含有较为昂贵的稀有金属或贵金属，这在一定程度上增加了磷光 OLED 制备的材料成本。后面发展起来的延迟荧光材料为实现低成本、高内量子效率的荧光 OLED 开辟了新的路径。小的单线态和三线态能级劈裂能，使得三线态激子在环境热能的作用下可以实现反系间窜跃，从而以延迟荧光的方式被利用，通过直接荧光和延迟荧光两种途径，可以实现 100% 的器件内量子效率［图 7-18（c）］。由于这类别材料主要由有机化合物所构成，不含有稀有金属或贵金属元素，合成材料来源广泛，有望实现低成本规模化生产。此外，针对发光材料的设计，研究人员持续在新型发光机制等方面开展工作，冀望开发出兼具高性能以及低成本的发光材料。

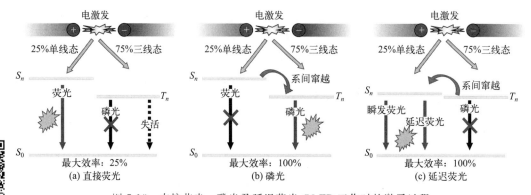

图 7-18　直接荧光、磷光及延迟荧光 OLED 工作时的激子过程

下面围绕有机半导体中的电荷传输和复合机理，介绍如何设计 OLED 中的功能层以及选用相应的材料来制备性能良好的电致发光器件。

7.3.2.2　器件结构、关键功能层和材料

从上面有机电致发光工作机理的论述可以发现，有机半导体中提供电子和空穴复合功能的材料是必不可少的。提供电子和空穴复合功能的材料，可以是单一的有机半导体分子，也可以是异质结形式的分子间复合中心。从功能层的形态上划分，分为存在独立发光层和不存在独立发光层两种结构。

下面首先讨论基于独立发光层的 OLED 的关键功能层和材料。除了发光层，OLED 中还可以根据需要加入空穴注入层、空穴传输层、电子注入层、电子传输层、空穴阻挡层、电子阻挡层、激子阻挡层、电极缓冲层、中间层等。其中，有些单层有机半导体材料可以兼具上述功能层的功能，比如电子传输材料同时具备空穴阻挡的功能，从而相对简化器件结构。某一功能层，可以由一种有机半导体构成，也可以由多种材料相互混合构成。图 7-19 中给出了一些常见的 OLED 器件结构。图 7-19（a）是单层 OLED，电子、空穴直接注入发光层中，在发光层中传输、复合、发光。图 7-19（b）和（c）为双层 OLED，其中，发光层承担空穴［图 7-19（b）］或者电子传输［图 7-19（c）］的功能。图 7-19（d）是三层 OLED 器件结构，器件内存在单独的发光层、空穴传输层、电子传输层。图 7-19（e）为五层 OLED 器件结构，在三层 OLED 的基础上，增加了单独的空穴注入层和电子注入层。可以看出，在 OLED 中，根据需要，可以灵活增加需要的功能层，无论哪种 OLED 结构均可实现优异的器件性能。就目前的技术而言，五层等多层的 OLED 结构在商业化的 OLED 产品中获得了更为广泛的应用。在功能层分离的多层结构中，不需要单一有机半导体分子同时具备各种优良特性，比如发光材料可以不具备优异的电荷传输性能，从而降低了材料选择的难度。通过不同功能层，集合各种有机半导体各自独特的优良性能，一起构筑器件，从而获得高效率、高稳定性等性能优异的 OLED。可以灵活便捷地制备多层异质结构，也是有机半导体相对于其他半导体类型的显著优点之一。

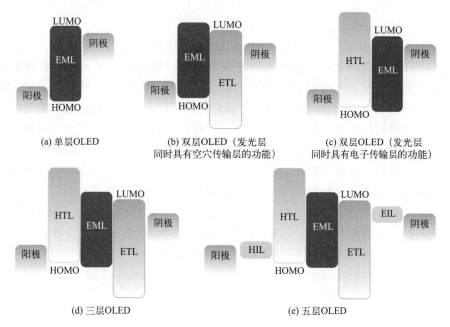

(a) 单层OLED

(b) 双层OLED（发光层同时具有空穴传输层的功能）

(c) 双层OLED（发光层同时具有电子传输层的功能）

(d) 三层OLED

(e) 五层OLED

图 7-19　常见的 OLED 器件结构图

EML—发光层；HTL—空穴传输层；ETL—电子传输层；LUMO—最低未占据分子轨道；

HOMO—最高占据分子轨道；EIL—电子注入层；HIL—空穴注入层

　　除了独立发光层的 OLED，在器件结构形态上，还可以通过无发光层的方式构筑 OLED。图 7-20（a）给出了双层无发光层 OLED 的器件结构。在该器件中，空穴在 P 型的空穴传输材料中进行传输，电子在 N 型的电子传输材料中进行传输，器件的发光颜色取决于空穴传输层的 HOMO 能级和电子传输层的 LUMO 能级差。该器件结构，与经典半导体中的 p-n 异质结的结构一致，其发光特性极大地受到 p-n 结界面的特性影响。这与独立发光层的 OLED 特性有明显差异［图 7-20（b）］。根据此特性，该无发光层 OLED 可称为 p-n 异质结型 OLED（p-n OLED）。近年来，研究人员在一些有机半导体体系中，制备了高效率的 p-n OLED，直接从器件性能上证明了 p-n OLED 可以对三线态激子进行辐射利用。在 p-n OLED 中，除了发光层，其他独立发光层 OLED 中的功能材料都可以利用，比如空穴注入材料、电子注入材料等。

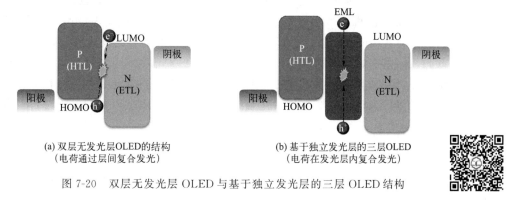

(a) 双层无发光层OLED的结构
（电荷通过层间复合发光）

(b) 基于独立发光层的三层OLED
（电荷在发光层内复合发光）

图 7-20　双层无发光层 OLED 与基于独立发光层的三层 OLED 结构

以上内容对 OLED 的关键器件结构、功能层进行了介绍，下面将继续阐述 OLED 中典型发光材料。

根据发光颜色，OLED 发光材料可以分为红光、绿光和蓝光三类。以这三种颜色的光为基础，可以通过混色（光）原理获得各种颜色的光，这是显示屏制造工业的基础技术之一。如前面所述，根据发光机理，OLED 发光材料可以分为直接荧光材料、磷光材料、热活化延迟荧光材料等类型。利用每一种发光机理，都可以分别设计红、绿、蓝等发光颜色的材料。直接荧光材料作为最早应用的一代 OLED 材料，由于受到自旋禁阻的限制，只能利用 25% 的单线态激子发光，这限制了器件的效率。然而，直接荧光材料通常成本较低，且器件的发光寿命较长，目前仍然在产业中有广泛的应用。特别值得说明的是，由于其较长的器件寿命，蓝色直接荧光材料仍然较难被磷光材料和热活化延迟荧光材料所取代。而对于红色和绿色 OLED，在工业中已经广泛采用磷光配合物发光材料。近些年，热活化延迟荧光材料也逐渐开始产业化应用。在构建实际的 OLED 器件时，这些发光材料可能以非掺杂层的形式存在，也可能需要在这些发光材料中掺入其他辅助材料，如发光主体材料等。下面从发光颜色的角度，分别介绍这三类 OLED 发光材料。

（1）红色 OLED 发光材料

一些典型的红色 OLED 发光材料的分子结构如图 7-21 所示。红色的直接荧光发光材料大部分都是从早期的染料分子发展而来，如基于吡喃腈单元发展了一系列红色发光材料，如 DCM、DCM2、DCMB、DCJTB 等。这些发光材料可以得到发光波长在 $600\sim700nm$ 的深红色发光。红荧烯（rubrene）是一种由多芳香稠环单元构建的红色发光材料，通过环间的强共轭效应，可以发出橙红色光。直接荧光发光材料通常由纯有机单元构成，而磷光发光材料则通常由金属配合物构成。1998 年，Forrest 等人首次报道了以八乙基卟啉铂（PtOEP）作为发光层掺杂在小分子主体材料八羟基喹啉铝（Alq_3）中，得到了外量子效率为 4% 和内量子效率为 23% 的红色发光（红光）器件。PtOEP 是最早在 OLED 中应用的红色磷光发光材料，在磷光发光材料的发展历史上具有重要的地位。以金属 Ir 为中心原子，可以构建一系列的 Ir 基红色发光材料，如图 7-21（b）所示。首先，由于铱的原子序数较大，能够使配合物产生很强的自旋-轨道耦合，有利于磷光发射。其次，铱金属离子中的 d 轨道能级分裂较大，可以避免与配合物的金属到配体电荷转移（MLCT）态相互作用而降低磷光发射效率。此外，铱的三价离子可以与配体形成非常稳定的中性分子，有利于采用真空蒸镀或溶液加工的方式制备器件。铱基的金属配合物是磷光发光材料中的主要类型，可以用来构建红、绿、蓝色的磷光发光材料。典型的 Ir 基红色发光材料有 $Ir(piq)_3$、$Ir(dpm)PQ_2$、$Ir(piq)_2(acac)$、$Ir(dmpq)_2(acac)$ 等。热活化延迟荧光材料是一种新型的发光材料，其最低激发单重态和最低激发三重态之间的能级差较小。这意味着三重态激子可以通过反向系间窜越过程上转换到单重态，实现无贵金属添加的三重态发光。因此，热活化延迟荧光材料在提高器件效率方面具有优越性。常见的红色热活化延迟荧光材料有 DPA-Ph-AQ、PXZ-DCPP、BF2、BTZ-DMAC 等［图 7-21（c）］。

（2）绿色 OLED 发光材料

一些典型的绿色 OLED 发光材料的分子结构如图 7-22 所示。OLED 的发明是首先从绿光取得突破的。Alq_3 作为第一款 OLED 发光材料，同时具有优良的电子传输性能，在有一

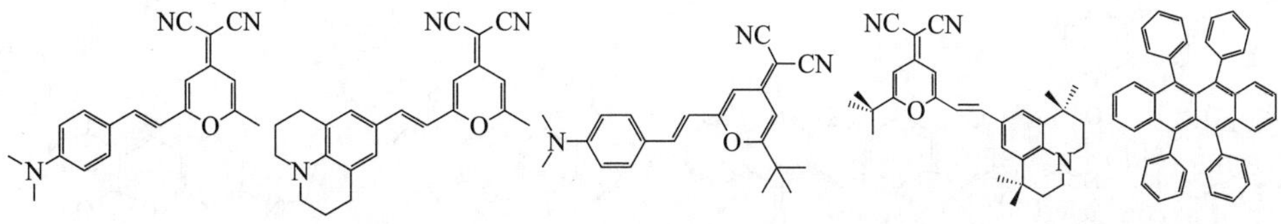

(a) 直接荧光发光材料

DCM　　DCM2　　DCMB　　DCJTB　　Rubrene

(b) 磷光发光材料

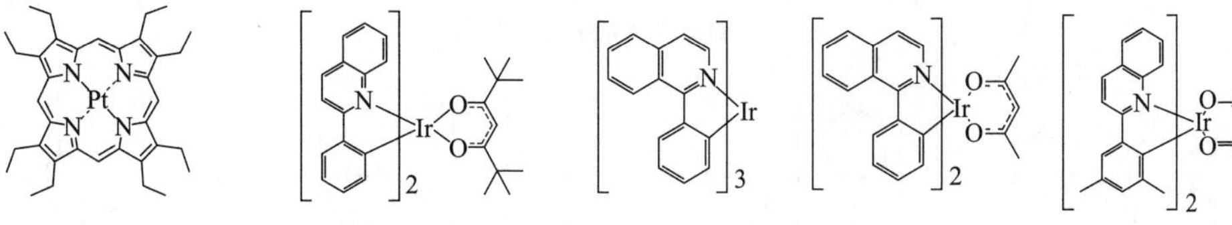

PtOEP　　Ir(dpm)PQ₂　　Ir(piq)₃　　Ir(piq)₂(acac)　　Ir(dmpq)₂(acac)

(c) 热活化延迟荧光材料

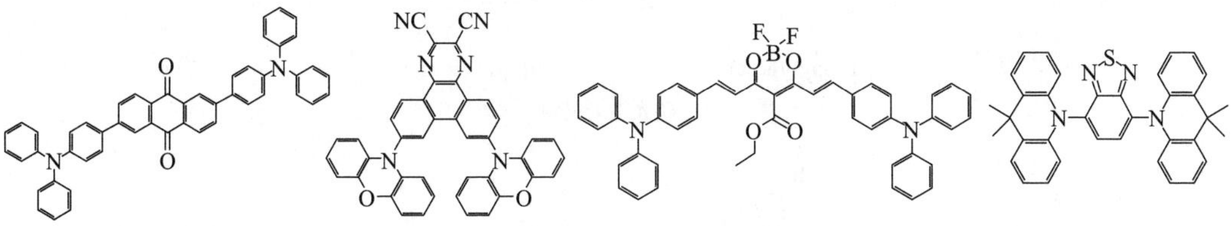

DPA-Ph-AQ　　PXZ-DCPP　　BF2　　BTZ-DMAC

图 7-21　一些典型的红色 OLED 发光材料分子结构

些 OLED 器件中，可以作为电子传输材料来使用。在 THF 溶剂中，Alq$_3$ 的发光峰值波长在 512nm，是典型的绿色发光（绿光）材料。尽管 Alq$_3$ 是最早的绿色 OLED 发光材料，但因为它是通过直接荧光的机理进行发光的，仅能利用单线态激子进行发光，因而其内量子效率不高，器件的效率受到了限制。喹吖啶酮（DMQA）单元也是构建绿光发光材料的一种典型官能团。在 THF 溶剂中，DMQA 的荧光发射光谱的峰值波长为 523nm。香豆素类的发光材料，如 C545T、Coumarin 6 等，是另外一类常见的绿色发光材料。对于绿色磷光材料，其特点是可以同时利用三线态和单线态激子发光。这使得磷光材料的发光效率大大提高，常见的绿色磷光发光材料如 Ir(mppy)$_3$、Ir(ppy)$_2$(acac)、Ir(npy)$_2$(acac)、TEG 等。

（3）蓝色 OLED 发光材料

一些典型的蓝色 OLED 发光材料的分子结构如图 7-23 所示。蓝光是 OLED 面板中的关键因素，目前实现全彩显示主要依赖于红、绿、蓝三色混合的技术，但相比于红光和绿光材料，蓝色发光（蓝光）材料的研发相对滞后。尽管 OLED 技术已经有三十多年的发展历史，但目前量产应用的蓝光技术仍主要采用直接荧光材料，其效率远低于采用磷光技术的。由于蓝光光子的能量较高，因此更容易引起材料的衰变；相比于绿光、红光，施加在蓝光材料上的电压更高，更容易引起器件老化。图 7-23（a）给出了一些经典的蓝色直接荧光发光材料，分别是 BCzVBi、TBPe、MQAB、Bepp2、DPAVBi、BNP3FL、MADN 等。这些蓝色直接荧光发光材料具有激发态寿命短等特点，不容易产生激子间的浓度猝灭效应，因而通常比磷光、热活化延迟荧光的蓝光材料具有更好的器件寿命。

FIrpic 是一款经典的蓝色磷光 OLED 发光材料。FIrpic 是 Ir 基的配合物，配体的主要

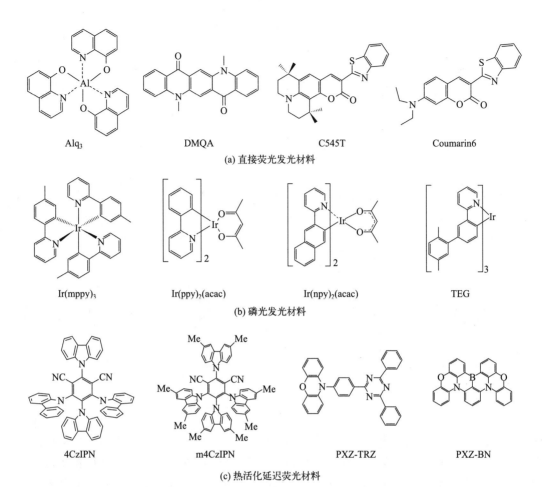

(a) 直接荧光发光材料

Alq₃ — DMQA — C545T — Coumarin6

(b) 磷光发光材料

Ir(mppy)₃ — Ir(ppy)₂(acac) — Ir(npy)₂(acac) — TEG

(c) 热活化延迟荧光材料

4CzIPN — m4CzIPN — PXZ-TRZ — PXZ-BN

图 7-22　一些典型的绿色 OLED 发光材料分子结构

成分包括两个氟取代的苯基吡啶配体和一个阴离子 2-吡啶甲酸。FIrpic 发射天蓝色光，具有高的荧光量子产率和适当的能级，广泛应用于蓝光 OLED 器件，器件的外量子效率可达到 25％以上。然而，FIrpic 基的蓝光 OLED 器件存在严重的效率滚降现象，器件稳定性差。其他的典型蓝色磷光 OLED 材料包括 FIr6、FIrN4、fac-Ir（dpbic）₃ 等。目前，受蓝色磷光 OLED 的稳定性制约，尚没有金属配合物的蓝色磷光发光材料在工业中大面积应用。

　　蓝色热活化延迟荧光材料是一种新型低成本、高效率的发光材料。这种材料有望解决第一代直接荧光材料发光效率低的问题，同时也可能解决第二代磷光材料高成本的问题。近些年，研究人员开发了较多种类的蓝色热活化延迟荧光材料，如 DMAC-DPS、DMAC-TRZ、2CzPN、3CzBN、DAc-DSO2、ACRDSO2、t-DABNA、DABNA-1 等。从发光效率上，这些材料制备的 OLED 已经实现了可与蓝色磷光 OLED 媲美的效率，远超蓝色直接荧光发光 OLED。然而，热活化延迟荧光材料的合成通常需要进行多步合成反应，这可能导致合成过程比较复杂，产率不高。此外，蓝色热活化延迟荧光材料的稳定性较差，容易受到氧气和水的影响。在未来的研究中，可以通过分子设计、优化合成方法及器件结构等手段来提高蓝色热活化延迟荧光 OLED 的性能和稳定性，从而实现其更广泛的应用。

　　有机分子的官能团类型多，化学键的连接方式多样，因而分子结构设计性极强，同时有机合成的方法多，表征测试手段丰富，因而相比于无机电致发光材料，有机电致发光材料的

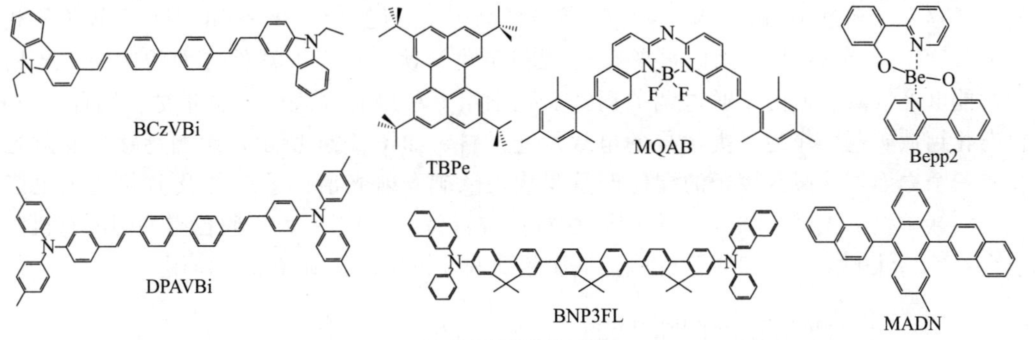

(a) 直接荧光发光材料

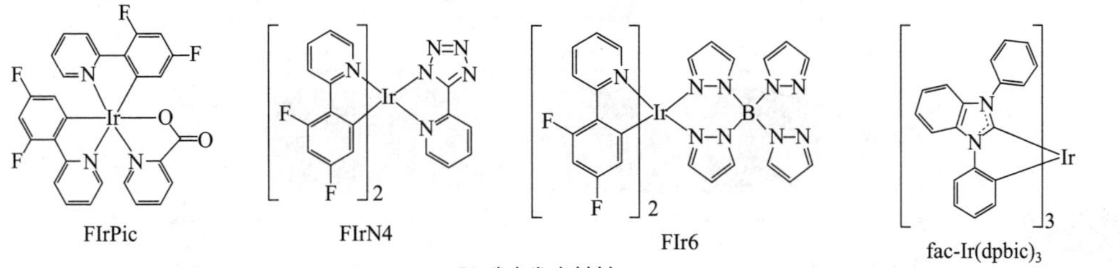

(b) 磷光发光材料

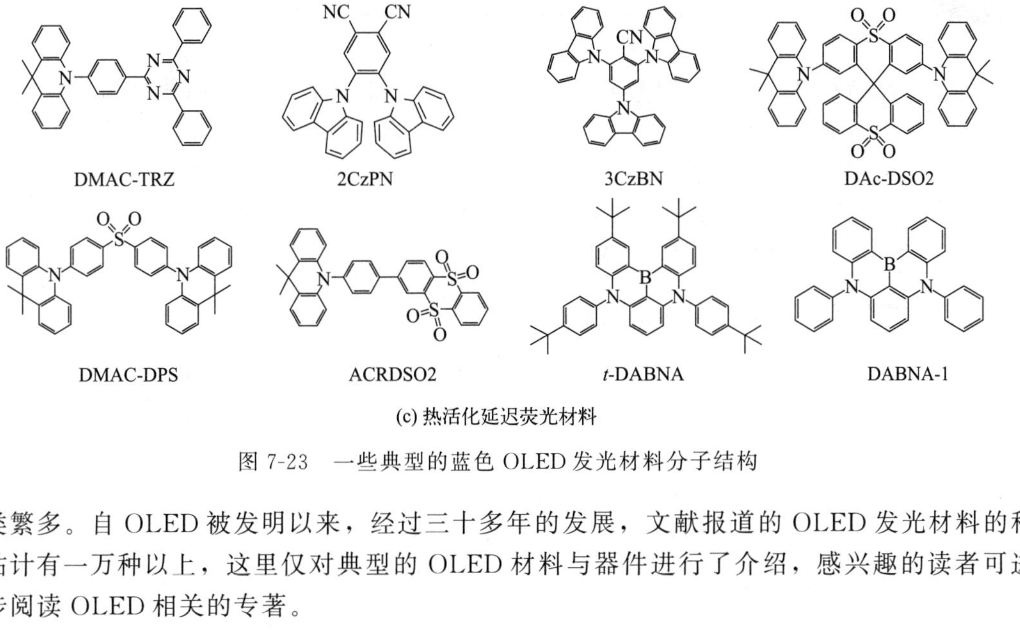

(c) 热活化延迟荧光材料

图 7-23　一些典型的蓝色 OLED 发光材料分子结构

种类繁多。自 OLED 被发明以来，经过三十多年的发展，文献报道的 OLED 发光材料的种类估计有一万种以上，这里仅对典型的 OLED 材料与器件进行了介绍，感兴趣的读者可进一步阅读 OLED 相关的专著。

7.3.3　有机-无机杂化发光材料——钙钛矿电致发光材料

钙钛矿电致发光材料目前通常是指金属卤化物钙钛矿。这类有机-无机杂化的半导体材料展现出杰出的光电特性，例如，高的荧光量子产率、可调节的带隙、窄的发射光谱以及高的载流子迁移率等。相较于 OLED 等电致发光器件使用的有机发光材料，钙钛矿这类有机-无机杂化材料不需要烦琐的合成，因此生产成本低廉。

7.3.3.1　钙钛矿电致发光材料的主要光电特性

有机-无机杂化钙钛矿属于直接带隙半导体材料，它本身具有较高的光吸收系数、较高的离子迁移率［超过10cm²/（V·s）］、较低的激子结合能（约20～70meV）和较长的载流子扩散长度（≥1μm）等。因此早期有机-无机杂化钙钛矿在光电器件方面的应用主要集中在太阳能电池领域。但由于通过调节钙钛矿化学组分可以有效改变材料带隙。因此，有机-无机杂化钙钛矿也可作为一类优异的电致发光材料。如图7-24所示，影响钙钛矿发射光谱主要有三个方面：①卤素离子的配比严重影响钙钛矿发射光谱；②A位及B位离子也能轻微改变钙钛矿发射光谱；③基于量子限域效应，向钙钛矿中引入大空间位阻的间隔有机阳离子也会导致钙钛矿发射光谱明显蓝移，从而起到调节钙钛矿发射光谱的作用。

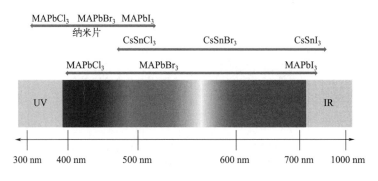

图7-24　不同组分或 n 值钙钛矿对应发射波长

有机-无机杂化钙钛矿结构中的极性铅卤键（Pb—X）的存在使得自由载流子与纵向光学声子会发生Fröhlich作用，从而引起纵向光学声子发生散射，而电子与声子又能发生耦合，这些因素会影响钙钛矿发光光谱的半峰宽（FWHM）。由于钙钛矿材料晶体结构的单一性，在通常情况下，材料发光光谱的FWHM仅为20nm左右，相比于传统有机发光材料的FWHM（≥40nm）展现出优异的色纯度。

7.3.3.2　提高钙钛矿 LED 质量的主要方法

作为一种晶体光电材料，钙钛矿本身的晶体质量是影响 LED 器件性能的主要因素。钙钛矿晶体由于是由前驱体（液）经过旋涂成膜、高温退火等工艺制备而成，因此形成的钙钛矿晶体不可避免会含有许多晶体缺陷或晶界。近些年来，针对提升钙钛矿薄膜晶体质量的方法主要集中在工艺优化和前驱体化学这两个方面。

在工艺优化方面，最初钙钛矿 LED 制备焦点主要集中在 3D 钙钛矿。由于旋涂过程中高沸点溶剂的缓慢挥发，采用旋涂工艺制备的 3D 钙钛矿薄膜展现出多空洞且大晶粒尺寸的表面形貌，这也造成制备的钙钛矿 LED 产生严重的漏电流且钙钛矿发光层中有大的激子扩散长度，从而造成钙钛矿 LED 电流效率很低。基于此，研究者将一些反溶剂（低极性溶剂，例如氯苯、甲苯、乙酸乙酯、氯仿等）快速滴加在旋涂中的钙钛矿薄膜上，利用反溶剂快速带走钙钛矿前驱体中的高极性溶剂诱导钙钛矿快速结晶，提高钙钛矿薄膜晶体质量（图7-25）。

除了工艺优化外，向钙钛矿前驱液引入有机配体或添加剂也是一种提升钙钛矿 LED 性能行之有效的方法。路易斯碱基有机小分子被认为是提升钙钛矿薄膜质量的有效添加剂。这类材料通常含有 C—O—C、NH_3^+、C=O、P=O 等富电子集团能够与 Pb^{2+} 发生配位从而降低钙钛矿中缺陷态密度，如图7-26所示。此外，一些具有缺电子基团的路易斯酸基有机

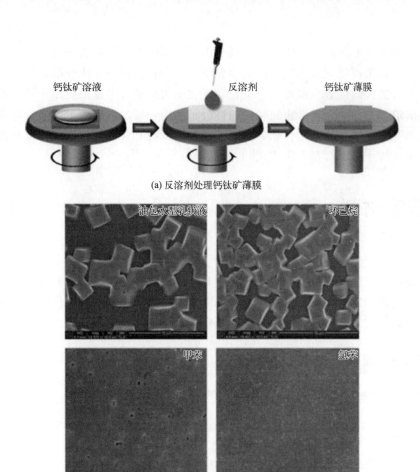

(a) 反溶剂处理钙钛矿薄膜

(b) 使用不同极性反溶剂制备的钙钛矿薄膜形貌

图 7-25　反溶剂处理钙钛矿薄膜

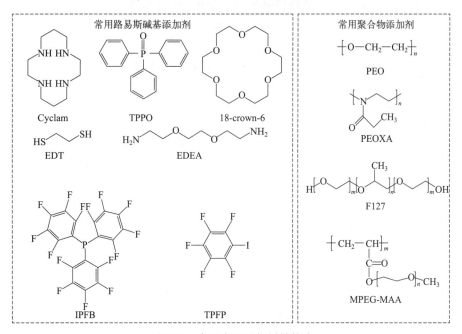

图 7-26　常用有机添加剂结构式

小分子由于能够从未配位的卤素阴离子中接受电子从而中和钙钛矿表面过量的负电荷，因此也可作为钙钛矿常用钝化剂。相比于有机小分子，聚合物在控制晶体分布，提高钙钛矿薄膜成膜质量上有着更大的优势。因此，一些包含钝化基团的聚合物也被应用于钙钛矿中，并且起到了不错的效果。此外，聚合物独特的长链分子结构，可以形成两亲性聚合物或梳状聚合物等，其亲水基团能够有效钝化钙钛矿，而疏水基团又能有效提高钙钛矿抗水氧性能，这些独特的优点是传统小分子材料不能实现的。

7.4 压电材料

在电介质功能材料中，声（弹）、光、热、电、磁等物理性质之间均可耦合并产生多种交互效应，如压电效应、热释电效应等，其中具有压电效应的压电材料及其制作的器件在各个领域都具有广泛的应用，如压电点火器、压电谐振器和蜂鸣器、压电传感器、压电陶瓷滤波器、压电声表面波滤波器、压电变压器、压电喇叭、压电马达等。

7.4.1 压电材料理论

7.4.1.1 压电效应与压电陶瓷

（1）压电效应

当电介质晶体受到外加应力的作用并发生应变时，电介质内的正、负电荷中心会产生相对位移，并在一定方向的表面上产生异号束缚电荷，其电荷密度大小与所加应力的大小呈线性关系，这种由机械能转换成电能过程的现象被称为正压电效应。与正压电效应产生的过程相反，当对这类电介质晶体施加外电场并使其中的正、负电荷中心产生位移时，该电介质随之发生变形。这种由电场作用使材料产生形变的现象，被称为逆压电效应。正、逆压电效应将在后面结合压电陶瓷的情况进行具体论述。

正压电效应和逆压电效应统称为压电效应，具有压电效应的介质称为压电材料（体），无机压电材料有压电单晶和压电陶瓷。

（2）压电晶体的对称性和压电效应

压电单晶的压电效应产生的机理可用图 7-27 加以说明，其中六边形的六个端点为晶体中的荷电为正、负的质点在某方向上的投影。如图 7-27（a）所示，当晶体不受外力作用时，正、负电荷的中心重合，整个晶体的总电偶极矩为零，晶体表面的电荷也为零；当晶体受压缩力与拉伸力作用时，如图 7-27（b）、（c）所示，此时正、负电荷中心将不再重合，于是就会在晶体表面产生异号束缚电荷，即出现压电效应。

晶体结构的对称性直接影响其物理性能，压电效应也与晶体结构的对称性有直接关系。由图 7-27 可看出，压电效应的本质是晶体上施加的应力改变了晶体内的电极化，这种电极化只能在不具有对称中心的晶体内才可能发生。具有对称中心的晶体都不具有压电效应，因为这类晶体受到应力作用后，内部发生均匀变形，质点间的对称排列规律仍然保持，无不对称的相对位移，因而正、负电荷中心一直重合，不产生电极化，因而也没有压电效应。如果晶体不具有对称中心，质点排列并不对称，在应力作用下，它们就会受到不对称的内应力，产生不对称的相对位移，结果形成新的电偶极矩，呈现出压电效应。在 32 种宏观对称类型中，有 21 种对称类型不具有对称中心，其中有一种对称类型（点群 43）的压电常数为零，其余 20 种对称类型都具有压电效应。

（3）压电陶瓷

自然界中虽然具有压电效应的压电晶体很多，但是成为陶瓷材料以后，往往只有铁电体的陶瓷才呈现出压电性能。非铁电体的压电单晶材料制成陶瓷后一般不表现出压电性，这是因为陶瓷是由众多随机取向的细小晶粒组成的多晶体，虽然每个小晶粒都具有压电效应，但是各个晶粒的压电效应会互相抵消，导致陶瓷材料宏观上不呈现压电效应。

铁电陶瓷内部存在自发极化，但极化处理前，各晶粒间的自发极化方向混乱，整个铁电陶瓷的极化强度为零，宏观上无极性。经过极化处理工艺之后，这些自发极化取向排列，使得铁电陶瓷中存在剩余极化，该极化以电偶极矩的形式表现出来，在陶瓷的两端分别出现正、负束缚电荷，束缚电荷又导致电极上吸附了一层来自外界的等量异号自由电荷，等量异号的自由电荷屏蔽了陶瓷内极化强度对外界的作用，如图 7-28 所示。

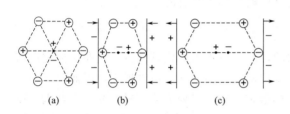

图 7-27　压电晶体产生压电效应的机理

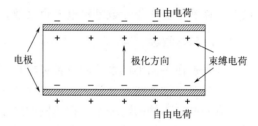

图 7-28　压电陶瓷极化处理后的束缚电荷与电极上吸附的自由电荷

如图 7-29 所示，如果极化处理后的压电陶瓷在极化方向上受到压缩力，使得陶瓷在该方向上被压缩，陶瓷正、负极化电荷之间的距离将变小，导致陶瓷的总电偶极矩变小，进而使陶瓷的极化强度变小，此时就不需要那么多的自由电荷去屏蔽束缚电荷，之前吸附在电极上的正、负自由电荷会释放一部分而出现放电现象；压力撤销后，陶瓷片恢复原状，陶瓷内的极化强度又变大，导致电极上需要再吸附一些自由电荷以屏蔽束缚电荷，表现出充电现象。如果在极化后的压电陶瓷的极化方向上施加一个拉伸力使其沿极化方向拉长，同样也会出现充电现象，撤掉拉伸力后又表现为放电现象。这种由机械效应转变为电效应，或者由机械能转变为电能的现象，就是压电陶瓷的正压电效应。

如图 7-30 所示，若在极化后的陶瓷片上外加一个与极化方向相同的电场，电场的作用使陶瓷的极化强度增大，陶瓷片内的正、负束缚电荷之间的距离也会相应增大以顺应极化强度的增大（当然，束缚电荷之间的距离也会相应增大，性能优良的压电材料则希望该极化强度的增大更多地由束缚电荷之间距离的增大来贡献），使得陶瓷片沿极化方向产生伸长的形变。同理，如果外加电场与极化方向相反，则使得陶瓷片沿极化方向产生缩短的形变。这种由电效应转变为机械效应，或者由电能转变为机械能的现象，就是压电陶瓷的逆压电效应。

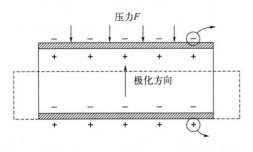

图 7-29 压电陶瓷正压电效应

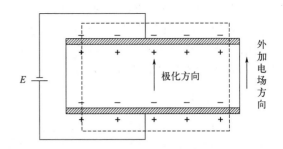

图 7-30 压电陶瓷逆压电效应

压电陶瓷中的压电效应与压电陶瓷的极化状态变化密切相关,并不是在任何方向上施加应力或电场都可以产生压电效应,只有在特定方向上施加的应力或电场才能影响压电陶瓷的极化状态,进而产生压电效应。

7.4.1.2 压电材料的主要特性

压电材料的主要特性参数有压电常数(或称压电系数、压电模量)、弹性常数、介电常数等,而其主要功能参数是机电耦合系数,这是压电材料所特有的。

(1) 压电常数

物理量在不同坐标系下的分量可能是不同的,而张量给出了物理量各分量在坐标变换时的变换规律。这意味着无论坐标系如何变化,我们都能正确地描述该物理量,因而引入张量十分有必要。不同的物理量存在不同的维度。标量和坐标系完全无关,只需要 1 个量就可以确定,没有方向指示符,不需要指标,为 0 阶张量,如温度、质量、功等;矢量(或向量)具有大小和方向,三维空间中的典型矢量需要 3 个分量来确定,每个分量都只有一个方向指示符(对应一个基矢),为一阶张量,如速度、动量等;矩阵是一个按照长方阵列排列的数集,有的物理量需要用矩阵去描述,如固体内部任意面上的应力,该面积矢量可以用相互垂直的 3 个面积矢量表示,这 3 个面积矢量上的力分量共需要 9 个应力分量(3 个正应力分量和 6 个剪应力分量,其中静力平衡状态下,剪应力是关于对角线对称的,9 个分量中只有 6 个独立分量)来确定该应力,即应力张量为二阶张量。更一般地,n 阶张量有 3^n 个分量,即三维空间中描述某物理量的分量数目为 3^n 个,则该物理量为 n 阶张量,联系 m 阶张量和 n 阶张量的张量是 $(m+n)$ 阶张量。一般地,标量和矢量的问题较为简单,无须使用张量分析,二阶及以上的高阶张量使用张量分析则更方便。

压电材料中的压电常数是反映压电材料的力学量(应力 σ、应变 S)与电学量(电场 E、电位移 D)之间耦合关系的参数。其中力学量为二阶张量,电学量是一阶张量,则联系二者的压电常数是一个三阶张量,三阶张量有 27 个分量,由于压电张量的固有对称性,27 个分量里面有一些对应的分量是相等的,一般有 18 个独立分量,晶体的对称性可以使压电张量的非零独立分量个数进一步减少。压电常数不仅与机械边界条件(应力 σ、应变 S 的状态)有关,还与电学边界条件(电场 E、电位移 D 的状态)有关。根据边界条件的不同,压电常数有四种,分别是 d_{ij}、g_{ij}、e_{ij} 和 h_{ij}($i=1,2,3$; $j=1,2,\cdots,6$),分别称为压电应变常数、压电电压常数、压电应力常数和压电劲度常数。各压电常数的第一个下标“i”表示电场强度 E 或电位移 D 的方向,第二个下标“j”表示应力 σ 或应变 S 的方向。下面对四个压电常数分别进行介绍。

压电效应是由于压电材料在外力作用下发生形变，电荷中心产生相对位移，从而使材料总电矩发生改变而产生的。实验表明，当压力不太大时，由压力产生的电偶极矩与所加应力成正比。因此，单位面积上的应力 σ 与因此而产生的单位面积的极化电荷 P 间的关系如下：

$$P_i = d_{ij}\sigma_j \tag{7-4}$$

式中，d 为压电应变常数，是一个三阶张量。可见，压电常数反映了压电材料中的力学量和电学量之间的耦合关系。

在压电物理中通常用电位移 D 代替极化强度 P，当电场 $E=0$ 时，$D=\varepsilon_0 E + P = P$，所以可以用 D 代替式（7-4）中的 P，即

$$D_i = d_{ij}\sigma_j \tag{7-5}$$

考虑各个应力 σ_j 在 1 方向产生的电位移的叠加为例，我们可以得到 $D_1 = d_{11}\sigma_1 + d_{12}\sigma_2 + d_{13}\sigma_3 + d_{14}\sigma_4 + d_{15}\sigma_5 + d_{16}\sigma_6$，因而我们可以用矩阵表示电位移 D 和应力 σ 的关系为

$$\begin{pmatrix} D_1 \\ D_2 \\ D_3 \end{pmatrix}_E = \begin{pmatrix} d_{11} & d_{12} & d_{13} & d_{14} & d_{15} & d_{16} \\ d_{21} & d_{22} & d_{23} & d_{24} & d_{25} & d_{26} \\ d_{31} & d_{32} & d_{33} & d_{34} & d_{35} & d_{36} \end{pmatrix} \begin{pmatrix} \sigma_1 \\ \sigma_2 \\ \sigma_3 \\ \sigma_4 \\ \sigma_5 \\ \sigma_6 \end{pmatrix} \tag{7-6}$$

对逆压电效应来说，施加电场 E 时成比例地产生应变 S，可得

$$S_j = d_{ij}E_i \tag{7-7}$$

我们同样可以将其写成和式（7-6）类似的矩阵形式。

根据式（7-6）和式（7-7），压电应变常数可以定义为

$$d_{ij} = \left(\frac{\partial D_i}{\partial \sigma_j}\right)_E, \sigma_n = \left(\frac{\partial S_j}{\partial E_i}\right)_\sigma, E_m (m,i=1,2,3, m\neq i; n,j=1,2,\cdots,6, n\neq j)$$

其物理意义是在电场强度 E 和应力分量 σ_n（$n\neq j$）都为零（或常数）时，应力分量 σ_j 的变化所引起的电位移分量 D_i 的变化与 σ_j 的变化之比；或者是在应力 σ 和电场强度分量 E_m 为（$m\neq i$）零（或常数）时，电场强度分量 E_i 的变化所引起的应变分量 S_j 的变化与 E_i 的变化之比。d_{ij} 的单位是 C/N 或 m/V。

压电应变常数的测量主要采用静态法测量，其测量原理是将一个低频（几赫兹到几百赫兹）振动的应力同时施加到待测的压电样品和标准样品（已知其压电应变常数）上，将两个样品的压电电荷分别收集并作比较，经过处理后直接给出待测样品的压电应变常数，同时表示出样品的极性。

压电电压常数 g_{ij} 是在电位移 D 和应力分量 σ_n（$n\neq j$）都为零（或常数）时，应力分量 σ_j 的变化所引起的电场强度分量 E_i 的变化与 σ_j 的变化之比；或者是在应力 σ 和电位移分量 D_m（$m\neq i$）为零（或常数）时，电位移分量 D_i 的变化所引起的应变分量 S_j 的变化

与 D_i 的变化之比，即

$$g_{ij}=\left(\frac{\partial E_i}{\partial \sigma_j}\right)_D,\sigma_n=\left(\frac{\partial S_j}{\partial D_i}\right)_\sigma,D_m\,(m\,、i=1,2,3,m\neq i;n\,、j=1,2,\cdots,6,n\neq j)$$

式中，g_{ij} 的单位是 $(V\cdot m)/N$ 或 m^2/C。

同样地，压电应力常数 e_{ij} 和压电劲度常数 h_{ij} 可表示为

$$e_{ij}=\left(\frac{\partial D_i}{\partial S_j}\right)_E,S_n=\left(\frac{\partial \sigma_j}{\partial E_i}\right)_S,E_m\,(m\,、i=1,2,3,m\neq i;n\,、j=1,2,\cdots,6,n\neq j)$$

$$h_{ij}=\left(\frac{\partial E_i}{\partial S_j}\right)_D,S_n=\left(\frac{\partial \sigma_j}{\partial D_i}\right)_S,D_m\,(m\,、i=1,2,3,m\neq i;n\,、j=1,2,\cdots,6,n\neq j)$$

式中，压电应力常数 e_{ij} 单位是 $N/(V\cdot m)$ 或 C/m^2；压电劲度常数 h_{ij} 的单位为 N/C 或 V/m。

由此可见，由于选择不同的自变量，或者说由于测试时所用的边界条件不同，可以得到四组压电常数 d、g、e 和 h，其中用得最多的是压电常数 d，应该指出，这四组压电常数并不是彼此独立的，可以由其中的一组求出其他三组。同时由于测试时所用的边界条件不同（力学边界条件是夹持还是自由，电学边界条件是开路还是短路），也可以得到四类压电方程组，由此可以得到一系列的力学和电学常数。

（2）机电耦合系数

机电耦合系数（eletromechanical coupling constant）k 综合反映了压电材料的机械能与电能之间的耦合效应，其既是表征机械能与电能相互转换能力的参数，也是衡量压电材料性能的一个很重要的参数。压电材料的弹性能密度、介电能密度和与压电效应相关的相互作用能密度分别用 $U_弹$、$U_介$ 和 $U_互$ 表示，则机电耦合系数 k 是指 $U_互$ 与 $U_弹$ 和 $U_介$ 几何平均值之比，即

$$k=\frac{U_互}{\sqrt{U_弹\,U_介}} \tag{7-8}$$

另外，我们也可以根据逆压电效应和正压电效应中转化的机械能和电能来定义机电耦合系数，即

$$k^2=\frac{由逆压电效应转换的机械能}{输入的电能} \qquad （逆压电效应） \tag{7-9}$$

$$k^2=\frac{由正压电效应转换的电能}{输入的机械能} \qquad （正压电效应） \tag{7-10}$$

k 数值越大，表示压电材料的压电（机械能与电能之间）耦合效应越强。

（3）机械品质因素

在压电陶瓷振动时，要克服内摩擦而消耗能量，该内摩擦是产生机械损耗的原因，机械品质因素（mechanical quality factor）Q_m（也称机械品质因子）表示压电陶瓷在振动转换时内部能量损耗的程度，机械品质因素与机械损耗成反比，机械损耗越低，机械品质因素就越高。机械品质因素 Q_m 可表示为 $Q_m=2\pi W_1/W_2$，式中，W_1 为振子在谐振时存储的机械

能量；W_2 为谐振时振子在每个周期的机械阻尼损耗能量。

机械品质因素 Q_m 也可以根据等效电路计算得到：

$$Q_m = \frac{f_p^2}{2\pi f_s R_1 (C_0 + C_1)(f_p^2 - f_s^2)} \tag{7-11}$$

式中，f_s 和 f_p 为压电振子的串联谐振频率（压电振子等效电路中串联支路的谐振频率）和并联谐振频率（压电振子等效电路中并联支路的谐振频率）；R_1 为压电振子谐振时的等效电阻（串联谐振电阻），在一级近似下可以用串联谐振频率处的最小阻抗值 Z_{min} 代替；C_0 和 C_1 为振子的静态和动态电容，$C_T = C_0 + C_1$ 可取 1kHz 以下的电容代替。

不同压电陶瓷元器件对 Q_m 的要求不尽相同，多数陶瓷滤波器要求压电陶瓷具有高的 Q_m，而音箱元器件及接受型环能器则要求低的 Q_m。不同配方及工艺的锆钛酸铅陶瓷的 Q_m 值在 50～3000 之间，大功率发射型压电器件的 Q_m 值则要求更高（高达 6000 以上）。

7.4.2 典型压电材料

1880 年，居里兄弟首先在石英中发现了压电效应的现象，随后在罗谢尔盐、电气石和蔗糖中也发现了同样的现象。第一次世界大战推动了压电晶体在军事领域的快速发展和应用。1916 年，第一个声呐装置——在水下发射和接收声波的石英晶体超声换能器被用于探测潜艇。1920 年，Valasek 发现罗谢尔盐具有铁电性，但其溶于水，应用条件苛刻。1921 年，基于石英晶体的压电谐振器面世，随后压电滤波器在通信领域被广泛应用。1943 年，具有铁电性的压电材料钛酸钡问世，标志着压电性能高、物化性质稳定的压电陶瓷的诞生。随后，具有更大压电常数和更高居里温度的锆钛酸铅（PZT）陶瓷于 1954 年被制备出来。由于铅对人体和生态环境具有较大毒害性，进入 21 世纪后，各国纷纷颁布相关法律限制或禁止电子设备中含铅材料的使用，从而使得开发高性能无铅陶瓷成为一个重要课题。迄今为止，人类已制备出了种类浩繁的压电材料，目前市场占有率最高的压电材料依然是 PZT 基压电陶瓷，以及铌酸锂、石英、氮化铝等材料。

常用压电材料可分为无机、有机及有机-无机复合材料等几类。按照材料的结构特性，又可将无机压电材料分为压电陶瓷和压电单晶。按照材料是否含铅分类，压电陶瓷可分为含铅压电陶瓷和无铅压电陶瓷两大类。根据居里温度（T_C）的不同，将 $T_C \geqslant 400 \sim 500 ℃$ 的压电材料称为高温压电材料，低于这个温度称为非高温压电材料。

7.4.2.1 压电陶瓷

压电陶瓷一般为多晶粉体通过煅烧成型制备，成本相对低，工艺简单，性能优异，占据压电材料市场的主要份额。许多性能优异的压电陶瓷具有钙钛矿结构，如 PTO 基、BTO 基、BFO 基、NBT 基、KNN 基等，其分子通式可写为 ABO_3 形式。此外，压电陶瓷还有铋层状、钨青铜结构体系等。压电陶瓷的优异压电性能来源于其铁电性。由于含有许多取向各异的小晶粒，烧结成型后的压电陶瓷在极化处理前压电性能较弱，极化处理可使小晶粒的极化取向与外电场趋同，显著增大压电常数，这就是铁电性。

（1）含铅压电陶瓷

含铅压电陶瓷主要指以锆钛酸铅（PZT）为基础的系列陶瓷。1954 年，美国科学家贾菲（B. Jaffe）等发现，$PbTiO_3$ 与 $PbZrO_3$ 能够形成连续固溶体，即 PZT。$PbTiO_3$（铁电体）的居里温度为 490℃，而 $PbZrO_3$（非铁电体）的居里温度为 230℃，居里温度以下时，两者均为四方钙钛矿结构。如图 7-31 所示，当 Ti 与 Zr 元素的比例为 52：48 时，出现一条三方相（R）和四方相（T）接近于垂直的相界，即著名的准同型相界（morphotropic phase boundary，MPB）。组分在 MPB 上的 PZT 展现出优异的压电性能，其压电系数 d_{33} 可达到约 233pC/N，力学和机电耦合性能几乎同时达到最佳。图 7-31 还表明，PZT 的 MPB 几乎不受温度影响。成分在 MPB 附近的 PZT 陶瓷中 R、T 两相共存，因而存在更多等价的自发极化取向，其中 R 相和 T 相分别有 8 个和 6 个可能的自发极化方向。在外电场作用时，更多的自发极化取向将有利于铁电体相间的极化偏转，进而让陶瓷在此处获得显著增强的极化强度和压电性能。此外，通过组分设计，如调节 Zr 与 Ti 的比例、进行化学元素或化合物掺杂，能够调控 PZT 陶瓷的压电性能，达到不同的应用目的。在 PZT 基体中添加 MnO_2、Cr_2O_3、$Pb(Zn,Nb)O_3$、$Pb(Mg,Nb)O_3$ 等，将获得性能更优的二元系、三元系或四元系 PZT 基压电陶瓷，改善 PZT 的压电性能，从而进一步拓宽 PZT 基压电材料的应用领域。

PZT 优异的压电常数和综合性能使其在超声换能器、压电马达、驱动器、变压器等领域得到广泛应用。PZT 的压电性能和高温稳定性（$T_C \approx 250 \sim 380$℃）均显著优于钛酸钡（BTO），因此一经发现即迅速取代发现更早的（BTO），在航天、发电、汽车、通信和医疗等各个方面获得了普遍的应用，至今依然牢牢占据着压电材料的大部分市场。

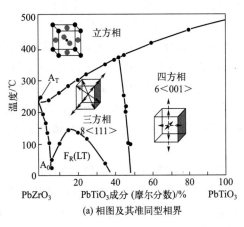

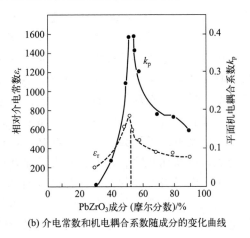

(a) 相图及其准同型相界　　　　　(b) 介电常数和机电耦合系数随成分的变化曲线

图 7-31　PZT 固溶体

（2）无铅压电陶瓷

含铅压电材料中铅的存在形式为氧化铅，对人体有害，其半数致死量（LD_{50}）为 4300mg/kg，在高压、高温和液相环境下 PbO 的毒性会增大。进入 21 世纪以来，各国纷纷出台相关政策、法规，限制电子产品中铅的含量，资助无铅压电陶瓷的开发。无铅压电陶瓷主要包括钙钛矿结构、铋层状结构、钨青铜结构等几个体系。本节重点介绍钙钛矿结构的压电陶瓷。

钛酸钡（$BaTiO_3$，BTO）是一种典型的钙钛矿结构的压电陶瓷，也是最早发现的压电陶瓷。BTO 的居里温度为 120℃。随温度的变化，BTO 经历三方晶系 $3m$ 点群（$\leqslant -90$℃），正交晶系 $mm2$ 点群（$-90 \sim 5$℃），四方晶系 $4mm$ 点群（$5 \sim 120$℃），立方晶系顺电相

（120～1460℃），之后转为六方相，直至在 1618℃ 下熔化。其四方相的自发极化沿 c 轴取向，正交相沿面对角线 [011] 方向，三方相的自发极化与原立方晶胞的体对角线 [111] 方向平行。BTO 的室温压电常数 d_{33} 通常在 160pC/N 左右。在发展无铅压电陶瓷成为重要课题后，BTO 重新引起人们的关注，可对其进行改性，提高其居里温度和压电性能。在 ABO_3 结构的 A 位或 B 位引入替代原子是一种常用的方法。例如，在 BTO 中加入 Ca^{2+} 和 Zr^{4+}，形成 $Ba(Ti_{0.8}Zr_{0.2})O_3$-$(Ba_{0.7}Ca_{0.3})TiO_3$ 固溶体，能够获得室温下三方和四方相共存的 MPB，将 d_{33} 提高至 620pC/N。在 A 位掺入 Ca^{2+}、Li^+，在 B 位掺入 Hf^{4+}、Zr^{4+}、Sn^{4+} 等，也能够提高 BTO 基压电陶瓷的压电常数。

（3）压电陶瓷性能参数

表 7-6 为部分压电陶瓷的性能参数。对于压电材料的应用而言，除须考虑压电性能外，材料的力学性能、密度和稳定性等也十分重要。例如，PZT 基陶瓷较脆，与玻璃相似，加工性能不好。材料的损耗包括压电损耗与机械损耗，分别由机电耦合系数和机械品质因数表征。机电耦合系数与谐振频率和反谐振频率之差 Δf 成正比，而机械品质因数与 Δf 成反比。因此，机电耦合系数大的压电材料往往品质因数低，反之亦然。例如，PZT 的机电耦合系数为 0.5～0.7，其品质因数为 10^2 数量级。石英的机电耦合系数约 0.1，其机械品质因数可达到 10^6 数量级。材料的声阻抗受密度和声速影响，声速则受密度和模量影响。因此，衡量一种压电材料的应用潜力，需要根据应用场景，综合考察材料的各方面性能参数。

PZT 的压电常数受温度影响较大，在高压下易去极化，机械品质因数低，声阻抗较大，在低频、高温下电阻率低，存在较强的电荷-力迟滞现象。即使不考虑铅的毒害作用，在 PZT 基压电陶瓷不受监管时，也有多种无铅压电陶瓷材料在不同器件中得到应用。例如，频率计数器主要采用频率温度稳定性好、机械品质因数高的石英，压力传感器采用石英和 $GaPO_4$，压电滤波器常采用 $LiNbO_3$、$LiTaO_3$、AlN 等。需要与低阻抗材料（如气体、液体、人体、生物组织）进行阻抗匹配时，多采用声阻抗低的 PVDF 或聚合物——陶瓷复合压电材料。

含铅压电陶瓷材料的替代是一个逐步进行的过程。有些应用中，PZT 基压电陶瓷暂时还难以替代。如汽车中的燃油喷射制动器，需要非常高的可靠性、高温稳定性和高频下多次循环后的应力阻断能力，同时还需要保持低成本，对压电材料的要求十分苛刻，目前依然只有含铅压电陶瓷能够满足要求。图 7-32 所示为几类常用无铅压电和 PZT 基压电材料的逆压电常数 $d_{33}{}^*$ 的数值及居里温度、退极化温度（T_C、T_d）。$d_{33}{}^*$ 在大信号下测得，是制动器和传感器等应用中的关键参数。图 7-32 表明，PZT 的压电常数和居里温度均适中，综合性能优异；KNN（铌酸钾钠）基陶瓷耐高温，但压电常数较小；而 BZCT（钛酸钡-锆酸钙-钛酸钙）基陶瓷压电常数高，但居里温度低。在使用温度小于 100℃，但在对压电常数要求较高的应用场合，可选择 BZCT 和 BNT（钛酸铋钠）基无铅压电陶瓷。当要求陶瓷耐高温，可适当牺牲压电常数时，可选择 KNN 基无铅压电陶瓷。

表 7-6 压电陶瓷的性能参数

项目	$d_{33}/$ (pC/N)	$d_{33}{}^*/$ (pm/V)	机电耦合系数 (k_{33})	$T_C/℃$	ε_r	介电耗损 (Loss)	Q_m
$BaTiO_3$ (BTO)	190		0.5	115	1700	0.01	

项目	$d_{33}/$ (pC/N)	$d_{33}^*/$ (pm/V)	机电耦合系数 (k_{33})	$T_C/℃$	ε_r	介电耗损 (Loss)	Q_m
$PbTiO_3$	$70(d_{15})$		$0.35(k_{15})$	310			300
$PbZrTiO_3$(PZT)							
PZT4	290	330	0.7	328	1300	0.004	>500
PZT5A	375	600	0.71	365	1700	0.02	75
PZT8	225	250	0.64	300	1000	0.004	>1000
PZT5H	590	800	0.75	190	3400	0.02	65
$(K,Na)NbO_3$(KNN)	80		0.51	420	290	0.04	130
KNN-7%Li	240		0.64	460	950	0.084	
KNN-6%$LiNbO_3$	235		0.63	460	500	0.04	
KNN-5%$SrTiO_3$	200			277	950		
$Ba(Zr,Ca)TiO_3$(BZCT)	546		0.65	94			
$CaBi_4Ti_4O_{15}$	45		$0.53(k_t)$	800			
Bi_3NbTiO_9							
$(Sr_xBa_{1-x})Nb_2O_6$(SBN)	194				1653		
$SrBi_2Nb_2O_9$(SBN)	27		0.33	350	125		2320
$PbNb_2O_6$	83		$0.41(k_t)$	543			22
AT 切石英	2		$0.11(k_t)$	576			>50000
PVDF	18		$0.20(k_t)$				8

注：k_t 为厚度机电耦合系数。

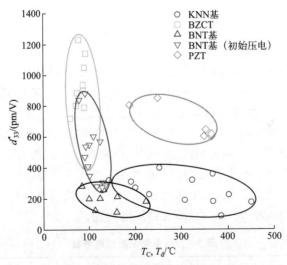

图 7-32　几类压电陶瓷的室温大信号逆压电系数 d_{33}^* 及
居里温度 T_C、退极化温度 T_d 的比较

（4）半导体压电材料

许多非对称中心结构的半导体具有压电效应，如 AlN、ZnO、GaN、CdS 等，其压电性能参数如表 7-7 所示。其中，AlN 用于制备体声波（BAW）带通滤波器，与主要以 $LiNb(Ta)O_3$、ZnO 为压电材料制备的声表面波（SAW）滤波器一起，作为选频滤波器而成为智能手机中的核心器件之一。同时，在具有压电效应的半导体中，载流子的输运特性会受到压电效应的影响，从而产生一般半导体不具备的行为，可用于发展新型半导体电子器件。基于压电效应，发展出了压电电子学（piezotronics）、压电光电子学（piezo-phototronics）等新概念。

表 7-7　几种压电半导体的压电常数

项目	$e_{33}/(C/m^2)$	$e_{31}/(C/m^2)$	$e_{15}/(C/m^2)$	$d_{33}^*/(pm/V)$	$d_{31}^*/(pm/V)$	$d_{15}^*/(pm/V)$	$k_t^2/\%$	ε_{33}
AlN	1.46	−0.60	1.13	5.6	−2.8	9.7	6.5	9.66
ZnO	1.34/1.27	−0.57	−0.48	12.4	—	—	7.5	10.2
GaN	0.73	−0.49	0.61	3.7	−1.9	6.4		

氮化铝（AlN）是纤锌矿结构的宽禁带半导体，呈六方 $6mm$ 点群晶体结构，沿 c 轴的压电极化最强，禁带宽度 6.2eV。AlN 是声速最快的压电材料，其体波声速达到了 $10500\sim11000m/s$，瑞利波（表面波）声速约为 5740m/s，相对介电常数为 $8.5\sim9.5$，机电耦合系数 k_t^2 为约 6.5%，电阻率高，导热性好，硬度高，物化性质稳定，其熔点高于 2000℃。单晶 AlN 共有三个独立的压电常数，其压电常数矩阵为

$$d = \begin{bmatrix} 0 & 0 & 0 & 0 & d_{15} & 0 \\ 0 & 0 & 0 & d_{15} & 0 & 0 \\ d_{31} & d_{31} & d_{33} & 0 & 0 & 0 \end{bmatrix}$$

由于 AlN 优异的材料性能，在商业 BAW 滤波器中得到广泛应用。BAW 滤波器是一种带通滤波器，具有尺寸小、损耗低、带边陡峭等优势，在智能手机中作通话用的双工器以及 WiFi、蓝牙等通信用选频滤波器，具有不可替代性，这种器件还广泛应用于高性能雷达、电视机、射频识别标签和其他无线通信设备中。

氧化锌（ZnO）的稳定结构为纤锌矿，禁带宽度为 3.3eV。ZnO 同时还具有另外两种亚稳态结构，即闪锌矿和更少见的氯化钠结构。ZnO 的 d_{33} 为 12.5pC/N，机电耦合系数为 7.5%，体波声速为 6350m/s，瑞利波声速为 3000m/s。ZnO 也可用于制备声波滤波器，已有基于 ZnO/蓝宝石的商业 SAW 滤波器问世。

二硫化钼（MoS_2）是具有层状结构的压电半导体，在工业上广泛用作润滑剂。MoS_2 有六方结构 2H 相、斜方六面体结构 3R 相和正方结构 1T 相三种晶体结构。其中，2H 相最稳定，1T 相为亚稳态结构。多层 3R 相 MoS_2 的逆压电常数 d_{33}^* 为 $0.7\sim1.5pm/V$。

7.4.2.2　压电单晶

与压电陶瓷不同，压电单晶中不存在晶界和取向不一致的晶粒，具有强各向异性，不同切向的压电单晶可满足不同应用。常用的压电单晶包括石英、铌酸锂、KNN 等。

石英晶体又称为水晶，是结晶的 SiO_2。温度低于 $573℃$ 时，石英为三方晶系 32 点群，称为 α-石英；温度升高到 $573\sim870℃$ 时，石英转变为六方晶系 622 点群，称为 β-石英；温度继续升高后，石英失去压电效应。根据光通过后的偏振特性，石英具有左旋和右旋两种形态。石英没有铁电性，其频率温度稳定性出色，抗干扰能力强，机械损耗小，机械品质因数 Q_m 高达 $10^5\sim10^6$，作为频率计数器广泛应用于集成电路、电子元件中。石英晶振片也常用于薄膜生长仪器中膜厚的在线监测。α-石英的压电常数矩阵为

$$d=\begin{bmatrix} d_{11} & -d_{11} & 0 & d_{14} & 0 & 0 \\ 0 & 0 & 0 & 0 & -d_{14} & -2d_{11} \\ 0 & 0 & 0 & 0 & 0 & 0 \end{bmatrix}$$

该矩阵中仅 2 个独立分量，其中 d_{11} 为 $\pm2.31pC/N$，d_{14} 为 $\pm0.73pC/N$。左旋石英取正号，右旋取负号。

石英晶体有多种切型，每种切型的压电和力学性能不同。其中，AT、BT、FC、SC、SBTC 为零温度系数切型。AT 切型使用最多，其频率温度特性好，Q_m 值高。BT 切型的应用频率更高，但温度特性较 AT 切型略差。TF 切型又被称为音叉晶体，可产生纯净的谐振频率，因而在时钟模块中应用广泛。SC 切型的频率稳定性和抗辐射性好。表 7-8 为主要切型石英的声速和机电耦合系数取值。

表 7-8　主要切型石英的压电性质

切型	X	Y	AT	AC	BC	ST
震动模式	压缩	剪切	剪切	剪切	剪切	面剪切
声速/(m/s)	5700	3850	3320	3300	5000	3158
机电耦合系数	0.10	−0.14	−0.88	−0.10	−0.04	−0.0011

7.4.2.3　压电高分子

许多有机物具有压电效应，如骨骼、肌肉、纤维和高聚物等，其中有实用价值的是一些具有极性的人工合成高分子聚合物，如聚偏氟乙烯（PVDF）、尼龙-11（PA-11）、聚丙烯腈、聚碳酸酯等。与无机压电材料相比，高分子压电材料（压电高分子）的柔韧性和延展性好、易于成膜，生产成本低，在柔性可穿戴等领域应用潜力较大。

PVDF 是一种广受关注的压电高分子。PVDF 由偏氟乙烯单体聚合而成，是一种半结晶聚合物，根据分子链构象和堆砌方式的不同，可分为 α、β、γ、δ、ε 等五种晶相。其中，β 和 γ 相具有压电效应，β 相的偶极矩定向排列程度最高，因而极性最强，具有压电、热电、铁电性能。β 相 PVDF 的相对介电常数为 9.5，介电损耗为 0.022。PVDF 的不同相之间在一定条件下可以互相转化，如对 α 相进行机械拉伸可得到 β 相。PVDF 的压电常数在不同报道中取值不同，一般在 $10\sim30pC/N$ 区间分布。将偏氟乙烯与三氟乙烯共聚（PVDF-TrFE），可提高压电常数（$30pC/N$）。PVDF 的熔点为 $170\sim180℃$，热分解温度为 $350℃$ 左右，具有优异的抗氧化性、耐候性及抗污染性，在室温下耐酸及卤素等化学试剂。

尼龙的压电常数 d_{31} 在室温下为 $3pC/N$，$107℃$ 升高到 $14pC/N$。聚 L-乳酸（PLLA）是一种生物相容且生物可降解聚合物，也具有压电性能，其压电常数 d_{14} 为 $-10pC/N$。

7.4.2.4 压电复合材料

将压电陶瓷与高分子压电材料复合，可将压电陶瓷优异的压电性能和高分子材料良好的柔韧性和可加工性结合，解决陶瓷材料易碎、柔韧性差，而高分子压电材料压电性能低的问题，获得综合压电和力学性能优异的压电复合材料。按照各相材料的连通性，压电材料可分为0-3、3-0、1-3、2-2、3-3等几种类型。0-3型压电复合材料是指零维陶瓷颗粒分散于三维连通的高分子基体中。这类材料的适应性强，可加工成薄膜、棒状、块状及各种复杂形状，但较难极化。3-0型压电复合材料是指压电相三维连通，高分子材料零维分散于压电相中。1-3型压电复合材料是指一维压电陶瓷分散于三维高分子基体中，该结构综合性能优异，作为超声换能材料受到广泛关注，可通过切割填充等方式制备。

7.5 热电材料

热电材料是一种利用固体内部载流子运动实现热能和电能直接相互转换的功能材料。人们对热电材料的认识具有悠久的历史。1821年，德国科学家塞贝克（Seebeck）发现了材料两端的温差可以产生电压，也就是人们通常所说的温差电现象。1834年，法国钟表匠珀耳帖（Peltier）发现，当电流流过两种不同导体时，在其接触界面附近观察到了温差反常现象。这两种现象表明了热能可以转变为电能，而同时电反过来也能转变成热或者用来制冷。它们为热电能量转换器和热电制冷的应用提供了理论依据。

7.5.1 热电转换原理

7.5.1.1 热电效应

在用不同导体构成的闭合电路中，若使其接合部出现温度差，则在此闭合电路中将有热电流流过，或产生热电势，此现象称为热电效应。一般说来，金属的热电效应较弱，可用于制作热电偶。而半导体热电材料因其热电效应显著，所以被用于热电发电或电子制冷。此外，半导体热电材料还可用于高灵敏度的温敏元件。

热电效应有塞贝克（Seebeck）效应、珀尔帖（Peltier）效应和汤姆逊（Thomson）效应三种类型，如图 7-33 所示。

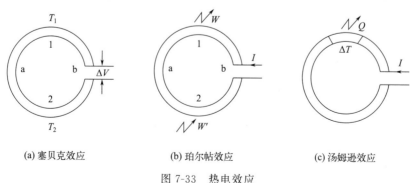

(a) 塞贝克效应　　　　　(b) 珀尔帖效应　　　　　(c) 汤姆逊效应

图 7-33　热电效应

（1）塞贝克效应

塞贝克效应是热电偶的基础。当由两种不同的导体 a、b 构成的电路开路时，若其连接点 1、2 分别保持在不同的温度 T_1（低温）、T_2（高温）下，则回路内将产生电动势（热电势），此现象称为塞贝克效应。其感应电动势 ΔV 正比于连接点温度 T_1 和 T_2 之差 ΔT（$\Delta T = T_2 - T_1$），如式（7-12）所示。

$$\Delta V = a(T)\Delta T \tag{7-12}$$

式中，比例系数 $a(T)$ 称为塞贝克系数，$\mu V/K$。

（2）珀尔帖效应

若在两种不同的导体 a、b 构成的闭合回路中流过电流 I，则在两个连接点的一个接点处（例如接点 1）产生热量 W，而在另一接点处（接点 2）吸收能量 W'，此现象称为珀尔帖效应。且 $W = -W'$，产生的热量正比于流过回路的电流，如式（7-13）所示。

$$W = \pi_{ab}I \tag{7-13}$$

式中，比例系数 π_{ab} 称为珀尔帖系数，V。其大小取决于所用的两种导体的种类和环境温度。它与塞贝克系数 $a(T)$ 之间的关系如式（7-14）所示。

$$\pi_{ab} = a(T)T \tag{7-14}$$

式中，T 为环境热力学温度。

珀尔帖效应的物理解释：电荷载体在不同的材料中所处的绝对能级不同，当它从高能级向低能级运动时，便释放出多余的能量；相反，从低能级向高能级运动时，便从外界吸收能量。能量在两种材料的交界面处以热的形式吸收或放出。

珀尔帖效应会使回路中一个接头发热，一个接头制冷。由此可见，珀尔帖效应实质上是塞贝克效应的逆效应。由于利用珀尔帖效应无需大型冷冻设备和冷凝塔就可实现降温，所以基于此效应的电子冷冻装置特别适合于使狭窄场所保持低温以及控制半导体激光器的温度等。

（3）汤姆逊效应

这种热电效应是汤姆逊于 1856 年发现的，它与珀尔帖效应相似，但只是在同一种金属上产生的效应。在由同一种导体构成的回路中，如果存在温度梯度 $\partial T/\partial x$，则当通过电流 I 时，导体中将出现可逆的热效应，即产生热的现象，称为汤姆逊效应。在每单位长度上，每秒产生的热量 $\partial Q/\partial x$ 与电流 I 和温度梯度 $\partial T/\partial x$ 成正比，如式（7-15）所示。

$$\frac{\partial Q}{\partial x} = \tau(T) \times I \times \frac{\partial T}{\partial x} \tag{7-15}$$

式中，比例系数 $\tau(T)$ 称为汤姆逊系数，V/K。

三种热电效应的比较见表 7-9。

表 7-9　三种热电效应的比较

效应		材料	加温情况	外电源	所呈现的效应
塞贝克	金属	两种不同金属	两种不同的金属环，两端保持在不同温度下	无	接触端产生热电势
	半导体	两种半导体	两端保持在不同温度下	无	两端间产生热电势

效应	材料		加温情况	外电源	所呈现的效应
珀尔帖	金属	两种不同金属	整体为某温度	加	接触处产生焦耳热以外的吸、发热
	半导体	金属与半导体	整体为某温度	加	接触处产生焦耳热以外的吸、发热
汤姆逊	金属	两条相同金属丝	两条金属丝各保持在不同温度下	加	温度转折处吸热或发热
	半导体	两种半导体	两端保持在不同温度下	加	整体发热(温度升高)或冷却

7.5.1.2　金属热电性的微观机理

金属热电材料是最重要的热电材料之一。它最广泛的应用是测量温度，材料通常被制成热电偶，不同金属的组合适用于不同的温度测量范围。金属热电材料产生热电效应的微观机理包括电子热扩散机理和声子拖曳机理。

（1）电子热扩散机理

处于平衡态的金属，其电子服从费米分布。当在金属导体上建立起温度差时，金属中的电子分布将偏离平衡分布而处于非平衡态，即在高温端，金属有较多的高能传导电子，在低温端，金属有较多的低能传导电子。两端传导电子的数目并无变化。传导电子在金属导体内扩散时，由于扩散速率是其能量的函数，因而在金属内形成一净电子流，其结果使电子在金属的一端堆积起来，产生一个电动势，它的作用是阻止净电流的流动。当此电动势足够大时，净电流最后被减小至 0。这种由于温差而引起的热电动势称为扩散热电动势（E_d），其对温度的导数称为扩散热电势率。由此可见，金属中传导电子的热扩散将造成热电势的扩散贡献（S_d）。利用玻尔兹曼输运方程可以推导出 S_d，如式（7-16）所示。

$$S_d = \frac{\pi^2}{3}\left(\frac{k_B}{e}\right) \times k_B T \frac{\partial(\ln\sigma)}{\partial E} \tag{7-16}$$

式中，S_d 为绝对热电势率的扩散贡献；k_B 为玻尔兹曼常数；σ 为金属的电导率；e 为电子电荷。

（2）声子拖曳机理

当金属两端存在温差时，声子的分布也将偏离平衡态分布，而处于非平衡态分布。非平衡态分布的声子系统将通过电子-声子相互作用，在声子热扩散的同时拖曳传导电子流动，产生热电势的声子拖曳贡献。在珀尔帖效应中，反过来电子的流动也会拖曳声子的流动。这两种机理对热电势的贡献在金属、半金属、半导体中都存在，但对低温下的超导态物质，绝对热电势率为零。

7.5.1.3　热电装置工作原理

热电材料实现热能和电能直接相互转换的基本原理正是热电效应，热电材料中电子、空穴载流子和声子的输运和相互作用是热电转换的本质，在温差发电和固态制冷等领域具有重要应用。其中，金属材料主要是利用塞贝克效应来制作热电偶；半导体热电材料则是利用塞贝克效应、珀尔帖效应或汤姆逊效应来制作热能转变为电能的转换器，反之用来制作加热器或制冷器，如图7-34所示。

（1）热电温差发电装置

基于塞贝克效应，设备可以不需要其他设备做功，在热能和电能之间实现能量的转换。该装置的主要部件是两种不同的半导体材料，分别为N型半导体和P型半导体，上端通过电导率较高的导流片连接，而下端通过外部导线连接形成闭合电路，如图7-34（a）所示。如果在半导体一端（上端）提供热源，另一端（下端）散热，由于塞贝克效应，半导体两端会产生一个电势差，导致外部电路中有电流 I 通过。其基本原理是：一方面热端载流子具有比冷端附近载流子更高的动能，另一方面半导体材料中热端附近受热激发进入导带或价带的载流子数量也多于冷端附近，从而引起半导体材料内部载流子从热端到冷端的扩散；这样，冷端附近由于载流子的聚集会形成一个自建电场，从而阻碍从热端向冷端输运的载流子；当这一过程最终趋于平衡时，导体内不再有电荷的定向移动，此时半导体两端也就产生出一个与之相关的电动势，即塞贝克电势，从而实现了热能转化为电能。

（2）热电制冷装置

如图7-34（b）所示，基于珀尔帖效应，当在N型半导体和P型半导体组成的回路中通过电流 I 时，将在半导体材料上端发生吸热，下端发生放热，其作用就相当于一个制冷器。这一过程的发生是由于在不同半导体材料中载流子具有不同的势能，为了达到新的能量平衡，需要在异种材料之间的结合界面处与附近的晶格进行能量交换，从而在宏观上产生界面附近的吸热现象。如果通过的电流 I 方向变为反向，则在宏观上产生界面附近的放热现象，此时该装置的作用就相当于一个加热器。因此，该装置可以通过外部对其供电，使载流子在移动过程中同时引发温度的变化，实现冷端或热端的产生。

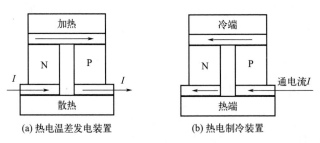

(a) 热电温差发电装置　　　　(b) 热电制冷装置

图7-34　热电材料的热电转换

7.5.2　典型热电材料

热电材料分为传统热电材料和新型热电材料。传统热电材料包括金属热电材料、半导体热电材料、氧化物热电材料等；新型热电材料包括低维热电材料、准晶热电材料、半哈斯勒（half-Heusler）热电材料、有机热电材料。

（1）热电材料的性能表征

热电性能的优劣用热电优值 Z 来表示，如式（7-17）所示：

$$Z = \alpha_s^2 \sigma / \lambda \qquad\qquad (7\text{-}17)$$

式中，α_s 是 Seebeck 系数；σ 是电导率；λ 是热导率。$\alpha_s^2\sigma$ 称作功率因子，α_s、σ 属于由电子结构情况（费密能级附近的带隙、带形、带简并度）和载流子散射决定的材料输运性能。λ 包括两部分，一部分是载流子热导率 $\lambda_{carrier}$，$\lambda_{carrier} = L\sigma T$ [L 为 Lorenz 常数，$L = 1.5 \times 10^{-8}(\mathrm{W \cdot \Omega})/\mathrm{K^2}$]，另一部分是晶格热振动（声子）热导率 λ_L。一般情况下，λ 主要取决于 λ_L，即在低温时，$\lambda_L \gg \lambda_{carrier}$。但由于在不同环境温度下，材料的 Z 值不同，因此人们习惯上用热电优值和温度之积（ZT）这一量纲为一的量来表征热电材料性能的好坏。材料的 ZT 值越大，材料的热电性能越好，热电转换效率就越高。

真正要使热电技术得到突破性的进展，仍将有赖于热电特性（热电优值）的提高。迄今为止，从热力学基本定律出发，尚未探明热电优值提高的上限，即使是应用目前固体理论模型和较为实际的数据所进行的计算，所得到的 ZT 值上限为 4，该数值仍远远大于目前已获得的最大 ZT 值。因此，加强对热电材料的研究有着广阔的前景。

（2）优化热电材料性能的主要途径

仅从热电优值 Z 的公式来看，优化热电材料的性能可从提高功率因子 $\alpha_s^2\sigma$ 和降低热导率 λ 两个方面进行考虑。

① 提高功率因子 $\alpha_s^2\sigma$ 影响功率因子 $\alpha_s^2\sigma$ 的物理量包括散射参数、能态密度、载流子迁移率及费米能级等四项。前三项一般被认为是材料的本征属性，只能依靠制备更好更纯的样品来改进，而实验上能控制功率因子 $\alpha_s^2\sigma$ 的物理量为费米能级，可以通过改变掺杂浓度来调整费米能级，以达到最大的 $\alpha_s^2\sigma$ 值，因为费米能级的高低主要由载流子浓度决定。

由公式 $\sigma = ne\mu$（其中，μ 为载流子迁移率）可知，适当提高载流子浓度 n，可以增加材料的电导率 σ，从而可以提高材料的热电优值 Z，但是当材料的载流子浓度 n 提高到一定值时，其 Seebeck 系数 α_s 却随着电导率 σ 的进一步提高而大幅度下降。因此，应寻求合适的载流子浓度 n，使得功率因子 $\alpha_s^2\sigma$ 达到最佳值。

② 降低热导率 λ 热电材料的热导率 λ 由晶格热振动（声子）热导率 λ_L 和载流子热导率 $\lambda_{carrier}$ 两部分组成，其中晶格热振动（声子）热导率 λ_L 起主要作用。由于载流子热导率 $\lambda_{carrier}$ 和电导率是相对应的：$\lambda_{carrier} = L\sigma T$，其中 L 为 Lorenz 常数，降低载流子热导率 $\lambda_{carrier}$ 的同时也会降低电导率 σ，因此降低热电材料的热导率 λ 主要是降低晶格（声子）热导率 λ_L，而晶格热振动（声子）热导率 λ_L 与材料内部的声子散射相关。

传统的热电材料主要有以下几种。

（1）金属热电材料

优秀的导电体（如金、银、铜）及其合金有非常低的热电性能，其塞贝克系数仅 $10\mu\mathrm{V/K}$ 左右，主要应用在制作热电偶用于温度测量。铋/锑是金属热电偶中具有最高塞贝克系数和最低热导率的热电偶材料。室温下一些金属热电材料的特性参数见表 7-10，表中，α_s 为塞贝克系数；ρ_c 为电阻率；λ 为导热系数；Z 为热电优值。

（2）半导体金属合金型热电材料

金属材料的热电效应非常小，除在测温方面的应用外，几乎没有其他方面的实际应用价值。直到 20 世纪 50 年代，人们发现小带隙掺杂半导体的热电效应相对于金属有四点优势：

① 半导体的塞贝克系数比金属要高一到两个数量级。

② 半导体的塞贝克系数与电荷载流子密度及迁移率有很大的关系。因此，对于半导体材料而言，其塞贝克系数以及电阻率，可以通过掺杂类型和掺杂浓度来调整。同时考虑到热噪声与电阻率的平方根成正比，很明显，半导体热电堆的主要特性可通过掺杂来改变。

③ 只有半导体材料才能利用标准的集成电路（IC）工艺，使得利用互补金属-氧化物-半导体（CMOS）工艺制作高性能的热电堆成为可能。

④ 半导体微机械技术有利于降低半导体的热容。因此，基于半导体材料的热电堆具有同时满足微型化和大批量生产的巨大优势。

室温下一些典型半导体金属合金型热电材料的特性参数如表 7-10 所示。

表 7-10　室温下一些热电材料的特性参数

材料		$\alpha_s/(\mu V/K)$	$\rho_c/(\mu\Omega\cdot m)$	$\lambda/[W/(m\cdot K)]$	Z/K^{-1}
金属	铝（Al）	-32	0.0282	235	1.54×10^{-6}
	金（Au）	0.1	0.0230	315	1.38×10^{-6}
	镍（Ni）	-19.5	0.0614	61.0	1.08×10^{-6}
	铂（Pt）	-3.2	0.0981	71.0	1.47×10^{-6}
	铁（Fe）	15	0.086	72.4	3.6×10^{-6}
	铜（Cu）	1.83	0.0172	398	0.59×10^{-6}
	康铜（Contantan）	-37.25	—	—	—
	银（Ag）	1.51	0.016	418	0.34×10^{-6}
	钴（Co）	-13.3	0.0557	69	0.46×10^{-4}
	锑（Sb）	48.9	18.5	0.39	3.3×10^{-4}
	铋（Bi）	-73.4	1.1	8.1	6.1×10^{-4}
半导体	P-Si	$100\sim1000$	$10\sim500$	150	$0.13\times10^{-6}\sim6.67\times10^{-4}$
	N-Si	$-800\sim-100$	$10\sim500$	150	$0.13\times10^{-6}\sim4.27\times10^{-4}$
	P-poly-Si	$100\sim500$	$10\sim1000$	$20\sim30$	$0.40\times10^{-6}\sim1.0\times10^{-3}$
	N-poly-Si	$-500\sim-100$	$10\sim1000$	$20\sim30$	$0.40\times10^{-6}\sim1.0\times10^{-3}$
	P-Ge	420	$10\sim1000$	64	$2.76\times10^{-6}\sim2.76\times10^{-4}$
	N-Ge	-548	—	—	—
	碲化铅（PbTe）	-170	20.0	2.5	5.8×10^{-4}
	N-$Bi_{0.5}Sb_{1.5}Te_3$	230	17.2	1.05	2.9×10^{-3}
	N-$Bi_{0.87}Sb_{0.13}$	-100	7.1	13	4.5×10^{-4}
	$Bi_{1.8}Sb_{0.2}Te_{2.7}Se_{0.3}$	-220	10.9	1.4	3.15×10^{-3}

目前，研究较为成熟并且应用于热电设备中的热电材料主要是以Ⅲ、Ⅳ、Ⅴ族及稀土元素为主的金属化合物及其固溶体合金，室温附近使用的 Bi_2Te_3 基及以其为代表的Ⅴ～Ⅵ族半导体材料，中温区（400～700K）使用的 PbTe 基及其为代表的Ⅳ～Ⅵ族半导体材料，高温区（800～1000K）使用的 SiGe 合金等（如图 7-35 所示），通过调整成分、掺杂和改进制备方法提高半导体热电材料的热电优值。

Bi_2Te_3 基合金在室温下的 ZT 值为 0.6，是在室温和低温下热电性能最好的热电材料，也是商业化应用最广泛的热电材料，可用于制备半导体制冷片。图 7-36 是 Bi_2Te_3 对称性的六方层状结构。从图中可以看出，层状结构以 Te-Bi-Te-Bi-Te 层状叠加而成，边界上的两

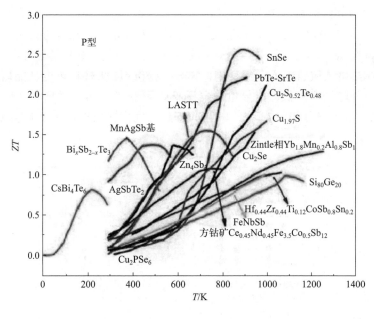

图 7-35　不同温度区间热电材料的 ZT 值

个 Te 原子层毗邻。Bi_2Te_3 基及其同系列半导体化合物 Bi_2Se_3、Sb_2Te_3 都是六方层状结构，具有显著的各向异性。它们之间形成的固溶体合金可以降低材料晶格热导率，提高合金的 ZT 值。$Bi_{0.5}Sb_{1.5}Te_3$ 和 $Bi_2Te_{2.7}Se_{0.3}$ 分别是性能良好的 P 型和 N 型热电材料。另外，掺杂可以优化 Bi_2Te_3 热电材料的热导率来达到提高热电性能的目的。Singh 等研究了掺 Ge 对 Bi_2Te_3 热电材料的结构和热电性能的影响。研究发现，随着 Ge 掺杂量的增加，Bi_2Te_3 热电材料的 X 射线衍射峰变宽并向右偏移，其原因是 Ge 原子取代 Bi 原子引起晶格应变和晶胞收缩；拉曼光谱的分析表明，Ge 优先占据 Bi 位，而不在 Bi_2Te_3 晶体中产生反位缺陷。Ge 掺杂的 $Bi_{1.95}Ge_{0.05}Te_3$ 热电材料于 325K 获得的最大 ZT 值为 0.95，比本体 Bi_2Te_3 高约 850%。其原因是 Ge 掺杂在 Bi_2Te_3 中诱导受主缺陷产生载流子浓度增加了一个数量级，从而提高了电导率。

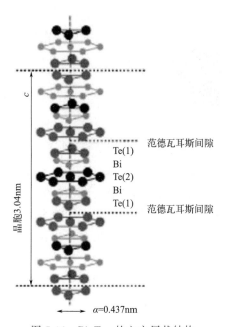

图 7-36　Bi_2Te_3 的六方层状结构

单质 Si 在室温下的热导率为 100W/(m·K)，ZT 值很小，但与 Ge 合金化生成 SiGe 后，热导率大幅度降低。当温度为 1100K 时，其热导率达到最小值，适用于制造由放射性同位素供热的热电发电器，并已得到实际应用。1977 年，"旅行者号"太空探测器首次采用 SiGe 作为温差发电材料，在此后美国国家航空航天局（NASA）的空间计划中，SiGe 几乎完全取代 PbTe 材料。利用 Ga、As、B、P 等元素的掺杂或在材料中引入纳米结构可进一步降低热导率，提高热电性能。SiGe 基材料掺入第 V 族元素（如磷、砷等），可制得 N 型热电材料，ZT 值可达到 1.3；掺入第 III 族元素（如硼等），可制得 P 型热电材料，ZT 值可达到 0.95。

近些年，SnSe 因为储量丰富、环境友好、热导率低引起了人们的关注。2014 年，美国西北大学研究组在 *Nature* 上报道了 SnSe 单晶沿 b 轴方向具有超低的热导率，从而取得 2.6 的 ZT 峰值，在热电领域引起了广泛反响。SnSe 这样的层状材料热电性能研究主要集中在面内，虽然其面外热导率极低，但导电性能不好，限制了其热电优值。2018 年，北航、南科大等在 *Science* 上报道了 Br 掺杂的 N 型 SnSe 热电优值在面外远大于 P 型 SnSe，高达 2.8（图 7-37）。

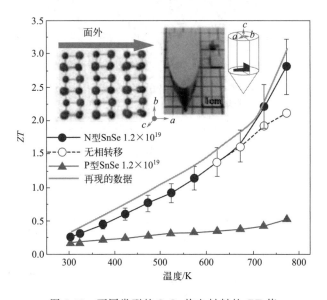

图 7-37　不同类型的 SnSe 热电材料的 ZT 值

（3）氧化物热电材料

氧化物热电材料是一个新兴的热电材料体系，因其可在氧化气氛里长期高温工作，大多无毒性，无环境污染，且制备简单，制样时在空气中可直接烧结，无须抽真空，成本低等，在热电发电领域的应用潜力很大。

典型的氧化物热电材料主要是层状结构的过渡金属氧化物 $NaCo_2O_4$ 和 $Ca_3Co_4O_9$。

1974 年，M. Jansen 和 R. Hoppe 最早成功制备出 $NaCo_2O_4$。自 1997 年日本学者 Terasaki 发现 $NaCo_2O_4$ 反常的热电性能以来，层状结构的过渡金属氧化物引起了人们的广泛关注。

$NaCo_2O_4$ 晶体结构如图 7-38 所示，一层由 $Na_{0.5}$ 无规则占据，一层由 CoO_2 占据，沿 c 轴交替排列。$Na_{0.5}$ 层引入无序度，降低热导率，同时作为蓄电层稳定晶体结构，而 CoO_2 层负责导电。在室温时，$NaCo_2O_4$ 具有较高的塞贝克系数（$100\mu V/K$），同时有低的电阻率（$2m\Omega \cdot cm$），并具有低的晶格热导率。$NaCo_2O_4$ 在空气中易发生潮解且温度超过 1073K 时 Na 易挥发的劣势限制了 $NaCo_2O_4$ 的实际应用。

$Ca_3Co_4O_9$ 因为其与 $NaCo_2O_4$ 相似的热电性能及温度达 1000K 以上时在空气和氧气中的性能稳定性进入了人们的视野。室温下，$Ca_3Co_4O_9$ 与 $NaCo_2O_4$ 相似，也是层状结构，其晶体结构如图 7-39 所示，是由 Ca_2CoO_3 和 CoO_2 沿 c 轴交替排列而成。在 Ca_2CoO_3 层，

Ca—O 和 Co—O 都以离子键形式结合，不能提供导电离子，因此该层作为绝热层以降低材料的热导率。CoO_2 是导电层，提供导电所需的载流子（空穴），沿层方向的电导率是垂直方向的电导率的两倍。此类材料有低的电阻率，300K 时电阻率为 $40\sim60m\Omega\cdot cm$，塞贝克系数为 $140\mu V/K$，ZT 为 0.066。

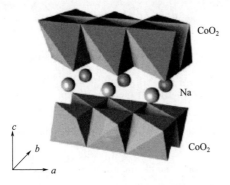

图 7-38　$NaCo_2O_4$ 晶体结构

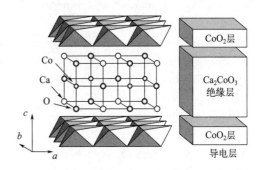

图 7-39　$Ca_3Co_4O_9$ 晶体结构

此外，钼酸盐氧化物热电材料的研究主要集中在金属离子的掺杂、替代和微观结构的改变上，这些都是改善其热电性能的有效途径。通过稀土及碱金属的掺杂、替代，有望得到更高的 ZT 值，其中 P 型氧化物热电材料的 ZT 值要高于 N 型热电材料。吴茵等报道 Sr 掺杂 $NaCo_2O_4$ 在 823K 时塞贝克系数达到 $870\mu V/K$。

习题

1. 举例说明载体材料和功能转换材料的差异。

2. 从材料结构和组成分析单晶硅和多晶硅材料的性能差异。

3. 从钙钛矿电池材料的晶体结构出发分析其性能及其稳定性。

4. 分析对比几类光伏电池材料的优缺点。

5. 满足发光二极管发光材料的条件有哪些？

6. 请根据本章中介绍的内容，选用合适的材料，设计一款 OLED 器件；并思考影响该 OLED 器件性能的主要因素有哪些。

7. 什么是正压电效应和逆压电效应？

8. SiO_2 石英单晶体是一种常见的压电体，为什么无法将 SiO_2 多晶体应用到压电器件中？

9. 压电材料的特性参数有哪些？压电常数有哪几种？

10. 什么是热电效应？它包括哪些类型？并分别解释。

11. 分别从材料、加温、外电源和所呈现的效应情况方面，比较塞贝克效应、珀尔帖效应和汤姆逊效应的异同点。

12. 金属热电性的微观机制是什么？

13. 举例说明传统热电材料和新型热电材料的相同点和区别。

参考文献

[1]　Gedam R S，Thejo Kalyani N，Dhoble S J. Energy materials：Fundamental physics and latest advances

inrelevant technology[M]. Elsevier Ltd., 2021: 3-26.

[2] 陈玉安，王必本，廖其龙. 现代功能材料[M]. 重庆:重庆大学出版社，2021:189-194.

[3] 马如璋,蒋民华,徐祖雄. 功能材料学概论[M]. 北京:冶金工业出版社,1999:412-424.

[4] Mahmoudinezhad S, Rezaniakolaei A. Thermoelectric generation using solar energy[M]. Amsterdam: Elsevier Ltd，2021，633-659.

[5] Champier D. Thermoelectric generators: A review of applications [J]. Energy Conversion and Management，2016，140:167-181.

[6] Shen B，Zeng B S. Accuracy optimization method of ultrasonic power measurement system based on acoustooptic effect[J]. Optical Review，2021，28:207-214.

[7] HooperT E, Roscow J I, Mathieson A, et al. High voltage coefficient piezoelectric materials and their applications[J]. Journal of the European Ceramic Society，2021，41: 6115-6129.

[8] Yan X，Li G，Wang Z，et al. Recent progress on piezoelectric materials for renewable energy conversion [J]. Nano Energy，2020，77 :105180.

[9] Wu N，Bao B，Wang Q. Review on engineering structural designs for efficient piezoelectric energy harvesting to obtain high power output[J]. Engineering Structures，2021，235 :112068.

[10] Chen D，Li W，Gan L，et al. Non-noble-metal-based organic emitters for OLED applications[J]. Materials Science & Engineering R，2020，142 :100581.

[11] Rabindra S. Solar PV Power[M]. Amsterdam: Elsevier Inc，2021: 71-134.

[12] Bayrak F，Abu-Hamdeh N，Alnefaie K A，et al. A review on exergy analysis of solar electricity production[J]. Renewable and Sustainable Energy Reviews，2017，74:755-770.

[13] Burlak G，Koshevaya S，Hayak M，et al. Acousto-optic solitons in fibers[J]. Optical Review，2000，7 (4) :323-325.

[14] Burst J M，Duenow J N，Albin D S，et al. CdTe solar cells with open-circuit voltage breaking the 1 V barrier[J]. Nature Energy，2016，1(3):16015.

[15] Mufti N，Amrillah T，Taufiq A，et al. Review of CIGS-based solar cells manufacturing by structural engineering[J]. Sol Energy，2020，207: 1146-1157.

[16] Major J D，Treharne R E，Phillips L J，et al. A low-cost non-toxic post-growth activation step for CdTe solar cells[J]. Nature，2014，511(7509): 33433-33437.

[17] Li C，Li C，Wang Y，et al. Enhanced current collection of CdTe solar cells in the long wavelength region by co-evaporation deposition $CdSe_x Te_{1-x}$ films [J]. Mater Sci Semicon Process，2021，121: 105341.

[18] Paudel N，Wieland K，Compaan A. Ultrathin CdS/CdTe solar cells by sputtering[J]. Sol Energ Mater Sol C，2012，105: 109-112.

[19] Dingus P，Garnett J，Wang S，et al. Low temperature growth and extrinsic doping of mono-crystalline and polycrystalline Ⅱ-Ⅵ solar cells by MBE[J]. Sol Energ Mater Sol C，2019，189: 118-124.

[20] Paudel N R，Young M，Roland P J，et al. Post-deposition processing options for high-efficiency sputtered CdS/CdTe solar cells[J]. J Appl Phys，2014，115(6):064502.

[21] Paudel N R，Xiao C，Yan Y. Close-space sublimation grown CdS window layers for CdS/CdTe thin-film solar cells[J]. Journal of Materials Science: Materials in Electronics，2014，25(4): 1991-1998.

[22] Li C，Wu Y，Poplawsky J，et al. Grain-boundary-enhanced carrier collection in CdTe solar cells[J]. Phys Rev Lett，2014，112(15): 156103.

[23] Xu C，Zhang H，Parry J，et al. A single source three-stage evaporation approach to CIGS absorber layer for thin film solar cells[J]. Sol Energ Mater Sol C，2013，117: 357-362.

[24] Li W，Tan J M R，Leow S W，et al. Recent progress in solution-processed copper-chalcogenide thin-

film solar cells[J]. Energy Technology, 2018, 6(1): 46-59.

[25] Larramona G, Bourdais S, Jacob A, et al. 8.6% Efficient CZTSSe solar cells sprayed from water-ethanol CZTS colloidal solutions[J]. J Phys Chem Lett, 2014, 5(21): 3763-3767.

[26] Duan B, Shi J, Li D, et al. Underlying mechanism of the efficiency loss in CZTSSe solar cells: Disorder and deep defects[J]. Science China Materials, 2020, 63(12): 2371-2396.

[27] Tang C W. Two-layer organic photovoltaic cell[J]. Appl Phys Let, 1986, 48(2): 183-185.

[28] Yu G, Gao J, Hummelen J C, et al. Polymer photovoltaic cells: Enhanced efficiencies via a network of internal donor-acceptor heterojunctions[J]. Science, 1995, 270: 1789-1791.

[29] Wudl F, Sariciftci N, Smilowitz L, et al. Photoinduced electron transfer from a conducting polymer to buckminsterfullerene[J]. Science, 1992, 258 (5087): 1474-1476.

[30] Lin Y, Wang J, Zhang Z G, et al. An electron acceptor challenging fullerenes for efficient polymer solar cells[J]. Adv Mater, 2015, 27 (7): 1170-1174.

[31] Yuan J, Zhang Y, Zhou L, et al. Single-junction organic solar cell with over 15% efficiency using fused-ring acceptor with electron-deficient core[J]. Joule, 2019, 3 (4): 1140-1151.

[32] 马廷丽, 云斯宁. 染料敏化太阳能电池——从理论基础到技术应用[M]. 北京: 化学工业出版社, 2013.

[33] 戴松元, 刘伟庆, 闫金定. 染料敏化太阳电池原理与技术[M]. 北京: 科学出版社, 2019.

[34] 戴松元, 张昌能, 黄阳. 染料敏化太阳电池技术与工艺[M]. 北京: 科学出版社, 2016.

[35] 云斯宁. 新型能源材料与器件[M]. 北京: 建材工业出版社, 2019.

[36] 林原, 张敬波, 王桂强. 染料敏化太阳电池[M]. 北京: 化学工业出版社, 2021.

[37] Yun S, Freitas J N, Nogueira A F, et al. Dye-sensitized solar cells employing polymers[J]. Progress in Polymer Science, 2016, 59: 1-40.

[38] Yun S, Lund P D, Hinsch A. Stability assessment of alternative platinum free counter electrodes for dye-sensitized solar cells[J]. Energy & Environmental Science, 2015, 8(12): 3495-3514.

[39] Yun S, Qin Y, Uhl A R, et al. New-generation integrated devices based on dye-sensitized and perovskite solar cells[J]. Energy & Environmental Science, 2018, 11(3): 476-526.

[40] Yun S, Anders H, Ma T. Pt-free counter electrode for dye-sensitized solar cells with high efficiency [J]. Advanced Materials, 2014, 26(36): 6210-6237.

[41] Yun S, Hagfeldt A. Counter electrodes for dye-sensitized and perovskite solar cells[M]. 1st ed. Weinheim: Wiley, 2019.

[42] Grätzel M. Photoelectrochemical cells[J]. Nature, 2001, 414(6861): 338-344.

[43] Grätzel M. Solar energy conversion by dye-sensitized photovoltaic cells[J]. Inorganic Chemistry, 2005, 44(20): 6841-6851.

[44] Grätzel M. Recent advances in sensitized mesoscopic solar cells[J]. Accounts of Chemical Research, 2009, 42(11): 1788-1798.

[45] Yun S, Vlachopoulos N, Qurashi A, et al. Dye sensitized photoelectrolysis cells[J]. Chemical Society Reviews, 2019, 48(14): 3705-3722.

[46] Hagfeldt A, Boschloo G, Sun L, et al. Dye-sensitized solar cells[J]. Chemical Reviews, 2010, 110 (11): 6595-6663.

[47] Weber D. $CH_3NH_3PbX_3$, ein Pb(Ⅱ)-system mitkubischer perowskitstruktur / $CH_3NH_3PbX_3$, a Pb(Ⅱ)-system with cubic perovskite structure[J]. Zeitschrift für Naturforschung B, 1978, 33(12): 1443-1445.

[48] Umebayashi T, Asai K, Kondo T, et al. Electronic structures of lead iodide based low-dimensional crystals[J]. Phys Rev B, 2003, 67(15):155405.

[49] Divitini G，Cacovich S，Matteocci F，et al. In situ observation of heat-induced degradation of perovskite solar cells[J]. Nature Energy，2016，1(2)：15012.

[50] Nickel N H，Lang F，Brus V V，et al. Unraveling the light-induced degradation mechanisms of $CH_3NH_3PbI_3$ perovskite films[J]. Advanced Electronic Materials，2017，3(12)：1700158.

[51] Liu D，Luo D，Iqbal A N，et al. Strain analysis and engineering in halide perovskite photovoltaics[J]. Nat Mater，2021，20(10)：1337-1346.

[52] Dong Q，Fang Y，Shao Y，et al. Electron-hole diffusion lengths $> 175\mu m$ in solution-grown $CH_3NH_3PbI_3$ single crystals[J]. Science，2015，347(6225)：967-970.

[53] D'innocenzo V，Grancini G，Alcocer M J，et al. Excitons versus free charges in organo-lead tri-halide perovskites[J]. Nat Commun，2014，5：3586.

[54] Xing G，Mathews N，Sun S，et al. Long-range balanced electron- and hole-transport lengths in organic-inorganic $CH_3NH_3PbI_3$[J]. Science，2013，342(6156)：344-347.

[55] Huang J，Yuan Y，Shao Y，et al. Understanding the physical properties of hybrid perovskites for photovoltaic applications[J]. Nature Reviews Materials，2017，2：17042.

[56] Li Z，Klein T R，Kim D H，et al. Scalable fabrication of perovskite solar cells[J]. Nature Reviews Materials，2018，3(4)：18017.

[57] Bu T，Li J，Li H，et al. Lead halide-templated crystallization of methylamine-free perovskite for efficient photovoltaic modules[J]. Science，2021，372(6548)：1327-1332.

[58] Kim M，Jeong J，Lu H，et al. Conformal quantum dot-SnO_2 layers as electron transporters for efficient perovskite solar cells[J]. Science，2022，375(6578)：302-306.

[59] Inoguchi T，Takeda M，Kakihara Y，et al. Stable high-brightness thin film electroluminescent panels[J]. SID Inter Symp Digest of Tech Papers，1974：84-85；

[60] 许少辉,周雅伟,赵晓鹏. 无机粉末电致发光材料的研究进展[J]. 材料导报,2007,21:162-166.

[61] 许少鸿. 固体发光[M]. 北京：清华大学出版社,2011.

[62] 张福俊,徐征. 无机薄膜电致发光的研究现状及面临的挑战[J]. 光子技术,2005,7:10-13.

[63] Holonyak N Jr，Bevaqua S F. Coherent (visible) light emission from $Ga(As_{1-x}P_x)$ junctions[J]. Appl Phys Lett，1962，1：82.

[64] 邱春霞. 典型的无机电致发光材料 ZnO[D]. 天津：天津大学,2012.

[65] 文尚胜,姚日晖,吴玉香,等. 半导体照明技术[M]. 广州：华南理工大学出版社,2013.

[66] Nakamura S. The roles of structural imperfections in InGaN-based blue light-emitting diodes and laser diodes[J]. Science，1998，281：956-961.

[67] Shrout T，Zhang S. Lead-free piezoelectric ceramics：Alternatives for PZT？[J]. J Electroceramics，2007，19：113.

[68] Li F，Lin D，Chen Z，et al. Ultrahigh piezoelectricity in ferroelectric ceramics by design[J]. Nat Mater，2018，17：349.

[69] Liu W，Ren X. Large piezoelectric effect in Pb-free ceramics[J]. Phys Rev Lett，2009，103：257602.

[70] Chen M，Xu Q，Kim B，et al. Structure and electrical properties of $(Na_{0.5}Bi_{0.5})_{1-x}Ba_xTiO_3$ piezoelectric ceramics[J]. J Eur Ceram Soc，2008，28：849.

[71] Tuluk A，Mahon T，Zwaag S，et al. Estimating the true piezoelectric properties of $BiFeO_3$ from measurements on $BiFeO_3$-PVDF terpolymer composites[J]. J Alloys Compd，2021，868：159186.

[72] Zhu H，Yang Y，Ren W，et al. Rhombohedral $BiFeO_3$ thick films integrated on Si with a giant electric polarization and prominent piezoelectricity[J]. Acta Mater，2020，200：305.

[73] Lee M，Kim D，Park J，et al. High-performance lead-free piezoceramics with high curie temperatures[J]. Adv Funct Mater，2015，27：6976.

[74] Rödel J，Webber K．G，Dittmer R，et al．Transferring lead-fee piezoelectric ceramics into application[J]．J Eur Ceram Soc，2015，35：1659.

[75] Feng L，Yuan J，Zhang Z，et al．Thieno[3,2-b]pyrrolo-fused pentacyclic benzotriazole-based acceptor for efficient organic photovoltaics[J]．ACS Appl Mater Interfaces，2017，9 (37)：31985-31992.

[76] Yokoyama T，Iwazaki Y，Onda Y，et al．Highly piezoelectric co-doped AlN thin films for wideband FBAR applications[J]．IEEE T Ultrason Ferr，2015，62：1007.

[77] Jiang S，Wang X M，Li J Y，et al．Preparation and characterization of $Sr_{0.5}Ba_{0.5}Nb_2O_6$ glass-ceramic on piezoelectric properties[J]．Chinese Phys B，2016，25：037701.

[78] Kawada S，Ogawa H，Kimura M，et al．High-power piezoelectric vibration characteristics of textured $SrBi_2Nb_2O_9$ ceramics[J]．Jpn J Appl Phys，2006，45：7455.

[79] Fang R，Zhou Z，Liang R，et al．Significantly improved dielectric and piezoelectric properties by defects in $PbNb_2O_6$-based piezoceramics[J]．Ceram Int，2021，47：26942.

[80] Soejima J，Sato K，Nagata K．Preparation and characteristics of ultrasonic transducers for high temperature using $PbNb_2O_6$[J]．Jpn J Appl Phys，2000，39：3083.

[81] Cai W．The piezoelectric properties of 3R molybdenum disulfide flakes[D]．Singapore：Nanyang Technological University，2021.

[82] Gopal P，Spaldin N．Polarization，piezoelectric constants，and elastic constants of ZnO，MgO，and CdO[J]．J Electron Mater，2006，35：538.

[83] Guy I L，Muensit S，Goldys E M．Extensional piezoelectric coefficients of gallium nitride and aluminum nitride[J]．Appl Phys Lett，1999，75：4133.

[84] Dai S，Dunn M L，Park H S．Piezoelectric constants for ZnO calculated using classical polarizable core-shell potentials[J]．Nanotechnology，2010，21：445707.

[85] Christman J A，Woolcott R R，Kingon A I，et al．Piezoelectric measurements with atomic force microscopy[J]．Appl Phys Lett，1998，73：3851.

[86] Naumenko N，Solie L．Optimal cuts of langasite，$La_3Ga_5SiO_{14}$ for saw devices[J]．IEEE T Ultrason Ferr，2001，48：530.

[87] Lin D，Li Z，Xu Z，et al．Characterization of KNN single crystals by slow-cooling technique[J]．Ferroelectrics，2009，381：1.

[88] Yang J，Zhang F，Yang Q，et al．Large piezoelectric properties in KNN-based lead-free single crystals grown by a seed free solid-state crystal growth method．[J]．Appl Phys Lett，2016，108：182904.

[89] Jiang M，Zhang J，Rao G，et al．Ultrahigh piezoelectric coefficient of a lead-free $K_{0.5}Na_{0.5}NBO_3$-based single crystal fabricated by a simple seed-free solid-state growth method[J]．J Mater Chem C，2019，7：14845.

[90] Li F，Cabral M J，Xu B，et al．Giant piezoelectricity of Sm-doped $Pb(Mg_{1/3}Nb_{2/3})O_3$-$PbTiO_3$ single crystals[J]．Science，2019，364：264.

[91] Fukada E．New piezoelectric polymers[J]．Jpn J Appl Phys，1998，37：2775.

[92] Newman B．A，Chen P，Pae D K，et al．Piezoelectricity in Nylon 11[J]．J Appl Phys，1980，51：5161.

[93] Jacob J，More N，Kalia K，et al．Piezoelectric smart biomaterials for bone and cartilage tissue engineering[J]．Inflamm Regen，2018，38：2.

[94] 李标荣．无机电介质[M]．武汉：华中理工大学出版社，1995.

[95] 王春雷,李吉超,赵明磊．压电铁电物理[M]．北京：科学出版社,2009.

[96] 钟维烈．铁电体物理学[M]．北京：科学出版社,1996.

[97] 王国梅，万发荣．材料物理[M]．武汉：武汉理工大学出版社,2004.

［98］ 方俊鑫，殷之文. 电介质物理学［M］. 北京：科学出版社，1989.

［99］ 陈文，吴建青，许启明. 材料物理性能［M］. 武汉：武汉理工大学出版社，2010.

［100］ 曲远方. 功能陶瓷材料［M］. 北京：化学工业出版社，2003.

［101］ 刘维良，喻佑华. 先进陶瓷工艺学［M］. 武汉：武汉理工大学出版社，2004.

［102］ 殷景华，王雅珍，鞠刚. 功能材料概论［M］. 哈尔滨：哈尔滨工业大学出版社，2017：199-201.

［103］ 郭凯，骆军，赵景泰. 热电材料的基本原理、关键问题及研究进展［J］. 自然杂志，2015，37（03）：175-187.

［104］ 王林. 乙醇水蒸汽重整 Co(Ni)/LaMnO$_3$ 催化剂的研究［D］. 天津：天津大学，2007.

［105］ 朱艳兵. Bi$_2$Te$_3$ 掺杂 p 型温差电材料的电化学制备、表征及沉积机理研究［D］. 天津：天津大学，2012.

［106］ Singh N K，Pandey J，Acharya S，et al. Charge carriers modulation and thermoelectric performance of intrinsically p-type Bi$_2$Te$_3$ by Ge doping［J］. Journal of Alloys and Compounds，2018，746：350-355.

［107］ 李志超. PbTe 基热电材料的制备及其性能研究［D］. 哈尔滨：哈尔滨工业大学，2018.

［108］ Chang C，Wu M H，He D S，et al. 3D charge and 2D phonon transports leading to high out-of-plane ZT in n-type SnSe crystals［J］. Science，2018，360：778-783.

［109］ Rullbravo M，Moure A，Fernandez J F，et al. Skutterudites as thermoelectric materials：Revisited［J］. RSC Advances，2015，5(52)：41653-41667.

［110］ Anno H，Matsubara K，Caillat T，et al. Valence-band structure of the skutterudites compounds CoAs$_3$，CoSb$_3$，RhSb$_3$ studied by X-ray photoelectron spectroscopy［J］. Phys Rev B，2000，62(16)：10737-10743.

［111］ Shi X，Yang J J，Salvador J R，et al. Multiple-filled skutterudites：High thermaoelectric figure of merit through separately optimizing electrical and thermal transports［J］. Journal of the American Chemical Society，2012，134(5)：2842.

［112］ 吴茵，王俊，张柏宇，等. Sr、Cr 掺杂 NaCo$_2$O$_4$ 热电材料的制备及电性能［J］. 山西大同大学学报，2015，31(5)：65-68.

［113］ 蒋鹏. 低维 GaN 热电性质的第一性原理研究［D］. 绵阳：西南科技大学，2021.

［114］ 张强. Ti 基准晶合金块体材料的制备与性能研究［D］. 长春：吉林大学，2015.

［115］ Ioannou I，Ioannou P S，Delimitis A，et al. High thermoelectric performance of p-type half-Heusler (Hf，Ti)Co(Sb，Sn) solid solutions fabricated by mechanical alloying［J］. Journal of Alloys and Compounds，2021，858：158330.

［116］ Lin C C，Huang Y C，Usman M，et al. Zr-MOF/polyaniline composite films with exceptional seebeck coefficient for thermoelectric material applications［J］. ACS Appl Mater Interfaces，2018，11(3)：3400-3406.